U0223110

反刍动物坏死梭杆菌病

孙东波　郭东华　贺显晶　著

科学出版社

北　京

内 容 简 介

坏死梭杆菌是一种引起人和动物坏死性、化脓性疾病，以及参与肿瘤等疾病发生的人畜共患病病原，给人和动物健康、食品安全、公共卫生安全带来严重影响，近年来被广泛关注。本书在著者的研究基础上，结合国内外最新研究进展，对反刍动物坏死梭杆菌病的病原学、流行病学、致病机制、临床症状及病理变化、诊断、综合防治等6个方面进行了详细阐述。本书内容丰富，数据确凿，反映了坏死梭杆菌的最新研究进展。

本书既包括坏死梭杆菌的基础理论，又涵盖了坏死梭杆菌病的综合防治技术，适合畜牧兽医行业和生物医学相关领域的专业人员阅读使用，也可作为高等院校和科研院所相关专业的本科生和研究生的教学参考书。

图书在版编目（CIP）数据

反刍动物坏死梭杆菌病 / 孙东波，郭东华，贺显晶著. -- 北京 : 科学出版社，2024. 6

ISBN 978-7-03-077578-8

Ⅰ. ①反… Ⅱ. ①孙… ②郭… ③贺… Ⅲ. ①反刍动物－坏死杆菌病 Ⅳ. ①S858.2

中国国家版本馆 CIP 数据核字（2024）第 014736 号

责任编辑：李 迪 刘晓静 / 责任校对：宁辉彩

责任印制：赵 博 / 封面设计：无极书装

科学出版社 出版

北京东黄城根北街 16 号

邮政编码：100717

http://www.sciencep.com

北京凌奇印刷有限责任公司印刷

科学出版社发行 各地新华书店经销

*

2024 年 6 月第 一 版 开本：787 × 1092 1/16

2025 年 1 月第二次印刷 印张：21 1/4

字数：504 000

定价：248.00 元

（如有印装质量问题，我社负责调换）

前　言

坏死梭杆菌（*Fusobacterium necrophorum*）是一种引起人和牛、羊、猪等多种动物坏死性、化脓性疾病的人畜共患病病原。在反刍动物坏死梭杆菌病中，牛坏死梭杆菌病最为严重，主要表现为奶牛腐蹄病（bovine foot rot，BFR）、肉牛肝脓肿、奶牛乳腺炎和奶牛子宫内膜炎，严重影响奶牛和肉牛的生产性能，以及产奶产肉质量，导致巨大的经济损失和严重的食品安全问题。坏死梭杆菌侵染人类可引起 Lemierre's 综合征（Lemierre's syndrome，勒米埃综合征，又名咽峡后脓毒症），还直接导致牙周炎、直肠癌、肝胆癌和胃肠道肿瘤等疾病的发生。因此，牛坏死梭杆菌病不仅给奶牛业和肉牛业带来严重危害，还影响食品质量安全和人类健康，威胁公共卫生安全。

鉴于坏死梭杆菌的严重危害性及其重要的公共卫生意义，笔者结合黑龙江八一农垦大学动物厌氧菌研究团队多年来在坏死梭杆菌病领域研究的成果，在系统总结坏死梭杆菌国内外最新的研究进展基础上撰写本书。本书包括第一章坏死梭杆菌病的病原学、第二章反刍动物主要坏死梭杆菌病的流行病学、第三章坏死梭杆菌的致病机制、第四章反刍动物坏死梭杆菌感染的临床症状及病理变化、第五章反刍动物坏死梭杆菌病的诊断、第六章反刍动物坏死梭杆菌病的综合防治。其中，第一章由孙东波撰写，累计字数 16.9 万字；第二章、第三章、第四章由贺显晶撰写，累计字数 18.2 万字；第五章和第六章由郭东华撰写，累计字数 12.9 万字。

本书的研究工作得到了“十三五”国家重点研发计划“畜禽群发普通病防控技术研究”（2017YFD0502200）、国家自然科学基金青年科学基金项目“基于 lktA/Hly 的牛坏死梭杆菌嵌合保护性抗原的筛选”（31101835）、国家自然科学基金国际合作与交流项目“坏死杆菌重组亚单位疫苗研究”（31210103063）、国家自然科学基金面上项目“43K-OMP 在牛坏死梭杆菌黏附宿主靶细胞中的作用”（31572534）、百千万人才工程配套项目“动物疫病分子病原学及其综合防控研究”（2050230001）、黑龙江省牛病防治重点实验室基地奖励基金项目“东北寒区牛重要群发病防控”（2041020026）、“龙江学者”特聘教授支持计划“牛重要疫病病原学及防控”（2031210001）、中国博士后科学基金面上项目“基于反向疫苗学策略筛选牛坏死梭杆菌疫苗抗原”（20110491022）、黑龙江省教育厅科学技术面上项目“奶牛腐蹄病 ELISA 诊断方法的建立与应用”（11541250）、黑龙江省农垦总局科技攻关项目“奶牛腐蹄病基因工程亚单位疫苗的优化及初步应用”（HNKXIV-08-01d）、黑龙江省普通高等学校青年学术骨干支持计划“奶牛腐蹄病蹄组织差异表达蛋白的筛选与鉴定”（1253G003）、黑龙江省自然科学基金联合引导项目“牛坏死梭杆菌 OMVs 介导机体免疫保护作用的分子机制”（LH2021C070）、黑龙江省重点研发计划项目“畜禽重要传染病快速诊断关键技术研发与推广”（GA21B004）、黑龙江省自然科学基金联合引导项目“基于牛节瘤拟杆菌外膜囊泡的疫苗研究及免疫保护效力评估”（LH2022C073）、中国博士后科学基金面上资助“地区专项支持计划”“43K OMP-整合素介导坏死梭杆菌入侵宿主细胞的分子机制”（2022MD723782）等资助。本书的出版得到了“黑龙江八一农垦大学学术专著出版资助计划”的资助。

本书在撰写过程中，东北农业大学王洪斌教授、佳木斯大学武瑞教授给予了悉心指导；蒋凯、肖佳薇、赵鹏宇、毕栏、蒋剑成、王志慧、王丽娜、汪峰峰、于思雯、王天硕、孙海涛、刘娇、刘荣琦、李卿、杨宁在本书的研究工作、组稿和校稿等方面辛勤付出。在此，向他们表示由衷的感谢！

由于笔者水平有限，本书可能存在一些不足，诚恳希望同行专家和广大读者批评指正。

孙东波　郭东华　贺显晶

黑龙江八一农垦大学

农业农村部东北寒区牛病防治重点实验室

2023 年 11 月 30 日

目　　录

第一章　坏死梭杆菌病的病原学

第一节　坏死梭杆菌的概述

一、坏死梭杆菌的分类

坏死梭杆菌（*Fusobacterium necrophorum*，*Fn*）的名字来源于拉丁文“*fusus*”。19世纪80年代后期，坏死梭杆菌被证明是能感染动物的一种病原菌（Langworth，1977）。坏死梭杆菌属于梭杆菌属，是一种革兰氏阴性非芽孢专性厌氧多形性细菌（Tan et al.，1996）。根据细菌形态、血凝特性、溶血活性和毒性，坏死梭杆菌被分为A型、B型、AB型、C型4种生物型（Smith and Thornton，1993b，1997）。其中C型坏死梭杆菌没有致病性，也称为伪坏死梭杆菌（*Fusobacterium pseudonecrophorum*），且与变性梭杆菌（*Fusobacterium varium*）同源。坏死梭杆菌AB型在腐蹄病病例中很少见，AB型坏死梭杆菌同时具备A型和B型坏死梭杆菌的生物学特性。基于坏死梭杆菌16S rRNA基因的系统进化分析，结果表明，生物型AB型与B型同源性更近（Scanlan et al.，1986；Nicholson et al.，1994）。

坏死梭杆菌生物型A型和B型主要引起牛腐蹄病和肝脓肿，坏死梭杆菌生物型A型在肝脓肿病例中的分离率为71%～95%，而生物型B型在肝脓肿病例中的分离率仅为5%～29%，这主要归因于A型坏死梭杆菌能产生比B型坏死梭杆菌更多且毒力更强的白细胞毒素，因此致病力更强（Smith and Thornton，1997；Narayanan et al.，2001b；Tadepalli et al.，2008a）。根据DNA同源性分析，A型和B型坏死梭杆菌被重新命名为*F. necrophorum* subsp. *necrophorum*（*Fnn*亚种）和*F. necrophorum* subsp. *funduliforme*（*Fnf*亚种）（Shinjo et al.，1991）。*Fnn*亚种和*Fnf*亚种在细菌形态、培养特性、溶血活性、毒性、生长模式、胞外酶、红细胞凝集能力、脂多糖（lipopolysaccharide，LPS）组成成分和对小鼠毒性等方面都存在着很大的差别（表1-1）（Langworth，1977；Scanlan and Hathcock，1983；Tan et al.，1996；冯二凯等，2012）。在动物感染中，*Fnn*亚种更常见，*Fnf*亚种在混合感染病例中更为常见（Langworth，1977；Scanlan and Hathcock，1983；Lechtenberg et al.，1988；Tan et al.，1996）。在人类感染中，坏死梭杆菌主要参与Lemierre’s综合征（Lemierre’s syndrome，勒米埃综合征，又名咽峡后脓毒症）的发生，这是一种主要影响年轻人群和健康人群的疾病，主要表现为静脉血栓性静脉炎，常继发于头颈部感染并伴随多器官的脓肿（Gore，2020；Kobayashi and Herwaldt，2019；Foo et al.，2021）。引起人类感染的坏死梭杆菌属于*Fnn*亚种，但其特征类似于*Fnf*亚种（Lyster et al.，2019；Radovanovic et al.，2020）。

表 1-1 *F. necrophorum* subsp. *necrophorum* 和 *F. necrophorum* subsp. *funduliforme* 的区别

		subsp. *necrophorum*	subsp. *funduliforme*
基本描述	细菌形态	多形性细丝（2～100μm）	弯曲杆状（1～10μm）
	菌落形态	光滑、不透明、不规则边缘	小、淡黄色、凸起、黏性
	主要来源	牛肝脓肿、瘤胃	人、瘤胃
生物活性	鸡红细胞凝血	+	–
	白细胞毒素	+++	+/–
	血小板凝集	+	–
	动物细胞黏附	+	–
	对小鼠毒性	+++	+/–
	增强其他细菌	+	–
生化特性	蛋白质水解活性	++	+
	DNA 酶	+	–
	脂肪酶	+/–	–
	磷酸酶	+	–

注：++、+++. 强阳性；+. 阳性；–. 阴性

二、坏死梭杆菌的生物学特性

（一）形态及染色特性

坏死梭杆菌属于梭杆菌属（*Fusobacterium*），是革兰氏阴性、杆状、无鞭毛、不能运动、不形成芽孢和荚膜、严格厌氧性细菌，直径为 0.5～1.77μm，长约 100μm，有时可达 300μm。人源的菌株通常为短棒状的球杆菌，而动物源的菌株多为长丝状。在病料组织中，长丝状的细菌更为多见。新分离的菌株主要呈平直的长丝状，有时丝状的菌株可见一端膨大。经过多次传代培养，细菌趋于短丝状或球状。幼龄培养物菌体着色均匀，但 24h 以上的培养物菌体内形成空泡，此时以石炭酸复红或碱性亚甲蓝染色，着色不均，宛如串珠状。

（二）生长要求及培养特性

坏死梭杆菌无鞭毛、无芽孢、无运动性，对培养条件要求苛刻。坏死梭杆菌的最适生长温度为 37℃，但在 30～40℃均能生长；最适 pH 为 7.0，但在 pH 6.0～8.4 均能生长；最适生长的气体比例为 5%～10% CO_2、5%～10% H_2、80%～90% N_2；氧化还原电位为 –280～–230mV。虽然该菌培养时必须厌氧，但在无氧环境下形成菌落后，转入有氧环境继续培养，菌落仍可继续增大。根据培养基不同，该菌呈现不同的细菌形态，一般在液体培养基内，呈短杆状，或具有尖端或圆端的长丝状，而在血琼脂平板上培养 48～72h，可形成直径 1～2mm 的半透明或不透明、波状边缘的小菌落。新分离的坏死梭杆菌菌株多以平直、长丝状为主，在某些培养物中还可见到比正常菌株粗两倍的杆状菌体，在病

变组织和肉汤中以丝状形态多见。

坏死梭杆菌对生长环境要求比较苛刻，初代培养时，常混有链球菌、葡萄球菌和大肠杆菌，因此坏死梭杆菌的分离和纯培养相对困难。在培养基中加入血清、葡萄糖、氯化血红素、维生素 K_1、L-半胱氨酸盐、酵母粉、肝块等还原剂可以明显促进坏死梭杆菌生长；普通培养基如琼脂、肉汤等不适于坏死梭杆菌生长；在加有马血清的琼脂平板培养 48～72h，形成圆形、直径 1～2mm、呈扇形到蚀刻状边缘的菌落。菌落隆起乃至凸脐状，表面呈现脊状或高低不平，透射光观察呈半透明或不透明，并有镶嵌样的内部结构。用放大镜观察，可见菌落由毡状菌丝所构成，中央致密，周围较疏松。菌落的致密程度和培养基的硬度有密切关系，若培养基较软，则菌落疏松，否则菌落较致密。在葡萄糖肉汤培养基中培养，需要加入巯基乙酸钠，以降低氧化还原电势，细菌方能生长；生长后常呈均匀一致的浑浊状，有时形成柔滑、絮状、颗粒状或细丝状沉淀，培养结束后的 pH 可达 5.8～6.3。Fales 和 Teresa（1972）制备了一种对坏死梭杆菌有较好选择作用的培养基，其组成是以卵黄琼脂为基础，在其中添加结晶紫和苯乙醇，后者可抑制革兰氏阴性兼性厌氧菌的生长。在含有 5%～10% CO_2 的厌氧环境下培养后，培养基中出现蓝色菌落，围绕菌落周围有内外两条带，内侧带不清晰，外侧带清晰。

（三）生化特性

坏死梭杆菌在血琼脂平板培养 48～72h，形成圆形、直径 1～2mm 的菌落，在兔血琼脂上多数菌株会呈现 α 溶血和 β 溶血。在血液琼脂培养基中，A 型坏死梭杆菌的菌落呈扁平状、轮廓不规则、金属灰白色，出现 β 溶血；B 型坏死梭杆菌的菌落呈隆起状、轮廓圆整、黄色，出现弱的 β 溶血；AB 型坏死梭杆菌的菌落为 A 型和 B 型的中间型，可见菌落由毡状菌丝构成，中央致密，周围较疏松，出现弱的 β 溶血。β 溶血的菌株在卵黄琼脂上通常酯酶阴性，而 α 溶血或不溶血的菌株酯酶阳性、卵磷脂酶阴性。由于牛坏死梭杆菌代谢过程有吲哚产生，因此在细菌培养过程中有典型的恶臭味出现。

除少数菌株偶尔可使葡萄糖和果糖发酵产酸外，大部分坏死梭杆菌菌株对糖类不发酵。根据该菌可以产生靛基质、发酵乳糖、产生丙酸等生化特性，可以将其区别于同属中其他细菌。坏死梭杆菌没有糖苷酶、氨基肽酶或磷酸水解酶，脂肪酶阴性，且 *Fnn* 亚种和 *Fnf* 亚种的生化特性差异表现在磷酸酶和 DNA 酶活性，其中 *Fnn* 亚种菌株能产生大量的磷酸酶，瘤胃 *Fnf* 亚种菌株磷酸酶呈阴性或弱阳性，肝脏 *Fnf* 亚种菌株磷酸酶为阴性。多数 *Fnn* 亚种菌株 DNA 酶为阳性，而瘤胃及肝脏来源的 *Fnf* 亚种菌株多为 DNA 酶阴性或弱阳性。瘤胃和肝脏来源的 *Fnn* 亚种菌株的酯酶（丁酸盐）阴性，酯酶-脂肪酶（辛酸盐）阳性，而 *Fnf* 亚种菌株的两种酶反应为弱阳性。坏死梭杆菌能分解乳酸为乙酸、丙酸和丁酸，且不同亚种菌株分解能力不同。坏死梭杆菌在蛋白胨酵母浸汁葡萄糖肉汤中的代谢产物主要是酪酸，也可以产生少量乙酸和丙酸，极少数菌株的代谢产物以乳酸为主，并可产生少量的琥珀酸和蚁酸；能使牛乳凝固并胨化（少数菌株例外）；能形成吲哚；多数菌株产生脂肪酶，少数不产生；液化明胶不定；能转化苏氨酸为丙酸盐，多数菌株在培养基中大量产气（表 1-2）。大多数坏死梭杆菌都能在羊、人和马血琼

脂平板上形成 β 溶血，能产生正丁酸，而不是异丁酸或异戊酸，坏死梭杆菌 DNA G+C 的含量为 31%～34%。由于坏死梭杆菌具有能将乳酸和苏氨酸转化成丙酸的特征，因此很容易将坏死梭杆菌与其他梭杆菌进行区别。坏死梭杆菌的生长速率能被胆汁或胆汁盐所抑制，但对多种染料具有抗性（Nicholson et al.，1994；Tan et al.，1994b）。

表 1-2 瘤胃或肝脓肿分离的坏死梭杆菌生物学特性

项目	瘤胃内容物		肝脓肿	
	Fnn 亚种	*Fnf* 亚种	*Fnn* 亚种	*Fnf* 亚种
脲酶	–	–	–	–
糖苷酶	–	–	–	–
磷酸酶	+	–	+	–
氨基肽酶	–	–	–	–
吲哚	+	+	+	+
碳水化合物发酵	–	–	–	–
明胶水解	–	–	–	–
七叶苷水解	–	–	–	–
H_2S	+	+	+	+
过氧化氢酶	–	–	–	–
碱性磷酸酶	++	弱反应或–	++	–
酸性磷酸酶	++	弱反应或–	++	–
酯酶（丁酸盐）	–	弱反应	–	弱反应
酯酶-脂肪酶（辛酸盐）	+	弱反应	+	弱反应
脂肪酶	弱反应或–	–	弱反应或–	–
胰蛋白酶	–	–	–	–
糜蛋白酶	–	–	–	–
氨肽酶	–	–	–	–
磷酸水解酶	–	–	–	–
硝酸盐还原酶	–	–	–	–
DNA 酶	+/–	+/–	+	+/–
乳酸发酵产物	乙酸、丙酸、丁酸	乙酸、丙酸、丁酸	乙酸、丙酸、丁酸	乙酸、丙酸、丁酸
血凝素	+	–	+	–

注：++. 强阳性；+. 阳性；–. 阴性

（四）抗原分型与抵抗力

坏死梭杆菌在自然界的分布极为广泛，是人和动物胃肠道和呼吸道内的常在寄生菌，是人类和动物各种坏死性、化脓性疾病的原发性或继发性病原。坏死梭杆菌容易引起人类患 Lemierre’s 综合征和软组织脓肿（Busch，1984；Bonhoeffer et al.，2010）。坏死梭杆菌感染动物主要引起牛腐蹄病、牛肝脓肿、牛肺脓肿、牛坏死性喉炎、牛夏季乳腺炎、羚羊和有袋类的下颌脓肿，以及猪皮肤溃疡（Langworth，1977；Tan et al.，1996；Nagaraja and Chengappa，1998）。坏死梭杆菌分为热敏感和热稳定两种，在不同的菌株间存在很大的差异。Feldman 等（2011）报道，从牛的肝脓肿分离出的 14 株坏死梭杆菌中，就有 4 种不同的抗原群。有人根据坏死梭杆菌能否引起溶血及是否产生血凝素，将坏死梭杆菌分为 3 型：A 型菌株能溶血，且产生血凝素，对小鼠有致病性；B 型菌株能溶血，不产生血凝素，对小鼠的致病性微弱；C 型菌株既不溶血，也不产生血凝素，对小鼠无致病性。A 型菌株多分离于牛体，B 型菌株和 C 型菌株则较多分离于人体。当坏死梭杆菌由 A 型菌株转化为 C 型菌株时，同时转变为对青霉素具有抵抗力（500U/mL）的变异菌株。该菌对外界环境的抵抗力不强，在 55℃条件下加热 15min 或者煮沸 1min 即可被杀死；常用的化学消毒剂（如 1%高锰酸钾、2%氢氧化钠、5%来苏儿或 4%乙酸）也可在短时间内杀死该菌。但在污染的土壤中，该菌生活力极强，可长期存活。在粪便中可以存活 50d，在尿中可存活 15d，如果土壤的温度、湿度和 pH 适宜，甚至可存活数月。

（五）耐药性

坏死梭杆菌对 β-内酰胺类抗生素（青霉素类和头孢菌素类）、四环素类抗生素（金霉素和土霉素）、大环内酯类抗生素（红霉素、泰乐菌素和替米考星）、林可霉素抗生素（克林霉素和林可霉素）、氯霉素、新生霉素、异菌脲、那拉辛和弗吉尼亚霉素敏感（Lechtenberg et al.，1988）；该菌对氨基糖苷类药物（庆大霉素、卡那霉素、新霉素和链霉素）、离子载体抗生素（拉沙里菌素、莫能菌素和盐霉素）和肽类抗生素（阿伏巴星和硫肽素）不敏感。同时，坏死梭杆菌能被高浓度（5μmol/L）的莫能菌素所抑制（Attwood et al.，1998；Russell，2005），该浓度远远高于正常日粮中莫能菌素的添加浓度。该细菌对多黏菌素 B 十分敏感，细菌分离株对莫能菌素耐药，因此，莫能菌素对肝脓肿发病无明显作用（Brink et al.，1990；Potter et al.，1985）。弗吉尼亚霉素和泰乐菌素对革兰氏阳性菌有抑菌活性，而对革兰氏阴性菌抑菌作用不大，但坏死梭杆菌对弗吉尼亚霉素和泰乐菌素的敏感性不符合普遍性；这两种抗生素均对坏死梭杆菌具有抑菌活性（McGuire et al.，1961；Cocito，1979；Nagaraja and Taylor，1987）。在美国，5 种抗生素（亚甲基双水杨酸杆菌肽、金霉素、土霉素、泰乐菌素和弗吉尼亚霉素）被美国食品药品监督管理局（Food and Drug Administration，FDA）批准，用于预防饲养场牛的肝脓肿。这 5 种抗生素在预防肝脓肿方面的效果各不相同（Brown，1967），其中，杆菌肽效果最差，泰乐菌素效果最好。这些抗生素在预防肝脓肿中的作用方式可能是抑制或减少反刍动物瘤胃内容物、瘤胃壁或肝脏或两者中坏死梭杆菌的数量（Coe et al.，1999；Nagaraja et al.，1999）。泰乐菌素和弗吉尼亚霉素的作用可能不会超出瘤胃壁，因为这些药物很少甚至不会被吸收（Langworth，1977；Trevillian et al.，1998）。在饮食中添加泰乐菌素或弗吉尼亚霉素，可防止与饲喂高谷物饮食相关的坏死梭杆菌瘤胃菌群的改变（Coe et al.，1999；Nagaraja et al.，1999）。然而，金霉素和土霉素对附着在瘤胃壁或肝脏或二者上的坏死梭杆菌能产生抑菌作用。此外，泰乐菌素和弗吉尼亚霉素对瘤胃细菌的抗菌活性和发酵速率产生调节作用，进而减少了瘤胃酸中毒和肝脓肿的发生率（Coe et al.，1999；Nagaraja et al.，1999）。

三、坏死梭杆菌的主要毒力因子

坏死梭杆菌侵染宿主后，首先黏附侵入宿主细胞，随后通过释放大量的毒力因子完成对动物的感染和介导机体损伤。坏死梭杆菌毒力因子的释放不仅能使坏死梭杆菌免于被宿主免疫系统识别并吞噬，而且还能对宿主组织造成损伤（Narayanan et al.，2002a）。坏死梭杆菌毒力因子非常多(表 1-3)，主要包括白细胞毒素(leukotoxin，lkt)、溶血素(hemolysin，Hly)、血凝素（hemagglutinin，HA）、内毒素脂多糖、黏附素（adhesin）、血小板凝集因子（platelet aggregation factor）、皮肤坏死毒素（dermatonecrotoxin）、细胞壁溶胶原成分（collagenolytic cell wall component，CCWC）和一些胞外酶（extracellular enzyme）（Emery et al.，1986；Tan et al.，1996；Narayanan et al.，2002b；Miao et al.，2010）。

表 1-3　坏死梭杆菌的主要毒力因子

毒力因子	分子质量	特性	作用机制	致病作用
白细胞毒素	336kDa	细胞外分泌的蛋白质	对巨噬细胞、肝细胞和中性粒细胞有毒性，可能对瘤胃上皮细胞有毒性	抑制中性粒细胞吞噬作用，通过细胞溶解产物对肝脏造成损伤
溶血素	150kDa	细胞外蛋白质	溶解红细胞	捕获宿主体内的铁，刺激细菌生长，创造厌氧环境
血凝素	19kDa，89kDa	细胞壁成分	凝集动物红细胞	间接黏附肝细胞和瘤胃上皮细胞
内毒素脂多糖		细胞壁成分	引起坏死和导致血管内凝血	创造厌氧微环境
血小板凝集因子		细胞成分，不具有特征性	破坏细胞蛋白质	创造厌氧环境，有利于细菌生长
血凝素		是一种蛋白质，与细胞壁有关	凝集各种动物红细胞	附着瘤胃细胞和肝细胞
纤毛蛋白		细胞外，可能是一种蛋白质	吸附在真核细胞表层	与细菌定居在瘤胃上皮细胞或皮肤有关
皮肤坏死毒素		细胞壁成分	引起上皮细胞坏死	对反刍动物瘤胃或上皮有渗透作用
蛋白酶		细胞外蛋白质	崩解细胞蛋白质	促进瘤胃上皮细胞的渗透
细胞壁溶胶原成分	50kDa	细胞壁成分	裂解牛 I 型胶原蛋白	在细菌感染宿主早期发挥作用

四、坏死梭杆菌主要功能蛋白的研究

牛坏死梭杆菌的致病机制比较复杂，其中主要发挥毒力作用的功能物质包括白细胞毒素、溶血素、内毒素、外膜蛋白等，这些毒力因子各自发挥功能，在细菌的生存、物质运输、入侵细胞和逃避免疫等方面发挥关键性作用（Garcia et al.，1974），相关功能蛋白在坏死梭杆菌致病机制研究及疫苗研发中具有重要意义。

（一）白细胞毒素

坏死梭杆菌白细胞毒素是一种高分子量的分泌性蛋白质，它能够介导中性粒细胞、巨噬细胞、肝细胞，以及反刍动物瘤胃上皮细胞的凋亡和坏死（Narayanan et al.，2002b）。

Roberts（1967）最早发现坏死梭杆菌培养上清液对兔和羊的中性粒细胞具有毒性作用，且不同于其他毒力因子，因此认为白细胞毒素（lkt）可能是一个重要的毒力因子。Fales等（1977）从体外证实坏死梭杆菌白细胞毒素对兔腹腔巨噬细胞具有毒性作用。

白细胞毒素作为一种天然的毒素具有独特的遗传特性。坏死梭杆菌的白细胞毒素操纵子的完整核苷酸序列已经被确定。该操纵子由 *lktB*、*lktA* 和 *lktC* 三个基因组成，其中白细胞毒素的结构基因（*lktA*）是该操纵子的第二个基因（图 1-1）（Tan et al.，1992）。*lktA* 基因由 9726bp 组成，编码一个由 3241 个氨基酸（aa）组成的分子质量为 336kDa 的蛋白质（Narayanan et al.，2001a；郭东华等，2008a），这种蛋白质比迄今发现的任何细菌外毒素都要大，并且与其他已知的白细胞毒素没有序列相似性。坏死梭杆菌白细胞毒素的第一个基因 *lktB* 包含一个由 551aa 组成的分子质量为 63kDa 的蛋白质。通过亲水性分析，该蛋白质可能是坏死梭杆菌的外膜蛋白，对 lktA 蛋白分泌到细胞外发挥重要作用。第三个基因 *lktC* 转录并翻译为一个由 145aa 组成的分子质量为 17kDa 的蛋白质。*lktC* 的下游不存在与其紧密相邻的开放阅读框（open reading frame，ORF），编码 *lktC* 的起始密码子 ATG 与负责 *lktC* 编码的终止密码子 TGA 之间存在重叠，推测 *lktC* 是该操纵子的终止基因。坏死梭杆菌白细胞毒素在 *Fnn* 亚种中表达量比在 *Fnf* 亚种中更高，白细胞毒素表达量的差异可能是导致两种亚种毒性不同的原因（Wada，1978；Berg and Scanlan，1982；Tan et al.，1992，1994c；Smith and Thornton，1993a；Nagaraja et al.，2005）。

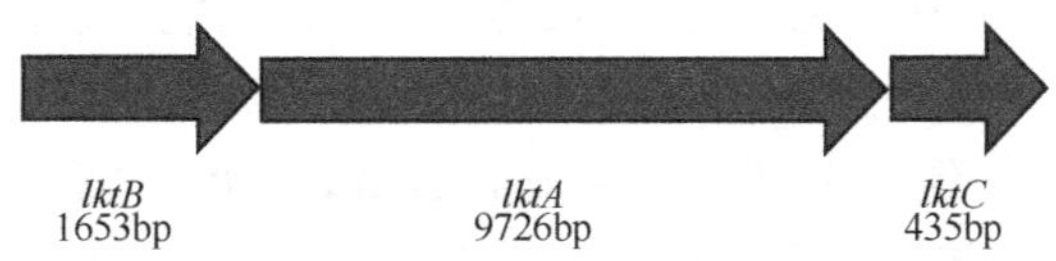

图 1-1　白细胞毒素基因开放阅读框（ORF）

坏死梭杆菌白细胞毒素是一个缺乏半胱氨酸的蛋白质，这在厌氧菌的毒素蛋白质中是很罕见的。半胱氨酸是厌氧菌毒素蛋白质的一个特征，肉毒杆菌神经毒素、艰难梭菌细胞毒素 B、败血梭菌 α 毒素、破伤风杆菌毒素等梭菌毒素都含有半胱氨酸残基。坏死梭杆菌白细胞毒素基因与其他已知的细菌白细胞毒素基因没有序列相似性。坏死梭杆菌白细胞毒素（lktA）与任何已知的金黄色葡萄球菌、溶血性曼氏杆菌、溶血性巴斯德菌和放线菌等其他革兰氏阴性细菌的 lkt 在分子量、氨基酸序列和功能等方面都存在很大区别（Narayanan et al.，2002a）。同时，坏死梭杆菌 lkt 与其他细菌 lkt 在蛋白质序列上无序列相似性，且与人源的坏死梭杆菌存在很大差异（Shinjo et al.，1991；Narayanan et al.，2001a）。因此，坏死梭杆菌白细胞毒素可能代表一个新的细菌白细胞毒素类型。

坏死梭杆菌 *Fnn* 亚种分泌的 lkt 量是 *Fnf* 亚种的 18 倍，不同 lkt 量的差异导致 *Fnn* 亚种坏死梭杆菌比 *Fnf* 亚种坏死梭杆菌更易引起牛肝脓肿，不同亚种坏死梭杆菌 lkt 的血凝、溶血、白细胞毒性等生物学活性存在较大的差异（Tan et al.，1992；Okwumabua et al.，1996）。同时，温度、pH 和培养基中铁的浓度、反复冻融等均会影响坏死梭杆菌 lkt 的活性（Pillai et al.，2019）。坏死梭杆菌 lkt 对反刍动物中性粒细胞的毒性要强于其他动物，且对多形核粒细胞（polymorphonuclear leukocyte，PMN）的杀伤效果要强于单核细胞，推测这是由反刍动物和非反刍动物 PMN 上的抗原决定簇不同导致的（Tan et al.，1996）。Narayanan 等（2002b）在研究坏死梭杆菌白细胞毒素诱导牛外周血中性粒细胞凋亡试验中发现，在低浓度的坏死梭杆菌 lkt 作用下，细胞质内的初级颗粒和次级颗粒易位，而且这些细胞表现出凋亡的特征性变化，如细胞体积的变小、细胞器的浓缩、细胞质的空泡化和染色质浓缩和边聚、细胞内 DNA 含量的减少等。在中浓度的坏死梭杆菌 lkt 作用下，牛中性粒细胞同样可以发生细胞凋亡。在高浓度的坏死梭杆菌白细胞毒素作用下，能直接引起牛外周血中性粒细胞发生坏死。坏死梭杆菌白细胞毒素损伤宿主免疫系统的这种能力，包括 PMN 的活化及介导吞噬细胞和免疫效应细胞介导的凋亡杀伤作用，被认为是坏死梭杆菌致病的一个潜在重要机制。研究也发现白细胞毒素可以快速激活人体外周血单核细胞（THP-1）中的半胱天冬酶，与此同时，也能克服半胱天冬酶的抑制作用，使细胞中毒（DiFranco et al.，2012）。白细胞毒素可以快速中断溶酶体向外释放内容物，这种毒力因子作为最先进入机体的毒素，能够快速使溶酶体的功能损伤。坏死梭杆菌白细胞毒素进入机体后，引起机体发生固有免疫功能减退。随着细菌繁殖及产生的其他毒素的释放，机体无法产生足够的抗体对抗病原菌，细胞因营养物质缺失，最终坏死。

白细胞毒素作为坏死梭杆菌的一种关键的毒力因子，用针对鹿源坏死梭杆菌制备的裂解细菌上清液疫苗免疫鹿后，对坏死梭杆菌感染具有良好的保护作用（王克坚等，2002a）。同时，接种含坏死梭杆菌 lkt 上清液能降低牛腐蹄病的发病率（郭东华等，2009；孟祥玉，2018）。对坏死梭杆菌 *lktA* 基因进行截短表达后，能在一定程度上抵抗坏死梭杆菌的感染，具有一定的保护作用（Narayanan et al.，2003；郭东华等，2008b，2009）。坏死梭杆菌 lkt 与大肠杆菌、化脓性假单胞菌的主要毒素蛋白 FimH 和 PLO 制备的多组分疫苗，能有效预防初产母牛的子宫内膜炎（Machado et al.，2014）。因此，坏死梭杆菌白细胞毒素常作为重要的靶标蛋白，对于预防由坏死梭杆菌诱发的反刍动物腐蹄病、子宫内膜炎等相关疾病发生具有重要意义。

（二）溶血素

细菌产生溶血素并破坏红细胞可能是一种铁的获取机制。坏死梭杆菌溶血素是一种由 4107bp 基因编码的，由 1368 个氨基酸组成的分子质量为 150kDa 的分泌型蛋白质。坏死梭杆菌通过 Hly 溶解红细胞，创造厌氧微环境，同时也能增强细菌从宿主体内对铁离子的吸收。基因文库推测的溶血素基因和上游序列结果显示：呼吸链蛋白（Scad、Etf-α 和 Etf-β）位于溶血素的上游，Etf-Bcd 复合物参与厌氧菌的能量代谢，易发酵糖对溶血活性的抑制作用提示溶血素基因与能量代谢之间可能存在调节关系。在 Etf-β 和 Hly 间包含启动子和 SD 序列的 535bp 非编码序列，可能含有参与坏死梭杆菌溶血素表达调控的顺应性调控元件。Hly 氨基酸序列含有一个 24aa 的信号肽，可将溶血素运输到细菌外膜或周质中。Hly 还有两个显著的 Pfam-A 匹配的血凝活性区域或血凝素重复区域。其中血凝活性区域是一个碳水化合物依赖的血凝活性位点，在一系列血凝素和溶血素中被发现。血凝素重复是一种高分子分化的重复，在细胞聚集涉及的蛋白质中产生。因此，坏死梭杆菌溶血素基因表达产物是溶血活性相关的毒力蛋白质，也是坏死梭杆菌第一个表征的溶血素编码基因。

坏死梭杆菌体外溶血素的分泌与血红蛋白浓度成反比，这表明，在低铁浓度下，坏死梭杆菌溶血素产生增强，并可能通过破坏红细胞获取铁元素。许多因素都能影响坏死梭杆菌 Hly 的分泌和活性，如温度、酸碱度等，因此坏死梭杆菌培养基中需要添加半胱氨酸盐酸盐、吐温-80 等稳定剂（Amoako et al.，1996a，1997）。当坏死梭杆菌在酸性或碱性培养液中生长时，溶血活性降低。在培养液中添加低浓度的血红蛋白会增加溶血素活性；添加高浓度的血红蛋白会降低溶血素活性。坏死梭杆菌溶血素对各种动物的红细胞敏感性存在差异，容易与马、犬的红细胞结合，而不易与牛、羊的红细胞结合（Amoako et al.，1996b）。坏死梭杆菌 Hly 对不同种属动物红细胞的溶解能力存在差异，这可能与 Hly 与红细胞作用的强度有关，推测磷脂酰胆碱是 Hly 的受体（Abe et al.，1979；Amoako et al.，1998）。

（三）内毒素

坏死梭杆菌的外膜和其他革兰氏阴性菌一样，含有内毒素脂多糖（Maldonado et al.，2016）。坏死梭杆菌的 LPS 化学成分因亚种、菌株、脂多糖纯度和分析技术而异，主要由 26%的碳水化合物、16%～28%的脂肪酸或脂肪酸酯、4%～34%的类脂 A、6%～8%的蛋白质等组成（Inoue et al.，1985；Okahashi et al.，1988）。坏死梭杆菌内毒素和其他革兰氏阴性菌组成比例相同，坏死梭杆菌两个亚种 *Fnn* 亚种和 *Fnf* 亚种的 LPS 在毒性、免疫原性等方面存在很大的差异。其中 *Fnn* 亚种产生的 LPS 浓度高于 *Fnf* 亚种，*Fnn* 亚种内毒素缺少 O 抗原，比较光滑，容易入侵宿主免疫系统；而 *Fnf* 亚种内毒素含量偏低，且易被宿主的免疫细胞吞噬（Inoue et al.，1985）。坏死梭杆菌两个亚种 LPS 免疫家兔后，致病性无明显差异（Berg and Scanlan，1982；Creemers et al.，2014）。坏死梭杆菌内毒素性质稳定，即使经过长时间放置、高温加热、福尔马林处理后，毒性仍然存在，对家兔、小鼠和 11 日龄鸡胚具有致命性作用。坏死梭杆菌 LPS 除引起小鼠表现出什瓦茨曼现象和典型的双相发热反应外（Warner et al.，1975），还可以引起家兔皮肤的红斑和水肿（Berg and Scanlan，1982）。人源和动物源性的坏死梭杆菌 LPS 在氨基酸方面存在差异性，*Fnn* 亚种的坏死梭杆菌 LPS 对中性粒细胞具有趋化作用并伴随着单核细胞增多；*Fnf* 亚种的坏死梭杆菌 LPS 则引起单核细胞增多症和中性粒细胞减少。坏死梭杆菌亚种 LPS 毒性的差异及改变白细胞运输能力的差异是造成 *Fnn* 亚种和 *Fnf* 亚种毒性差异的原因（Garcia et al.，2000）。

（四）血凝素

坏死梭杆菌的血凝素（HA）分子质量约为 19kDa，是具有热不稳定性的蛋白质，丙氨酸、谷氨酰胺和组氨酸含量相对丰富，在电镜下观察可见丝状结构（图 1-2）。Kanoe 等（1998）证实血凝素存在于细胞表面，提示血凝素可能是细菌的附属物。坏死梭杆菌对不同动物红细胞的凝集作用不同，同时不同亚种坏死梭杆菌对红细胞的凝集作用也不同，其中坏死梭杆菌 *Fnn* 亚种凝集作用显著高于 *Fnf* 亚种。对坏死梭杆菌的致病性研究发现，坏死梭杆菌 *Fnn* 亚种显著强于 *Fnf* 亚种的致病性，且 *Fnf* 亚种坏死梭杆菌对鸡红细胞无凝集作用（Langworth，1977）。动物源性的坏死梭杆菌对牛、羊、家兔、鸡等红细胞具有较强的凝集作用，并且对牛、羊、兔的红细胞最为敏感。也有学者研究发现，血凝素是坏死梭杆菌表面的物质，推测其是一种外膜蛋白（Kanoe et al.，1989）。抗血凝素血清和胃蛋白酶预处理，可抑制坏死梭杆菌黏附牛瘤胃上皮细胞；而脂肪酶和神经氨酸酶预处理，对坏死梭杆菌黏附牛瘤胃上皮细胞无影响（Kanoe et al.，1985；Kanoe and Iwaki，1987）。因此，血凝素可能在坏死梭杆菌黏附宿主细胞过程中发挥重要作用。同时，坏死梭杆菌血凝素在肠系膜微循环中可引起血栓形成，这可能也是坏死梭杆菌发病机制的早期步骤之一。

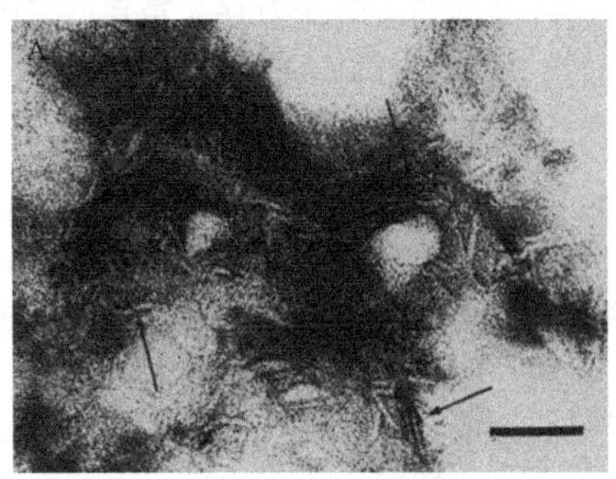

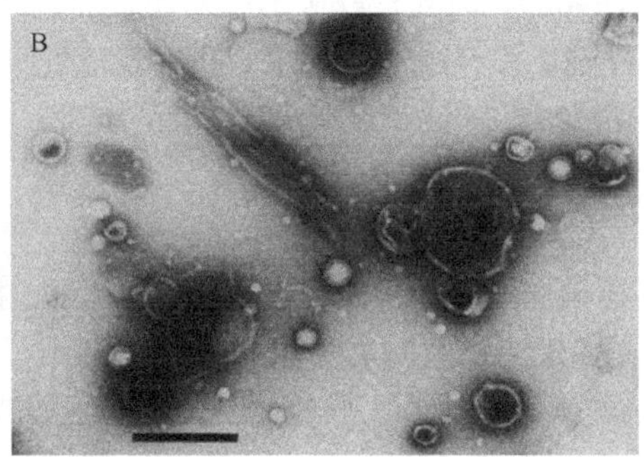

图 1-2 纯化的坏死梭杆菌血凝素（Nagai et al.，1984）
A. 观察到丝状结构（箭头），比例尺为 10nm；B. 观察到各种各样的结构，比例尺为 20nm

（五）外膜蛋白

外膜蛋白（outer membrane protein，OMP）作为革兰氏阴性菌细胞壁独有的组成成分，在细菌与外界环境相互作用中起到动态的衔接作用（Wexler，1997），其不仅有维持细菌结构、调节物质运输等生物学功能，还作为毒力因子发挥着黏附宿主细胞和逃避宿主防御机制的作用（Solan et al.，2021）。早期认为分子质量为 19kDa 的 OMP 血凝素在坏死梭杆菌黏附中具有积极作用（Kanoe and Iwaki，1987；Kanoe et al.，1998）。由于血凝素蛋白存在争议，Narongwanichgarn 等（2003）研究发现血凝活性由 DNA 编码分子质量为 90kDa 的 OMP 完成，且可以通过提供的序列引物准确区分 *Fnn* 亚种和其他亚种。对比 *Fnn* 亚种和 *Fnf* 亚种坏死梭杆菌的 OMP，其中 *Fnn* 亚种坏死梭杆菌和 *Fnf* 亚种坏死梭杆菌分别获得 19 条和 20 条 OMP 蛋白质条带，*Fnn* 亚种坏死梭杆菌和 *Fnf* 亚种坏死梭杆菌 OMP 中显著性条带的分子质量分别为 40kDa 和 37.5kDa，同时坏死梭杆菌两个亚种的 OMP 谱不同，这也解释了两个亚种在毒性及参与坏死梭杆菌感染发病机制方面的差异（Ainsworth and Scanlan，1993；Kumar et al.，2014）。关于 *Fnn* 亚种坏死梭杆菌外膜蛋白的研究多集中于分子质量为 43kDa 的 OMP（43kDa outer membrane protein，43K OMP），43K OMP 为外膜极性蛋白，与梭杆菌属其他成员，如具核梭杆菌、变异梭杆菌、溃疡梭杆菌、牙周梭杆菌、死亡梭杆菌和微生子梭杆菌的 OMP 表现出高度的相似性（Sun et al.，2013）。43K OMP 也是牛羊腐蹄病坏死梭杆菌分离株的主要 OMP，并具有高度保守性（吕思文，2014；Farooq et al.，2021），在坏死梭杆菌黏附细胞中具有重要作用（Kumar et al.，2015；Menon et al.，2018；He et al.，2020，2022；贺显晶，2021）。Kumar 等（2015）鉴定了坏死梭杆菌中分子质量为 17kDa、24kDa、42.4kDa 和 74kDa 的 OMP 可能发挥黏附作用，其中 42.4kDa OMP 对牛肾上腺毛细血管内皮（EJG）细胞亲和力最强。而坏死梭杆菌 OMP 是否与其他革兰氏阴性厌氧杆菌的 OMP 具有相似的生物学功能尚不可知，有待于进一步研究。2018 年 Menon 等将 *FomA* 基因克隆入 pFLAG-CTS 载体并在大肠杆菌 BL21 DE3（SM2013）表达，当通过异丙基硫代-β-D-半乳糖苷（isopropyl-β-D-thiogalactopyranoside，IPTG）诱导 SM2013 后，SM2013 与 EJG 细胞结合能力显著增强；当用天然 FomA 与 EJG 细胞共孵育，或用 FomA 多抗与 SM2013 共孵育诱导后，SM2013 与 EJG 细胞结合能力显著下降。He 等（2020）研究发现，天然 43K OMP 和重组 43K OMP 均可与仓鼠肾细胞（BHK-21）结合，用抗重组 43K OMP 的抗体孵育坏死梭杆菌可降低其与 BHK-21 细胞的结合。He 等（2022）研究证明 43K OMP 可与纤连蛋白（fibronectin，FN）相互作用从而发挥其与宿主细胞的黏附作用，缺失 43K OMP 后，坏死梭杆菌与牛上皮细胞结合能力显著降低。由此可见，43K OMP 在坏死梭杆菌黏附宿主细胞过程中发挥重要作用。

除了上述的功能蛋白，红细胞凝集素、纤毛蛋白，以及一些细胞外分泌蛋白，如蛋白水解酶、蛋白酶等在坏死梭杆菌致病中也发挥一定作用。细胞壁溶胶原成分（collagenolytic cell wall component，CCWC）是坏死梭杆菌细胞壁的成分，能水解Ⅰ型胶原蛋白。目前关于 CCWC 的研究主要集中在其生物学特性，研究发现接种 CCWC 可以引起皮肤红斑病变，且 CCWC 对中性粒细胞和肝细胞具有毒性作用（Okamoto et al.，2001，2006，2007）。近年来，研究者还提取了坏死梭杆菌 *Fnn* 亚种的荚膜多糖，但是其在坏死梭杆菌感染疾病中的作用尚不可知，需要进一步深入研究（Vinogradov and Altman，2020）。

第二节　坏死梭杆菌的危害

一、坏死梭杆菌感染对人的危害

坏死梭杆菌作为一种厌氧的革兰氏阴性细菌，常存在于人类口腔、消化道、女性泌尿生殖道等的黏膜表面，是人类正常菌群的重要组成部分。坏死梭杆菌是一种罕见但严重的坏死性感染——侵袭性坏死梭杆菌病（invasive *Fusobacterium necrophorum* disease，IFND）的病原体。这种感染在人和动物中都会发生，能引起局部脓肿和喉部感染，或危及生命，导致败血症和播散性脓肿的形成（Kuppalli et al.，2012；Lee et al.，2020）。坏死梭杆菌感染人类常引起咽扁桃体炎、Lemierre's 综合征和脑膜炎，以及其他严重感染。

（一）咽扁桃体炎

坏死梭杆菌常引起人的化脓性疾病，研究发现坏死梭杆菌与小儿扁桃体周围脓肿形成和中耳炎，以及青少年和年轻人的咽扁桃体炎密切相关。咽扁桃体炎是最常见的传染病之一，每年在美国因该病在急诊和门诊就诊的超过 1700 万人次；许多细菌和病毒都是咽扁桃体炎的病原，其中病毒约占 40%，是导致咽扁桃体炎的最常见原因（Bisno，2001；Hsiao et al.，2010）。A 组化脓性链球菌（group A *Streptococcus pyogen*，GAS）是咽扁桃体炎最常见的细菌学病原体。据估计，在 5%～30%的病例中含有这种病原体，其中成人的比例最低，儿童的比例最高（Bisno，2001）。其他细菌如聚乳酸链球菌（C/G 组链球菌）(5%)、肺炎支原体（＜1%）和溶血隐秘杆菌（＜1%）也与咽扁桃体炎有关（Bisno，2001）。近年来，研究发现坏死梭杆菌可能是引起咽扁桃体炎的第二常见细菌（Bisno，2001；Aliyu et al.，2004；Batty and Wren，2005；Eaton and Swindells，2014；Hedin et al.，2015；Jensen et al.，2015；Holm et al.，2016；Centor et al.，2022），同时咽扁桃体炎的发生与年龄有关。坏死梭杆菌是 13～40 岁咽扁桃体炎患者的厌氧菌感染病因，而在 15～30 岁患者中，在咽扁桃体炎感染病因中坏死梭杆菌超过化脓性链球菌。

（二）Lemierre's 综合征

坏死梭杆菌感染人类，会造成以颈内静脉脓毒性血栓性静脉炎为主要症状的 Lemierre's 综合征（Lemierre's syndrome，LS）。Lemierre's 综合征是一种主要影响年轻人群和健康人群的疾病，以颈内静脉血栓性静脉炎和继发于急性咽部感染的转移性脓毒症栓塞为特征（Kuppalli et al.，2012；Lee et al.，2020）。Lemierre's 综合征最常见的病原体是坏死梭杆菌，其次是具核梭杆菌和需氧菌，如链球菌、葡萄球菌和肺炎克雷伯菌。病灶多源于咽炎或扁桃体炎，占 Lemierre's 综合征病例的 85%以上，同时肺炎或胸膜脓胸是 Lemierre's 综合征中最常见的转移性感染（Lee et al.，2020）。

关于 Lemierre's 综合征最早的报道可追溯到 1900 年。Lemierre 于 1936 年对该病进行了详细系统的描述并用其姓氏进行命名。Lemierre's 综合征的典型临床情况为一名年轻人或青少年，有喉咙痛或咽炎的病史，之后是高烧，从喉咙痛症状出现后的第 4 天或第 5 天开始发烧。经常伴有颈部淋巴结病变，通常为单侧颈内静脉血栓性静脉炎，并伴有转移性脓肿。这些转移性脓肿最常发生于肺部，引起剧烈的胸痛，伴有呼吸困难、带血痰和脓性气胸。转移性脓肿的其他部位包括长骨和骨骼关节，这些部位通常疼痛难忍。患者病情急剧恶化到极度虚弱或昏迷，未经治疗的感染通常在 7～15d 死亡。

在抗生素被发现之前，Lemierre's 综合征是一种常见的直接威胁人类生命的疾病。坏死梭杆菌可以通过感染口咽部造成扁桃体炎及咽喉炎，当扁桃体周围发生脓肿后有利于坏死梭杆菌生长并穿透周围组织，这导致坏死梭杆菌感染由口咽部转向颈内静脉进行传播并形成颈内静脉脓毒性血栓性静脉炎和脓毒性血栓；人体多器官受牵连并形成脓肿灶，最常受牵连的是大脑和肺脏，未经相关治疗的人会在 7～15d 迅速死亡（Le et al.，2019；Doan et al.，2021；Valerio et al.，2021；Naran et al.，2022）。Lemierre's 综合征在各年龄人群均有发病，但不同年龄人群发病情况有所不同，18 岁以下人群发生急性乳突炎更多（Ulanovski et al.，2020；Coudert et al.，2020）。自从抗生素被发现后，Lemierre’s 综合征逐渐从常见病转为罕见病，但是一项在瑞典进行的为期 8 年的调查发现，由坏死梭杆菌感染导致的 Lemierre’s 综合征发病率呈现上升趋势（Nygren and Holm，2020）。

（三）脑膜炎

脑膜炎是一种罕见的严重中耳炎的并发症，最常由肺炎链球菌引起。坏死梭杆菌是儿童中耳炎或其他上呼吸道感染后导致脑膜炎的重要病原体，也是除肺炎链球菌外的第二大重要病原体（Veldhoen et al.，2007）。坏死梭杆菌常引起严重并发症，同时具有抗生素敏感性，因此受到了广泛的关注。近年来坏死梭杆菌感染的发病率不断增加，由此引起的脑膜炎发病率（60%）和死亡率（33%）居高不下，并伴随致命性脑血管血栓的形成。研究发现，坏死梭杆菌引起脑膜炎发病率和死亡率高主要与多发性脑脓肿及静脉和动脉梗死区的出现密切相关（Garimella et al.，2004；Bentham et al.，2004）。

（四）其他

除了咽扁桃体炎、Lemierre’s 综合征和脑膜炎，坏死梭杆菌也与儿童中耳炎有关（Castellazzi et al.，2020），并已被证明是年轻人腹膜后脓肿（retroperitoneal abscess，PTA）的一个非常重要的病原体（Giridharan et al.，2004；Kristensen and Prag，2008a；Le Monnier et al.，2008；Ehlers et al.，2009；Shamriz et al.，2015；Stergiopoulou and Walsh，2016）。同时，坏死梭杆菌多引起胃肠道和泌尿生殖道的感染，主要发生在老年患者，通常与恶性肿瘤相关（Riordan，2007；Kristensen and Prag，2008b；Nohrström et al.，2011；Holm et al.，2015）。此外，坏死梭杆菌还会引起坏死性肺炎、败血性关节炎、眼眶蜂窝织炎、心内膜炎、乳突炎、败血症、系统性红斑狼疮等多种疾病（Brazier，2006；Rosenthal et al.，2020）。

二、坏死梭杆菌感染对动物的危害

在大多数动物坏死梭杆菌感染疾病中，以牛、羊腐蹄病和肝脓肿最为严重，但 2021 年也有研究发现在患有严重生殖障碍、宫颈-阴道粘连的骆驼的阴道中，检测出大量坏死梭杆菌（Ghoneim et al.，2021）；在死于坏死性口炎的幼年长颈鹿的肺泡腔及肺部支气管中，检测出坏死梭杆菌（Wang et al.，2021）。同时，在子宫内膜炎、乳腺炎及结肠癌中均能分离出坏死梭杆菌。这些情况在以往的坏死梭杆菌感染中是非常少见的，这也预示着坏死梭杆菌已经由一种“机会主义”病原逐渐转变为一种普遍感染的细菌，因此由坏死梭杆菌感染引发的疾病更应引起畜牧业的广泛重视。

（一）趾间坏死梭杆菌病

趾间坏死梭杆菌病（腐蹄病、蹄部脓肿或蹄部污垢）的特征是急性或亚急性坏死性感染，累及皮肤和邻近的足底软组织。在美国，这种感染是导致奶牛和肉牛跛行的主要原因，对畜牧业造成严重损失。腐蹄病（footrot）是一种发生在指（趾）间和蹄冠皮肤与邻近的软组织的急性或慢性坏死性感染性疾病，又称趾间坏死梭杆菌病（interdigital necrobacillosis）、足脓肿病和趾间黏液炎（Cortes et al.，2021；Roberts and Egerton，1969）。该病是肉牛、奶牛、山羊、鹿、羚羊等反刍动物的常见疾病，主要临床症状为指（趾）间皮肤及深层软组织坏死、化脓，有典型的跛行，是动物发生跛行的主要原因之一（Petrov and Dicks，2013；Zanolari et al.，2021；周志新等，2022）。据统计，我国奶牛腐蹄病在舍饲牛群中发病率为 5%～55%（郑家三，2017）。在欧洲，因腐蹄病淘汰的奶牛约占 3.73%，患腐蹄病的奶牛每头每年的经济损失约为 300 欧元（Sogstad et al.，2005）。而在美国，腐蹄病的发病率在某些牛场最高可达 25%，每年因腐蹄病导致的经济损失高达 8000 万欧元。同时，腐蹄病对世界养羊国家造成巨大的经济损失，包括澳大利亚和美国（Nieuwhof et al.，2009）。在澳大利亚每年腐蹄病对绵羊养殖业造成的经济损失约 4500 万美元，主要包括生产性能的损失和疾病的治疗成本。腐蹄病的发病受气候变化的影响，常发生在温暖潮湿的春季（Green and George，2008）。由于腐蹄病病畜常见跛行，蹄部肿胀或溃疡，流出恶臭的脓汁，严重者蹄壳脱落，继发脓毒败血症死亡，严重影响到动物健康及动物福利，对畜牧养殖业造成了巨大的经济损失和危害。

通常饲养管理不当、动物趾间皮肤损伤或皮肤屏障功能减弱，进而导致圈舍环境中致病菌的入侵是造成腐蹄病的主要病因（孙玉国，2007；郑家三，2017）。其中日粮搭配不合理、矿物质及微量元素缺乏等营养因素，畜舍环境差、通风管理不好等管理因素，以及阴雨潮湿等季节因素均可加剧腐蹄病的感染，造成病牛运动功能差、泌乳性能降低和繁殖性能下降，影响其生理功能和生产性能，导致病牛被过早淘汰，缩短使用年限，进而造成巨大的经济损失。

腐蹄病是一种细菌混合感染性疾病，以节瘤拟杆菌（*Dichelobacter nodosus*）、坏死梭杆菌等专性厌氧杆菌为主要病原体。一般情况下腐蹄病多为节瘤拟杆菌和坏死梭杆菌协同感染，其中节瘤拟杆菌主要导致初期跛行和皮肤破溃，坏死梭杆菌作为机会主义病原协同感染导致跛行加重，引起严重坏死（Witcomb et al.，2014；Clifton and Green，2016；Atia et al.，2017）。这两种细菌首先影响趾间皮肤，然后扩展到蹄的趾间壁，最后导致蹄部腐烂。一直以来，腐蹄病被认为是偶蹄兽或反刍动物因协同感染节瘤拟杆菌和坏死梭杆菌导致的。在腐蹄病的发生过程中，牛坏死梭杆菌呈现高丰度存在，尤其是腐蹄病的急性期感染，而在趾间皮炎中较难检出（Kontturi et al.，2020；Staton et al.，2020）。同时在一些研究中发现，少数的马场也会受到腐蹄病影响，但仅检测出坏死梭杆菌，未检测出节瘤拟杆菌感染（Petrov and Dicks，2013），且从健康肉牛和山羊蹄部指（趾）间分离到的坏死梭杆菌主要来源于粪便排泄物（Emery et al.，1985）。

腐蹄病中细菌混合感染居多，除坏死梭杆菌和节瘤拟杆菌外，常见细菌还包括卟啉菌、中间普氏杆菌、放线菌、梅毒螺旋体（Barwell et al.，2015；Van Metre，2017）。坏死梭杆菌在腐蹄病混合感染中为其他致病菌提供厌氧环境，促进其增殖。研究发现，动物口服一些抗生素类制剂导致肠道菌群紊乱，肠道坏死梭杆菌随粪便排出到地面，从而传染给其他未患病动物也是腐蹄病发生的一个重要原因（Smith and

Thornton，1993a）。一些营养添加剂，如氨基酸锌复合物能促进羔羊趾间皮肤和脚底角质的细胞增殖，改善蹄部完整性，在日粮中添加可起到预防腐蹄病的作用（Bauer et al.，2018）。使用福尔马林、硫酸锌或硫酸铜溶液进行蹄浴可有效控制腐蹄病的传播，对过度生长的蹄部组织定期进行削除也可有效预防腐蹄病的发生（Dhungyel et al.，2014）。

（二）肝脓肿

肝脓肿（liver abscess）是继发于瘤胃壁原发感染的疾病，瘤胃壁受损后，瘤胃内坏死梭杆菌侵袭并定植于瘤胃壁（Jensen et al.，1954）。坏死梭杆菌是牛瘤胃中的常在菌之一，也是引起牛肝脓肿的主要细菌。瘤胃中坏死梭杆菌的主要功能是水解富含赖氨酸的蛋白质（Aguiar and Drouillard，2020），当瘤胃出现酸中毒或物理损伤时，坏死梭杆菌进入血液或引起瘤胃壁脓肿，随后细菌栓子流入门静脉循环，门静脉循环中的细菌被肝脏过滤，从而导致肝脏感染并形成脓肿（Nagaraja et al.，2007a）。坏死梭杆菌在肝脏感染时，要克服高氧环境和避免库普弗细胞的吞噬作用，同时牛患肝脓肿时，其体内蛋白质合成也会受到影响（Abbas et al.，2020）。有研究表明，坏死梭杆菌可与化脓隐秘杆菌协同感染导致肝脓肿，其原理可能是化脓隐秘杆菌生长繁殖为坏死梭杆菌提供局部厌氧环境，坏死梭杆菌通过分泌白细胞毒素杀伤白细胞保护化脓隐秘杆菌的安全，二者相互协作，从而促进坏死梭杆菌和化脓隐秘杆菌的定植及增殖（Tadepalli et al.，2009；Aguiar and Drouillard，2020）。

多数研究认为坏死梭杆菌是牛肝脓肿的主要病原体，85%～100%的肝脓肿是由该菌引起的（Simon and Stovell，1971；Scanlan and Hathcock，1983）。然而，在脓肿部位坏死梭杆菌常与一些厌氧菌和兼性厌氧菌共同存在（Nagaraja and Chengappa，1998）。1974 年，Hussein 和 Shigidi 首次从肝脓肿病牛中分离出牛坏死梭杆菌，并对其致病机理做了深入的研究。肝脓肿牛的瘤胃微生物菌群及相关基因表达变化分析结果显示，坏死梭杆菌在牛肝脓肿瘤胃内容物呈现高丰度表达，同时牛肝脓肿差异表达基因富集于 B 细胞活化和干扰素介导的 NF-κB 信号通路活化（Abbas et al.，2020）。坏死梭杆菌常与化脓放线菌、葡萄球菌、链球菌和拟杆菌混合感染诱发肝脓肿，纯培养时 *Fnn* 亚种坏死梭杆菌比 *Fnf* 亚种坏死梭杆菌更易分离，*Fnf* 亚种坏死梭杆菌在混合感染中多见。牛肝脓肿时肝脏被包裹，纤维化壁厚度可达 1cm。组织学上，典型的肝脓肿为化脓性肉芽肿，坏死中心被炎性组织区包围（Lechtenberg et al.，1988）。当腹腔注射坏死梭杆菌后，小鼠肝脏也会出现严重的充血、出血现象，细胞颗粒变性明显（蒋剑成等，2019）。肝脓肿通常是瘤胃酸中毒和瘤胃炎的后遗症，常用“酸中毒-瘤胃-肝脓肿复合体”这一术语表述（Amachawadi and Nagaraja，2016），其发病过程为：异物（尖锐的饲料颗粒、毛发等）损伤瘤胃壁，使坏死梭杆菌易于入侵和定植瘤胃壁，引起瘤胃壁脓肿，随后细菌进入门脉循环；来自门静脉循环的细菌被肝脏过滤，导致感染和脓肿形成（图 1-3）。研究发现，牛肝脓肿病例中分离出的坏死梭杆菌白细胞毒素含量及毒力更强，用白细胞毒素制作的疫苗可有效降低肝脓肿的发生率（Jones et al.，2004；Tadepalli et al.，2009）。

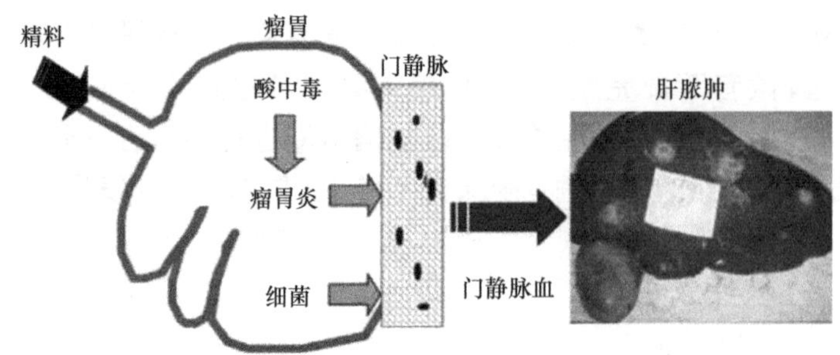

图 1-3 高谷物饲料饲养的牛肝脓肿的发病机制（Nagaraja and Chengappa，1998）

肝脓肿导致的后果是很严重的，包括肝脏坏死、体重增加速度缓慢、饲料利用效率降低、胴体产量降低，进而导致商业屠宰场的运营效率受损；肝脏内存在大的肝脓肿病灶或多个小的肝脓肿病灶会直接导致牛体重及采食量下降（Brink et al.，1990），患有肝脓肿的肉牛胴体质量减少，预计每只动物的利润会降低 38 美元。不同年龄段的牛均可发生肝脓肿，但发病率变化范围很大（1%～80%），近年来研究发现，牛肝脓肿的发病率为 10%～20%，养牛业每年因肝脓肿造成的损失大约在 6400 万美元（Brown and Lawrence，2010；Rezac et al.，2014）。

饲料组成、季节因素及动物品种都会影响肝脓肿的发生（Brown and Lawrence，2010；Rezac et al.，2014）。据报道，2011～2020 年，美国肉牛肝脓肿的患病率略有上升（Cazer et al.，2020），而 2011～2016 年，牛肝脏疾病发病率更是上升了近 10%，其中肝脓肿占所有肝脏疾病的 58%（Eastwood et al.，2017）。目前将泰乐菌素添加到饲料中可以有效预防和治疗肝脓肿（Cazer et al.，2020），但随着 2020 年 7 月 1 日饲料“全面禁抗”在中国实施，利用该方法治疗肝脓肿也并非长久之计。然而，当前肉牛养殖业所面临的瓶颈问题是在动物屠宰前没有有效的检测方法明确动物是否患有肝脓肿。

（三）坏死性喉炎

坏死性喉炎（necrotic laryngitis）（犊牛白喉，喉坏死性杆菌病）是牛喉的一种坏死性炎症，由正常存在于牛呼吸道和肠道的坏死梭杆菌引起。坏死性喉炎是引起牛呼吸困难和喘鸣的最常见原因之一，一般多发生于 1～4 月龄的犊牛（Emery et al.，1985；Roberts，2000）。它的主要临床症状为口腔黏膜与齿龈化脓、坏死和溃疡，特别是外侧杓状软骨和周围结构表现为急性或慢性的糜烂并逐渐发展为溃疡与脓肿，严重者可导致肺炎。犊牛出现肺部感染和呼吸困难时会呼出腐臭气味，7～10d 死亡（Brown，1967；Roberts，2000）。感染可以是急性的，也可以是慢性的，并且是非传染性的。尸检损伤包括喉部和声带坏死，黏膜被炎性渗出物覆盖，偶尔出现支气管肺炎。据估计，在美国饲养场，坏死性喉炎的发病率为 1%～2%，在奶牛和比利时蓝肉牛犊牛发病率分别为 0.1%和 0.8%（Jensen et al.，1981；Pardon et al.，2012）。

一般认为该病始于喉部机械性黏膜病变，由坏死梭杆菌定植。喉部较窄和肺体积相对较小的牛品种（如比利时蓝）在喉部水平发展出较高的空气流速，这使它们容易发生黏膜病变和随后的坏死性喉炎（Lekeux and Art，1987）。坏死性喉炎通常只有在呼吸困难伴喘鸣的临床症状明显时才会被发现。在这个较为慢性的疾病阶段，病畜对全身抗菌和抗炎治疗的反应一般较差（De Moor and Verschooten，1968）。因此，在这些病例中往往需要手术治疗，其中气管切开术、气管造口术（Nichols，2008）、喉部切开术（West，1997；Goulding et al.，2003）、喉部造口术（Heppelmann et al.，2007）、气管喉部造口术（Gasthuys et al.，1992；West，1997；Schonfelder et al.，2004）都有报道，但治疗效果不同。

（四）乳腺炎

乳腺炎是奶牛常见的多发性疾病，乳腺炎性反应导致乳腺组织发生理化特性改变。奶牛养殖过程中常因生产管理不规范，致使机体受到微生物感染、物理性损伤等。据报道，奶牛乳腺炎的发病率在 25%～60%，中国的平均临床发病率为 33.4%（高春生等，2019）。引起奶牛乳腺炎常见的病原菌有葡萄球菌、大肠杆菌和链球菌；外伤和挤奶技术不佳等造成的物理性损伤也能引起牛乳腺炎。卫生不良和饲养管理失宜等可引发乳腺炎，另外，激素失调、乳房缺陷和其他疾病等也可诱发乳腺炎。乳腺炎的病原微生物比较复杂，包括细菌、真菌及病毒等，数量可达 80 多种。在一般情况下，以葡萄球菌、链球菌和大肠杆菌为病原的乳腺炎在临床型乳腺炎中占 70%以上，其次是化脓性棒状杆菌、绿脓杆菌、坏死梭杆菌、诺卡氏菌和克雷伯氏菌等。Shinjo（1983）发现引起肝脓肿的坏死梭杆菌主要为 A 型，而引起乳腺炎的坏死梭杆菌主要为 B 型。有研究表明，在奶牛乳腺炎中分离到的坏死梭杆菌 *Fnn* 亚种和 *Fnf* 亚种均有，说明两个亚种的牛坏死梭杆菌均参与了奶牛乳腺炎的发生（Shinjo，1983；McGillivery et al.，1984）。Jonsson 对瑞典 1481 头患有乳腺炎病牛的 2069 个乳房分泌物样本进行分析，发现链球菌占病原菌的主导地位，而混合感染中的坏死梭杆菌、化脓放线菌等厌氧菌检出率与季节有关，且依赖于停乳链球菌和结核链球菌的“继发性入侵者”继发感染（Jonsson et al.，1991）。奶牛乳腺炎乳汁细菌多样性分析中也显示坏死梭杆菌占有很大的比例（Sørensen，1978；McGillivery et al.，1984；曾学琴等，2019；Ekman et al.，2020）。

（五）子宫炎/子宫内膜炎

子宫炎（metritis）和子宫内膜炎（endometritis）是奶牛产后常见的生殖系统疾病，其中子宫炎指产后子宫内膜或子宫内膜及深层组织的感染，可以出现或不出现全身症状，但会影响繁殖性能。子宫内膜炎为子宫内膜的急性或慢性炎症，分为急性子宫内膜炎、慢性子宫内膜炎和隐性子宫内膜炎，常发生于分娩后的数天之内，如不及时治疗，炎症易于扩散，可引起子宫浆膜炎或子宫周围炎，并常转为慢性炎症，最终导致长期不孕（赵兴绪，2016）。近年来坏死梭杆菌在奶牛子宫炎/子宫内膜炎中的作用逐渐受到关注。研究发现，在奶牛子宫炎/子宫内膜炎中，大肠杆菌多为先驱病原体，使病牛易感染化脓性链球菌和坏死梭杆菌，进而引起牛子宫内膜炎。在泌乳期 1～3d 和 8～12d，牛坏死梭杆菌与奶牛子宫炎密切相关（Bicalho et al.，2012）。研究发现，子宫炎患病奶牛子宫内菌群中坏死梭杆菌所占比例从 3.4%提高到 11.7%（Brodzki et al.，2014）。坏死梭杆菌和卟啉菌在奶牛产后 4～12d 检出率分别为 61.1%和 47.8%，且坏死梭杆菌和卟啉菌通常在上皮内或固有层中共定位，在牛产后子宫疾病中具有重要作用（Karstrup et al.，2017）。宏基因组测序拓展了我们对子宫微生物组学的更深入理解，研究发现奶牛子宫炎与子宫微生物群失调有关，其特征是有益菌丰度降低，而拟杆菌和梭杆菌变化明显，尤其是拟杆菌、卟啉单胞菌和坏死梭杆菌（Galvão et al.，2019）。同时，利用坏死梭杆菌毒素蛋白 lkt 与大肠杆菌等其他子宫内膜炎常见菌的毒素蛋白制备多组分疫苗免疫母牛，能降低产褥期奶牛子宫内膜炎的患病率，改善奶牛的繁殖性能（Amoako et al.，1998；Machado et al.，2014；Meira et al.，2020）。

（六）其他

研究发现，坏死梭杆菌还与牛的输卵管炎（Sadeghi et al.，2022）、牛羊趾皮炎（Staton et al.，2020；Rosander et al.，2022）、喉软骨炎（Reineking et al.，2020）等疾病密切相关。

第三节　坏死梭杆菌病的病原学研究

一、坏死梭杆菌 43K OMP 抗原表位的初步筛选

（一）43K OMP 黏附功能区的初步筛选

1. 材料与方法

1.1　材料

1.1.1　菌株、实验动物及主要试剂

坏死梭杆菌 A25 标准菌株（*Fusobacterium necrophorum*，*Fnn* 亚种，ATCC 25286），购自美国 ATCC 公司；无特定病原体（specific pathogen free，SPF）级家兔（实验动物均按照动物福利相关规定处理）购自哈尔滨医科大学实验动物学部；主要试剂见表 1-4。

表 1-4　主要试剂

试剂名称	生产厂家
氯化钾（KCl）	金克隆（北京）生物技术有限公司
DNA 标记物（DNA Marker）	近岸蛋白质科技有限公司
弗氏完全佐剂	美国 Sigma-Aldrich 默克生命科学公司
弗氏不完全佐剂	美国 Sigma-Aldrich 默克生命科学公司
质粒小提试剂盒	北京索莱宝科技有限公司
预染彩虹蛋白 Marker	近岸蛋白质科技有限公司
SDS-PAGE 凝胶试剂盒	北京索莱宝科技有限公司
E. coli DH5α 感受态细胞	宝生物工程有限公司
DNA 回收试剂盒	天根生化科技有限公司
E. coli BL21（DE3）感受态细胞	宝生物工程有限公司
IPTG（异丙基硫代-β-D-半乳糖苷）	Biosharp 生命科学股份有限公司

1.1.2　主要仪器

主要仪器见表 1-5。

表 1-5　主要仪器

仪器名称	生产厂家
全自动厌氧培养箱	上海跃进医疗器械有限公司
低速离心机	上海安亭科学仪器厂
RNA 扩增仪	美国 Bio-Rad 公司
垂直电泳槽	美国 Bio-Rad 公司
Amersham Imager 600 型化学发光成像系统	美国通用电气公司
制冰机	日本 SANYO
恒温摇床	哈尔滨市东联电子技术开发有限公司
生化培养箱	上海森信实验仪器有限公司
超声破碎仪	宁波新艺超声设备有限公司
电子天平	德国赛多利斯公司
垂直板电泳系统	美国伯乐公司
CO_2 细胞培养箱	日本松下集团
电泳仪	北京六一生物科技有限公司
双筒显微镜	德国徕卡公司

1.2　方法

1.2.1　43K OMP 基因截短片段原核表达

1.2.1.1　引物

试验所用引物参考吕思文（2014），由北京擎科生物科技股份有限公司合成，具体信息详见表 1-6。

表 1-6　43K OMP 基因截短片段引物序列

截短片段名称	引物序列（5′→3′）	扩增长度（bp）
43K-1	F：TCTGGATCCGAAGTGATGCCTGCTCCTATG R：ATTCTCGAGTTAGTTTACAGAAGCTTTTGT	270（55～324）
43K-2	F：GCTGGATCCAACTTCACTGAAAATCAAAAT R：TGACTCGAGTTATTCTAATGCAGTTGTTTT	297（301～597）
43K-3	F：ACTGGATCCGAAATTGGTCCTTCATATAAA R：TTTCTCGAGTTACCAGAAAGTTTCATATTC	306（574～879）
43K-4	F：TTAGGATCCGAAACTTTCTGGGCTTGGGAT R：TTCCTCGAGTTAGAAAGTAACTTTCATACC	297（847～1143）

1.2.1.2　细菌培养

A25 菌种（冻存时甘油与菌液比例为 1∶9）冻存于–80℃冰箱中。解冻后，接种在灭菌后的脑心浸液肉汤（brain heart infusion broth，BHI）培养基中，在厌氧培养箱中（37℃，含 85% N_2、10% CO_2、5% H_2）培养 48h 后，进行革兰氏染色鉴定。鉴定后的牛坏死梭杆菌以 1∶25 转接到 5mL 新鲜脑心浸液肉汤中，在厌氧培养箱中（37℃，含 90% N_2、5% CO_2、5% H_2）培养 12h，鉴定后进行传代，传代 3 次后可用于试验。

1.2.1.3 43K OMP 基因截短片段原核表达载体的构建及鉴定

提取 A25 菌株 DNA，以 43K OMP 的一个基因截短片段为例，以 A25 菌株基因组 DNA 为模板扩增目的基因（25μL PCR 反应体系详见表 1-7，PCR 反应条件见表 1-8）。取聚合酶链反应（polymerase chain reaction，PCR）产物进行琼脂糖凝胶电泳分析，剩余 PCR 产物使用胶回收试剂盒对 43K OMP 基因截短片段进行回收。回收后的 4 个截短片段和 pET-32a 分别进行双酶切（表 1-9），随后用胶回收试剂盒回收酶切产物进行连接，连接体系见表 1-10，于 16℃连接 14h，连接后的产物转化到 *E. coli* DH5α 感受态细胞中，操作如下。待感受态细胞融化至冰水混合状态，加入连接好的质粒，放入 4℃冰箱 30min，随后于 42℃水浴锅中热刺激 1.5min，放冰盒中冷刺激 2min，加入适量液体培养基在 37℃摇床振荡 1h；转化后的菌液于 LB（Amp^+）固体培养基培养 14h 左右，挑出菌落进行 PCR 鉴定，阳性菌落在 LB（Amp^+）液体培养基中扩大培养，提取其质粒，送至北京擎科生物科技股份有限公司测序分析，用其结果与原基因核苷酸序列对比分析。

表 1-7 PCR 反应体系

试剂/引物	体积（μL）
2× premix 预混酶	12.5
上游引物	1
下游引物	1
模板	1
ddH_2O（双蒸水）	9.5

表 1-8 PCR 反应条件

温度	时间（min）
95℃（预变性）	5
95℃（变性）	1
54℃（退火）	1
72℃（延伸）	1
72℃（再延伸）	10

表 1-9 双酶切体系

试剂名称	体积（μL）
*Eco*R Ⅰ	0.5
Xho Ⅰ	0.5
质粒	2
10× Smart buffer	1
ddH_2O	6

表 1-10 连接体系

试剂名称	体积（μL）
T4 DNA 连接酶	1
pET-32a 载体	1
胶回收产物	3
连接 buffer	2
ddH_2O	13

1.2.1.4　原核表达及纯化

将阳性质粒转入 *E. coli* BL21 感受态细胞中，得到阳性菌后诱导表达；4 株阳性菌复苏于 LB（Amp^+）液体培养基中 37℃振荡培养 12h，次日转接种于 200mL 液体培养基中，37℃恒温摇床培养；菌液培养至 OD_{600nm} 值达到 0.4～0.7 时，加入 IPTG，37℃恒温摇床培养 4h 后收集菌液，用 PBS 缓冲液洗涤，离心 15min 洗 2 次，加入 PBS 缓冲液后在冰上进行超声破碎处理，离心后分别取破碎后菌液的上清液和沉淀，经十二烷基硫酸钠聚丙烯酰胺凝胶电泳（sodium dodecylsulfate-polyacrylamide gel electrophoresis，SDS-PAGE）对其进行分析鉴定。分别取破碎后菌体的上清液和沉淀进行切胶纯化，纯化后经电泳分析，不显色直接放入 KCl 溶液中染出目的条带后切下，用 PBS 清洗至胶条透明，胶条置于封口袋中碾碎，加入 PBS 使其成为糊状，转移至离心管中，置于–80℃冰箱中反复冻融 3 次，离心后弃去胶粒取上清液，加入上样缓冲液后煮样，进行凝胶电泳分析。

1.2.2　多克隆抗体的制备

1.2.2.1　免疫动物

分别把纯化后的截短 43K OMP 与弗氏完全佐剂等比例混合并乳化成油包水状态，以每只 500μg 的剂量通过皮下多点注射方式对家兔进行首次免疫；14d 后用弗氏不完全佐剂分别与 43K OMP 截短蛋白充分混合乳化成油包水状态，以首次免疫相同剂量和注射方式对家兔进行二免；再 14d 后继续用弗氏不完全佐剂分别与 43K OMP 截短蛋白混合乳化成油包水状态，以上述相同剂量和注射方式对家兔进行三免；三免后 7d 用凝血管对家兔进行心脏采血，分离血清并分装于 EP 管中–80℃冰箱保存。

1.2.2.2　效价检测

间接酶联免疫吸附测定（enzyme-linked immunosorbent assay，ELISA）法检测多克隆抗体效价：用包被液（0.05mol/L 的碳酸盐缓冲溶液）将重组全长 43K OMP（黑龙江八一农垦大学动物科技学院兽医病理学实验室保存）稀释至 1μg/mL，以每孔 100μL 加入 96 孔酶标板中，在 4℃冰箱内放置 12h，弃去包被液后每孔加入 300μL 的 PBST 洗 3 次；脱脂乳 37℃封闭 2h，弃液后 PBST 洗 3 次；加入稀释好的阴性血清和阳性待检血清，于 37℃反应 1h，弃去血清后 PBST 洗 3 次；加入二抗 37℃反应 1h，弃液后 PBST 洗 3 次；TMB 单组分显色液避光显色，加入 2mol/L 硫酸（H_2SO_4）终止反应，酶标仪读取 OD_{450nm} 处的吸光度值。

1.2.2.3　免疫印迹（Western blot）检测多克隆抗体的特异性

取天然 43K OMP（黑龙江八一农垦大学动物科技学院兽医病理学实验室保存）经 SDS-PAGE 后，进行湿转，将蛋白质条带转移至聚偏二氟乙烯（polyvinylidene fluoride，PVDF）膜上，用 5%的脱脂乳封闭，分别以坏死梭杆菌截短 43K OMP 多克隆抗体为一抗，4℃孵育过夜，弃去一抗用 PBST 洗膜 6 次，每次 5min；以 1∶1000 稀释的辣根过氧化物酶（horseradish peroxidase，HRP）标记的山羊抗兔 IgG 为二抗，室温孵育 1h；用 PBST 洗膜 6 次，每次 5min。将电致化学发光（electrochemiluminescence，ECL）发光液的 A 液与 B 液等体积混合，滴到膜上覆盖全膜，避光显色 2min，用凝胶成像系统进行曝光。

1.2.3 多克隆抗体的粗提纯

饱和硫酸铵法是分离纯化血清中免疫球蛋白和杂蛋白的常用方法，辛酸可以将腹水或者血清中的白蛋白或其他杂蛋白沉淀出去。饱和硫酸铵可将辛酸沉淀杂蛋白后上清液中的 IgG 沉淀出来。粗提纯后可以得到 IgG，便于后续试验，具体操作如下。

（1）取 1～4mL 多克隆抗体，12 000r/min 离心 15～20min，取上清液。

（2）将多抗与乙酸钠溶液（pH 5.0，浓度 60mmol/L）按 1∶2 体积比加入后混合均匀，将 pH 调至 4.5（用 0.1mol/L HCl 调节）。

（3）在 4℃条件下边搅拌边加入正辛酸（血清稀释液与正辛酸比例为 40∶1），加完后轻轻搅拌 30min，4℃条件下静置 2h 以上，12 000r/min 离心 30min 后弃沉淀，取上清液。

（4）使用 NaOH 调节上清液 pH 至 7.4，边加预冷的饱和硫酸铵溶液（终浓度达到 45%）边搅拌，加完轻搅 30min 后 4℃静置过夜。

（5）4℃ 12 000r/min 离心 20min，弃上清液收集沉淀。

（6）用原血清体积 1/5 的 PBS 溶液重悬沉淀，装入透析袋中置入 500 倍体积的透析液中，透析过夜。

（7）透析后的抗体溶液在 52℃温浴 20min，12 000r/min 离心 20min，取少许上清液用 BCA 蛋白浓度测定试剂盒测定浓度；剩余上清液放置于–20℃条件下保存备用。

1.2.4 黏附功能区的筛选

1.2.4.1 细胞培养

将牛乳腺上皮细胞（MAC-T）/牛子宫内膜上皮细胞（BEND）从液氮中取出，于 37℃水浴锅中解冻，加入 10 倍体积的培养基离心，以去除冻存液。将细胞沉淀用完全培养基重悬，转移到细胞培养瓶内于 37℃ 5% CO_2 的细胞培养箱培养。BEND 的完全培养基为含有 10%胎牛血清（fetal bovine serum，FBS）、1%青链霉素的 1640 培养基；MAC-T 细胞的完全培养基为含有 10%胎牛血清、1%青链霉素的 DMEM/F12 培养基。

当细胞达到 90%以上丰度，状态良好时进行传代。无菌超净工作台灭菌 30min，完全培养基、胰蛋白酶及 PBS 提前预热。取出细胞瓶，于超净台中弃去培养基，用 PBS 清洗 3 次，吸净残余 PBS，加入 1mL 胰蛋白酶进行消化，镜下观察细胞变成圆形成片脱落时，加入完全培养基终止消化。细胞悬液转移至离心管中离心，收集细胞沉淀。10mL 的 PBS 重悬细胞沉淀，离心后用适量的完全培养基重悬细胞，调整细胞密度接种于细胞培养瓶内，置于 37℃、5% CO_2 的细胞培养箱培养。传代 2～3 代，细胞生长至 80%～90%密度时，接种到 12 孔板上。当细胞生长至 60%～80%密度时用于试验。

1.2.4.2 细菌培养

将培养的坏死梭杆菌传 2～3 代后，以 1∶25 转接入 BHI 培养液中培养 14h。

1.2.4.3 黏附抑制试验

（1）将培养好的细菌离心，取菌体沉淀，用 PBS 缓冲液洗涤细菌，再次离心取沉淀，清洗 3 次，以去除上清液中的毒素因子。

（2）收集的菌体沉淀用 DMEM+10% FBS 培养液悬浮后用麦氏比浊管测光密度（optical density，OD）值，并调整细菌浓度为 1×10^7CFU/mL。

（3）取离心管将稀释好的菌液按照 1∶200 分别加入粗提纯后的多克隆抗体，制备好的菌悬液分 6 组，分别加入 1∶200 的 43K-1 OMP 多克隆抗体、43K-2 OMP 多克隆抗体、43K-3 OMP 多克隆抗体、43K-4 OMP 多克隆抗体、细菌组仅有菌悬液、正常细胞对照组。在厌氧培养箱中孵育 1h。

（4）孵育好的菌悬液分别加入细胞板中。每孔加入 1mL 上述预处理的菌液与细胞共孵育 1h。

（5）弃培养液，PBS 轻轻漂洗 3 次，以除去未黏附的细菌。用 4%多聚甲醛溶液在 4℃条件下固定过夜，弃去甲醛用 PBS 漂洗 3 次，取出细胞爬片进行革兰氏染色。

（6）用油镜观察革兰氏染色后的细菌黏附情况。

按如上步骤重复试验，用 PBS 漂洗除去未黏附细菌后，用胰蛋白酶消化，用带有血清的 DMEM 终止胰蛋白酶的消化，最后将消化下的细胞悬液涂板，于厌氧培养箱中培养 24h，对菌落进行计数，用 GraphPad Prism 5.0 统计分析结果（$P<0.05$ 为差异显著，用“*”表示；$P<0.01$ 为差异极显著，用“**”表示）。

2. 结果

2.1　43K OMP 基因截短片段原核表达载体的构建

以牛坏死梭杆菌 A25 菌株 DNA 为模板，合成 4 对特异性引物，通过 PCR 扩增出目的基因，经 1%琼脂糖凝胶电泳分析（图 1-4）显示：扩增出的 43K OMP（1～4）4 个基因与预期片段大小相符。43K OMP 基因截短片段分别与 pET-32a 载体连接后，转化到 *E. coli* DH5α 感受态细胞中，提取阳性菌的质粒进行测序并通过 1%琼脂糖凝胶电泳分析。结果表明，43K OMP 基因截短片段成功克隆到 pET-32a 载体中，测序结果与原基因一致。

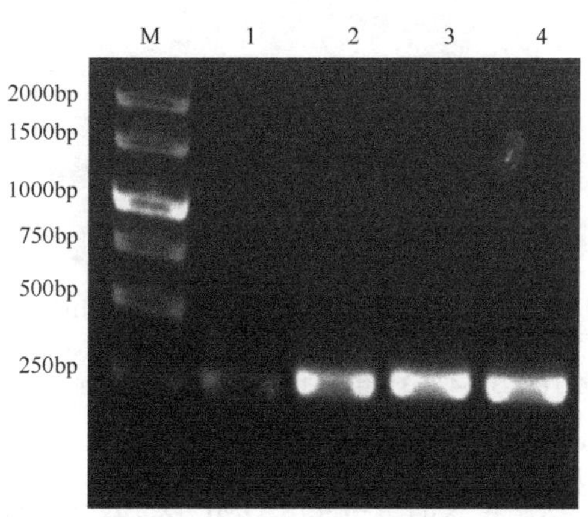

图 1-4　43K OMP 基因截短片段 PCR 鉴定图

M. DNA Marker DL 2000；1. 43K-1 PCR 产物；2. 43K-2 PCR 产物；3. 43K-3 PCR 产物；4. 43K-4 PCR 产物

2.2　43K OMP 基因截短片段原核表达及纯化

将鉴定出的阳性质粒分别转入 *E. coli* BL21（DE3）感受态细胞中，成功得到阳性菌；诱导表达后的菌体经超声破碎后分别取上清液和沉淀进行电泳分析，SDS-PAGE

结果（图 1-5）显示：43K OMP 基因截短片段经原核表达系统表达出大小约为 32kDa、30kDa、28kDa、30kDa 的蛋白质，且 43K-1 为可溶性表达，43K-2、43K-4 在上清液和沉淀中均有表达，43K-3 为包涵体表达。表达后的蛋白质切胶纯化后进行电泳分析，结果如图 1-6 所示。结果表明，经过切胶纯化后的蛋白质条带单一，大小与 4 个目的蛋白质一致，且仅有一条带，说明通过切胶纯化成功获得了高浓度目的蛋白质。

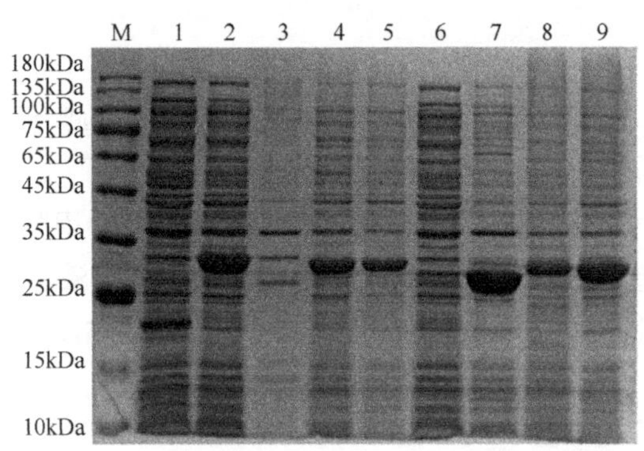

图 1-5　43K OMP 基因截短片段原核表达结果

M. 蛋白 Marker；1. 诱导后 pET-32a；2. pET-32a-43K-1 菌体裂解上清液；3. pET-32a-43K-1 菌体裂解沉淀；4. pET-32a-43K-2 菌体裂解上清液；5. pET-32a-43K-2 菌体裂解沉淀；6. pET-32a-43K-3 菌体裂解上清液；7. pET-32a-43K-3 菌体裂解沉淀；8. pET-32a-43K-4 菌体裂解上清液；9. pET-32a-43K-4 菌体裂解沉淀

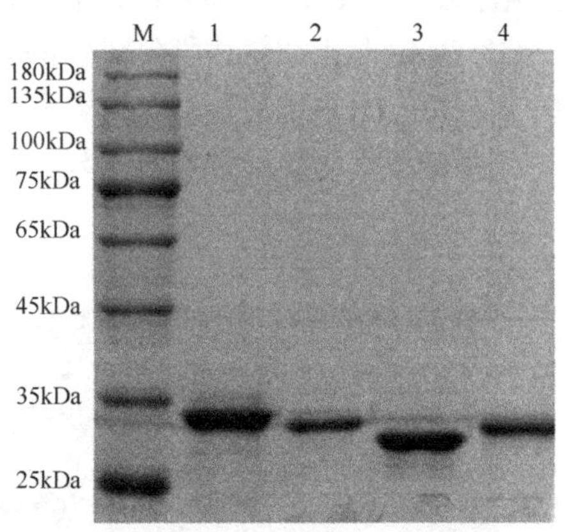

图 1-6　43K OMP 基因截短片段重组蛋白的纯化结果

M. Marker；1. 纯化的 pET-32a-43K-1 重组蛋白；2. 纯化的 pET-32a-43K-2 重组蛋白；3. 纯化的 pET-32a-43K-3 重组蛋白；4. 纯化的 pET-32a-43K-4 重组蛋白

2.3　多克隆抗体的效价检测

采取间接 ELISA 方法用全长的重组 43K OMP 以 1μg/mL 的包被浓度包被 96 孔板，以不同稀释浓度的多克隆抗体为一抗，HRP-山羊抗兔 IgG 为二抗，测得 4 种多克隆抗体的效价分别为 1∶25 600（43K-1）、1∶51 200（43K-2）、1∶25 600（43K-3）、1∶51 200（43K-4）。

2.4　多克隆抗体的特异性检测

提取的天然 43K OMP 煮样后，经 SDS-PAGE 分析，随后将蛋白质条带转移到 PVDF

膜上，分别以 4 个截短 43K OMP 的多克隆抗体作为一抗，与 PVDF 膜孵育。经 Western blot 鉴定，结果（图 1-7）表明：截短 43K OMP 多克隆抗体均能与天然 43K OMP 蛋白在 43kDa 处特异性结合。

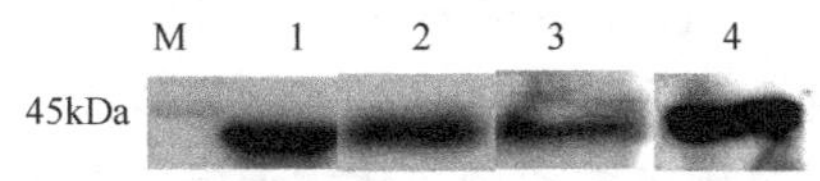

图 1-7　多克隆抗体 Western blot 检测结果

1. 抗 43K-1 多克隆抗体；2. 抗 43K-2 多克隆抗体；3. 抗 43K-3 多克隆抗体；4. 抗 43K-4 多克隆抗体

2.5　多克隆抗体的粗提纯

SDS-PAGE 分析结果显示（图 1-8），制备的多克隆抗体经辛酸-饱和乙酸钠粗提纯后，分别在 55kDa（重链）和 25kDa（轻链）处弥散，表明多克隆抗体得到了较好的纯化。

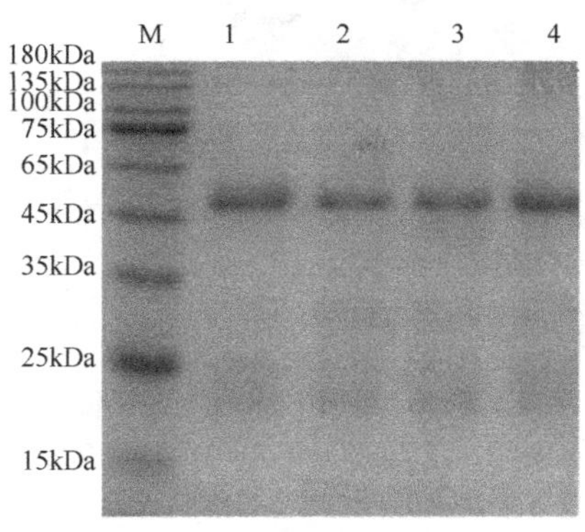

图 1-8　多克隆抗体的纯化结果

M. Marker；1. 粗提纯的抗 43K-1 多克隆抗体；2. 粗提纯的抗 43K-2 多克隆抗体；3. 粗提纯的抗 43K-3 多克隆抗体；4. 粗提纯的抗 43K-4 多克隆抗体

2.6　黏附抑制试验结果

为了筛选 43K OMP 黏附 BEND 细胞的功能区，将坏死梭杆菌分别与抗 43K-1 多克隆抗体、抗 43K-2 多克隆抗体、抗 43K-3 多克隆抗体、抗 43K-4 多克隆抗体共同孵育组（A 组、B 组、C 组和 D 组）作为试验组，只加入坏死梭杆菌组（E 组）作为对照组进行试验。革兰氏染色结果如图 1-9A 所示：眼观 A 组、D 组中坏死梭杆菌的黏附量明显少于 B 组、C 组和对照组 E；且 A 组与 D 组黏附细菌数量相当。平板菌落计数结果如图 1-9B 所示：A 组、D 组黏附细菌数量较 B 组、C 组和 E 对照组少，且差异极显著（$P<0.01$），且 A 组与 D 组之间黏附细菌数量无显著差异（$P>0.05$）。结果表明抗 43K-1 多克隆抗体和抗 43K-4 多克隆抗体抑制细菌黏附 BEND 细胞的效果优于抗 43K-2 和抗 43K-3 多克隆抗体。

为了明确多克隆抗体对坏死梭杆菌黏附的抑制作用，我们利用多克隆抗体与 MAC-T 细胞也进行了黏附抑制试验，同样地，将坏死梭杆菌分别与抗 43K-1 多克隆抗体、抗 43K-2 多克隆抗体、抗 43K-3 多克隆抗体、抗 43K-4 多克隆抗体共同孵育组（A 组、B 组、C 组和 D 组）作为试验组，只加入坏死梭杆菌组（E 组）作为对照组进行试验。革兰氏染色结果如图 1-10A 所示：眼观 A 组、D 组中坏死梭杆菌的黏附量明显少于 B 组、C 组和对照组 E；但 D 组较 A 组黏附细菌更少。平板菌落计数结果如图 1-10B 所示：A 组、D 组黏附细菌数量较 B 组、C 组和 E 对照组少，且差异显著（$P<0.05$），D 组黏附坏死梭杆菌数量少于 A 组，有显著差异（$P<0.05$）。结果表明抗 43K-1 多克隆抗体和抗 43K-4 多克隆抗体抑制细菌黏附 MAC-T 细胞的效果优于抗 43K-2 多克隆抗体和抗 43K-3 多克隆抗体，且抗 43K-4 多克隆抗体优于抗 43K-1 多克隆抗体。综合图 1-9B 和图 1-10B 的结果，提示 43K-1 和 43K-4 所在区域为黏附功能区，所在氨基酸区间为 19～108aa 和 283～377aa。

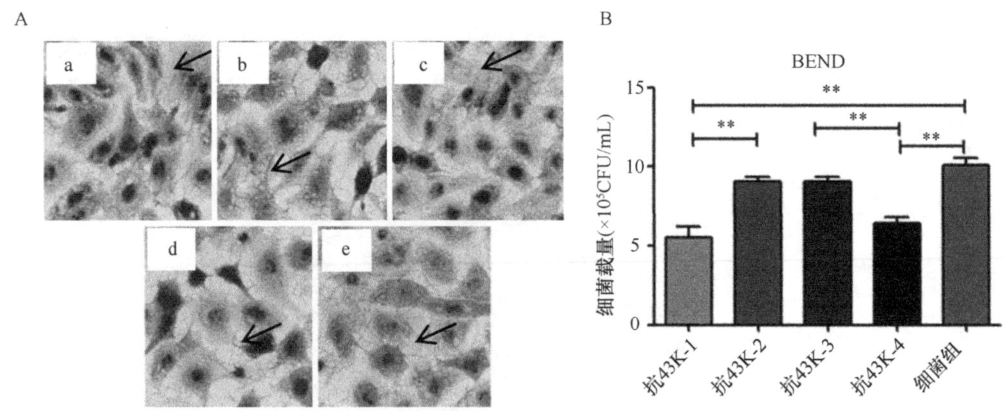

图 1-9 多抗对牛坏死梭杆菌黏附 BEND 细胞的抑制效果镜下图（A）和细菌计数（B）

图 A 中 a. 抗 43K-1 多克隆抗体组；b. 抗 43K-2 多克隆抗体组；c. 抗 43K-3 多克隆抗体组；d. 抗 43K-4 多克隆抗体组；e. 细菌组。箭头所指为黏附于细胞表面的坏死梭杆菌，下同

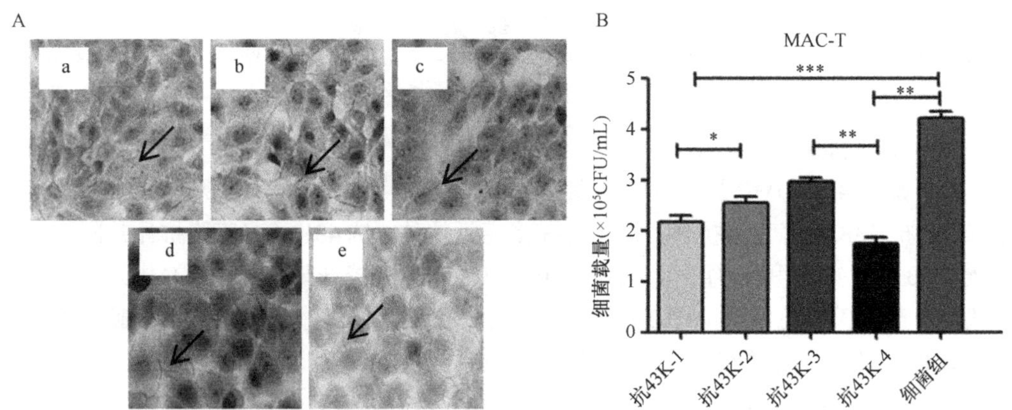

图 1-10 多抗对牛坏死梭杆菌黏附 MAC-T 细胞的抑制效果镜下图（A）和细菌计数（B）

3. 讨论

动物感染坏死梭杆菌后会引起许多疾病，严重时还会继发其他细菌性感染，给养殖业带来巨大损失（Farooq et al.，2018；Clifton et al.，2019；Galvão et al.，2019）。细菌与宿主细胞的黏附是细菌致病的关键步骤，已有研究证实许多革兰氏阴性菌的外膜蛋白具有黏附作用。自发现了牛坏死梭杆菌的外膜蛋白 43K OMP 以来，本实验室

首先证实了该蛋白质在同菌属中的高度保守性和广泛性；进一步证明了该蛋白质对机体具有免疫保护性；随后又研究证实了 43K OMP 具有黏附功能，可以黏附多种宿主细胞，且该蛋白质制备的血清具有黏附抑制效果（He et al.，2020）。为了初步筛选 43K OMP 发挥黏附作用的功能区，将其基因截短成 4 个相互重叠的片段进行研究。首先成功构建了 4 个 43K OMP 基因截短片段原核表达载体，诱导并成功表达 43K-1、43K-2、43K-3、43K-4 蛋白，大小分别为 32kDa、30kDa、28kDa、30kDa。且表达的蛋白质中 43K-1 仅在上清液中表达，43K-3 仅在沉淀中以包涵体形式表达，其余在上清液和沉淀中均有表达。因为原核表达中影响蛋白质可溶性的因素较多，通常与诱导剂浓度、培养时间、培养温度、培养基 pH、振荡摇床转速等有关（王宏等，2019；孟媛等，2020），所以为了方便纯化并获得大量抗原，试验中采用切胶纯化方法纯化蛋白质。切胶纯化法主要是通过 SDS-PAGE 将蛋白质变性，随后将凝胶取出，通过一定浓度的 KCl 浸泡显现目的条带，切下目的蛋白质并切碎，反复冻融后即可获得目的蛋白质。切胶纯化方法简单、快速且蛋白质获得量较大，已有研究证明该法纯化的蛋白质可用于多克隆抗体制备（高慎阳等，2010）。纯化后用蛋白质免疫家兔得到多克隆抗体，用饱和硫酸铵法对多克隆抗体进行粗提纯（王峰等，2009；王嘉伟等，2016），主要是为了去除血清中的杂蛋白，纯化后的多克隆抗体中基本仅含有抗体，为黏附抑制试验排除了杂蛋白的干扰。

有研究表明，钩端螺旋体外膜蛋白多克隆抗体可以抑制钩端螺旋体黏附小鼠单核巨噬细胞（RAW 264.7 细胞），说明黏附抑制试验可以用来研究截短蛋白质与细胞间的作用效果（张连英等，2013）。试验用 BEND 细胞、MAC-T 细胞和纯化后的多克隆抗体进行黏附抑制试验，因为纯化后的多克隆抗体仅为蛋白样物质，所以在黏附抑制试验中并未设置阴性血清组。黏附抑制试验设置了空白对照组，在革兰氏染色后仅观察到正常状态细胞，在平板计数试验中未生长细菌，所以未在结果中体现。通过抗抑制实验显示：抗 43K-1 多克隆抗体、抗 43K-4 多克隆抗体在两种细胞中的抑制黏附效果趋于一致，都可以显著降低坏死梭杆菌对细胞的黏附作用；抗 43K-1 组、抗 43K-4 组坏死梭杆菌黏附数量显著少于其他组，在两种不同的细胞中抗 43K-1 发挥的抑制黏附效果不稳定，可能是由该段蛋白质的黏附功能区对不同细胞受体蛋白亲和力不同所导致的。根据截短位点可知，黏附功能区位于 19～108aa、283～377aa，其为介导黏附的主要位点。

（二）43K OMP 单克隆抗体的制备及识别表位初步鉴定

1. 材料与方法

1.1　材料

1.1.1　细胞、实验动物及主要试剂

小鼠骨髓瘤细胞（SP2/0 细胞）保存于黑龙江八一农垦大学动物科技学院兽医病理学实验室；雌性 6～8 周龄 BALB/c 小鼠购自哈尔滨医科大学；主要试剂见表 1-11。

表 1-11　主要试剂

试剂名称	生产厂家
HT 培养液添加剂（50×）	美国 Sigma-Aldrich 默克生命科学公司
HAT 培养液添加剂（50×）	美国 Sigma-Aldrich 默克生命科学公司
聚乙二醇	美国 Sigma-Aldrich 默克生命科学公司
1640 培养基	美国 Sigma-Aldrich 默克生命科学公司
细胞用 PBS 缓冲液	美国 Sigma-Aldrich 默克生命科学公司
Prestained Protein Ladder	美国赛默飞世尔科技公司
胎牛血清	WISENT 公司
1640 培养基	美国 GIBCO 公司
青霉素-链霉素双抗	美国 GIBCO 公司
胰酶	美国 GIBCO 公司
抗体亚类鉴定试剂盒	Southern Biotech 公司
ECL 发光液	天根生化科技有限公司

1.1.2　主要仪器

主要仪器见表 1-12。

表 1-12　主要仪器

仪器名称	生产厂家
微量移液器	德国爱得芬公司
恒温水浴锅	上海森信实验仪器有限公司
漩涡振荡器	德国 IKAMS3 公司
制冰机	德国 GRANT 公司
电热恒温培养箱	上海森信实验仪器有限公司
生物安全柜	北京东联哈尔仪器制造有限公司
CO_2 细胞培养箱	日本松下集团
倒置显微镜	美国赛默飞世尔科技公司
水平摇床	上海卡耐兹实验仪器设备有限公司
电子天平	德国赛多利斯公司
垂直板电泳系统	美国伯乐公司
高压蒸汽灭菌锅	日本松下集团
稳压稳流型电泳仪	北京六一生物科技有限公司
电动移液器	德国爱得芬公司
酶标仪	上海科华实验系统有限公司

1.2　方法

1.2.1　单克隆抗体的制备

1.2.1.1　抗原的制备

参照王志慧（2018）和徐晶等（2016）的方法提取牛坏死梭杆菌天然 43K OMP。将坏死梭杆菌按照 1∶50 接种于 BHI 液体培养基，在厌氧培养箱中培养 16h 后取出，置于 4℃离心机 5000r/min 离心，收集沉淀用 pH 7.2 的 PBS 重悬，随后超声破碎（破碎 6s、间隔 6s，总时长 1h），破碎后离心，以去除未破碎的菌体及菌体碎片；上清液 12 000r/min 离心 30min 取沉淀，用 5g/L 的十二烷基硫酸钠（SLS）重悬，室温孵育 30min 以去除内膜蛋白；离心后取沉淀，用含有 10mL 2%十二烷基硫酸锂（LDS）（pH 7.4）的 20mmol/L 4-羟乙基哌嗪乙磺酸-氯化锂（HEPE-LiCl）将沉淀重悬，在 4℃条件下孵育 30min；离心后取沉淀，用 20mmol/L HEPE 重悬，分装在 EP 管中于–80℃冰箱保存。经 SDS-PAGE 及 Western blot 分析后备用。

1.2.1.2 免疫动物

用天然 43K OMP 免疫 6～8 周龄、雌性 BALB/c 小鼠，操作如下。

（1）初免：将天然 43K OMP 和弗氏完全佐剂按照 1∶1 的体积比进行乳化，将其乳化成油包水状态，以每只小鼠 50μg 的剂量，进行皮下多点注射。

（2）二免：初免 14d 后，取天然 43K OMP 与弗氏不完全佐剂按照 1∶1 的体积比进行乳化，将其乳化成油包水状态，以每只小鼠 50μg 的剂量，进行皮下多点注射。

（3）三免：二免 14d 后，按照二免的方法进行三免，免疫 7d 后，小鼠断尾采血，分离出血清备用。

（4）四免：取天然 43K OMP 对小鼠进行腹腔注射（100μg/只），3d 后眼球采血，分离血清。

1.2.1.3 ELISA 检测方法的建立

为了筛选阳性杂交瘤细胞，试验用方阵法筛选最适抗原包被量，以及阳性血清的最佳稀释比例，具体操作如下。

（1）包被抗原：用包被液稀释天然 43K OMP（比例为 1∶400、1∶800、1∶1600、1∶3200、1∶6400 和 1∶12 800），每孔 100μL 加入 96 孔 ELISA 板中，4℃过夜孵育。

（2）洗板：取出 96 孔板，弃液后用 PBST 缓冲液室温洗涤 3 次后，在滤纸上拍干水分。

（3）封闭：每孔中加入 5%脱脂乳 100μL，于 37℃温箱封闭 2h。

（4）洗板：取出 96 孔板，弃液后用 PBST 缓冲液室温洗涤 3 次后弃液，在滤纸上拍干水分。

（5）一抗：按照倍比稀释法用 PBS 将小鼠阳性血清（1∶200、1∶400、1∶800、1∶1600、1∶3200、1∶6400、1∶12 800 和 1∶25 600）稀释，加入 96 孔板中，37℃温箱孵育 1h，并设空白对照组。

（6）洗板：取出 96 孔板，弃液后用 PBST 缓冲液室温洗涤 3 次后弃液，在滤纸上拍干水分。

（7）二抗：按 1∶5000 用 PBS 稀释 HRP 羊抗鼠-IgG，每孔 100μL 在 37℃孵育 1h。

（8）洗板：取出 96 孔板，弃液后用 PBST 缓冲液室温洗涤 3 次后弃液，在滤纸上拍干水分。

（9）显色：加入 TMB 显色液，避光显色。

（10）终止：加入 2mol/L H_2SO_4 终止显色，酶标仪读取 OD_{450nm} 值。阳性血清 OD_{450nm} 值取 1.0 以上（含 1.0），阳性值/阴性值最大为标准，确定血清稀释度和抗原包被量。

1.2.1.4 细胞融合

1）准备工作

培养 SP2/0 细胞。操作前超净工作台灭菌，1640 培养基、胎牛血清和双抗（青霉素-链霉素）预热；灭菌完成后，配培养基（20%胎牛血清+1%双抗+1640 培养基），自液氮罐中取出待复苏细胞，放入 37℃水浴锅中迅速解冻，待细胞融化至冰水混合状态，移入超净工作台中转移至 15mL 离心管中，并加入 10 倍体积的培养液以洗净二甲基亚砜（DMSO），1000*g* 离心 3～4min；取细胞沉淀，弹起细胞沉淀，加入完全培养基悬起，移至细胞瓶中，于 37℃含 5% CO_2 的细胞培养箱中培养。融合时，选取处于生长旺盛期的细胞，用培养基吹起，收集至离心管中备用。

收集小鼠腹腔巨噬细胞。提取细胞前超净工作台紫外灭菌 30min，高压灭菌后的剪刀、镊子放入 75%乙醇中浸泡置于超净台内；1640 培养基、胎牛血清和双抗放入 37℃水浴锅预热；灭菌完成后，配制 HAT 培养基（20%胎牛血清+1%双抗+1640 培养基+HAT 培养液添加剂）。取一只未免疫的健康 BALB/c 小鼠，处死后浸泡消毒，在超净台中取出消毒后的小鼠，固定在灭好菌的泡沫板上，在皮肤上剪开小口，拉开后暴露整个腹膜，消毒后用注射器取含有 HAT 的完全培养基，注入小鼠腹腔中，同时轻推腹部让细胞充分与培养液接触；抽出培养液放入平皿中，重复抽取 5 次，得到的细胞充分混匀后，铺到 96 孔细胞板中，于 37℃含 5% CO_2 的细胞培养箱中培养。

收集小鼠脾细胞。超净工作台提前灭菌 30min，剪刀、镊子放入 75%乙醇中浸泡；将所需培养基预热；完成灭菌后，取加强免疫后的小鼠，眼球采血后脱颈处死，浸泡消毒，于超净台中取出小鼠，固定后剖腹取脾脏。用 1640 培养基冲去脾脏的血液，将其放入含 1640 培养基的平皿中，在 200 目筛网上轻轻碾碎，剩余筋膜组织弃去，脾细胞收集至离心管中；离心后用 1640 培养基再次清洗细胞，重复离心，最后用 1640 培养基悬起细胞以备使用。

2）细胞融合

将 SP2/0 细胞和脾细胞按 1∶5 混合，离心 5～10min，取细胞沉淀；旋转离心管，使细胞沉淀混合均匀，置于 37℃水浴中；取 1mL 预热的融合剂（聚乙二醇），沿管壁匀速在 1min 内滴入细胞沉淀中，静置 1min；取 15mL 预热的 1640 培养基，于 5min 内加入，开始时轻柔地逐滴加入；此时融合逐渐终止，注意不要搅动细胞；离心，弃去上清液，收集细胞沉淀。用含 HAT 的培养基重悬细胞，铺入小鼠腹腔巨噬细胞的 96 孔细胞培养板中，于细胞培养箱中培养。第 7d 时于显微镜下观察细胞团大小，若生长至适当大小，加入含 HAT 的完全培养基；10d 后，继续观察细胞团大小，当细胞团铺满板底 1/2 时，即可弃去所有上清液，加入含 HAT 的完全培养基。

1.2.1.5 阳性杂交瘤细胞的筛选与克隆

筛选阳性杂交瘤细胞。细胞换液后，间隔 48h，即可收取上清液，筛选阳性孔。首先按照前期建立的检测方法所选的包被浓度和血清稀释度，筛选阳性孔。3 次筛选均为阳性的孔，进行扩大培养后冻存细胞，并取部分细胞进行亚克隆以纯化细胞株。

克隆纯化杂交瘤细胞株。提取小鼠腹腔巨噬细胞，铺于 96 孔细胞板中，于 37℃含 5% CO_2 的培养箱中培养备用；用有限稀释法稀释阳性杂交瘤细胞，即取 12 个 EP 管，第 1 个管加入 2mL 培养液，其余加入 1mL 培养液，取部分阳性杂交瘤细胞加入第 1 个管中，混合均匀后吸取 1mL 加入第 2 个管中，重复操作至稀释完毕；将第 1 管稀释细胞加入铺有小鼠腹腔巨噬细胞的 96 孔细胞板的第一排，每孔 100μL，第 2 管稀释细胞加入第二排，每孔 100μL，以此类推至 12 管稀释细胞全部加入细胞板中。培养 7d 左右，于倒置显微镜下观察仅有一团细胞的孔，做好标记；待细胞团生长至覆盖板底 1/2 时，取上清液用前期建立的方法筛选阳性孔。挑取阳性孔按上述方法进行第二次亚克隆，克隆纯化至 96 孔板中所有单细胞孔均为阳性时，表明已纯化完全，此时将得到的阳性孔细胞扩大培养后冻存。

1.2.1.6　单克隆抗体腹水的制备

取雌性 BALB/c 小鼠，每只 500μL 的剂量腹腔注射弗氏不完全佐剂致敏；7d 后，将处于生长旺盛期的阳性杂交瘤细胞吹下，离心后弃去上清液，用 1640 培养基重悬细胞沉淀，计数后按每只小鼠 10^6 个细胞，腹腔注射至小鼠体内；待 7～10d，观察到小鼠腹部隆起、行动不便时取出腹水，离心后取中间层液体转移至 1.5mL 离心管，–80℃冰箱保存。继续观察小鼠，当其腹部再次隆起时将腹水收集并保存。

1.2.2　单克隆抗体的鉴定

1.2.2.1　单克隆抗体效价的测定

参照建立的 ELISA 检测方法，检测单克隆抗体及制备腹水的效价，其中单克隆抗体的上清液按倍比稀释，腹水则按 10 倍比稀释。OD_{450nm} 值取 1.0 以上（含 1.0），阳性值/阴性值（P/N）大于 2.1 为准，确定上清液及腹水的效价。

1.2.2.2　单克隆抗体亚类的鉴定

参照建立的 ELISA 检测方法，用抗体亚类鉴定试剂盒，对单克隆抗体的亚类进行鉴定，操作如下。

（1）包被抗原：按 1.2.1.3 所述方法所选的最适抗原包被量，包被 96 孔 ELISA 板，每孔加入 100μL，于 4℃过夜孵育。

（2）洗板：取出 96 孔板，弃掉液后，PBST 缓冲液室温洗涤 3 次后，在滤纸上拍干水分。

（3）封闭：每孔中加入 5%脱脂乳 100μL，于 37℃温箱封闭 2h。

（4）洗板：取出 96 孔板，弃掉液后，PBST 缓冲液室温洗涤 3 次后，在滤纸上拍干水分。

（5）一抗：将阳性杂交瘤分泌的培养上清液，按每孔 100μL 加入 96 孔板中，于 37℃恒温箱中孵育 2h。

（6）洗板：取出 96 孔板，弃掉液后，PBST 缓冲液室温洗涤 3 次后，在滤纸上拍干水分。

（7）二抗：将山羊抗鼠 IgG1、IgG2a、IgG2b、IgG3、IgA、IgM、κ、λ 二抗，稀释成指定比例，每孔 100μL，于 37℃孵育 1h。

（8）洗板：取出 96 孔板，弃掉液后，PBST 缓冲液室温洗涤 3 次后，在滤纸上拍干水分。

（9）显色：加入 TMB 显色液显色，结果拍照保存。

1.2.2.3　单克隆抗体的 Western blot 鉴定

配制 12%下层分离胶、5%上层浓缩胶，配好的胶板凝固后，放入电泳槽中；加入适量的电泳液，在孔中依次加入 Marker、天然 43K OMP、重组全长 43K OMP，通电进行电泳。当溴酚蓝到达凝胶底部边缘时结束电泳，随后进行转膜，注意膜与胶之间不要留有气泡，蛋白质条带转移至 PVDF 膜上后用 5%脱脂乳 4℃过夜封闭。次日弃去脱脂乳，PBST 洗涤 3 次，每次 10min，以克隆纯化后的阳性杂交瘤上清液作为一抗，37℃孵育 2h；孵育完成后，PBST 洗涤 3 次，将二抗按 1∶5000 稀释后与膜孵育 1h，PBST 洗涤 3 次。最后加入 ECL 发光液进行曝光并采集图像。

1.2.2.4　单克隆抗体识别表位初步筛选

将 43K OMP 基因再次截短并表达，截短位置为 43K-5（27～146aa）和 43K-6（230～306aa）。取 43K OMP（1～6）蛋白进行电泳分析，电泳结束后湿转，将蛋白质条带转移至 PVDF 膜上，以单克隆抗体上清液和 His 标签抗体作为一抗，与膜在 37℃共孵育 2h；孵育完成后，PBST 洗膜 3 次，以 HRP-山羊抗鼠 IgG 为二抗，于 37℃孵育 1h；孵育结束后，PBST 洗膜 3 次，加入 ECL 发光液曝光并采集图像。

2. 结果

2.1　间接 ELISA 检测方法的建立

用方阵法确定最佳抗原包被量和血清最佳稀释度（表 1-13），筛选出抗原最佳稀释度为 1∶3200，阳性血清最佳稀释度为 1∶25 600。

表 1-13　最佳抗原包被量和血清最佳稀释度的筛选

血清稀释度	抗原稀释度					
	1∶400（+/–）	1∶800（+/–）	1∶1600（+/–）	1∶3200（+/–）	1∶6400（+/–）	1∶12 800（+/–）
1∶800	3.183 0.128	3.081 0.118	2.992 0.106	2.956 0.096	2.927 0.087	2.863 0.063
1∶1600	3.418 0.125	2.923 0.10	3.195 0.096	2.988 0.089	3.089 0.083	2.848 0.067
1∶3200	3.755 0.123	3.736 0.102	3.411 0.089	3.278 0.070	3.27 0.069	3.246 0.056
1∶6400	3.782 0.120	3.725 0.098	3.637 0.078	3.614 0.071	3.447 0.064	3.396 0.047
1∶12 800	3.848 0.117	3.523 0.095	3.521 0.064	3.394 0.062	3.311 0.058	2.655 0.043
1∶25 600	3.714 0.115	3.590 0.083	3.488 0.078	3.401 0.051	2.738 0.046	1.891 0.042
1∶51 200	3.276 0.110	2.978 0.072	2.742 0.047	2.323 0.046	1.879 0.047	1.192 0.045
1∶102 400	2.273 0.097	1.972 0.065	1.836 0.042	1.41 0.043	1.184 0.040	0.636 0.042

2.2　杂交瘤细胞株的筛选和克隆

用天然 43K OMP 免疫小鼠，待其血清效价达到一定值后取其脾脏，分离脾细胞与 SP2/0 细胞融合，按建立的检测方法筛选出阳性细胞孔，表明该孔中有融合细胞，经亚克隆纯化 3 次后得到一株稳定的单克隆抗体细胞株，命名为 1G7。

2.3　单克隆抗体的效价测定

按照建立的间接 ELISA 检测方法对阳性杂交瘤细胞的上清液及用阳性杂交瘤细胞制备的腹水进行单克隆抗体效价的检测。收集的阳性杂交瘤细胞上清液按照 2 倍比稀释，制备的腹水按照 10 倍比稀释，通过酶标仪测 OD_{450nm} 的值，以 *P*/*N*（阳性值/阴性值）的值大于 2.1 为条件，确定上清液和腹水的效价（表 1-14），阳性杂交瘤细胞上清液中分泌的单克隆抗体 1G7 的效价为 1∶3200，腹水中单克隆抗体 1G7 的效价为 1∶10 000。

表 1-14　单克隆抗体的效价测定

单克隆抗体	上清液	腹水
1G7	1∶3200	1∶10 000

2.4　单克隆抗体亚类的鉴定

参照建立的 ELISA 检测方法，用抗体亚类鉴定试剂盒，对单克隆抗体的亚类进行鉴定。结果显示，单克隆抗体 1G7 的重链为 IgM，轻链为 κ 链（图 1-11）。

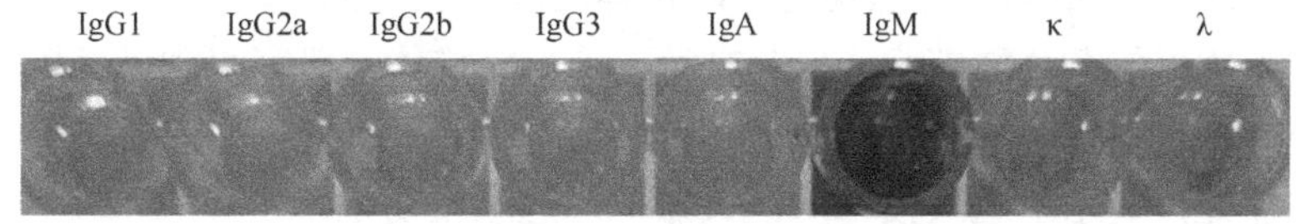

图 1-11　单克隆抗体亚类鉴定结果

2.5　单克隆抗体的 Western blot 鉴定

分别以天然和重组的 43K OMP 进行 Western blot 试验，一抗为单克隆抗体，二抗为辣根过氧化物酶标记的山羊抗鼠 IgG。结果如图 1-12 所示，分别在约 43kDa 和约 59kDa 有明显的目的条带，大小与预期结果相符，说明单克隆抗体与天然和重组的 43K OMP 均能发生反应。

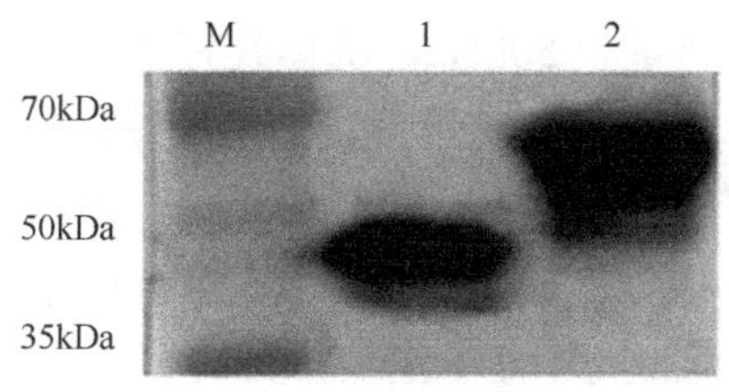

图 1-12　Western blot 鉴定单克隆抗体

M. Marker；1. 天然的 43K OMP；2. 重组的 43K OMP

2.6　单克隆抗体识别表位的初步鉴定

以 43K OMP 的 6 个截短基因表达的蛋白质与单克隆抗体上清液进行 Western blot 检测，以初步筛选出单克隆抗体能与之结合的氨基酸位点为单抗识别的位点。试验结果如图 1-13 所示，以 His 标签抗体为一抗，6 个截短基因表达的蛋白质均能与其反应，即表达的蛋白质为目的蛋白质，说明 6 个截短蛋白均正确表达。以单克隆抗体上清液为一抗与 6 个截短基因表达的蛋白质反应，结果显示其能识别 43K-3、43K-4 和 43K-6 这 3 个蛋白质，其中识别 43K-3（191～293aa）和 43K-4（283～377aa），说明其识别区间为 283～293aa，同时识别 43K-6（230～306aa），说明其识别区间位于 283～306aa。初步筛选出单克隆抗体 1G7 的识别区间为 283～293aa。

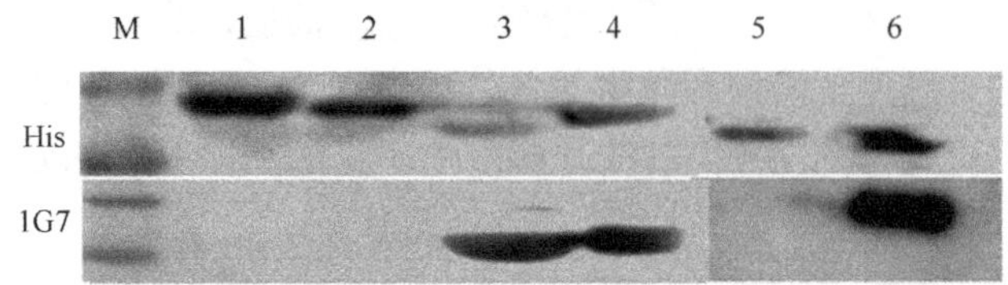

图 1-13 Western blot 鉴定单克隆抗体识别表位

M. Marker；1. 43K-1（19～108aa）；2. 43K-2（101～199aa）；3. 43K-3（191～293aa）；4. 43K-4（283～377aa）；5. 43K-5（27～146aa）；6. 43K-6（230～306aa）

3. 讨论

1975 年科学家首次建立了杂交瘤细胞体系，使单克隆抗体的生产成为可能（Köhler and Milstein，1975）。他们将可以稳定分泌抗体的脾细胞与无限增殖的骨髓瘤细胞融合，得到兼具二者优点的杂交瘤细胞。自此之后，单克隆抗体的研究得到迅猛发展，时至今日，单克隆抗体的制备是一项被认为是当时最重大的研究进展工作，证明了单克隆抗体生物技术的益处，显示了这项技术的巨大影响。这项发明是一个标志，并于 1984 年获得诺贝尔生理学或医学奖。如今，杂交瘤技术是制备单克隆抗体的标准方法，主要用兔子、小鼠和绵羊等动物制备，最常用的动物仍是小鼠（Kilmartin et al.，1982；Spieker et al.，1995；Osborne et al.，1999）。单克隆抗体可作为检测医学的诊断试剂，如免疫组化、酶联免疫吸附测定、放射免疫分析等；此外，它在蛋白质提纯、治疗细菌性感染和放射免疫显影技术中也有广泛的应用（Chc et al.，2019；Motley et al.，2019；Jahanshahlu and Rezaei，2020）。

抗体是分子质量为 150kDa 的球状蛋白质，含有两条轻链和两条重链，轻链的分子质量为 25kDa，重链的分子质量为 50kDa。抗体具有“Y”形结构，抗原结合区位于两臂的顶部。两链之间通过二硫键相连以保持蛋白质的稳定性。抗体分子有 IgM、IgG、IgA、IgE 和 IgD 五种不同的亚类（Weis and Carnahan，2017）。在免疫应答过程中，IgM 是以五聚体形式分泌的第一种免疫球蛋白，有 10 个抗原结合位点，能快速清除病原，结合得不是很牢固；IgG 亚类的抗体分子是最常见的，也是生物技术生产所需要的；IgA 亚类的抗体以二聚体形式存在，在黏膜免疫反应中起重要作用，能够穿过上皮屏障，具有高结合力的 IgA 抗体能够中和毒素和病原，而具有低结合力的 IgA 抗体被描述为细菌黏附上皮的抑制剂（Cerutti et al.，2011）；IgE 抗体在过敏反应中起重要作用，可与肥大细胞上的受体有效结合导致其分泌大量组胺。

目前已有研究利用牛坏死梭杆菌 43K OMP 进行单克隆抗体的制备，但由于其免疫原为重组蛋白带有 His 标签，故所得的单克隆抗体特异性不理想。本试验通过同样的免疫程序，用具有良好反应原性的天然 43K OMP 作为抗原，免疫小鼠，以此获得能分泌抗 43K OMP 抗体的脾细胞；脾细胞与骨髓瘤细胞融合获取杂交瘤细胞，融合后的培养过程很关键，此时细胞融合不稳定，要减少挪动的次数。筛选出的阳性孔，经过 3 次亚克隆后，得到 1 株能稳定表达的单克隆抗体，单克隆抗体 1G7 的效价为 1∶3200，腹水的效价为 1∶10 000，其效价较低的原因可能与其亚类有密切关系。单克隆抗体 1G7 的重链为 IgM，轻链为 κ 链，获得的单克隆抗体的亚类与免疫原类型、免疫方式、佐剂类型等均有关联。经验证，1G7 与天然 43K OMP 和重组 43K OMP 均能发生反应，说明 1G7 具有良好的反应原性和特异性。如今，单抗识别区的筛选技术已十分成熟。本试验截短了牛坏死梭杆菌 43K OMP 基因，表达后与 1G7 细胞上清液反应，根据单克隆抗体 1G7 的识别情况，初步筛选出其识别区间为 283～293aa。其识别表位恰好位于筛选出的黏附功能区，但其识别的位点是否具有黏附功能仍需进一步验证。因此，本试验制备并鉴定了一株单克隆抗体，为进一步探索坏死梭杆菌的感染机制和发病机制奠定了基础。

（三）43K OMP 的生物信息学预测及验证

1. 材料与方法

1.1　材料

1.1.1　基因、蛋白质序列号及主要试剂

牛坏死梭杆菌 43K OMP 的基因、蛋白质在 GenBank 登录号分别是 JQ740821.1、AFJ54023.1，主要试剂如表 1-15 所示。

表 1-15　主要试剂

试剂名称	生产厂家
HRP-山羊抗兔 IgG	Biosharp 生命科学股份有限公司
碳酸氢钠	天津市登峰化学试剂厂
无水碳酸钠	国药集团化学试剂有限公司

1.1.2　主要仪器

主要仪器如表 1-16 所示。

表 1-16　主要仪器

仪器名称	生产厂家
漩涡振荡器	德国 IKAMS3 公司
微量移液器	德国爱得芬公司
酶标仪	上海科华实验系统有限公司
双筒显微镜	德国徕卡公司

1.2　方法

1.2.1　43K OMP 生物信息学分析及表位预测

1.2.1.1　43K OMP 理化性质分析

应用在线预测程序 ProtParam（https://www.expasy.org/resources/protparam）分析 43K

OMP 氨基酸序列的理化性质（包括分子质量、等电点、吸光系数、半衰期等）。

1.2.1.2 43K OMP 跨膜区、信号肽及磷酸化位点预测

用 TMHMM 程序（https://serbices.healthtech.dtu.dk/service.php?TMHMM-2.0）预测坏死梭杆菌 43K OMP 蛋白的跨膜结构域；用 SignalP（https://services.healthtech.dtu.dk/service.php?SignalP-5.0）程序分析蛋白质的信号肽；用 NetPhos（https://services.healthtech.dtu.dk/service.php?NetPhos-3.1）预测坏死梭杆菌 43K OMP 的磷酸化位点。

1.2.1.3 43K OMP 亲水性、表面可及性和表面柔韧性预测

用 ExPASy 服务器中的 ProtScale 工具（http://www.expasy.ch/tools/protscale. html）对 43K OMP 进行霍普-伍兹（Hopp & Woods）亲水性预测、Janin 表面可及性预测、Karplus 柔韧性预测，预测时分别选择参数“Hphob./Hopp & Woods”、“% accessible residues”和“Average flexibility”提交，获取结果。

1.2.1.4 43K OMP 二级结构、三级结构预测

主要利用 DNA Star 软件分析 43K OMP 的二级结构；I-TASSER（https://zhanglab.ccmb.med.umich.edu/I-TASSER/）在线软件预测 43K OMP 的三级结构。

1.2.1.5 43K OMP B 细胞表位预测

主要利用 BepiPred-2.0（https://services.healthtech.dtu.dk/service.php?BipiPred-2.0）、ABC Pred（https://webs.iiitd.edu.in/raghava/abcpred/）、Ellipro（http://tools.immuneepitope.org/main/bcell/）预测 43K OMP 的 B 细胞表位。

1.2.2 43K OMP 预测表位的验证

1.2.2.1 预测表位肽的合成

根据生物信息学分析及黏附功能表位筛选结果选出多肽，取信号肽区域肽段作为对照，送至南京金斯瑞生物技术有限公司合成，肽含量为 4mg，净度为≥90%。

1.2.2.2 预测表位肽 ELISA 验证

采用间接 ELISA 方法：以合成的预测表位肽为包被抗原，重组 43K OMP 多克隆抗体为一抗，鉴定预测表位肽的反应活性。

合成的预测表位肽，用棋盘法筛选抗原包被浓度和抗体最佳稀释度，具体操作如下。

（1）取一个预测表位肽，溶解于 ddH_2O 中，将浓度调整为 40μg/mL、20μg/mL、10μg/mL、5μg/mL、2.5μg/mL 和 1.25μg/mL 6 个不同浓度，包被 96 孔 ELISA 板，每孔 100μL，4℃包被 48h。

（2）弃去板内包被液，PBST 清洗 3 次，于振荡器上振荡洗涤，最后一次弃液后，在滤纸上拍干。

（3）以脱脂乳作为封闭液，4℃封闭 48h。

（4）弃去封闭液，PBST 洗涤 3 次，按照倍比稀释法稀释 43K OMP 兔多克隆抗体，加入板中，于 37℃孵育 2h。

（5）弃液后用 PBST 洗涤 3 次，按 1∶1000 稀释二抗，37℃孵育 1h，孵育完成用 PBST 洗涤后拍干。

（6）加入 TMB 显色液，避光显色。

（7）加入 2mol/L H_2SO_4 终止显色，酶标仪读取 OD_{450nm} 值。阳性血清 OD_{450nm}

值取 1.0 以上（含 1.0），阳性值/阴性值最大处的抗原包被浓度和抗体稀释度为工作浓度。

按照筛选出的最佳包被浓度和一抗最佳稀释度，用合成的 5 条肽（4 条预测肽和 1 条无关肽）包被 ELISA 板，按照上述步骤进行 ELISA 检测。

1.2.3　预测表位黏附功能验证

培养 BEND 细胞和 MAC-T 细胞，以 MAC-T 细胞为例，当细胞生长至 70%～80%丰度时进行试验，铺入 12 孔板中（板中含爬片）。选取处于生长旺盛阶段的细菌进行试验。试验共设置 6 个分组，分别为 T0 组、T1 组、T2 组、T3 组、T4 组和阴性对照组。

（1）12 孔细胞板培养 24h 后，PBS 洗细胞 3 次，固定细胞 1h，PBST 充分漂洗 3 次，除去多余固定液。

（2）3%牛血清白蛋白（bovine serum albumin，BSA）室温封闭 2h，PBST 充分漂洗 3 次。试验组加入纯化重组蛋白质和提取的天然 43K OMP（终浓度为 0.5μg/μL），每孔加入 50μL，对照组加入 PBS，室温孵育 1h。孵育结束后，PBST 充分漂洗 3 次，去除未黏附的蛋白质和培养基。

（3）重组 43K OMP 多克隆抗体（1∶400 稀释）4℃过夜孵育后 PBST 充分漂洗 3 次。

（4）加入荧光标记二抗（1∶500 稀释）37℃孵育 1h，PBST 漂洗 3 次后，用抗荧光淬灭剂封片，4℃避光保存，荧光显微镜下观察结果。

1.2.4　预测表位肽竞争抑制黏附试验

培养细胞和细菌。当细胞生长至 70%～80%丰度时进行试验，选取处于生长旺盛阶段的细菌进行试验。试验共设置 7 个分组，分别为 T0 组、T1 组、T2 组、T3 组、T4 组、细菌对照组和正常细胞对照组。

（1）弃掉细胞板中的培养基，用 PBS 洗净后，分别加入合成的预测表位肽，每孔 50μg，细菌对照组和正常细胞对照组加入无双抗的培养液，与细胞共孵育 3h。

（2）孵育完成后弃去培养液，用 PBS 洗净，以去除残留肽。

（3）将菌液离心收集菌体沉淀，PBS 清洗 3 次，用麦氏比浊管测定细菌浓度，最后用无双抗的细胞培养液将细菌浓度调整至 1×10^7CFU/mL，12 孔细胞板每孔加入 1mL 稀释菌液（正常细胞对照组加入无双抗培养基）共孵育 1h。

（4）孵育完成后弃液，用 PBS 洗净，以去除残余细菌。

（5）用胰蛋白酶将其消化，随后用带有血清的 DMEM 终止胰蛋白酶的消化，最后将消化的细胞调整至适当浓度后涂板，厌氧培养箱中培养 24h 后，进行菌落计数。用 GraphPad Prism 5.0 分析结果（$P<0.05$ 为差异显著，用“*”表示；$P<0.01$ 为差异极显著，用“**”表示）。

2. 结果

2.1　43K OMP 的理化性质分析结果

软件预测结果显示（表 1-17）：43K OMP 的基因共编码 377 个氨基酸，相对分子质量为 4.2927×10^4；理论等电点是 8.74，为碱性蛋白质，带负电荷的残基（天冬氨酸+谷氨酸）总数为 50，带正电荷的残基（精氨酸+赖氨酸）总数为 54；43K OMP 的半衰期为 30h，不稳定系数为 18.82，表明该蛋白质很稳定；脂溶性指数为 64.93，总平均亲水性为–0.710。

表 1-17 牛坏死梭杆菌 43K OMP 的氨基酸组成

氨基酸名称	个数	占比（%）	氨基酸名称	个数	占比（%）
Ala （A）	32	8.5	Lys （K）	37	9.8
Arg （R）	17	4.5	Met （M）	5	1.3
Asn （N）	21	5.6	Phe （F）	17	4.5
Asp （D）	19	5.0	Pro （P）	13	3.4
Gln （Q）	9	2.4	Ser （S）	21	5.6
Glu （E）	31	8.2	Thr （T）	23	6.1
Gly （G）	29	7.7	Trp （W）	10	2.7
His （H）	10	2.7	Tyr （Y）	21	5.6
Ile （I）	7	1.9	Val （V）	29	7.7
Leu （L）	26	6.9			

2.2 43K OMP 的磷酸化位点、跨膜区及信号肽预测结果

通过在线网站预测 43K OMP 磷酸化位点、跨膜区和信号肽，结果表明 43K OMP 氨基酸序列上有 15 个丝氨酸磷酸化位点，10 个苏氨酸磷酸化位点，9 个酪氨酸磷酸化位点(图 1-14A)，共预测到了 34 个磷酸化位点；43K OMP 上不存在跨膜区域(图 1-14B)；在 1～20aa 存在一个信号肽区域（图 1-14C）。

2.3 43K OMP 的亲水性、柔韧性和表面可及性预测结果

用 ProtScale 工具对牛坏死梭杆菌 43K OMP 蛋白的氨基酸序列做霍普-伍兹亲水性预测、Karplus 柔韧性预测和 Janin 表面可及性预测，得到各氨基酸位点的预测得分，结果如图 1-15 所示。图中红线为阈值，阈值以上分别为亲水区、柔性区和可及区。其中图 1-15A 为亲水性预测结果，阈值为 0.168，亲水区域包括 18～23aa、28～38aa、44～45aa、48～51aa、54～59aa、63～100aa、110～116aa、123～139aa、165～174aa、205～207aa、209～212aa、244～257aa、268～275aa、290～299aa、301～320aa、350～358aa。其中，244～257aa 区域亲水性显著高于其他区域。

图 1-15B 所示为柔韧性预测结果，其阈值为 0.46，大于均值的柔韧性区域为 28～51aa、56～98aa、110～116aa、124～141aa、147～154aa、194～213aa、243～254aa、306～319aa、347～358aa。其中，243～254aa 显著高于其他区域。

图 1-15C 为可及性预测结果，其阈值为 5.767，大于均值的可及性区域为 12～23aa、53～62aa、69～90aa、93～106aa、121～135aa、147～159aa、186～191aa、240～257aa、267～275aa、291～297aa、311～321aa、325～331aa、353～360aa。其中，69～90aa、121～135aa、240～257aa、311～321aa 显著高于其他区域。

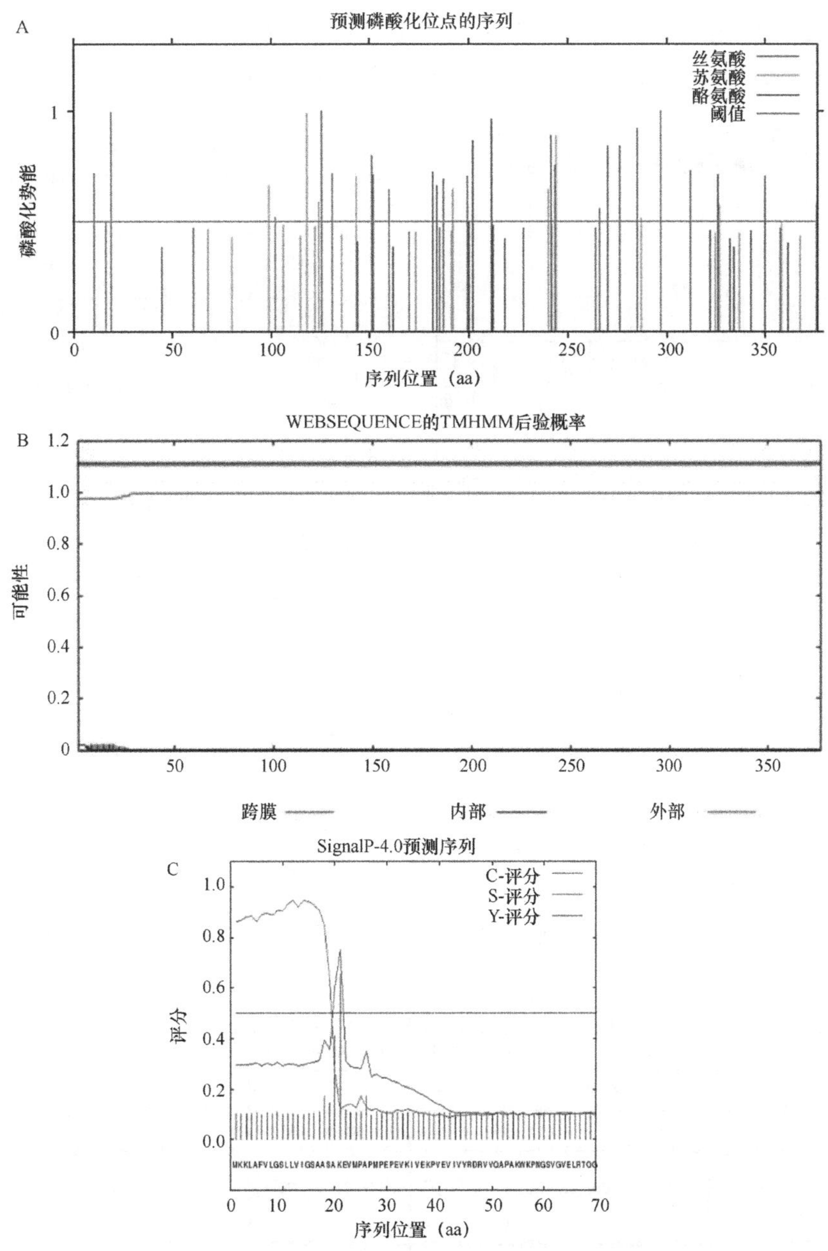

图 1-14　43K OMP 的磷酸化位点预测（A）、跨膜区预测（B）和信号肽预测（C）

2.4　43K OMP 的二级结构、三级结构预测结果

利用 DNA Star 软件分析 43K OMP 的二级结构，结果如图 1-16 所示，其中 α 螺旋主要分布于 10～24aa、38～53aa、75～83aa、95～102aa、128～132aa、176～181aa、185～195aa、215～225aa、228～237aa、250～300aa、317～323aa、332～344aa 区域内；β 折叠主要分布在 3～17aa、58～65aa、108～122aa、135～140aa、150～158aa、168～180aa、200～225aa、235～240aa、318～321aa、370～377aa 区域内；β 转角主要分布在 16～23aa、42～47aa、55～60aa、65～78aa、83～93aa、105～112aa、120～148aa、162～166aa、182～

185aa、192～196aa、203～206aa、223～227aa、242～250aa、260～264aa、268～273aa、308～317aa、320～328aa、342～355aa、361～365aa 区域内。

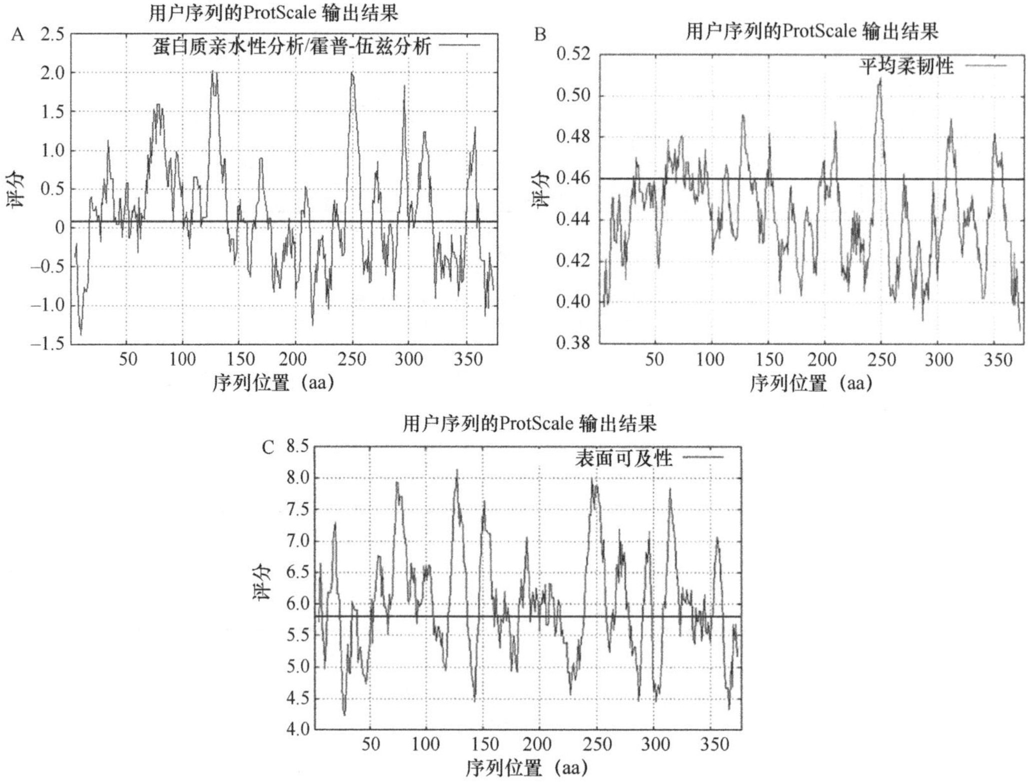

图 1-15　43K OMP 亲水性预测（A）、柔韧性预测（B）和表面可及性预测（C）

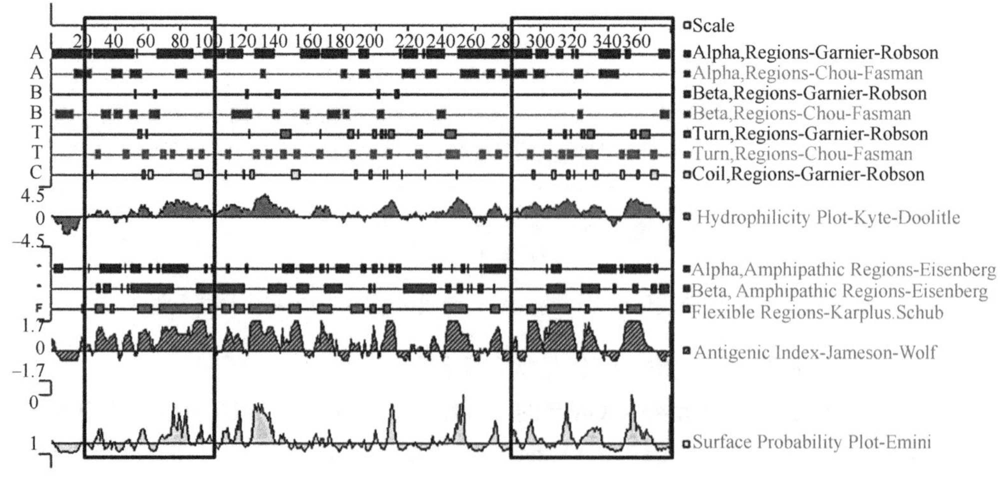

图 1-16　DNA Star 预测二级结构结果

用 I-TASSER 服务器预测 43K OMP 的三级结构，得到 5 个蛋白质模型（图 1-17），其中模型 4（图 1-17D）综合评分最高。

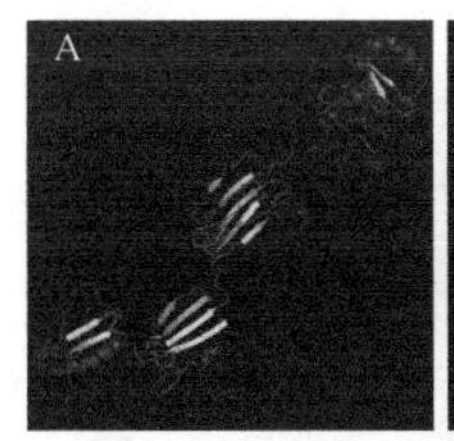

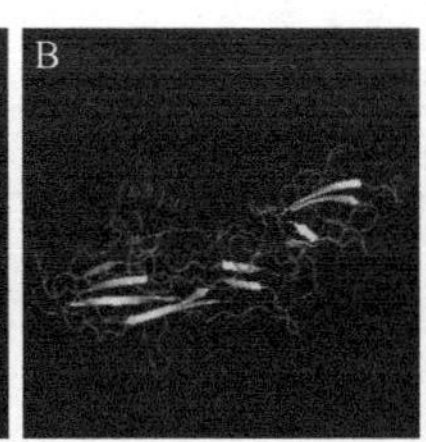

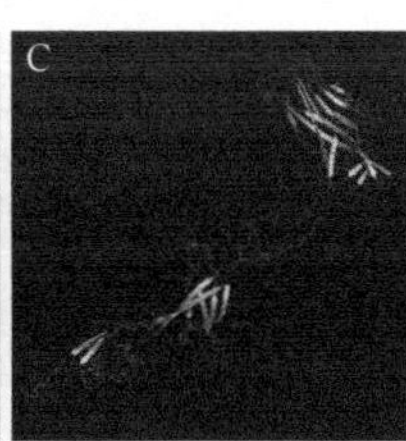

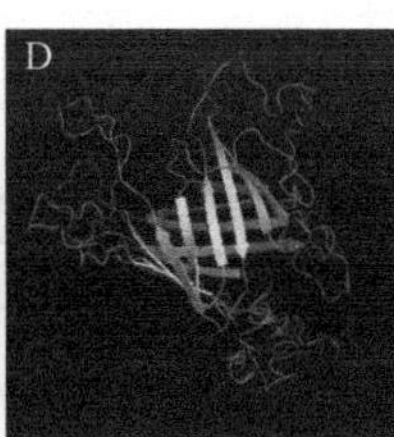

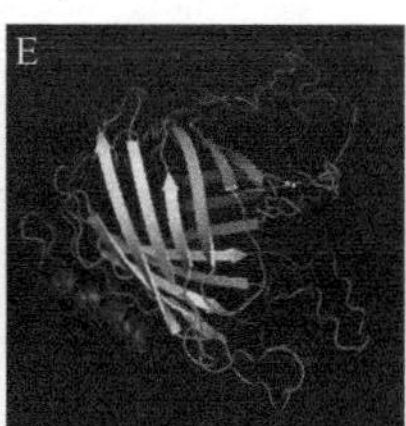

图 1-17　I-TASSER 预测三级结构结果

2.5　43K OMP 的 B 细胞表位预测结果

用 BepiPred-2.0、ABC Pred 和 IEDB 在线工具预测 43K OMP 的 B 细胞表位，其中 BepiPred-2.0 和 ABC Pred 仅预测了 B 细胞线性表位，Ellipro 服务器预测了 B 细胞线性表位和构象表位（根据模型 4 预测）。

BepiPred-2.0 软件预测的位于黏附功能区的 B 细胞表位共有 5 个，其具体氨基酸序列及位置见表 1-18；Ellipro 服务器预测的位于黏附功能区的 B 细胞线性表位共有 6 个，B 细胞构象表位共有 10 个，具体氨基酸序列见表 1-19 和表 1-20；球棒模型图见图 1-18 和图 1-19，其中黄球为预测肽的残基，白棒为蛋白质非表位残基。ABC Pred 服务器预测结果见表 1-21，共预测到 15 个位于黏附功能区内的表位，其中表 1-18、表 1-19 和表 1-21 中仅展示了位于 1～108aa 和 283～377aa 预测到的表位；表 1-22 为 3 个服务器预测位于黏附功能区内的表位交集，结果显示：共预测到 4 个位于黏附功能区内的表位，氨基酸位置、具体序列分别为 49～63aa、VVQAPAKWKPNGSVG，72～89aa、VENKGKKATEENARKGWA，286～302aa、ETFWAWDKKDASMEEWP，348～365aa、GEYVNRENNKSTARYWRW。

表 1-18　BepiPred-2.0 预测的 43K OMP B 细胞表位

序号	氨基酸序列	序列位置(aa)
1	KEVMPAPMPEPEVKIV	21～36
2	VVQAPAKWKPNGSVG	49～63
3	KVENKGKKATEENARKGWAGKEPNVR	71～96
4	LEYETFWAWDKKDASMEEWPHVDGHGRVNSEGKNKKWGA	283～321
5	EYVNRENNKSTARYWRWNPTAWAGM	349～373

表 1-19　Ellipro 服务器预测的 43K OMP B 细胞线性表位

序号	氨基酸序列	序列位置（aa）	评分
1	FVLGSLLVIGSAASAKEVMPAPMPEPEVKIVEKP	6～39	0.639
2	YRDRVVQAPAKWKPNG	45～60	0.741
3	VENKGKKATEENARKGWAGKEPN	72～94	0.737
4	EYETFWAWDKKDASMEEWPHV	284～304	0.797
5	GHGRVNSEGKNKKWGAYELTYT	306～327	0.704
6	GEYVNRENNKSTARYWR	348～364	0.688

表 1-20 Ellipro 服务器预测 43K OMP 的 B 细胞构象表位

序号	氨基酸序列	评分
1	AWDKKDASMEEWPHD	0.819
2	YNAFTYTSTGKGDGKRDKAKLG	0.799
3	DRVVQAPAKWKPNGS	0.749
4	KVENKGKKATEENARKGWAGKEPNVQTHVLTKTDSDKEESDHKDHDDHVDSLWGGNDDRYT	0.693
5	GAYELTYP	0.679
6	TGEYVNRENNKSTARYWR	0.667
7	FELPYGHGRVNSEGKNK	0.604
8	FVLGSLLVIGSAASAKEVMPAPMPEPEVKIVEKPVEVYRTF	0.596
9	GKLYSNSL	0.542
10	GSSKVGFKT	0.516

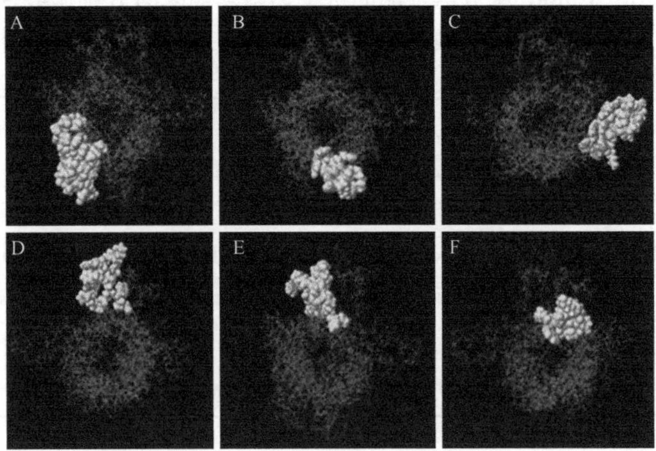

图 1-18 Ellipro 服务器预测 43K OMP 的 B 细胞线性表位球棒模型图

氨基酸位点 A. 6～39aa；B. 45～60aa；C. 72～94aa；D. 284～304aa；E. 306～327aa；F. 348～364aa

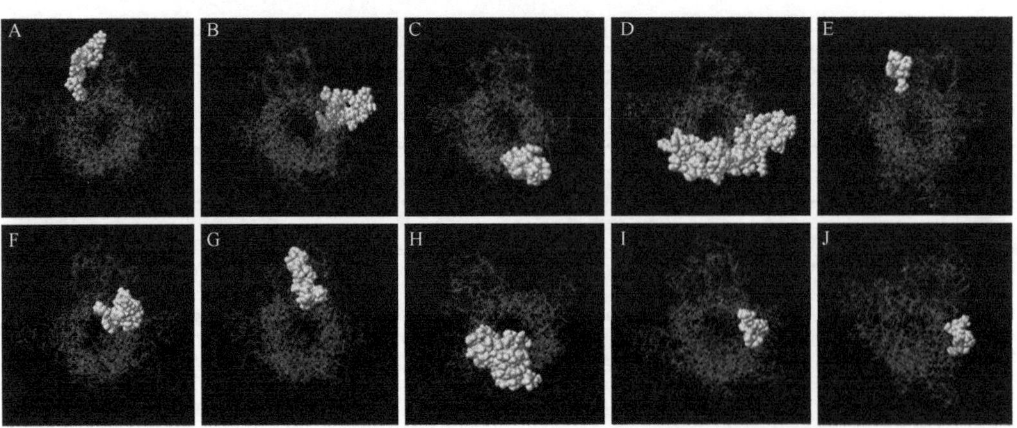

图 1-19 Ellipro 服务器预测 43K OMP 的 B 细胞构象表位球棒模型图

图中 A～J 分别对应表 1-20 中 1～10

表 1-21　ABC Pred 服务器预测 43K OMP 的 B 细胞表位

序号	氨基酸序列	评分	开始位置（aa）
1	YETFWAWDKKDASMEEWPHV	0.87	285
2	RKGWAGKEPNVRLETKASVN	0.84	85
3	KPNGSVGVELRTQGKVENKG	0.84	57
4	PVEVIVYRDRVVQAPAKWKP	0.83	39
5	HGRVNSEGKNKKWGAYELTY	0.83	307
6	RDRVVQAPAKWKPNGSVGVE	0.82	46
7	EEWPHVDGHGRVNSEGKNKK	0.81	299
8	GKKATEENARKGWAGKEPNV	0.80	76
9	NRENNKSTARYWRWNPTAWA	0.79	352
10	VRLETKASVNFTENQNLEVR	0.75	95
11	PMPEPEVKIVEKPVEVIVYR	0.75	27
12	TQGKVENKGKKATEENARKG	0.74	68
13	FVKLYAAIGGEYVNRENNKS	0.73	339
14	LQYNYQATEFVKLYAAIGGE	0.70	330
15	YELTYTPKLQYNYQATEFVK	0.66	322

表 1-22　综合 3 个服务器的预测结果

序号	氨基酸序列	序列位置（aa）
1	VVQAPAKWKPNGSVG	49～63
2	VENKGKKATEENARKGWA	72～89
3	ETFWAWDKKDASMEEWP	286～302
4	GEYVNRENNKSTARYWRW	348～365

2.6　预测表位肽的 ELISA 验证结果

综合预测结果选取 4 个位于黏附功能区的预测表位肽和 1 个无关肽进行合成，命名分别为 T0：无关肽 3～18aa；T1：49～63aa；T2：72～89aa；T3：286～302aa；T4：348～365aa。试验筛选出最佳检测包被浓度为 20μg/mL，最佳一抗稀释度为 1∶2500，最佳二抗稀释度为 1∶1000。用所选最佳包被浓度和抗体稀释度对合成表位肽进行 ELISA 检测，结果如图 1-20 所示：4 个预测表位肽（T1、T2、T3 和 T4）均能与重组全长 43K OMP 兔多克隆抗体结合，而不与兔阴性血清反应，1 个无关对照肽（T0）不能与重组全长 43K OMP 兔多克隆抗体和兔阴性血清结合。说明 4 个预测表位肽与一抗特异性结合，有较好的反应原性。通过试验证实了预测的表位肽 T1、T2、T3、T4 为 43K OMP 的线性表位。通过抗原抗体结合的亲和力反应得出，预测的表位肽免疫反应活性从大到小依次是 T3>T2>T4>T1，由此可知 T3 的免疫活性最高，说明利用蛋白质三级结构筛选抗原表位可以进一步提高预测的准确性。

2.7　预测表位肽的黏附验证结果

为了验证预测表位肽对宿主细胞（BEND/MAC-T）的黏附作用，用间接免疫荧光法进行检测，以 4 个合成的 B 细胞表位肽分别与 BEND/MAC-T 细胞共孵育组为试验组，1 个无关肽与宿主细胞共孵育组作为对照组，以重组 43K OMP 兔血清为一抗进行试验，

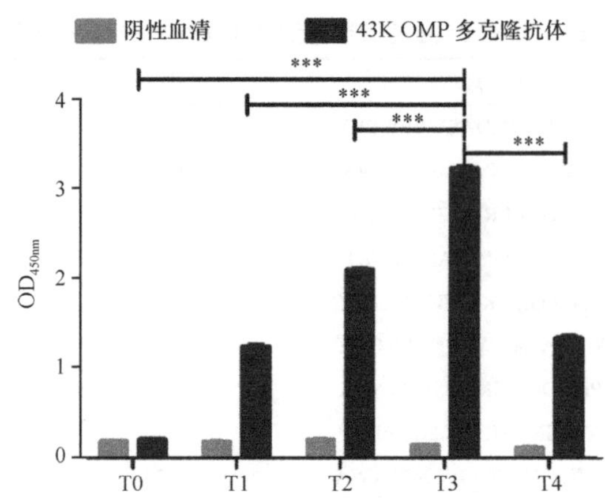

图 1-20 预测表位肽 ELISA 检测结果

T0. 无关肽；T1. 49～63aa；T2. 72～89aa；T3. 286～302aa；T4. 348～365aa

***表示差异极显著

最后滴入封片液，在荧光显微镜下观察，激发的绿色荧光表示肽介导的黏附效果，蓝色荧光为两种细胞的细胞核。结果如图 1-21 所示：在 BEND 细胞中试验组 T1、T2、T3、T4 组均激发出绿色荧光和蓝色荧光，荧光的共定位图显示其定位于膜，这表明 4 个合成的预测表位肽均能黏附 BEND 细胞，而 T0 无关肽对照组仅有蓝色荧光无绿色荧光，这表明 T0 不能与细胞发生黏附，T1、T2、T3、T4 与细胞发生了黏附作用。在 MAC-T 细胞中的结果如图 1-22 所示，试验组 T1、T2、T3、T4 组均激发出绿色荧光和蓝色荧光，T0 无关肽对照组仅有蓝色荧光无绿色荧光，与 BEND 细胞结果一致。综合图 1-21 和图 1-22 的结果可得，合成的 4 个预测表位肽能黏附 BEND 细胞和 MAC-T 细胞。

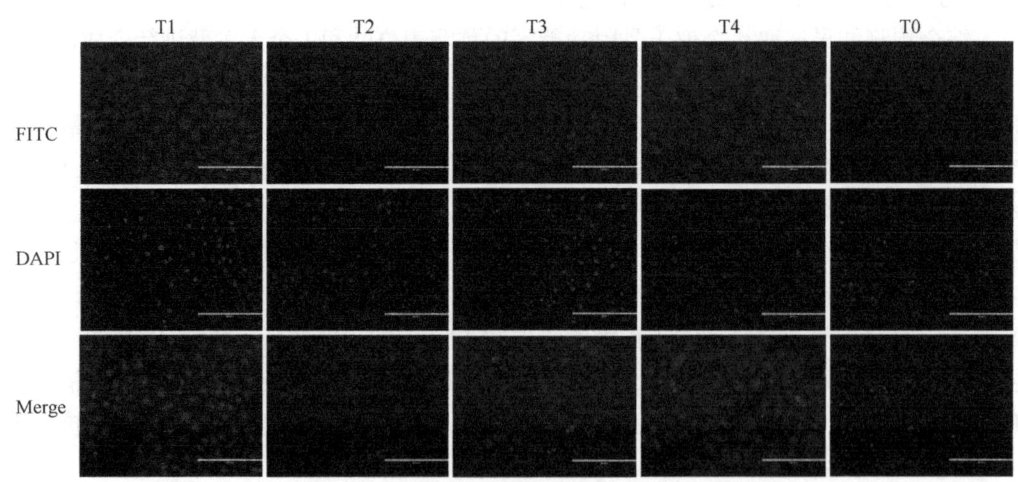

图 1-21 预测表位肽黏附 BEND 细胞的结果

T0. 无关肽；T1. 49～63aa；T2. 72～89aa；T3. 286～302aa；T4. 348～365aa；FITC. 异硫氰酸荧光素；DAPI. 4′,6-二脒基-2-苯基吲哚；Merge. FITC 和 DAPI 的叠加场；比例尺=200μm。下图同

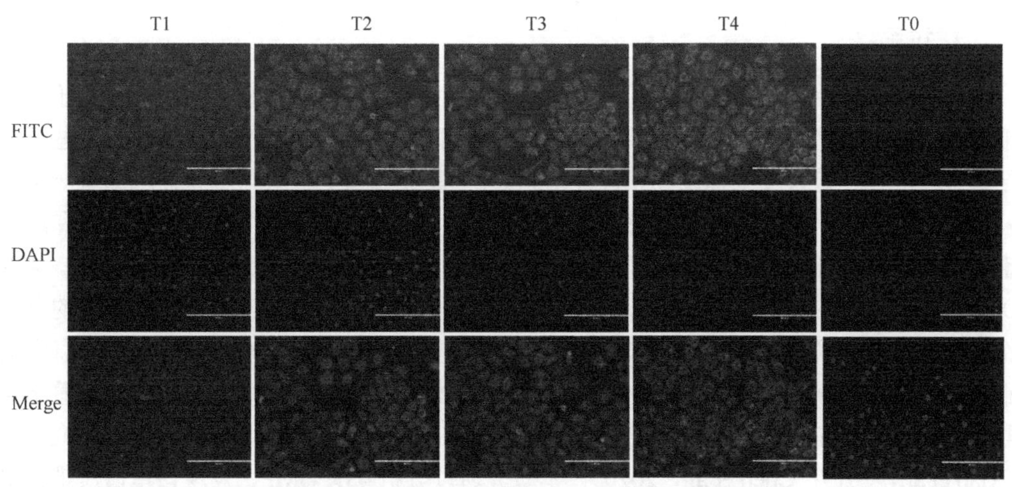

图 1-22　预测表位肽黏附 MAC-T 细胞的结果

2.8　预测表位肽竞争抑制试验结果

用合成的 4 个预测表位肽和 1 个无关肽分别与 BEND 细胞、MAC-T 细胞进行竞争抑制试验，试验结果如图 1-23 所示，其中图 1-23A 为 BEND 细胞的竞争抑制试验结果，图 1-23B 为 MAC-T 细胞的竞争抑制试验结果。结果显示，在 BEND 细胞的竞争抑制试验中 4 个合成的预测表位肽均能竞争抑制牛坏死梭杆菌黏附 BEND 细胞的作用，T1、T2、T3、T4 试验组黏附的细菌数量均少于细菌对照组，其中 T1、T3、T4 组与细菌对照组相比，变化更明显。

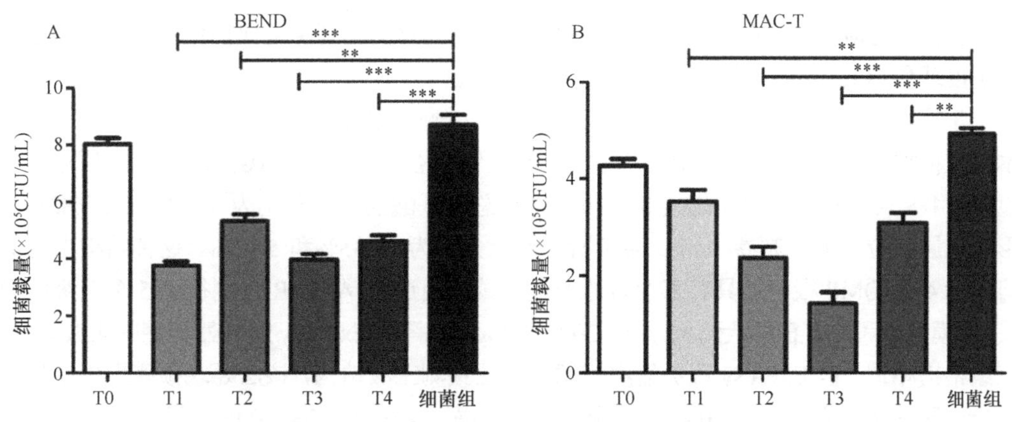

图 1-23　预测表位肽竞争抑制黏附结果图

A. BEND 细胞；B. MAC-T 细胞

T0. 无关肽；T1. 49～63aa；T2. 72～89aa；T3. 286～302aa；T4. 348～365aa

在 MAC-T 细胞的竞争抑制试验中，4 个合成的预测表位肽均能竞争抑制牛坏死梭杆菌黏附 MAC-T 细胞的作用，T1、T2、T3、T4 试验组黏附的细菌数量均少于细菌对照组，其中 T1、T2、T3 和 T4 组与细菌对照组相比差异极显著。综合结果表明，4 个合成的预测表位肽均能竞争抑制牛坏死梭杆菌的黏附作用，且肽 T3 的竞争抑制效果最好。

3. 讨论

牛坏死梭杆菌是一种病原体，有多种毒力因子。在较长一段时间里，人们致力于对白细胞毒素和溶血素作为亚单位疫苗和候选抗原的研究（Machado et al.，2014）。这些研究结果虽然能在一定程度上抑制坏死梭杆菌感染，但其免疫保护效果与临床需求却有一定的差距（郭东华等，2007）。这些研究提示，防治牛坏死梭杆菌病仅依靠白细胞毒素和溶血素等毒力因子是不够的。因此，对坏死梭杆菌其他功能蛋白的研究变得十分必要。43K OMP 是牛坏死梭杆菌的功能蛋白，其不仅可以激发机体的免疫反应，也发挥重要的黏附作用，所以对 43K OMP 的结构和功能研究有着重要的价值。近年来，随着生物信息学的不断发展，其在分析蛋白质理化性质、预测蛋白质结构、推测蛋白质功能等方面有着不可取代的地位，目前，生物信息学分析技术已经广泛应用于蛋白质抗原表位预测的研究当中（Xiao et al.，2019；Chen et al.，2020）。本研究通过分析 43K OMP，发现该蛋白质带正电荷残基较多，一般认为正电荷与碱性有关，负电荷与酸性有关，所以其理论 pI 偏碱性。43K OMP 不稳定系数较低，表明它很稳定。此外，测出 43K OMP 共有 15 个丝氨酸磷酸化位点，10 个苏氨酸磷酸化位点，9 个酪氨酸磷酸化位点，43K OMP 前 20 个残基是很典型的信号肽序列，N 端的 2～3aa 处为 Lys-Lys，在 20～21aa 有一个信号肽裂解位点（Ala 和 Lys），这与具核梭杆菌的外膜成孔蛋白完全一致（Bolstad and Jensen，1993）。信号肽序列都以碱性 Lys-Lys/Arg-Lys/Lys-Arg 在第 2 位和第 3 位氨基酸之间输出信号肽，随后是几个疏水性残基，这与 Perlman 猜想的信号肽酶识别位点和序列一致（Perlman and Halvorson，1983）。通过分析 43K OMP 的基本性质，可为以后 43K OMP 的结构及功能研究提供依据。

已证实 OMP 可以介导免疫应答过程，对细菌的感染起到免疫保护作用，参与刺激宿主免疫球蛋白 G（IgG）的 Fc 结合活性（Liu et al.，2010）。表位研究吸引了很多临床和基础生物医学研究人员，因为它在疫苗设计、疾病预防、诊断和治疗方面具有巨大的潜力。本研究根据亲水指数、二级结构、三级结构、柔性区、可及区和 B 细胞表位区预测结果显示，43K OMP 蛋白中 α 螺旋和 β 折叠区占总氨基酸的比例分别为 44.41%和 13.82%，形成抗原表位的无规则卷曲和 β 转角所占比例分别为 36.35%和 5.43%。这种结构上的优势提示 43K OMP 很可能具有多个抗原表位。试验通过 I-TASSER 预测得到 5 个三级结构模型，模型 4 和 5 为 β-桶状结构，这与 2021 年 Farooq 等用 ExPASy 服务器预测的 43K OMP 三级结构相似。但 ExPASy 服务器用同源建模法预测三级结构，该法要求预测蛋白质与模型蛋白质同源性必须大于 30%，而在蛋白质模型库中没有与 43K OMP 同源性超过 30%的蛋白质模型，所以本试验选用 I-TASSER 服务器的穿线法进行三级结构预测。选取三级结构模型中综合评分最高的模型 4 对 43K OMP 的构象表位进行预测，共得到 10 个构象 B 细胞表位，12 个潜在的线性 B 细胞表位区。其中，综合 3 个不同服务器预测的 B 细胞表位预测结果取交集，位于黏附功能区内的表位有 4 个，分别为 49～63aa、72～89aa、286～302aa 和 348～365aa。该结果与 Sun 等（2013）的预测结果相似，Sun 等预测 43K OMP 抗原区域中位于 1～108aa 和 283～377aa 的表位有 45～63aa、67～103aa、292～321aa 和 350～368aa。合成的肽命名为 T1（49～63aa）、T2（72～89aa）、T3（286～302aa）和

T4（348～365aa），合成后进行验证，其中肽 T3 的免疫反应活性最高，且预测出的 4 个表位肽均具有反应活性。此外，通过间接免疫荧光试验证明，合成的 4 个预测表位肽可以黏附 BEND、MAC-T 细胞；竞争抑制试验结果表明，4 个合成的预测表位肽均能竞争抑制牛坏死梭杆菌的黏附作用，其中肽 T3 竞争抑制黏附的效果最好，且在两种细胞中抑制效果都很稳定，但没有完全阻断效果。推测牛坏死梭杆菌对宿主细胞的黏附作用有别的相关蛋白质参与，其黏附作用可能也有该蛋白质的其余表位参与。综合结果表明，合成的 4 个预测表位肽不仅具有良好的反应性，同时对 BEND、MAC-T 细胞有黏附作用，能竞争抑制牛坏死梭杆菌对 BEND、MAC-T 细胞的黏附作用。总之，43K OMP 的生物信息学分析从结构特征和抗原表位上为我们进一步开展蛋白质功能的研究提供了理论依据，为牛坏死梭杆菌 43K OMP 致病机制和相关疫苗研制提供了试验依据。

二、坏死梭杆菌 43K OMP 基因缺失株的构建及生物学功能初步探究

（一）坏死梭杆菌 43K OMP 基因缺失株的构建

1. 材料与方法

1.1　材料

1.1.1　菌株、细胞和质粒

坏死梭杆菌 A25 菌株购自美国菌种保藏中心 ATCC 公司（*F. necrophorum*，*Fnn* 亚种，ATCC 25286）；牛子宫内膜上皮细胞购于北京北纳创联生物技术研究院（编号：BNCC 340413）；牛乳腺上皮细胞为 MAC-T 细胞系、鼠乳腺上皮细胞（EpH4-Ev）由吉林大学农学部惠赠；小鼠肝细胞（AML12）由吉林大学动物医学院动物生理学教研室惠赠（编号：SCSP-550）；pET-32a 表达载体、*E. coli* BL21（DE3）感受态细胞由黑龙江八一农垦大学兽医病理学实验室保存；牛坏死梭杆菌 43K OMP 多克隆抗体血清，牛坏死梭杆菌高免血清、牛坏死梭杆菌 43K OMP 单克隆抗体、兔阴性血清及鼠阴性血清均保存于黑龙江八一农垦大学兽医病理学实验室；自杀质粒 pCVD442、大肠杆菌 β2155、大肠杆菌 DH5α λpir 由生工生物工程（上海）股份有限公司提供，pUC57-cat 质粒由大连医科大学惠赠。

1.1.2　主要试剂

*Sma*I 限制性内切酶（#ER0667）和 *pfu* DNA 聚合酶（#EP0501）购于加拿大 MBI Fermentas，T4 DNA 连接酶（#15224041）购于美国赛默飞世尔科技公司，二氨基庚二酸（#D1377）购于美国 Sigma-Aldrich 默克生命科学公司，甲砜霉素（#T111415）购于阿拉丁科技（中国）有限公司。

1.2　方法

1.2.1　试验设计

用高保真酶从牛坏死梭杆菌 A25 菌株基因组上扩增 43K OMP 内部一段序列(porin)作为打靶序列，将其与甲砜霉素抗性基因连接并克隆入自杀质粒 pCVD442，获得打靶质粒 pCVD442_porin::cat。通过电转化，将 pCVD442_porin::cat 转入大肠杆菌 *E. coli* β2155，获得供体菌 β2155/pCVD442_porin::cat。β2155/pCVD442_porin::cat 供体菌与坏

死梭杆菌受体菌（A25）进行接合试验，在甲砜霉素平板上筛选获得甲砜霉素抗性的坏死梭杆菌克隆。采用 PCR 技术对上述单克隆抗体进行筛选试验，挑选 pCVD442_porin::cat 完整质粒稳定插入 *porin* 基因内部使其完整性打断的克隆，命名为 Fn/pCVD442_porin::cat。将阳性菌落克隆进行插入位置的 5′端和 3′端 PCR 扩增产物测序后，鉴定基因缺失菌是否构建成功，将构建好的基因缺失菌命名为 A25Δ43K OMP。将基因缺失菌和 A25 菌株进行黏附试验，验证 43K OMP 基因缺失对牛坏死梭杆菌黏附宿主细胞的影响。

1.2.2　引物设计及合成

根据 GenBank 中牛坏死梭杆菌 43K OMP 核苷酸序列（No. JQ740821.1）和甲砜霉素抗性基因序列分别设计引物，其中引物 Porin-F/Porin-R、引物 Porin-catF/Porin-catR 分别用于扩增同源重组片段 *porin*（616bp）和甲砜霉素抗性基因片段（841bp）；引物 Porin-outF3/Porin-outR3 用于扩增融合后的打靶片段（1423bp）；引物 Porin-outF3/Cat-seqR、引物 Porin-outR3/442R3 用于牛坏死梭杆菌 43K OMP 基因缺失菌株的筛选（大小分别为 1159bp 和 808bp）。引物合成由生工生物工程（上海）股份有限公司完成（表 1-23）。

表 1-23　PCR 扩增所用的引物序列

引物名称	引物序列（5′→3′）
Porin-F	GGTTGGGCTGGAAAAGAACCTAATG
Porin-R	CCCAAGCCCAGAAAGTTTCATATTCTAATTC
Porin-catF	GAATTAGAATATGAAACTTTCTGGGCTTGGGTAAGCGCTCGGCCGGG
Porin-catR	TCATTAACTATTTATCAATTCCTGCAATTCGTTTACAAAAC
Porin-outF3	CTGTCGAAGTTATCGTTTATCGTGACC
Porin-outR3	CTTCACTATTAACTCTTCCATGTCCATCAAC
Cat-seqR	CACCATCTTGATTGATTGCCGTCC
442R3	AGAAGCCCTTAGAGCCTCTCAAAG

1.2.3　打靶载体的构建及供体菌的制备

1.2.3.1　porin 同源重组片段的扩增

以牛坏死梭杆菌 A25 菌株菌液为模板，按照以下 PCR 反应体系及反应条件进行 porin 同源重组片段的扩增（表 1-24）。

表 1-24　porin 同源重组片段 PCR 反应体系及反应条件

反应体系（50μL 体系）		反应条件
菌液	0.5μL	95℃预变性 5min，95℃变性 30s，61℃退火 30s，72℃延伸 1min，共 10 个循环，72℃延伸 7min
10× *pfu* buffer	5μL	
dNTP（2.5mmol/L）	4μL	
Porin-F（50pmol/μL）	0.5μL	
Porin-R（50pmol/μL）	0.5μL	
DMSO（5%）	2.5μL	
pfu DNA 聚合酶（5U/μL，MBI）	0.5μL	
ddH_2O	36.5μL	

取少量 PCR 产物，1%琼脂糖凝胶电泳鉴定。

1.2.3.2　甲砜霉素抗性基因的扩增

以pUC57-cat质粒为模板，应用高保真PCR法从质粒上扩增甲砜霉素抗性基因序列，PCR 反应体系和反应条件见表 1-25。

表 1-25　甲砜霉素抗性基因 PCR 反应体系及反应条件

反应体系（50μL 体系）		反应条件
pUC57-cat 质粒（10ng/μL）	0.5μL	95℃预变性 5min，95℃变性 30s，61℃退火 30s，72℃延伸 1min，共 10 个循环，72℃延伸 7min
10× *pfu* buffer	5μL	
dNTP（2.5mmol/L）	4μL	
Porin-catF（50pmol/μL）	0.5μL	
Porin-catR（50pmol/μL）	0.5μL	
DMSO（5%）	2.5μL	
pfu DNA 聚合酶（5U/μL，MBI）	0.5μL	
ddH_2O	36.5μL	

取少量 PCR 产物，1%琼脂糖凝胶电泳鉴定。

1.2.3.3　融合 PCR 技术构建打靶片段

将上述两组 PCR 产物进行融合构建打靶片段，PCR 反应条件和反应体系如表 1-26 所示。

表 1-26　打靶片段 PCR 反应体系及反应条件

反应体系（50μL 体系）		反应条件
Porin-F/R PCR 产物	5μL	95℃预变性 5min，95℃变性 30s，61℃退火 30s，72℃延伸 1min，共 25 个循环，72℃延伸 7min
Porin-catF/R PCR 产物	5μL	
10× *pfu* buffer	5μL	
dNTP（2.5mmol/L）	4μL	
Porin-outF3（50pmol/μL）	0.5μL	
Porin-outR3（50pmol/μL）	0.5μL	
DMSO（5%）	2.5μL	
pfu DNA 聚合酶（5U/μL）	0.5μL	
ddH_2O	27μL	

1.2.3.4　打靶载体（pCVD442_porin::cat）的构建

将自杀质粒 pCVD442 进行酶切，按照如下方法建立酶切体系。

pCVD442（100ng/μL）	10μL
10×Tango buffer（MBI）	5μL
*Sma*I（10U/μL，MBI）	2μL
ddH_2O	33μL
总体积	50μL

30℃反应 2h。酶切反应结束后，将载体和融合 PCR 产物经 1%琼脂糖凝胶电泳分离，柱离心纯化后洗脱于 50μL 去离子水，进行连接和转化。连接反应体系如下。

pCVD442/*Sma*I（50ng/μL）	2μL
porin::cat（50ng/μL）	6μL
10×T4 buffer	1μL
T4 DNA 连接酶（5U/μL）	1μL
总体积	10μL

反应体系在 16℃过夜后，连接产物经异丙醇沉淀，并用 70%乙醇洗涤，将其溶解于 5μL 去离子水。通过电转化方法将其转入大肠杆菌 DH5α λpir，在 LB 平板（含氨苄青霉素 50μg/mL，甲砜霉素 5μg/mL）上于 37℃培养至单克隆形成。

在氨苄青霉素、甲砜霉素双抗性平板上生长的克隆含有完整的打靶片段，随机选择 1 个克隆进行后续试验，命名为 pCVD442_porin::cat。将此克隆接种入 3mL LB（含氨苄青霉素 50μg/mL，甲砜霉素 5μg/mL），37℃培养过夜，次日应用柱离心法纯化质粒 DNA。

1.2.3.5 供体菌的构建

通过电转化方法将质粒导入大肠杆菌 β2155 菌株，涂布于 LB 平板［含氨苄青霉素 100μg/mL，0.5mmol/L DAP（二氨基庚二酸，diaminopimelic acid）］上 37℃培养，至单克隆形成。此克隆即为用于接合试验的供体菌株 β2155/pCVD442_porin::cat。

1.2.4 接合试验及基因缺失菌株的筛选

（1）在苛养厌氧菌肉汤（fastidious anaerobe broth，FAB）固体平板上划线接种牛坏死梭杆菌，37℃培养至单克隆形成。挑取单克隆入 3mL BHI 培养液，厌氧培养 18～24h。

（2）挑取 β2155/pCVD442_porin::cat 单克隆入 3mL LB（含甲砜霉素 5μg/mL，0.5mmol/L DAP）。37℃，220r/min 振荡培养过夜，作为供体菌。

（3）取 500μL 供体菌 β2155/pCVD442_porin::cat 菌液与 500μL 牛坏死梭杆菌菌液混合进行接合试验。

（4）取 100μL 接合后菌液涂布于含有甲砜霉素（2μg/mL）的 FAB 平板，30℃培养过夜，次日转移至 37℃培养至单克隆形成。

（5）在甲砜霉素平板上，随机挑选若干个克隆分别接种入 3mL FAB 培养液（含甲砜霉素 2μg/mL），37℃培养至培养液浑浊。

（6）分别取 1mL 菌液提取基因组 DNA，在插入位置两个端点两侧分别用 PCR 进行鉴定。5′端插入位置和 3′端插入位置 PCR 反应体系和反应条件见表 1-27。

表 1-27　PCR 反应体系及反应条件

	反应体系（50μL 体系）		反应条件	
5′端插入片段	菌液 DNA	0.5μL	95℃	5min
	Porin-outF3（50pmol/μL）	0.5μL	95℃	30s
	Cat-seqR（50pmol/μL）	0.5μL	60℃	30s
	DMSO（6%）	3μL	72℃	1.5min
	Premix Ex *Taq*（0.025U/μL）	25μL		35 个循环
	ddH_2O	20.5μL	72℃	7min
3′端插入片段	菌液 DNA	0.5μL	95℃	5min
	442R3（50pmol/μL）	0.5μL	95℃	30s
	Porin-outR3（50pmol/μL）	0.5μL	60℃	30s
	DMSO（6%）	3μL	72℃	1.5min
	Premix Ex *Taq*（0.025U/μL）	25μL		35 个循环
	ddH_2O	20.5μL	72℃	7min

（7）取少量 PCR 产物，1%琼脂糖凝胶电泳鉴定，将 5′端和 3′端都有强的特异性扩增的 PCR 产物测序，确定基因缺失菌株是否构建成功。同时对筛选的基因缺失菌参照郭东华等（2007）的方法进行牛坏死梭杆菌 16S rRNA 和 *lktA3* 鉴定。

1.2.5　基因缺失菌株的稳定性鉴定

将缺失菌单菌落接种于 FAB 液体培养基或 BHI 液体培养基中，连续 1∶100 传代 15 代，每一代均利用引物 Porin-outF3/Cat-seqR 和 Porin-outR3/442R3 进行 PCR 扩增，鉴定缺失菌的遗传稳定性。

1.2.6　数据统计分析

采用 GraphPad Prism 软件进行数据分析，数据用平均值±标准差表示。单因素方差分析 One-way ANOVA 用于细菌黏附试验结果的数据分析。

2. 结果

2.1　打靶片段的融合 PCR 结果

以牛坏死梭杆菌 A25 菌株基因组为模板，用引物对其进行 PCR 扩增出 porin 同源重组片段，大小为 616bp（图 1-24A）。以 pUC57-cat 质粒为模板，扩增出甲砜霉素抗性基因序列，大小为 841bp（图 1-24B）。以 porin 同源重组片段、甲砜霉素抗性基因产物为模板，通过融合 PCR 扩增 porin::cat，大小为 1423bp，PCR 产物大小与预期相符（图 1-24C）。将打靶片段克隆入自杀质粒 pCVD442，获得打靶质粒 pCVD442_porin::cat，并进行测序，测序结果显示打靶质粒构建成功。通过电转化，将 pCVD442_porin::cat 转入大肠杆菌 *E. coli* β2155，该供体菌能在甲砜霉素抗性平板上（浓度为 2μg/mL）生长，且测序结果均显示已成功获得供体菌 β2155/pCVD442_porin::cat。

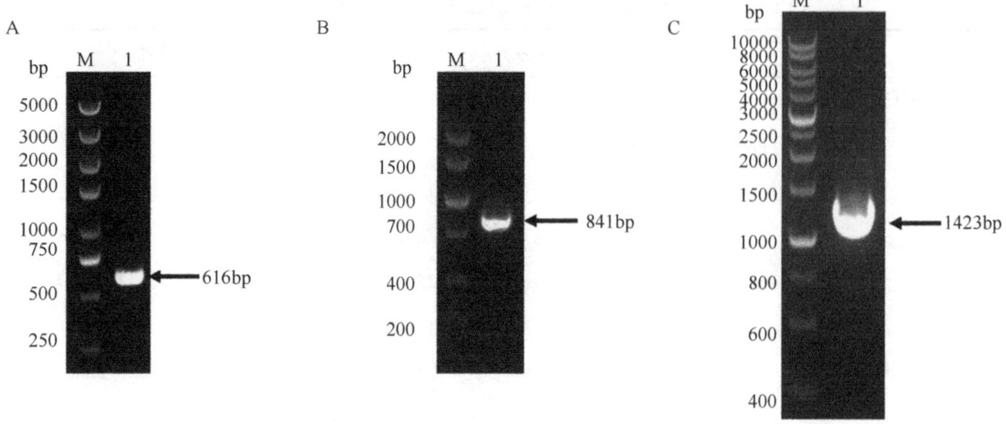

图 1-24　打靶片段的 PCR 扩增结果

A. porin 同源重组片段的 PCR 扩增结果；B. 甲砜霉素抗性基因的 PCR 扩增结果；C. 打靶片段的 PCR 扩增结果；M. DNA Marker；1. 样品

2.2　基因缺失菌的筛选及鉴定结果

从含甲砜霉素（2μg/mL）的 FAB 平板上挑取 30 个单菌落克隆，经扩大培养后提取细菌基因组，用引物 Porin-outF3/Cat-seqR 和 Porin-outR3/442R3 对插入位置的两个端点进行 PCR 鉴定，分别获得了 1159bp 和 808bp 的特异性条带（图 1-25）。选取 9 个两个 PCR 反应均有强特异性扩增的 PCR 产物进行测序（图 1-26A、B），测序结果显示，目的基因位置已经插入 pCVD442_porin::cat，序列与设计一致。

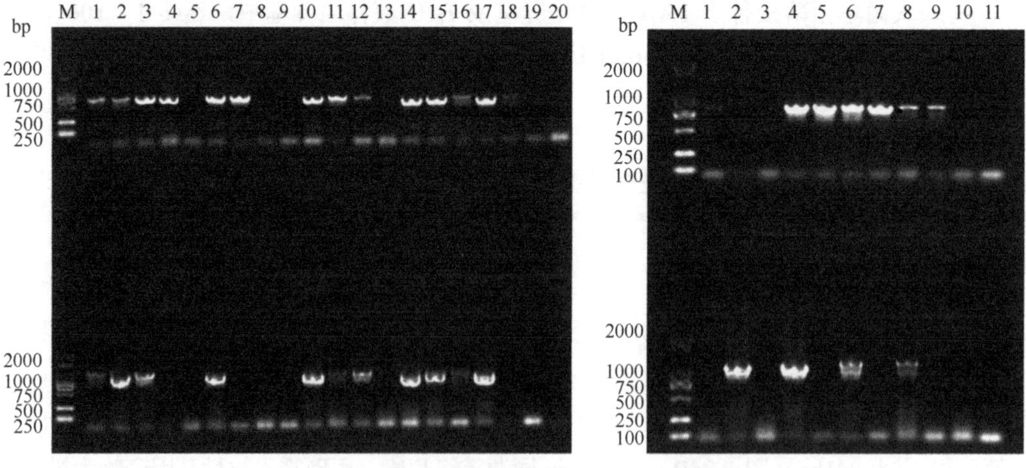

图 1-25　43K OMP 基因缺失株的 PCR 初次筛选结果

M. DNA 2000 Marker；1～20. 细菌 DNA

同时将确定的阳性克隆 Fn/pCVD442_porin::cat 进行牛坏死梭杆菌 16S rRNA 和 *lktA3* 的扩增，分别扩增出 1250bp 和 2124bp 的目的条带（图 1-26C、D），表明 Fn/pCVD442_porin::cat 均为牛坏死梭杆菌，命名为 A25Δ43K OMP。基因缺失株在 FAB 和 BHI 液体培养基上连续传代 15 代，每代均鉴定其遗传稳定性。结果显示连续传代 15

代，都能扩增出缺失株插入位置的 1159bp 和 808bp 片段，基因缺失株 A25Δ43K OMP 具有良好的遗传稳定性。

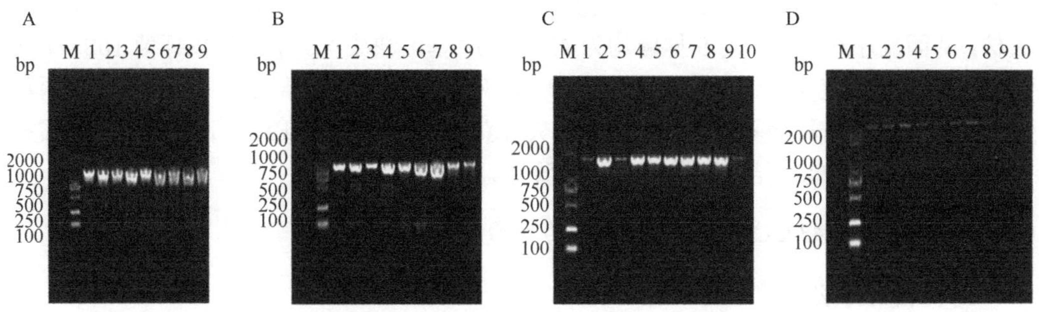

图 1-26　43K OMP 基因缺失株的 PCR 鉴定

A. 5′端插入位置 PCR 鉴定结果；B. 3′端插入位置 PCR 鉴定结果；C. 基因缺失株的 16S rRNA PCR 鉴定结果；D. 基因缺失株 *lktA3* PCR 鉴定结果；M. DNA Marker；1～9. 样品；10. A25 菌株 DNA

3. 讨论

近年来，牛坏死梭杆菌病对我国养牛业造成了巨大的经济损失，由牛坏死梭杆菌引起的牛肝脓肿、腐蹄病、坏死性喉炎（犊牛白喉）、牛子宫内膜炎和乳腺炎等疾病，严重制约了我国规模化奶牛养殖业的发展。有关牛坏死梭杆菌感染宿主细胞的致病机制尚待研究，前期研究中我们发现 43K OMP 在牛坏死梭杆菌黏附及介导机体免疫反应等方面发挥着重要作用（He et al.，2020），而有关 43K OMP 的功能性研究和介导牛坏死梭杆菌感染的致病机制尚不明确。因此，构建 43K OMP 基因缺失株为 43K OMP 基因功能及致病机制的研究提供了基础。

细菌外膜蛋白功能广泛，包括维持膜结构的稳定性和完整性，参加离子和溶质主动和被动转运、信号转导、适应性催化和防御作用（罗青平，2019）。一些功能性外膜蛋白缺失对细菌致病性及功能影响较大，脑膜炎球菌外膜蛋白 Omp85 缺失后，会引起细菌因蛋白质结构错误而死亡（Voulhoux et al.，2003）。革兰氏阴性厌氧菌因分离培养困难，常伴发细菌感染性疾病，致病性相对较弱，所以对其研究相对滞后，而有关梭杆菌属的研究更是少之又少，仅有的研究大多集中于具核梭杆菌。Nakagaki 等（2010）通过自杀质粒介导的同源重组方法，选用自杀质粒 pFOMA151 并通过具核梭杆菌对卡那霉素的抗性筛选和 PCR 技术建立了具核梭杆菌 *FomA* 基因缺失株，对具核梭杆菌 *FomA* 在生物膜形成和 *FomA* 结合的活性区域进行分析。Peluso 等（2020）报道了一种用于全基因筛选的具核梭杆菌基因缺失株建立方法，详细介绍了质粒的设计和构建及导入具核梭杆菌的方法。

根据基因同源重组的原理构建基因缺失株是研究基因功能的最有效的策略之一。该研究选用自杀质粒 pCVD442，因其携带氨苄青霉素抗性，且含有 *SacB* 基因，可以选用宿主菌敏感的蔗糖浓度或宿主敏感的氨苄青霉素浓度对缺失菌进行筛选。但由于牛坏死梭杆菌对厌氧条件和营养要求苛刻，以及相关抗性研究的贫乏，前期我们分别通过针对 *SacB* 基因、氨苄青霉素、四环素、卡那霉素等进行的筛选均未成功。结合具核梭杆菌缺失菌构建的相关研究，我们选用了甲砜霉素抗性基因与同源重组片段融合克隆入自杀质粒 pCVD442 后，电转化入大肠杆菌 β2155，接合后选用甲砜霉素平板筛选，并通过 PCR 技术和基因测序技术鉴定缺失株是否构建成功。本研究共筛选出 9 株 43K OMP 基因缺失株，基因测序结果显示这 9 株菌均为 43K OMP 基因缺失株。牛坏死梭杆菌 16S rDNA 和 *lktA3* 的 PCR 鉴定显示，这 9 株菌均为牛坏死梭杆菌。以上结果表明，利用同源重组技术构建牛坏死梭杆菌 43K OMP 基因缺失菌获得了成功，该研究为下一步牛坏死梭杆菌 43K OMP 的功能及结构研究奠定了试验基础。

（二）坏死梭杆菌 43K OMP 基因缺失株的生物学功能初步探究

1. 材料与方法

1.1 材料

1.1.1 菌株、细胞与动物

坏死梭杆菌 A25 标准菌株购自美国菌种保藏中心 ATCC 公司（*Fusobacterium necrophorum* subsp. *necrophorum*，*Fnn* 亚种，ATCC 25286）；坏死梭杆菌 43K OMP 基因缺失株 A25Δ43K OMP 由本实验室前期构建并保存于黑龙江八一农垦大学兽医病理学实验室。

小鼠单核巨噬细胞（RAW264.7）、小鼠乳腺上皮细胞（Eph4 1424）、小鼠肝细胞（AML-12）、牛子宫内膜上皮细胞（BEND）和牛乳腺上皮细胞（MAC-T）由黑龙江八一农垦大学兽医病理学实验室保存。

SPF 级 4～6 周龄雌性 BALB/c 小鼠，购自长春生物制品研究所有限公司。动物研究得到了动物护理和使用委员会（Institutional Animal Care and Use Committee，IACUC）批准。所有小鼠试验程序均按照黑龙江八一农垦大学学校理事会批准的“实验动物管理规定”进行。

1.1.2 主要仪器

本研究中所使用的主要试验仪器如表 1-28 所示。

表 1-28 主要仪器

仪器名称	仪器型号	生产厂家
−80℃超低温冰箱	DW-HL340	中科美菱低温科技股份有限公司
厌氧培养箱	YQX-Ⅱ	上海龙跃仪器设备有限公司
超净工作台	CLASSⅡ TYPE A2	北京东联哈尔仪器制造有限公司
水平离心机	Centrifuge 5424 R	德国爱得芬股份公司
高温高压灭菌锅	PC781704	日本松下集团
电子天平	BSA223S	赛多利斯科学仪器（北京）有限公司
水浴锅	DK-S12	上海森信实验仪器有限公司
PCR 扩增仪	C1000 Touch	伯乐生命医学产品（上海）有限公司
水平电泳槽	Wide Mini-Sub Cell GT	伯乐生命医学产品（上海）有限公司
电源	DYY-6C	北京六一生物科技有限公司
凝胶成像系统	Amersham Imager 600	美国通用电气公司

续表

仪器名称	仪器型号	生产厂家
光学显微镜	ML31	广州市明美光电技术有限公司
分光光度计	T6 新悦	北京普析通用仪器有限公司
烘干箱	GZX-9420 MBE	上海博讯实业有限公司
微波炉	MZC-2070M1	青岛海尔集团
切片机	Leica RM2125 RTS	徕卡显微系统（上海）贸易有限公司
流式细胞仪	CytoFLEX S	贝克曼库尔特生命科学事业部
荧光显微镜	INTENSILIGHT C-HGFI	尼康株式会社
分光光度计	T6 新悦	北京普析通用仪器有限公司
烘干箱	GZX-9420 MBE	上海博讯实业有限公司

1.1.3　主要试剂

主要试验试剂如表 1-29 所示。

表 1-29　主要试剂

试剂名称	生产厂家
苛养厌氧菌肉汤培养基	山东托普生物工程有限公司
甲砜霉素	上海麦克林生化科技股份有限公司
琼脂	广州赛国生物科技有限公司
细菌基因组 DNA 提取试剂盒	天根生化科技（北京）有限公司
琼脂糖	北京沃比森科技有限公司
EB 替代物	Biosharp 生命科学股份有限公司
TAE 缓冲液	Biosharp 生命科学股份有限公司
2×*Taq* Master Mix	近岸蛋白质科技有限公司
DNA Marker DL 2000	近岸蛋白质科技有限公司
革兰氏染液	安徽省巢湖弘慈医疗器械有限公司
药敏纸片	北京天坛药物生物技术开发公司
结晶紫	北京索莱宝科技有限公司
ConA-FITC	美国 Sigma-Aldrich 默克生命科学公司
PI	美国 Sigma-Aldrich 默克生命科学公司
DMEM	美国 Sigma-Aldrich 默克生命科学公司
DMEM/F12	美国 Sigma-Aldrich 默克生命科学公司
RPMI-1640 培养基	美国 Sigma-Aldrich 默克生命科学公司
胎牛血清	美国 Sigma-Aldrich 默克生命科学公司
DMSO	广州赛国生物科技有限公司
EdU-488 细胞增殖检测试剂盒	碧云天生物技术有限公司
凋亡检测试剂盒	北京索莱宝科技有限公司
甲醛溶液	辽宁泉瑞试剂有限公司
二甲苯	天津市瑞金特化学品有限公司
HE 染色试剂盒	北京索莱宝科技有限公司

1.2 方法

1.2.1 菌种复苏及培养

（1）亲本株 A25 与缺失株 A25Δ43K OMP 菌株冻存于–80℃冰箱中。亲本株 A25 和缺失株 A25Δ43K OMP 解冻后划线接种于苛养厌氧菌肉汤培养基（培养缺失株 A25Δ43K OMP 需加入甲砜霉素，浓度为 5μg/mL），在 37℃厌氧环境（气体环境为 85% N_2、10% CO_2 和 5% H_2）中倒置培养，直至单菌落长出。

（2）挑取单菌落接种于 3mL 苛养厌氧菌肉汤培养基中，在 37℃厌氧环境中培养 24h 至菌液浑浊。培养的菌液经提取基因组后，利用引物 lktA1-F/R 和缺失株鉴定引物 Cat-seq-F/R 进行 PCR 鉴定后，按照 1∶100 进行传代培养，培养至第 3 代后可用于后续试验。

1.2.2 坏死梭杆菌鉴定

1.2.2.1 引物合成

试验中所用 lktA1 引物由北京擎科生物科技股份有限公司合成；Cat-seq 由生工生物工程（上海）股份有限公司合成，具体信息见表 1-30。

表 1-30 引物序列

引物名称	引物序列（5′→3′）	扩增长度（bp）
lktA1	F：ATAGCCATGGACAAAATGAGCGGCATC	1937
	R：GCGCGTCGACTAAATAAGTTCGTTAGC	
Cat-seq	F：CTGTCGAAGTTATCGTTTATCGTGACC	1159
	R：CACCATCTTGATTGATTGCCGTCC	

1.2.2.2 细菌基因组提取

坏死梭杆菌基因组提取按照细菌基因组 DNA 提取试剂盒进行，具体步骤如下。

（1）取细菌培养液 1mL，11 500*g* 离心 1min，尽量吸净上清液。

（2）向菌体沉淀中加入 200μL 缓冲液 GA，振荡至菌体彻底悬浮。

（3）向管中加入 20μL 蛋白酶 K（proteinase K）溶液，混匀。

（4）加入 220μL 缓冲液 GB，振荡 15s，70℃放置 10min，溶液应变清亮，离心以去除管盖内壁的水珠。

（5）加 500μL 无水乙醇，充分振荡混匀 15s，此时可能会出现絮状沉淀，简短离心以去除管盖内壁的水珠。

（6）将上一步所得溶液和絮状沉淀都加入一个吸附柱 CB3 中（吸附柱放入收集管中），13 400*g* 离心 30s，倒掉废液，将吸附柱 CB3 放入收集管中。

（7）向吸附柱 CB3 中加入 500μL 缓冲液 GD，13 400*g* 离心 30s，倒掉废液，将吸附柱 CB3 放入收集管中。

（8）向吸附柱 CB3 中加入 600μL 漂洗液 PW，13 400*g* 离心 30s，倒掉废液，将吸附柱 CB3 放入收集管中。

（9）重复操作（8）。

（10）将吸附柱 CB3 放回收集管中，13 400*g* 离心 2min，倒掉废液。将吸附柱 CB3

置于室温放置数分钟，以彻底晾干吸附材料中残余的漂洗液。

（11）将吸附柱 CB3 转入一个干净的离心管中，向吸附膜的中间部位悬空滴加 50～200μL ddH_2O，室温放置 2～5min，13 400*g* 离心 2min，将溶液收集到离心管中。

1.2.2.3　PCR 扩增

以坏死梭杆菌基因组为模板，lktA1-F/R 和 Cat-seq-F/R 为引物，PCR 反应体系见表 1-31。

表 1-31　PCR 反应体系

试剂名称	体积（μL）
坏死梭杆菌基因组 DNA	1.0
lktA1-F/Cat-seq-F	0.1
lktA1-R/Cat-seq-R	0.1
2×*Taq* Master Mix	5.0
ddH_2O	3.8
总体积	10.0

PCR 反应条件为 95℃ 5min；94℃ 1min，53℃ 1min，72℃ 1.5min，30 个循环；72℃ 5min。取 5μL PCR 产物经 1%琼脂糖凝胶电泳鉴定，通过凝胶成像系统曝光并保存数据。

1.2.3　形态与染色特点

将坏死梭杆菌按照 1∶100 接种至苛养厌氧菌肉汤培养基，37℃厌氧培养，分别于 2h、4h、6h、8h、10h、12h、14h 和 16h 各取 1mL 菌液于 3000g 离心 5min，随后用 1mL 无菌 PBS 溶液将菌体沉淀重悬混匀并取 5μL 菌液于载玻片，通过酒精灯加热固定后进行革兰氏染色，在显微镜下观察。革兰氏染色步骤：染液Ⅰ（结晶紫染液）染色 1min，流水冲洗；染液Ⅱ（碘液）染色 1min，流水冲洗；脱色液Ⅲ（乙醇）脱色 30s，流水冲洗；染液Ⅳ（复红染液）染色 1min，流水冲洗后晾干于显微镜下观察并拍照。

1.2.4　生长特性鉴定

1.2.4.1　液体培养基中的生长特性

将坏死梭杆菌按照 1∶20 接种至苛养厌氧菌肉汤培养基，37℃厌氧培养。分别在 0h、2h、4h、6h、8h、10h、12h、18h、24h、30h、36h、42h、48h 取菌液 2mL 测定其 OD_{600nm} 值，每组重复 3 次，记录并绘制生长曲线。

1.2.4.2　固体培养基中的生长特性

将坏死梭杆菌按照 1∶100 接种至苛养厌氧菌肉汤培养基，37℃厌氧培养。待菌液 OD_{600nm} 值为 0.6～0.8 时，于超净工作台内用接菌环将两种坏死梭杆菌接种至苛养厌氧菌肉汤培养基中，于 37℃厌氧环境倒置培养直至菌落长出，观察菌落形态，每组重复 3 次。

1.2.5　耐药性检测

在超净工作台内取 50μL OD_{600nm} 值为 0.6～0.8 的坏死梭杆菌菌液均匀涂布于苛养厌氧菌肉汤固体培养基中，在无菌条件下取出药敏片并贴于涂有菌液的苛养厌氧菌肉汤固体培养基中央，于 37℃厌氧环境倒置培养直至抑菌圈形成，每组重复 3 次，观察抑菌圈直径并记录。

1.2.6 生物被膜测定

向 12 孔板内加入 2mL 苛养厌氧菌肉汤培养基，将坏死梭杆菌按照 1∶100 接种于 12 孔板内，37℃厌氧培养，每隔 24h 换一次培养基。于 48h、72h 和 96h 取出，通过结晶紫染色法半定量检测生物被膜含量，每组重复 3 次。结晶紫染色步骤：弃除菌液并用无菌 PBS 溶液清洗 3 次，以除去未黏附的浮游细菌；置于 60℃烘箱中烘干，每孔加入 2mL 1%结晶紫溶液染色 30min，随后弃除 1%结晶紫溶液并用无菌 PBS 溶液清洗 3 次，以除去未结合的结晶紫；自然晾干后，每孔加入 1mL 95%乙醇溶液溶解结晶紫 30min，检测 OD_{570nm} 值并记录。判断方法：以对照孔 OD_{570nm} 的 2 倍作为临界点 ODc。当 ODc＞OD 时，判定细菌无生物被膜形成能力；当 ODc≤OD≤2×ODc 时，判定细菌生物被膜形成能力较弱；当 OD＞2×ODc 时，判定细菌生物被膜形成能力较强。

1.2.7 生物被膜形态观察

向 12 孔板内加入 2mL 苛养厌氧菌肉汤培养基，将坏死梭杆菌按照 1∶100 接种于 12 孔板内，37℃厌氧培养，每 24h 更换一次培养基。分别在接种第 2d、3d 和 4d 取出，弃除培养基，用无菌 PBS 溶液缓慢清洗 3 次以去除浮游细菌；每孔加入 1mL 2%戊二醛溶液室温固定 1.5h，弃除戊二醛后用无菌 PBS 溶液清洗 3 次；每孔加入 1mL 异硫氰酸荧光素（fluorescein isothiocyanate，FITC）-伴刀豆球蛋白（concanavalin A，ConA）（50μg/mL）避光于 4℃染色 30min，弃除染液后用无菌 PBS 溶液清洗 3 次以去除未结合的染料；每孔加入 1mL 碘化丙啶（propidium iodide，PI）（10μg/mL）避光于 4℃染色 15min，弃除染液后用无菌 PBS 溶液清洗 3 次；每孔加入 1mL 40%甘油后，通过荧光显微镜观察生物被膜结构形态并拍照。ConA-FITC 可与生物被膜内胞外多糖特异性结合并发出绿色荧光，PI 可与生物被膜内细菌 DNA 特异性结合并发出红色荧光。

1.2.8 细胞培养

1.2.8.1 细胞复苏

将冻存于液氮中的细胞置于 37℃水浴锅中快速融化，吸取适量 37℃预热的完全培养基与冻存细胞充分混匀后加入 15mL 离心管中，室温 100*g* 离心 5min，弃上清液，加入适量完全培养基重悬细胞沉淀并转移至细胞培养瓶中，于 37℃ 5% CO_2 和饱和湿度条件下的细胞培养箱中培养。将 RAW264.7 细胞和 Eph4 1424 细胞培养于含 10%胎牛血清的 DMEM 培养基中，AML-12 细胞和 MAC-T 细胞培养于含 10%胎牛血清的 DMEM/F12 培养基中，BEND 细胞培养于含 10%胎牛血清的 RPMI-1640 培养基中。其中，含有 10%胎牛血清的培养基称为完全培养基。

1.2.8.2 细胞传代

当单层细胞长至细胞瓶底面积的 85%时，可进行细胞传代。

RAW264.7 细胞传代步骤如下。弃掉细胞培养瓶内 DMEM 完全培养基，用 37℃预热的无菌 PBS 溶液缓慢清洗细胞 3 次，加入 3mL 37℃预热的 DMEM 完全培养基并用无菌细胞刮缓慢轻柔地将细胞从细胞培养瓶壁上刮下，使用移液枪缓慢将细胞混匀并将悬浮的细胞均匀地分配到 3 个新细胞培养瓶中，向每个细胞培养瓶中补入适量 DMEM 完全培养基并混匀，置于 37℃ 5% CO_2 和饱和湿度条件下的细胞培养箱中培养。

Eph4 1424 细胞、AML-12 细胞、BEND 细胞和 MAC-T 细胞传代步骤如下。弃掉细胞培养瓶内完全培养基，用 37℃预热的无菌 PBS 溶液缓慢清洗细胞 3 次，向细胞培养瓶中加入 500μL 胰酶消化液并于显微镜下观察；细胞由扁平细胞变为球形发亮的细胞时，轻拍细胞培养瓶，待肉眼可见细胞从瓶壁脱落时，加入 5mL 37℃预热的完全培养基终止胰酶消化并用移液枪缓慢将细胞混匀。将细胞悬液转移至 15mL 离心管内，室温 100*g* 离心 5min，弃除上清液，并用 3mL 的完全培养基缓慢将细胞沉淀混匀并将悬浮的细胞均匀地分配到 3 个新细胞培养瓶中，向每个细胞培养瓶中补入适量完全培养基并混匀，将细胞放置于 37℃ 5% CO_2 和饱和湿度条件下的细胞培养箱中培养。

细胞传至第 3 代时，可用于下一步试验。

1.2.8.3　细胞冻存

RAW264.7 细胞冻存步骤如下：将生长至对数生长期的细胞弃除完全培养基，用 37℃预热的 PBS 溶液缓慢清洗 3 次，加入 3mL 细胞冻存液（10% DMSO、20%胎牛血清和 70% DMEM 培养基）并用无菌细胞刮缓慢地将细胞从细胞培养瓶壁上刮下，混匀后转移至细胞冻存管中。

Eph4 1424 细胞、AML-12 细胞、BEND 细胞和 MAC-T 细胞冻存步骤如下：将生长至对数生长期的细胞分别弃除对应完全培养基，用 37℃预热的 PBS 溶液缓慢清洗 3 次；通过“1.2.8.2 细胞传代”的步骤将细胞制成细胞沉淀，弃去上清液，加入 3mL 细胞冻存液（10% DMSO、20%胎牛血清和 70%培养基）缓慢地将细胞沉淀混匀并将细胞悬液转移至细胞冻存管中。

将细胞冻存管填写必要信息后，放入细胞程序冻存盒中，于–80℃超低温冰箱放置 24h 以上，随后转入液氮中保存。

1.2.9　细胞黏附试验

1.2.9.1　细菌准备

将坏死梭杆菌接种于苛养厌氧菌肉汤培养基，37℃厌氧培养，待菌液 OD_{600nm} 值处于 0.6～0.8 时，收集菌液并于室温离心，3000*g* 离心 5min，无菌环境下用无菌 PBS 清洗 3 次，按照麦氏比浊法进行菌量估算后，用完全培养基混匀，调整细菌悬液浓度为 $1×10^8$CFU/mL 备用。

1.2.9.2　细胞准备

按照“1.2.8.2 细胞传代”的步骤，将处于可传代的 Eph4 1424 细胞、AML-12 细胞、BEND 细胞和 MAC-T 细胞制成细胞沉淀，用 37℃预热的完全培养基缓慢将细胞混匀，用血球计数板计数，并计算细胞悬液浓度。加入完全培养基将细胞悬液浓度调整为 $1×10^6$ 个/mL，吸取 1mL 细胞悬液加入 12 孔细胞培养板中，使每孔接种的细胞数量为 $1×10^6$ 个，于 37℃ 5% CO_2 和饱和湿度条件的细胞培养箱中培养 12h 使细胞贴壁备用。

1.2.9.3　细菌感染

弃除 12 孔细胞培养板中的完全培养基，分别取 1mL 已调整好细菌悬液浓度的菌液加入 12 孔细胞培养板中，使每孔细菌的感染复数（multiplicity of infection，MOI）为 100，并设为试验组，以加入等量对应完全培养基的细胞培养孔作为阴性对照，在 37℃、5% CO_2、饱和湿度条件下培养 1h，每组重复 3 次。

1.2.9.4　细菌计数

在超净工作台中弃除细胞培养孔中的培养基，用无菌 PBS 溶液洗涤 3 次，以去除未与细胞进行黏附的细菌；每孔加入 1mL 无菌 PBS 溶液，刮取每孔细胞并混匀，梯度稀释并取 50μL 悬液均匀涂布于苛养厌氧菌肉汤固体培养基中，37℃厌氧倒置培养，待菌落形成后计数，每组重复 3 次。

1.2.10　RAW264.7 细胞增殖抑制试验

1.2.10.1　细菌准备

细菌准备同“1.2.9.1 细菌准备”，坏死梭杆菌用 DMEM 完全培养基混匀，调整细菌悬液浓度为 $4×10^6$CFU/mL 备用。

1.2.10.2　RAW264.7 细胞准备

按照“1.2.8.2 细胞传代”步骤，将处于可传代的 RAW264.7 细胞制成细胞悬液，用血球计数板计数，并计算细胞悬液浓度，加入 DMEM 完全培养基将细胞悬液浓度稀释为 $2×10^4$ 个/mL。吸取 500μL 细胞悬液加入 48 孔板中，使每孔接种细胞数量为 $1×10^4$ 个，在 37℃、5% CO_2、饱和湿度条件的细胞培养箱中培养 12h 使细胞贴壁备用。

1.2.10.3　细菌感染

弃除 48 孔细胞培养板内的完全培养基，分别取 250μL 调整好浓度的菌液加入 48 孔细胞培养板中，使细菌的感染复数（MOI）为 100 并设为试验组，加入等量 DMEM 完全培养基的细胞培养孔设为阴性对照组。每组重复 3 次，在 37℃、5% CO_2、饱和湿度条件下分别培养 2h、4h 和 6h。

1.2.10.4　细胞增殖检测

细胞增殖检测依据 BeyoClick™ EdU-488 细胞增殖检测试剂盒说明书进行操作，具体步骤如下。

2×EdU 工作液的配制：用细胞完全培养基按照 1∶500 的比例稀释 10mmol/L 浓度的 EdU 溶液，将其浓度稀释至 20μmol/L，即得到 2×EdU 工作液；按照每孔 250μL（含有 EdU 浓度为 20μmol/L 的培养基）加入 48 孔细胞培养板中，于细胞恒温培养箱中继续培养 2h。

EdU 标记细胞结束后，弃去每孔中液体，并于每孔加入 500μL 的 4%多聚甲醛固定液，室温中固定 30min。

弃除 4%多聚甲醛固定液，每孔加入 500μL 的洗涤液（含 3% BSA 的 PBS 溶液），置于摇床缓慢摇动清洗 5min，洗涤 3 次。

弃除洗涤液，每孔加入 500μL 的免疫染色通透液（含 0.3%聚乙二醇辛基苯基醚 Triton X-100 的 PBS 溶液），置于摇床上室温孵育 15min。

弃除通透液，每孔加入 500μL 的洗涤液（含 3% BSA 的 PBS 溶液），置于摇床缓慢摇动清洗 5min，每孔洗涤 2 次。

配制 EdU 检测的 Click 反应液，按照表 1-32 进行配制。

表 1-32　Click 反应液的配制

组分	体积
Click Reaction Buffer	8.6mL
$CuSO_4$	400μL
Azide 488	20μL
Click Additive Solution	1mL
总体积	10mL

弃除洗涤液，避光条件每孔加入 70μL 的 Click 反应液，缓慢地摇晃使其覆盖样品。室温避光孵育 30min；弃除 Click 反应液，每孔加入 500μL 的洗涤液（含 3% BSA 的 PBS 溶液），置于摇床缓慢摇动清洗 5min，每孔洗涤 3 次。

弃除洗涤液，每孔滴加 50μL 含 4′,6-二脒基-2-苯基吲哚（DAPI）的封片液覆盖样品。

通过荧光显微镜进行荧光检测，细胞核被 DAPI 标记为蓝色，增殖细胞核被 EdU 标记为黄色。

1.2.11　RAW264.7 细胞凋亡检测

1.2.11.1　细菌准备

细菌准备同“1.2.9.1 细菌准备”，坏死梭杆菌用 DMEM 完全培养基混匀，调整细菌悬液浓度为 1×10^8CFU/mL 备用。

1.2.11.2　RAW264.7 细胞准备

按照“1.2.8.2 细胞传代”步骤，将处于可传代的 RAW264.7 细胞制成细胞悬液，用血球计数板计数，并计算细胞悬液浓度，加入 DMEM 完全培养基将细胞悬液稀释为 1×10^6 个/mL；吸取 1mL 细胞悬液加入 12 孔板中，使每孔接种细胞数量为 1×10^6 个，于 37℃ 5% CO_2 和饱和湿度条件的细胞培养箱中培养 12h 使细胞贴壁备用。

1.2.11.3　细菌感染

弃除 12 孔细胞培养板内完全培养基，分别取 1mL 调整好细菌悬液浓度的菌液加入 12 孔细胞培养板中，使细菌的感染复数（MOI）为 100 并设其为试验组，加入等量 DMEM 完全培养基的细胞培养孔设为阴性对照组，每组重复 3 次，于 37℃ 5% CO_2 和饱和湿度条件下的细胞培养箱内分别培养 2h、4h 和 6h。

1.2.11.4　细胞凋亡检测

细胞凋亡检测依据 Annexin V-FITC/PI 凋亡检测试剂盒说明书进行操作，具体步骤如下。

（1）将 Binding Buffer（10×）用 ddH_2O 稀释为 Binding Buffer（1×）备用。

（2）收集细胞（1×10^6 个/次），用 4℃预冷无菌 PBS 溶液洗涤。

（3）用 1mL Binding Buffer（1×）悬浮细胞，300*g* 离心 10min，弃除上清液。

（4）用 1mL Binding Buffer（1×）重新悬浮细胞，调整细胞浓度达到 1×10^6 个/mL。

（5）向流式管中加入 100μL 细胞（1×10^5 个）。

（6）向流式管中加入 5μL Annexin V-FITC，室温避光条件下轻轻混匀，作用 10min。

（7）向流式管中加入 5μL PI，室温避光条件下轻轻混匀，作用 5min。

（8）向流式管中加入无菌 PBS 溶液使得总体积达到 500μL，轻轻混匀后用流式细胞仪进行检测。

1.2.12 小鼠感染试验

1.2.12.1 细菌准备

细菌准备同“1.2.9.1 细菌准备”，用无菌 PBS 溶液混匀并稀释，调整细菌悬液浓度为 $2.5×10^9$CFU/mL 备用。

1.2.12.2 感染小鼠

将 30 只体重为 18～22g 的雌性 BALB/c 小鼠随机分为 3 组，每组 10 只。取 200μL 稀释后的菌液通过腹腔接种至小鼠体内（细菌感染量：每只小鼠接种 $5×10^8$CFU）并设为试验组；取 200μL 无菌 PBS 溶液通过腹腔注入小鼠体内并设为对照组。感染细菌后开始计时，连续 14d 观察小鼠精神情况、被毛杂乱程度和死亡情况并进行记录。对于 14d 内死亡的小鼠，立刻进行体重称量并于超净工作台内无菌解剖，对 14d 内未死亡的小鼠进行安乐死，随后进行体重称量并于超净工作台内无菌解剖；通过肉眼观察小鼠体腔内病理变化，摘取肝脏记录质量，用无菌剪刀取部分肝脏组织于无菌 PBS 溶液中，其余肝脏组织同心脏、脾脏、肺脏和肾脏一同放入 10%福尔马林溶液固定。

1.2.12.3 肝脏细菌载量测定

将肝脏用足量无菌 PBS 溶液冲洗 5 遍后移入无菌研钵中，加入 1mL 无菌 PBS 溶液研磨并将组织匀浆收集于无菌 1.5mL 离心管中，用无菌 PBS 溶液进行梯度稀释，每个稀释度取 50μL 涂布于苛养厌氧菌肉汤固体培养基中，37℃厌氧倒置培养 72h，菌落计数并计算肝脏细菌载量。

1.2.12.4 HE 染色

苏木素-伊红染色（hematoxylin-eosin staining，HE staining），简称 HE 染色，具体操作步骤如下。

固定：将组织固定于 10 倍体积的 10%福尔马林溶液 24h 以上。

取材：将组织按照 10mm×10mm×5mm 取材，获得组织样品。

冲洗：将组织样品用流水冲洗过夜。

脱水：将组织样品依次放入 70%、80%、90%、95%和 100%的乙醇溶液中脱水各 30min。

透明：将脱水后的组织样品依次放入混合脱水液（无水乙醇∶二甲苯=1∶1）、100%二甲苯Ⅰ溶液和 100%二甲苯Ⅱ溶液中透明各 1h。

浸蜡：将透明后的组织样品依次转入石蜡Ⅰ溶液（熔点 52～54℃）、石蜡Ⅱ溶液（熔点 54～56℃）、石蜡Ⅲ溶液（熔点 56～58℃）中浸蜡各 1h。

包埋：将浸蜡后的组织样品放入包埋盒中并倒入石蜡Ⅲ，室温自然凝固。

切片：将凝固的石蜡组织用切片机切成厚度为 3～5μm 的切片，固定于载玻片上。

脱蜡：将切片放置于 60℃烘箱 2h 后，依次浸入 100%二甲苯Ⅰ溶液、100%二甲苯Ⅱ溶液中脱蜡各 5min。

水化：将脱蜡后的切片依次浸入 100%、95%、90%、80%、70%的乙醇溶液和 ddH_2O 中水化各 5min。

染色：将切片进行苏木素染色 10min，水洗 10min，随后放入 1%盐酸乙醇溶液中分化 10s，水洗 10min，伊红染色 5min，水洗 10min。

脱水：将染色后的切片依次放入 70%、80%、90%、95%和 100%的乙醇溶液脱水各 5s。

透明：将脱水后的切片放入 100%二甲苯溶液透明 2 次，每次 5min。

封片：将透明后的切片用中性树脂进行封片。

观察：显微镜下观察切片并拍照。

1.2.13　对小鼠半数致死量（LD_{50}）测定

1.2.13.1　细菌准备

细菌准备同“1.2.9.1 细菌准备”，用无菌 PBS 溶液混匀并调整细菌悬液浓度为 1×10^{10}CFU/mL，随后将该原液进行 1.78 倍倍比稀释，连续稀释 8 次后将原液和稀释液作为本次攻毒菌液备用。

1.2.13.2　半数致死量测定

将 200 只体重为 18～22g 的雌性 BALB/c 小鼠随机分为 20 组，每组 10 只，其中 18 组腹腔注射 200μL 不同浓度菌液，2 组腹腔注射等量无菌 PBS 溶液。每天观察小鼠死亡情况并记录，通过改良寇氏法计算半数致死量（median lethal dose，LD_{50}），公式为①基本公式：$\lg LD_{50}=X_K-d\,(\sum P-0.5)$（$X_K$ 为 100%死亡组的对数剂量；d 为对数组距；$\sum P$ 为各组死亡率之和）；②校正公式：当 $P_m>0.8$，$P_n<0.2$ 时可用以下公式计算，$\lg LD_{50}=X_K-d[\sum P-(3-P_m-P_n)/4]$（$P_m$ 为最小剂量组的死亡率，P_n 为最大剂量组的死亡率）。

1.2.14　统计学分析

所有的试验数据都以 3 次独立试验的平均值±标准方差（$\bar{x}\pm s$）来表示，并在 GraphPad Prism 9.0 中进行分析，分析中组间采用独立样本 t 检验（两组间分析）或多因素方差分析：One-way ANOVA 或 Two-way ANOVA（两组间分析），$P<0.05$ 为差异显著，用“*”表示，$P<0.01$ 为差异极显著，用“**”表示，$P<0.001$ 为差异极显著，用“***”表示。

2. 结果

2.1　细菌的 PCR 鉴定

为了鉴定亲本株 A25 和缺失株 A25Δ43K OMP，以坏死梭杆菌亲本株 A25 和缺失株 A25Δ43K OMP 基因组为模板，利用 lktA1 引物和 Cat-seq 引物进行 PCR 扩增，经核酸电泳进行鉴定。lktA1-F/R 是坏死梭杆菌白细胞毒素基因特异性鉴定引物，亲本株 A25 与缺失株 A25Δ43K OMP 的 *lktA1* 基因扩增均呈阳性，证明两株菌均为坏死梭杆菌（图 1-27）；

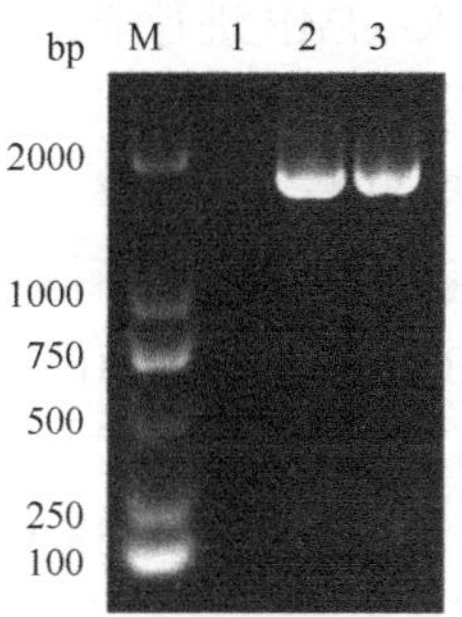

图 1-27　PCR 扩增 *lktA1* 基因

M. Marker；1. ddH_2O；2. A25；3. A25Δ43K OMP

对缺失株特异性基因 *Cat-seq* 基因进行扩增，亲本株 A25 的 *Cat-seq* 基因呈阴性，缺失株 A25Δ43K OMP 的 *Cat-seq* 基因呈阳性（图 1-28），结果证明两株菌均为试验所需菌株。

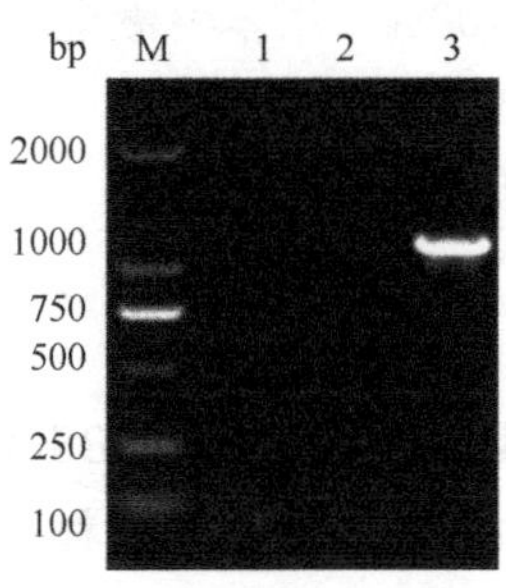

图 1-28 PCR 扩增 *Cat-seq* 基因

M. Marker；1. ddH_2O；2. A25；3. A25Δ43K OMP

2.2 形态与染色特性观察

为了研究缺失 43K OMP 基因后，坏死梭杆菌菌体形态是否产生变化，对亲本株 A25 和缺失株 A25Δ43K OMP 不同培养时间点的菌液进行革兰氏染色。在 2h 时，A25 株和 A25Δ43K OMP 株革兰氏染色均呈红色，形态呈短杆状；在 4～10h 时，A25 株和 A25Δ43K OMP 株革兰氏染色均呈红色，形态呈梭杆状，相较于 2h 时长度变长；在 12～16h，A25 株和 A25Δ43K OMP 株革兰氏染色均呈红色，形态呈长梭杆状或长丝状（图 1-29）。A25 株和 A25Δ43K OMP 株在菌体形态上无明显差异。

2.3 基因缺失对坏死梭杆菌生长特性的影响

为了研究缺失株 43K OMP 基因对坏死梭杆菌生长曲线和菌落特征的影响，对坏死梭杆菌亲本株 A25 和缺失株 A25Δ43K OMP 生长曲线对比，结果发现两菌株在苛养厌氧菌肉汤中生长速度无显著差异，且在 4～8h 进入对数生长期，12h 到达峰值，随后进入平台期（图 1-30A）。将两种菌株同时划线接种在苛养厌氧菌肉汤固体培养基上，37℃厌氧倒置培养，缺失株 A25Δ43K OMP 率先长出菌落，随后亲本株 A25 长出菌落。两菌株菌落均为大小不一的表面光滑的边缘整齐的乳黄色菌落，菌落形态上无明显区别（图 1-30B）。结果显示缺失 43K OMP 基因，不影响坏死梭杆菌生长。

2.4 基因缺失对坏死梭杆菌耐药性的影响

为了探究 43K OMP 基因缺陷是否对坏死梭杆菌的耐药性产生影响，选用 16 种抗菌药对亲本株 A25 和缺失株 A25Δ43K OMP 进行药敏试验。结果如表 1-33 所示，亲本株 A25 与缺失株 A25Δ43K OMP 对链霉素、杆菌肽和氟苯尼考高度耐药，未出现抑菌圈。缺失株 A25Δ43K OMP 对氨苄西林、红霉素和磺胺甲噁唑所产生的抑菌圈直径比亲本株 A25 对这些药物所产生的抑菌圈直径小，表现出耐药性增强；缺失株 A25Δ43K OMP 对克拉霉素、卡那霉素和多黏菌素 B 所产生的抑菌圈直径比亲本株 A25 株对这些药物所产生的抑菌圈直径大，表现出耐药性减弱；缺失株 A25Δ43K OMP 和亲本株 A25 对环丙沙星所产生的抑菌圈直径无差异；缺失株 A25Δ43K OMP 和亲本株 A25 对阿莫西林、头孢噻吩、头孢唑林、多西环素、四环素和克林霉素未出现抑菌圈，无法说明坏死梭杆菌缺陷 43K OMP 基因对这些药物的耐药性是否产生变化。

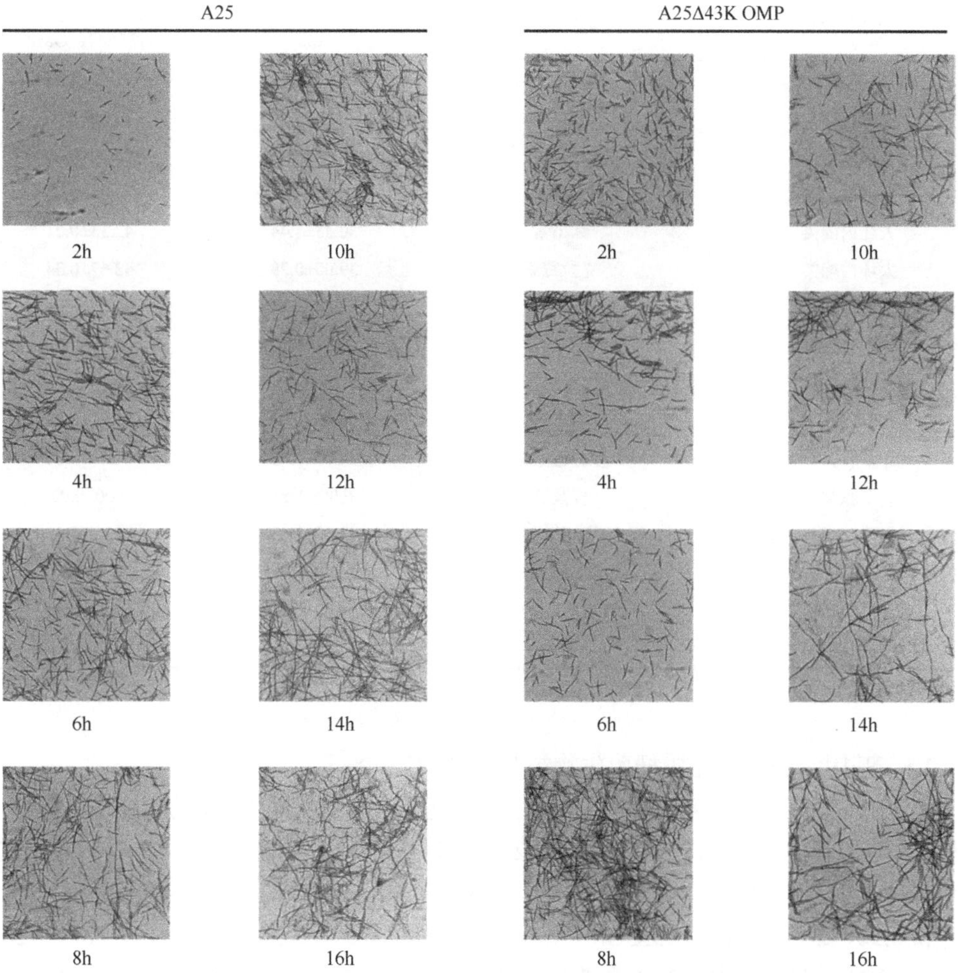

A25　　A25Δ43K OMP

2h　10h　2h　10h

4h　12h　4h　12h

6h　14h　6h　14h

8h　16h　8h　16h

图 1-29　亲本株 A25 和缺失株 A25Δ43K OMP 革兰氏染色（1000×，油镜）

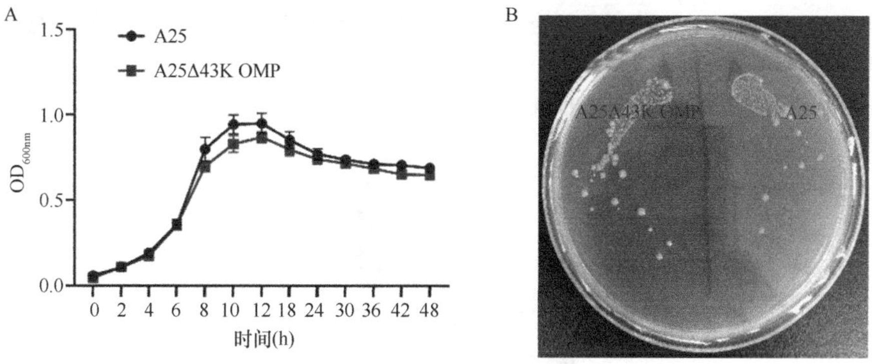

图 1-30　亲本株 A25 和缺失株 A25Δ43K OMP 生长特性

A. 生长曲线；B. 菌落形态

表 1-33 亲本株 A25 和缺失株 A25Δ43K OMP 的耐药性

药物分类	抗菌药物	抑菌圈直径（mm）	
		A25	A25Δ43K OMP
青霉素类	氨苄西林	68.33±0.24	63.33±0.94
青霉素类	阿莫西林	70.00±0.00	70.00±0.00
头孢菌素类	头孢噻吩	70.00±0.00	70.00±0.00
头孢菌素类	头孢唑林	70.00±0.00	70.00±0.00
大环内酯类	红霉素	50.33±1.44	42.33±0.71
大环内酯类	克拉霉素	39.00±0.29	42.67±0.34
氨基糖苷类	链霉素	6.67±0.09	9.33±0.34
氨基糖苷类	卡那霉素	20.33±0.40	25.00±0.24
四环素类	多西环素	70.00±0.00	70.00±0.00
四环素类	四环素	70.00±0.00	70.00±0.00
多肽类	多黏菌素 B	34.00±0.43	40.67±2.08
多肽类	杆菌肽	6.00±0.00	6.00±0.00
磺胺类	磺胺甲噁唑	42.33±2.08	25.67±0.83
氯霉素类	氟苯尼考	6.00±0.00	6.00±0.00
林可胺类	克林霉素	70.00±0.00	70.00±0.00
喹诺酮类	环丙沙星	28.33±0.42	29.67±0.47

注：未长菌落的抑菌圈直径按照 70mm 计算，结果以“平均值±标准差”表示

2.5 基因缺失对坏死梭杆菌生物被膜的影响

为了探究缺陷 43K OMP 基因是否对坏死梭杆菌的生物被膜形成能力产生影响，用结晶紫染色法对亲本株 A25 和缺失株 A25Δ43K OMP 进行生物被膜测定。接种 48h、72h 和 96h 时，对照组 OD_{570nm} 分别为 0.10、0.08 和 0.09，亲本株 A25 OD_{570nm} 分别为 0.40、0.49 和 0.50，缺失株 A25Δ43K OMP OD_{570nm} 分别为 0.57、3.30 和 1.57。在 48h、72h 和 96h 时，ODc 分别为 0.20、0.16 和 0.18，且均表现为 $OD_{A25\Delta43K\ OMP} > OD_{A25} > 2\times ODc$（图 1-31）。结果显示，坏死梭杆菌亲本株 A25 和缺失株 A25Δ43K OMP 均为强成膜菌株，缺失株 A25Δ43K OMP 产生的生物被膜含量显著高于亲本株 A25 产生的生物被膜含量。

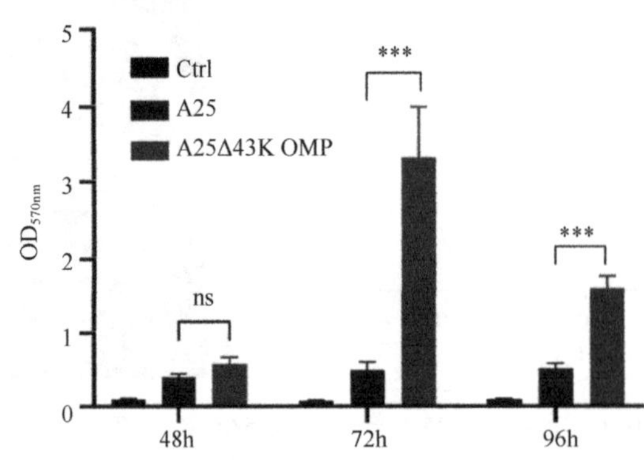

图 1-31 亲本株 A25 和缺失株 A25Δ43K OMP 生物被膜含量

Ctrl. 对照组，下同；ns. 无显著差异，下同

为了研究缺陷 43K OMP 基因对坏死梭杆菌生物被膜的影响，采用免疫荧光法并通过荧光显微镜观察生物被膜结构形态。由荧光染料异硫氰酸荧光素（fluorescein isothiocyanate，FITC）标记的伴刀豆球蛋白（concanavalin A，ConA）可与生物被膜的胞外多糖特异性结合并发出绿色荧光，用荧光染料 PI 复染后可特异性结合生物被膜内细菌 DNA 分子并发出红色荧光，通过荧光显微镜观察结果如图 1-32 所示。接种 2d，坏死梭杆菌亲本株 A25 和缺失株 A25Δ43K OMP 均形成生物被膜，亲本株 A25 形成的生物被膜较为均匀，缺失株 A25Δ43K OMP 形成的生物被膜出现明显的聚集菌团；接种 3d，亲本株 A25 生物被膜出现少量较小的聚集菌团；接种 4d，亲本株 A25 生物被膜出现较大的聚集菌团，缺失株 A25Δ43K OMP 生物被膜则出现众多聚集菌团，并形成沟壑状结构。结果表明，缺失株 A25Δ43K OMP 相较于亲本株 A25 更早形成带有聚集性菌团结构样的生物被膜，并于接种 4d 形成沟壑状生物被膜。

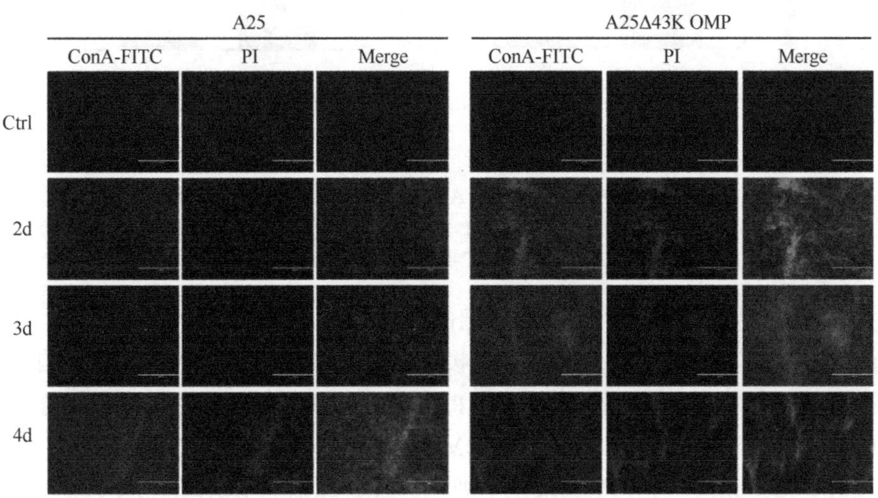

图 1-32　亲本株 A25 和缺失株 A25Δ43K OMP 生物被膜形态（荧光显微镜，200×）

2.6　基因缺失对坏死梭杆菌黏附细胞能力的影响

为了研究缺陷43K OMP基因对坏死梭杆菌黏附细胞能力的影响，分别用亲本株A25和缺失株 A25Δ43K OMP 以 MOI=100 感染 Eph4 1424 细胞、AML-12 细胞、BEND 细胞和 MAC-T 细胞 1h，对黏附细菌进行计数。其中 A25 株和 A25Δ43K OMP 株与 Eph4 1424 细胞黏附的细菌数量分别为 5.69×10^5CFU/mL 和 0.79×10^5CFU/mL（图 1-33A）；与 AML-12 细胞黏附的细菌数量分别为 3.23×10^5CFU/mL 和 0.31×10^5CFU/mL（图 1-33B）；与 BEND 细胞黏附的细菌数量分别为 6.48×10^5CFU/mL 和 0.33×10^5CFU/mL（图 1-33C）；与 MAC-T 细胞黏附的细菌数量分别为 5.07×10^5CFU/mL 和 0.46×10^5CFU/mL（图 1-33D）。结果表明，43K OMP 基因缺失后，显著减少坏死梭杆菌与 Eph4 1424 细胞、AML-12 细胞、BEND 细胞和 MAC-T 细胞的黏附（$P<0.01$）。

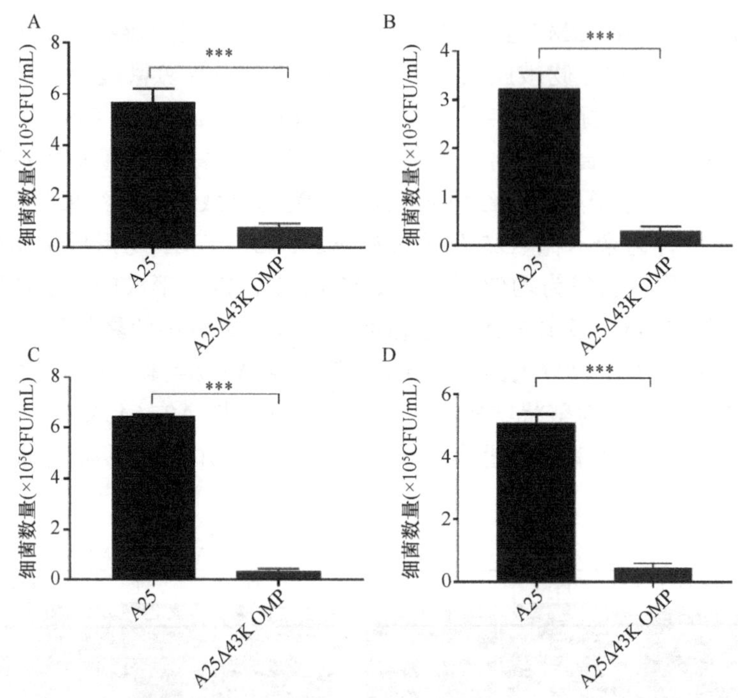

图 1-33　亲本株 A25 和缺失株 A25Δ43K OMP 黏附细胞的细菌数量

A. 黏附 Eph4 1424 细胞的细菌数量；B. 黏附 AML-12 细胞的细菌数量；C. 黏附 BEND 细胞的细菌数量；D. 黏附 MAC-T 细胞的细菌数量

2.7　基因缺失对 RAW264.7 细胞增殖能力的影响

为了研究缺陷 43K OMP 基因后坏死梭杆菌对 RAW264.7 细胞增殖能力的影响，采用 EdU 标记法定量检测坏死梭杆菌感染 RAW264.7 细胞后细胞的增殖率。分别用坏死梭杆菌亲本株 A25 和缺失株 A25Δ43K OMP 以 MOI=100 感染 RAW264.7 细胞 2h、4h 和 6h，加入 EdU 标记，于荧光显微镜下观察，EdU 标记的增殖细胞颜色为绿色，DAPI 标记的细胞核颜色为蓝色（图 1-34A）。

将 EdU 阳性细胞与总细胞进行统计，A25 和 A25Δ43K OMP 感染 RAW264.7 细胞后，细胞增殖率如下。A25 株：对照组为 0.3992，2h 为 0.3068，4h 为 0.2237，6h 为 0.0723；A25Δ43K OMP：对照组为 0.3766，2h 为 0.367，4h 为 0.1765，6h 为 0.055。A25 和 A25Δ43K OMP 感染 RAW264.7 细胞对 RAW264.7 细胞的增殖率影响无显著差异（$P>0.05$，图 1-34B）。

2.8　基因缺失对 RAW264.7 细胞凋亡的影响

为了研究缺陷 43K OMP 基因后坏死梭杆菌感染 RAW264.7 细胞是否导致 RAW264.7 细胞凋亡率发生变化，分别用亲本株 A25 和缺失株 A25Δ43K OMP 以 MOI=100 与 RAW264.7 细胞共孵育 2h、4h 和 6h，通过流式细胞术检测 RAW264.7 的细胞凋亡率。在感染后 2h、4h 和 6h，对照组、A25 组和 A25Δ43K OMP 组细胞凋亡率分别如下：2h 为 17.07%、27.03%和 27.63%；4h 为 14.48%、32.43%和 25.01%；6h 为 16.58%、25.01%和 24.59%（图 1-35A）。结果显示，缺陷 43K OMP 基因后，坏死梭杆菌感染 RAW264.7 细胞 4h 时，细胞凋亡率显著减少，其余时间点无显著变化（$P>0.05$，图 1-35B）。

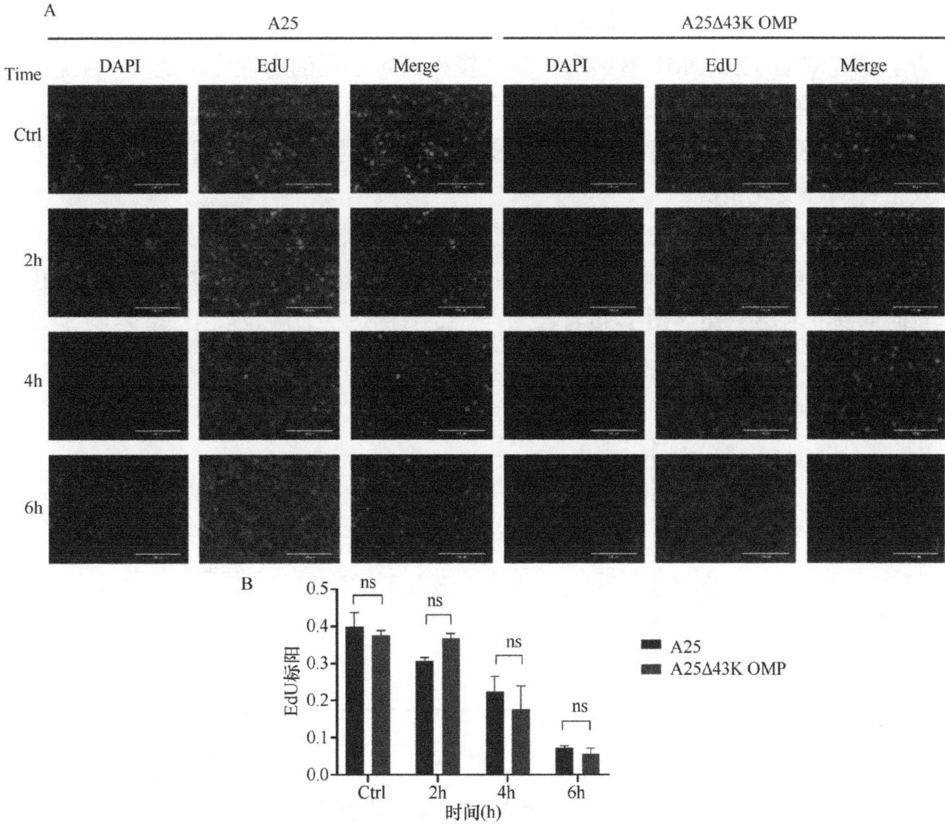

图 1-34　EdU 法检测亲本株 A25 和缺失株 A25Δ43K OMP 感染 RAW264.7 细胞后的细胞增殖率

A. EdU 法检测 RAW264.7 细胞增殖，增殖细胞细胞核被 EdU 染为绿色，细胞核被 DAPI 染为蓝色（400×）；B. EdU 标记指数，以 EdU 阳性细胞核/总细胞核数表示

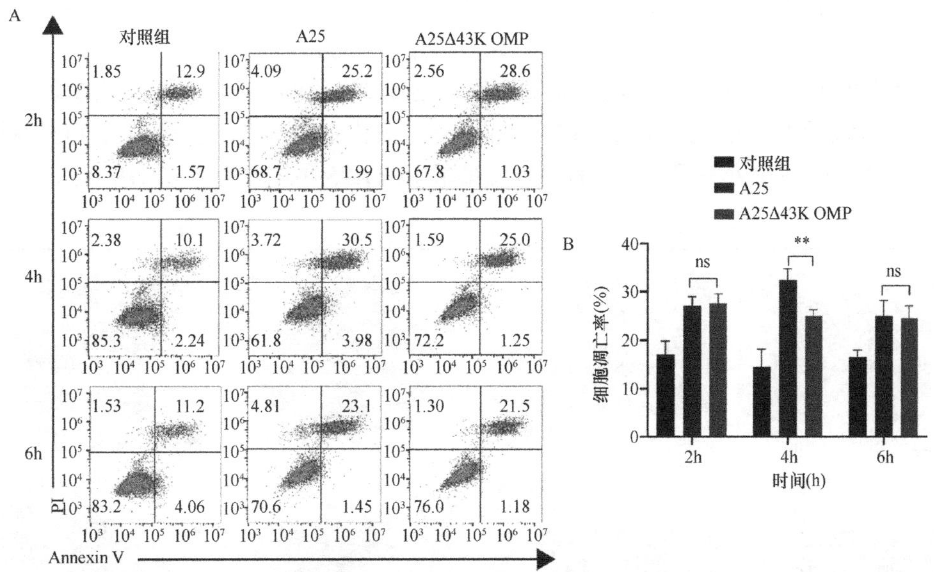

图 1-35　Annexin V-FITC/PI 检测亲本株 A25 和缺失株 A25Δ43K OMP 诱导 RAW264.7 细胞凋亡率

A. 流式细胞术检测 RAW264.7 细胞凋亡；B. RAW264.7 细胞凋亡率统计分析

2.9 基因缺失对坏死梭杆菌致病力的影响

为了研究缺陷43K OMP基因后，坏死梭杆菌对小鼠的毒性作用是否产生影响，将亲本株A25和缺失株A25Δ43K OMP用无菌PBS稀释后以腹腔注射方式感染试验组小鼠，每只小鼠接种5×10^{8}CFU，对照组小鼠腹腔注射等量无菌PBS溶液，观察小鼠死亡时间及全身病理变化情况。

亲本株A25和缺失株A25Δ43K OMP对BALB/c雌性小鼠的致死率分别为100%和80%。感染亲本株A25的小鼠死亡时间集中在1～3d，感染缺失株A25Δ43K OMP的小鼠死亡时间集中在5～7d（图1-36）。

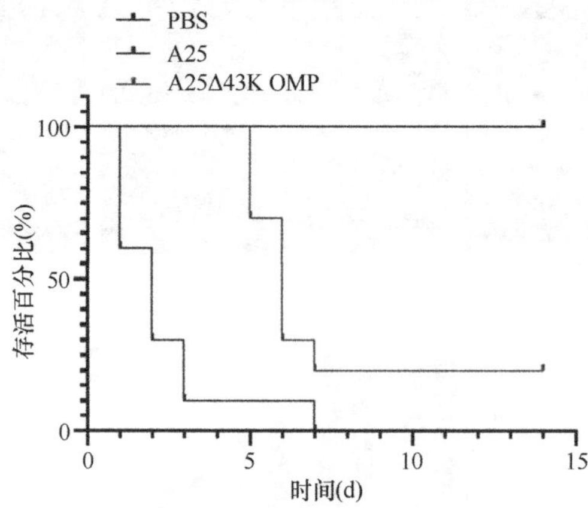

图1-36 亲本株A25和缺失株A25Δ43K OMP感染的小鼠的生存曲线

感染亲本株A25的小鼠被毛杂乱、精神沉郁、肛门处有粪污，对外界刺激不敏感。对死亡小鼠进行无菌解剖，1～3d死亡小鼠的胸腔和腹腔内脏器无肉眼可见病变，4～7d死亡小鼠的腹腔内出现黄色透明腹水，肝脏肉眼可见白色坏死灶。感染缺失株A25Δ43K OMP的小鼠嗜睡、被毛杂乱，腹部出现凸起，切开可见白色脓汁流出。对死亡小鼠进行无菌解剖，小鼠腹腔内出现黄色透明腹水，肉眼观察可见肝脏上出现白色坏死灶，有的呈粟粒状，有的呈块状（图1-37）。对感染坏死梭杆菌的小鼠肝脏肉眼观察情况进行统计，可见感染缺失株A25Δ43K OMP小鼠肝脏损伤程度较感染亲本株A25小鼠更为严重（图1-38）。

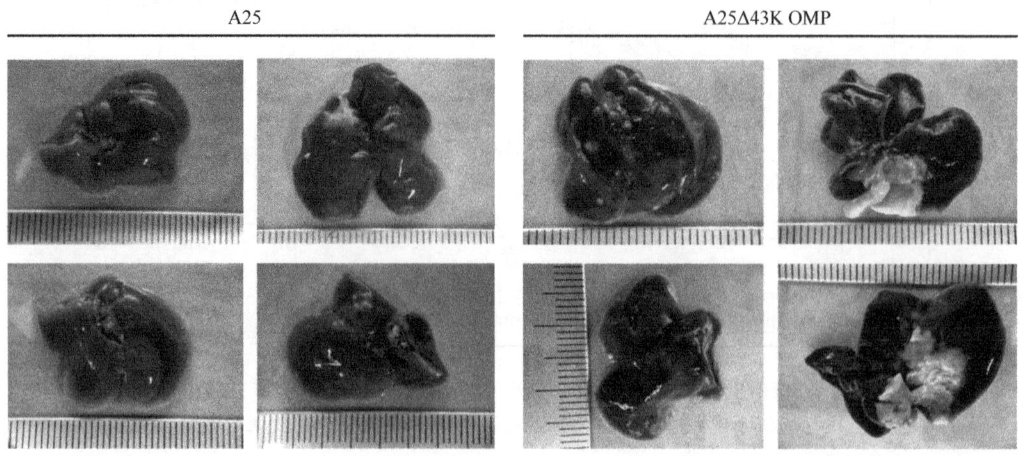

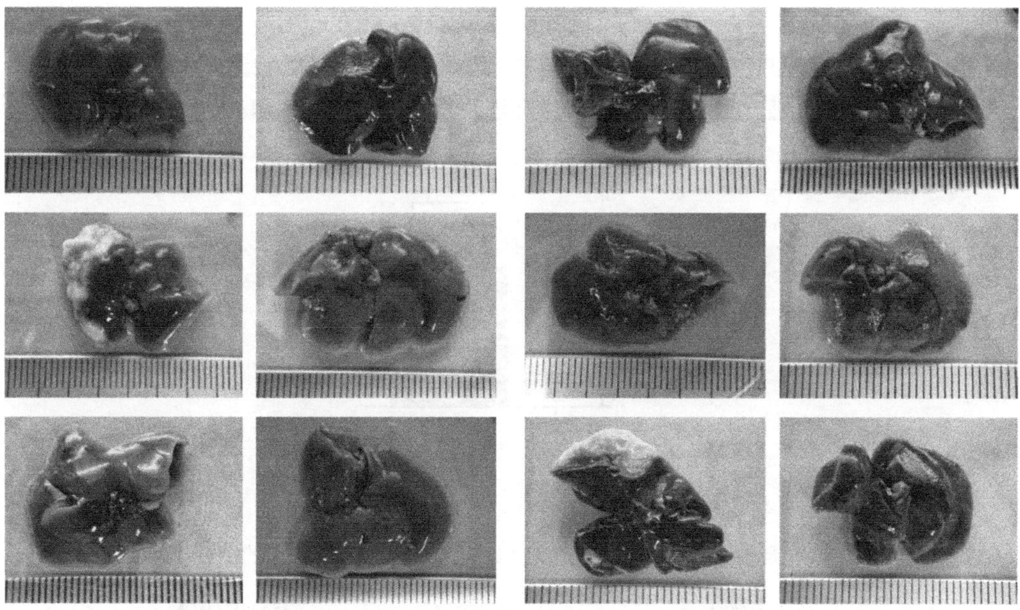

图 1-37　亲本株 A25 和缺失株 A25Δ43K OMP 感染小鼠的肝脏损伤图

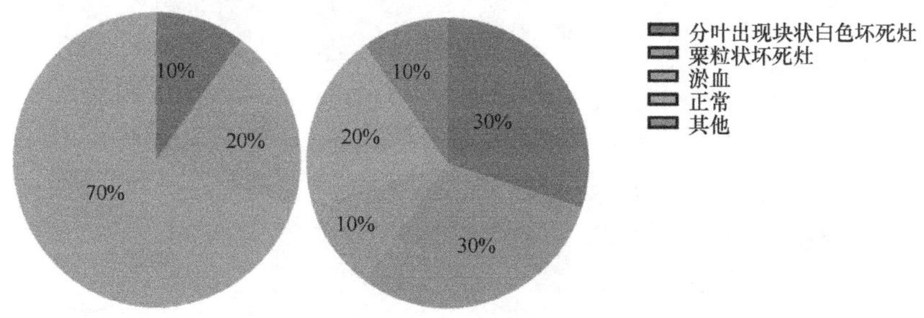

图 1-38　亲本株 A25（左）和缺失株 A25Δ43K OMP（右）感染小鼠的肝脏损伤统计

以小鼠肝重与体重之比（肝重比）进行对比，对照组小鼠肝重比为 0.0607，亲本株 A25 感染组小鼠肝重比为 0.0642，缺失株 A25Δ43K OMP 感染组小鼠肝重比为 0.0653。试验组与对照组肝重比无显著性差异（图 1-39）。对肝脏细菌载量计数可得亲本株 A25

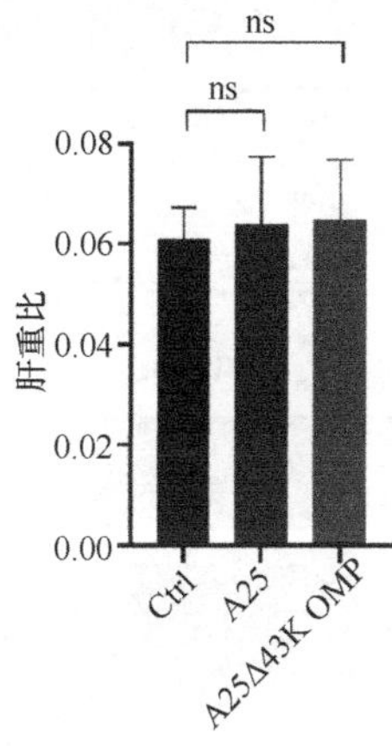

图 1-39　亲本株 A25 和缺失株 A25Δ43K OMP 感染小鼠的肝重比

与缺失株 A25Δ43K OMP 的肝脏细菌载量分别为 2.29×10^5CFU/g 和 1.72×10^5CFU/g，缺失株 A25Δ43K OMP 定植在肝脏的细菌数量显著低于亲本株 A25（图 1-40）。

对小鼠心脏、肝脏、脾脏、肺脏和肾脏进行组织观察（图 1-41）。光学显微镜下可

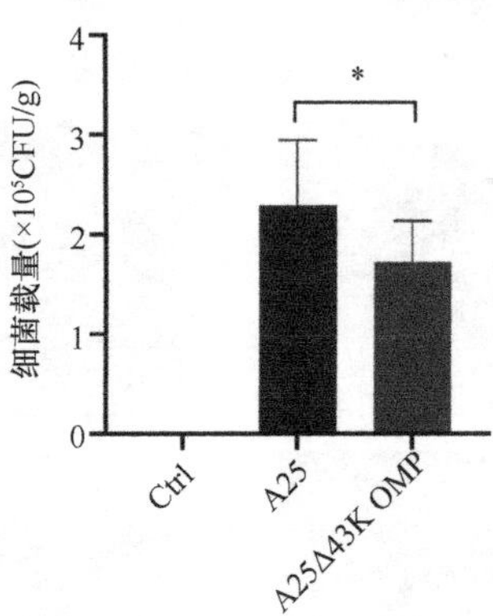

图 1-40　亲本株 A25 和缺失株 A25Δ43K OMP 感染小鼠肝脏的细菌载量

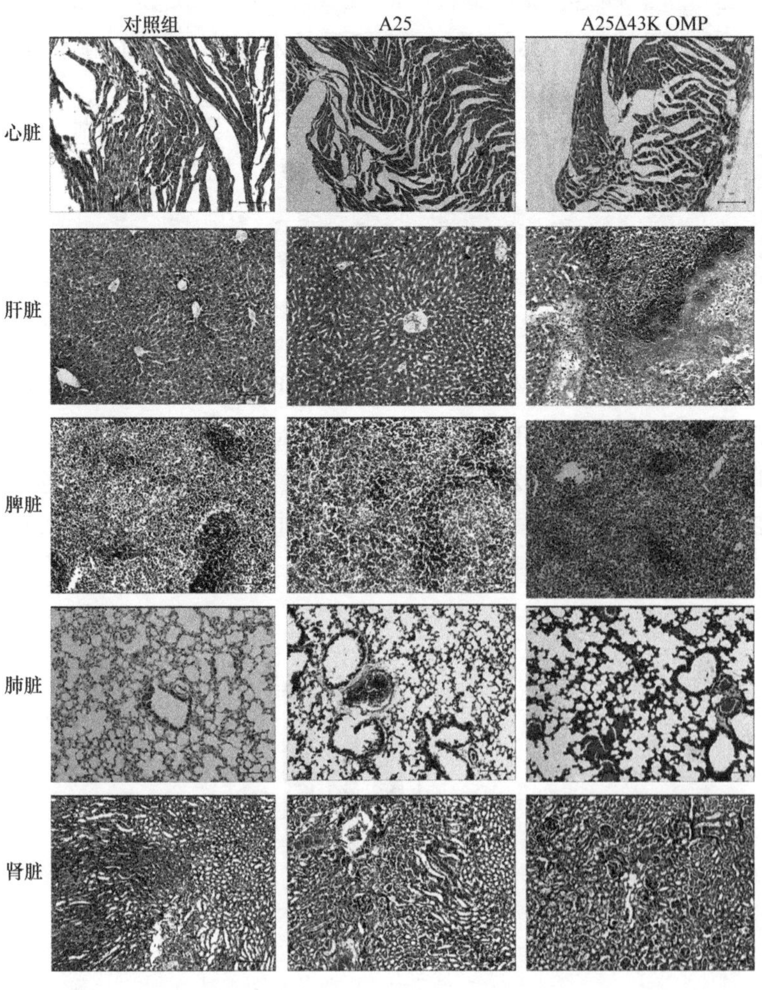

图 1-41　坏死梭杆菌亲本株 A25 和缺失株 A25Δ43K OMP 感染小鼠的组织观察（HE 染色，100×）

见感染坏死梭杆菌亲本株 A25 的小鼠心脏、肝脏、脾脏、肺脏和肾脏结构清晰，肺脏和肾脏血管内大量红细胞聚集，呈现充血现象，肝脏局部出现炎性细胞聚集；感染坏死梭杆菌缺失株 A25Δ43K OMP 的小鼠心脏、脾脏、肺脏和肾脏结构清晰，肺脏内出现大量红细胞，呈现出血现象，肝脏结构模糊，肝索结构紊乱，肝组织出现大片无规则的粉红色均染坏死区、炎性细胞浸润区和肝组织相对正常区，三区之间界限明显。

2.10　基因缺失对小鼠半数致死量的影响

为了研究缺陷 43K OMP 基因后坏死梭杆菌对小鼠 LD_{50} 的变化，依据改良寇式法进行 LD_{50} 计算，试验结果见表 1-34。依据基本公式 $lgLD_{50}=X_K-d$（$\sum P-0.5$）得 A25 $LD_{50}=3.55\times10^7$CFU，A25Δ43K OMP $LD_{50}=9.44\times10^7$CFU。因为本次试验中 $P_m=1>0.8$，$P_n=0<0.2$，所以再次通过校正公式 $lgLD_{50}=X_K-d[\sum P-(3-P_m-P_n)/4]$ 计算得 A25 $LD_{50}=3.76\times10^7$CFU，A25Δ43K OMP $LD_{50}=9.44\times10^7$CFU。取二者平均值为最终半数致死量，A25 $LD_{50}=3.66\times10^7$CFU，A25Δ43K OMP $LD_{50}=9.44\times10^7$CFU。

表 1-34　坏死梭杆菌亲本株 A25 和缺失株 A25Δ43K OMP 感染小鼠的 LD_{50} 数据

组别	动物数（只）	剂量（CFU/只）	对数剂量（$\bar{X}$）	死亡率（%）	
				A25 株	A25Δ43K OMP 株
1	10	无菌 PBS	0	0	0
2	10	2×10^9	9.3	100%	100%
3	10	1.12×10^9	9.05	100%	100%
4	10	6.31×10^8	8.8	100%	80%
5	10	3.55×10^8	8.55	90%	80%
6	10	2×10^8	8.3	70%	70%
7	10	1.12×10^8	8.05	50%	40%
8	10	6.31×10^7	7.8	20%	10%
9	10	3.55×10^7	7.55	10%	0
10	10	2×10^7	7.3	0	0

3. 讨论

坏死梭杆菌 43K OMP 由 Sun 等在坏死梭杆菌 H05 菌株中鉴定出来的，后续研究显示 43K OMP 与牛肾上腺毛细血管内皮（EJG）细胞、仓鼠肾（BHK）细胞黏附（Sun et al.，2013；Kumar et al.，2015；Menon et al.，2018）。对 43K OMP 分子结构预测显示，其包含 9 个跨膜区，与梭杆菌属多种外膜孔蛋白相似（Sun et al.，2013）。对 43K OMP 三级结构预测显示，其结构呈反向平行的 β 折叠桶状结构（王丽娜，2021）。孔蛋白是外膜蛋白的一种，其允许亲水性溶质如离子、氨基酸、核苷酸和糖通过外膜，并能排除抗生素或其他抑制剂导致细菌对抗生素制剂的抗性（Koebnik et al.，2000）。本研究通过对坏死梭杆菌亲本株 A25 和缺失株 A25Δ43K OMP 的生物学特性的研究，结果发现在缺失 43K OMP 基因后，坏死梭杆菌的菌落形态、菌体形态、生长曲线、对 RAW264.7 细胞的增殖能力和凋亡能力均未产生明显变化，菌落形态呈现为表面光滑的乳黄色菌落，菌体随培养时间的延长逐渐由杆状变为丝状，细菌接种后 4h 即进入对数生长期。这些结果预示着 43K OMP 可能不直接参与坏死梭杆菌的菌体、菌落形成和生长过程。

在坏死梭杆菌耐药性研究中，缺陷 43K OMP 基因后，坏死梭杆菌对测定的 16 种药物的 9 种药物的耐药性发生改变，其中对氨苄西林、红霉素和磺胺甲噁唑耐药性增强，对克拉霉素、卡那霉素和多黏菌素 B 耐药性减弱。细菌的耐药机制有很多种，主要为外排泵排出、细胞膜通透性改变和药物靶点基因突变等（Christaki et al.，2020）。外膜蛋白不仅可以限制药物渗透进入细胞，还可以主动将细胞内药物泵出，这一点在拟杆菌属中被证明（Rasmussen et al.，1993；Maszewska et al.，2021）。在大肠杆菌和鸭疫里默氏杆菌中分别敲除外膜蛋白 *OmpF* 基因和 *rant* 基因后，两种菌的部分耐药性出现减弱现象（Jeanteur et al.，1994；权衡等，2021）。对脑膜炎奈瑟氏球菌（*Neisseria meningitidis*）孔蛋白 PorB 进行基因突变后，PorB 对 β-内酰胺类抗生素的结合和渗透产生严重影响（Bartsch et al.，2021）。对 43K OMP 是否维持坏死梭杆菌外膜通透性和 43K OMP 是否为外排泵的研究可对坏死梭杆菌耐药机制进行阐释。

生物被膜（biofilm）是细菌的一种特殊存在形式，在外界环境不利于细菌生长增殖时，细菌通过分泌蛋白质、多糖和 DNA 共同组成生物被膜附着在生物或非生物载体上抵抗不利环境，生物被膜的存在也是细菌产生耐药性和造成动物持续感染的重要机制（Yin et al.，2019）。生物被膜的形成主要分为定植、黏附、聚集、增殖和扩散几个阶段，其中黏附期较为关键，外膜蛋白作为细菌的黏附因子在黏附过程中发挥一定作用。本研究表明缺陷坏死梭杆菌 43K OMP 基因后，坏死梭杆菌所形成的生物被膜含量显著增高，这表明坏死梭杆菌 43K OMP 基因影响坏死梭杆菌生物被膜的形成过程。Ye 等（2018）研究阪崎克洛诺斯杆菌（*Cronobacter sakazakii*）的外膜蛋白 *OmpW* 基因被敲除后，在 NaCl 胁迫环境下其生物被膜含量显著上升，推测其是阪崎克洛诺斯杆菌缺失 *OmpW* 后，缺失株促进生物被膜的形成来抵抗适应 NaCl 胁迫。Yonezawa 等（2017）研究发现缺失幽门螺杆菌的外膜蛋白 *AlpB* 基因后，其生物被膜含量显著下调。由支气管败血波氏杆菌（*Bordetella bronchiseptica*）双组分系统 BvgAS 控制生成的外膜蛋白 OmpQ 在生物被膜形成过程发挥重要作用。*OmpQ* 基因的缺失不影响支气管败血波旁氏杆菌的生长动力学和最终细菌数量，也不影响生物被膜形成早期阶段，但成熟期生物被膜的菌落大小、被膜含量和被膜厚度均减少（Cattelan et al.，2016）。

生物被膜的结构形态常与细菌菌种有关，小菌落是大多数生物被膜的基本单位。在流动培养室相同培养条件下，恶臭假单胞菌（*Pseudomonas putida*）形成松散突出的小菌落，而克氏假单胞菌（*Pseudomonas knackmussii*）则形成球形小菌落；并且，两种假单胞菌在生物被膜中一起生长时，其菌落特征互不影响（Tolker et al.，2000）。此外，细菌所处环境的营养也可影响生物被膜的结构形态。Klausen 等（2003）证明铜绿假单胞菌在葡萄糖培养基培育条件下，形成的生物被膜为蘑菇状小菌落，而在柠檬酸盐培养基培育条件下形成的则为平坦的生物被膜。葡萄球菌所形成的生物被膜由不均匀的塔状结构组成，形成许多沟壑状通道，可为生物被膜输送营养物质和氧分（Lister and Horswill，2014）。生物被膜三维结构由能够降解生物被膜胞外基质的不同外切酶和活性分子降解胞外多糖、胞外蛋白和胞外 DNA 形成（Otto，2013）。坏死梭杆菌缺失 43K OMP 基因后，接种荧光染料 4d 产生沟壑状结构，证明 43K OMP 基因与坏死梭杆菌营养摄取、生物被膜分解有关。

毒力是指病原微生物致病性的强弱程度，构成毒力的物质主要包括侵袭力和毒素两种毒力因子。细菌黏附和入侵是病原感染宿主的第一步，本研究中我们探索坏死梭杆菌亲本株 A25 缺陷 43K OMP 基因后对 Eph4 1424 细胞、AML-12 细胞、BEND 细胞和 MAC-T 细胞黏附能力的变化。缺陷 43K OMP 基因后，坏死梭杆菌与细胞结合能力显著下降，证明 43K OMP 基因与黏附功能相关。疾病根据病程可分为急性、亚急性和慢性疾病。急性疾病发生迅速，死亡较快，很难表现出明显的临诊症状，剖检也难以从肉眼观察出病理损伤。本研究中，感染亲本株 A25 的小鼠死亡时间集中在 1～3d，符合急性疾病的分类；通过观察肝脏损伤，感染缺失株 A25Δ43K OMP 的 10 只小鼠中有 6 只小鼠出现了肝脏损伤，组织病理学观察损伤的肝脏出现更大范围的坏死，在肝脏损伤和病理变化中感染亲本株 A25 的小鼠损伤程度比感染缺失株 A25Δ43K OMP 的小鼠更轻微。本研究确定了坏死梭杆菌亲本株 A25 和缺失株 A25Δ43K OMP 的 LD_{50}，分别为 3.66×10^7CFU 和 9.44×10^7CFU，缺失 43K OMP 基因导致坏死梭杆菌毒性下降明显。因此，43K OMP 基因缺陷对坏死梭杆菌毒力产生一定的影响。

本研究中我们发现缺陷坏死梭杆菌的 43K OMP 基因对坏死梭杆菌的生物被膜和耐药性影响显著，这表明 43K OMP 基因在其中发挥关键作用，但其具体通过何种方式发挥作用还需进一步研究。预测 43K OMP 的结构为孔蛋白，并可介导坏死梭杆菌的黏附，明确 43K OMP 的结构可为坏死梭杆菌摄取营养物质、排出药物分子、分泌胞外基质酶和生物被膜形成早期的不可逆附着等研究提供理论基础，并可通过分子对接方式对耐药机制等具体原理进行探究。对 43K OMP 的功能研究可以为坏死梭杆菌病的治疗提供一定的参考。

三、坏死梭杆菌 lktA 蛋白单克隆抗体的制备

（一）坏死梭杆菌 lktA 蛋白的原核表达及纯化

1. 材料与方法

1.1　材料

1.1.1　细胞及主要试剂

主要细胞及试剂保存于黑龙江八一农垦大学动物科技学院兽医病理学实验室。主要试剂如下：限制核酸内切酶 *Bam*HI 和 *Xho*I、2×premix 预混酶、DNA Marker DL 10000、*E. coli* Top10 感受态细胞、*E. coli* BL21（DE3）感受态细胞购自宝生物工程有限公司；小提质粒试剂盒、SDS-PAGE 凝胶制备试剂盒购自北京索莱宝科技有限公司；T4 连接酶、pMD18-T 载体购自天根生化科技（北京）有限公司；HRP 标记的山羊抗鼠 IgG（IgG-HRP）购自北京博奥拓达科技有限公司；蛋白酶抑制剂购自碧云天生物技术有限公司；Prestained Protein Ladder 购自近岸蛋白质科技有限公司；Immobilon Crescendo Western HRP substrate 购自美国密理博公司。

1.1.2　主要仪器

主要仪器包括：JY02S 型紫外分析仪购自北京君意东方电泳设备有限公司；3120000 型微量移液器购自德国爱得芬公司；DK-8D 型电热恒温水浴锅购自上海森信实验仪器有

限公司；MS3BS25 型漩涡振荡器购自德国 IKAMS3 公司；DRP-9272 型电热恒温培养箱购自上海森信实验仪器有限公司；BSL-1360B 型生物安全柜购自北京东联哈尔仪器制造有限公司；DGG-9070B 型电热恒温鼓风干燥箱购自上海森信实验仪器有限公司；HZQ-Q 型全温振荡仪购自哈尔滨市东联电子技术开发有限公司；Trans-Blot SD Cell 型半干转印仪购自美国伯乐公司；SK-O180-E 型水平摇床购自上海卡耐兹实验仪器设备有限公司；BSA223S 型电子天平购自德国赛多利斯公司；Power Pac Basic 型垂直板电泳系统购自美国伯乐公司；DYY-6C 型稳压稳流型电泳仪购自北京六一生物科技有限公司；JY02S 型凝胶成像系统购自北京君意东方电泳设备有限公司。

1.2 方法

1.2.1 重组质粒引物合成

参照郭东华（2007）的方法，根据坏死梭杆菌 H05 菌株白细胞毒素基因 *lktA* 克隆其全长，截短表达 5 段重组蛋白（PL1、PL2、lktA3、PL4、PL5），选择其中免疫效果较好的 PL2 蛋白进行原核表达，分别在 5′末端和 3′末端加入 *Bam*HI、*Xho*I 酶切位点，连接至 pGEX-6p-1 载体。引物序列为 PL2 U：5′ GAAGGATCCAAAGAAACTTATAACACTC 3′，PL2 L：5′ GCGCTCGAGAAATAAGTTCGTTAGCTTA 3′，由哈尔滨博仕生物技术有限公司合成。

1.2.2 pGEX-6p-1-PL2 重组质粒的连接及转化

1.2.2.1 pGEX-6p-1-PL2 重组质粒的连接

以坏死梭杆菌 A25 菌株 DNA 为模板，以合成的 PL2 引物 PCR 扩增后，胶回收纯化，将 PL2 纯化产物与克隆载体 pMD18-T 连接。连接体系见表 1-35，连接条件为 16℃连接 16h，取 3μL 酶切样品进行 1%琼脂糖凝胶电泳分析。将二者连接产物转化至 *E. coli* Top 10 感受态细胞，使用质粒提取试剂盒提取 pGEX-6p-1 载体和 pMD18-T-PL2 质粒，分别进行双酶切，双酶切体系如表 1-36。纯化载体及 PL2 目的基因，将纯化后的 PL2 目的基因和 pGEX-6p-1 原核表达载体 16℃连接 16h，连接体系见表 1-37，将连接产物转化至 *E. coli* BL21（DE3）感受态细胞中。

表 1-35 pMD18-T 连接体系

试剂名称	体积（μL）
连接酶	1
pMD18-T	1
DNA	4
缓冲液	1
H_2O	3

表 1-36 双酶切体系

试剂名称	体积（μL）
*Bam*HI	1
*Xho*I	1
DNA	2
10× K buffer	4
H_2O	Up to 40

表 1-37　pGEX-6p-1 连接体系

试剂名称	体积（μL）
pGEX-6p-1	1.5
目的基因纯化产物	7.0
T_4 DNA 连接酶	0.5～1
T_4 DNA 连接酶 buffer	1

1.2.2.2　pGEX-6p-1-PL2 重组质粒的转化

从–80℃冷冻冰箱中取出商品化 50μL *E. coli* BL21（DE3）感受态细胞，放入冰水混合物中，待其融化；在 *E. coli* BL21（DE3）中加入 10μL 的 pGEX-6p-1-PL2 连接产物，轻吹吸打混匀，在 4℃冰箱冰水混合物中放置 30min 后，立即转入 42℃的水浴锅中，水浴 90s，冰浴 3min，将转化后产物全部加入经 37℃预热且无抗性的 1mL SOB 培养液中；在 37℃条件下，190r/min 摇菌培养 1～2h，取 200μL 均匀涂布于 Amp^+的 LB 固体平板，在 37℃条件下培养 10～12h，其间应及时观察，防止菌落生长过度。用 10μL 白枪头挑取单菌落进行 PCR 鉴定，将鉴定结果为阳性的单菌落接种至添加含 Amp^+的 LB 培养基中，在 37℃条件下，190r/min 摇床振荡培养过夜，得到阳性菌；将阳性菌进行测序，提取质粒，–80℃冻存阳性质粒及菌液（菌液冻存：100μL 无菌甘油+900μL 菌液）。

1.2.2.3　pGEX-6p-1-PL2 重组质粒的原核表达及纯化

pGEX-6p-1-PL2 重组蛋白的原核表达具体操作如下：将测序结果为阳性的冻存菌液 1∶1000 接种于含 Amp^+的 LB 液体培养基，37℃振荡培养 12h 左右，该步骤为菌液复苏；次日，将培养的菌液 1∶1000 接种于含 Amp^+的 LB 液体培养基，振荡培养至分光光度计 OD_{600nm} 测得菌液 OD 为 0.6～0.8 时，1∶1000 加入 1mmol/L IPTG，190r/min 37℃诱导 4h；取诱导后菌液加入离心管中，常温 8000r/min 离心 10min，弃上清液；向离心后的沉淀中，加入预冷的 PBS 并混匀，在冰水混合物条件下进行超声破碎，直至澄清，超声程序设置为 50Hz，超声 5s，间歇 10s；将超声后产物在 4℃条件下，8000r/min 离心 20min，分离上清液和沉淀，将沉淀用 200μL PBS 重悬，进行 SDS-PAGE 分析及 Western blot 鉴定。

通过 SDS-PAGE 分析显示，pGEX-6p-1-PL2 蛋白为包涵体表达在沉淀中，选择蛋白切胶进行 pGEX-6p-1-PL2 蛋白纯化，大量制备 pGEX-6p-1-PL2 阳性菌液，将超声破碎后的沉淀进行蛋白质样品处理，处理基本步骤如下。在超声破碎后的沉淀中加入适量的 PBS 缓冲液，蛋白质上样缓冲液，100℃水浴 10～15min；同时，制备 1.5mm 浓度为 12%的 SDS-PAGE 蛋白胶，上层胶插入一孔梳，每块胶板加入 500～700μL 处理后的蛋白质样品；完成电泳后，目的条带放入 0.3mol/L 4℃预冷的 KCl 中，作用 5～10min；将目的条带用刀片切下，碾碎胶条，加入少量 PBS，在液氮反复冻融 3 次；4℃条件下 8000r/min 离心 10min，吸取上清液，即为纯化后的 pGEX-6p-1-PL2 蛋白，纯化后检测蛋白质浓度。

制备 1.0mm，浓度为 10%或 12%的 SDS-PAGE 蛋白胶，配制 12%的分离胶，用无水乙醇压平分离胶，待分离胶凝集后，配制 5%的浓缩胶，浓缩胶插入十孔梳；制备的超声破碎上清液及沉淀样品，分别加入不同点样孔，每孔上样 10μL，进行 SDS-PAGE；完成电泳后，将蛋白胶切除多余部分，湿转至 PVDF 膜上。湿转条件为恒流 230mA，90min。转印完成后，加入 5%脱脂乳溶液中，充分混匀，封闭 2h，PBST 充分洗涤 3 次，每次 10min；一抗以 1∶1000 孵育碧云天谷胱甘肽 *S* 转移酶（GST）标签抗体，4℃摇床孵育过夜。次日，洗涤；1∶5000 加入山羊抗小鼠 IgG，作为二抗，避光孵育 1h，洗涤；加入 PBS 冲洗 PVDF 膜，均匀滴加 Immobilon Crescendo Western HRP substrate 发光液，使用凝胶成像系统曝光，分析结果。

2. 结果

2.1 pGEX-6p-1-PL2 重组蛋白的原核表达及纯化结果

双酶切鉴定 pMD18-T-PL2 结果如图 1-42 所示，结果表明克隆载体 pMD18-T-PL2 基因连接成功；随后经测序证明重组质粒 pGEX-6p-1-PL2 连接成功，诱导表达结果如图 1-43 所示，结果表明重组蛋白 pGEX-6p-1-PL2 以包涵体形式在 60kDa 处成功表达，诱导后 pGEX-6p-1 空载体在 25kDa 处表达，未诱导的 pGEX-6p-1-PL2 不表达，与预期结果相符。切胶纯化的重组蛋白 pGEX-6p-1-PL2 在 60kDa 处有单一条带，蛋白质浓度为 0.6mg/mL，结果如图 1-44，表明成功纯化重组蛋白 pGEX-6p-1-PL2。

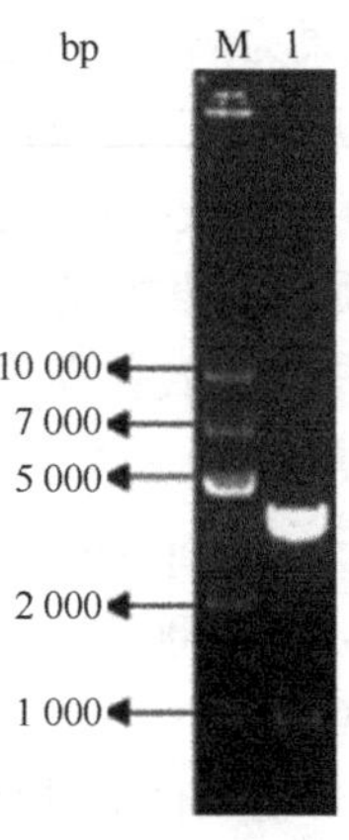

图 1-42　pMD18-T-PL2 重组质粒双酶切鉴定

M. DNA Marker；1. pMD18-T-PL2 双酶切产物

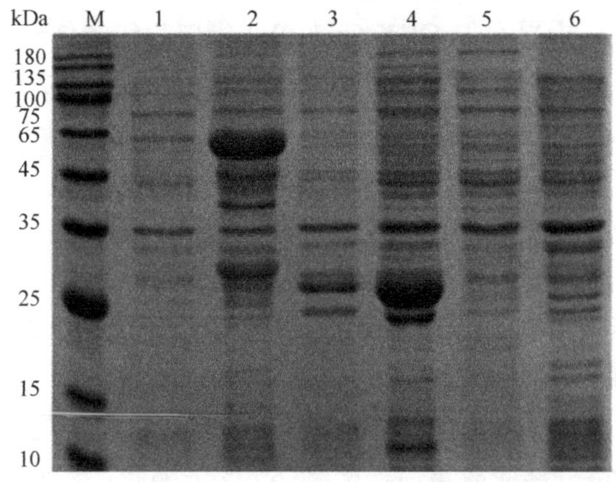

图 1-43　pGEX-6p-1-PL2 重组蛋白原核表达结果

M. 预染彩虹蛋白 Marker；1. 诱导后 pGEX-6p-1-PL2 重组蛋白超声破碎上清液；2. 诱导后 pGEX-6p-1-PL2 重组蛋白超声破碎沉淀；3. 诱导后 pGEX-6p-1 空载体超声破碎上清液；4. 诱导后 pGEX-6p-1 空载体超声破碎沉淀；5. 未诱导 pGEX-6p-1-PL2 重组蛋白超声破碎上清液；6. 未诱导 pGEX-6p-1-PL2 重组蛋白超声破碎沉淀

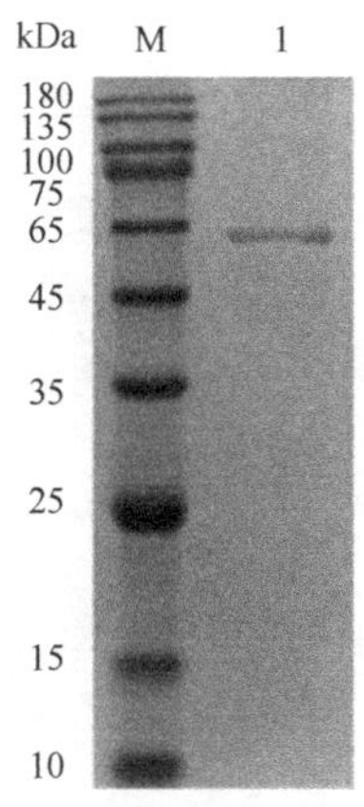

图 1-44　纯化的 pGEX-6p-1-PL2 重组蛋白的 SDS-PAGE 分析结果

M. 预染彩虹蛋白 Marker；1. 纯化后的 pGEX-6p-1-PL2 重组蛋白

2.2　pGEX-6p-1-PL2 重组蛋白的 Western blot 鉴定

以 GST 标签抗体作为一抗，将 IPTG 诱导后 pGEX-6p-1-PL2 重组蛋白、IPTG 诱导后 pGEX-6p-1 空载体和未诱导 pGEX-6p-1-PL2 重组蛋白进行超声破碎后分离上清液及沉淀进行 Western blot 鉴定，结果如图 1-45 所示。结果显示，在 IPTG 诱导后 pGEX-6p-1-PL2 重组蛋白超声破碎沉淀中，约 60kDa 处有反应条带，在 IPTG 诱导后 pGEX-6p-1 空载体超声破碎上清液和沉淀中，约 25kDa 处有反应条带，未诱导 pGEX-6p-1-PL2 重组蛋白无反应条带，结果证明重组蛋白 pGEX-6p-1-PL2 成功表达（图 1-46）。

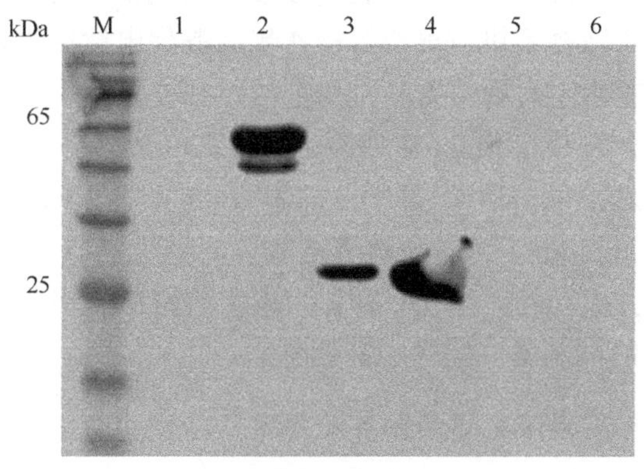

图 1-45　pGEX-6p-1-PL2 重组蛋白的 Western blot 鉴定结果

M. 预染彩虹蛋白 Marker；1. 诱导后 pGEX-6p-1-PL2 重组蛋白超声破碎上清液；2. 诱导后 pGEX-6p-1-PL2 重组蛋白超声破碎沉淀；3. 诱导后 pGEX-6p-1 空载体超声破碎上清液；4. 诱导后 pGEX-6p-1 空载体超声破碎沉淀；5. 未诱导 pGEX-6p-1-PL2 重组蛋白超声破碎上清液；6. 未诱导 pGEX-6p-1-PL2 重组蛋白超声破碎沉淀

3. 讨论

坏死梭杆菌分泌的白细胞毒素是一种大小为 336kDa 的天然蛋白质，因其分子质量过大，具有难以提纯和分子不稳定等研究难点，所以利用主要的抗原表位优势区进行截短表达获得重组蛋白，以针对白细胞毒素进行后续的免疫学研究。Tan 等（1992）研究发现，坏死梭杆菌主要在其培养的对数生长后期呈现高分泌状态，平台期时白细胞毒素

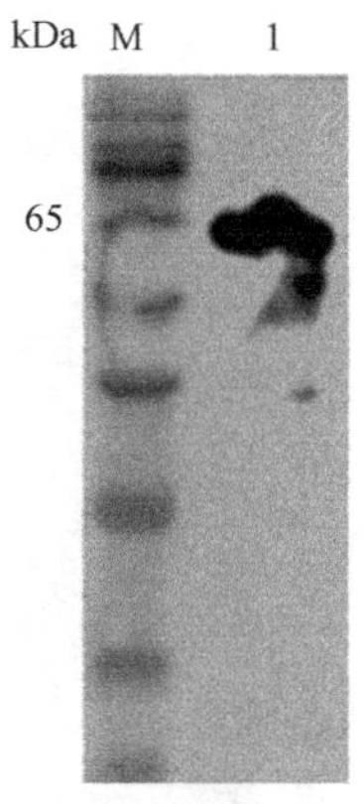

图 1-46 纯化 pGEX-6p-1-PL2 重组蛋白的 Western blot 鉴定结果

M. 预染彩虹蛋白 Marker；1. 纯化后 pGEX-6p-1-PL2 重组蛋白

分泌量明显减少，并且坏死梭杆菌 *Fnn* 亚种分泌的白细胞毒素相比 *Fnf* 亚种具有更强的细胞毒性（Langworth，1977）。在坏死梭杆菌培养的稳定期，白细胞毒素活性降低可能是由于高分子质量蛋白质降解（Tan et al.，1994c）。坏死梭杆菌 *Fnn* 亚种引起肝脓肿时，分泌的天然白细胞毒素具有更强的细胞毒性。针对以上坏死梭杆菌天然白细胞毒素的特征，本试验选择使用原核表达蛋白质作为后续单抗的免疫原。选择截短的白细胞毒素重组序列 PL2，连接重组质粒 pGEX-6p-1-PL2，通过转化、诱导等步骤对重组蛋白 pGEX-6p-1-PL2 进行原核表达，重组蛋白 pGEX-6p-1-PL2 以包涵体形式表达在沉淀中，分子质量约为 60kDa。包涵体蛋白的纯化方法参考自高慎阳等（2010），以 KCl 对目的蛋白质染色、液氮反复冻融后快速离心等操作步骤取代电泳后过夜透析等试验步骤，使试验时间缩短 2/3，在纯化大量的免疫原和包被原时较为适用，而且所纯化的目的蛋白质浓度和纯度均不会发生变化。本研究通过 SDS-PAGE 方法，鉴定了重组蛋白 pGEX-6p-1-PL2 的表达；以 GST 标签蛋白抗体为一抗，Western blot 鉴定结果显示，成功构建了重组蛋白 pGEX-6p-1-PL2 原核表达载体，重组蛋白 pGEX-6p-1-PL2 以包涵体形式表达在沉淀中，并成功纯化该蛋白质，为本实验室进一步制备坏死梭杆菌白细胞毒素单克隆抗体及之后的机制研究提供了前期基础。

（二）坏死梭杆菌 lktA 单克隆抗体的制备及鉴定

1. 材料与方法

1.1 材料

1.1.1 细胞、实验动物及主要试剂

小鼠骨髓瘤细胞（SP2/0 细胞）由黑龙江八一农垦大学动物科技学院兽医病理学实验室保存；雌性 6～8 周龄 BALB/c 小鼠，体重（20±1）g，购自哈尔滨医科大学；坏死梭杆菌 A25 菌株购自美国菌种保藏中心 ATCC 公司（*Fusobacterium necrophorum*，*Fnn* 亚种，ATCC 25286）。主要试剂：弗氏完全佐剂、弗氏不完全佐剂、HT 培养液添加剂（50×）、HAT 培养液添加剂（50×）、聚乙二醇购自美国 Sigma-Aldrich 默克生命科学公司；胎牛血清购自 WISENT 公司；1640 培养基、青链霉素混合液购自美国 GIBCO 公司；SBA

Clonotyping^{TM} System/HRP 抗体亚类鉴定试剂盒购自 Southern Biotech 公司；GST 标签蛋白购自金克隆（北京）生物技术有限公司。

1.1.2 主要仪器

主要仪器包括 JY02S 型紫外分析仪购自北京君意东方电泳设备有限公司；3120000 型微量移液器购自德国爱得芬公司；DK-8D 型电热恒温水浴锅购自上海森信实验仪器有限公司；MS3BS25 型漩涡振荡器购自德国 IKAMS3 公司；XB100 型制冰机购自德国 GRANT 公司；DRP-9272 型电热恒温培养箱购自上海森信实验仪器有限公司；BSL-1360B 型生物安全柜购自北京东联哈尔仪器制造有限公司；DGG-9070B 型电热恒温鼓风干燥箱购自上海森信实验仪器有限公司；HZQ-Q 型全温振荡仪购自哈尔滨市东联电子技术开发有限公司；SK-O180-E 型水平摇床购自上海卡耐兹实验仪器设备有限公司；BSA223S 型电子天平购自德国赛多利斯公司；Trans-Blot SD Cell 型半干转印仪、Power Pac Basic 型垂直板电泳系统购自美国伯乐公司；SERIES Ⅱ WATER JACKET 型 CO_2 细胞培养箱购自美国赛默飞世尔科技公司；DYY-6C 型稳压稳流型电泳仪购自北京六一生物科技有限公司；DMi1 型倒置生物显微镜购自德国徕卡公司。

1.2 方法

1.2.1 单克隆抗体的制备

1.2.1.1 BALB/c 小鼠免疫程序

用重组蛋白 pGEX-6p-1-PL2 免疫 6～8 周龄 BALB/c 雌性小鼠（三次常规免疫和一次加强免疫）。具体操作步骤如下：首次免疫步骤为弗氏完全佐剂与纯化后的 pGEX-6p-1-PL2 蛋白进行等比例混合，每只小鼠免疫 50μg，充分乳化后腹腔注射免疫；在初次免疫 14d 后，进行断尾采血，分离小鼠血清，作为一免后血清；次日，将弗氏不完全佐剂与纯化后的 pGEX-6p-1-PL2 蛋白等比例混合，每只小鼠免疫 50μg，充分乳化后腹腔注射免疫；二免后 14d，重复二免步骤进行三免；三免 7d 后，断尾采血，分离血清；三免 14d 后，将纯化后的 pGEX-6p-1-PL2 蛋白以 100μg/只腹腔注射加强免疫；免疫后 3d 眼球采血，收集效价较高的阳性血清，作为 pGEX-6p-1-PL2 蛋白阳性血清用于后续单抗筛选间接 ELISA 检测方法的建立；在无菌条件下取小鼠脾脏进行后续常规融合。

1.2.1.2 间接 ELISA 检测方法的建立

利用方阵法建立间接 ELISA 检测方法用于筛选单抗，确定抗原最佳包被浓度和血清最佳稀释倍数，具体步骤如下。

（1）抗原包被：将纯化的 pGEX-6p-1-PL2 蛋白用 pH 9.6 的碳酸盐包被液进行 2 倍比稀释，稀释梯度为 4μg/mL、2μg/mL、1μg/mL、0.5μg/mL、0.125μg/mL，混匀后以 100μL/孔加入 96 孔酶标板中，于 4℃条件下，包被 PL2 过夜。

（2）封闭：每孔加入 200μL 5%脱脂乳作为封闭液，37℃恒温封闭 2h。

（3）一抗孵育：用 PBST 分别稀释小鼠的阴性血清、阳性血清，稀释倍数梯度为 1∶400、1∶800、1∶1600、1∶3200、1∶6400 和 1∶12 800，每孔 100μL，37℃孵育 1h，同时设空白对照。

（4）二抗孵育：用 PBST 按照 1∶5000 稀释商品化 HRP 标记山羊抗小鼠 IgG，100μL/

孔，37℃孵育 1h。

（5）显色：每孔加入 100μL TMB 单组分显色液，常温条件下避光显色 15min。

（6）终止显色：每孔加入 100μL 2mol/L H_2SO_4 终止显色，设置酶标仪读取 OD_{450nm} 的数值。抗原最佳包被浓度和血清最佳稀释倍数判定标准为阳性血清的 OD_{450nm} 值在 1.5 以上，阴性血清的 OD_{450nm} 值在 0.2 以下，*P/N*（阳性值/阴性值）的值最大时即为最佳。

每次进入下一步骤前，均需洗板，并拍干板内液体。

1.2.1.3　细胞融合前的准备

1）SP2/0 细胞的复苏及传代

复苏 SP2/0 前将生物安全柜进行紫外灭菌 30min，37℃水浴锅预热 1640 培养基；待灭菌完成，配制培养基，培养基配制比例为 20%胎牛血清和 80% 1640 培养基；从细胞冻存液氮罐中取出待复苏的 SP2/0 细胞，装入小塑封袋中，快速插入 37℃水浴锅中，融化细胞过程中进行缓慢地反复摇晃；将融化的细胞用移液器移至 15mL 离心管中，加入适量的无血清 1640 培养基，轻轻混匀，1000r/min 离心 4min；弃上清液后弹击 15mL 离心管底部，将细胞弹起，随后加入 5mL 含 20%胎牛血清的 1640 培养基，把细胞沉淀混合均匀后加入 $25cm^2$ 细胞培养瓶中，在 37℃ 5% CO_2 细胞培养箱中培养，每日观察细胞生长状态；稳定传代 3～4 次后，收集生长状态良好，生长密度占细胞瓶底部的 70%～80%的细胞进行细胞融合。

2）饲养层细胞的制备

制备饲养层细胞需要准备的试验器械：用于小鼠保定的泡沫板、大头针、5mL 注射器和配制 HAT 选择培养基(每 50mL 的 HAT 培养基内包含 10mL 胎牛血清、38.5mL1640 培养基、0.5mL 双抗、1mL HAT)；取 8～10 周龄健康小鼠进行眼球采血，断颈处死后，75%乙醇浸泡 10min，泡沫板保定小鼠，完全暴露腹膜，于小鼠左侧腹膜下方注入 5mL HAT 培养基，轻轻按摩腹部，于小鼠右侧腹部下方尽量吸出 HAT 培养基，此时吸出的培养基变黄；反复 3～5 次，收集至 60mL 无菌容器内，此过程中，针头应尽量避开小鼠内脏；将饲养层细胞定容至 60mL，混匀后，铺到 96 孔细胞培养板中，在 37℃ 5% CO_2 条件下培养，次日观察细胞是否污染，备用。

3）脾细胞的制备

融合当天，将加强免疫 3～5d 的 BALB/c 小鼠眼球采血后，收集血清，颈椎脱臼处死，在 75%乙醇中浸泡 10min，取脾脏前准备无菌的眼科剪刀、眼科镊子、泡沫板（保定小鼠用）、大头针、200 目细胞筛网、5mL 注射器、无菌一次性平皿；打开腹腔，钝性剥离脾脏表面脂肪及结缔组织，用无血清 1640 培养基冲洗脾脏表面，同时用无血清 1640 培养基湿润 200 目细胞筛网，用 5mL 注射器内塞钝性按压脾脏，轻轻碾碎，再次用无血清 1640 培养基冲洗细胞筛网，收集细胞至 50mL 离心管中，定容至 15mL，1000r/min 常温离心 5min，弃上清液，沉淀中加入 15mL 无血清 1640 培养基，备用。

1.2.1.4　细胞融合

1）将小鼠脾细胞悬液和 SP2/0 细胞悬液按（5∶1）～（9∶1）比例均匀混合于 50mL 的无菌离心管中，1000r/min 常温离心 5min，收集细胞沉淀。

2）用手指弹击 50mL 离心管底部，将脾细胞和 SP2/0 细胞底部充分混匀至糊状，置于 37℃水浴条件下，以上操作均在 37℃条件下完成。

3）将 37℃预热的 1mL 聚乙二醇（PEG）1500 沿管壁匀速滴入上述离心管内，此过程需在 1min 内完成，与细胞充分接触后静置 90s。

4）加入 1mL 37℃预热的 1640 培养基，在 1min 内沿管壁匀速滴加，与细胞充分接触。

5）随后，将 10mL 无血清 1640 培养基沿管壁匀速滴加，此过程须在 1min 内完成，静置 5min，1000r/min 离心 5min，弃去细胞上清液。

6）用 60mL 含 HAT 的 1640 培养基重悬细胞，轻柔混匀，将细胞悬液均匀加入饲养层细胞中，于细胞培养箱中培养，此过程应尽量保持细胞状态稳定。

1.2.1.5 阳性杂交瘤细胞的筛选

细胞融合 5d 后，观察融合细胞生长状态，并对 96 孔细胞培养板边缘孔进行适当补液；9～10d 后进行全换液，将 96 孔细胞培养板中培养基全部吸出（注意吸出培养基时，保持匀速，防止将细胞团吸出），重新加入 200μL/孔含 HAT 的 1640 培养基；间隔 2d，100μL/孔吸取细胞培养上清液，并在每孔补充 100μL HAT 培养基，应用 1.2.1.2 建立的方法筛选单抗；同时设置最佳稀释倍数的阴阳性血清作为对照。如果初次筛选过程中，96 孔细胞培养板中上清液阴阳性结果无法明确区分，那么可以进行第二次全换液，间隔 2d，再次进行筛选，将筛选结果为阳性的细胞孔细胞团吹散，待其细胞生长密度超过 80%，将其传代至 48 孔细胞培养板中进行扩大培养；待 48 孔细胞培养板中细胞密度超过 80%时，吸取 100μL 细胞培养上清液再次进行 pGEX-6p-1-PL2 蛋白的 ELISA 检测，同时包被相同浓度的 GST 标签蛋白进行检测，将满足 pGEX-6p-1-PL2 蛋白检测为阳性，同时 GST 标签蛋白检测为阴性的杂交瘤细胞孔进行亚克隆，同时扩大培养，并冻存未克隆的原始阳性细胞株。

1.2.1.6 阳性杂交瘤细胞的亚克隆纯化

亚克隆前 1d 制备饲养层细胞，弃去 48 孔细胞培养板的上清液，用无血清 1640 培养基洗细胞 2 次，加入适量的 1640 完全培养基将细胞重悬。准备 12 个 5mL EP 管，第一个 EP 管中加入 2mL 1640 完全培养基，其余每个 EP 管中加入 1mL 的 1640 完全培养基；第一个 EP 管内加入适量细胞悬液，混匀；吸取 1mL 细胞悬液在 5mL EP 管倍比稀释，按稀释顺序依次加入事先铺有饲养层细胞的 96 孔细胞培养板中，于 37℃ 5% CO_2 细胞培养箱中培养；5d 后观察细胞生长情况，待细胞团生长超过细胞培养板底部的 1/2 时，取细胞培养上清液按照之前建立的间接 ELISA 检测方法检测，将检测结果阳性值较高且眼观为单个细胞团的阳性孔进行扩大培养，同时进行亚克隆。每个阳性细胞株须进行 3～4 次亚克隆纯化，且检测结果为 100%阳性后，方可确定为纯化完成；将亚克隆纯化完成的阳性细胞株进行扩大培养、冻存。

1.2.1.7 单克隆抗体腹水的制备

用筛选确定的 pGEX-6p-1-PL2 蛋白阳性杂交瘤细胞制备腹水，取 8 周龄左右雌性 BALB/c 小鼠，每只小鼠提前 3d 腹腔注射 300μL 弗氏不完全佐剂，收集生长状态良好的阳性杂交瘤细胞。每只小鼠注射的细胞数量为 5×10^6 个，每只小鼠注射量为 400～500μL，注射后及时观察小鼠腹部，7d 左右，当腹部膨大、被毛轻微竖立时，腹部酒精棉球消毒，用 5mL 一次性注射器吸取淡黄色腹水，5000r/min 离心 5min，吸取澄清液体即为腹水；将腹水于–80℃冻存，每只小鼠一次可吸取 1mL 腹水。

1.2.2 单克隆抗体的鉴定

1.2.2.1 单克隆抗体效价的测定

参照 1.2.1.2 建立的间接 ELISA 检测方法，利用有限稀释法检测细胞培养上清液及腹水抗体效价，其中上清液按照 2 倍比进行稀释，腹水按照 10 倍比进行稀释。以 *P*/*N*（阳性值/阴性值）的值大于 2.1 为标准，设阴性、阳性对照，检测杂交瘤细胞培养上清液及腹水的抗体效价。

1.2.2.2 单克隆抗体亚类的鉴定

应用抗体亚类鉴定试剂盒鉴定单克隆抗体的亚类，具体步骤如下。

参照1.2.1.2建立的间接ELISA检测方法包被pGEX-6p-1-PL2蛋白，混匀后以100μL/孔加入 96 孔酶标板中，于 4℃冰箱封闭过夜；PBST 常规洗涤；加入 5%脱脂乳封闭液，200μL/孔，于 37℃条件下封闭 2h 后，洗板；按照 A1-H1 的顺序加入相同的杂交瘤细胞培养上清液，100μL/孔，于 37℃孵育 1h，作为一抗，洗板；按照 1∶5000 分别稀释试剂盒内 HRP 标记的山羊抗小鼠亚类二抗 IgG1、IgG2a、IgG2b、IgG3、IgM、IgA、κ 链、λ 链，按照以上顺序加入酶标板中，100μL/孔，37℃孵育 1h，洗板；以 100μL/孔加入 TMB 单组分显色液，常温避光显色 10～15min，拍照保存。

1.2.2.3 单克隆抗体的 Western blot 鉴定

1）坏死梭杆菌天然白细胞毒素粗提取

在–80℃冰箱取出坏死梭杆菌 A25 菌种，将菌种 1∶20 接种至苛养厌氧培养基中，厌氧 37℃培养，约 48h 后观察培养基状态；当培养基呈现浑浊，管壁出现气泡时，将坏死梭杆菌 1∶20 传代，传代 3～4 次后，接种至 200mL BHI（脑心浸液肉汤培养基）；培养 9～11h 后，从厌氧手套箱中取出坏死梭杆菌，进行革兰氏染色鉴定，将染色结果为革兰氏阴性的坏死梭杆菌，于 4℃条件下 8000r/min 离心 10min，弃沉淀。因坏死梭杆菌培养上清液主要成分为天然白细胞毒素，所以收取坏死梭杆菌培养上清液用 0.22μm 滤膜过滤，用超滤截流管将过滤后的坏死梭杆菌培养上清液进行 50 倍浓缩；浓缩后的蛋白质样品进行 SDS-PAGE 分析，该样品即为粗提取的坏死梭杆菌天然白细胞毒素。

2）单克隆抗体的 Western blot 鉴定

蛋白胶配制方法及蛋白质样品处理参照 1.2.2.3，蛋白质上样顺序为预染彩虹蛋白 Marker、纯化的重组蛋白 lktA3、PL4、PL2、PL5；将粗提取的坏死梭杆菌天然白细胞毒素进行 SDS-PAGE，将电泳产物转印至 PVDF 膜，湿转条件为 230mA，90min；转印完成后，参照 1.2.2.3 进行 Western blot 鉴定；加入 Immobilon Crescendo Western HRP substrate 发光液，使用凝胶成像系统对 PVDF 膜进行分析。

1.2.2.4 杂交瘤染色体分析

将杂交瘤细胞传代 3 代，最后一次传代至 6 孔细胞培养板中培养，待细胞生长状态良好、处于对数生长期、铺满孔底 70%～80%时，加入秋水仙素，使其终浓度为 0.05μg/mL；常规细胞培养 4h 后，在 6 孔细胞培养板中将杂交瘤细胞吹混，常规离心收集秋水仙素处理后的细胞，弃上清液，37℃预热 0.075mol/L KCl 溶液，用 5mL KCl 溶液 37℃低渗处理细胞 20min。

预固定：按甲醇∶冰醋酸=3∶1 配制固定液，0.075mol/L KCl 处理的细胞悬液中缓慢滴加 1mL 固定液，轻轻打匀，1000r/min 离心 10min，弃上清液。

固定：加入固定液 5mL，轻轻混匀，静置 15min，1000r/min 离心 10min，弃上清液；加入固定液 5mL，静置 15min，以 1000r/min 离心 10min，弃离心后上清液；于 400μL 固定液中保存，每张载玻片遇冷 2h 后，每片滴加 2～3 滴细胞悬浮液，滴片高度 30cm，火焰固定。

染色：应用索莱宝 Giemsa 染色试剂盒进行染色，观察染色体形态并计数。

2. 结果

2.1　间接 ELISA 检测方法的建立

将纯化后的 pGEX-6p-1-PL2 蛋白作为抗原，按照方阵法进行 ELISA 包被，并确定最佳抗原包被量及一抗最佳稀释倍数，成功建立 pGEX-6p-1-PL2 阳性杂交瘤细胞筛选方案。以阳性血清的 OD_{450nm}≥1.5，阴性血清的 OD_{450nm}≤0.2，*P*/*N*（阳性值/阴性值）的值最大为标准，判定阳性细胞孔，见表 1-38，单抗筛选的最佳抗原包被量为 2μg/mL，血清最佳稀释倍数为 1∶1600。

表 1-38　最佳抗原包被量和血清最佳稀释度的筛选

抗原包被量	血清稀释倍数					
	1∶400（+/–）	1∶800（+/–）	1∶1600（+/–）	1∶3200（+/–）	1∶6400（+/–）	1∶12 800（+/–）
4μg/mL	3.996 0.25	3.957 0.242	4.001 0.182	3.64 0.129	2.717 0.188	1.58 0.047
2μg/mL	3.971 0.231	3.879 0.153	**3.754** **0.102**	2.754 0.133	1.771 0.102	1.07 0.083
1μg/mL	3.955 0.265	3.842 0.147	3.193 0.096	2.101 0.093	1.334 0.092	0.741 0.061
0.5μg/mL	3.78 0.23	3.235 0.139	2.302 0.114	1.339 0.096	0.795 0.093	0.488 0.068
0.125μg/mL	3.239 0.185	2.321 0.185	1.56 0.083	0.872 0.078	0.515 0.095	0.295 0.07

2.2　杂交瘤细胞株的筛选和克隆

用纯化后的 pGEX-6p-1-PL2 蛋白免疫的小鼠，体外分离分泌 pGEX-6p-1-PL2 蛋白抗体的脾细胞及饲养层细胞，成功融合后的杂交瘤细胞，进行单克隆抗体第一次筛选、GST 标签蛋白反筛和 4 次亚克隆等，成功制备了 2 株分泌 pGEX-6p-1-PL2 蛋白抗体的杂交瘤细胞株，分别命名为 2D5 和 2E9。

2.3　单克隆抗体的效价测定

收集分泌 pGEX-6p-1-PL2 蛋白抗体的杂交瘤细胞培养上清液和腹水进行抗体效价的检测，将 2D5 和 2E9 细胞培养上清液和腹水倍比稀释，利用酶标仪测 OD_{450nm} 值，抗体效价判定标准为 *P*/*N*＞2.1，阳性杂交瘤细胞 2D5 和 2E9 上清液及腹水抗体效价如表 1-39 所示。

表 1-39　单克隆抗体的效价测定

单克隆抗体	上清液	腹水
2D5	1∶6400	1∶10^5
2E9	1∶3200	1∶10^5

2.4　单克隆抗体亚类的鉴定

通过抗体亚类鉴定试剂盒进行单克隆抗体亚类的鉴定，结果显示，单克隆抗体 2D5 和 2E9 的重链均为 IgG3，轻链均为 κ 链（图 1-47）。

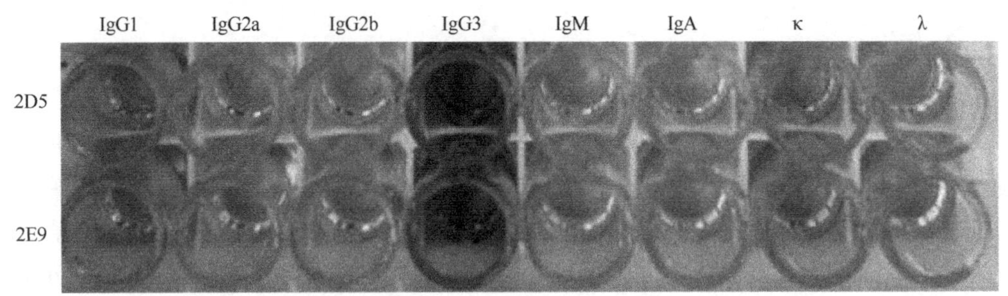

图 1-47　单克隆抗体亚类鉴定结果

2.5　单克隆抗体的鉴定

2.5.1　坏死梭杆菌天然白细胞毒素粗提取

将 BHI 中 9～11h 培养的坏死梭杆菌培养上清液超滤浓缩 50 倍后，处理蛋白质样品，进行 SDS-PAGE 分析，结果如图 1-48 所示。结果显示粗提取的天然白细胞毒素有多条带，其中包含大小为 330kDa、150kDa、110kDa 和 45kDa 等的条带。

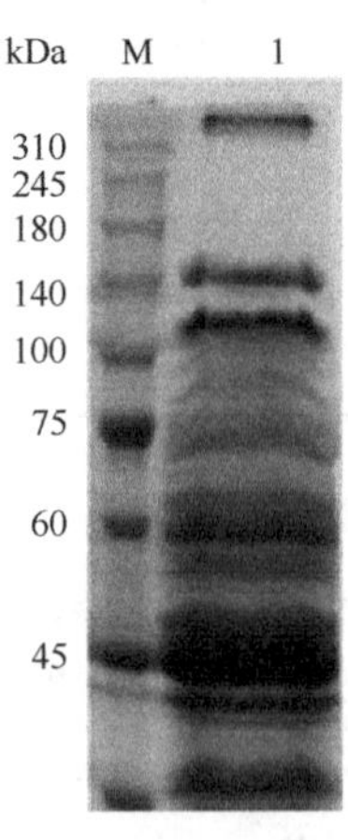

图 1-48　粗提取的坏死梭杆菌天然白细胞毒素 SDS-PAGE 分析

M. 预染彩虹蛋白 Marker；1. 粗提取的坏死梭杆菌天然白细胞毒素

2.5.2　单克隆抗体的 Western blot 鉴定

分别将粗提取的天然白细胞毒素和实验室纯化的坏死梭杆菌白细胞毒素截短蛋白 PL2、lktA3、PL4、PL5，以及 GST 标签蛋白进行 Western blot 鉴定，结果显示单克隆抗体 2D5 和 2E9 均能与坏死梭杆菌培养液浓缩上清液、重组蛋白 PL2 特异性结合，不与 GST 标签蛋白、坏死梭杆菌白细胞毒素截短蛋白 lktA3、PL4、PL5 特异性结合，重组蛋白 PL2 特异性结合条带大小约为 60kDa，坏死梭杆菌培养液浓缩上清液反应条带大小约为 110kDa 和 45kDa（图 1-49 和图 1-50），证明 2D5 和 2E9 具有良好的免疫活性及特异性。

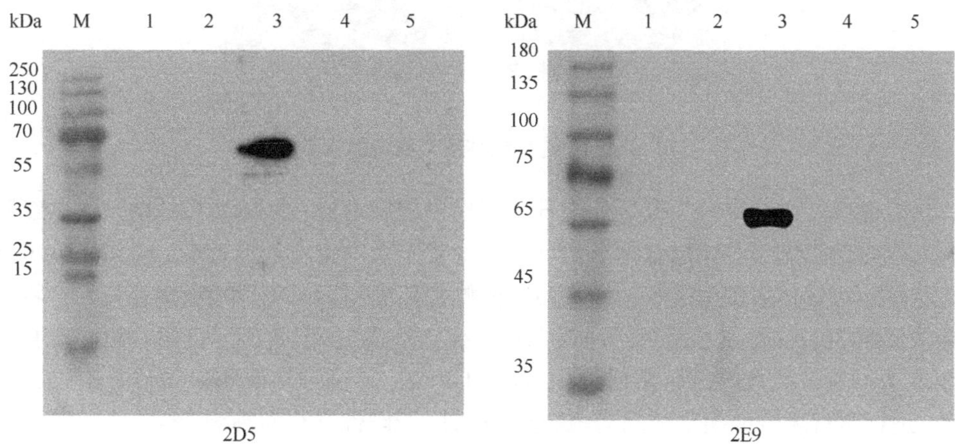

图 1-49　Western blot 鉴定单克隆抗体结合重组蛋白的特异性

M. 预染彩虹蛋白 Marker；1. 重组 lktA3 蛋白；2. 重组 PL4 蛋白；3. 重组 PL2 蛋白；4. 重组 PL5 蛋白；5. GST 标签蛋白

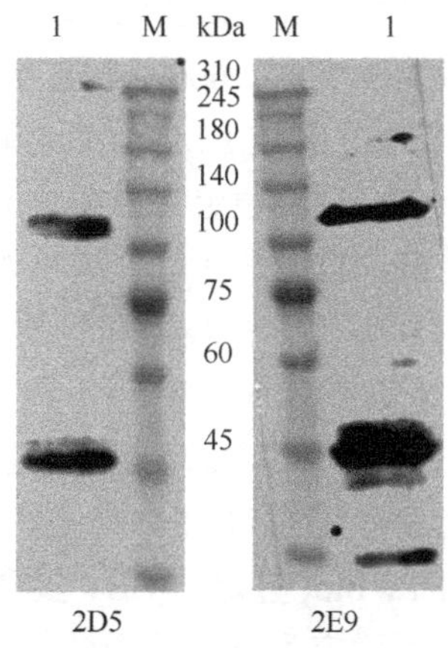

图 1-50　Western blot 鉴定单克隆抗体结合天然白细胞毒素的特异性

M. 预染彩虹蛋白 Marker；1. 粗提取的坏死梭杆菌天然白细胞毒素

2.6　杂交瘤染色体分析

经秋水仙素处理后的单克隆抗体杂交瘤细胞 2D5、2E9 的染色体条数分别为 102 条和 101 条，BALB/c 小鼠脾细胞染色体约为 60 条，SP2/0 骨髓瘤细胞染色体约为 40 条，杂交瘤细胞 2D5 和 2E9 的染色体条数均符合 BALA/c 小鼠脾细胞与 SP2/0 骨髓瘤细胞染色体亲本之和，结果如图 1-51 所示。

3. 讨论

坏死梭杆菌培养上清液中的主要成分为天然白细胞毒素，在单克隆抗体的制备过程

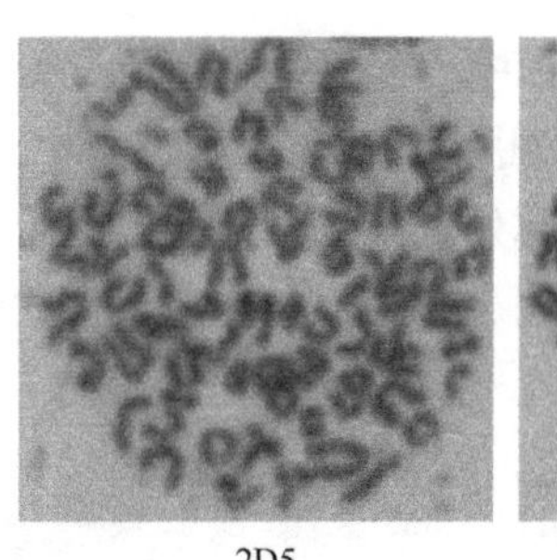
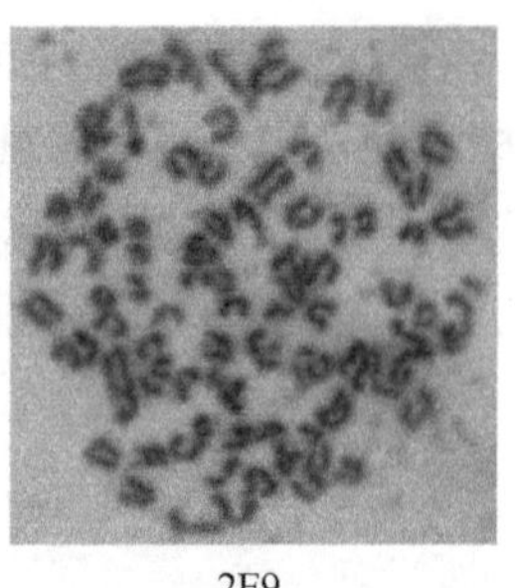

2D5 2E9

图 1-51 单克隆抗体杂交瘤染色体分析

中，我们也曾尝试给小鼠免疫坏死梭杆菌天然白细胞毒素，但坏死梭杆菌天然白细胞毒素具有很强的细胞毒性，微量即可致死。试验首先采用免疫剂量为 50μg，在一免后 5～7d，观察到小鼠体表被毛战栗，一周后，两侧腹部塌陷，二免后小鼠接连死亡；将免疫剂量降低至 30μg 后，虽然避免了小鼠二免后死亡的情况，但是应用已建立的间接 ELISA 检测方法，包被纯化的重组蛋白 pGEX-6p-1-PL2，检测三免后小鼠抗体效价仅为 1∶3200，进行常规融合并确定成功后，筛选单抗时，无阳性杂交瘤细胞。参考郭东华（2007）对天然白细胞毒素作为免疫原的评价可知，天然毒素蛋白分泌量低，因而浓缩的天然白细胞毒素蛋白含量相对较低，不能充分地激活机体的免疫系统。

本试验最终选择具有免疫活性好、抗原易获取、表位区域更精确的重组蛋白 pGEX-6p-1-PL2 免疫小鼠，血清抗体效价达 1∶25 600。未融合成功的脾细胞在 HAT 选择培养基的作用下，3～5d 死亡后释放抗体，导致 ELISA 筛选单抗时假阳性值偏高，真阳性细胞株在筛选时遗失，因此，在杂交瘤生长稳定的后期，全部换成新鲜的培养基，目的是将释放在培养基中的抗体充分洗涤，排除假阳性在单抗筛选时的干扰。

将重组蛋白 pGEX-6p-1-PL2 同时作为免疫原和包被原，在单克隆抗体筛选的过程中是有一定失败风险的。虽然原核表达载体 pGEX-6p-1 具有促进融合表达的功能，但其中包含了分子质量相对较高的 GST 蛋白（26kDa）。为了防止制备的单克隆抗体是针对 GST 蛋白的某一抗原表位，本试验用商品化 GST 蛋白包被，进行二次筛选，同时在 2D5 和 2E9 经 3 次亚克隆筛选后，Western blot 鉴定与 GST 蛋白无特异性结合，且能与坏死梭杆菌培养液浓缩上清液反应，方可确定为抗坏死梭杆菌白细胞毒素的单克隆抗体。2D5 和 2E9 与坏死梭杆菌培养液浓缩上清液反应的条带大小约为 110kDa 和 45kDa，该结果与 Tan 等（1994c）制备的白细胞毒素单克隆抗体和冯二凯等（2012）制备的抗白细胞毒素重组 BSBSE 蛋白的兔多克隆抗体识别天然白细胞毒素的条带均在 110kDa 处相符，45kDa 处产生条带可能是由于天然白细胞毒素分子质量过大，发生蛋白质降解。

本试验筛选出 2 株能够稳定分泌坏死梭杆菌白细胞毒素 pGEX-6p-1-PL2 单克隆抗体的杂交瘤细胞株，分别命名为 2D5 和 2E9，单抗腹水的效价均为 1∶10^5。亚类鉴定、Western blot 鉴定和杂交瘤染色体分析结果显示，单克隆抗体 2D5 和 2E9 的重链均为 IgG3，轻链均为 κ 链，且具有良好的反应原性和特异性。由于制备的单克隆抗体具有良好的特异性，且能与坏死梭杆菌天然白细胞毒素反应，可将制备的单抗用于亲和层析提纯坏死梭杆菌天然白细胞毒素，以进一步应用于其致病机制的研究；也可将单抗用于

ELISA 检测方法的建立以便在临床检测坏死梭杆菌的早期感染中应用。因此本试验将制备及鉴定的单克隆抗体 2D5 应用于后续的坏死梭杆菌 *lktA* 竞争 ELISA 检测方法的建立，为坏死梭杆菌临床检测提供高效的试验材料。

四、坏死梭杆菌溶血素和白细胞毒素 PL2 蛋白抗原表位的预测

（一）坏死梭杆菌溶血素蛋白抗原表位的预测

1. 材料与方法

1.1　材料

牛坏死梭杆菌溶血素的基因及蛋白质的 GenBank 登录号分别为 Accession EF153172.2 和 Accession ABL98207.2。

1.2　方法

1.2.1　溶血素理化性质分析

用在线预测程序 ProtParam（https://www.expasy.org/resources/protparam）分析溶血素氨基酸序列的理化性质（分子量、等电点、脂溶性指数、半衰期等）。用 ExPASy 服务器中的 ProtScale 工具（http://www.expasy.ch/tools/protscale.html）对溶血素进行 Hopp & Woods 亲水性预测、Janin 表面可及性预测及 Karplus 柔韧性预测，预测时分别选择参数为“Hopp & Woods”、“% accessible residues”和“Average flexibility”。

1.2.2　溶血素磷酸化位点、跨膜区及信号肽预测

用 NetPhos 3.1（https://services.healthtech.dtu.dk/service.php?NetPhos-3.1）预测溶血素的磷酸化位点；用 TMHMM 程序（https://services.healthtech.dtu.dk/service.php?TMHMM-2.0）预测蛋白质的跨膜结构域；用 SignalP 5.0 Server 程序（https://services.healthtech.dtu.dk/service.php?SignalP-5.0）分析蛋白质的信号肽。

1.2.3　溶血素二级结构、三级结构的预测

用 SOPMA（https://npsa-prabi.ibcp.fr/cgi-bin/npsa_automat.pl?page=npsa_sopma. html）在线预测溶血素的二级结构；用 I-TASSER（https://zhanglab.ccmb.med.umich.edu/I-TASSER/）在线软件预测溶血素的三级结构。

1.2.4　溶血素抗原表位预测

用 BepiPred-2.0（https://services.healthtech.dtu.dk/service.php?BepiPred-2.0）、ABC Pred（https://webs.iiitd.edu.in/raghava/abcpred/）、Ellipro（http://tools.immuneepitope.org/main/bcell/）、IEDB（http://tools.iedb.org/main/bcell/）预测溶血素的 B 细胞表位。

2. 结果

2.1 溶血素的理化性质分析结果

根据软件预测结果显示，溶血素的基因共编码 1368 个氨基酸（表 1-40），相对分子质量 1.4×10^5；理论等电点是 9.21，为碱性蛋白；带负电荷的残基（天冬氨酸和谷氨酸）总数为 154，带正电荷的残基（精氨酸和赖氨酸）总数为 179；脂溶性指数为 91.27；溶

血素的半衰期为 30h，不稳定系数为 17.07，表明该蛋白质比较稳定（不稳定系数小于 40，说明是稳定蛋白质，反之则是不稳定蛋白质）。

表 1-40 牛坏死梭杆菌溶血素的氨基酸组成

氨基酸	数目（个）	百分比（%）	氨基酸	数目（个）	百分比（%）
Ala （A）	83	6.1	Leu （L）	94	6.9
Arg （R）	29	2.1	Lys （K）	150	11.0
Asn （N）	161	11.8	Met （M）	16	1.2
Asp （D）	73	5.3	Phe （F）	22	1.6
Gln （Q）	30	2.2	Pro （P）	9	0.7
Glu （E）	81	5.9	Ser （S）	102	7.5
Gly （G）	115	8.4	Thr （T）	127	9.3
His （H）	22	1.6	Tyr （Y）	21	1.5
Ile （I）	132	9.6	Val （V）	98	7.2
Trp（W）	3	0.2			

2.2 溶血素的亲水性、表面可及性及柔韧性预测结果

通过 ProtScale 工具对溶血素的氨基酸序列做 Hopp & Woods 亲水性预测，得到各氨基酸位点的预测得分（图 1-52A）。图中直线代表阈值，其数值为 0.2445，阈值以上为亲水区域。亲水区域包括 5～6aa、34aa、36～44aa、59aa、69～70aa、74～76aa、80～82aa、113aa、115～117aa、119aa、123～133aa、160～166aa、167～178aa、184～186aa、218～232aa、255～257aa、260～263aa、270～271aa、273～289aa、291～292aa、294～303aa、306aa、312～322aa、325～337aa、338～340aa、351～359aa、361～371aa、375aa、381～383aa、385～389aa、398aa、402～411aa、413aa、417aa、419～421aa、424～425aa、432aa、434～448aa、462～463aa、466aa、472～493aa、495～497aa、500～514aa、518aa、520～522aa、526aa、532～533aa、536aa、548～550aa、551aa、553～557aa、559～562aa、565aa、574～580aa、594～608aa、613aa、615～627aa、629～633aa、637aa、642aa、646～649aa、654aa、659～660aa、666～667aa、672aa、683～696aa、700～702aa、718aa、753aa、755～767aa、769～773aa、775～777aa、795～796aa、798～801aa、822aa、828aa、833～844aa、862～867aa、869～870aa、874～882aa、884～890aa、892aa、896～900aa、924～925aa、956～957aa、960aa、963aa、967～976aa、978～979aa、986～987aa、989aa、993～994aa、999aa、1006aa、1010～1018aa、1048aa、1065～1069aa、1081aa、1083～1093aa、1102～1103aa、1105～1110aa、1115aa、1134aa、1139～1142aa、1144～1161aa、1168～1178aa、1181aa、1184～1193aa、1197～1219aa、1229aa、1236aa、1239～1247aa、1256～1261aa、1279～1292aa、1295～1296aa、1304～1324aa、1330～1344aa、1347～1357aa。其中，1337aa 区域亲水性显著高于其他区域。根据氨基酸分值越高疏水性越强或氨基酸分值越低亲水性越强的规律分析得出，溶血素多肽链大部分区域分值为负值，说明该蛋白质是亲水性蛋白质。

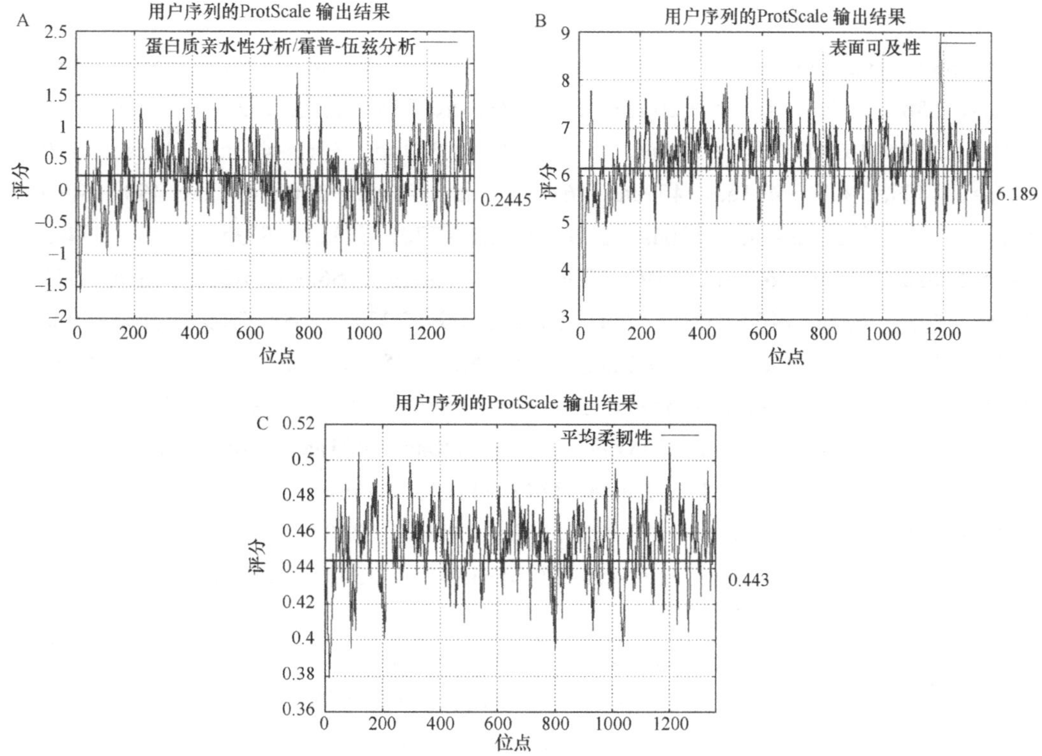

图 1-52　溶血素的亲水性（A）、表面可及性（B）及柔韧性（C）预测结果

图 1-52B 所示为表面可及性预测结果，其阈值为 6.189，大于阈值的可及性区域为 34～45aa、74～75aa、81aa、112～116aa、125～128aa、132～133aa、147～148aa、153～165aa、167aa、183～189aa、193～201aa、213～232aa、234～235aa、242aa、255～264aa、268～279aa、281～291aa、295～296aa、300～303aa、305～310aa、312～323aa、325aa、327～336aa、338～341aa、344～347aa、350～364aa、368～370aa、373～381aa、383aa、385～417aa、419～427aa、430～449aa、460～463aa、466～491aa、495～497aa、500～510aa、518aa、520～536aa、542～557aa、559～561aa、563～565aa、570～580aa、595～602aa、612～627aa、630～631aa、634～656aa、670～672aa、677～678aa、681～697aa、699～701aa、706～727aa、740aa、742～743aa、746～748aa、751～777aa、781～784aa、786～789aa、809～819aa、821～825aa、827～829aa、838～846aa、848～850aa、872～904aa、909aa、916aa、923～924aa、928aa、940～950aa、954～963aa、973～975aa、984～994aa、997aa、999aa、1000～1001aa、1004～1021aa、1023～1025aa、1030～1031aa、1033～1038aa、1049aa、1054～1057aa、1059～1065aa、1067aa、1075aa、1078aa、1080～1094aa、1107～1109aa、1112～1115aa、1119～1122aa、1124～1126aa、1141～1142aa、1145～1148aa、1153～1161aa、1165～1166aa、1170～1173aa、1182～1187aa、1189～1197aa、1214～1226aa、1229aa、1236～1247aa、1257～1262aa、1265aa、1281～1285aa、1288～1290aa、1294～1312aa、1314aa、1316～1324aa、1341～1342aa、1345～1347aa、1352～1354aa、1357aa。其中，1188aa 显著高于其他区域。

图1-52C所示为柔韧性预测结果，其阈值为0.443，大于阈值的柔韧性区域为28～29aa、38～51aa、53～62aa、66～77aa、80～82aa、85aa、87aa、110～150aa、154～155aa、158～187aa、189aa、200aa、213～236aa、238～239aa、242～244aa、246～250aa、252～263aa、273～318aa、320～346aa、351aa、356～411aa、413aa、420～427aa、430aa、437～451aa、459aa、461～475aa、487aa、490～492aa、494～504aa、506～510aa、512～539aa、550aa、555～567aa、570～571aa、573aa、576～594aa、596～610aa、613aa、615aa、619～620aa、623～662aa、666aa、672～673aa、675～709aa、722～743aa、746～749aa、751～767aa、769～777aa、781～782aa、787～788aa、810～818aa、833～840aa、844～846aa、848～852aa、856aa、860～906aa、916～921aa、924～925aa、938～945aa、955～963aa、967～987aa、989aa、992～994aa、999aa、1004～1025aa、1048aa、1054～1057aa、1059～1070aa、1081aa、1084～1095aa、1099～1110aa、1113～1128aa、1131～1136aa、1147～1161aa、1163～1176aa、1184～1185aa、1187～1199aa、1201～1219aa、1229aa、1232～1258aa、1260～1261aa、1273～1301aa、1303～1304aa、1307aa、1311～1324aa、1326～1341aa、1348～1349aa、1351～1357aa。其中，1200aa显著高于其他区域。

2.3 溶血素磷酸化位点、跨膜区及信号肽预测结果

通过在线网站预测溶血素的磷酸化位点、跨膜区和信号肽，结果表明溶血素氨基酸序列上有72个丝氨酸磷酸化位点、66个苏氨酸磷酸化位点、12个酪氨酸磷酸化位点，共预测出150个磷酸化位点（图1-53A）；溶血素不存在跨膜区域，为非跨膜蛋白质，且整个蛋白质全部位于膜外（图1-53B）；对溶血素的信号肽预测发现溶血素上存在一个信号肽区域，位置为24～25aa（图1-53C）。

2.4 溶血素二级结构及三级结构预测结果

溶血素的二级结构（图1-54A）中有634个氨基酸为无规则卷曲，占二级结构总数的46.58%（黄色部分）；延伸链结构有363个氨基酸残基，占26.67%（红色部分）；228个氨基酸为α螺旋（蓝色部分），占二级结构总数的16.75%；有136处氨基酸为β转角（绿色部分），占二级结构总数的9.99%。

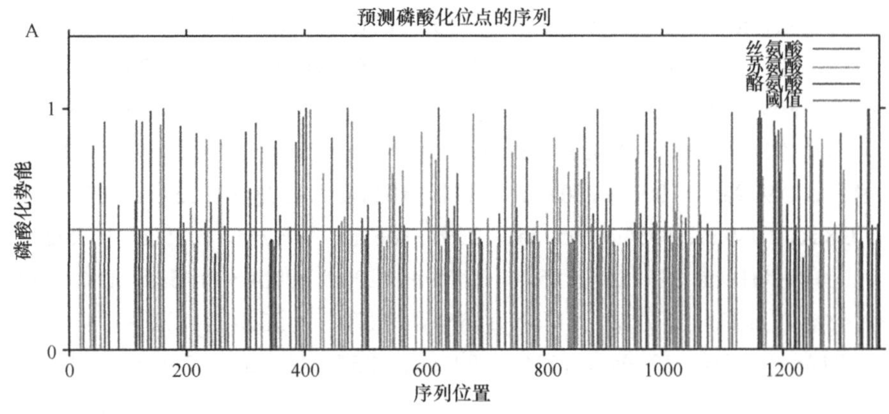

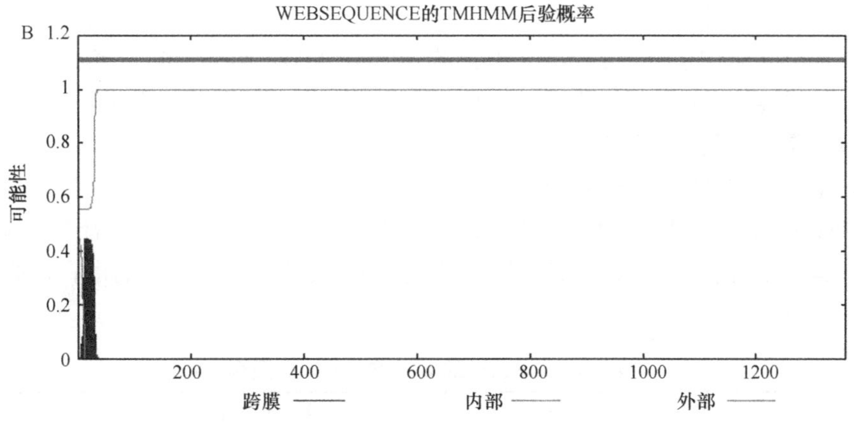

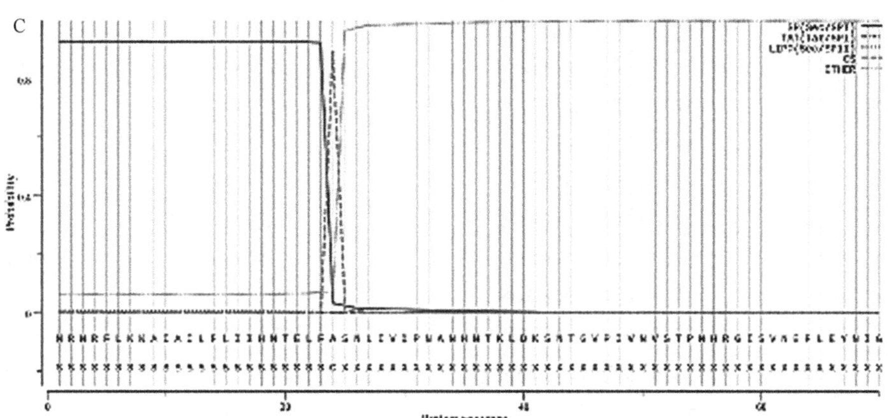

图 1-53　溶血素磷酸化位点（A）、跨膜区（B）及信号肽（C）预测结果

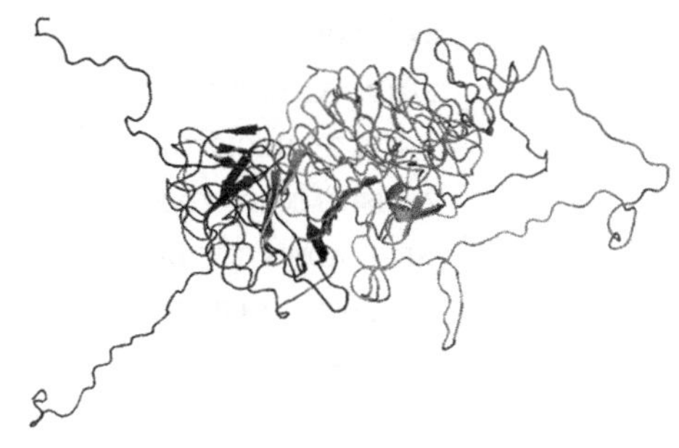

A　　B

图 1-54　溶血素的二级结构（A）和三级结构（B）预测结果

用 I-TASSER 服务器预测溶血素的三级结构，综合评估模型的 GMQE 评分、全局质量评分、局部质量评估得分后确定最终结构（图 1-54B）。结果表明，溶血素由 α 螺旋、β 转角、延伸链结构和无规则卷曲组合形成超二级结构，经折叠、弯曲等一系列复杂的过程形成了溶血素的三级结构。

2.5　溶血素抗原表位预测结果

用 BepiPred-2.0、ABC Pred、IEDB 预测溶血素的 B 细胞表位，综合 3 个预测网站结果，该蛋白质含有 60 个 B 细胞表位，其主要位置见表 1-41，表明有潜在优势 B 细胞抗原表位存在。

表 1-41　溶血素的 B 细胞抗原表位预测

序号	抗原表位序列	氨基酸位置（aa）	分值
1	TGEIVTNNTFTAKDTV	534～549	0.98
2	TGNISTGDKFSAKDTR	394～409	0.95
3	RGEIVTNGSFTAKDVK	604～619	0.94
4	SGEIQATNHIKVLSNV	446～461	0.93
5	GQIKIISTEKGAGVNS	250～265	0.93
6	TMYIKYDRRRRKHRLS	1327～1342	0.93
7	VKVITGSNKIDKDGNI	211～226	0.92
8	HGAQKLTISGKNISND	999～1014	0.91
9	TGLAQSDLDINIKADS	304～319	0.91
10	TGEIIGNEVSLASTKD	976～991	0.90
11	TGIIQAADRITVKKNV	586～601	0.90
12	SMEVSYDRDFTKDYIT	1345～1360	0.90
13	DQLEDWKIHFSKSSSK	1174～1189	0.90
14	GETTGTGLTTIASNNF	1015～1030	0.90
15	TNEITALKDIVANHTN	920～935	0.89
16	GIEIQGKDYEQTGLAQ	293～308	0.89
17	GKTIEADQLEDWKIHF	1168～1183	0.89
18	KKIASNIVEMENRKYD	959～974	0.88
19	SITQNAKNTGEIVTNN	526～540	0.88
20	IVNVSTPNHRGISVNE	48～63	0.88
21	YNEISERMKNDKYDSL	1207～1222	0.88
22	SGSIKADNISTKVTDI	882～897	0.87
23	DNVGRSHLAGLIHANP	80～95	0.87
24	HQKIIVKEKMDTKNVT	830～845	0.86
25	AVTGNTTNNGSIVTNK	805～820	0.86
26	KLNIDGSLTNSGEIQT	646～661	0.86
27	GKTIYAGNHLGIRGKE	1091～1106	0.86
28	NSMLSGGTVSVNGKNI	1052～1067	0.86
29	TFMNDEVKAMDHIAVT	792～807	0.85
30	TGEILSNGSFTSKEVK	674～689	0.85
31	KKEIQIDGKLVSSGNI	365～380	0.85

续表

序号	抗原表位序列	氨基酸位置（aa）	分值
32	LFASNLIVDPNANHNT	22～37	0.85
33	TVKINAEKVKNVVVGD	1301～1316	0.85
34	EAENDGKTEEVMNKDS	1279～1294	0.85
35	KGTILTNGSFTSKDIK	744～759	0.84
36	KIMSKDDITIAKLENS	623～638	0.84
37	AKDVKTTNKIMSKDDI	615～630	0.84
38	FSAKDTRTTGKLVAKN	403～418	0.84
39	EITADGKIKVNKVQGK	277～292	0.84
40	KGAGVNSDAFIVSKNK	259～274	0.84
41	GVAIDASQLGGMYAGQ	236～241	0.84
42	KKIESSTPVGVAIDAS	227～242	0.84
43	AQNITNTNEITALKDI	914～929	0.83
44	TIASGTFTVIGNLENT	849～864	0.83
45	AGIVATDNKVDIKGNV	568～583	0.83
46	QAEKKINLDGNVENNS	328～343	0.83
47	FSGGDISLTGNLVKNE	1115～1130	0.83
48	SAAGNVTLTENKVENK	1074～1089	0.83
49	VTDITNDGKIVSLNNI	894～909	0.82
50	KLENSGTVISNKKLNI	634～649	0.82
51	IYTKETLYTKDLKNTS	345～360	0.82
52	RRQREAYNEISERMKN	1201～1216	0.81
53	NGSAGSTIRRRQREAY	1192～1207	0.81
54	GKLGNTGNVATAKNLN	703～718	0.80
55	SGEIQTLENIVVKENA	656～671	0.80
56	EGISVDTLESAGIVAT	558～573	0.80
57	TFTAKDTVTTKKLIAK	542～557	0.80
58	DSIISAGNTVKINAEK	1293～1308	0.80
59	TGSVKIPIIPLKEKLR	1245～1260	0.80
60	YESYYETWDGKTIEAD	1159～1174	0.80

3. 讨论

坏死梭杆菌是一种人畜共患病病原，主要可以引起人和牛、羊、猪等多种动物的化脓、坏死性疾病（Langworth，1977；Tan et al.，1996;），具有发病率高、死亡率低的特点。在牛羊坏死梭杆菌病中，最常见的是奶牛腐蹄病和牛肝脓肿，其造成的经济损失非常严重。随着耐药菌株、抗生素残留、病原培养困难和灭活疫苗副作用等问题的出现，坏死梭杆菌基因工程亚单位疫苗的研究成为牛羊坏死梭杆菌病防治的有效措施。坏死梭杆菌属于梭杆菌属，是一种严格厌氧的革兰氏阴性菌，杆状、无鞭毛、不能运动、不形成芽孢和荚膜。坏死梭杆菌的主要致病因子包括溶血素蛋白、白细胞毒素蛋白、内毒素脂多糖、血凝素、黏附素、血小板凝集因子、皮肤坏死毒素和一些胞外酶（Narayanan et al.，2002a）。在这些致病因子中，溶血素（Hly）是牛坏死梭杆菌引起奶牛腐蹄病和牛肝脓肿的主要毒力因子之一，是牛坏死梭杆菌疫苗研究的重要靶蛋白（Narayanan et al.，2002a；Sun et al.，2009；Guo et al.，2010）。Hly 是一种由 1368 个氨基酸组成，分子质量为 150kDa 的分泌型蛋白质，主要溶解哺乳动物红细胞。本研究通过分析 Hly 蛋白的理化性质，发现 Hly 蛋白为碱性蛋白质，不稳定系数为 17.07，表明该蛋白质很稳定。此外测出该蛋白质亲水指数的阈值为 0.2445，说明该蛋白质是亲水性蛋白质，亲水区的存在有利于蛋白质的高效表达；溶血素不存在跨膜区域，为非跨膜蛋白质，且整个蛋白质全部位于膜外。预测 Hly 蛋白的基本信息可为以后该蛋白质功能的研究提供依据。同时，对溶血素的抗原表位进行了预测，发现其在抗原表位的分布与蛋白质的二级结构密切相关（Kanduc，2009）。溶血素的二级结构中有 634 个氨基酸为无规则卷曲，占二级结构总数的 46.58%；延伸链结构有 363 个氨基酸残基，占 26.67%；228 处氨基酸为 α 螺旋，占二级结构总数的 16.75%；有 136 处氨基酸为 β 转角，占二级结构总数的 9.99%，显示溶血素蛋白具有多个抗原表位的优势，表明溶血素由 α 螺旋、β 转角、延伸链结构和无规则卷曲组合形成超二级结构，经折叠、弯曲等一系列复杂的过程形成了溶血素的三级结构。同时，溶血素的抗原表位预测结果显示其在 534～549aa、394～409aa、604～619aa 等氨基酸残基共存在 60 个 B 细胞表位，显示溶血素属于免疫优势抗原，可以激活动物机体免疫反应，激发动物机体产生免疫反应。因此，溶血素可以作为动物坏死梭杆菌病的靶标蛋白分子，为进一步制备动物坏死梭杆菌保护性抗原提供前期基础，为动物坏死梭杆菌病的疫苗研发和综合防治提供理论依据。

（二）坏死梭杆菌白细胞毒素 PL2 蛋白抗原表位的预测

1. 材料与方法

1.1 材料

牛坏死梭杆菌白细胞毒素 PL2 的基因及蛋白的 GenBank 登录号分别是 Accession AF312861 和 Accession AAK27341。

1.2 方法

1.2.1 PL2 蛋白的理化性质分析

用在线预测程序 ProtParam（https://www.expasy.org/resources/protparam）分析白细胞毒素 PL2 氨基酸序列的理化性质（分子量、等电点、脂溶性指数、半衰期等）。用 ExPASy 服务器中的 ProtScale 工具（http://www.expasy.ch/tools/protscale.html）对 PL2 蛋白进行 Hopp & Woods 亲水性预测，预测时选择参数为“Hopp & Woods”。

1.2.2 PL2 蛋白的磷酸化位点、跨膜区及信号肽预测

用 NetPhos 3.1（https://services.healthtech.dtu.dk/service.php?NetPhos-3.1）预测 PL2 蛋白的磷酸化位点；用 TMHMM 程序（https://services.healthtech.dtu.dk/service.php?TMHMM-2.0）预测蛋白的跨膜结构域；用 SignalP 5.0 Server 程序（https://services.

healthtech.dtu.dk/service.php?SignalP-5.0）分析蛋白质的信号肽。

1.2.3　PL2 蛋白的二级结构和亚细胞定位预测

用 SOPMA（https://npsa-prabi.ibcp.fr/cgi-bin/npsa_automat.pl?page=npsa_sopma.html）在线预测 PL2 蛋白的二级结构；用 GenScript 中 PSORT 程序（https://www.genscript.com/psort.html）预测蛋白亚细胞定位。

1.2.4　PL2 蛋白的三级结构预测

用 I-TASSER（https://zhanglab.ccmb.med.umich.edu/I-TASSER/）在线软件预测 PL2 蛋白的三级结构。

1.2.5　PL2 蛋白抗原表位预测

用 BepiPred-2.0（https://services.healthtech.dtu.dk/service.php?BepiPred-2.0）、ABC Pred（https://webs.iiitd.edu.in/raghava/abcpred/）、Ellipro（http://tools.immuneepitope.org/main/bcell/）、IEDB（http://tools.iedb.org/main/bcell/）预测 PL2 蛋白的 B 细胞表位、SYFPEITHI（http://www.syfpeithi.de/0-Home.htm）预测 PL2 蛋白 T 细胞表位。

2. 结果

2.1　PL2 蛋白的理化性质分析结果

根据软件预测结果显示，PL2 的基因共编码 334 个氨基酸（表 1-42），相对分子质量为 3.520×10^4；理论等电点是 9.13，为碱性蛋白，带负电荷的残基（天冬氨酸和谷氨酸）总数为 37，带正电荷的残基（精氨酸和赖氨酸）总数为 43；脂溶性指数为 87.84；PL2 蛋白的半衰期为 1.3h，不稳定系数为 24.09，表明该蛋白质比较稳定（不稳定系数小于 40，说明是稳定蛋白质，反之则是不稳定蛋白质）。

表 1-42　牛坏死梭杆菌白细胞毒素 PL2 的氨基酸组成

氨基酸	数目（个）	百分比（%）	氨基酸	数目（个）	百分比（%）
Ala（A）	29	8.7	Leu（L）	23	6.9
Arg（R）	9	2.7	Lys（K）	34	10.2
Asn（N）	26	7.8	Met（M）	3	0.9
Asp（D）	17	5.1	Phe（F）	7	2.1
Gln（Q）	2	0.6	Pro（P）	4	1.2
Glu（E）	20	6.0	Ser（S）	41	12.3
Gly（G）	30	9.0	Thr（T）	22	6.6
His（H）	6	1.8	Tyr（Y）	8	2.4
Ile（I）	21	6.3	Val（V）	32	9.6

通过 ProtScale 工具对 PL2 蛋白的氨基酸序列做 Hopp & Woods 亲水性预测，得到各氨基酸位点的预测得分（图 1-55），图中红线代表阈值，其数值为 0.173 265，阈值以上为亲水区域，亲水区域包括：5～10aa、18～39aa、41～43aa、82～83aa、85～97aa、125～129aa、143aa、145aa、147aa、149～169aa、175～182aa、191～216aa、218aa、220～221aa、225～226aa、228～233aa、249aa、251～254aa、257～266aa、269～271aa、283～284aa、288aa、294aa、303～305aa、307～322aa、324aa。其中，

5aa 区域亲水性显著高于其他区域。根据氨基酸分值越高疏水性越强或氨基酸分值越低亲水性越强的规律分析得出，PL2 蛋白多肽链大部分区域分值为负值，说明该蛋白质是亲水性蛋白质。

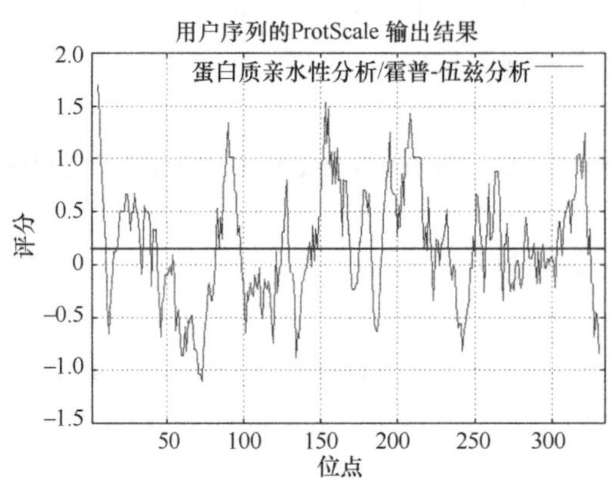

图 1-55 PL2 蛋白亲水性的预测

2.2 PL2 蛋白的磷酸化位点、跨膜区及信号肽预测结果

通过在线网站预测 PL2 蛋白的磷酸化位点、跨膜区和信号肽，结果表明 PL2 蛋白的氨基酸序列上有 25 个丝氨酸磷酸化位点、11 个苏氨酸磷酸化位点、4 个酪氨酸磷酸化位点，共预测出 40 个磷酸化位点（图 1-56）；PL2 蛋白不存在跨膜区域，为非跨膜蛋白质，且整个蛋白质全部位于膜外（图 1-57）；对 PL2 蛋白的信号肽预测发现 PL2 蛋白上不存在信号肽区域（图 1-58）。

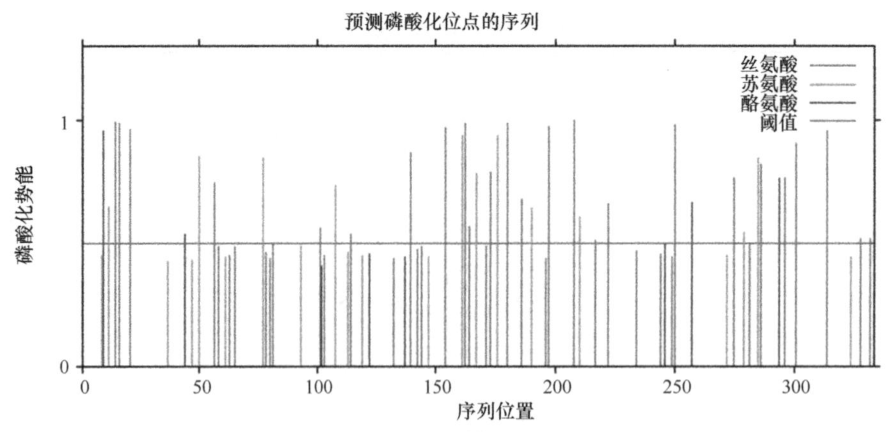

图 1-56 PL2 蛋白的磷酸化位点预测结果

2.3 PL2 蛋白二级结构的预测及亚细胞定位分析

PL2 蛋白的二级结构（图 1-59）中有 132 处氨基酸为 α 螺旋（蓝色部分），占二级结构总数的 39.40%；有 14 处氨基酸为 β 转角（绿色部分），占二级结构总数的 4.18%；β 折叠结构有 75 个氨基酸残基，占二级结构总数的 22.39%（红色部分）；114 个氨基酸为无规则卷曲，占二级结构总数的 34.03%（黄色部分）。用 PSORT 网站在线 Prediction

工具对 PL2 蛋白进行亚细胞定位预测，结果显示该蛋白质定位于细胞核上的概率为 73.90%，定位于细胞质的概率为 17.40%，定位于线粒体的概率为 4.30%。

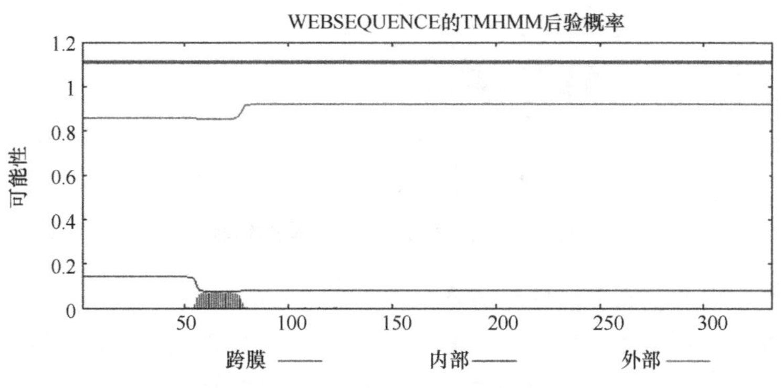

图 1-57　PL2 蛋白的跨膜区预测结果

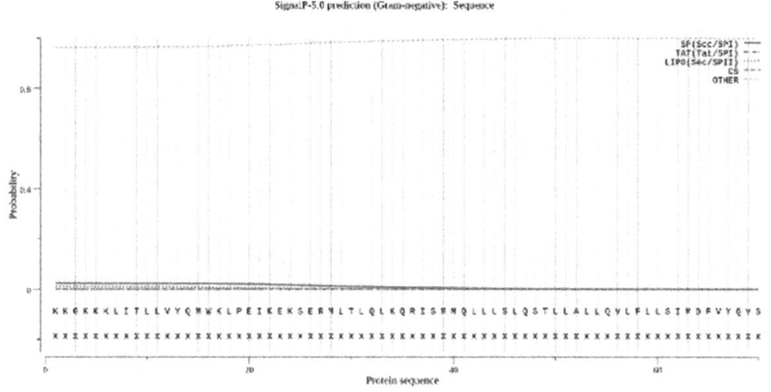

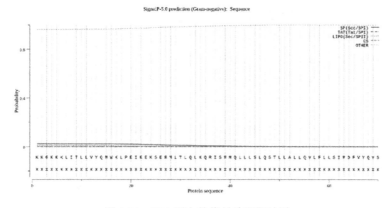

图 1-58　PL2 蛋白的信号肽预测结果

```
        10        20        30        40        50        60        70
         |         |         |         |         |         |         |
KKEGEKETYNTPLSLSDVEASVRVNKGKVIGKNVDITAEAKNFYDATLVTKLAKHSFSFVTGSISPINLN
ccttcccccccccchhhhhheeeettceeetcceeeehcccchhheehhhhhhhhhhhhhhhechheecccchh
GFLGLLTSKSSVVIGKDAKVEATEGKANIHSYSGVRATMGAATSPLKITNLYLEKANGKLPSIGAGYISA
hheeeecttceeeecccceeehhccceeehhhhhhhhhhhhhhhccehhhhhhhccccccccheeeeehc
KSNSNVTIEGEVKSKGRADITSKSENTIDASVSVGTMRDSNKVALSVLVTEGENKSSVKIAKGAKVESET
cccceeeeetcccctttcceeecccccchhhhhhhhhhhhhhhhhhhheeehtcccccccceeeeeeeecc
DDVNVRSEAINSIRAAVKGGLGDSGNGVVAANISNYNASSRIDVDGYLHAKKRLNVEAHNITKNSVLQTG
ccccceeeecchhhhhhhttcccccceeehccchhhhhhhhccccchhhhhheeeeeecccccceeeecc
SDLGTSKFMNDHVYESGHLKSILDAIKQRFGGDSVNEEIKNKLTDLFSVGVSATI
cccccccccceeeehtchhhhhhhhhhhhccchhhhhhhhhhhhhhhhhhhhhhhc
```

图 1-59　PL2 蛋白二级结构的预测结果

2.4　PL2 蛋白三级结构的预测结果

用 I-TASSER 服务器预测 PL2 蛋白的三级结构，综合评估模型的 GMQE 评分、全局质量评分、局部质量评估得分后确定最终结构（图 1-60）。结果表明，PL2 蛋白由 α 螺旋、β 转角、β 折叠和无规则卷曲组合形成超二级结构，经折叠、弯曲等一系列复杂的过程形成了 PL2 蛋白的三级结构。

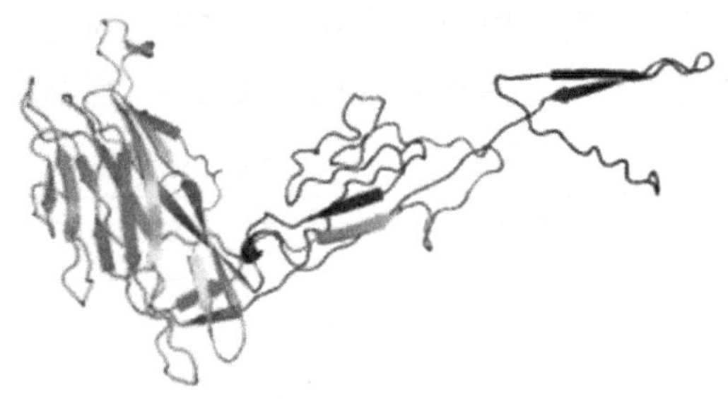

图 1-60　PL2 蛋白三级结构的预测

2.5　PL2 蛋白的抗原表位预测结果

用 BepiPred-2.0、ABC Pred、IEDB 预测 PL2 蛋白的 B 细胞表位，综合 3 个预测网站结果，该蛋白质含有 10 个 B 细胞表位（表 1-43），主要位于 4～17aa、24～45aa、57～71aa、89～131aa、133～142aa、151～160aa、207～221aa、251～266aa、280～295aa、317～331aa 位氨基酸残基或附近，表明有潜在优势 B 细胞抗原表位存在。用 SYFPEITHI 预测 PL2 蛋白的 T 细胞表位（表 1-44），结果显示其主要位于 14～22aa、28～36aa、44～52aa、68～76aa、74～82aa、75～83aa、82～90aa、108～117aa、122～130aa、125～133aa、166～174aa、219～227aa、230～238aa、263～271aa、298～306aa、323～331aa 位氨基酸残基或其附近，有 16 个潜在优势 T 细胞抗原表位存在。

表 1-43　PL2 蛋白的 B 细胞抗原表位预测

序号	抗原表位序列	氨基酸位置（aa）	分值
1	GEKETYNTPLSLSD	4～17	0.91
2	EVKSKGRADI	151～160	0.91
3	IGAGYISAKS	133～142	0.86
4	VNKGKVIGKNVDITAEAKNFYD	24～45	0.84
5	RIDVDGYLHAKKRLNV	251～266	0.84
6	GSDLGTSKFMNDHVYE	280～295	0.78
7	FSFVTGSISPINLNG	57～71	0.77
8	ESETDDVNVRSEAIN	207～221	0.77
9	NEEIKNKLTDLFSVGV	317～331	0.71
10	KVEATEGKANIHSYSGVRATMG AATSPLKITNLYLEKANGKLP	89～131	0.62

表 1-44　PL2 蛋白的 T 细胞抗原表位预测

序号	抗原表位序列	氨基酸位置（aa）	分值
1	NLNGFLGLL	68～76	28
2	SLSDVEASV	14～22	27
3	GLLTSKSSV	74～82	25
4	VVIGKDAKV	82～90	24
5	KANGKLPSI	125～133	24
6	AINSIRAAV	219～227	24
7	GLGDSGNGV	230～238	24

续表

序号	抗原表位序列	氨基酸位置（aa）	分值
8	YLEKANGKL	122～130	23
9	LLTSKSSVV	75～83	22
10	HLKSILDAI	298～306	22
11	YDATLVTKL	44～52	21
12	NTIDASVSV	166～174	21
13	KVIGKNVDI	28～36	20
14	TMGAATSPL	108～117	20
15	RLNVEAHNI	263～271	20
16	LTDLFSVGV	323～331	20

3. 讨论

近年来，牛坏死梭杆菌病在养殖场中发病率仍处于较高水平，尚缺乏有效的诊断方法和防治新措施，而传统的预防和治疗方法并不能达到令人满意的效果，因此，适合我国坏死梭杆菌病防治的疫苗研究已经迫在眉睫。利用坏死梭杆菌白细胞毒素这一关键的毒力因子制备的亚单位疫苗应有很好的发展前景，它能克服全菌灭活疫苗的外源物质，大大提高了疫苗的安全性。本试验以牛坏死梭杆菌白细胞毒素 PL2 蛋白为靶蛋白，预测分析其生物学特性及抗原表位区，以此作为研制针对坏死梭杆菌疫苗的基础。

生物信息学作为一种新兴学科被应用到各个领域（李海侠和毛旭虎，2007）。国内外对生物信息学的研究方向涉及基因组、转录组、蛋白组、疾病表型组、表观遗传组及进化组等（赵屹等，2012）。生物信息学在分析蛋白质理化性质、预测蛋白质结构、推测蛋白质功能等方面有着不可取代的地位，推动了生物学研究领域的快速发展，在微生物领域的研究上，得到了广泛应用（Bappy et al.，2021）。目前，生物信息学技术已被广泛应用于预测和筛选有效的疫苗候选基因。例如，Malik 等预测了淋病奈瑟氏球菌人类白细胞抗原（human leucocyte antigen，HLA）的等位基因，通过研究淋病奈瑟氏球菌表面蛋白的表位候选基因，进而考虑其过敏性，确定能够引发复杂免疫反应的表位，将成功预测的表位用于未来的淋病疫苗设计（Saravanan and Gautham，2015）。Vedamurthy 等（2019）预测了捻转血矛线虫 P24 蛋白的两个潜在抗原肽（PEP-1 和 PEP-2），因为 PEP-1 具有更好的结合亲和力、亲水性和灵活性，所以被认为是一种良好的亚单位疫苗的抗原肽候选，同时有助于螺旋体感染的免疫诊断。本研究通过分析 PL2 蛋白的理化性质，发现 PL2 蛋白为碱性蛋白质，不稳定系数为 24.09，表明该蛋白质很稳定。此外测出该蛋白质亲水指数阈值为 0.173 265，说明该蛋白质是亲水性蛋白质，亲水区的存在有利于蛋白质的高效表达；PL2 蛋白是一种不具有信号肽序列的非跨膜蛋白质，主要位于膜外区。本研究预测出的 PL2 蛋白基本信息为以后研究其功能提供依据。

抗原表位的分布与蛋白质的二级结构密切相关（Kanduc，2009），由于 α 螺旋、β 折叠是支撑蛋白质二级结构的基本骨架，起稳定作用，不易变形，较难嵌合抗体，一般不作为抗原表位分析；无规则卷曲和 β 转角结构松散突出，主要位于蛋白质表面，有利于和抗体结合，成为抗原表位的可能性较大（Zhang et al.，2020）。在 PL2 蛋白中 α 螺旋和 β 折叠占总氨基酸的比例为 39.40%和 22.39%，很可能形成抗原表位的无规则卷曲和 β 转角分别占比为 34.03%和 4.18%。这种结构上的优势表明 PL2 蛋白具有多个抗原表位的优势。

通过 DNA Star 等生物软件预测了 PL2 蛋白的抗原表位，综合其亲水性、跨膜区及信号肽等得出，该蛋白在 4～17aa、24～45aa、57～71aa、89～131aa、133～142aa、151～160aa、207～221aa、251～266aa、280～295aa、317～331aa 位氨基酸残基及其附近共存在 10 个潜在的 B 细胞抗原表位；在 14～22aa、28～36aa、44～52aa、68～76aa、74～82aa、75～83aa、82～90aa、108～117aa、122～130aa、125～133aa、166～174aa、219～227aa、230～238aa、263～271aa、298～306aa、323～331aa 位氨基酸残基及其附近共存在 16 个潜在的 T 细胞抗原表位，表明 PL2 蛋白属于免疫优势抗原，可激活机体免疫系统，且容易被识别，从而刺激机体产生相应的免疫应答。本试验可为新型疫苗的研制提供分子靶标，通过体外和体内研究来评估保护性免疫反应，也为牛坏死梭杆菌病的早期快速诊断试剂盒的建立和疾病控制提供参考。

本研究利用生物信息学分析技术对牛坏死梭杆菌白细胞毒素 PL2 蛋白的理化性质、结构、抗原表位进行初步预测，确定了白细胞毒素 PL2 蛋白为膜外蛋白，不存在跨膜区，含有多个磷酸化位点及多个 B 细胞、T 细胞抗原表位，可作为潜在抗原用于牛坏死梭杆菌病亚单位疫苗研发和早期诊断方法的建立。

参 考 文 献

冯二凯, 陈立志, 刘晓颖, 等. 2012. 影响坏死梭杆菌分泌白细胞毒素因素的研究[J]. 动物医学进展, 33(11): 12-17.

高春生, 白翠, 马晓媛, 等. 2019. 奶牛乳房炎的研究进展[J]. 吉林畜牧兽医, 40(11): 58-59.

高慎阳, 查恩辉, 王珅, 等. 2010. 一种“高性价比”切胶纯化原核表达蛋白的方法[J]. 中国农学通报, 26(22): 24-26.

郭东华. 2007. 牛羊腐蹄病坏死梭杆菌白细胞毒素重组亚单位疫苗的研究[D]. 哈尔滨: 东北农业大学博士学位论文.

郭东华, 孙东波, 武瑞, 等. 2009. 坏死梭杆菌白细胞毒素作为腐蹄病亚单位疫苗候选抗原的研究前景[J]. 中国畜牧兽医, 36(3): 137-139.

郭东华, 孙玉国, 李林, 等. 2008a. 牛腐蹄病坏死梭杆菌 H05 菌株白细胞毒素基因的克隆与序列分析[J]. 黑龙江八一农垦大学学报, 20(4): 48-51.

郭东华, 王君伟, 孙玉国, 等. 2007. 牛腐蹄病坏死梭杆菌 H05 菌株白细胞毒素基因的原核表达及其免疫活性分析[J]. 中国预防兽医学报, 29(6): 435-438.

郭东华, 王君伟, 孙玉国, 等. 2008b. 牛腐蹄病坏死梭杆菌白细胞毒素重组亚单位疫苗诱导小鼠免疫保护效果的观察[J]. 中国预防兽医学报, 30(5): 398-402.

曾学琴, 柳陈坚, 杨雪, 等, 2019. 高通量测序法检测奶牛乳房炎关联微生物群落结构及多样性[J]. 浙江农业学报, 31(9): 1437-1445.

贺显晶. 2021. 43K OMP 在牛坏死梭杆菌黏附宿主细胞中的作用[D]. 大庆: 黑龙江八一农垦大学博士学位论文.

蒋剑成, 张思瑶, 贺显晶, 等. 2019. 河北省某牛场坏死梭杆菌的分离及鉴定[J]. 中国生物制品学杂志,

32(7): 770-773.
蒋剑成. 2019. 牛坏死梭杆菌 43kDa OMP、PL-4、H2 对小鼠免疫效果的评价[D]. 大庆: 黑龙江八一农垦大学硕士学位论文.
李海侠, 毛旭虎. 2007. 蛋白质抗原表位研究进展[J]. 微生物学免疫学进展, 35(1): 54-58.
罗青平. 2019. 基于蛋白质组学的禽多杀性巴氏杆菌重要免疫原性相关蛋白的发掘及功能研究[D]. 武汉: 华中农业大学博士学位论文.
吕思文. 2014. 牛腐蹄病坏死梭杆菌 lktA、hly 和 43K OMP 基因的截短表达与反应原性鉴定[D]. 大庆: 黑龙江八一农垦大学硕士学位论文.
孟祥玉. 2018. 坏死梭杆菌亚单位疫苗的研制与应用[D]. 北京: 中国农业科学院硕士学位论文.
孟媛, 张金勇, 姜宇航, 等. 2020. 塞尼卡病毒 VP1 蛋白的原核表达、纯化及多克隆抗体制备[J]. 中国病原生物学杂志, 15(11): 1299-1303, 1309.
权衡, 陈启伟, 宫晓炜, 等. 2021. 鸭疫里默氏杆菌 MFS 外排泵 *rant* 基因缺失株的构建及其介导的耐药性[J]. 畜牧兽医学报, 52(7): 1991-1999.
孙玉国. 2007. 奶牛腐蹄病病原菌的分离鉴定与生物特性研究[D]. 哈尔滨: 东北农业大学硕士学位论文.
涂春田, 汪洋, 易力, 等. 2019. 信号分子调控细菌生物被膜形成的分子机制[J]. 生物工程学报, 35(4): 558-566.
王峰, 李建科, 刘海霞, 等. 2009. 苹果浓缩汁中嗜酸耐热菌多克隆抗体的制备及纯化[J]. 食品与发酵工业, 35(4): 33-37.
王宏, 佟芳, 章青, 等. 2019. 实验设计在原核表达条件优化中的应用[J]. 中国生物制品学杂志, 32(12): 1322-1328, 1342.
王嘉伟, 张巫凡, 张聪, 等. 2016. 抗 BP5-KLH 多克隆抗体的制备及鉴定[J]. 兽医导刊, (12): 201.
王克坚, 陈立志, 刘晓颖, 等. 2002a. 坏死梭杆菌毒力菌株 FN(AB)94 免疫原对鹿的初步免疫试验[J]. 中国预防兽医学报, 24(1): 32-34.
王克坚, 刘晓颖, 陈立志, 等. 2002b. 鹿源坏死梭杆菌毒力菌株 FN(AB)94 抗原的免疫原性[J]. 中国兽医学报, 22(5): 468-469.
王丽娜. 2021. 牛坏死梭杆菌 43K OMP 抗原表位的初步筛选[D]. 大庆: 黑龙江八一农垦大学硕士学位论文.
王宁. 2020. 猪肺炎支原体P97蛋白的单抗制备及阻断ELISA抗体检测方法的初步建立[D]. 北京: 中国农业科学院硕士学位论文.
王志慧. 2018. 牛坏死梭杆菌 43kDa OMP 对三种宿主细胞黏附作用的初步验证[D]. 大庆: 黑龙江八一农垦大学硕士学位论文.
徐晶, 陈立志, 刘晓颖, 等. 2016. 坏死梭杆菌外膜蛋白提取及免疫原性分析[J]. 动物医学进展, 37(6): 26-29.
杨志元. 2019. 基于 O 型口蹄疫病毒样颗粒的竞争 ELISA 方法的建立及应用[D]. 大庆: 黑龙江八一农垦大学硕士学位论文.
张连英, 杨正久, 丁朋晓, 等. 2013. 钩端螺旋体 Loa22 外膜蛋白对钩体黏附 Raw264. 7 细胞的阻断作用研究[J]. 实用预防医学, 20(8): 1002-1003.
张秀坤. 2020. 腐败梭菌 α 毒素阻断 ELISA 抗体检测方法的建立[D]. 北京: 中国兽医药品监察所硕士学位论文.
赵兴绪. 2016. 兽医产科学[M]. 5 版. 北京: 中国农业出版社.
赵屹, 谷瑞升, 杜生明. 2012. 生物信息学研究现状及发展趋势[J]. 医学信息学杂志, 33(5): 2-6.
郑家三. 2017. 奶牛腐蹄病的蛋白质组学和代谢组学研究[D]. 哈尔滨: 东北农业大学硕士学位论文.
周志新, 张鹤飞, 杨春雪, 等. 2022. 奶牛腐蹄病的研究进展[J]. 中国兽医科学, 52(3): 366-371.
Abbas W, Keel B N, Kachman S D, et al. 2020. Rumen epithelial transcriptome and microbiome profiles of rumen epithelium and contents of beef cattle with and without liver abscesses[J]. Journal of Animal

Science, 98(12): 359.

Abe P M, Kendall C J, Stauffer L R, et al. 1979. Hemolytic activity of *Fusobacterium necrophorum* culture supernatants due to presence of phospholipase A and lysophospholipase[J]. American Journal of Veterinary Research, 40(1): 92-96.

Aguiar V V, Drouillard J S. 2020. On the potential role of dietary lysine as a contributing factor in development of liver abscesses in cattle[J]. Frontiers in Veterinary Science, 7: 576647.

Ainsworth P C, Scanlan C M. 1993. Outer membrane proteins of *Fusobacterium necrophorum* biovars A, AB and B: Their taxonomic relationship to *F. necrophorum* subspecies *necrophorum* and *F. necrophorum* subspecies *funduliforme*[J]. Journal of Veterinary Diagnostic Investigation, 5(2): 282-283.

Aliyu S H, Marriott R K, Curran M D, et al. 2004. Real-time PCR investigation into the importance of *Fusobacterium necrophorum* as a cause of acute pharyngitis in general practice[J]. Journal of Medical Microbiology, 53: 1029-1035.

Amachawadi R G, Nagaraja T G. 2016. Liver abscesses in cattle: A review of incidence in Holsteins and of bacteriology and vaccine approaches to control in feedlot cattle[J]. Journal of Animal Science, 94(4): 1620-1632.

Amoako K K, Goto Y, Misawa N, et al. 1996a. Stability and stabilization of *Fusobacterium necrophorum* hemolysin[J]. Veterinary Microbiology, 50(1/2): 149-153.

Amoako K K, Goto Y, Misawa N, et al. 1997. Interactions between *Fusobacterium necrophorum* hemolysin, erythrocytes and erythrocyte membranes[J]. FEMS Microbiology Letters, 150(1): 101-106.

Amoako K K, Goto Y, Misawa N, et al. 1998. The erythrocyte receptor for *Fusobacterium necrophorum* hemolysin: Phosphatidylcholine as a possible candidate[J]. FEMS Microbiology Letters, 168(1): 65-70.

Amoako K K, Goto Y, Xu D L, et al. 1996b. The effects of physical and chemical agents on the secretion and stability of a *Fusobacterium necrophorum* hemolysin[J]. Veterinary Microbiology, 51(1/2): 115-124.

Atia J, Monaghan E, Kaler J, et al. 2017. Mathematical modeling of ovine footrot in the UK: The effect of *Dichelobacter nodosus* and *Fusobacterium necrophorum* on the disease dynamics[J]. Epidemics, 21: 13-20.

Attwood G T, Klieve A V, Ouwerkerk D, et al. 1998. Ammonia-hyperproducing bacteria from New Zealand ruminants[J]. Applied and Environmental Microbiology, 64(5): 1796-1804.

Bappy S S, Sultana S, Adhikari J, et al. 2021. Extensive immunoinformatics study for the prediction of novel peptide-based epitope vaccine with docking confirmation against envelope protein of Chikungunya virus: A computational biology approach[J]. Journal of Biomolecular Structure & Dynamics, 39(4): 1139-1154.

Bartsch A, Ives C M, Kattner C, et al. 2021. An antibiotic-resistance conferring mutation in a neisserial porin: Structure, ion flux, and ampicillin binding[J]. Biochimica et Biophysica Acta Biomembranes, 1863(6): 183601.

Barwell R, Eppleston J, Watt B, et al. 2015. Foot abscess in sheep: Evaluation of risk factors and management options[J]. Preventive Veterinary Medicine, 122(3): 325-331.

Batty A, Wren M W D. 2005. Prevalence of *Fusobacterium necrophorum* and other upper respiratory tract pathogens isolated from throat swabs[J]. British Journal of Biomedical Science, 62(2): 66-70.

Bauer B U, Rapp C, Mülling C K W, et al. 2018. Influence of dietary zinc on the claw and interdigital skin of sheep[J]. Journal of Trace Elements in Medicine and Biology, 50: 368-376.

Bentham J R, Pollard A J, Milford C A, et al. 2004. Cerebral infarct and meningitis secondary to Lemierre's syndrome[J]. Pediatric Neurology, 30(4): 281-283.

Berg J N, Scanlan C M. 1982. Studies of *Fusobacterium necrophorum* from bovine hepatic abscesses: Biotypes, quantitation, virulence, and antibiotic susceptibility[J]. American Journal of Veterinary Research, 43(9): 1580-1586.

Bicalho M L S, Machado V S, Oikonomou G, et al. 2012. Association between virulence factors of *Escherichia coli*, *Fusobacterium necrophorum*, and *Arcanobacterium pyogenes* and uterine diseases of dairy cows[J]. Veterinary Microbiology, 157(1/2): 125-131.

Bisno A L. 2001. Acute pharyngitis[J]. The New England Journal of Medicine, 344(3): 205-211.

Bolstad A I, Jensen H B. 1993. Complete sequence of *omp*1, the structural gene encoding the 40-kDa outer membrane protein of *Fusobacterium nucleatum* strain Fev1[J]. Gene, 132(1): 107-112.

Bonhoeffer J, Trachsel D, Hammer J, et al. 2010. Lemierre syndrome and nosocomial transmission of *Fusobacterium necrophorum* from patient to physician[J]. Klinische Padiatrie, 222(7): 464-466.

Brazier J S. 2006. Human infections with *Fusobacterium necrophorum*[J]. Anaerobe, 12(4): 165-172.

Brink D R, Lowry S R, Stock R A, et al. 1990. Severity of liver abscesses and efficiency of feed utilization of feedlot cattle[J]. Journal of Animal Science, 68(5): 1201-1207.

Brodzki P, Bochniarz M, Brodzki A, et al. 2014. *Trueperella pyogenes* and *Escherichia coli* as an etiological factor of endometritis in cows and the susceptibility of these bacteria to selected antibiotics[J]. Polish Journal of Veterinary Sciences, 17(4): 657-664.

Brown L N. 1967. Necrotic laryngitis in feedlot cattle[J]. Proceedings, Annual Meeting of the United States Animal Health Association, 71: 538-539.

Brown T R, Lawrence T E. 2010. Association of liver abnormalities with carcass grading performance and value[J]. Journal of Animal Science, 88(12): 4037-4043.

Busch D F. 1984. Anaerobes in infections of the head and neck and ear, nose, and throat[J]. Reviews of Infectious Diseases, 6(Suppl 1): S115-S122.

Castellazzi M L, di Pietro G M, Gaffuri M, et al. 2020. Pediatric otogenic cerebral venous sinus thrombosis: A case report and a literature review[J]. Italian Journal of Pediatrics, 46(1): 122.

Cattelan N, Villalba M I, Parisi G, et al. 2016. Outer membrane protein OmpQ of *Bordetella bronchiseptica* is required for mature biofilm formation[J]. Microbiology, 162(2): 351-363.

Cazer C L, Eldermire E R B, Lhermie G, et al. 2020. The effect of tylosin on antimicrobial resistance in beef cattle enteric bacteria: A systematic review and meta-analysis[J]. Preventive Veterinary Medicine, 176: 104934.

Centor R M, Atkinson T P, Xiao L. 2022. *Fusobacterium necrophorum* oral infections-A need for guidance[J]. Anaerobe, 75: 102532.

Cerutti A, Chen K, Chorny A. 2011. Immunoglobulin responses at the mucosal interface[J]. Annual Review of Immunology, 29: 273-293.

Chau C H, Steeg P S, Figg W D. 2019. Antibody-drug conjugates for cancer[J]. Lancet, 394(10200): 793-804.

Chen H Z, Tang L L, Yu X L, et al. 2020. Bioinformatics analysis of epitope-based vaccine design against the novel SARS-CoV-2[J]. Infectious Diseases of Poverty, 9(1): 88.

Christaki E, Marcou M, Tofarides A. 2020. Antimicrobial resistance in bacteria: Mechanisms, evolution, and persistence[J]. Journal of Molecular Evolution, 88(1): 26-40.

Clifton R, Giebel K, Liu N L B H, et al. 2019. Sites of persistence of *Fusobacterium necrophorum* and *Dichelobacter nodosus*: A paradigm shift in understanding the epidemiology of footrot in sheep[J]. Scientific Reports, 9(1): 14429.

Clifton R, Green L. 2016. Pathogenesis of ovine footrot disease: A complex picture[J]. The Veterinary Record, 179(9): 225-227.

Cocito C. 1979. Antibiotics of the virginiamycin family, inhibitors which contain synergistic components[J]. Microbiological Reviews, 43(2): 145-192.

Coe M L, Nagaraja T G, Sun Y D, et al. 1999. Effect of virginiamycin on ruminal fermentation in cattle during adaptation to a high concentrate diet and during an induced acidosis[J]. Journal of Animal Science, 77(8): 2259-2268.

Cortes J A, Hendrick S, Janzen E, et al. 2021. Economic impact of digital dermatitis, foot rot, and bovine respiratory disease in feedlot cattle[J]. Translational Animal Science, 5(2): txab076.

Coudert A, Fanchette J, Regnier G, et al. 2020. *Fusobacterium necrophorum*, a major provider of sinus thrombosis in acute mastoiditis: A retrospective multicentre paediatric study[J]. Clinical Otolaryngology, 45(2): 182-189.

Creemers S D, Gronthoud F, Spanjaard L, et al. 2014. *Fusobacterium necrophorum*, an emerging pathogen of otogenic and paranasal infections?[J]. New Microbes and New Infections, 2(3): 52-57.

De Moor A, Verschooten F. 1968. Surgical treatment of laryngeal roaring in calves[J]. The Veterinary Record, 83(11): 262-264.

Dhungyel O, Hunter J, Whittington R. 2014. Footrot vaccines and vaccination[J]. Vaccine, 32(26): 3139-3146.

DiFranco K M, Gupta A, Galusha L E, et al. 2012. Leukotoxin (Leukothera®) targets active leukocyte function antigen-1 (LFA-1) protein and triggers a lysosomal mediated cell death pathway[J]. The Journal of Biological Chemistry, 287(21): 17618-17627.

Doan H, Niyazi S, Burton A, et al. 2021. Lemierre's syndrome: A case report[J]. Cureus, 13(4): e14713.

Eastwood L C, Boykin C A, Harris M K, et al. 2017. National beef quality audit-2016: Transportation, mobility, and harvest-floor assessments of targeted characteristics that affect quality and value of cattle, carcasses, and by-products[J]. Translational Animal Science, 1(2): 229-238.

Eaton C, Swindells J. 2014. The significance and epidemiology of *Fusobacterium necrophorum* in sore throats[J]. The Journal of Infection, 69(2): 194-196.

Ehlers Klug T, Rusan M, Fuursted K, et al. 2009. *Fusobacterium necrophorum*: Most prevalent pathogen in peritonsillar abscess in Denmark[J]. Clinical Infectious Diseases, 49(10): 1467-1472.

Ekman L, Bagge E, Nyman A, et al. 2020. A shotgun metagenomic investigation of the microbiota of udder cleft dermatitis in comparison to healthy skin in dairy cows[J]. PLoS One, 15(12): e0242880.

Emery D L, Vaughan J A. 1986. Generation of immunity against *Fusobacterium necrophorum* in mice inoculated with extracts containing leucocidin[J]. Veterinary Microbiology, 12(3): 255-268.

Emery D L, Vaughan J A, Clark B L, et al. 1985. Cultural characteristics and virulence of strains of *Fusobacterium necrophorum* isolated from the feet of cattle and sheep[J]. Australian Veterinary Journal, 62(2): 43-46.

Emery D L, Vaughan J A, Clark B L, et al. 1986. Virulence Determinants of *Fusobacterium necrophorum* and Their Prophylactic Potential in Animals[M]. Melbourne: CSIRO Division of Animal Health, Australian Wool Corporation: 267-274.

Fales W H, Teresa G W. 1972. Fluorescent antibody technique for identifying isolates of *Sphaerophorus necrophorus* of bovine hepatic abscess origin[J]. American Journal of Veterinary Research, 33(11): 2323-2329.

Fales W H, Warner J F, Teresa G W. 1977. Effects of *Fusobacterium necrophorum* leukotoxin on rabbit peritoneal macrophages *in vitro*[J]. American Journal of Veterinary Research, 38(4): 491-495.

Farooq S, Wani S A, Hassan M N, et al. 2018. The detection and prevalence of leukotoxin gene variant strains of *Fusobacterium necrophorum* in footrot lesions of sheep in Kashmir, India[J]. Anaerobe, 51: 36-41.

Farooq S, Wani S A, Qureshi S, et al. 2021. Identification of immunodominant outer membrane proteins of *Fusobacterium necrophorum* from severe ovine footrot by MALDI-TOF mass spectrometry[J]. Current Microbiology, 78(4): 1298-1304.

Feldman M, Tanabe S, Epifano F, et al. 2011. Antibacterial and anti-inflammatory activities of 4-hydroxycordoin: Potential therapeutic benefits[J]. Journal of Natural Products, 74(1): 26-31.

Foo E C, Tanti M, Cliffe H, et al. 2021. Lemierre's syndrome[J]. Practical Neurology, 21(5): 442-444.

Forrester L J, Campbell B J, Berg J N, et al. 1985. Aggregation of platelets by *Fusobacterium necrophorum*[J]. Journal of Clinical Microbiology, 22(2): 245-249.

Galvão K N, Bicalho R C, Jeon S J. 2019. Symposium review: The uterine microbiome associated with the development of uterine disease in dairy cows[J]. Journal of Dairy Science, 102(12): 11786-11797.

Garcia G G, Goto Y, Shinjo T. 2000. Endotoxin-triggered haematological interactions in *Fusobacterium necrophorum* infections[J]. Microbios, 102(401): 39-44.

Garcia M M, Dorward W J, Alexander D C, et al. 1974. Results of a preliminary trial with *Sphaerophorus necrophorus* toxoids to control liver abscesses in feedlot cattle[J]. Canadian Journal of Comparative Medicine, 38(3): 222-226.

Garimella S, Inaparthy A, Herchline T. 2004. Meningitis due to *Fusobacterium necrophorum* in an adult[J]. BMC Infectious Diseases, 4: 24.

Gasthuys F, Verschooten F, Parmentier D, et al. 1992. Laryngotomy as a treatment for chronic laryngeal obstruction in cattle: A review of 130 cases[J]. The Veterinary Record, 130(11): 220-223.

Ghoneim I M, Al-Ahmad J A, Fayez M M, et al. 2021. Characterization of microbes associated with cervico-vaginal adhesion in the reproductive system of camels (*Camelus dromedaries*)[J]. Tropical Animal Health and Production, 53(1): 132.

Giridharan W, De S, Osman E Z, et al. 2004. Complicated otitis media caused by *Fusobacterium necrophorum*[J]. The Journal of Laryngology and Otology, 118(1): 50-53.

Gore M R. 2020. Lemierre syndrome: A meta-analysis[J]. International Archives of Otorhinolaryngology, 24(3): e379-e385.

Goulding R, Schumacher J, Barrett D C, et al. 2003. Use of a permanent tracheostomy to treat laryngeal chondritis and stenosis in a heifer[J]. The Veterinary Record, 152(26): 809-811.

Green L E, George T R N. 2008. Assessment of current knowledge of footrot in sheep with particular reference to *Dichelobacter nodosus* and implications for elimination or control strategies for sheep in Great Britain[J]. The Veterinary Journal, 175(2): 173-180.

Guédin S, Willery E, Tommassen J, et al. 2000. Novel topological features of FhaC, the outer membrane transporter involved in the secretion of the *Bordetella pertussis* filamentous hemagglutinin[J]. The Journal of Biological Chemistry, 275(39): 30202-30210.

Guo D H, Sun D B, Wu R, et al. 2010. An indirect ELISA for serodiagnosis of cattle footrot caused by *Fusobacterium necrophorum*[J]. Anaerobe, 16(4): 317-320.

He X J, Jiang K, Xiao J W, et al. 2022. Interaction of 43K OMP of *Fusobacterium necrophorum* with fibronectin mediates adhesion to bovine epithelial cells[J]. Veterinary Microbiology, 266: 109335.

He X J, Wang L N, Li H, et al. 2020. Screening of BHK-21 cellular proteins that interact with outer membrane protein 43K OMP of *Fusobacterium necrophorum*[J]. Anaerobe, 63: 102184.

Hedin K, Bieber L, Lindh M, et al. 2015. The aetiology of pharyngotonsillitis in adolescents and adults–*Fusobacterium necrophorum* is commonly found[J]. Clinical Microbiology and Infection, 21(3): 263. e1-263. e7.

Heppelmann M, Rehage J, Starke A. 2007. Diphtheroid necrotic laryngitis in three calves-diagnostic procedure, therapy and post-operative development[J]. Journal of Veterinary Medicine A, Physiology, Pathology, Clinical Medicine, 54(7): 390-392.

Holm K, Bank S, Nielsen H, et al. 2016. The role of *Fusobacterium necrophorum* in pharyngotonsillitis-A review[J]. Anaerobe, 42: 89-97.

Holm K, Svensson P J, Rasmussen M. 2015. Invasive *Fusobacterium necrophorum* infections and Lemièrre's syndrome: The role of thrombophilia and EBV[J]. European Journal of Clinical Microbiology & Infectious Diseases, 34(11): 2199-2207.

Hsiao C J, Cherry D K, Beatty P C, et al. 2010. National ambulatory medical care survey: 2007 summary[J]. National Health Statistics Reports, (27): 1-32.

Hussein H E, Shigidi M T A. 1974. Isolation of *Sphaerophorus necrophorus* from bovine liver abscesses in the Sudan[J]. Tropical Animal Health and Production, 6(4): 253-254.

Inoue T, Kanoe M, Goto N, et al. 1985. Chemical and biological properties of lipopolysaccharides from *Fusobacterium necrophorum* biovar A and biovar B strains[J]. The Japanese Journal of Veterinary Science, 47(4): 639-645.

Jahanshahlu L, Rezaei N. 2020. Monoclonal antibody as a potential anti-COVID-19[J]. Biomedicine & Pharmacotherapy, 129: 110337.

Jeanteur D, Schirmer T, Fourel D, et al. 1994. Structural and functional alterations of a colicin-resistant mutant of OmpF porin from *Escherichia coli*[J]. Proceedings of the National Academy of Sciences of the United States of America, 91(22): 10675-10679.

Jensen A, Hansen T M, Bank S, et al. 2015. *Fusobacterium necrophorum* tonsillitis: An important cause of tonsillitis in adolescents and young adults[J]. Clinical Microbiology and Infection, 21(3): 266. e1-266. e3.

Jensen R, Deane H M, Cooper L J, et al. 1954. The rumenitis-liver abscess complex in beef cattle[J].

American Journal of Veterinary Research, 15(55): 202-216.

Jensen R, Lauerman L H, England J J, et al. 1981. Laryngeal diphtheria and papillomatosis in feedlot cattle[J]. Veterinary Pathology, 18(2): 143-150.

Jones G, Jayappa H, Hunsaker B, et al. 2004. Efficacy of an *Arcanobacterium pyogenes-Fusobacterium necrophorum* bacterin-toxoid as an aid in the prevention of liver abscesses in feedlot cattle[J]. The Bovine Practitioner, 38(1): 36-44.

Jonsson P, Olsson S O, Olofson A S, et al. 1991. Bacteriological investigations of clinical mastitis in heifers in Sweden[J]. The Journal of Dairy Research, 58(2): 179-185.

Kaler J, Green L E. 2008. Recognition of lameness and decisions to catch for inspection among sheep farmers and specialists in GB[J]. BMC Veterinary Research, 4: 41.

Kanduc D. 2009. Epitopic peptides with low similarity to the host proteome: Towards biological therapies without side effects[J]. Expert Opinion on Biological Therapy, 9(1): 45-53.

Kanoe M. 1990. *Fusobacterium necrophorum* hemolysin in bovine hepatic abscess[J]. Journal of Veterinary Medicine, Series B, 37(1-10): 770-773.

Kanoe M, Iwaki K. 1987. Adherence of *Fusobacterium necrophorum* to bovine ruminal cells[J]. Journal of Medical Microbiology, 23(1): 69-73.

Kanoe M, Koyanagi Y, Kondo C, et al. 1998. Location of haemagglutinin in bacterial cells of *Fusobacterium necrophorum* subsp. *necrophorum*[J]. Microbios, 96(383): 33-38.

Kanoe M, Nagai S, Toda M. 1985. Adherence of *Fusobacterium necrophorum* to vero cells[J]. Zentralbl Bakteriol Mikrobiol Hyg A, 260(1): 100-107.

Kanoe M, Toyoda Y, Shibata H, et al. 1999. *Fusobacterium necrophorum* haemolysin stimulates motility of ileal longitudinal smooth muscle of the guinea-pig[J]. Fundamental & Clinical Pharmacology, 13(5): 547-554.

Kanoe M, Yamanaka M, Inoue M. 1989. Effects of *Fusobacterium necrophorum* on the mesenteric microcirculation of guinea pigs[J]. Medical Microbiology and Immunology, 178(2): 99-104.

Karstrup C C, Agerholm J S, Jensen T K, et al. 2017. Presence and localization of bacteria in the bovine endometrium postpartum using fluorescence *in situ* hybridization[J]. Theriogenology, 92: 167-175.

Kilmartin J V, Wright B, Milstein C. 1982. Rat monoclonal antitubulin antibodies derived by using a new nonsecreting rat cell line[J]. The Journal of Cell Biology, 93(3): 576-582.

Klausen M, Heydorn A, Ragas P, et al. 2003. Biofilm formation by *Pseudomonas aeruginosa* wild type, flagella and type Ⅳ pili mutants[J]. Molecular Microbiology, 48(6): 1511-1524.

Kobayashi T, Herwaldt L. 2019. Lemierre's syndrome: A re-emerging infection[J]. IDCases, 19: e00668.

Koebnik R, Locher K P, Van Gelder P. 2000. Structure and function of bacterial outer membrane proteins: Barrels in a nutshell[J]. Molecular Microbiology, 37(2): 239-253.

Köhler G, Milstein C. 1975. Continuous cultures of fused cells secreting antibody of predefined specificity[J]. Nature, 256(5517): 495-497.

Kontturi M, Junni R, Kujala-Wirth M, et al. 2020. Acute phase response and clinical manifestation in outbreaks of interdigital phlegmon in dairy herds[J]. Comparative Immunology, Microbiology and Infectious Diseases, 68: 101375.

Kristensen L H, Prag J. 2000. Human necrobacillosis, with emphasis on Lemierre's syndrome[J]. Clinical Infectious Diseases, 31(2): 524-532.

Kristensen L H, Prag J. 2008a. Lemierre's syndrome and other disseminated *Fusobacterium necrophorum* infections in Denmark: A prospective epidemiological and clinical survey[J]. European Journal of Clinical Microbiology & Infectious Diseases, 27(9): 779-789.

Kristensen L H, Prag J. 2008b. Localised *Fusobacterium necrophorum* infections: A prospective laboratory-based Danish study[J]. European Journal of Clinical Microbiology & Infectious Diseases, 27(8): 733-739.

Kumar A, Menon S, Nagaraja T G, et al. 2015. Identification of an outer membrane protein of *Fusobacterium necrophorum* subsp. *necrophorum* that binds with high affinity to bovine endothelial cells[J]. Veterinary Microbiology, 176(1/2): 196-201.

Kumar A, Peterson G, Nagaraja T G, et al. 2014. Outer membrane proteins of *Fusobacterium necrophorum* subsp. *necrophorum* and subsp. *funduliforme*[J]. Journal of Basic Microbiology, 54(8): 812-817.

Kuppalli K, Livorsi D, Talati N J, et al. 2012. Lemierre's syndrome due to *Fusobacterium necrophorum*[J]. The Lancet Infectious Diseases, 12(10): 808-815.

Langworth B F. 1977. *Fusobacterium necrophorum*: Its characteristics and role as an animal pathogen[J]. Bacteriological Reviews, 41(2): 373-390.

Le C, Gennaro D, Marshall D, et al. 2019. Lemierre's syndrome: One rare disease-Two case studies[J]. Journal of Clinical Pharmacy and Therapeutics, 44(1): 122-124.

Le Monnier A, Jamet A, Carbonnelle E, et al. 2008. *Fusobacterium necrophorum* middle ear infections in children and related complications: Report of 25 cases and literature review[J]. The Pediatric Infectious Disease Journal, 27(7): 613-617.

Lechtenberg K F, Nagaraja T G, Chengappa M M. 1998. Antimicrobial susceptibility of *Fusobacterium necrophorum* isolated from bovine hepatic abscesses[J]. American Journal of Veterinary Research, 59(1): 44-47.

Lechtenberg K F, Nagaraja T G, Leipold H W, et al. 1988. Bacteriologic and histologic studies of hepatic abscesses in cattle[J]. American Journal of Veterinary Research, 49(1): 58-62.

Lee W S, Jean S S, Chen F L, et al. 2020. Lemierre's syndrome: A forgotten and re-emerging infection[J]. Journal of Microbiology, Immunology, and Infection, 53(4): 513-517.

Lekeux P, Art T. 1987. Functional changes induced by necrotic laryngitis in double muscled calves[J]. The Veterinary Record, 121(15): 353-355.

Lemierre A. 1936. On certain septicæmias due to anaerobic organisms[J]. The Lancet, 227(5874): 701-703.

Lister J L, Horswill A R. 2014. *Staphylococcus aureus* biofilms: Recent developments in biofilm dispersal[J]. Frontiers in Cellular and Infection Microbiology, 4: 178.

Liu P F, Shi W Y, Zhu W H, et al. 2010. Vaccination targeting surface FomA of *Fusobacterium nucleatum* against bacterial co-aggregation: Implication for treatment of periodontal infection and halitosis[J]. Vaccine, 28(19): 3496-3505.

Lyster C, Kristensen L H, Prag J, et al. 2019. Complete genome sequences of two isolates of *Fusobacterium necrophorum* subsp. *funduliforme*, obtained from blood from patients with Lemierre's syndrome[J]. Microbiology Resource Announcements, 8(4): e01577-18.

Machado V S, Bicalho M L, Meira Junior E B, et al. 2014. Subcutaneous immunization with inactivated bacterial components and purified protein of *Escherichia coli*, *Fusobacterium necrophorum* and *Trueperella pyogenes* prevents puerperal metritis in Holstein dairy cows[J]. PLoS One, 9(3): e91734.

Mahmood M S, Asad-Ullah M, Batool H, et al. 2019. Prediction of epitopes of *Neisseria Gonorrhoeae* against USA human leukocyte antigen background: An immunoinformatic approach towards development of future vaccines for USA population[J]. Molecular and Cellular Probes, 43: 40-44.

Maldonado R F, Sá-Correia I, Valvano M A. 2016. Lipopolysaccharide modification in Gram-negative bacteria during chronic infection[J]. FEMS Microbiology Reviews, 40(4): 480-493.

Maszewska A, Moryl M, Wu J L, et al. 2021. Amikacin and bacteriophage treatment modulates outer membrane proteins composition in *Proteus mirabilis* biofilm[J]. Scientific Reports, 11(1): 1522.

McGillivery D J, Nicholls T J, Hatch P H. 1984. Isolation of *Fusobacterium necrophorum* from a case of bovine mastitis[J]. Australian Veterinary Journal, 61(10): 325.

McGuire J M, Boniece W S, Higgins C E. 1961. Tylosin, a new antibiotic: I. Microbiological studies[J]. Antibiot Chemotherapy, 11: 320-327.

Meira E B S J, Ellington-Lawrence R D, Silva J C C, et al. 2020. Recombinant protein subunit vaccine reduces puerperal metritis incidence and modulates the genital tract microbiome[J]. Journal of Dairy Science, 103(8): 7364-7376.

Menon S, Pillai D K, Narayanan S. 2018. Characterization of *Fusobacterium necrophorum* subsp. *necrophorum* outer membrane proteins[J]. Anaerobe, 50: 101-105.

Miao L G, Liu Y H, Li Q C, et al. 2010. Screening and sequence analysis of the hemolysin gene of *Fusobacterium necrophorum*[J]. Anaerobe, 16(4): 402-404.

Miyazato S, Shinjo T, Yago H, et al. 1978. Fimbriae (pili) detected in *Fusobacterium necrophorum*[J]. The Japanese Journal of Veterinary Science, 40(5): 619-621.

Motley M P, Banerjee K, Fries B C. 2019. Monoclonal antibody-based therapies for bacterial infections[J]. Current Opinion in Infectious Diseases, 32(3): 210-216.

Nagai S, Kanoe M, Toda M. 1984. Purification and partial characterization of *Fusobacterium necrophorum* hemagglutinin[J]. Zentralblatt Fur Bakteriologie, Mikrobiologie, Und Hygiene Series A, Medical Microbiology, Infectious Diseases, Virology, Parasitology, 258(2/3): 232-241.

Nagaraja T G, Beharka A B, Chengappa M M, et al. 1999. Bacterial flora of liver abscesses in feedlot cattle fed tylosin or no tylosin[J]. Journal of Animal Science, 77(4): 973-978.

Nagaraja T G, Chengappa M M. 1998. Liver abscesses in feedlot cattle: A review[J]. Journal of Animal Science, 76(1): 287-298.

Nagaraja T G, Lechtenberg K F. 2007a. Acidosis in feedlot cattle[J]. Veterinary Clinics of North America Food Animal Practice, 23(2): 333-350, viii-ix.

Nagaraja T G, Lechtenberg K F. 2007b. Liver abscesses in feedlot cattle[J]. Veterinary Clinics of North America: Food Animal Practice, 23(2): 351-369.

Nagaraja T G, Narayanan S K, Stewart G C, et al. 2005. *Fusobacterium necrophorum* infections in animals: Pathogenesis and pathogenic mechanisms[J]. Anaerobe, 11(4): 239-246.

Nagaraja T G, Taylor M B. 1987. Susceptibility and resistance of ruminal bacteria to antimicrobial feed additives[J]. Applied and Environmental Microbiology, 53(7): 1620-1625.

Nakagaki H, Sekine S, Terao Y, et al. 2010. *Fusobacterium nucleatum* envelope protein FomA is immunogenic and binds to the salivary statherin-derived peptide[J]. Infection and Immunity, 78(3): 1185-1192.

Naran R, Dattani V, Madani Y. 2022. Lemierre's syndrome masking metastatic lung adenocarcinoma[J]. Thorax, 77(3): 314-316.

Narayanan S K, Chengappa M M, Stewart G C, et al. 2003. Immunogenicity and protective effects of truncated recombinant leukotoxin proteins of *Fusobacterium necrophorum* in mice[J]. Veterinary Microbiology, 93(4): 335-347.

Narayanan S K, Nagaraja T G, Chengappa M M, et al. 2001a. Cloning, sequencing, and expression of the leukotoxin gene from *Fusobacterium necrophorum*[J]. Infection and Immunity, 69(9): 5447-5455.

Narayanan S K, Nagaraja T G, Chengappa M M, et al. 2001b. Electrophoretic mobility anomalies associated with PCR amplification of the intergenic spacer region between 16S and 23S ribosomal RNA genes of *Fusobacterium necrophorum*[J]. Journal of Microbiological Methods, 46(2): 165-169.

Narayanan S K, Nagaraja T G, Chengappa M M, et al. 2002a. Leukotoxins of gram-negative bacteria[J]. Veterinary Microbiology, 84(4): 337-356.

Narayanan S K, Stewart G C, Chengappa M M, et al. 2002b. *Fusobacterium necrophorum* leukotoxin induces activation and apoptosis of bovine leukocytes[J]. Infection and Immunity, 70(8): 4609-4620.

Narongwanichgarn W, Misawa N, Jin J H, et al. 2003. Specific detection and differentiation of two subspecies of *Fusobacterium necrophorum* by PCR[J]. Veterinary Microbiology, 91(2/3): 183-195.

Nichols S. 2008. Tracheotomy and tracheostomy tube placement in cattle[J]. Veterinary Clinics of North America Food Animal Practice, 24(2): 307-317.

Nicholson L A, Morrow C J, Corner L A, et al. 1994. Phylogenetic relationship of *Fusobacterium necrophorum* A, AB, and B biotypes based upon 16S rRNA gene sequence analysis[J]. International Journal of Systematic Bacteriology, 44(2): 315-319.

Nieuwhof G J, Conington J, Bishop S C. 2009. A genetic epidemiological model to describe resistance to an endemic bacterial disease in livestock: Application to footrot in sheep[J]. Genetics, Selection, Evolution: GSE, 41(1): 19.

Nohrström E, Mattila T, Pettilä V, et al. 2011. Clinical spectrum of bacteraemic *Fusobacterium* infections: From septic shock to nosocomial bacteraemia[J]. Scandinavian Journal of Infectious Diseases, 43(6/7): 463-470.

Nygren D, Holm K. 2020. Invasive infections with *Fusobacterium necrophorum* including Lemierre's syndrome: An 8-year Swedish nationwide retrospective study[J]. Clinical Microbiology and Infection, 26(8): 1089. e7-1089. e12.

Okahashi N, Koga T, Nishihara T, et al. 1988. Immunobiological properties of lipopolysaccharides isolated from *Fusobacterium nucleatum* and *F. necrophorum*[J]. Journal of General Microbiology, 134(6): 1707-1715.

Okamoto K, Kanoe M, Watanabe T. 2001. Collagenolytic activity of a cell wall preparation from *Fusobacterium necrophorum* subsp. *necrophorum*[J]. Microbios, 106(Suppl 2): 89-95.

Okamoto K, Kanoe M, Yaguchi Y, et al. 2006. Effects of a collagenolytic cell wall component from *Fusobacterium necrophorum* subsp. *necrophorum* on rabbit tissue-culture cells[J]. The Veterinary Journal, 171(2): 380-382.

Okamoto K, Kanoe M, Yaguchi Y, et al. 2007. Effects of the collagenolytic cell wall component of *Fusobacterium necrophorum* subsp. *necrophorum* on bovine hepatocytes[J]. Research in Veterinary Science, 82(2): 166-168.

Okwumabua O, Tan Z, Staats J, et al. 1996. Ribotyping to differentiate *Fusobacterium necrophorum* subsp. *necrophorum* and *F. necrophorum* subsp. *funduliforme* isolated from bovine ruminal contents and liver abscesses[J]. Applied and Environmental Microbiology, 62(2): 469-472.

Osborne J, Harrison P, Butcher R, et al. 1999. Novel super-high affinity sheep monoclonal antibodies against CEA bind colon and lung adenocarcinoma[J]. Hybridoma, 18(2): 183-191.

Otto M. 2013. Staphylococcal infections: Mechanisms of biofilm maturation and detachment as critical determinants of pathogenicity[J]. Annual Review of Medicine, 64: 175-188.

Pardon B, De Bleecker K, Hostens M, et al. 2012. Longitudinal study on morbidity and mortality in white veal calves in Belgium[J]. BMC Veterinary Research, 8: 26.

Peluso E A, Scheible M, Ton-That H, et al. 2020. Genetic manipulation and virulence assessment of *Fusobacterium nucleatum*[J]. Current Protocols in Microbiology, 57(1): e104.

Perlman D, Halvorson H O. 1983. A putative signal peptidase recognition site and sequence in eukaryotic and prokaryotic signal peptides[J]. Journal of Molecular Biology, 167(2): 391-409.

Petrov K K, Dicks L M T. 2013. *Fusobacterium necrophorum*, and not *Dichelobacter nodosus*, is associated with equine hoof thrush[J]. Veterinary Microbiology, 161(3/4): 350-352.

Pillai D K, Amachawadi R G, Baca G, et al. 2019. Leukotoxic activity of *Fusobacterium necrophorum* of cattle origin[J]. Anaerobe, 56: 51-56.

Potter E L, Wray M I, Muller R D, et al. 1985. Effect of monensin and tylosin on average daily gain, feed efficiency and liver abscess incidence in feedlot cattle[J]. Journal of Animal Science, 61(5): 1058-1065.

Radovanovic N, Dumic I, Veselinovic M, et al. 2020. *Fusobacterium necrophorum* subsp. *necrophorum* liver abscess with pylephlebitis: An abdominal variant of Lemierre's syndrome[J]. Case Reports in Infectious Diseases, 2020: 9237267.

Rasmussen B A, Bush K, Tally F P. 1993. Antimicrobial resistance in *Bacteroides*[J]. Clinical Infectious Diseases, 16(Suppl 4): S390-S400.

Reineking W, Punsmann T M, Wagener M G, et al. 2020. Laryngeal chondritis as a differential for upper airway diseases in German sheep[J]. Acta Veterinaria Scandinavica, 62(1): 12.

Rezac D J, Thomson D U, Siemens M G, et al. 2014. A survey of gross pathologic conditions in cull cows at slaughter in the Great Lakes region of the United States[J]. Journal of Dairy Science, 97(7): 4227-4235.

Riordan T. 2007. Human infection with *Fusobacterium necrophorum* (Necrobacillosis), with a focus on Lemierre's syndrome[J]. Clinical Microbiology Reviews, 20(4): 622-659.

Roberts D S. 1967. The pathogenic synergy of *Fusiformis necrophorus* and *Corynebacterium pyogenes*. I. influence of the leucocidal exotoxin of *F. necrophorus*[J]. British Journal of Experimental Pathology, 48(6): 665-673.

Roberts D S, Egerton J R. 1969. The aetiology and pathogenesis of ovine foot-rot. Ⅱ. The pathogenic association of *Fusiformis nodosus* and *F. necrophorus*[J]. Journal of Comparative Pathology, 79(2): 217-227.

Roberts G L. 2000. *Fusobacterial* infections: An underestimated threat[J]. British Journal of Biomedical

Science, 57(2): 156-162.

Rosander A, Albinsson R, König U, et al. 2022. Prevalence of bacterial species associated with ovine footrot and contagious ovine digital dermatitis in Swedish slaughter lambs[J]. Acta Veterinaria Scandinavica, 64(1): 6.

Rosenthal A, Gans H, Schwenk H T. 2020. A 10-month-old female with complicated mastoiditis due to *Fusobacterium necrophorum*: A case report and literature review[J]. Journal of the Pediatric Infectious Diseases Society, 9(3): 399-401.

Russell J B. 2005. Enrichment of fusobacteria from the rumen that can utilize lysine as an energy source for growth[J]. Anaerobe, 11(3): 177-184.

Sadeghi M, Azari M, Kafi M, et al. 2022. Bovine salpingitis: Histopathology, bacteriology, cytology and transcriptomic approaches and its impact on the oocyte competence[J]. Animal Reproduction Science, 242: 107004.

Saravanan V, Gautham N. 2015. Harnessing computational biology for exact linear B-cell epitope prediction: A novel amino acid composition-based feature descriptor[J]. Omics: A Journal of Integrative Biology, 19(10): 648-658.

Scanlan C M, Berg J N, Campbell F F. 1986. Biochemical characterization of the leukotoxins of three bovine strains of *Fusobacterium necrophorum*[J]. American Journal of Veterinary Research, 47(7): 1422-1425.

Scanlan C M, Berg J N, Fales W H. 1982. Comparative *in vitro* leukotoxin production of three bovine strains of *Fusobacterium necrophorum*[J]. American Journal of Veterinary Research, 43(8): 1329-1333.

Scanlan C M, Hathcock T L. 1983. Bovine rumenitis-liver abscess complex: A bacteriological review[J]. The Cornell Veterinarian, 73(3): 288-297.

Schonfelder A, Martens A, Sobiraj A. 2004. Surgical treatment of laryngeal diphtheria in calves[J]. Tierarztliche Prax, 32: 7-12.

Shamriz O, Engelhard D, Temper V, et al. 2015. Infections caused by *Fusobacterium* in children: A 14-year single-center experience[J]. Infection, 43(6): 663-670.

Shinjo T. 1983. *Fusobacterium necrophorum* isolated from a hepatic abscess and from mastitic udder secretions in a heifer[J]. Annales De Microbiologie, 134B(3): 401-409.

Shinjo T, Fujisawa T, Mitsuoka T. 1991. Proposal of two subspecies of *Fusobacterium necrophorum* (Flügge) Moore and holdeman: *Fusobacterium necrophorum* subsp. *necrophorum* subsp. nov., nom. rev. (ex Flügge 1886), and *Fusobacterium necrophorum* subsp. *funduliforme* subsp. nov., nom. rev. (ex hallé 1898)[J]. International Journal of Systematic Bacteriology, 41(3): 395-397.

Simon P C, Stovell P L. 1971. Isolation of *Sphaerophorus necrophorus* from bovine hepatic abscesses in British Columbia[J]. Canadian Journal of Comparative Medicine, 35(2): 103-106.

Smith G R. 1992. Pathogenicity of *Fusobacterium necrophorum* biovar B[J]. Research in Veterinary Science, 52(2): 260-261.

Smith G R, Thornton E A. 1993a. Effect of disturbance of the gastrointestinal microflora on the faecal excretion of *Fusobacterium necrophorum* biovar A[J]. Epidemiology and Infection, 110(2): 333-337.

Smith G R, Thornton E A. 1993b. Pathogenicity of *Fusobacterium necrophorum* strains from man and animals[J]. Epidemiology and Infection, 110(3): 499-506.

Smith G R, Thornton E A. 1997. Classification of human and animal strains of *Fusobacterium necrophorum* by their pathogenic effects in mice[J]. Journal of Medical Microbiology, 46(10): 879-882.

Smith G R, Till D, Wallace L M, et al. 1989. Enhancement of the infectivity of *Fusobacterium necrophorum* by other bacteria[J]. Epidemiology and Infection, 102(3): 447-458.

Sogstad Å M, Fjeldaas T, Østerås O, et al. 2005. Prevalence of claw lesions in Norwegian dairy cattle housed in tie stalls and free stalls[J]. Preventive Veterinary Medicine, 70(3/4): 191-209.

Solan R, Pereira J, Lupas A N, et al. 2021. Gram-negative outer-membrane proteins with multiple β-barrel domains[J]. Proceedings of the National Academy of Sciences of the United States of America, 118(31): e2104059118.

Sørensen G H. 1978. Bacteriological examination of summermastitis secretions. The demonstration of Bacteroidaceae[J]. Nordisk Veterinaermedicin, 30(4/5): 199-204.

Spieker P H, Sethupathi P, Yam P C, et al. 1995. Rabbit monoclonal antibodies: Generating a fusion partner to produce rabbit-rabbit hybridomas[J]. Proceedings of the National Academy of Sciences of the United States of America, 92(20): 9348-9352.

Staton G J, Sullivan L E, Blowey R W, et al. 2020. Surveying bovine digital dermatitis and non-healing bovine foot lesions for the presence of *Fusobacterium necrophorum*, *Porphyromonas endodontalis* and *Treponema pallidum*[J]. The Veterinary Record, 186(14): 450.

Stergiopoulou T, Walsh T J. 2016. *Fusobacterium necrophorum* otitis and mastoiditis in infants and young toddlers[J]. European Journal of Clinical Microbiology & Infectious Diseases, 35(5): 735-740.

Sun D B, Wu R, Li G L, et al. 2009. Identification of three immunodominant regions on leukotoxin protein of *Fusobacterium necrophorum*[J]. Veterinary Research Communications, 33(7): 749-755.

Sun D B, Zhang H, Lv S W, et al. 2013. Identification of a 43-kDa outer membrane protein of *Fusobacterium necrophorum* that exhibits similarity with pore-forming proteins of other *Fusobacterium* species[J]. Research in Veterinary Science, 95(1): 27-33.

Tadepalli S, Narayanan S K, Stewart G C, et al. 2009. *Fusobacterium necrophorum*: A ruminal bacterium that invades liver to cause abscesses in cattle[J]. Anaerobe, 15(1/2): 36-43.

Tadepalli S, Stewart G C, Nagaraja T G, et al. 2008a. Human *Fusobacterium necrophorum* strains have a leukotoxin gene and exhibit leukotoxic activity[J]. Journal of Medical Microbiology, 57(Pt 2): 225-231.

Tadepalli S, Stewart G C, Nagaraja T G, et al. 2008b. Leukotoxin operon and differential expressions of the leukotoxin gene in bovine *Fusobacterium necrophorum* subspecies[J]. Anaerobe, 14(1): 13-18.

Tan Z L, Lechtenberg K F, Nagaraja T G, et al. 1994a. Serum neutralizing antibodies against *Fusobacterium necrophorum* leukotoxin in cattle with experimentally induced or naturally developed hepatic abscesses[J]. Journal of Animal Science, 72(2): 502-508.

Tan Z L, Nagaraja T G, Chengappa M M. 1992. Factors affecting the leukotoxin activity of *Fusobacterium necrophorum*[J]. Veterinary Microbiology, 32(1): 15-28.

Tan Z L, Nagaraja T G, Chengappa M M. 1994b. Biochemical and biological characterization of ruminal *Fusobacterium necrophorum*[J]. FEMS Microbiology Letters, 120(1/2): 81-86.

Tan Z L, Nagaraja T G, Chengappa M M, et al. 1994c. Purification and quantification of *Fusobacterium necrophorum* leukotoxin by using monoclonal antibodies[J]. Veterinary Microbiology, 42(2/3): 121-133.

Tan Z L, Nagaraja T G, Chengappa M M, et al. 1994d. Biological and biochemical characterization of *Fusobacterium necrophorum* leukotoxin[J]. American Journal of Veterinary Research, 55(4): 515-521.

Tan Z L, Nagaraja T G, Chengappa M M. 1996. *Fusobacterium necrophorum* infections: Virulence factors, pathogenic mechanism and control measures[J]. Veterinary Research Communications, 20(2): 113-140.

Tolker N T, Brinch U C, Ragas P C, et al. 2000. Development and dynamics of *Pseudomonas* sp. biofilms[J]. Journal of Bacteriology, 182(22): 6482-6489.

Trevillian C J, Anderson B H, Collett M G. 1998. An unusual paracaecal abscess associated with *Fusobacterium necrophorum* in a horse[J]. Australian Veterinary Journal, 76(10): 659-662.

Ulanovski D, Shavit S S, Scheuerman O, et al. 2020. Medical and surgical characteristics of *Fusobacterium necrophorum* mastoiditis in children[J]. International Journal of Pediatric Otorhinolaryngology, 138: 110324.

Valerio L, Zane F, Sacco C, et al. 2021. Patients with Lemierre syndrome have a high risk of new thromboembolic complications, clinical sequelae and death: An analysis of 712 cases[J]. Journal of Internal Medicine, 289(3): 325-339.

Van Metre D C. 2017. Pathogenesis and treatment of bovine foot rot[J]. Veterinary Clinics of North America Food Animal Practice, 33(2): 183-194.

Vedamurthy G V, Ahmad H, Onteru S K, et al. 2019. In silico homology modelling and prediction of novel epitopic peptides from P24 protein of *Haemonchus contortus*[J]. Gene, 703: 102-111.

Veldhoen E S, Wolfs T F, Van Vught A J. 2007. Two cases of fatal meningitis due to *Fusobacterium necrophorum*[J]. Pediatric Neurology, 36(4): 261-263.

Vinogradov E, Altman E. 2020. Structural investigation of the capsular polysaccharide from a clinical isolate of *Fusobacterium necrophorum* subspecies *necrophorum* biotype a strain LA 81-617[J]. Carbohydrate

Research, 487: 107876.

Vohra A, Saiz E, Ratzan K R. 1997. A young woman with a sore throat, septicaemia, and respiratory failure[J]. Lancet, 350(9082): 928.

Voulhoux R, Bos M P, Geurtsen J, et al. 2003. Role of a highly conserved bacterial protein in outer membrane protein assembly[J]. Science, 299(5604): 262-265.

Wada E. 1978. Studies on *Fusobacterium* species in the rumen of cattle. I. Isolation of genus *Fusobacterium* from rumen juice of cattle[J]. The Japanese Journal of Veterinary Science, 40(4): 435-439.

Wang J L, Wang Y, Ding Y L, et al. 2021. Oral and pulmonary necrobacillosis in a juvenile reticulated giraffe[J]. Journal of Veterinary Diagnostic Investigation, 33(2): 345-347.

Warner J F, Fales W H, Sutherland R C, et al. 1975. Endotoxin from *Fusobacterium necrophorum* of bovine hepatic abscess origin[J]. American Journal of Veterinary Research, 36(7): 1015-1019.

Weis G F, Carnahan R H. 2017. Characterizing antibodies[J]. Cold Spring Harbor Protocols, 2017(11): pdb. top093823.

West H J. 1997. Tracheolaryngostomy as a treatment for laryngeal obstruction in cattle[J]. The Veterinary Journal, 153(1): 81-86.

Wexler H M. 1997. Pore-forming molecules in gram-negative anaerobic bacteria[J]. Clinical Infectious Diseases, 25(Suppl 2): S284-S286.

Witcomb L A, Green L E, Kaler J, et al. 2014. A longitudinal study of the role of *Dichelobacter nodosus* and *Fusobacterium necrophorum* load in initiation and severity of footrot in sheep[J]. Preventive Veterinary Medicine, 115(1/2): 48-55.

Xiao Z, Fengbo Z, Zhiwei L, et al. 2019. Bioinformatics analysis of EgA31 and EgG1Y162 proteins for designing a multi-epitope vaccine against Echinococcus granulosus[J]. Infection, Genetics and Evolution, 73(9): 98-108.

Xu J, Chen L Z, Liu X Y, et al. 2013. Preliminary extraction and identification of the 44.5kDa outer membrane proteins isolated from bovine *Fusobacterium necrophorum* (*AB*)[J]. Indian Journal of Microbiology, 53(4): 395-399.

Yan Z Y, Li H M, Wang C C, et al. 2020. Preparation of a new monoclonal antibody against subgroup A of avian leukosis virus and identifying its antigenic epitope[J]. International Journal of Biological Macromolecules, 156: 1234-1242.

Ye Y W, Ling N, Gao J N, et al. 2018. Roles of outer membrane protein W (OmpW) on survival, morphology, and biofilm formation under NaCl stresses in *Cronobacter sakazakii*[J]. Journal of Dairy Science, 101(5): 3844-3850.

Yin W, Wang Y T, Liu L, et al. 2019. Biofilms: The microbial protective clothing in extreme environments[J]. International Journal of Molecular Sciences, 20(14): 3423.

Yonezawa H, Osaki T, Fukutomi T, et al. 2017. Diversification of the AlpB outer membrane protein of *Helicobacter pylori* affects biofilm formation and cellular adhesion[J]. Journal of Bacteriology, 199(6): e00729-16.

Zanolari P, Dürr S, Jores J, et al. 2021. Ovine footrot: A review of current knowledge[J]. Veterinary Journal, 271: 105647.

Zhang G J, Ma L F, Wang X Q, et al. 2020. Secondary structure and contact guided differential evolution for protein structure prediction[J]. IEEE/ACM Transactions on Computational Biology and Bioinformatics, 17(3): 1068-1081.

Zhao X, Zhang F B, Li Z W, et al. 2019. Bioinformatics analysis of EgA31 and EgG1Y162 proteins for designing a multi-epitope vaccine against *Echinococcus granulosus*[J]. Infection, Genetics and Evolution: Journal of Molecular Epidemiology and Evolutionary Genetics in Infectious Diseases, 73: 98-108.

第二章　反刍动物主要坏死梭杆菌病的流行病学

第一节　反刍动物腐蹄病的流行病学及发病原因

一、反刍动物腐蹄病的流行病学

腐蹄病是一种感染反刍动物肢蹄的传染性疾病，主要是由革兰氏阴性厌氧菌节瘤拟杆菌和坏死梭杆菌引起的。除绵羊外，其他家畜如牛、山羊和南美骆驼，以及野生反刍动物也会感染腐蹄病。感染动物有不同程度的跛行，常表现为至少一只脚出现跛行和肿胀。根据疾病的严重程度不同，局部临床症状从早期的趾间炎症到后期严重的蹄壳变形、蹄脱落。1960 年，Adams 首次报道了腐蹄病的特征。过去，学者一直认为腐蹄病是由坏死梭杆菌和节瘤拟杆菌共同引起的一种传染病。1969 年 Egerton 和 Parsonson 研究发现，坏死梭杆菌单独也能引起反刍动物的腐蹄病，带有蹄部典型的病理变化。牛患有腐蹄病后日增重降低，同时患病的雌性和雄性牛不愿配种繁殖。如果腐蹄病治疗延迟，蹄部更深层的组织结构受到破坏，就会导致慢性疾病和严重预后不良，严重的患病动物会被淘汰处理。腐蹄病是所有肢蹄病类型中淘汰率最高的，也是对畜牧业造成直接经济损失的主要原因之一。

（一）发病率

目前，腐蹄病对世界各国的奶牛养殖业造成了严重的经济损失。腐蹄病分布于世界各地，通常是散发的，但在集约化奶牛和肉牛养殖场多为地方性的。在温带气候和湿度高、降雨量多的国家，奶牛腐蹄病都有着很高的发病率（Cagatay and Hickford，2005）。英国的奶牛腐蹄病占所有奶牛跛行疾病的 10%以上（Gurung et al.，2006b）。在其他国家，如澳大利亚、丹麦、罗马尼亚、尼泊尔、不丹等（Cagatay and Hickford，2005），该病同样是危害畜牧业发展的严重问题。据报道，英国奶牛的指（趾）间坏死梭杆菌感染占所有跛行奶牛数的 15%以上（郭东华，2007）。在北美洲、南美洲、欧洲、非洲和澳大利亚、新西兰等地，该病同样十分严重（Van Metre，2017）。1997～1998 年美国佛罗里达州发现 167 头跛行奶牛中腐蹄病的发病率为 9%（Hernandez et al.，2002）。2008 年报道美国腐蹄病流行率为 5%～20%（Cramer et al.，2008）。2012 年德国奶牛腐蹄病的发病率为 1.6%～6.6%，2013 年同一时间段，奶牛腐蹄病的发病率为 1.5%～3.2%。2013 年春季芬兰 365 个牧场中腐蹄病的发病率为 9.6%～19.2%。在欧洲，跛行在牛群的发病率为 19.2%，肢蹄病在所有奶牛疾病中的比例为 17.5%，因腐蹄病而被淘汰的奶牛占 3.73%。

目前，我国每年由于腐蹄病被迫过早淘汰的奶牛占淘汰总数的 15%～30%，淘汰率占总淘汰率的 19%，比其他疾病的淘汰率高 4%～6%（余彦国和张瑾，2012；郑家三，

2017)。奶牛腐蹄病发病率在不同的省份和地区有所不同，发病率一般为 5%～55%，其中陕西省为 0%～40%（兰育波和吕丽萍，2012），河北省约为 1.214%（赵月兰等，2007），山东省烟台地区约为 5.7%（张鹏宴，2007），黑龙江省为 8%～20%（武心镇和吴凌，2008；朱战波等，2006），湖南省平均为 50%左右（朱立军等，2005），南宁市约为 29.41%（磨考诗，1999）。南方省份与北方所处经纬度差异大，导致二者地理气候差异明显，饲养环境也有所不同，较高的温湿度及降雨量对病原微生物的生长具有一定的促进作用。

在绵羊养殖业中，世界各国都有腐蹄病的报道（Bennett et al.，2009），该病对羊养殖业的经济损失和动物福利影响巨大。羊腐蹄病的第一份报告可以追溯到 18 世纪，目前羊腐蹄病在世界范围内呈现流行趋势。然而，对腐蹄病研究多集中于绵羊生产密集或有利于腐蹄病发生的气候条件的国家。因此，关于羊腐蹄病流行情况的研究主要来自澳大利亚（Dhungyel et al.，2013；Raadsma and Dhungyel.，2013）、不丹（Gurung et al.，2006b）、英国（Green and George，2008；Winter et al.，2015；Winter and Green，2017）、希腊（Gelasakis et al.，2013，2015）、印度（Sreenivasulu et al.，2013；Wani et al.，2015，2019）、伊朗（Azizi et al.，2011）、新西兰（Wild et al.，2019）、挪威（Gilhuus et al.，2014；Grøneng et al.，2015）、瑞典（König et al.，2011）和瑞士（Zingg et al.，2017；Locher et al.，2018；Ardüser et al.，2020）等地区。由于在各项研究中对腐蹄病的定义标准（如临床腐蹄病或节瘤拟杆菌流行情况）、研究设计（如调查或实验室诊断）和研究对象（如农场或市场）等的不同，结果显示羊腐蹄病的流行情况也不尽相同。

在我国，羊腐蹄病具有较高的发病率，一般为 8%～20%，有时能够达到 30%～50%（宋学武，2019)。羊腐蹄病发病率在不同的省份和地区有所不同，我国部队牧场放牧藏羊腐蹄病平均发病率、淘汰率和死亡率分别为 14.7%、27.0%和 1.15%，其中 6～8 月发病率较高（祁海云等，2020），个别地区发病率达到 60%以上（金巴和陈如田，1994；方有贵和任国宝，2011；贾玉玲，2020）。

（二）季节性

关于腐蹄病的发病季节，各国报道不一，四季发病均有报道。该病的发病率因天气、放牧期、季节和畜舍环境而存在差异。一般认为潮湿多雨的夏秋季是腐蹄病的多发季节（Rowlands et al.，1983）。Gilder 等 1960 年的研究认为腐蹄病在春季和夏季多发，而 Spadiut 等 1960 年的研究认为腐蹄病与干燥的气候有关。当牛舍潮湿、粪便尿液未及时处理时，牛的蹄部在粪尿中浸泡，趾间皮肤长时间受到刺激膨胀受损，为细菌的侵入提供有利条件。但当环境气候过于干燥，引起牛蹄部趾间皮肤皲裂，也有利于细菌感染机体。Greenough 等于 1981 年报道，腐蹄病在秋末和冬季发病率有所增加。在英国，腐蹄病全年都有发生，但在 10 月到次年 3 月的 6 个月中，发病高峰期是在 11 月（Gurung et al.，2006b）。我国牛腐蹄病多发生在潮湿多雨的夏秋季节（陈玉芳和高宏宝，2000；张丽华等，2004；朱立军等，2005），这是由于夏秋季节高温潮湿，牛场卫生条件差，使夏季腐蹄病的发病率明显高于其他季节。其中江苏省南京市腐蹄病的发病高峰期在 5～8 月，湖南省在春、夏两季发病的牛占年群体发病率的 77.8%。河北省廊坊市奶牛腐蹄病的发病高峰期为夏末秋初时节，每年 7～9 月发病数占全年的 45.0%～48.6%（张克新，2011）。但在奶牛养殖场区，春、夏、秋三季都有发生，有时发病比例高达 40%以上（张全，2008）。

（三）腐蹄病与动物品种的关系

不同品种的牛羊对腐蹄病的易感性有所差异。荷兰和英国的调查发现，由于奶牛较其他牛而言多为集约化养殖，奶牛腐蹄病发病率比其他牛更高一些（孙玉国，2007），且外来品种更易感，如印度的瘤牛。研究发现，普通黄牛比瘤牛、婆罗门牛和沙希华牛对指（趾）间坏死梭杆菌抵抗力低（Egerton and Parsonson，1969）。在我国，从国外引进的纯种黄牛南德文和利木赞的腐蹄病发病率非常高，而本地的黄牛和水牛极少发生腐蹄病（李基旺和李水权，2003），且摩拉水牛、皮埃蒙特牛、德国黄牛和利木赞牛腐蹄病的发病率较低，而短角牛、荷斯坦牛、西门塔尔牛的发病率较高（李基旺和李水权，2003）。所有品种的绵羊和山羊都有患腐蹄病的可能，其中绵羊易感，且不同年龄不同性别的绵羊都易患腐蹄病，美利奴羊（澳大利亚和新西兰优质羊毛生产品种）或棕头肉羊（瑞士多用途品种）比其他品种更容易感染腐蹄病，然而这一研究尚未被其他研究进一步证实（Emery et al.，1984；McPherson et al.，2019；Ardüser et al.，2020）。美利奴羊被认为是最易感且受影响最严重的品种，低毒力的菌株对美利奴羊引起的危害最为严重，也可以引起英国品种的山羊和牛患病。目前，已经成功鉴定一些其他品种羊（如瑞士白山羊、特克赛尔羊或苏格兰黑脸羊）对腐蹄病具有不同抗性的遗传标记，但对遗传导致抗性的作用尚无定论（Skerman and Moorhouse，1987；Escayg et al.，1997；Nieuwhof et al.，2008；Ennen et al.，2009；Gelasakis et al.，2013；Mucha et al.，2015；Niggeler et al.，2017）。尽管一些绵羊品种对腐蹄病具有抵抗力，但目前尚未发现明显的商业价值。同时，大多数学者认为其他因素，尤其是饲养环境和管理，比占抗性 15%～25%的宿主遗传更为重要（Raadsma and Dhungyel，2013；Gelasakis et al.，2019）。

（四）腐蹄病与年龄的关系

腐蹄病可发生在任何年龄阶段，从几周龄的犊牛到老龄动物均可发病，但在成年牛中最为常见（Frisch，1976）。一般而言，奶牛腐蹄病的发病率随年龄的上升而显著下降。荷兰和英国的研究发现，本病发病率最高的年龄分别是 2～4 岁和 3～4 岁（Russell，2005）。Alban 等（1995）发现近 40%病例发生在分娩后的 30d 内，产后第 1 个月的发病率是其他任何 1 个月（包括分娩前 1 个月）的 6 倍。Greenough 等（1981）报道，腐蹄病病牛 40%以上发生在产后 50d 内。Yishitani 等于 1990 年调查研究发现，69%腐蹄病病牛的年龄在 3～6 岁。Tranter 和 Morris（1991）认为，初产母牛腐蹄病的发生率最高。调查显示，腐蹄病的发生率在不同胎次奶牛表现不同，以 2～4 胎的奶牛发病率最高。在羊群中，任何年龄段的羊均可发生腐蹄病，但从总的发病情况看，腐蹄病的发病率随年龄的上升而显著下降（Hosie，2004）。腐蹄病可从牛传播给绵羊，特别是在澳大利亚，养殖人员非常注意趾间腐烂的病牛不能与绵羊群接触。绵羊的腐蹄病表现为流行性，而牛的腐蹄病多为散发性。

二、反刍动物腐蹄病的发病原因

（一）遗传因素

宿主对腐蹄病的遗传抗性在部分羊品种的研究中得以阐明，而对牛腐蹄病遗传因素方面的研究尚属空白。一些肉类品种和羊毛品种羊对腐蹄病的遗传抗性已得到研究证实，此类研究主要在英国、澳大利亚和新西兰（Nieuwhof et al.，2008；Raadsma and Egerton，2013）。在受腐蹄病影响的羊群中，中度和适度遗传力较为常见，而在腐蹄病低流行率的羊群中遗传力存在偏差，因此，暴露于该疾病对于成功培育出抗腐蹄病品种可能至关重要（Bishop et al.，2012）。为了克服这些限制，分子遗传学筛查是一种有效确定疾病耐药性或易感性的替代选择。在这种研究方式下，暴露于腐蹄病病原感染下不再是将动物分类为易感或耐药的先决条件，同时，识别和详细评估腐蹄病病变所需的时间、劳动和专业知识也被最小化。

通过广泛使用多态遗传标记的分子标记筛选，相关标记已在绵羊主要组织相容性复合体（major histocompatibility complex，MHC）基因的 20 号染色体 *DQA2* 和 *DQA2* 样位点上得到了鉴定（Hickford et al.，2004）。这些标记通过调节对节瘤拟杆菌的细胞免疫反应，与对腐蹄病的易感性/抗性相关（Escayg et al.，1997；Arrieta et al.，2006；Bennett and Hickford，2011；Gelasakis et al.，2013，2019）。在大多数脊椎动物中，*MHC* 基因的位点是任何染色体区域中最具多态性的。蛋白质的 MHC 调节免疫反应，它是影响多种疾病尤其是传染性疾病抵抗或易感性的最重要的染色体区域之一。DQA2 单倍型中 G（0101-1401）和 J2（0702-1401）单倍型与腐蹄病抗性相关，等位基因 E（1101）和 L（0501）与腐蹄病易感性相关（Ennen et al.，2009）。携带等位基因 E（1101）的动物对腐蹄病的易感性在乳羊中得到证实（Gelasakis et al.，2013）。除了 MHC-DQA2 位点，研究还利用单核苷酸多态性（single nucleotide polymorphism，SNP）分析确定了 7 个与腐蹄病抗性相关的潜在 SNP。但由于染色体 50K 的 SNP 连锁不平衡，未能发现显著的数量性状基因座（quantitative trait locus，QTL）（Borderas et al.，2004）。

（二）饲养管理因素

腐蹄病受饲养管理等因素的影响。饲养管理不当经常导致奶牛营养代谢障碍、圈舍环境差和蹄部机械损伤，进而引起指（趾）间皮肤损伤或皮肤防御机能下降，导致病原微生物的侵入，最终导致腐蹄病的发生。因此，饲养管理不当是腐蹄病发生的一个重要诱导因素。奶牛活动空间狭小，卧床较小，长期拴养，牛舍地面坚硬，易造成奶牛蹄部挫伤继发腐蹄病；牛舍环境差、牛床及运动场粪尿清理不及时，奶牛长期伫立在粪尿及污水中，泥泞和潮湿的环境使奶牛蹄部角质变软，丧失保护作用，极易导致细菌感染诱发腐蹄病的发生；运动场不平整或石块、砖瓦块等坚硬异物会引起奶牛蹄部的外伤，致使蹄部感染坏死梭杆菌、葡萄球菌、化脓性细菌、节瘤拟杆菌等病原菌而引起腐蹄病的发生。奶牛肢蹄保健工作不及时、蹄病治疗不及时不彻底都会导致奶牛发生腐蹄病。奶牛的饲养环境、饲养密度、运动场的设置、厩舍的设计及舍内地面状态都与奶牛腐蹄病的发生密切相关（杨雨江等，2008；郑家三，2017）。

（三）营养因素

奶牛在泌乳过程中机体新陈代谢非常旺盛，此时饲养管理不当很容易引起奶牛营养代谢障碍。奶牛营养代谢障碍是奶牛养殖过程中常见的病症，主要包括糖、脂肪、蛋白质、矿物质和维生素代谢障碍。饲料突然改变、饲喂高能精料或易发酵的碳水化合物、饲料中粗纤维含量不足等都可以导致奶牛瘤胃酸中毒、蹄部毛细血管中含有毒物质、乳酸、胺类等，继而引起瘀血和炎症，造成奶牛蹄部真皮层外周血管的损伤，使奶牛的蹄底发生溃疡、腐烂从而继发腐蹄病。饲料中矿物元素及维生素缺乏能够引起奶牛体质减弱、蹄角质疏松、免疫力和抵抗力下降，这些同样会导致奶牛腐蹄病的发生。如果饲料中钙磷缺乏或比例失调，机体摄入的营养物质不能满足产奶所需，机体就会动用骨骼、血液和其他组织中的钙和磷；如果被动用的是奶牛蹄部角质层的钙磷盐，影响其代谢平衡，那么就会导致奶牛蹄骨松软，蹄部容易损伤，进而发生腐蹄病（唐兆新等，1996；王金明，2013）。

当饲料中缺乏锌、铜、硒、维生素 A、维生素 D、维生素 E 等营养物质，或是这些营养物质代谢不平衡时，奶牛蹄部角质化，趾间皮肤、蹄冠皮肤，以及机体的免疫力将受到严重影响，导致奶牛腐蹄病的发生（李振，2006）。另外，当精料饲喂过多或精粗料比例失调导致奶牛瘤胃酸中毒时，瘤胃内大量死亡的微生物所释放的毒素、组胺及乳酸就会进入体循环，通过奶牛蹄部微循环来影响蹄部角质层，以及蹄部皮肤发育，导致蹄部炎症出现，被环境中的坏死梭杆菌感染后出现腐蹄病。瘤胃酸中毒时，瘤胃内的坏死梭杆菌通过毒力因子穿过损伤的瘤胃壁感染肝脏，形成肝脓肿（Jensen et al.，1954b）。奶牛肝脓肿形成后，一方面，机体的抗病力会下降，另一方面坏死梭杆菌白细胞毒素通过血液循环到蹄部组织，可能也是腐蹄病发生的一个因素。奶牛运动不足，造成蹄部微循环障碍，影响蹄组织的正常代谢，也容易发生蹄病。蹄部变形、过长，导致趾间皮肤过度紧张出现拉伤、皲裂，易感染病原菌而发病（王健，2021）。

与肉羊和奶羊相比，奶牛对维持生长、产奶、体力活动和体温调节的营养需求更高，不适当的喂养和营养缺乏可能会降低蹄的质量，使蹄更容易受到感染、损伤和伤害。许多特定营养素的缺乏容易导致牛肢蹄病的发生，含硫氨基酸半胱氨酸和蛋氨酸在角质形成细胞角化过程中参与二硫键的形成，对蹄的结构和功能完整性至关重要。亚油酸和花生四烯酸，以及生物素（亚油酸和花生四烯酸代谢的辅酶）也由瘤胃菌群产生，它们形成了蹄的屏障，增强了蹄的一致性和弹性，对蹄的完整性至关重要（Mülling et al.，1999）。维生素 A、维生素 C 和维生素 E 可保护亚油酸和花生四烯酸等脂肪酸免受氧化，且维生素A对于角质形成细胞的分化也是必不可少的。钙、锌和铜的缺乏会对角质化产生负面影响，而硒缺乏与腐蹄病的易感性有关（Underwood and Suttle，2004）。总体而言，上述氨基酸、脂肪酸、维生素，以及大量和微量元素的缺乏与羊腐蹄病的发生有关。当反刍动物食用含有霉菌毒素的发霉饲料，以及富含淀粉和蛋白质的纤维缺乏日粮均会导致瘤胃酸中毒，瘤胃中乳酸的过量产生、内毒素的释放及过敏反应后释放的组胺被肠道吸收后会引起血栓形成和贫血等血流动力学变化，进而诱发肢蹄疾病（Tor-Agbidye et al.，2001；Bergsten，2003）。

（四）病原微生物感染

腐蹄病发生的关键因素是环境中的致病菌。研究表明，奶牛腐蹄病的致病菌主要是坏死梭杆菌和节瘤拟杆菌（Roberts and Egerton，1969；Berg and Loan，1975；Zhou et al.，2009），此外还包括产黑色素拟杆菌、脆弱拟杆菌、金黄色葡萄球菌、化脓隐秘杆菌、密螺旋体、粪弯曲杆菌、变形杆菌等（Tan et al.，1996；Cruz et al.，2005；Nagaraja et al.，2005；苏晓健等，2009）。其中，奶牛腐蹄病的主要病原菌是坏死梭杆菌，羊腐蹄病的主要病原菌是节瘤拟杆菌。饲养管理不当可引起蹄部内外不同程度的损伤，为致病菌感染提供了侵入的途径。

1. 节瘤拟杆菌

节瘤拟杆菌（*Dichelobacter nodosus*）是Beveridge于1938年首先发现于患腐蹄病绵羊的病灶中，后经试验证明此菌是引起反刍动物腐蹄病的一种主要病原菌（Nieuwhof et al.，2009）。节瘤拟杆菌属于心杆菌科（Cardiobacteriaceae）心杆菌属（*Cardiobacterium*），严格厌氧，其致病因子是细菌表面的细胞外蛋白酶和极性纤毛。在腐蹄病发生中，节瘤拟杆菌株分泌一种蛋白溶解酶可以损伤所侵入部位的蛋白质组织，造成蹄部浅表炎症，使蹄部皮肤表层及其基层完整性受到损害。根据感染菌株的毒力、临床症状，节瘤拟杆菌引起的腐蹄病分为轻微的趾间皮炎（良性腐蹄病）和严重的蹄壳坏死、脱落（恶性腐蹄病）两种形式（Kennan et al.，2014）。2014年Stäuble等提出基于*aprV2*和*aprB2*的等位基因检测的竞争性实时PCR方法来区分节瘤拟杆菌的这两种表现形式。2015年Sara等研究发现节瘤拟杆菌是腐蹄病的主要致病菌，恶性腐蹄病与*aprV2*基因有显著的相关性，良性或轻微病变的腐蹄病与*aprB2*基因有显著的相关性；坏死梭杆菌在损害轻微或无病变的腐蹄病奶牛中更常见。螺旋体属和*intA*基因与腐蹄病无显著相关性，恶性腐蹄病在临床上比较少见。也有研究表明，在奶牛发生腐蹄病过程中，节瘤拟杆菌与密螺旋体（*Treponema* spp.）细菌协同作用而导致发病（Abutarbush，2011）。节瘤拟杆菌是一个生长相对缓慢的革兰氏阴性杆菌，之前机体感染该菌被认为是拟杆菌属，但与其他拟杆菌属的细菌相比，该菌16S rRNA的序列分析说明它属于γ亚组的变形菌，并且与诸如大肠杆菌和假单胞菌属细菌有密切的相关性。因此，把该菌命名为节瘤偶蹄形菌的意义在于强调其是偶蹄兽特有的一种致病菌。

2. 坏死梭杆菌

坏死梭杆菌（*Fusobacterium necrophorum*）是一种革兰氏阴性、无芽孢厌氧菌，广泛存在于人类和动物的消化道和泌尿生殖道中。坏死梭杆菌是一种条件致病菌，导致许多坏死性疾病（坏死梭杆菌病）、反刍动物蹄脓肿和人类的口腔感染等（Tan et al.，1996）。1876 年，首次在犊牛体内发现该病原菌，但是直到 1884 年才证实该病原菌是一种革兰氏阴性菌（Brazier，2006）。坏死梭杆菌分为 A 型、B 型和 AB 型。各亚种有不同的形态、生化特性和生物学特性。A 型和 B 型坏死梭杆菌能引起腐蹄病和肝脓肿，而 AB 型坏死梭杆菌在腐蹄病的病例中比较少见。Berg 和 Scanlan（1982）从 124 头肝脓肿病牛和 12 头健康牛的瘤胃内容物中分离到坏死梭杆菌。结果发现 A 型分离株在肝脓肿奶牛中最常见，B 型分离株在瘤胃内容物中最常见。小鼠的毒力研究表明 A 型分离株比 AB 型和 B 型分离株致病性更强。坏死梭杆菌的致病机制比较复杂，尚不十分明确。一些毒素如白细胞毒素、内毒素、溶血素、血凝素和黏附素被认为与毒力因子密切相关。其中，白细胞毒素和内毒素被认为是突破宿主防御机制引起感染的最重要因素（Narayanan et al.，2001；Ozgen et al.，2015）。在混合感染的病例中经常能分离到坏死梭杆菌，因此，坏死梭杆菌和其他病原菌之间的协同作用可能在感染过程中发挥重要作用。研究人员尝试使用疫苗、类毒素等诱导对坏死梭杆菌的保护性免疫，但是效果不佳。由于缺乏免疫预防，对坏死梭杆菌感染的控制主要依赖于抗生素的使用（Tan et al.，1996）。

3. 其他病原微生物

除了以上两种主要的病原微生物能引起奶牛腐蹄病，还有一些其他病原微生物也能引起奶牛腐蹄病的发生。对四川省奶牛主要养殖区进行的奶牛腐蹄病病原调查，结果发现牛腐蹄病病原有大肠杆菌、坏死梭杆菌、奇异变形杆菌、普通变形杆菌和梭状芽孢杆菌等（谢晶等，2013）。Gupta 等（1964）用感染的奶牛蹄部坏死组织直接抹片发现了大量细菌，这些细菌包括葡萄球菌、链球菌、化脓性棒状杆菌、坏死梭杆菌、绿脓杆菌、变形杆菌及螺旋体等。从感染奶牛蹄组织中获得的混合细菌培养物能够再次引起健康牛腐蹄病的发生，由此可见，在腐蹄病的发生过程中，除了节瘤拟杆菌和坏死梭杆菌，其他一些病原微生物对腐蹄病的发生也起了一定的促进作用。

（五）奶牛蹄部损伤

内部因素和外界因素对奶牛蹄部生理结构不同程度的破坏，给奶牛腐蹄病坏死梭杆菌的感染创造了条件。英国布里斯托尔大学奶牛蹄部健康研究中心对奶牛蹄部内部损伤和外部损伤做了详细的分析（图 2-1，图 2-2）。在奶牛养殖过程中，饲养管理不当经常导致以下情况：畜舍潮湿、牛床太短、不及时清除粪尿，造成牛蹄经常被粪尿浸泡，刺激趾间皮肤的膨胀，有利于细菌侵入；由于环境和气候干燥而造成趾间皮肤皲裂，导致细菌侵入；运动场、放牧地因有小石子、铁屑、煤渣、粗硬的草根、坚硬的冻土、冰等造成趾间部损伤，利于细菌的侵入；运动场潮湿泥泞，使牛蹄从趾间到蹄冠周围附着大量泥土、粪便等，造成厌氧环境利于厌氧菌的增殖。以上这些因素的存在，将不同程度地造成蹄部内部或外部的损伤，促进奶牛腐蹄病的发生。

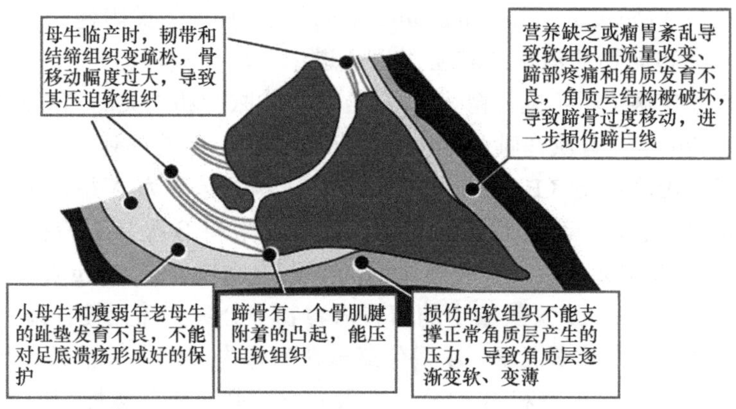
母牛临产时，韧带和结缔组织变疏松，骨移动幅度过大，导致其压迫软组织
营养缺乏或瘤胃紊乱导致软组织血流量改变、蹄部疼痛和角质发育不良，角质层结构被破坏，导致蹄骨过度移动，进一步损伤蹄白线
小母牛和瘦弱年老母牛的趾垫发育不良，不能对足底溃疡形成好的保护
蹄骨有一个骨肌腱附着的凸起，能压迫软组织
损伤的软组织不能支撑正常角质层产生的压力，导致角质层逐渐变软、变薄

图 2-1　蹄部内部损伤因素（引自郭东华和孙东波，2014）

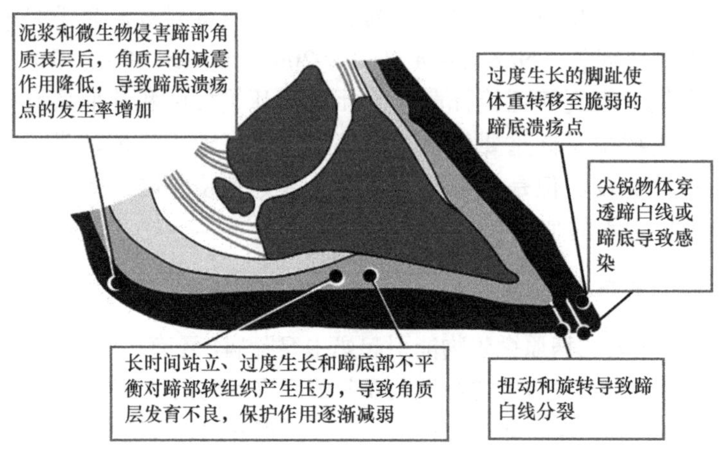
泥浆和微生物侵害蹄部角质表层后，角质层的减震作用降低，导致蹄底溃疡点的发生率增加
过度生长的脚趾使体重转移至脆弱的蹄底溃疡点
尖锐物体穿透蹄白线或蹄底导致感染
长时间站立、过度生长和蹄底部不平衡对蹄部软组织产生压力，导致角质层发育不良，保护作用逐渐减弱
扭动和旋转导致蹄白线分裂

图 2-2　蹄部外部损伤因素

（六）其他因素

腐蹄病的发生还与气候变化、生产周期的季节性模式、牛羊的胎次和泌乳阶段、养殖环境、修蹄状况等多方面因素有关。由于夏季炎热，而且饲喂的多是青绿饲草，牛的粪便相对较稀且尿液较多，加之多雨，环境潮湿有利于病原菌滋生，腐蹄病随蹄部皮肤疏松、角质变软而发生。与初产母羊相比，经产母羊患腐蹄病的风险更高。干旱和半干旱地区，粗放型和半粗放型耕作系统流行，外伤、趾间炎症和异物常引起跛行，进而促进腐蹄病的发生。牧场公用区域也有利于腐蹄病的水平传播，同时牧场的地形特点、蹄部过度生长、修蹄不及时、先天性蹄质软弱也会诱发腐蹄病（Gelasakis et al.，2019）。同时，有一些疾病也能继发奶牛腐蹄病的发生。奶牛乳腺炎、子宫炎，或者肺炎感染时，机体由于受到病原菌的影响而产生内毒素或其他介质，极易引起奶牛蹄叶炎，继而引发病牛跛行，并最终导致腐蹄病的发生。另外，一些产后疾病，如胎衣不下、子宫内膜炎，以及奶牛真胃变位、酮病等能够引起奶

牛蹄质下降，继发蹄病（薛荣发等，2015）。

第二节　牛肝脓肿的流行病学及发病原因

一、牛肝脓肿的流行病学

肝脓肿是肉牛在育肥阶段常发生的一种疾病，肝脓肿常呈现隐性经过，病牛一般很少出现明显的临床症状，在任何地点饲养的任何年龄和品种的肉牛均可发生肝脓肿。肝脓肿的发病率变化很大，一般在10%～20%。根据美国国家牛肉质量审计报告显示，肝脓肿占肝损伤疾病的2/3（McKeith et al.，2012），高精饲料添加可能导致牛慢性酸中毒和瘤胃炎，且易于发展成肝脓肿（Brent，1976；Nagaraja and Chengappa，1998）。虽然肝脓肿主要引起饲养场肉牛发病，但在奶牛中也有报道（Nagaraja，2000；Doré et al.，2007），骆驼科动物（Aljameel et al.，2014）及其他反刍动物（Rosa et al.，1989；Tehrani，2012）也常发生，甚至在单胃动物（Rumbaugh et al.，1978；Zicker et al.，1990；Sellon et al.，2000）也有发生。肝脓肿对养牛业有重大的经济影响，而且这种影响取决于肝脓肿的严重程度。根据肝脏上脓肿的数量和大小，肝脓肿被分为1～3级，从轻度到重度分别表示为A^-、A和A^+，传统上称为Elanco评分系统（Brown et al.，1975）。一般来说，肝脓肿得分为A^-或A不会对牛的生产性能和胴体属性产生可测量的影响（Brink et al.，1990；Brown and Lawrence，2010）。在Brown和Lawrence（2010）的关于肝脓肿与牛生产性能、胴体分级和价值之间关系的研究中发现，肝脓肿为A^+的牛受影响最大，尤其是那些出现膈肌或腹部器官粘连的牛。

肝脓肿的发病率变化很大，低至0%～1%或2%，高至60%～80%，近年来，发病率为10%～20%（Brown and Lawrence，2010；Rezac et al.，2014b）。发病率的下降受多种因素的影响，如日粮（草料用量、草料类型、谷物类型）、饲喂天数，以及牛的类型（肉牛或奶牛）、品种（肉牛品种或奶牛品种）、性别（阉牛或小母牛）、地理位置和季节（Nagaraja and Chengappa，1998；Reinhardt and Hubbert，2015）。在2004～2014年，礼蓝动物保健有限公司（Elanco Animal Health）调查的畜牧场牛肝脓肿发病情况显示，小母牛、肉牛和荷斯坦牛的肝脓肿平均发病率分别为13.9%、16.0%和28.3%；在肉牛品种中，阉牛肝脓肿发生率（1%～3%）略高于小母牛；在过去的5～6年，肉牛品种的肝脓肿发病率略有增加，而用于牛肉生产的荷兰荷斯坦牛的肝脓肿发病率高于肉牛品种，且荷斯坦牛的肝脓肿发病率有更明显的增加趋势。

（一）肉牛肝脓肿

据估计，美国牛肝脓肿的发生率为13.7%（McKeith et al.，2012），淘汰奶牛中的32%有肝脓肿的存在（Rezac et al.，2014a）。最近，肝脓肿的发病率明显增加，尤其是荷斯坦肉牛（Reinhardt and Hubbert，2015）。肝脓肿与胴体重和胴体质量下降密切相关，可直接导致每只受影响的动物胴体价值下降20～80美元（Brown and Lawrence，2010）。同时，造成牛患肝脓肿，以及急性和亚急性瘤胃酸中毒的代谢条件也会对饲养场牛的采食量和生产性能产生负面影响（Rezac et al.，2014b）。肉牛肝脓肿的主要致病菌为坏死梭杆菌。坏死梭杆菌常侵入酸性环境的瘤胃，进而进入血液，感染肝脏，导致脓肿（Tadepalli et al.，2009）。肝脓肿牛的瘤胃微生物菌群及相关基因表达变化分析结果显示，坏死梭杆菌在牛肝脓肿瘤胃内容物呈现高丰度表达，同时牛肝脓肿差异表达基因富集于B细胞活化和干扰素介导的NF-κB信号通路（Abbas et al.，2020）。坏死梭杆菌常与化脓放线菌、葡萄球菌、链球菌和拟杆菌混合感染诱发肝脓肿，纯培养时 *Fnn* 亚种比 *Fnf* 亚种更易分离，*Fnf* 亚种在混合感染中多见。牛肝脓肿时肝脏被包裹，纤维化壁厚度可达1cm。组织学上，典型的肝脓肿为化脓性肉芽肿，坏死中心被炎性组织区包围（Lechtenberg et al.，1988）。腹腔注射坏死梭杆菌后，小鼠肝脏也出现严重的充血、出血现象，细胞颗粒变性明显（蒋剑成，2019）。饲料组成、季节因素及动物品种都会影响肝脓肿的产生（Brown and Lawrence，2010；Rezac et al.，2014a）。肝脓肿常引起牛采食量下降、体重减轻，严重影响牛的生产性能和泌乳功能，进而妨碍养牛业的发展。

（二）奶牛肝脓肿

奶牛容易发生瘤胃酸中毒，诱发瘤胃炎，主要是由于高能量饲料的摄入量增加，以及妊娠和哺乳期饮食结构的快速变化。一般情况下，为了满足泌乳期的能量需求，奶牛在产后会从前期的高饲粮转变为后期的高能量低饲粮。这种变化通常包括从干草到青贮饲料或颗粒饲料的转换。泌乳奶牛在泌乳前30～35d更容易发生亚急性或亚临床瘤胃酸中毒，但瘤胃损伤的发生较为缓慢，其原因是瘤胃挥发性脂肪酸（volatile fatty acid，VFA）浓度的增加（Dirksen et al.，1985；Plaizier et al.，2008）。奶牛肝脓肿多与其他疾病有关，如腹膜炎、迷走神经性消化不良、创伤性网胃腹膜炎、真胃移位、肺炎和肠炎。2014年美国五大湖区和中西部地区的奶牛和肉牛肝脓肿的流行病学调查显示，32%的奶牛肝脏有脓肿，超过一半的有肝脓肿的奶牛（占总数的58%）被归类为 A^+，绝大多数（90%）奶牛至少有一个脓肿附着在膈肌、腹壁或其他内脏器官上。在美国，饲养荷斯坦公犊牛已经越来越普遍了，通常在饲喂1或2次初乳后，荷斯坦公牛犊与母牛分离，单独在牧场的小牛笼内饲养，与传统肉牛品种犊牛的前期饲养工作存在差异（Maas and Robinson，2007）。肝脓肿调研数据表明，在美国不同地区，荷斯坦奶牛的肝脓肿发病率不同。来自中北部平原饲养场的荷斯坦奶牛比来自中西部、西北部和西南部饲养场的奶牛的发病率更高（Reinhardt and Hubbert，2015）。有趣的是，在总的肝脓肿病例中，荷斯坦奶牛 A^+ 肝脓肿和与膈肌、内脏器官粘连的脓肿比例高于肉牛品种（分别占总脓肿的50%～60%和30%～40%）。由于 A^+ 肝脓肿的发生率较高，与肉牛品种相比，肝脓肿对荷斯坦奶牛生产性能、胴体产量、等级和价值的影响可能更大。然而，目前还没有关于肝脓肿对荷斯坦奶牛生产性能的影响的研究报道。荷斯坦奶牛肝脓肿发生率高的原因尚不清楚，但主要影响因素是高能量饲粮的饲喂天数较长（荷斯坦奶牛300～400d，肉牛120～150d）（Duff and McMurphy，2007）。此外，荷斯坦阉牛的日采食量或总采食量（平均高出12%）高于肉牛品种（Hicks et al.，1990）。

二、牛肝脓肿的发病原因

肝脓肿通常被认为是由饲喂高含量的碳水化合物、低含量的粗饲料引起牛的瘤胃酸中毒和瘤胃炎的后遗症，因此被称为“瘤胃炎-肝脓肿综合征”。Smith（1944）首次观察到饲养场牛肝脓肿与瘤胃病变之间的关系，随后被 Jensen 等（1954a）证实。Rezac 等（2014a）在最近一项关于屠宰肉牛瘤胃健康评分与肝脓肿关系的研究中发现，轻度或重度瘤胃炎牛有 32%的牛患有肝脓肿，而瘤胃壁健康牛仅有 19%的牛患有肝脓肿。饲喂模式的改变、牛过度饥饿、饲喂不适口的饲料、饲料中少粗饲料或异物穿透等，以及高能量饲料的剧烈变化常引起瘤胃炎和瘤胃表面的损伤（Elam，1976）。荷斯坦奶牛由于长期食用高精粮低粗粮饲料（＞300d），因此瘤胃炎的发病率较高，可以解释为肝脓肿发生率较高的原因。然而，关于荷斯坦奶牛瘤胃炎的发病率，以及瘤胃上皮细胞外观和病理学的比较研究尚未见发表。最近的一项研究表明，64.8%的被屠宰奶牛的瘤胃外观和乳头结构正常，而剩余的有轻度（25.1%）至重度瘤胃炎（10%）。常见的瘤胃病变有角化不全、乳头变钝或上皮剥蚀，更严重的病变为溃疡和瘢痕组织形成（Rezac et al.，2014a）。

细菌进入肝实质引起感染的其他入口包括肝动脉、脐静脉（新生儿犊牛）和胆道（Kelly et al.，1993）。在奶牛中，尖锐的金属物体卡在瘤胃内并穿透瘤胃壁而引起的创伤性网胃腹膜炎往往是肝脓肿的易感因素。细菌性局部腹膜炎通过上皮穿孔进入肝脏，引起肝脓肿。肝脓肿偶尔会侵蚀后腔静脉引起腔静脉血栓形成，导致牛突然死亡（Rebhun et al.，1980）。在很多病例中，肝脓肿可发生不同程度的肺动脉血栓、肺梗死、化脓性肺炎、充血性右心衰、心内膜炎、咯血、鼻出血，导致俗称的“后腔静脉血栓综合征”（Gudmundson et al.，1978）。

肝脓肿是由多种革兰氏阴性厌氧菌为主要菌群引起的多种病原微生物感染（Scanlan and Hathcock，1983；Nagaraja and Chengappa，1998）。坏死梭杆菌是引起该病感染的主要病原体，化脓隐秘杆菌是第二常见的病原体（Scanlan and Hathcock，1983；Lechtenberg et al.，1988）。此外，许多其他厌氧和兼性细菌，如拟杆菌属、梭状芽孢杆菌属、埃希氏菌属、克雷伯氏菌属、肠杆菌属、弯曲杆菌属、巴氏杆菌属、瘤胃球菌属、卟啉单胞菌属、普雷沃氏菌属、丙酸杆菌属、葡萄球菌属、链球菌属，以及许多未鉴定的革兰氏阴性菌和革兰氏阳性菌已从牛肝脓肿中分离出来（Scanlan and Hathcock，1983；Nagaraja and Chengappa，1998）。近年来，有从人肝脓肿病例中分离出沙门氏菌的报道，同时发现沙门氏菌在厌氧条件下生长状态较好，且与有氧培养相比，厌氧培养的沙门氏菌具有更强的侵袭性和毒性，能更好地黏附于哺乳动物细胞上；对肝脓肿分离的沙门氏菌进行血清型鉴定表明其主要是新血清型沙门氏菌亚群（Lee and Falkow，1990；Schiemann and Shope，1991）。

参 考 文 献

陈玉芳，高宏宝. 2000. 种公牛蹄病的综合防治措施[J]. 上海畜牧兽医通讯, (6): 26-27.

邓益锋, 仇焕雷, 芮荣. 2004. 奶牛蹄变形及蹄病发生规律的研究[J]. 动物医学进展, 25(3): 91-93.
方有贵, 任国宝. 2011. 玛多地区藏羊腐蹄病的预防治疗[J]. 畜牧兽医科技信息, (8): 41.
郭东华. 2007. 牛羊腐蹄病坏死梭杆菌白细胞毒素重组亚单位疫苗的研究[D]. 哈尔滨: 东北农业大学博士学位论文.
郭东华, 孙东波. 2014. 奶牛变形蹄与腐蹄病[M]. 哈尔滨: 东北林业大学出版社: 2-5.
贾玉玲. 2020. 藏羊腐蹄病发病情况调查与分析[J]. 畜牧兽医科学(电子版), (23): 18-19.
蒋剑成. 2019. 牛坏死梭杆菌 43kDa OMP、PL-4、H2 对小鼠免疫效果的评价[D]. 大庆: 黑龙江八一农垦大学硕士学位论文.
金巴, 陈如田. 1994. 一起绵羊腐蹄病爆发的调查报告[J]. 中国兽医科技, (4): 18.
兰育波, 吕丽萍. 2012. 奶牛腐蹄病的治疗与预防[J]. 中国畜禽种业, 8(1): 115.
李基旺, 李水权. 2003. 牛焦虫病和腐蹄病的病因分析及防治措施[J]. 广东畜牧兽医科技, 28(1): 29-30.
李振. 2006. 日粮营养对奶牛肢蹄病的影响[J]. 今日畜牧兽医, (4): 9-11.
磨考诗. 1999. 奶牛腐蹄病的防治[J]. 广西农业科学, 30(5): 267.
祁海云, 杨军, 田文杰. 2020. 部队牧场放牧藏羊腐蹄病发病情况调查与分析[J]. 山东畜牧兽医, (8): 49-51.
宋学武. 2019. 羊腐蹄病的流行病学、临床表现、实验室诊断及防治措施[J]. 现代畜牧科技, (12): 129-130.
苏晓健, 赵永旺, 徐小琴, 等. 2009. 牛腐蹄病病原微生物的分离鉴定[J]. 黑龙江畜牧兽医(科技版), (11): 92-93.
孙玉国. 2007. 奶牛腐蹄病病原菌的分离鉴定与生物特性研究[D]. 哈尔滨: 东北农业大学硕士学位论文.
唐兆新, 张景伦, 倪有煌. 1996. 对合肥某奶牛场奶牛肢蹄病的调查研究[J]. 中国奶牛, (3): 14-15.
王健. 2021. 奶牛腐蹄病的病因与防控[J]. 畜牧兽医科技信息, (5): 91-92.
王金明. 2013. 奶牛腐蹄病的综合防治[J]. 畜牧兽医杂志, 32(2): 117-118.
武心镇, 吴凌. 2008. 奶牛腐蹄病的流行病学调查与治疗[J]. 现代畜牧兽医, (7): 30-31.
谢晶, 廖党金, 汪明, 等. 2013. 四川奶牛腐蹄病主要病原菌调查[J]. 中国兽医杂志, 49(4): 35-37.
薛荣发, 高士孔, 李增开, 等. 2015. 奶牛蹄病的发病原因及综合防治措施[J]. 畜牧与饲料科学, 36(4): 118-119.
杨雨江, 孙永峰, 赵立峰, 等. 2008. 奶牛腐蹄病病因分析及防治措施[J]. 吉林畜牧兽医, 29(5): 43-44.
余彦国, 张瑾. 2012. 奶牛腐蹄病的病因及防制措施[J]. 畜牧兽医杂志, 31(2): 59-60.
张克新. 2011. 秋季奶牛腐蹄病高发的原因及综合防治[J]. 北京农业, (6): 116-117.
张丽华, 刘岩, 曹雪慧, 等. 2004. 奶牛腐蹄病的诊治[J]. 中国兽医杂志, 40(11): 61-62.
张鹏宴. 2007. 烟台地区泌乳期奶牛常见临床疾病情况调查[J]. 安徽农业科学, 35(13): 3865-3866.
张全. 2008. 奶牛腐蹄病的防治[J]. 湖北畜牧兽医, 29(6): 38-39.
赵月兰, 秦建华, 左玉柱, 等. 2007. 河北省奶牛肢蹄病发病情况调查及防治效果观察[J]. 黑龙江畜牧兽医, (4): 69-71.
郑家三. 2017. 奶牛腐蹄病的蛋白质组学和代谢组学研究[D]. 哈尔滨: 东北农业大学硕士学位论文.
朱立军, 宗占伟, 江定伟, 等. 2005. 种牛场牛腐蹄病的防治研究[J]. 湖北畜牧兽医, 26(5): 28-31.
朱战波, 张勇, 樊君, 等. 2006. 奶牛腐蹄病的治疗与预防[J]. 现代畜牧兽医, (12): 41-43.
Abbas W, Keel B N, Kachman S D, et al. 2020. Rumen epithelial transcriptome and microbiome profiles of rumen epithelium and contents of beef cattle with and without liver abscesses[J]. Journal of Animal Science, 98(12): skaa359.
Abutarbush S M. 2011. Bovine Laminitis and Lameness — A Hands-on Approach[J]. Canadian Veterinary Journal 52(1): 73.
Alban L, Lawson L G, Agger J F. 1995. Foul in the foot (interdigital necrobacillosis) in Danish dairy

cows—frequency and possible risk factors[J]. Preventive Veterinary Medicine, 24(2): 73-82.

Aljameel M A, Halima M O, ElTigani-Asil A E, et al. 2014. Liver abscesses in dromedary camels: Pathological characteristics and aerobic bacterial aetiology[J]. Open Veterinary Journal, 4(2): 118-123.

Ammon U. 1995. Die deutsche Sprache in Deutschland, Österreich und der Schweiz: Das Problem der nationalen Varietäten. Berlin[M]. New York: De Gruyter.

Ardüser F, Moore-Jones G, Gobeli Brawand S, et al. 2020. *Dichelobacter nodosus* in sheep, cattle, goats and South American camelids in Switzerland-Assessing prevalence in potential hosts in order to design targeted disease control measures[J]. Preventive Veterinary Medicine, 178: 104688.

Arrieta A I, García E K, Jugo B M. 2006. Optimization of the *MhcOvar-DRB1* gene typing[J]. Tissue Antigens, 67(3): 222-228.

Azizi S, Tehrani A A, Dalir-Naghadeh B, et al. 2011. The effects of farming system and season on the prevalence of lameness in sheep in northwest Iran[J]. New Zealand Veterinary Journal, 59(6): 311-316.

Bennett G N, Hickford J G H. 2011. Ovine footrot: New approaches to an old disease[J]. Veterinary Microbiology, 148(1): 1-7.

Bennett G, Hickford J, Sedcole R, et al. 2009. *Dichelobacter nodosus*, *Fusobacterium necrophorum* and the epidemiology of footrot[J]. Anaerobe, 15(4): 173-176.

Berg J N, Loan R W. 1975. *Fusobacterium necrophorum* and *Bacteroides melaninogenicus* as etiologic agents of foot rot in cattle[J]. American Journal of Veterinary Research, 36(8): 1115-1122.

Berg J N, Scanlan C M. 1982. Studies of *Fusobacterium necrophorum* from bovine hepatic abscesses: Biotypes, quantitation, virulence, and antibiotic susceptibility[J]. American Journal of Veterinary Research, 43(9): 1580-1586.

Bergsten C. 2003. Causes, risk factors, and prevention of laminitis and related claw lesions[J]. Acta Veterinaria Scandinavica Supplementum, 98: 157-166.

Bishop S C, Doeschl-Wilson A B, Woolliams J A. 2012. Uses and implications of field disease data for livestock genomic and genetics studies[J]. Frontiers in Genetics, 3: 114.

Borderas T F, Pawluczuk B, De Passillé A M, et al. 2004. Claw hardness of dairy cows: Relationship to water content and claw lesions[J]. Journal of Dairy Science, 87(7): 2085-2093.

Brazier J S. 2006. Human infections with *Fusobacterium necrophorum*[J]. Anaerobe, 12(4): 165-172.

Brent B E. 1976. Relationship of acidosis to other feedlot ailments[J]. Journal of Animal Science, 43(4): 930-935.

Brink D R, Lowry S R, Stock R A, et al. 1990. Severity of liver abscesses and efficiency of feed utilization of feedlot cattle[J]. Journal of Animal Science, 68(5): 1201-1207.

Brown H, Bing R F, Grueter H P, et al. 1975. Tylosin and chloretetracycline for the prevention of liver abscesses, improved weight gains and feed efficiency in feedlot cattle[J]. Journal of Animal Science, 40(2): 207-213.

Brown T R, Lawrence T E. 2010. Association of liver abnormalities with carcass grading performance and value[J]. Journal of Animal Science, 88(12): 4037-4043.

Cagatay I T, Hickford J G H. 2005. Update on ovine footrot in New Zealand: Isolation, identification, and characterization of *Dichelobacter nodosus* trains[J]. Veterinary Microbiology, 111(3/4): 171-180.

Cramer G, Lissemore K D, Guard C L, et al. 2008. Herd- and cow-level prevalence of foot lesions in Ontario dairy cattle[J]. Journal of Dairy Science, 91(10): 3888-3895.

Cruz C E F, Pescador C A, Nakajima Y, et al. 2005. Immunopathological investigations on bovine digital epidermitis[J]. The Veterinary Record, 157(26): 834-840.

Dhungyel O, Schiller N, Eppleston J, et al. 2013. Outbreak-specific monovalent/bivalent vaccination to control and eradicate virulent ovine footrot[J]. Vaccine, 31(13): 1701-1706.

Dirksen G U, Liebich H G, Mayer E. 1985. Adaptive changes of the ruminal mucosa and their functional and clinical significance[J]. The Bovine Practitioner, (20): 116-120.

Doré E, Fecteau G, Hélie P, et al. 2007. Liver abscesses in Holstein dairy cattle: 18 cases (1992-2003)[J]. Journal of Veterinary Internal Medicine, 21(4): 853-856.

Duff G C, McMurphy C P. 2007. Feeding Holstein steers from start to finish[J]. Veterinary Clinics of North

America Food Animal Practice, 23(2): 281-297.

Egerton J R, Parsonson I M. 1969. Benign foot-rot: A specific interdigital dermatitis of sheep associated with infection by less proteolytic strains of *Fusiformis nodosus*[J]. Australian Veterinary Journal, 45(8): 345-349.

Elam C J. 1976. Acidosis in feedlot cattle: Practical observations[J]. Journal of Animal Science, 43(4): 898-901.

Emery D L, Stewart D J, Clark B L. 1984. The comparative susceptibility of five breeds of sheep to foot-rot[J]. Australian Veterinary Journal, 61(3): 85-88.

Ennen S, Hamann H, Distl O, et al. 2009. A field trial to control ovine footrot via vaccination and genetic markers[J]. Small Ruminant Research, 86(1/2/3): 22-25.

Escayg A P, Hickford J G H, Bullock D W. 1997. Association between alleles of the ovine major histocompatibility complex and resistance to footrot[J]. Research in Veterinary Science, 63(3): 283-287.

Frisch J E. 1976. The comparative incidence of foot rot in *Bos taurus* and *Bos indicus* cattle[J]. Australian Veterinary Journal, 52(5): 228-229.

Frosth S, König U, Nyman A K, et al. 2015. Characterisation of *Dichelobacter nodosus* and detection of *Fusobacterium necrophorum* and *Treponema* spp. in sheep with different clinical manifestations of footrot[J]. Veterinary Microbiology, 179(1/2): 82-90.

Gelasakis A I, Arsenos G, Hickford J, et al. 2013. Polymorphism of the *MHC-DQA2* gene in the Chios dairy sheep population and its association with footrot[J]. Livestock Science, 153(1/2/3): 56-59.

Gelasakis A I, Arsenos G, Valergakis G E, et al. 2010. Effect of lameness on milk production in a flock of dairy sheep[J]. The Veterinary Record, 167(14): 533-534.

Gelasakis A I, Kalogianni A I, Bossis I. 2019. Aetiology, risk factors, diagnosis and control of foot-related lameness in dairy sheep[J]. Animals: An Open Access Journal from MDPI, 9(8): 509.

Gelasakis A I, Mavrogianni V S, Petridis I G, et al. 2015. Mastitis in sheep—The last 10 years and the future of research[J]. Veterinary Microbiology, 181(1/2): 136-146.

Gelasakis A I, Oikonomou G, Bicalho R C, et al. 2017a. Clinical characteristics of lameness and potential risk factors in intensive and semi-intensive dairy sheep flocks in Greece[J]. Journal of the Hellenic Veterinary Medical Society, 64(2): 123.

Gelasakis A I, Valergakis G E, Arsenos G. 2017b. Predisposing factors of sheep lameness[J]. Journal of the Hellenic Veterinary Medical Society, 60(1): 63.

Gilhuus M, Kvitle B, L'Abée-Lund T M, et al. 2014. A recently introduced *Dichelobacter nodosus* strain caused an outbreak of footrot in Norway[J]. Acta Veterinaria Scandinavica, 56(1): 29.

Green L E, George T R N. 2008. Assessment of current knowledge of footrot in sheep with particular reference to *Dichelobacter nodosus* and implications for elimination or control strategies for sheep in Great Britain[J]. Veterinary Journal, 175(2): 173-180.

Greenough P R, Maccallum F J, Weaver A D. 1981. Discase of the digital skin and subcutis, lameness in Cattle[M]. 2nd ed. Bristol: Wright Scientechnica: 151-169.

Grøneng G M, Vatn S, Kristoffersen A B, et al. 2015. The potential spread of severe footrot in Norway if no elimination programme had been initiated: A simulation model[J]. Veterinary Research, 46: 10.

Gudmundson J, Radostits O M, Doige C E. 1978. Pulmonary thromboembolism in cattle due to thrombosis of the posterior vena cava associated with hepatic abscessation[J]. The Canadian Veterinary Journal, 19(11): 304-309.

Gupta R B, Fincher M G, Bruner D W. 1964. A study of the etiology of foot-rot in cattle[J]. The Cornell Veterinarian, 54: 66-77.

Gurung R B, Dhungyel O P, Tshering P, et al. 2006a. The use of an autogenous *Dichelobacter nodosus* vaccine to eliminate clinical signs of virulent footrot in a sheep flock in Bhutan[J]. The Veterinary Journal, 172(2): 356-363.

Gurung R B, Tshering P, Dhungyel O P, et al. 2006b. Distribution and prevalence of footrot in Bhutan[J]. Veterinary Journal, 171(2): 346-351.

Hernandez J, Shearer J K, Webb D W. 2002. Effect of lameness on milk yield in dairy cows[J]. Journal of the

American Veterinary Medical Association, 220(5): 640-644.

Hickford J G H, Zhou H, Slow S, et al. 2004. Diversity of the ovine *DQA2* gene[J]. Journal of Animal Science, 82(6): 1553-1563.

Hicks R B, Owens F N, Gill D R, et al. 1990. Daily dry matter intake by feedlot cattle: Influence of breed and gender[J]. Journal of Animal Science, 68(1): 245-253.

Hosie B. 2004. Footrot and lameness in sheep[J]. The Veterinary Record, 154(2): 37-38.

Jensen R, Connel W E, Deem A W. 1954a. Rumenitis and its relation to rate of change of ration and the proportion of concentrate in the ration of cattle[J]. American Journal of Veterinary Research, 15(56): 425-428.

Jensen R, Deane H M, Cooper L J, et al. 1954b. The rumenitis-liver abscess complex in beef cattle[J]. American Journal of Veterinary Research, 15(55): 202-216.

Kelly W G, Dahmus M E, Hart G W. 1993. RNA polymerase Ⅱ is a glycoprotein. Modification of the COOH-terminal domain by O-GlcNAc[J]. Journal of Biological Chemistry, 268(14): 10416-10424.

Kennan R M, Gilhuus M, Frosth S, et al. 2014. Genomic evidence for a globally distributed, bimodal population in the ovine footrot pathogen *Dichelobacter nodosus*[J]. mBio, 5(5): e01821-e01814.

König U, Nyman A K J, De Verdier K. 2011. Prevalence of footrot in Swedish slaughter lambs[J]. Acta Veterinaria Scandinavica, 53(1): 27.

Lechtenberg K F, Nagaraja T G, Leipold H W, et al. 1988. Bacteriologic and histologic studies of hepatic abscesses in cattle[J]. American Journal of Veterinary Research, 49(1): 58-62.

Lee C A, Falkow S. 1990. The ability of *Salmonella* to enter mammalian cells is affected by bacterial growth state[J]. Proceedings of the National Academy of Sciences of the United States of America, 87(11): 4304-4308.

Locher I, Giger L, Frosth S, et al. 2018. Potential transmission routes of *Dichelobacter nodosus*[J]. Veterinary Microbiology, 218: 20-24.

Maas J, Robinson P H. 2007. Preparing Holstein steer calves for the feedlot[J]. Veterinary Clinics of North America: Food Animal Practice, 23(2): 269-279.

McKeith R O, Gray G D, Hale D S, et al. 2012. National beef quality audit-2011: Harvest-floor assessments of targeted characteristics that affect quality and value of cattle, carcasses, and byproducts[J]. Journal of Animal Science, 90(13): 5135-5142.

McPherson A S, Dhungyel O P, Whittington R J. 2019. The microbiome of the footrot lesion in Merino sheep is characterized by a persistent bacterial dysbiosis[J]. Veterinary Microbiology, 236: 108378.

Mucha S, Bunger L, Conington J. 2015. Genome-wide association study of footrot in Texel sheep[J]. Genetics Selection Evolution, 47(1): 35.

Mülling C K, Bragulla H H, Reese S, et al. 1999. How structures in bovine hoof epidermis are influenced by nutritional factors[J]. Anatomia, Histologia, Embryologia, 28(2): 103-108.

Nagaraja T G. 2000. Liver abscesses in beef cattle: Potential for dairy monitoring?[C]. American Association of Bovine Practitioners Conference Proceedings. Rapid City, South Dakota: 65-68.

Nagaraja T G, Chengappa M M. 1998. Liver abscesses in feedlot cattle: A review[J]. Journal of Animal Science, 76(1): 287-298.

Nagaraja T G, Narayanan S K, Stewart G C, et al. 2005. *Fusobacterium necrophorum* infections in animals: Pathogenesis and pathogenic mechanisms[J]. Anaerobe, 11(4): 239-246.

Narayanan S K, Chengappa M M, Stewart G C, et al. 2003. Immunogenicity and protective effects of truncated recombinant leukotoxin proteins of *Fusobacterium necrophorum* in mice[J]. Veterinary Microbiology, 93(4): 335-347.

Narayanan S K, Nagaraja T G, Chengappa M M, et al. 2001. Cloning, sequencing, and expression of the leukotoxin gene from *Fusobacterium necrophorum*[J]. Infection and Immunity, 69(9): 5447-5455.

Nieuwhof G J, Conington J, Bishop S C. 2009. A genetic epidemiological model to describe resistance to an endemic bacterial disease in livestock: Application to footrot in sheep[J]. Genetics, Selection, Evolution: GSE, 41(1): 19.

Nieuwhof G J, Conington J, Bűnger L, et al. 2008. Genetic and phenotypic aspects of foot lesion scores in sheep of different breeds and ages[J]. Animal, 2(9): 1289-1296.

Niggeler A, Tetens J, Stäuble A, et al. 2017. A genome-wide significant association on chromosome 2 for footrot resistance/susceptibility in Swiss White Alpine sheep[J]. Animal Genetics, 48(6): 712-715.

Ozgen E K, Cengiz S, Ulucan M, et al. 2015. Isolation and identification of *Dichelobacter nodosus* and *Fusobacterium necrophorum* using the polymerase chain reaction method in sheep with footrot[J]. Acta Veterinaria Brno, 84(2): 97-104.

Plaizier J C, Krause D O, Gozho G N, et al. 2008. Subacute ruminal acidosis in dairy cows: The physiological causes, incidence and consequences[J]. The Veterinary Journal, 176(1): 21-31.

Raadsma H W, Dhungyel O P. 2013. A review of footrot in sheep: New approaches for control of virulent footrot[J]. Livestock Science, 156(1/2/3): 115-125.

Raadsma H W, Egerton J R. 2013. A review of footrot in sheep: Aetiology, risk factors and control methods[J]. Livestock Science, 156(1/2/3): 106-114.

Rebhun W C, Rendano V T, Dill S G, et al. 1980. Caudal vena caval thrombosis in four cattle with acute dyspnea[J]. Journal of the American Veterinary Medical Association, 176(12): 1366-1369.

Reinhardt C D, Hubbert M E. 2015. Control of liver abscesses in feedlot cattle: A review[J]. The Professional Animal Scientist, 31(2): 101-108.

Rezac D J, Thomson D U, Bartle S J, et al. 2014a. Prevalence, severity, and relationships of lung lesions, liver abnormalities, and rumen health scores measured at slaughter in beef cattle[J]. Journal of Animal Science, 92(6): 2595-2602.

Rezac D J, Thomson D U, Siemens M G, et al. 2014b. A survey of gross pathologic conditions in cull cows at slaughter in the Great Lakes region of the United States[J]. Journal of Dairy Science, 97(7): 4227-4235.

Roberts D S, Egerton J R. 1969. The aetiology and pathogenesis of ovine foot-rot. Ⅱ. The pathogenic association of *Fusiformis nodosus* and *F. necrophorus*[J]. Journal of Comparative Pathology, 79(2): 217-227.

Rosa J S, Johnson E H, Alves F S F, et al. 1989. A retrospective study of hepatic abscesses in goats: Pathological and microbiological findings[J]. British Veterinary Journal, 145(1): 73-76.

Rowlands G J, Russell A M, Williams L A. 1983. Effects of season, herd size, management system and veterinary practice on the lameness incidence in dairy cattle[J]. The Veterinary Record, 113(19): 441-445.

Rumbaugh G E, Smith B P, Carlson G P. 1978. Internal abdominal abscesses in the horse: A study of 25 cases[J]. Journal of the American Veterinary Medical Association, 172(3): 304-309.

Scanlan C M, Hathcock T L. 1983. Bovine rumenitis-liver abscess complex: A bacteriological review[J]. The Cornell Veterinarian, 73(3): 288-297.

Schiemann D A, Shope S R. 1991. Anaerobic growth of *Salmonella typhimurium* results in increased uptake by Henle 407 epithelial and mouse peritoneal cells *in vitro* and repression of a major outer membrane protein[J]. Infection and Immunity, 59(1): 437-440.

Sellon D C, Spaulding K, Breuhaus B A, et al. 2000. Hepatic abscesses in three horses[J]. Journal of the American Veterinary Medical Association, 216(6): 882-887, 864-865.

Skerman T M, Moorhouse S R. 1987. Broomfield Corriedales: A strain of sheep selectively bred for resistance to footrot[J]. New Zealand Veterinary Journal, 35(7): 101-106.

Smith H A. 1944. Ulcerative lesions of the bovine rumen and their possible relation to hepatic abscesses[J]. American Journal of Veterinary Research, 5: 234-242.

Sreenivasulu D, Vijayalakshmi S, Raniprameela D, et al. 2013. Prevalence of ovine footrot in the tropical climate of southern India and isolation and characterisation of *Dichelobacter nodosus*[J]. Revue Scientifique et Technique (International Office of Epizootics), 32(3): 869-877.

Stäuble A, Steiner A, Frey J, et al. 2014. Simultaneous detection and discrimination of virulent and benign *Dichelobacter nodosus* in sheep of flocks affected by foot rot and in clinically healthy flocks by competitive real-time PCR[J]. Journal of Clinical Microbiology, 52(4): 1228-1231.

Tadepalli S, Narayanan S K, Stewart G C, et al. 2009. *Fusobacterium necrophorum*: A ruminal bacterium that invades liver to cause abscesses in cattle[J]. Anaerobe, 15(1/2): 36-43.

Tan Z L, Nagaraja T G, Chengappa M M. 1996. *Fusobacterium necrophorum* infections: Virulence factors, pathogenic mechanism and control measures[J]. Veterinary Research Communications, 20(2): 113-140.

Tehrani A. 2012. Histopathological and bacteriological study on hepatic abscesses of Herrik sheep[J]. Journal of Medical Microbiology & Diagnosis, (1): 1-5.

Tor-Agbidye J, Blythe L L, Craig A M. 2001. Correlation of endophyte toxins (ergovaline and lolitrem B) with clinical disease: Fescue foot and perennial ryegrass staggers[J]. Veterinary and Human Toxicology, 43(3): 140-146.

Tranter W P, Morris R S. 1991. A case study of lameness in three dairy herds[J]. New Zealand Veterinary Journal, 39(3): 88-96.

Underwood E J, Suttle N F. 2004. The mineral nutrition of livestock[M]. 3rd ed. Oxfordshire: CABI Publishing.

Van Metre D C. 2017. Pathogenesis and treatment of bovine foot rot[J]. Veterinary Clinics of North America Food Animal Practice, 33(2): 183-194.

Wani A H, Verma S, Sharma M, et al. 2015. Infectious lameness among migratory sheep and goats in north-west India, with particular focus on anaerobes[J]. Revue Scientifique et Technique (International Office of Epizootics), 34(3): 855-867.

Wani S A, Farooq S, Kashoo Z A, et al. 2019. Determination of prevalence, serological diversity, and virulence of *Dichelobacter nodosus* in ovine footrot with identification of its predominant serotype as a potential vaccine candidate in J&K, India[J]. Tropical Animal Health and Production, 51(5): 1089-1095.

Wild R, McFadden A, O'Connor C, et al. 2019. Prevalence of lameness in sheep transported to meat processing plants in New Zealand and associated risk factors[J]. New Zealand Veterinary Journal, 67(4): 188-193.

Winter J R, Green L E. 2017. Cost-benefit analysis of management practices for ewes lame with footrot[J]. The Veterinary Journal, 220: 1-6.

Winter J R, Kaler J, Ferguson E, et al. 2015. Changes in prevalence of, and risk factors for, lameness in random samples of English sheep flocks: 2004-2013[J]. Preventive Veterinary Medicine, 122(1/2): 121-128.

Zhou H T, Bennett G, Hickford J G H. 2009. Variation in *Fusobacterium necrophorum* strains present on the hooves of footrot infected sheep, goats and cattle[J]. Veterinary Microbiology, 135(3/4): 363-367.

Zicker S C, Wilson W D, Medearis I. 1990. Differentiation between intra-abdominal neoplasms and abscesses in horses, using clinical and laboratory data: 40 cases (1973-1988)[J]. Journal of the American Veterinary Medical Association, 196(7): 1130-1134.

Zingg D, Steinbach S, Kuhlgatz C, et al. 2017. Epidemiological and economic evaluation of alternative on-farm management scenarios for ovine footrot in Switzerland[J]. Frontiers in Veterinary Science, 4: 70.

第三章　坏死梭杆菌的致病机制

第一节　坏死梭杆菌对细胞的黏附

细菌感染宿主细胞的一般过程包括病原菌黏附宿主细胞、病原菌与宿主细胞相互作用及大量繁殖、病原菌产物导致宿主细胞损伤或死亡。其中，病原菌黏附宿主细胞或黏膜表面是多数感染性疾病发展的最初步骤，也是病原菌侵袭、致病的先决条件。病原菌通过黏附进入宿主组织，破坏组织器官细胞的完整性，引起组织感染。细菌附着于上皮细胞表面的受体，通过特定的跨膜信号通路触发细胞激活，细胞激活后通过第二信号通路引起炎症。机体通过分泌趋化因子和募集炎症细胞到黏膜，激活促炎性细胞因子的产生释放，引起局部和全身炎症反应（图 3-1）。

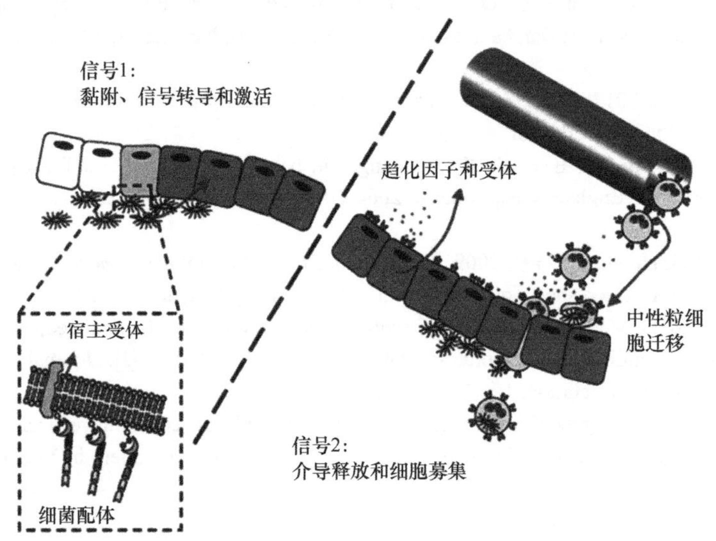

图 3-1　细菌黏附后诱导宿主反应的双信号模型（Godaly et al.，2005）

病原菌黏附宿主细胞，是通过其表面黏附分子与宿主细胞表面受体相互作用完成的。所以，表面黏附分子在病原菌感染的第一步起到了关键作用，也决定了病原菌感染宿主和组织的特异性。细菌表面的一些结构如菌毛、被膜、鞭毛和荚膜等在细菌黏附中发挥重要作用。细菌黏附机制包括物理化学作用、分子与细胞的相互作用等，细菌通过与靶细胞表面的分子疏水性、分子间力（范德瓦耳斯力）和静电引力来完成非特异性结合，其中分子的疏水性尤为重要。而细菌的特异性黏附则是借助特异性识别分子（黏附素、配体）和靶细胞表面的相应受体相结合完成。黏附是细菌生存的首选方式，且多数细菌都具有黏附素，到目前为止，关于细菌黏附素如疏水蛋白、凝集素、识别黏附基质分子的微生物表面组分（microbial surface component recognizing adhesive matrix molecule，MSCRAMM）等及其相关受体蛋白的作用机制已经在葡萄球菌、大肠杆菌等中得以阐明（Yuehuei and Richard，2000）。

坏死梭杆菌是人和动物呼吸道、消化道和泌尿生殖道的常见菌之一。健康宿主体内含有低含量的坏死梭杆菌，牛瘤胃内坏死梭杆菌含量为 10^5～10^6 MPN/g（MPN，most probable number，最大可能数），且 *Fnn* 亚种和 *Fnf* 亚种均能从奶牛瘤胃内容物中分离出来（Smith and Thornton，1993；Tan et al.，1994b）。同时，坏死梭杆菌也是人口腔和女性生殖道内的常在菌群，且常与一些恶性肿瘤密切相关（Johannesen et al.，2019）。当宿主组织或细胞受到损伤或其他病原菌感染时，坏死梭杆菌侵入宿主并在体内繁殖，引起宿主坏死性皮炎、口炎、肝脓肿、腐蹄病、化脓性乳腺炎等多种坏死性、化脓性疾病。严重病例还伴有菌血症出现，威胁宿主的生命安全。

关于牛坏死梭杆菌黏附机制的早期相关研究，认为血凝素介导坏死梭杆菌黏附 Vero 细胞，同时，坏死梭杆菌对瘤胃上皮细胞的黏附也与血凝素密切相关（Kanoe et al.，1985；Kanoe and Iwaki，1987）。抗血凝素血清能降低坏死梭杆菌与兔、鼠等易感动物细胞的黏附（Okada et al.，1999）。同时，研究也发现坏死梭杆菌对Ⅰ型胶原和来源于瘤胃的细胞具有很强的亲和力，其抗血清可以抑制坏死梭杆菌对细胞的黏附。利用胃蛋白酶和胰蛋白酶预处理瘤胃细胞后，坏死梭杆菌黏附数量降低，但用脂肪酶预处理不会出现类似的现象（Kanoe and Iwaki，1987），这些研究结果显示瘤胃上的细菌结合位点与大肠杆菌Ⅰ型菌毛不同（Salit and Gotschlich，1977），提示胶原蛋白可能是介导坏死梭杆菌黏附瘤胃组织诱发瘤胃炎的潜在蛋白质，同时坏死梭杆菌对牛瘤胃黏膜的黏附有利于坏死梭杆菌引起的牛瘤胃病变（Kanoe et al.，1978）。

近年来，有学者发现胰酶能显著降低坏死梭杆菌黏附肾上腺血管内皮细胞，表明介导坏死梭杆菌黏附细胞的是蛋白质。同时，对 *Fnn* 亚种和 *Fnf* 亚种坏死梭杆菌的 OMP 进行系统研究，发现分子质量为 17kDa、24kDa、40kDa 和 74kDa 的 OMP 可能与坏死梭杆菌黏附细胞有关，且 40kDa 大小的外膜蛋白在坏死梭杆菌黏附细胞中可能发挥重要作用（Kumar et al.，2014，2015；Menon et al.，2018）。43K OMP（43kDa outer membrane protein，43K OMP）首次是在坏死梭杆菌临床分离株 H05 鉴定的，且与梭杆菌属其他成员具核梭杆菌、变异梭杆菌、溃疡梭杆菌、牙周梭杆菌、死亡梭杆菌和微生子梭杆菌的外膜蛋白表现出高度的相似性，且与具核梭杆菌发挥黏附功能的外膜蛋白 FomA 同源性为 70.22%，其抗体阻断坏死梭杆菌与上皮细胞的黏附，43K OMP 是坏死梭杆菌潜在的黏附蛋白。进一步研究发现 43K OMP 与细胞外基质蛋白纤连蛋白相互作用介导坏死梭杆菌与牛上皮细胞的黏附作用（He et al.，2020，2022）。

第二节　坏死梭杆菌对细胞的作用

坏死梭杆菌广泛性地参与多种动物和人的坏死性、脓肿性疾病，坏死梭杆菌黏附侵入宿主细胞后，通过释放大量的毒力因子完成对动物的感染和介导机体损伤。坏死梭杆菌毒力因子的释放不仅能使坏死梭杆菌免于被宿主免疫系统识别并吞噬，而且还能对宿主组织造成损伤。大量的研究已表明，坏死梭杆菌能诱发宿主不同细胞凋亡和炎症的发生。1975 年，Garcia 等对坏死梭杆菌培养基中制备的 LPS 使用电镜进行分析，发现其与大肠杆菌的 LPS 具有一样的性质；将制备的坏死梭杆菌 LPS 注射给小鼠和家兔，发现其能引起动物的死亡。研究发现，将从肝脓肿分离的坏死梭杆菌与原代的猪肾细胞共培养后，猪肾细胞出现病变。在小鼠感染坏死梭杆菌的模型中发现，在小鼠的内脏器官（肺脏、肝脏、脾脏）组织中，只有肝脏的含菌量最高，且只在肝脏中出现了脓肿灶，说明坏死梭杆菌对小鼠的肝脏具有偏嗜性，这可能是由于肝脏的营养和微环境适合该菌的生长。

1975 年，Garcia 等研究发现，坏死梭杆菌感染小鼠一周即出现肝脓肿，将其肝脏进行苏木素-伊红染色，肝脏实质中可见少量或大面积的坏死，坏死灶周围可见炎性细胞、少量淋巴细胞、浆细胞和巨噬细胞呈灶性堆积，库普弗细胞广泛增生；在肝组织超薄切片中，可发现坏死梭杆菌被完整或是部分包裹在单核细胞内，因此巨噬细胞在肝脓肿的发生中起着关键作用（Abe et al.，1976）。坏死梭杆菌的白细胞毒素对多种细胞具有毒性作用，研究者将坏死梭杆菌的白细胞毒素采用连续透析培养，获得具有活性的白细胞毒素，将其与巨噬细胞共孵育不同时间，经台盼蓝染色分析后发现大约 90%的巨噬细胞在 6h 以内都有不同程度的死亡（Fales et al.，1977）。在 Emery 等（1984）的研究中，白细胞毒素对牛、羊、兔和人的外周血中性粒细胞有致死作用。Ishii 等（1987）提取纯化的白细胞毒素与原代牛肝细胞作用，扫描电镜显示肝细胞表面受损，这也进一步提示了坏死梭杆菌白细胞毒素在感染中的致病作用。

Okamoto 等（2007）将坏死梭杆菌的细胞壁溶胶原成分（collagenolytic cell wall component，CCWC）作用于牛肝细胞，扫描电镜显示，CCWC 破坏了细胞表面并在细胞膜上形成了微小的孔洞，这对坏死梭杆菌的感染起到重要的辅助作用。在此基础上，将 CCWC 作用于家兔中性粒细胞和肝细胞，经扫描电镜显示两者均出现不同程度的损伤，且经细胞毒性试验可知，细胞存活率具有差异性（Okamoto et al.，2006）。Tadepalli 等（2008a）发现人来源的坏死梭杆菌分泌的白细胞毒素对人外周血中性粒细胞具有毒性作用。王燕（2011）将坏死梭杆菌的细胞壁溶胶原成分初步纯化产物作用于小鼠肝细胞和巨噬细胞，结果表明宿主细胞活力降低，细胞形态发生改变，且出现凋亡和坏死。

当机体受到外界刺激时，机体的天然免疫和获得性免疫会发挥功能来抵抗外来微生物的感染，这两者效应机制主要依赖于细胞因子（cytokine，CK）的调节，作为机体屏障的关键部分，单核细胞和巨噬细胞在疾病的发展中起着关键性的作用。细胞因子是具有不同生物活性的小分子多肽或蛋白质，主要由细胞合成和分泌而来，其主要功能是调节细胞的生长分化及机体的免疫功能等，大多数情况下，可以保护机体抵抗病原菌的侵袭，且能调节机体恢复稳态，但在某些情况下，过量产生的细胞因子则会对机体有害，引起病理性反应。

细胞因子主要分为促炎症细胞因子和抑炎症细胞因子两类。炎症分为急性炎症和慢性炎症，急性炎症发生的时候，细胞因子会从循环血液中招募白细胞，主要是中性粒细胞，其次是以巨噬细胞为代表的单核细胞。急性炎症时机体主要释放的炎症因子包括肿瘤坏死因子-α（TNF-α）、白细胞介素-1β（IL-1β）等促炎症细胞因子，在炎症反应的早期应答和放大中起到主要作用，而 IL-4、IL-10 等抑炎症细胞因子则抑制炎症反应

（Linkermann et al.，2014）。在大多数情况下，炎症是有益的病理过程，如胃肠道或皮肤长期暴露在外部环境和不断地发生低水平炎症时，炎症通过启动细胞防御机制，使细胞对感染产生抵抗力，并使组织做好修复的准备，但是当炎症反应严重时，炎症部位会募集免疫细胞进行免疫反应，这就会引起有调控性的调节细胞死亡，以去除对机体的不利因素。

细胞死亡在炎症中尤为重要，自噬是促生存和抗炎的过程，细胞凋亡则是最常见和最好的炎症诱导细胞死亡的特征形式（Messer，2017）。细胞凋亡是免疫和宿主防御的重要生物反应，也是各种先天性和适应性免疫机制过程的一部分（D’Arcy，2019）。越来越多的研究揭示了不同的细胞死亡类型在先天免疫中的功能，如炎症反应的调节和放大、细胞因子的产生和释放，以及不同免疫细胞中不同的微生物杀死策略（Humphries et al.，2015）。中性粒细胞在炎症的急性期起着至关重要的作用，它是血液中最丰富的白细胞，通常最先被运到受伤或感染部位，通过一些内部和外部的细胞机制清除病原体（图3-2）（Martin et al.，2015）。巨噬细胞具有清除感染源、诱导炎症、恢复组织完整性等多种功能，但是当免疫细胞自身受到危害时，将会加速微生物对机体的感染（谭海鹏和黄浙勇，2020）。在不同的环境下刺激巨噬细胞主要会活化转录因子核因子 κB（nuclear factor-κB，NF-κB）和干扰素调节因子（interferon regulatory factor，IRF）等相关的信号转导通路（Murray，2017）。NF-κB 由两类 Rel 家族亚基组成，一类是 P50 和 P52，另一类是 P65。在巨噬细胞的活化中，P50 和 P52 参与调节巨噬细胞往 M1 型极化，P65 则参与调节巨噬细胞往 M2 型极化（Neurath et al.，1998）。NF-κB 信号通路主要有 NF-κB、NF-κB 抑制蛋白（IκB）和 IκB 激酶（Iκκ）。炎症因子等刺激因子被激活后，Iκκ 会促进 IκB 进行磷酸化，而后募集多个泛素分子并结合，从而使 NF-κB 于三聚体（P50/P65/IκB）中分离且活化，之后游离的 NF-κB 会通过核孔复合物进入细胞核中，从而调节细胞的生长发育，参与炎性细胞因子等相关物质的基因转录和蛋白质合成（Schmitz et al.，2001）。

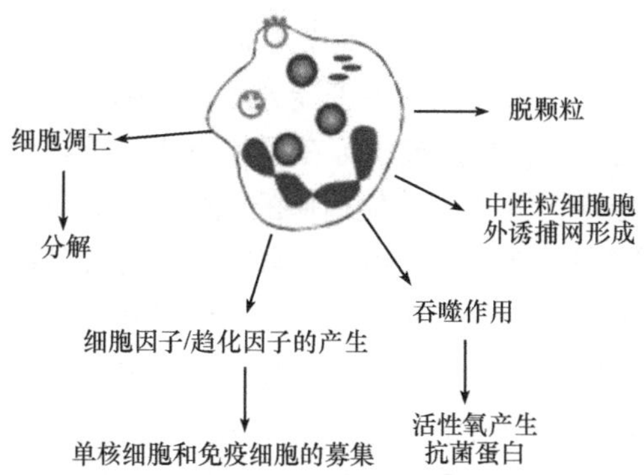

图 3-2　免疫反应中中性粒细胞的功能概述（Martin et al.，2015）

炎症和细胞凋亡是中性粒细胞和巨噬细胞抵制病原微生物入侵机体的第一道防线，截至目前的研究表明，坏死梭杆菌引发的坏死性、化脓性疾病与机体的中性粒细胞和巨噬细胞的损伤有着不可分割的联系。虽有研究表明坏死梭杆菌能够引起中性粒细胞和巨噬细胞凋亡，但是其调控的分子机制尚未明确，所以对坏死梭杆菌诱导细胞损伤的分子机制进行研究是必不可少的，同时，该研究可为坏死梭杆菌感染宿主的致病机制的研究提供基础。

第三节 毒力因子对细胞的作用

一、白细胞毒素

白细胞毒素作为坏死梭杆菌的一种关键的毒力因子，是一种高分子质量的分泌蛋白（330kDa），通过激活牛免疫效应细胞的多形核粒细胞（polymorphonuclear leukocytes，PMN）和诱导细胞凋亡来调节宿主免疫系统，并对反刍动物 PMN 细胞具有细胞毒性（Narayanan et al.，2002）。天然的白细胞毒素具有很强的致病力，其活性可受多种因素影响，在厌氧条件下培养 9h，白细胞毒素分泌量可到达峰值，反复冻融或添加多黏菌素均会使白细胞毒素活性显著降低（Pillai et al.，2019）。白细胞毒素对细胞损伤作用具有剂量依赖性（Narayanan et al.，2002），低浓度的白细胞毒素作用于 PMN 细胞，PMN 细胞活化，如初级颗粒和次级颗粒向细胞质外周转移。此外，刺激后的细胞也出现凋亡特征性的变化，包括细胞体积缩小、细胞器浓缩、细胞质膜起泡，染色质浓缩和边缘化及细胞 DNA 含量降低。低浓度的白细胞毒素刺激巨噬细胞，诱导肥大细胞释放组胺，抑制有丝分裂原介导的淋巴增殖，导致机体释放促炎性细胞因子（Singh et al.，2011）；中等浓度的白细胞毒素处理牛 PMN 细胞后，细胞出现程序性死亡现象；高浓度的白细胞毒素刺激牛外周血白细胞后，细胞出现坏死（Narayanan et al.，2002；Thumbikat et al.，2005；Atapattu and Czuprynski，2005）。坏死梭杆菌白细胞毒素对不同动物的 PMN 细胞毒性存在差异，对牛和羊的 PMN 呈现高度毒性，对马的 PMN 呈现中度毒性，对猪和兔的 PMN 无毒性作用（Narayanan et al.，2002；Thumbikat et al.，2005；Atapattu and Czuprynski，2005）。

坏死梭杆菌感染宿主时，其黏附因子首先黏附于宿主靶细胞，然后白细胞毒素能迅速标记白细胞表面相关抗原，引起机体免疫能力迅速下降，进而影响体内细胞免疫和体液免疫，白细胞数也随之降低；坏死梭杆菌在机体内能不断地增殖并产生更多的毒力因子。由于机体失去对其他毒力因子和其他病原的抵抗能力，导致继发感染（Tadepalli et al.，2008b）。Bicalho 等 2012 年发现，奶牛子宫内膜炎与大肠杆菌、化脓隐秘杆菌及坏死梭杆菌的毒力因子（fimH、fimA、lktA）有关，这些细菌协同作用可导致奶牛子宫内膜炎的发病率增加，其中化脓隐秘杆菌能为坏死梭杆菌提供一种生长因子，而这种生长因子会进一步促进坏死梭杆菌产生白细胞毒素作用于反刍动物的 PMN（Huszenicza et al.，1999；Jost and Billington，2005；Williams et al.，2007；Bicalho et al.，2012）。

作为一种天然毒素蛋白质，坏死梭杆菌白细胞毒素能够清晰地标记体内白细胞的表面功能相关抗原（LFA-1），它可以先与暴露在外活跃的 LFA-1 相互作用。白细胞毒素可以快速激活人体外周血单核细胞（THP-1）中的半胱天冬酶，与此同时，也能克服半胱天冬酶的抑制作用，使细胞中毒（DiFranco et al.，2012）。白细胞毒素作为最先进入机体的毒素，可以快速中断溶酶体向外释放内容物，使溶酶体的功能损伤。坏死梭杆菌白细胞毒素进入机体后，引起机体发生固有免疫功能减退，随着细菌繁殖及产生的其他毒素的释放，机体无法产生足够的抗体对抗病原菌，细胞因营养物质缺失最终坏死。

二、溶血素

溶血素（Hly）是坏死梭杆菌的致病因子之一，是坏死梭杆菌增殖过程中所分泌的一种细胞外蛋白质，能溶解各种动物的红细胞，从而捕获宿主体内的铁为坏死梭杆菌生长创造厌氧环境（Nagaraja et al.，2005）。培养基的组成和 pH 能影响坏死梭杆菌溶血素的产生，吐温-80 能保留溶血素的溶血活性，培养基中果糖、葡萄糖和半乳糖等易发酵糖类是溶血素的抑制剂。培养基 pH 偏中性能增强溶血活性，且溶血活性与细菌生长呈正相关（Amoako et al.，1994）。血红蛋白能增强溶血素的分泌，但高浓度的血红蛋白却抑制溶血素的体外分泌（Amoako et al.，1996）。

溶血素对红细胞的敏感性谱表明：马、鹌鹑的红细胞比犬、猫、兔、鸽子和人的红细胞对坏死梭杆菌 *Fnn* 亚种和 *Fnf* 亚种的溶血素敏感性更强，而牛、羊和鸡的红细胞对两个亚种坏死梭杆菌的溶血素不敏感。坏死梭杆菌的溶血素易与马和狗的红细胞或它们的膜结合，而与羊和牛的结合很少或没有结合（Amoako et al.，1997）。进一步的研究发现坏死梭杆菌的溶血素对红细胞的受体可能是磷脂酰胆碱（Amoako et al.，1998）。坏死梭杆菌 Hly 还能诱导回肠肌 Ca^{2+}内流，导致回肠运动增强，从而增加坏死梭杆菌与回肠黏膜接触的概率，促进坏死梭杆菌的定植（Kanoe et al.，1999）。坏死梭杆菌溶血素的参与大大增强了牛肝脓肿发生的概率和损伤程度，是坏死梭杆菌重要的毒力因子（Kanoe，1990）。

三、外膜蛋白

外膜蛋白（outer membrane protein，OMP）是革兰氏阴性菌外膜的主要成分，主要由 OmpA、脂质蛋白、微孔蛋白、脂蛋白和微量蛋白组成，不同种类的菌株和不同的培养条件会对外膜蛋白的数量及种类产生影响（焦炳华，1995）。其中 OmpA 能激活机体免疫反应、介导细菌侵染神经系统、泌尿生殖系统、消化系统和呼吸系统，诱导细胞凋亡，在细菌感染性疾病发生过程中起重要作用（Smith et al.，2007；Abe et al.，2013）。通道蛋白，也称为微孔蛋白或基质蛋白，是一类具有渗透性的跨膜管道蛋白。微孔蛋白在摄取营养、物质运输、生物合成和维持细菌正常代谢等方面发挥重要作用；而脂蛋白（lipoprotein，Lpp）在细菌的生物膜合成、物质运输、细菌黏附，以及细菌耐药性等方面发挥重要的作用（Mathelié et al.，2020）。除了上述蛋白质，革兰氏阴性菌的外膜中还有多种微量蛋白质，虽然这些蛋白质所占的比例不高，但却发挥十分关键的作用。有研究表明，这类蛋白质在特异性扩散中发挥作用，调控细胞的生长过程，并在核苷酸的转运过程中起关键作用（Benz et al.，1988）。

在革兰氏阴性菌外膜中，几乎所有外膜蛋白均为 β-桶状蛋白家族。这些蛋白质不仅与营养摄取和体内平衡有关，还参与黏附、蛋白质分泌、生物膜形成和毒力因子等生物过程。作为细菌表面的暴露分子，外膜蛋白也是潜在的药物和疫苗的靶点。在厌氧菌外膜蛋白的研究中，铜绿假单胞菌的外膜蛋白 OprF 一直是研究的热点，且 OprF 与大肠杆菌的 OmpA 同源，所以对 OprF 的功能研究相对较为全面（Reusch，2012）。OprF 由 8 股反向平行的 β 折叠的 N 端、富含半胱氨酸的暴露接头和含有 α 螺旋和（或）β 折叠的 C 端三个结构域组成并形成两种构象，一种是封闭式孔道，另一种是开放式孔道，95% 以上的 OprF 呈现为开放式孔道构象。作为孔道蛋白，OprF 可允许离子、低分子量糖类、甲苯甚至硝酸盐通过（Chevalier et al.，2017；Moussouni et al.，2021）。OprF 还参与维持铜绿假单胞菌的结构形态，尤其是在低渗透压环境下（Rawling et al.，1998）；在硝酸盐逼迫条件下，OprF 阴性突变体的生物被膜厚度明显变弱（Hassett et al.，2002；Yoon et al.，2002）；OprF 参与介导铜绿假单胞菌与人肺泡上皮细胞、人中耳上皮细胞和红细胞的黏附（Azghani et al.，2002；Funken et al.，2012；Mittal et al.，2016）；*OprF* 基因缺失后铜绿假单胞菌产生的外膜囊泡含量增加了约 8 倍（Wessel et al.，2013）；OprF 也参与到群体感应过程和外界环境的交流过程（Fito-Boncompte et al.，2011）。幽门螺杆菌的外膜蛋白主要包括脂蛋白、孔蛋白、铁调节蛋白、外排泵蛋白和黏附蛋白，其中 SabA、BabA 和 OipA 均与黏附宿主细胞有关（Yamaoka，2008；Xu et al.，2020）；AlpB 与幽门螺杆菌生物被膜和外膜囊泡的形成有关（Yonezawa et al.，2017）；其中重组 BabA 蛋白激活了针对幽门螺杆菌的体液免疫和细胞免疫，因此被认为是疫苗开发的候选药物（Mahboubi et al.，2017）。

具核梭杆菌与坏死梭杆菌同菌属，其科学研究对坏死梭杆菌有很大的借鉴意义，对于其外膜蛋白的研究主要集中在 FomA、FadA 和 RadD 蛋白上。Bakken 首次在具核梭杆菌鉴定出了 FomA 蛋白，对纯化的蛋白质进行 N 端测序发现，FomA 蛋白序列与 OmpA 部分序列较为相似（Bakken et al.，1989）。但随后 Bolstad 等的研究则推翻了 FomA 与 OmpA 序列相似的理论，他们通过推导 *FomA* 基因并发现其拓扑结构与经典孔蛋白结构更为相似（Bolstad and Jensen，1993；Bolstad et al.，1995）。FomA 由 14 条 β 折叠组装形成桶状结构贯穿外膜，是一种依赖电压驱动的一般扩散孔蛋白（Puntervoll et al.，2002；Pocanschi et al.，2006）。具核梭杆菌在口腔中可作为桥梁募集其他口腔致病菌形成生物被膜并导致口臭的发生，其中 FomA 和 RadD 在其中起着较为关键的作用（Liu et al.，2013；Brennan and Garrett，2019）。大量研究数据显示，具核梭杆菌参与到结直肠癌的发生当中，而 FadA 则在具核梭杆菌黏附肠上皮细胞过程中提供重要的支持（Rubinstein et al.，2013）。

依据具核梭杆菌 FomA 蛋白的氨基酸序列扩增坏死梭杆菌 43K OMP，将其与梭杆菌属的 45 个外膜蛋白进行比对，发现 11 个共同的保守结构域和 10 个共同的可变结构域，并且这些结构域的分布与预测的跨膜区、细胞表面暴露区和细胞表位区高度相关（Sun et al.，2013）。经过一系列的研究发现，坏死梭杆菌的 43K OMP 与宿主细胞纤连蛋白结合可介导坏死梭杆菌和宿主细胞的黏附，重组 43K OMP 免疫小鼠后能够保护小鼠，降低其受坏死梭杆菌感染所引起的损伤，43K OMP 与坏死梭杆菌 lkt 截短表达蛋白 PL4 和 Hly 截短表达蛋白 H2 共同制备的疫苗对小鼠具有更强的保护效果（Kumar et al.，2015；Menon et al.，2018；He et al.，2020，2022）。同时，利用 43K OMP 刺激牛乳腺上皮细胞后，蛋白质组学分析显示，差异蛋白富集于生物过程的正调控、细胞黏附和生物黏附等生物学过程。KEGG 通路富集分析显示，差异蛋白富集于 NF-κB 信号通路、细菌入侵、细胞黏附分子、补体途径、IL-17 信号通路、肌动蛋白细胞骨架的调节和白细胞跨膜迁移等（He et al.，2020）。研究进一步发现 43K OMP 通过激活 NF-κB 经典通路，诱导炎症细胞因子白细胞介素-6（IL-6）、IL-1β 和 TNF-α 的分泌，介导牛坏死梭杆菌黏附宿主细胞后引起的炎症反应（He et al.，2022）。

四、其他

对坏死梭杆菌感染的致病机制进行大量的研究工作后，坏死梭杆菌感染的致病机制特别是毒力因子的整体作用、菌体与宿主之间的相互作用，以及坏死梭杆菌与其他病原菌之间可能的协同作用仍未明确，坏死梭杆菌感染的发病机制显然是一个多因素的复杂过程。

（一）瘤胃坏死梭杆菌进入肝脏引起肝脓肿

肝脓肿是牛最常见最重要的一种坏死梭杆菌感染性疾病，对肉牛生产造成的经济损失严重。肝脓肿发生在所有年龄和所有类型的牛身上，但具有显著经济影响的肝脓肿多发生于饲养场牛（Nagaraja and Chengappa，1998）。在组织病理学上，典型的脓肿为化脓性肉芽肿，中心坏死并被炎性细胞包围（Lechtenberg et al.，1988）。肝脓肿是继发于瘤胃壁原发感染的疾病，其确切的发病机制尚未被认识，但公认的是，瘤胃微生物对谷物的快速发酵和有机酸的积累导致急性或亚急性瘤胃酸中毒（Nagaraja and Lechtenberg，2007a）。胃酸性瘤胃炎和瘤胃壁的损伤往往因异物刺激加剧，使瘤胃壁更容易受坏死梭杆菌的侵袭和定植（Jensen et al.，1954）。坏死梭杆菌进入血液或引起瘤胃壁脓肿，随后细菌栓子流入门静脉循环，门静脉循环中的细菌被肝脏过滤，导致肝脏感染并形成脓肿。

肝脏是一个血管丰富并拥有大量白细胞的器官，其含氧量丰富并且具有高度防御功能。坏死梭杆菌想要在肝脏定植并生存繁殖必须克服高氧浓度和逃避吞噬作用。坏死梭杆菌的白细胞毒素和内毒素 LPS 可杀伤吞噬细胞并保护其不受吞噬细胞吞噬（Tan et al.，1996；Lockhart et al.，2017）。此外，吞噬细胞破坏后释放的溶酶体酶和氧化代谢产物对肝细胞产生有害影响（Fales et al.，1977）。内毒素 LPS 和血小板凝集因子协同诱导血管内凝血，纤维蛋白包被脓肿和溶血素对红细胞的损伤都有助于坏死梭杆菌在肝脏形成促进其生长的厌氧微环境（Fales et al.，1977；Takeuchi et al.，1983；Nagaraja and Chengappa，1998；Nagaraja and Lechtenberg，2007b）。

（二）细菌之间的相互作用

坏死梭杆菌是众所周知的机会主义致病菌。目前，研究人员对坏死梭杆菌是否在存在其他细菌的情况下能够更好地感染宿主进行了大量的研究。当皮下注射（＞10^6 个）菌体时，坏死梭杆菌能够在小鼠体内产生致死性的感染（Smith et al.，1989）。当坏死梭杆菌与大肠杆菌混合注射小鼠，坏死梭杆菌感染的剂量下降到 10^6 个菌体以下就可以使小鼠死亡。在共感染引起的坏死性病变中，由坏死梭杆菌引起的病变远远多于大肠杆菌。

同时，当坏死梭杆菌与铜绿假单胞菌、脆弱拟杆菌和具核梭杆菌混合时，具有与大肠杆菌混合时相似的协同作用。在与α溶血性链球菌和脆弱拟杆菌混合时，坏死梭杆菌增加了α溶血性链球菌和脆弱拟杆菌在体内的持久性，使细菌大量繁殖，这表明协同作用是互利的（Smith et al.，1991）。进一步的研究发现，能增强坏死梭杆菌感染的细菌包括蜡样芽孢杆菌、产酸克雷伯氏菌、金黄色葡萄球菌、枯草芽孢杆菌、产黑色素类杆菌、产芽孢梭菌、溶血性巴氏杆菌和变形杆菌，而枯草杆菌、产黑色素类杆菌、产芽孢梭菌、溶血性巴氏杆菌和变形杆菌对增强坏死梭杆菌感染的作用较弱（Smith et al.，1991）。

在临床病例中，坏死梭杆菌常与其他兼性厌氧菌或厌氧菌一起分离出来。在牛肝脓肿病例中，化脓隐秘杆菌常和坏死梭杆菌协同感染（Scanlan and Hathcock，1983；Lechtenberg et al.，1988）。在腐蹄病病例中，产黑色素类杆菌、节瘤拟杆菌和化脓隐秘杆菌与坏死梭杆菌协同感染致病（Emery et al.，1984）。坏死梭杆菌与其他梭杆菌属通常在人类口腔感染中被共同发现（Garcia et al.，1975a；Henry et al.，1983）。坏死梭杆菌与其他微生物的致病协同作用包括以下现象：兼性细菌利用氧气降低氧化还原电位，为坏死梭杆菌的生长创造厌氧环境（Tan et al.，1992）；坏死梭杆菌利用白细胞毒素保护其他微生物不被吞噬细胞吞噬；细菌之间产生刺激细菌生长的生长因子（Price and McCallum，1986）。

第四节　坏死梭杆菌致病机制的研究

一、坏死梭杆菌调控免疫细胞凋亡和炎性基因变化的研究

1. 材料与方法

1.1　材料

1.1.1　细胞及细菌

细胞：绵羊外周血中性粒细胞采自黑龙江八一农垦大学动物科技学院培育的绵羊的颈静脉血；巨噬细胞（RAW264.7）由兽医病理学实验室保存；细菌：购自美国菌种保藏中心ATCC的坏死梭杆菌标准菌株A25菌株，保存于兽医病理学实验室。

1.1.2　主要仪器

主要的试验仪器如表3-1所示。

表3-1　主要试验仪器

仪器名称	生产厂家
紫外分析仪	北京君意东方电泳设备有限公司
微量移液器	德国爱得芬公司
电热恒温水浴锅	上海森信实验仪器有限公司
漩涡振荡器	德国IKAMS3公司
制冰机	德国GRANT公司
电热恒温培养箱	上海森信实验仪器有限公司
生物安全柜	哈尔滨市东联电子技术开发有限公司
电热恒温鼓风干燥箱	上海森信实验仪器有限公司

续表

仪器名称	生产厂家
湿式转膜仪	美国伯乐公司
水平摇床	上海卡耐兹实验仪器设备有限公司
电子天平	德国赛多利斯公司
垂直板电泳系统	美国伯乐公司
CO_2 细胞培养箱	美国赛默飞世尔科技公司
稳压稳流型电泳仪	北京六一生物科技有限公司
凝胶成像系统	北京君意东方电泳设备有限公司
倒置生物显微镜	德国徕卡公司
流式细胞仪	美国贝特曼库尔特有限公司
荧光定量 PCR 仪	美国伯乐公司
酶标仪	瑞士 TECAN 公司
倒置荧光显微镜	德国徕卡公司
Amersham Imager 600（超灵敏多功能成像仪）	美国通用电气公司

1.1.3　主要试剂

主要的试验试剂如表 3-2 所示。

表 3-2　主要试验试剂

试剂名称	生产厂家
DNA Ladder 抽提试剂盒（离心柱式）	碧云天生物技术有限公司
凋亡检测试剂盒	北京索莱宝科技有限公司
BCA 蛋白浓度测定试剂盒	Biosharp 生命科学股份有限公司
细胞凋亡-Hoechst 染色试剂盒	碧云天生物技术有限公司
BeyoClick™EdU-488 细胞增殖检测试剂盒	碧云天生物技术有限公司
中性粒细胞分离试剂盒	北京索莱宝科技有限公司
RNA 提取试剂盒	天根生化科技有限公司
反转录试剂盒	天根生化科技有限公司
荧光定量 PCR 试剂盒	宝生物工程有限公司
脑心浸液肉汤（BHI）	青岛海博生物技术有限公司
厌氧培养液	青岛海博生物技术有限公司
DMEM 高糖培养基	Sigma 公司，美国
RPMI-1640 培养基	Sigma 公司，美国
胎牛血清	Sigma 公司，美国
双抗	北京索莱宝科技有限公司
琼脂糖	Sigma 公司，美国
甲醇	美国 Sigma-Aldrich 默克生命科学公司
SDS-PAGE 凝胶制备试剂盒	北京索莱宝科技有限公司
ECL 发光试剂盒	天根生化科技有限公司
DNA Marker DL 2000	近岸蛋白质科技有限公司
NEBNext® Ultra™ RNA Library Prep Kit（非链特异性文库制备试剂盒）	Illumina 公司

1.2 方法

1.2.1 绵羊外周血中性粒细胞提取

将待采血绵羊保定，使用电推刀推去颈部羊毛，暴露出颈部的颈静脉；使用酒精棉擦拭消毒，使用无菌一次性静脉血样采集针采集静脉血，置于抗凝管中；每管抽取羊颈静脉血 10mL，共采集 6 管，即共有 60mL 羊外周静脉血备用。

羊外周血中性粒细胞的提取与纯化。使用购买自北京索莱宝科技有限公司的羊外周血中性粒细胞提取试剂盒提取，并按照试剂盒中说明书的步骤进行操作，操作步骤如下。

（1）取 30 个无菌的 15mL 离心管置于离心管架上，分别向离心管中加入 4mL 的试剂 A 溶液，再向离心管中加入 2mL 的试剂 C 溶液，用巴氏德吸管吸取 2mL 备用的羊颈静脉外周血液缓慢地叠加于试剂 C 溶液之上，室温，水平转子 500～1000*g*，离心 20～30min。

（2）离心结束后，可见 15mL 离心管中出现不同分层的液面，从下至上分别为红细胞层、试剂 A 溶液、中性粒细胞层、试剂 C 溶液、单核细胞层、血浆层。使用巴氏德吸管将试剂 C 溶液与试剂 A 溶液之间的中性粒细胞层吸出（大约为加入血液的体积），将吸取的中性粒细胞层置于新的 15mL 离心管中。如若有红细胞混杂于其中，可添加适量红细胞裂解液，上下混匀后室温静置 5min，然后置于水平离心机中，室温，250*g*，离心 10min。

（3）离心结束后，弃去上清液，加入 5mL 的 PBS 重悬清洗细胞，室温，水平转子 250*g*，离心 10min。

（4）重复步骤（3），弃去上清液，向中性粒细胞沉淀中添加适量的 RPMI-1640 培养基（含 10%胎牛血清），将中性粒细胞重悬；取适量的细胞悬液与台盼蓝染色液混吸均匀，吸取适量的混合液滴加于细胞计数板后置于显微镜下观察计数，并调整细胞浓度为 1×10^6 个/mL，用于后续试验。

（中性粒细胞的后续试验分为 3 个部分：①用 Annexin V-FITC/PI 双染法检测细胞凋亡率；②用于转录组分析；③用于提取 RNA 进行差异表达基因的验证）。

1.2.2 细菌的复苏和培养

（1）从兽医病理学实验室的–80℃超低温冰箱中取出一管坏死梭杆菌标准菌株 A25 菌株，以甘油与细菌 1∶9 混匀 1mL 的 A25 菌株，放置于温度为 37℃，气体环境为 10% CO_2、10% H_2、80% N_2 的厌氧培养箱中化冻融解。

（2）将融化后的坏死梭杆菌接种于含 5mL 苛养培养基的 10mL 摇菌管中吹打混匀，培养 48h，复苏后的细菌按照 1∶20 的比例接种于苛养培养基中连续培养稳定 3 代以上进行试验。

（3）将稳定传代的细菌按照 1∶20 的比例接种于脑心浸液肉汤培养基中培养，用于试验。

（4）将处于对数生长期的坏死梭杆菌从厌氧培养箱中取出，于超净台中分装于 50mL 离心管中，室温，5000r/min 离心 5min，弃去上清液，用 PBS 悬洗 3 次；使用紫外分析仪检测菌液吸光度（OD_{600nm}），根据北京索莱宝科技有限公司的麦氏比浊管获得菌液浓度，并加入 RPMI-1640 培养基（含 10% 胎牛血清）或 DMEM 高糖培养基（含 10%胎牛血清的）调整菌液浓度为 1×10^8CFU/mL，备用。

1.2.3　巨噬细胞的复苏、传代和冻存

1.2.3.1　巨噬细胞的复苏

将制备好的完全培养基（含有10%胎牛血清、1%双抗的高糖DMEM细胞培养液）放于37℃恒温水浴锅中预热，预热后放置于超净工作台中；点燃酒精灯，将液氮罐中冻存的巨噬细胞取出，置于37℃恒温水浴锅中使其迅速融化；吸取适量完全培养基与复苏细胞混合均匀后，置于离心机中，1000r/min离心4min，弃去上清液，加入适量完全培养基重悬细胞沉淀，加入细胞培养瓶中，放于37℃ 5% CO_2条件的细胞培养箱中培养。

1.2.3.2　巨噬细胞的传代

待细胞汇合度达到85%细胞瓶单层后，进行细胞传代。弃掉细胞瓶内的旧培养液，用预热的PBS缓冲液缓慢清洗细胞3次，加入3mL完全培养液；用无菌细胞刮缓慢刮拭细胞瓶底部，并使用移液枪缓慢吹打细胞，使其充分混匀；将悬浮的细胞均匀分铺到3个细胞培养瓶中，并在每瓶中补加完全培养液4mL，置于37℃ 5% CO_2培养箱中培养；隔天传代，稳定遗传4代以后用于试验。

1.2.3.3　巨噬细胞的冻存

配制含有10%的二甲基亚砜（DMSO）、20%胎牛血清和70% DMEM高糖培养基的细胞冻存液；将生长至对数生长期的细胞加入预热的PBS缓慢清洗2次，加入配制好的细胞冻存液，用细胞刮缓慢刮拭细胞，吸吹混匀细胞悬液，并使用移液枪吸取细胞混悬液转移至细胞冻存管中，细胞冻存管上标记细胞名称、操作时间、操作者等信息，放置于细胞程序降温盒中在–80℃超低温冰箱中放置24h以上，之后放置于液氮罐中。

1.2.4　EdU细胞增殖试验

（1）取生长至对数生长期的细胞，以1×10^4个/孔的含量加入到48孔细胞培养板中，置于恒温细胞培养箱中培养24h，用于试验。

（2）试验分为6组，分别是坏死梭杆菌感染巨噬细胞MOI为50、100、200、500和1000共5组试验组和空白对照组，每组试验重复3次。加入坏死梭杆菌后继续培养2h、4h、6h。

（3）2×EdU工作液的配制：用不含双抗的细胞完全培养基按照1∶500的比例稀释10mmol/L浓度的EdU溶液，将其浓度稀释至20μmol/L，即可得到2×EdU工作液。然后按照每孔250μL的含量（含有EdU浓度为20μmol/L的培养基）加入48孔细胞培养板中，之后放在细胞恒温培养箱中继续培养2h。EdU标记细胞结束后，弃去每孔细胞中液体，在每孔中添加500μL的4%多聚甲醛，室温中固定30min。

（4）去除步骤（3）中的4%多聚甲醛固定液，然后每孔中加入500μL的洗涤液（含3% BSA的PBS），每孔细胞分别洗涤3次，每次置于摇床缓慢摇动清洗5min。

（5）去除步骤（4）中的洗涤液，每孔细胞中加入500μL的通透液（含0.3%Triton X-100的PBS），置于摇床上室温孵育15min。

（6）去除步骤（5）中的通透液，每孔细胞中加入500μL的洗涤液（含3% BSA的PBS），每孔细胞分别洗涤2次，每次置于摇床缓慢摇动清洗5min。

（7）配制EdU检测的Click反应液，按照表3-3进行配制。

表 3-3　Click 反应液的配制

组分	体积
Click Reaction Buffer	8.6mL
$CuSO_4$	400μL
Azide 488	20μL
Click Additive Solution	1mL
总体积	10mL

（8）去除步骤（6）中的洗涤液，然后避光在每孔细胞中加入 70μL 的 Click 反应液，轻缓摇晃使其覆盖样品。室温避光孵育 30min，反应结束后，弃去每孔细胞中的 Click 反应液，然后每孔细胞中加入 500μL 的洗涤液，置于摇床中避光洗涤 3 次，每次洗涤 5min。

（9）洗涤结束后，弃去洗涤液，每孔滴加一滴含 DAPI 的封片液覆盖样品。

（10）随后进行荧光检测，DAPI 标记的增殖细胞为蓝色荧光，EdU 标记的增殖细胞为黄色荧光。

1.2.5　DNA 梯度条带分析

（1）将处于对数生长期的细胞，收集计数后以 1×10^5 细胞/孔的浓度接种在 6 孔细胞培养板中，做好标记，置于细胞恒温培养箱中培养 24h，用于试验。

（2）试验分为 2 组，坏死梭杆菌以 MOI 分别为 0 和 100 感染巨噬细胞 2h、4h、6h，每组试验重复 3 次。

（3）将每孔中的细胞分别收集至 1.5mL 的离心管中，标注信息，1000r/min 离心 4min 得到沉淀，弃上清液，加入 200μL 的 PBS，使用混匀仪混匀细胞，使其混悬在 PBS 中；细胞中 DNA 的提取方法参照碧云天的 DNA Ladder 抽提试剂盒操作，操作步骤按照试剂盒说明书进行，如下。

（4）向上步得到的沉淀中加入 4μL 的核糖核酸酶 A（ribonuclease A，RNase A）溶液，使用混匀仪混匀，室温静置 5min。

（5）再向其中加入 20μL 的蛋白酶 K 溶液，使用混匀仪混匀。

（6）再加入 200μL 的样品裂解液 B 溶液，使用混匀仪混匀，放置在 70℃恒温水浴锅中孵育 10min。

（7）再加入 200μL 的无水乙醇溶液，使用混匀仪混匀。

（8）将步骤（7）中的所有液体都吸加到纯化 DNA 的纯化柱中，置于离心机中 8000r/min 离心 1min，离心结束后，弃收集管内溶液。

（9）向 DNA 纯化柱内加入 500μL 的洗涤液Ⅰ，置于离心机中 8000r/min 离心 1min，离心结束后，弃收集管内溶液。

（10）再加入 600μL 的洗涤液Ⅱ，置于离心机中 12 000r/min 离心 1min，弃收集管内溶液。

（11）为除去纯化柱内残留的乙醇，置于离心机中 12 000r/min 进行空离，离心 1min，弃去收集管内溶液。

（12）将上步的DNA纯化柱放置在一个新的1.5mL离心管内，悬空滴加50μL去离子水，室温静置3min，置于离心机内，12 000r/min离心1min，即可获得纯化得到的总DNA。

（13）配制2%的琼脂糖凝胶进行分析。

1.2.6　Hoechst 33258染色分析

（1）将处于对数生长期的细胞，收集计数后以1×10^5细胞/孔的浓度接种在6孔细胞培养板中，做好标记，置于细胞恒温培养箱中培养24h，用于试验。

（2）试验分为2组，坏死梭杆菌以MOI分别为0、100感染巨噬细胞2h、4h、6h，每组试验重复3次。

（3）坏死梭杆菌感染细胞不同时间后，弃培养基，加入0.5mL的固定液，室温固定30min；Hoechst 33258染色分析按照碧云天细胞凋亡-Hoechst染色试剂盒说明书操作，步骤如下。

（4）去除步骤（3）中的细胞固定液，使用PBS溶液洗涤，置于摇床上洗2遍，每次洗涤3min，洗涤结束后，弃去PBS洗涤液。

（5）每孔细胞中加入0.5mL的Hoechst 33258染色液，放置于摇床上，室温避光染色5min。

（6）去除步骤（5）中的染色液，加入PBS溶液，置于摇床洗涤2次，每次3min，再次弃去PBS洗涤液。

（7）吸净上一步骤中的洗涤液，然后滴加适量的抗荧光淬灭封片液于样品上，使其均匀覆盖样品。

（8）在荧光显微镜蓝光的激发下可观察到呈蓝色的细胞核，细胞发生凋亡时，染色质会固缩。正常细胞的细胞核在蓝光的激发下呈现均匀的蓝色，而凋亡细胞的细胞核在蓝光的激发下则会呈现致密浓染，或呈碎块状致密浓染的亮蓝色，且颜色较正常的发白。

1.2.7　Annexin V-FITC/PI双染法检测坏死梭杆菌感染细胞后的细胞凋亡率

（1）准备细胞：将待检细胞与培养后计数的坏死梭杆菌按照MOI为100进行培养，试验组感染时间为2h、4h、6h，对照组为未处理组，3个时间点感染后收集细胞，用预冷的PBS洗涤2次。

（2）稀释结合缓冲液：用ddH_2O稀释10×的Binding Buffer（结合缓冲液）。

（3）吸取1mL的1×Binding Buffer悬浮步骤（1）中收集的细胞样品，置于离心机内，300g离心10min，弃上清液。

（4）用1mL的1×Binding Buffer重悬细胞调整细胞浓度为1×10^6个/mL。

（5）每管加入100μL的细胞悬液（细胞数量大约为1×10^5个）。

（6）再向每管加入5μL Annexin V-FITC，室温，避光孵育10min。

（7）再加入5μL的PI，室温，避光孵育10min。

（8）每管补充PBS至500μL，轻轻混匀，上机检测。

1.2.8 坏死梭杆菌感染羊中性粒细胞的转录组测序（RNA sequencing，RNA-seq）分析

1.2.8.1 坏死梭杆菌感染羊中性粒细胞后 RNA 的提取与质量检测

样品总 RNA 的提取，参照试剂盒进行；获得总 RNA 后，初步检验样品 RNA 的完整性及是否存在 DNA 污染，通过琼脂糖凝胶电泳进行分析；进一步使用纳米分光光度计测定 RNA 纯度（OD_{260nm}/OD_{280nm} 及 OD_{260nm}/OD_{230nm} 的比值）；最后使用 Agilent 2100 生物分析仪系统精确检测 RNA 完整性。

1.2.8.2 转录组文库的构建与测序

文库构建需要总 RNA 含量高于 1μg，在获得合格的总 RNA 后，需要对获得的总 RNA 进行如下操作。

（1）RNA 文库的构建。按照建库试剂盒［NEBNext® Ultra™ RNA Library Prep Kit（Illumina）］的说明书进行如下操作。①将获得的总 RNA 用无 RNase 水稀释至 50μL，放置于无 RNase 的 0.2mL PCR 管中，放置于冰上操作。②将稀释后的每个总 RNA 样品中加入 50μL 清洗后的 Oligo（dT）磁珠，上下移液 6 次，使其充分混合。③将混合后的样品置于热循环器中，以便 mRNA 与 Oligo（dT）磁珠结合。④加入洗涤液将未结合的 RNA 去除后，置于磁性支架上，直至溶液澄清，弃去上清液，每管中加入三羟甲基氨基甲烷（Tris）缓冲液，放置于热循环中；重复以上步骤，将得到的富含 mRNA 的磁珠从磁性支架上取下，加入洗涤液洗涤磁珠，使其充分混匀。⑤将第一链合成反应缓冲液和随机引物混合物与上一步的液体充分混合，在离心机中快速旋转试管，收集试管侧面的液体，并立即放置于磁性支架上，直至溶液澄清。⑥将上一步骤的上清液转移至无 RNase 的 PCR 管中，收集片段化的 mRNA。⑦以片段化的 mRNA 为模板，直接进行第一链 cDNA 的合成（M-MuLV 反转录酶体系）。⑧第一链 cDNA 的合成结束后，立即进行第二链 cDNA 的合成（DNA 聚合酶 I 体系）。⑨使用样品纯化珠纯化双链 cDNA，纯化后向反应管中加入末端准备反应（末端修复）、连接反应（加 A 尾）和接头连接反应（连接测序接头）置于仪器中进行反应。⑩反应结束后，使用 AMPure XP 磁珠筛选出大小为 250～300bp 的 cDNA，以筛选出的 cDNA 为模板，置于 PCR 扩增仪中扩增，待扩增结束后，再次使用 AMPure XP 磁珠纯化 PCR 扩增产物，从而完成目的文库的构建。

（2）文库质量检测。文库构建完成后，需要对获得的文库进行初步定量（调整浓度）、片段大小检测、绝对定量调整浓度，步骤如下。①初步定量：将（1）获得的文库，加入荧光染料，滴加在荧光定量仪（Qubit 2.0 荧光光度计）上进行测定，通过初步定量，将文库的浓度调整为 1.5ng/μL。②片段大小检测：将上步调整浓度后的文库，使用生物分析仪（Agilent 2100 bioanalyzer）分析文库中片段的大小，从而得知文库中的片段大小是否符合后续试验。③绝对定量调整浓度：通过荧光定量 PCR 仪，用定量聚合酶链反应（quantitative PCR，qPCR）标准品对（1）获得的文库进行浓度的绝对定量，确保文库的浓度高于 2nmol/L。

（3）测序。文库质量检测合格后，将获得的文库按照上样量上样到测序仪的流动槽内，并将 4 种不同荧光标记的 dNTP、DNA 聚合酶和引物放置在测序仪的鞘流池中，之后进行程序运行；在程序运行的过程中，通过不同荧光标记的 dNTP 插入后在激光的激

发下，可收集到不同程度的荧光信号，将荧光信号转化为不同的峰值，于是获得了文库的序列信息。本试验的转录组测序流程如图 3-3 所示。

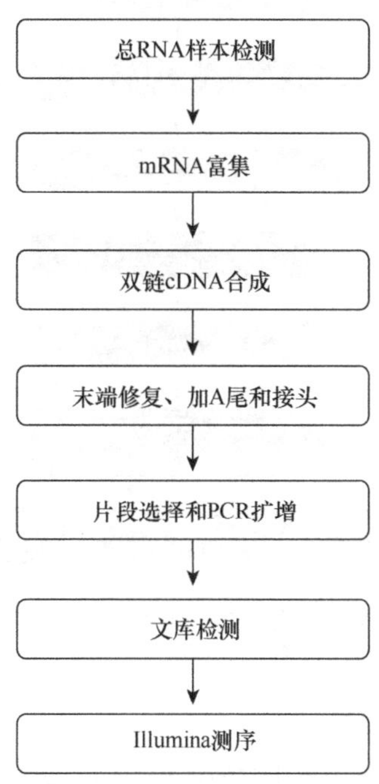

图 3-3　转录组测序流程（上海百趣生物医学科技有限公司）

1.2.8.3　信息分析流程

将 1.2.8.2 测序得到的数据进行如下分析。

（1）测序数据过滤需要依次经过原始测序数据过滤、测序错误率检测、GC 含量分布检查。①原始测序数据（raw data）过滤：原始数据过滤后得到的数据为高质量序列数据（clean data）；高质量序列数据是去除以下三部分后的读长（reads），包括去除带接头（adapter）的 reads，去除含 N（N 表示无法确定的碱基信息）的 reads，去除低质量的 reads（Qphred≤20 的碱基数占整个 reads 长度的 50%以上的 reads）。②测序错误率检测：衡量碱基质量分数与错误率是测序中文库质量及测序质量的指标，质量值越高，碱基测序出错的概率越小；Q20 代表的是 Qphred 数值＞20 的碱基在总碱基中所占的百分比，Q30 代表的是 Qphred 数值＞30 的碱基在总碱基中所占的百分比，且一般 Q20 的数值大于 95%、Q30 的数值大于 80%即可。将上步得到的高质量序列数据进行 Q20、Q30 的质控，之后再对高质量序列数据的 GC 含量进行计算。后续分析在高质量序列数据基础上进行。

（2）对获得的 clean reads 进行参考序列比对，随后进行基因表达定量分析等。基因表达的差异显著性分析是转录组测序的核心步骤及主要关注点，分析过程分别是参考基因组的比对、基因表达定量分析、RNA-seq 相关性分析、基因共表达网络分析、基因差异表达分析等流程，如图 3-4 所示。

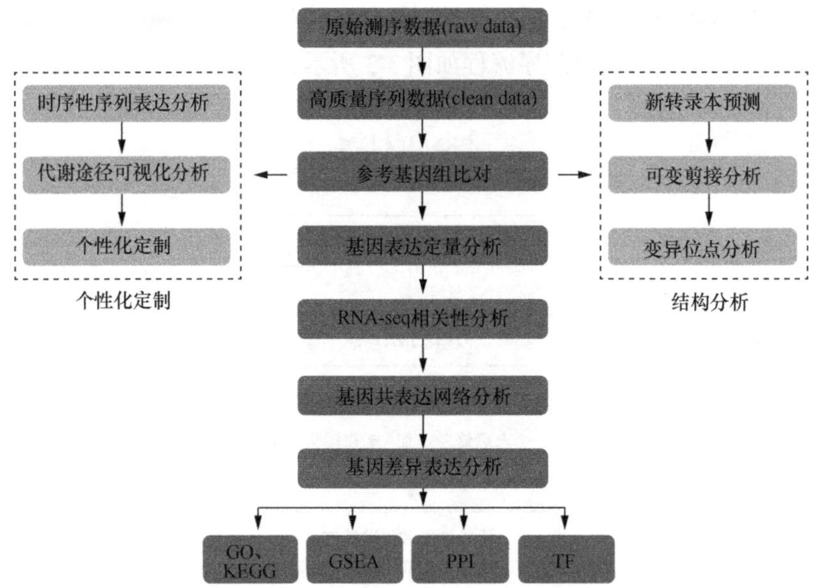

图 3-4 转录组信息分析技术流程（上海百趣生物医学科技有限公司）

GO 表示 GO 分析；KEGG 表示通路富集分析；GSEA 表示 GSEA 分析；PPI 表示蛋白互作网络；TF 表示转录因子

1.2.8.4 序列比对参考基因组

使用 HISAT2 软件将 1.2.8.3 获得的高质量序列数据与参考基因组比对，得到高质量序列数据在 Ovis aries 参考基因组上的定位信息。

1.2.8.5 基因表达水平定量分析

基因表达定量分析主要包括基因表达定量、基因表达分布、样本间相关性分析等，各部分分析如下。①基因表达定量：将每个样品分别进行基因表达水平的定量，然后得到基因表达矩阵，从而得到每个样本中基因的 read count 值。②基因表达分布：由于测序深度和基因长度的影响，需要将每个基因的 read count 值转换成 FPKM 值。③样本间相关性：为了确保数据的可靠性，以及表明生物学试验的可重复性，将样品间的基因表达水平相关性使用皮尔逊相关系数的平方（R^2）分析，一般重复样品间的 R^2 最少须大于 0.8。

1.2.8.6 差异基因表达分析

差异表达定量与样品数据评估完成后，需要对数据进行统计学分析，从而得出不同条件下的差异基因。本试验中，需要分别进行试验组与对照组之间的差异基因列表、差异基因数目的统计、差异基因聚类等分析，各部分分析如下。①差异基因列表：使用 DE Seq2 软件将试验组与对照组进行比较，将两者之间的差异基因放入表格。②差异基因数目的统计：在差异基因列表里根据统计学意义，将校正后的 P 值及$|\log_2(\text{Fold Change})|$作为显著差异表达的阈值，将校正后 P 值阈值调整为 padj≤0.05，即可认定基因表达具有显著性差异，从而得知在两组比较之间差异基因的量化。③差异基因聚类：利用②得出的差异基因绘制热图并进行分析，即可得出试验组与对照组之间基因表达的差异。

1.2.8.7　差异基因富集分析

在转录组分析中，差异基因往往较多，通过单独的比较，难以分析出基因彼此之间的关联，因此需要根据不同的功能进行基因的富集分析。研究者期望通过富集分析，获得关键的生物通路，揭示和理解生物过程的分子机制。在差异基因富集分析里，研究者往往将差异基因注释到 GO 或 KEGG 数据库中，从而筛选出期望的差异基因。

GO（Gene ontology）功能富集分析，按照生物过程（biological process）、细胞组成（cellular component）和分子功能（molecular function）对差异基因进行注释和分类。GO 功能富集以 padj＜0.05 作为显著性富集的阈值。使用 ClusterProfiler 软件分析 GO 功能富集，分别制作 term 丰度图和有向无环图（directed acyclic graph，DAG）。

KEGG 功能分析，KEGG 通路富集同样以 padj＜0.05 作为显著性富集的阈值，使用 ClusterProfiler 软件分析，绘制通路柱状图。

1.2.8.8　差异基因变异位点分析

变异位点分析是 RNA-seq 结构分析的重要内容，变异位点的检测主要有两方面，分别是先天变异位点和后天体细胞突变位点。变异位点分析对肿瘤等严重性疾病的研究意义重大，首先对样本数据进行变异位点分析（GATK 软件），然后对变异位点进行注释（SnpEff 软件），最后将注释的变异位点进行统计。主要按照三个方面进行统计，分别是变异位点功能统计、变异位点区域统计，以及变异位点影响统计。

1.2.9　细胞总 RNA 提取及鉴定

1.2.9.1　总 RNA 的提取

细胞中总 RNA 的提取参照天根生化科技有限公司的总 RNA 提取试剂盒进行操作，按照说明书进行如下操作。

（1）收集处理后的细胞，处理后的细胞置于冰盒上，加入预冷的 PBS，清洗细胞 2 次。

（2）每孔细胞中加入 1mL 的 Trizol 试剂，室温静置 5min，使用移液枪吹打细胞，直至无沉淀，从而保证核酸和蛋白质完全分离。

（3）将液体收集到 1.5mL 离心管中，使用离心机在 4℃条件下 12 000r/min 离心 5min，离心后，将离心管取出放置于冰盒上，小心取上清液转入到一个新的无 RNase 的 1.5mL 离心管中。

（4）吸取 200μL 氯仿加入离心管，盖上离心管盖，混匀仪混匀 15s，室温静置 3min。

（5）使用离心机在 4℃条件下 12 000r/min 离心 10min；离心结束后，取出样品，可眼观到样品呈现清晰的分层；分层分别为有机相（粉色的）、中间层（氯仿）和水相（无色的），水相中是需要的 RNA，小心吸取水相，将其放置在一个新的 1.5mL 无 RNase 的离心管中。

（6）缓慢加入水相的 0.5 倍体积的无水乙醇，使用混匀仪混匀。混匀后将其转入 RNA 吸附柱中，使用离心机在 4℃条件下 12 000r/min 离心 30s，离心结束后，弃掉收集管中的溶液。

（7）加入 500μL 去蛋白液 RD 溶液于吸附柱中，使用离心机在 4℃条件下 12 000r/min 离心 30s，弃掉收集管中的溶液。

（8）再加入 500μL 漂洗液 RW 溶液，室温静置 2min，在 4℃条件下 12 000r/min 离心 30s，弃掉收集管中的溶液，重复步骤（7）。

（9）使用离心机空离，在 4℃条件下 12 000r/min 离心 2min，弃掉收集管中的溶液，开盖室温放置少许时间。

（10）将干燥后的吸附柱放入一个新的 1.5mL 无 RNase 的离心管中，加入 50μL 的 RNase-Free ddH$_2$O，室温静置 2min，使用离心机在 4℃条件下 12 000r/min 离心 2min，离心结束后，将纯化柱弃掉，并将收集的 RNA 进行纯度鉴定。

1.2.9.2　总 RNA 的定量与反转录

（1）取 1μL 的总 RNA 滴加于核酸分析仪上，调整核酸分析仪的波长 260nm/280nm，检测各样品总 RNA 的 A260/280 的比值和浓度值。

（2）反转录 cDNA 的合成，参照天根生化科技有限公司的反转录试剂盒对上述各 RNA 样品进行反转录，参照说明书进行如下操作。

（3）去除上述 RNA 样品中可能存在的基因组 DNA，按照表 3-4 试剂与体积在冰盒上制备反应混合液。

表 3-4　反应混合液的制备

试剂名称	体积（μL）
5×gDNA Eraser Buffer	2.0
gDNA Eraser	1.0
总 RNA	1
RNase-Free ddH$_2$O	10

（4）将上述混合后的反应液置于 42℃条件下 2min，然后置于 4℃条件下急冷。

（5）在反应管中加入表 3-5 中的试剂进行反应。

表 3-5　反转录反应所需试剂

试剂名称	体积（μL）
反应液	10.0
PrimeScript RT Enzyme Mix Ⅰ	1.0
RT Primer Mix	1.0
5×PrimeScript Buffer 2	4.0
RNase-Free ddH$_2$O	4.0
总体积	20.0

（6）将上述混合后的反应液置于 37℃条件下 15min，85℃条件下 15s，然后置于 4℃条件下急冷。

（7）取 1μL 的 cDNA 用核酸分析仪检测 DNA 的 A260/280 的比值和浓度值，用于后续试验。

1.2.10　实时定量反转录聚合酶链反应（real-time quantitative reverse transcription PCR，qRT-PCR）检测细胞凋亡和炎性细胞因子的表达

1.2.10.1　引物设计

根据 GenBank 上发表的序列，使用引物设计软件（Primer 5.0）设计引物，并送北京擎科生物科技股份有限公司进行引物合成，羊中性粒细胞的各上下游引物序列如表 3-6 所示；巨噬细胞的各引物如表 3-7 所示。

表 3-6　羊中性粒细胞的引物序列

基因名称	上游引物序列（5′→3′）	下游引物序列（5′→3′）
IL-1β	GAAGAGCTGCACCCAACACCTG	CGACACTGCCTGCCTGAAGC
TNF-α	AACAGGCCTCTGGTTCAGACA	CCATGAGGGCATTGGCATAC
IL-6	TCAGTCCACTCGCTGTCTCC	TCTGCTTGGGGTGGTGTCAT
IL-10	TCAATATGCCCCAAGAGAGG	ACCATCCTGGAGGTCTCCTT
Bcl-2	GCCGAGTGAGCAGGAAGAC	GTTAGCCAGTGCTTGCTGAGA
Bax	CAGAGGCGGGGTTTCATCC	TCGGAAAACATTTCAGCCGC
Cytc	CAGAAGTGTGCCCAGTGCCATAC	GCCTGACCTGTCTTTCGTCCAAAC
Caspase-3	AGCCTTCATTCTTCGTGCCACAGV	CGACTGAGCGACTGAACTGAACTG
JNK	GCTGTGTACATGTCGGCTTC	TGAGTGACCCTGTTTAGCCA
p65	CCTTCGGAGAAGATGATGGGG	TTCCTTACGCACACCCCAAG
β-actin	CCACAGCCGAGCGGGAAATTG	AGGAGGACGACGCAGCAGTAG

表 3-7　巨噬细胞的引物序列

基因名称	上游引物序列（5′→3′）	下游引物序列（5′→3′）
IL-6	CGGAGAGGAGACTTCACAGAG	ATTTCCACGATTTCCCAGAG
IL-10	CAACATACTGCTAACCGACTC	GCCTGGGGCATCACTTCTACC
IL-1β	GCACTACAGGCTCCGAGATGAAC	TTGTCGTTGCTTGGTTCTCCTTGT
TNF-α	TACTGAACTTCGGGGTGATTGGTCC	CAGCCTTGTCCCTTGAAGAGAAC
Bax	CAGGATGCGTCCACCAAGAA	CAAAGTAGAAGAGGGCAACCAC
Bcl-2	CTACGAGTGGGATGCTGGAGA	CAGGCTGGAAGGAGAAGATGC
Caspase-3	GGCTGACTTCCTGTATGCTTACTCTAC	ACTCGAATTCCGTTGCCACCTTC
Caspase-8	ACCAAATGAAGAACAAACCTCG	CTTCATTTTTCGGAGTTGGGTT
Caspase-9	CGCCAAAATTGAAATTCAGACG	CGACAGGCCTGGATGATAAATA
Caspase-12	TGGCCCATGAATCACATCTAAT	TGGACAAAGCTTCAGTGTATCT
AIF	CATCATGATCATGCTGTTGTGA	TATCCACCAGACCAATAGCTTC
Cytc	GCAGGGTGCTAACTCAGTCC	CACTTAGGATCACCCCCAGC
IKKα	GGTGGAGGCATGTTCGGTAG	CACTCTTGGCACAATCTTTAGGG
GAPDH	CGTGCCTGGAGAAACCTG	AGAGTGGGAGTTGCTGTTGAAGTCG

1.2.10.2　qRT-PCR 验证相关基因的 mRNA 表达水平

（1）以 cDNA 为模板，用实时定量反转录聚合酶链反应方法检测各基因在不同感染时间的变化，羊中性粒细胞以 *β-actin* 为内参基因、小鼠巨噬细胞以 *GAPDH* 为内参基因。qRT-PCR 的总反应体系为 25μL，使用 Bio-Rad CFX Manager 3.1 的实时定量反转录分析系统进行检测。qRT-PCR 反应体系见表 3-8。

表 3-8 实时荧光定量 PCR 反应体系

组分	体积（μL）
TB Green Premix Ex *Taq* II（2×）	12.5
PCR 上游引物（10μmol/L）	1.0
PCR 下游引物（10μmol/L）	1.0
RT 反应液（cDNA 溶液）	2.0
灭菌水	8.5
总体积	25.0

（2）qRT-PCR 反应条件：首先是预变性温度 95℃变性 30s；变性温度 95℃变性 5s，退火温度 60℃延长 30s，以上步骤 40 个循环，95℃反应 10s。溶解曲线设定为 65℃ 5s，95℃ 5s。

（3）结果计算。通过 $2^{-\Delta\Delta Ct}$ 算法处理所得数据，对照组做归一化处理。

1.2.11 Western blot 检测细胞凋亡与炎性基因的蛋白质表达

（1）细胞总蛋白质的获取。将坏死梭杆菌以 MOI 分别为 0、100 的感染复数感染巨噬细胞 2h、4h、6h 后，加入适量的蛋白质裂解液，置于冰上收集蛋白质，并置于 1.5mL 离心管中，放置于 4℃冰箱 30min，后在 4℃条件下 12 000r/min 离心 5min，收取上清液。

（2）BCA 法测定蛋白质浓度。按照 Biosharp 生命科学股份有限公司的 BCA 蛋白浓度测定试剂盒进行如下操作：取出 96 孔微孔板，配制蛋白质标准品，取 20μL 的 BSA 蛋白标准溶液（5mg/mL）稀释至 100μL，按照表 3-9 配制标准测定溶液。

表 3-9 BCA 蛋白标准测定溶液的配制

试剂名称	1mg/mL BSA 标准溶液							5mg/mL BSA 标准溶液	
	0	1	2	3	4	5	6	7	8
BSA 标准溶液（μL）	0	0.5	2.5	5	10	15	20	6	8
PBS 溶液（μL）	20	19.5	17.5	15	10	5	0	14	12
BSA 终浓度（μg/mL）	0	25	125	250	500	750	1000	1500	2000
总体积（μL）	20	20	20	20	20	20	20	20	20

（3）将待测样品置于微孔板中（每个样品重复 3 次），并补足至 20μL，每孔添加 200μL 的 BCA 工作液，混匀后置于 37℃反应 30min，反应结束后，置于酶标仪测定 562nm 处的吸光值，并记录读数，计算蛋白质浓度，并调整蛋白质浓度为同一浓度。

（4）SDS-PAGE 及 Western blot

将调整后的样品加入上样缓冲液进行高温变性，配制下层胶为 12%的分离胶，上层胶为 5%的浓缩胶，于 80V 电压进行样品的浓缩，120V 电压进行蛋白质的分离，电泳结束后，将其置于转印槽中，进行 Western blot 转印。

（5）转印结束后，封闭、一抗、二抗、显影：将转印后的 PVDF 膜置于 5%的脱脂乳中室温封闭 1h，PBST 洗涤 3 次，每次 10min；然后分别加入一抗 Caspase-3（1∶1000，Proteintech）、Bcl-2（1∶4000，Proteintech）、Tubulin（1∶6000，Proteintech）、Bax（1∶5000，Proteintech）、IL-6（1∶1000，Proteintech）、TNF-α（1∶1000，Proteintech）、AIF（1∶100，Abcam）、Cytc（1∶5000，Abcam）4℃孵育过夜，PBST 洗涤 3 次，每次 10min，

加入二抗（1∶10 000，Proteintech）室温孵育 1h，PBST 洗涤 3 次，每次 10min，最后一次使用 PBS 洗涤，加入 ECL 发光液，进行显色，并做好记录。

1.2.12　统计学分析

所有数据以平均值±标准差（$\bar{x} \pm s$）表示，且使用 GraphPad Prism 8.0 软件进行统计学分析，分析中组间比较采用独立样本 t 检验（两组间分析）或多因素方差分析 One-way ANOVA / Two-way ANOVA（多组间分析），以 $P<0.05$ 为差异显著，$P<0.01$ 为差异极显著。

2. 结果

2.1　坏死梭杆菌抑制巨噬细胞增殖

为了研究坏死梭杆菌对巨噬细胞增殖的影响，采用 EdU 标记方法定量检测坏死梭杆菌感染巨噬细胞后的细胞增殖率，坏死梭杆菌以 MOI 分别为 0、50、100、200、500 和 1000 感染 RAW264.7 细胞 2h、4h、6h 后，加入 EdU 进行标记，并于荧光显微镜下观察，EdU 标记的增殖细胞颜色为黄色，细胞核染色为蓝色，随着感染时间的增加，增殖细胞（黄色）的数量减少（图 3-5A）。将 EdU 标记呈阳性的细胞与总细胞进行统计，可知，坏死梭杆菌感染巨噬细胞后抑制细胞增殖（图 3-5B）且降低了细胞的数量（图 3-5C），与对照组相比，具有显著性差异。通过以上结果，可知坏死梭杆菌抑制巨噬细胞增殖呈时间与剂量依赖性。

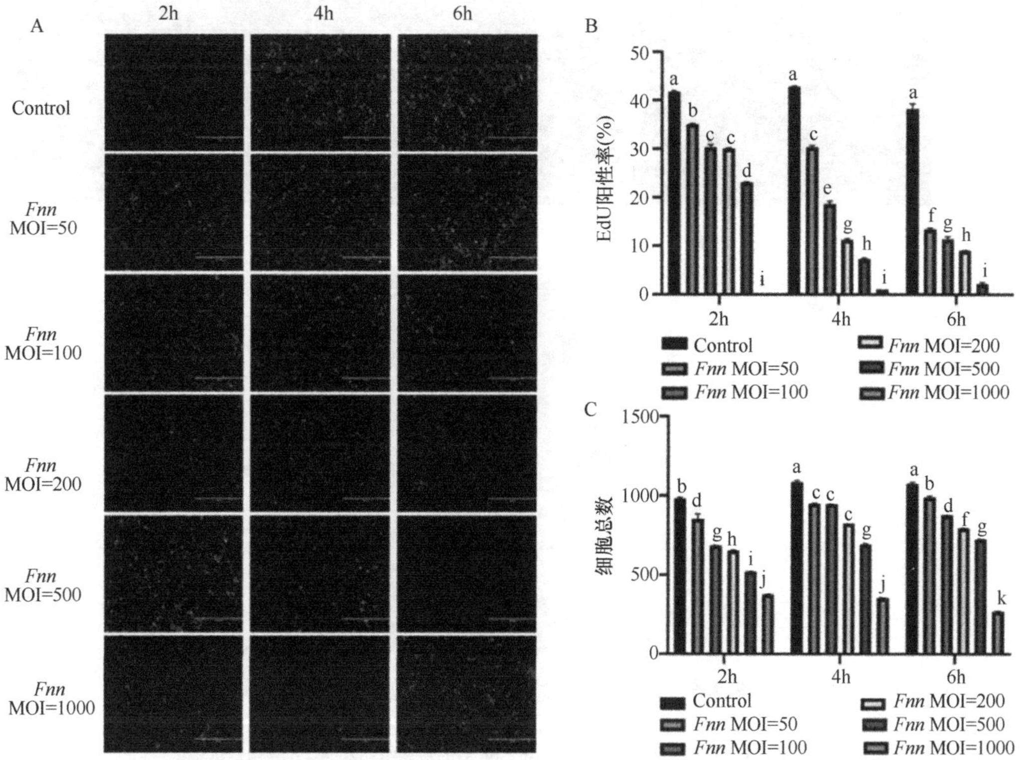

图 3-5　EdU 法检测坏死梭杆菌感染巨噬细胞后的细胞增殖情况

A. EdU 法检测巨噬细胞增殖，EdU 染色（黄色），细胞核用 DAPI 复染（200×）；B. EdU 标记指数，以 EdU 阳性细胞核数/总细胞核数表示；C. 细胞总数，以 DAPI 染色计数表示。图中的不同字母表示差异显著（$P<0.05$）

2.2　坏死梭杆菌诱导巨噬细胞凋亡的检测

为了进一步研究坏死梭杆菌抑制巨噬细胞增殖是否与诱导细胞凋亡有关，研究者采用 Hoechst 33258 染色分析坏死梭杆菌以 MOI 为 0 和 100 的感染复数感染巨噬细胞 2h、4h、6h，之后在荧光显微镜下观察（图 3-6A）。结果显示，经 Hoechst 33258 染色后，正常细胞的细胞核形态为近似圆形的均匀蓝色，而凋亡细胞由于染色质固缩，细胞核会呈致密浓染或碎片化，颜色为亮蓝色；与对照组相比，随着时间的增加，RAW264.7 细胞呈现不同程度的亮蓝色荧光，且呈现时间依赖性。接下来，采用生物化学的手段检测当细胞发生凋亡时 DNA 是否呈现片段化。坏死梭杆菌以 MOI 为 0、100 的感染复数感染巨噬细胞 2h、4h、6h 后收集巨噬细胞，提取细胞内的 DNA，进行琼脂糖凝胶电泳，分析其是否呈现 DNA 片段化。结果显示，与对照组相比，巨噬细胞 DNA 呈现出不同程度的梯状条带，且在感染 4h 时，DNA 梯状条带最明显（图 3-6B）。

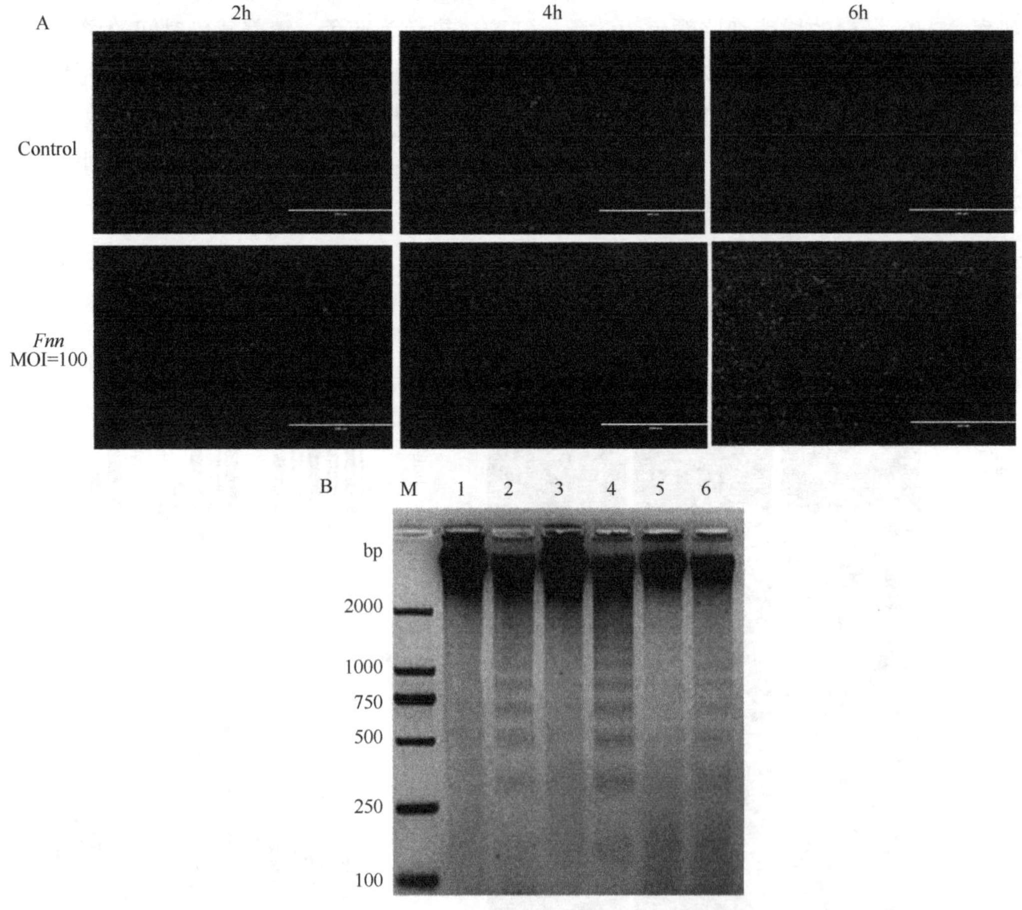

图 3-6　坏死梭杆菌感染后巨噬细胞的凋亡情况

A. Hoechst 33258 染色荧光显示图；B. DNA ladder 分析结果

M. Marker；1、3、5 分别是感染 2h、4h、6h 后的对照组；2、4、6 分别是试验组

最后，用 Annexin V-FITC/PI 法检测坏死梭杆菌感染巨噬细胞 2h、4h、6h 后的细胞凋亡率，经流式细胞仪检测后可知，对照组的细胞凋亡率分别为 16.36%、12.25%和 12.27%，

试验组凋亡率分别为 27.2%、34.5%、28.4%（图 3-7A）。结果表明坏死梭杆菌诱导巨噬细胞凋亡，经数据统计分析，与对照组相比，可知坏死梭杆菌感染巨噬细胞不同时间的凋亡率具有显著性差异（$P<0.01$，图 3-7B）。这些结果表明，坏死梭杆菌促进巨噬细胞凋亡。

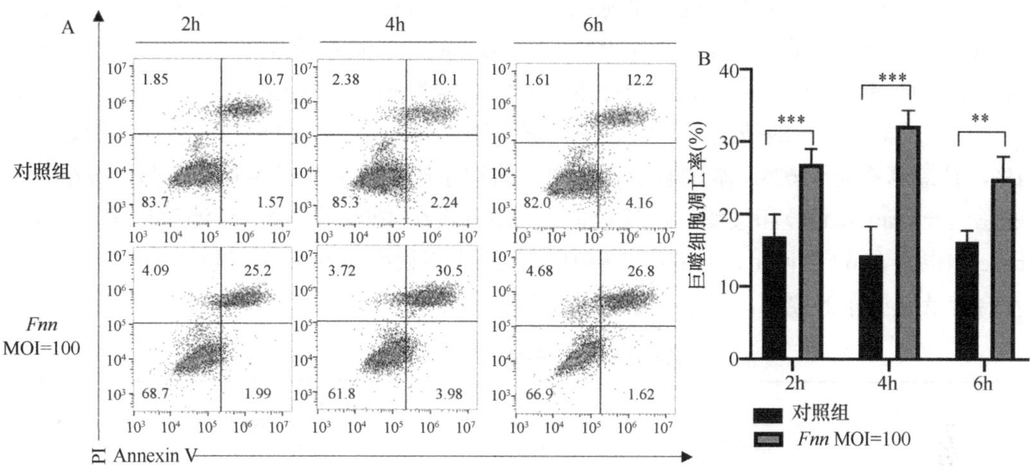

图 3-7　Annexin V-FITC/PI 检测坏死梭杆菌诱导巨噬细胞凋亡率

A. 流式细胞仪检测巨噬细胞凋亡；B. 巨噬细胞凋亡率统计分析

2.3　Annexin V-FITC/PI 检测坏死梭杆菌诱导羊中性粒细胞凋亡

为了进一步研究坏死梭杆菌诱导中性粒细胞的凋亡情况，研究者用 Annexin V-FITC/PI 法检测坏死梭杆菌以 MOI 分别为 0、100 的感染复数感染中性粒细胞 2h、4h、6h 后的细胞凋亡率。经流式细胞仪检测后可知，对照组的细胞凋亡率（早凋+晚凋）分别为 0.69%、0.62%、1.15%，试验组细胞凋亡率分别为 69.9%、92.3%、87.8%（图 3-8A），表明坏死梭杆菌诱导中性粒细胞凋亡；经数据统计分析，与对照组相比，坏死梭杆菌感染中性粒细胞不同时间的凋亡率具有显著性差异（$P<0.01$，图 3-8B）。由以上结果可知，坏死梭杆菌促进羊中性粒细胞凋亡。

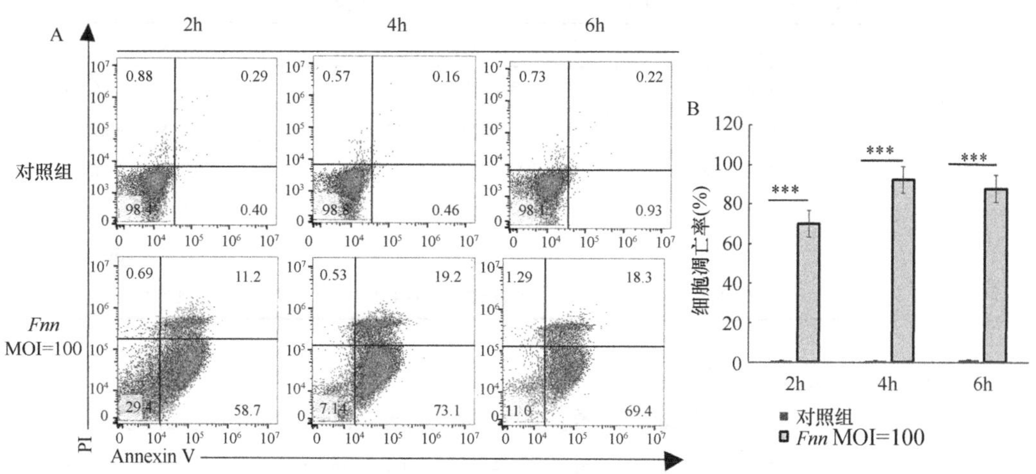

图 3-8　流式细胞术检测坏死梭杆菌诱导中性粒细胞凋亡率

A. 流式细胞仪检测中性粒细胞凋亡；B. 中性粒细胞凋亡率统计分析

2.4 转录组分析坏死梭杆菌对羊中性粒细胞的作用

2.4.1 转录组测序数据分析结果

2.4.1.1 测序数据质量汇总

由坏死梭杆菌感染羊中性粒细胞凋亡的流式分析可知，当坏死梭杆菌感染羊中性粒细胞 4h 时，细胞凋亡率极显著；用 RNA-seq 对坏死梭杆菌感染羊中性粒细胞 4h 时收集样品进行转录组分析，共测序 6 个样本，分别命名为 c1、c2、c3、t1、t2、t3，c 为对照组，t 为试验组。一般情况下，单碱基位置测序错误率是不可避免的，错误率最好低于 1%，且最高不高于 6%。本试验中各个样品的测序质控结果（表 3-10）表明，每组获得的总读长（raw reads）和过滤后读长（clean reads）均在 4000 万以上，过滤后片段量（clean bases）也均在 6.5G 以上，对照组单碱基位置测序错误率为 0.03%，试验组为 0.02%，均符合转录组测序的要求，为后续数据的分析提供了基础。

表 3-10 坏死梭杆菌感染羊中性粒细胞转录组质控表

样本	总读长	过滤后读长	过滤后片段量（G）	错误率（%）
c1	44 488 008	43 349 748	6.5	0.03
c2	48 095 788	46 248 220	6.94	0.03
c3	47 470 882	46 207 042	6.93	0.03
t1	45 032 186	43 88 2714	6.58	0.02
t2	47 293 778	45 768 740	6.87	0.02
t3	47 712 492	45 913 948	6.89	0.02

2.4.1.2 参考基因组的比对

统计双端测序的原始基因各自的比对率，以及各样本与参考基因的比对，可知对照组映射数量均在 80%以上，试验组映射数量均在 55%以上（表 3-11），表明两组数据之间具有差异性。

表 3-11 坏死梭杆菌感染羊中性粒细胞转录组样本与参考基因组比对统计

样本	总读长	全基因组	映射数量
c1	43 882 714	3 861 344 187（99%）	36 715 483（83.67%）
c2	45 768 740	39 367 097（86.01%）	36 961 049（80.76%）
c3	45 913 948	40 520 129（88.25%）	38 423 275（83.69%）
t1	43 349 748	26 794 666（61.81%）	24 412 796（56.32%）
t2	46 248 220	29 643 382（64.1%）	27 312 168（59.06%）
t3	46 207 042	29 788 272（64.47%）	27 472 274（59.45%）

2.4.1.3 基因表达分布

将过滤后得到的测序量与绵羊参考基因组进行比对，样本的基因表达值使用 FPKM 值代表，绘制密度图展示了两组样品间基因表达水平的分布情况（图 3-9），纵坐标为样品密度，横坐标为 $\log_2$(FPKM+1)，从而可知两组样品间具有差异性。

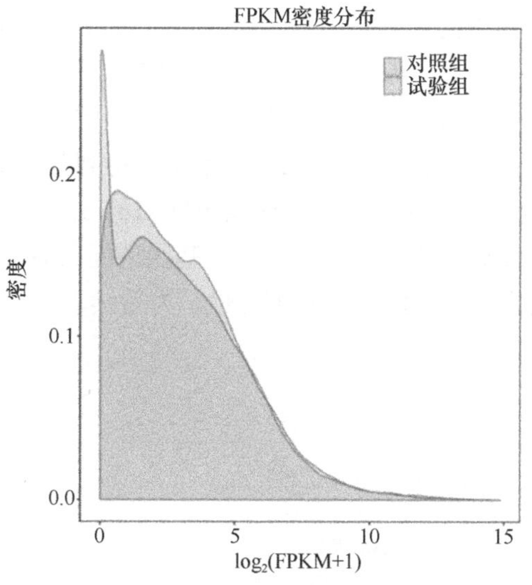

图 3-9 样本基因表达量分布密度图

2.4.1.4 样本间相关性

使用皮尔逊相关系数的平方（R^2）表示两组样品的组内及组间的相关性系数，绘制成热图，如图 3-10 所示，对照组内的 R^2 均在 0.85 左右，试验组内的 R^2 均在 0.95 左右，表明组内样本的生物学重复性较好；试验组与对照组之间的 R^2 均在 0.74 左右，表明组间样本具有差异性。

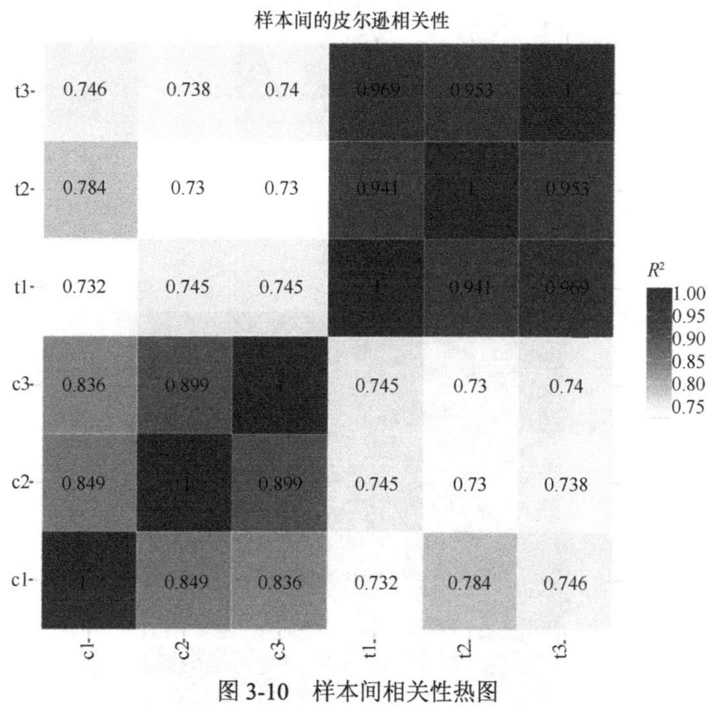

图 3-10 样本间相关性热图

2.4.2 聚类分析结果

本试验采用有生物学重复的标准化方法的 DESeq 分析基因差异表达，以 | $\log_2$(Fold

Change) | >0 且 padj<0.05 的差异基因筛选标准进行分析，$\log_2$(Fold Change)是处理组与对照组基因表达水平的比值，然后再经过差异分析软件收缩模型处理，最后以 2 为底取对数；为了控制假阳性的比例，引入 padj 对假设检验的 P 值进行校正。两组间的差异基因分布情况由火山图直观展示（图 3-11）。本试验得到差异基因共有 5488 个，其中下调基因 2907 个、上调基因 2581 个，无变化基因有 13 132 个。热图中表达模式相近的基因会被聚集在一起，可知试验组与对照组差异基因之间具有差异性（图 3-12）。通过以上结果可知，本次试验数据可信且具有可行性，为后续功能分析，以及通路分析奠定了基础。

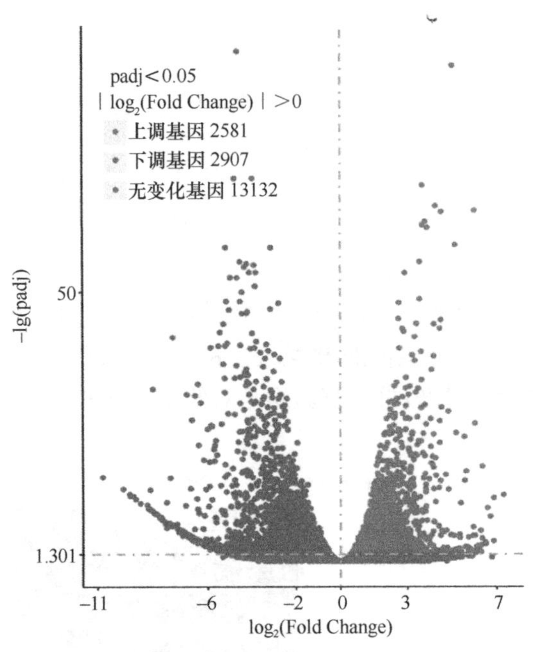

图 3-11　差异基因火山图

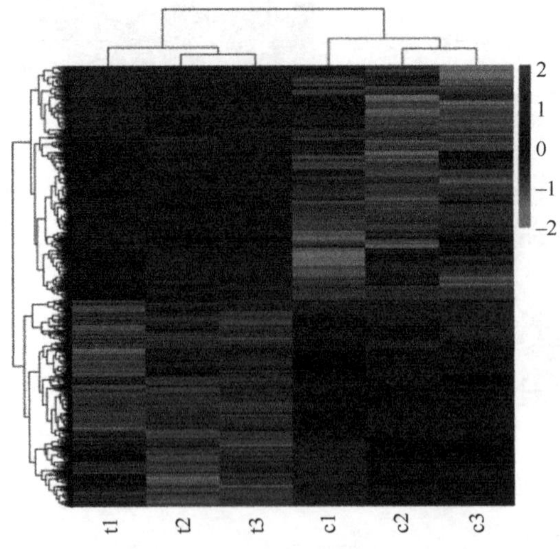

图 3-12　差异表达基因聚类热图

2.4.3　GO 功能富集分析结果

GO 功能富集分析是阐明基因功能的一个统计方法，这个数据库按照生物过程（biological process）、细胞组分（cellular component）和分子功能（molecular function）分为三部分。本试验中 GO 功能富集分析中将 padj＜0.05 作为显著性的阈值，GO 功能富集分析中具有显著性差异的共有 16 个（图 3-13），其中 7 个生物过程、2 个细胞组分、7 个分子功能，且坏死梭杆菌感染后，羊中性粒细胞的功能主要集中在细胞因子、转录、核糖体等的活性上。接下来将 GO 富集分析 3 个功能分别制作有向无环图（DAG）。在生物过程功能中，主要为酰胺的合成和肽的合成，主要涉及细胞代谢和蛋白质的表达（图 3-14A）；在细胞组成中，细胞功能首先是细胞质内反应，然后是细胞器的变化，如线粒体、核糖体，最后是细胞器膜的变化，如线粒体外膜（图 3-14B）；在分子功能中，首先是分子功能的研究，其次是细胞信号受体和细胞因子受体的激活，其中细胞因子的活化最具有显著性差异（图 3-14C）。通过以上结果可知，坏死梭杆菌感染羊中性粒细胞后，羊中性粒细胞通过细胞内的细胞因子和信号通路的活化调节坏死梭杆菌的感染。

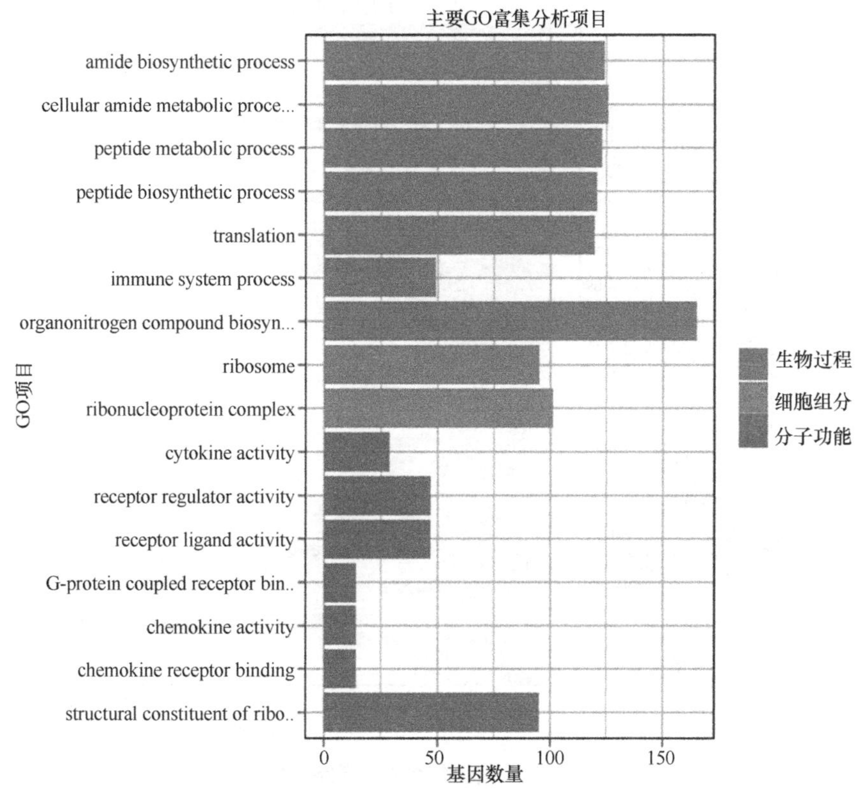

图 3-13　差异基因的 GO 分析

2.4.4　KEGG 通路富集分析结果

KEGG 通路富集分析同样以 padj＜0.05 作为显著性阈值，KEGG 富集通路中差异显著性的通路共有 37 个，主要涉及细胞的免疫过程、炎症的发生和细胞的死亡（图 3-15）。在信号通路调节炎症和细胞死亡的主要包括 NF-κB 信号通路和细胞凋亡通路，从富集的

NF-κB 信号通路、TNF 信号通路和细胞凋亡通路可知，坏死梭杆菌是通过激活 TNF 受体，之后分别激活 NF-κB 信号通路和细胞凋亡通路来调控细胞的炎症和死亡。

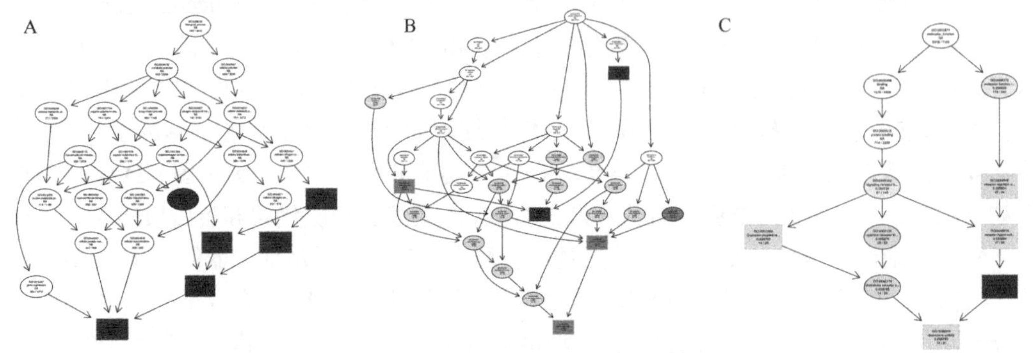

图 3-14　GO 富集分析有向无环图

A. 生物过程有向无环图；B. 细胞组成有向无环图；C. 分子功能有向无环图

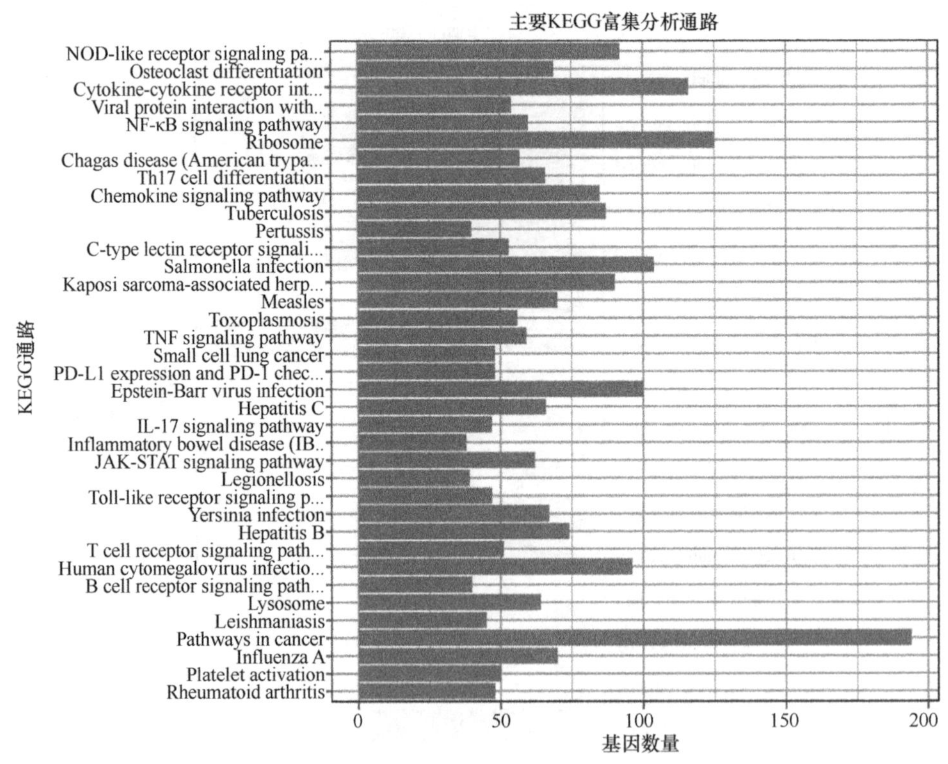

图 3-15　差异基因的 KEGG 通路富集分析

2.5　qRT-PCR 检测相关细胞凋亡及炎症因子的基因表达

2.5.1　羊中性粒细胞凋亡及炎症因子的表达

为了研究坏死梭杆菌诱导羊中性粒细胞凋亡和诱发炎性细胞因子的基因表达量的变化，以及进一步验证转录组学的结果，研究者用 qRT-PCR 技术，以 *β-actin* 为内参基因，通过 $2^{-\Delta\Delta ct}$ 进行归一化处理，数据使用 GraphPad Prism 8.0 软件分析。促凋亡基因

Bax（图 3-16A）、*Cytc*（图 3-16C）、*Caspase-3*（图 3-16D）的表达量呈上调趋势，抑制凋亡基因 *Bcl-2*（图 3-16B）呈下调趋势，表明坏死梭杆菌感染后，促炎因子 *TNF-α*（图 3-16E）、*IL-1β*（图 3-16F）、*IL-6*（图 3-16G）、*TRAF2*（图 3-16H）和 *JNK*（图 3-16I）的表达呈现上调趋势。通过以上结果可知，基因变化水平与转录组结果一致，所以坏死梭杆菌诱导羊中性粒细胞凋亡和炎症的发生有着密不可分的关系。

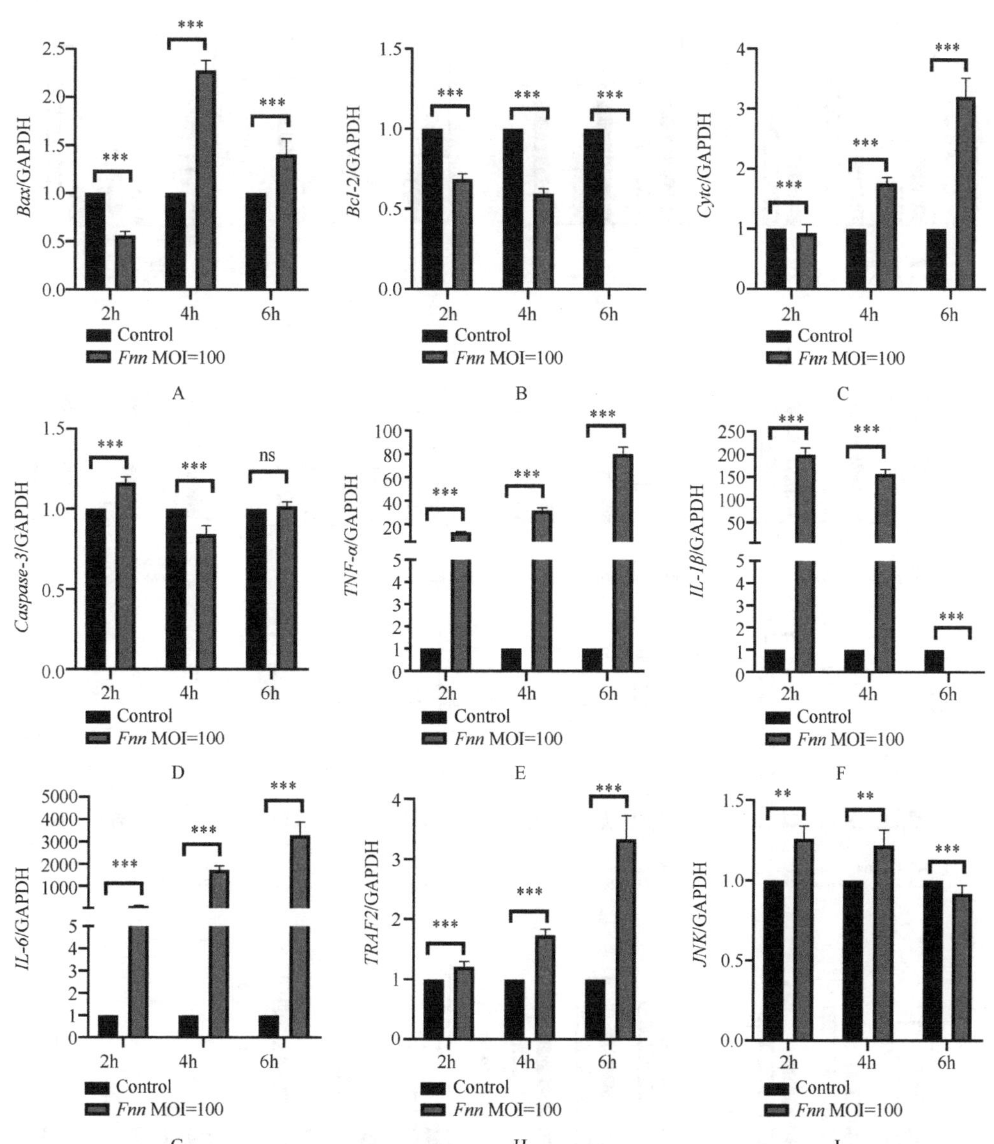

图 3-16 qRT-PCR 检测坏死梭杆菌感染羊中性粒细胞后炎性细胞因子和凋亡基因的变化

坏死梭杆菌感染羊中性粒细胞 2h、4h、6h 后 *Bax*（A）、*Bcl-2*（B）、*Cytc*（C）、*Caspase-3*（D）、*TNF-α*（E）、*IL-1β*（F）、*IL-6*（G）、*TRAF2*（H）、*JNK*（I）的基因表达量；GAPDH. 甘油醛-3-磷酸脱氢酶（内参），下同

2.5.2 巨噬细胞凋亡及炎症因子的表达

为了进一步研究坏死梭杆菌抑制巨噬细胞增殖、诱导细胞凋亡的机制及炎性细胞因子的表达，研究者采用 qRT-PCR 检测坏死梭杆菌以 MOI 为 100 感染 RAW264.7 细胞 2h、

4h、6h 后的细胞凋亡因子和炎性细胞因子，如图 3-17 所示，促凋亡基因 *Bax*（图 3-17A）、*Cytc*（图 3-17C）、*AIF*（图 3-17D）、*Caspase-3*（图 3-17E）、*Caspase-8*（图 3-17F）、*Caspase-12*（图 3-17G）的趋势呈现上调，抑凋亡基因 *Bcl-2*（图 3-17B）、*Caspase-9*（图 3-17H）的趋势呈现下调。促炎因子 *TNF-α*（图 3-17I）、*IL-1β*（图 3-17J）、*IL-6*（图 3-17K）、*TRAF2*（图 3-17L）、*Iκκα*（图 3-17M）、*JNK*（图 3-17N）、*P65*（图 3-17O）、*PP65*（图 3-17P）的

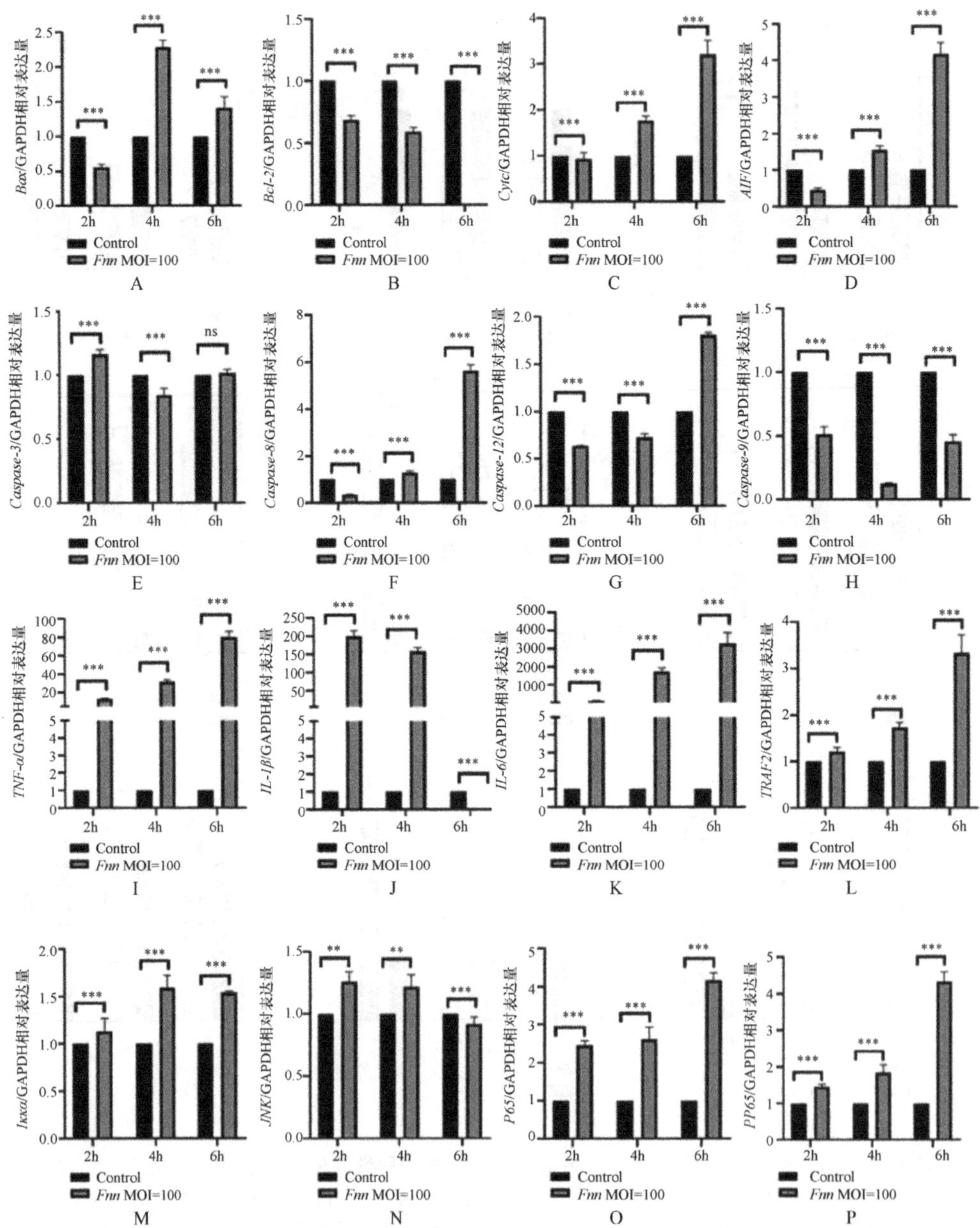

图 3-17 qRT-PCR 检测坏死梭杆菌感染巨噬细胞后细胞凋亡和炎性细胞因子基因的变化

坏死梭杆菌感染巨噬细胞 2h、4h、6h 后 *Bax*（A）、*Bcl-2*（B）、*Cytc*（C）、*AIF*（D）、*Caspase-3*（E）、*Caspase-8*（F）、*Caspase-12*（G）、*Caspase-9*（H）、*TNF-α*（I）、*IL-1β*（J）、*IL-6*（K）、*TRAF2*（L）、*Iκκα*（M）、*JNK*（N）、*P65*（O）、*PP65*（P）的 mRNA 表达量

基因表达呈现上调趋势。通过以上结果可知，坏死梭杆菌感染巨噬细胞后，在细胞凋亡因子和炎性细胞因子的基因表达上呈现一致的趋势性。因此坏死梭杆菌抑制细胞增殖与诱导其凋亡和炎症的产生有着密切的关联。

2.6　Western blot 检测细胞凋亡与炎症因子的蛋白质表达

为了进一步研究坏死梭杆菌感染巨噬细胞后对细胞凋亡和炎症反应的影响，研究者通过检测坏死梭杆菌感染后炎症及凋亡相关蛋白质表达水平上的变化，揭示坏死梭杆菌的相关致病机制。将坏死梭杆菌感染后细胞中的 Bcl-2、Caspase-3、Bax、TNF-α 蛋白进行了 Western blot 检测，结果表明，坏死梭杆菌感染 6h 后，细胞中抑制凋亡的 Bcl-2 蛋白表达量显著下调（$P<0.05$，图 3-18A）；坏死梭杆菌感染 2h 后，细胞中促凋亡的 Bax（图 3-18B）、AIF（图 3-18C）、Cytc（图 3-18D）、活化后的 Caspase-3（图 3-18E）蛋白的表达量显著上调（$P<0.05$）。

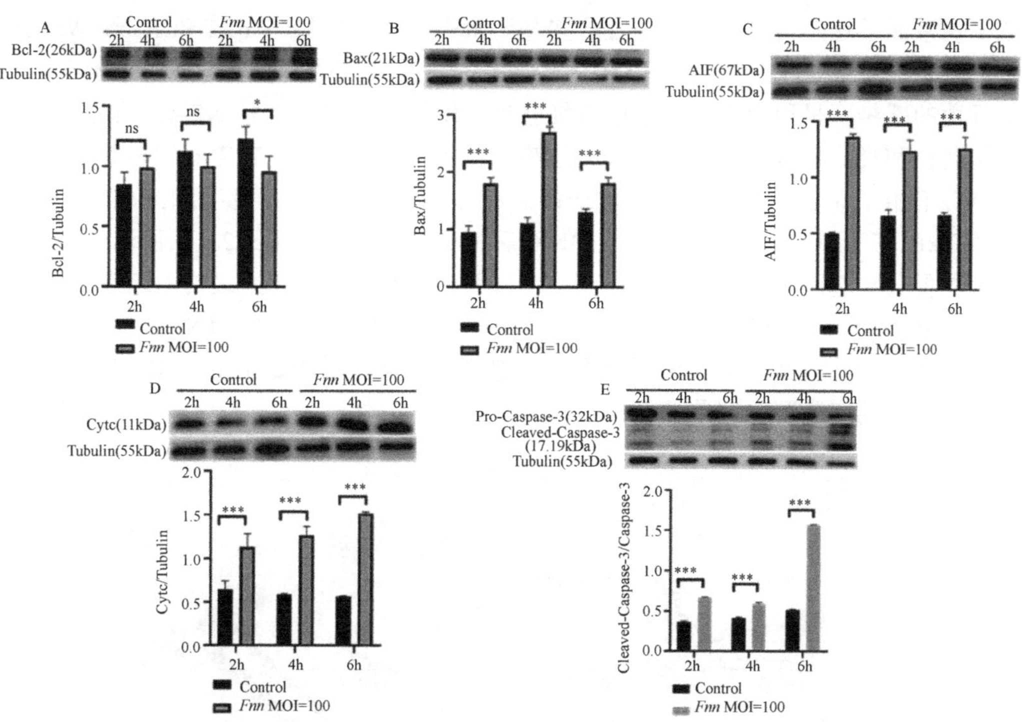

图 3-18　Western blot 检测坏死梭杆菌对巨噬细胞凋亡因子蛋白质表达的影响

A. Bcl-2 蛋白表达分析结果；B. Bax 蛋白表达分析结果；C. AIF 蛋白表达分析结果；D. Cytc 蛋白表达分析结果；E. Cleaved-Caspase-3/Caspase-3 蛋白表达分析结果

同时，对细胞中的 IL-6、TNF-α 和 IL-1β 进行蛋白质表达水平的检测，结果表明，坏死梭杆菌感染 2h 后，坏死梭杆菌感染组中 IL-6（图 3-19A）、TNF-α（图 3-19B）和 IL-1β（图 3-19C）蛋白质表达量均显著上调（$P<0.05$）。结果表明，坏死梭杆菌促进细胞凋亡因子和炎症因子的表达。

2.7　坏死梭杆菌通过 NF-κB 和 TNF 信号通路诱导细胞凋亡和炎症的产生

为了进一步阐明细胞增殖、凋亡、炎性细胞因子在信号转导通路 NF-κB 和 TNF 信号通路上的联系，研究者将在坏死梭杆菌感染羊中性粒细胞后的转录组结果通过通路路

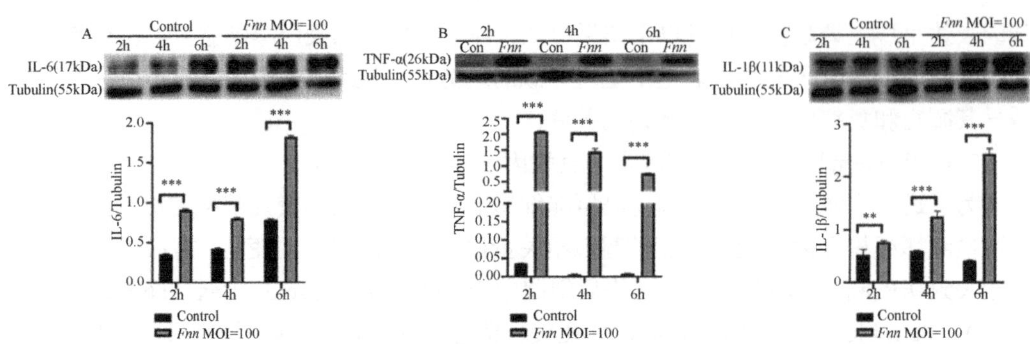

图 3-19 Western blot 检测坏死梭杆菌对巨噬细胞炎症因子蛋白质表达量的影响

A. IL-6 蛋白表达分析结果；B. TNF-α 蛋白表达分析结果；C. IL-1β 蛋白表达分析结果

径视图进行整合分析，可知坏死梭杆菌感染羊中性粒细胞后，通过差异基因的上调或下调激活了这些信号通路，并且这些基因水平的表达趋势与 qRT-PCR 和 Western blot 检测的结果一致。对于 NF-κB 信号通路，试验结果中不仅羊中性粒细胞在坏死梭杆菌的感染下呈现上调，对于巨噬细胞也呈现相同的趋势，且 NF-κB 信号通路在细胞凋亡和炎症反应后呈现了上调的趋势。由所有结果可知，TNF-α 的表达升高后，TRAF2 活化，同时活化两条通路，一条促进 Iκκα 的活化，进一步活化 P65，从而激活 NF-κB 信号通路；另一条是活化 JNK 后抑制抑凋亡基因 *Bcl-2*，从而活化线粒体膜上的促凋亡基因 *Bax*，进而促进促凋亡基因 *AIF*、*Cytc* 的活化，最终引起细胞凋亡，如图 3-20 所示。当细胞受到损伤后，炎性细胞因子 IL-6、IL-1β、TNF-α 的基因表达水平升高，由此可知，坏死梭杆菌诱导细胞凋亡和炎症反应是由 NF-κB 信号通路和线粒体介导的细胞凋亡调节的。

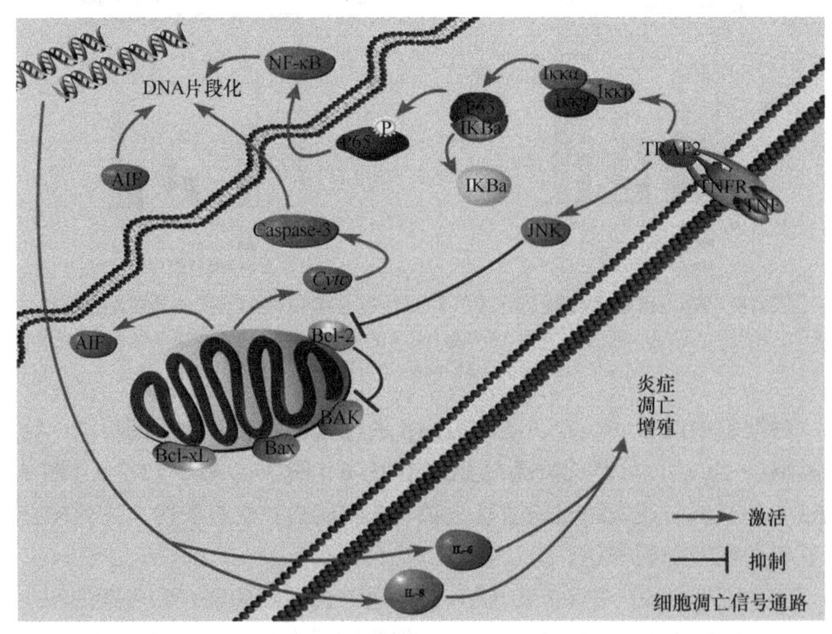

图 3-20 坏死梭杆菌诱导中性粒细胞和巨噬细胞凋亡和炎症的推测机制

3. 讨论

坏死梭杆菌普遍存在于人和动物的口腔、消化道和泌尿生殖道中，可引发以坏死、脓肿为主要特征的坏死梭杆菌病，了解坏死梭杆菌的致病机制，对维护人类和动物的健康具有重要意义。虽然大量研究证实坏死梭杆菌对宿主细胞具有黏附和毒害作用，但坏死梭杆菌侵入机体后对细胞的作用机制还未见报道。

在本研究中，坏死梭杆菌以不同的感染复数感染巨噬细胞不同时间后，使用 EdU 细胞增殖检测方法检测坏死梭杆菌对巨噬细胞增殖的影响，结果表明，坏死梭杆菌抑制巨噬细胞增殖。机体为了应对病原微生物的进一步危害，往往会通过调节免疫细胞的凋亡以达到去除病原菌的目的。细胞凋亡是指细胞在基因的控制下进行有序地死亡，细胞凋亡可通过观察细胞的形态变化和检测 DNA 的变化来鉴定。Hoechst 33258 染色后在荧光显微镜下观察，当细胞发生凋亡时呈现亮蓝色，而正常细胞则是均匀的蓝色，以此判定细胞是否发生凋亡。此外，DNA 的片段化也是细胞凋亡的经典变化。在本试验中，坏死梭杆菌可观察到随着感染时间的增加，在 Hoechst 33258 染色后细胞呈现亮蓝色的趋势逐渐增加，坏死梭杆菌感染后巨噬细胞的 DNA 坏死梭杆菌在琼脂糖凝胶电泳中呈现梯状条带，表明了其 DNA 呈片段化。但是在感染 6h 后，细胞凋亡与 2h、4h 相比，细胞呈现的亮蓝色强度较弱，且在琼脂糖凝胶电泳中 DNA 的亮度也较暗。中性粒细胞在成熟后 24h 之内就会自发性地凋亡，血液中的中性粒细胞的半衰期为 6～8h，流式细胞术可用来检测坏死梭杆菌感染中性粒细胞和巨噬细胞后的凋亡情况。本试验发现随着感染时间的增加，中性粒细胞和巨噬细胞凋亡情况逐步加重，但是感染 6h 后与感染 2h、4h 相比，无显著性差异，这可能是坏死梭杆菌感染较长时间后细胞出现坏死，或是厌氧菌长期处于有氧状态，细菌活性降低导致的。

RNA-seq 是目前研究基因组的多样性和动态性的最直接方法，RNA-seq 主要包括以下几个进程：RNA 的提取、构建合格的文库、文库的测序和数据分析（Lachmann et al.，2020）。RNA-seq 将原始读数映射到基因转录物和基因水平，通过不同的比对方法实现转录定量分析（Colgan et al.，2017），然后将量化后的数据进行差异分析，主要包括功能分析、通路分析等，以明确外来微生物对宿主细胞的影响（Abbas et al.，2020）。本试验将坏死梭杆菌感染绵羊中性粒细胞后，提取其 RNA 并进行转录组分析，通过 RNA-seq 分析，明确了坏死梭杆菌感染中性粒细胞后，获得差异基因有 5488 个，其中上调差异基因有 2581 个，下调差异基因 2907 个。在 GO 富集分析中，坏死梭杆菌感染绵羊中性粒细胞后，其功能主要涉及细胞因子、核糖体等的活性；在 KEGG 富集通路分析中，通路主要涉及细胞免疫过程、炎性通路和细胞死亡，通过对其分析可知，坏死梭杆菌感染中性粒细胞后，主要通过 NF-κB 和线粒体信号通路调节中性粒细胞凋亡和炎性细胞因子的表达。研究表明，中性粒细胞和巨噬细胞的凋亡受多种信号途径调控，如死亡受体信号通路、NF-κB 信号通路等，在肿瘤坏死因子受体（tumor necrosis factor receptor，TNFR）超家族成员中主要包括死亡受体（如 FAS）和肿瘤坏死因子受体（TNFR）。死亡受体信号通路首先是死亡受体（FAS、TNFR）与死亡配体（TRAF2）相结合后，形成死亡信号诱导复合物，进一步活化半胱天冬酶（caspase）家族，从而导致细胞凋亡（王珊，2012）。

NF-κB 信号通路则与细胞的多种反应均有关联，如炎症、感染性休克、凋亡等多种信号转导通路。NF-κB 信号通路活化后，可诱发促炎因子（IL-6、IL-8）的表达（Wang et al.，2019）。在微生物感染早期，机体首先应急启动急性炎症反应，使单核巨噬细胞初期趋向于 M1 型极化，但当 M1 型细胞积累到一定程度后，引发机体“炎症瀑布”，诱发更加严重的败血症。此外，病原菌会诱导巨噬细胞向 M2 型极化，降低机体的免疫反应，达到免疫逃逸的效果，因此，巨噬细胞的 M1 极化在控制细菌感染中起到了相当重要的作用（吴燕等，2021）。巨噬细胞可分化为两种类型：M1 型巨噬细胞分泌促炎因子主要有 TNF-α 和 IL-1β 等，从而介导机体发生 Th1 型免疫应答；M2 型巨噬细胞则会分泌抗炎因子，主要有 IL-10 和 IL-4 等，从而介导机体参与 Th2 型免疫应答（梁新月等，2019）。但是，中性粒细胞在机体感染病原菌的清除中发挥着不可或缺的作用，它最早被招募到炎症区域，是机体发挥免疫防御的重要成员之一，杀伤外来入侵的病原微生物，诱导宿主的炎症损伤及炎症相关性疾病，通过自发性凋亡的机制调控和减轻炎症损伤等。因此，病原微生物感染机体后，中性粒细胞的水平、功能和生命周期，对机体炎性反应结局有着重要的影响（Davenport et al.，2014）。Davenport 等（2014）通过研究由坏死梭杆菌引起腐蹄病的病羊与未患病绵羊的 Toll 样受体（Toll like receptor，TLR）和促炎细胞因子的表达，结果表明，患腐蹄病严重的绵羊蹄部组织的炎性细胞因子 TNF-α、IL-1β、TLR2 和 TLR4 的基因转录水平显著升高，且伴随着大量中性粒细胞的浸润。在另外的研究中发现，坏死梭杆菌的感染可以促进中性粒细胞的增多（Gursoy et al.，2008），此外坏死梭杆菌的感染还能促进 HaCaT（人永生化表皮细胞，Hacat epithelial cell）上皮细胞分泌 IL-8（张明军，2020）。

为了探究坏死梭杆菌感染巨噬细胞和中性粒细胞后，其在基因水平上的变化，本试验将被坏死梭杆菌感染不同时间后的巨噬细胞和中性粒细胞提取细胞总 RNA，反转录后进行实时定量反转录 PCR 检测，分别检测凋亡基因和炎性细胞因子，其中促凋亡因子 AIF、Bax、Cytc、Caspase-3、Caspase-8、Caspase-9、Caspase-12 的基因表达量呈现不同程度的上调趋势，抑凋亡因子 Bcl-2 基因表达量呈下调趋势，表明坏死梭杆菌促进巨噬细胞和中性粒细胞凋亡。促炎因子 IL-6、IL-1β、TNF-α 的基因表达量呈上调趋势，表明坏死梭杆菌促进巨噬细胞和中性粒细胞炎性细胞因子基因的表达。Abba 等（2020）将发生肝脓肿和未发生肝脓肿的奶牛瘤胃上皮细胞进行转录组测序，结果共发现了 221 个差异表达基因，且主要富集在 NF-κB 和干扰素信号通路。具核梭杆菌可诱导单核细胞 NF-κB 信号通路的活化，且促进 IL-1β、IL-6 的分泌（Noh et al.，2016），此外，还可促进巨噬细胞 IL-6、TNF-α 及 JNK、IκBα 的磷酸化（Martinho et al.，2016）。与此同时，使用 qRT-PCR 检测到了 TRAF2、Iκκα、JNK、PP65、P65 的 mRNA 表达量呈现不同程度的上调趋势。在基因水平的基础上，进一步对坏死梭杆菌以 MOI 为 0、100 感染后，使用 Western blot 检测细胞凋亡蛋白质，在坏死梭杆菌感染 6h 后，抑制凋亡蛋白 Bcl-2 表达量显著下调，而在坏死梭杆菌感染 2h 后，促凋亡蛋白 Bax、AIF、Cytc、Cleaved-Caspase-3/Caspase-3 的表达量显著上调，进一步表明了坏死梭杆菌促进细胞凋亡；同时又检测了 IL-6、TNF-α、IL-1β 的蛋白表达量，在坏死梭杆菌感染 2h 后，炎性基因表达量显著上调，表明坏死梭杆菌促进炎症反应的发生。Martinho 等（2016）的研究表明

LPS 通过 TLR4 促进细胞中 IL-6、TNF-α、IL-1β 等促炎因子的表达。NF-κB 信号通路在免疫和炎症中扮演着重要作用，能够通过细胞因子影响炎症的发生和细胞凋亡。TNF 信号通路中，TNF-α 是一种具有多效应的细胞因子，它的功能是激活 Caspase 家族介导的细胞凋亡、活化 TRAF 介导的 NF-κB 和 JNK 蛋白激酶作用。研究表明，NF-κB 信号通路的激活能增强炎症因子的表达和细胞凋亡的发生（简磊等，2019）。在坏死梭杆菌感染细胞后，对转录组结果进行分析，从荧光定量 PCR 检测基因水平和 Western blot 检测蛋白质水平变化后可知，坏死梭杆菌调控免疫细胞炎症因子的表达，以及促进细胞凋亡。本试验第一次探索了坏死梭杆菌感染免疫细胞后，免疫细胞相关凋亡和炎症因子表达量的变化，为探索坏死梭杆菌的感染机制奠定了基础。

二、43K OMP 在坏死梭杆菌黏附宿主细胞中的作用

（一）43K OMP 的原核表达及在 BHK-21 细胞的瞬时表达

1. 材料与方法

1.1　材料

1.1.1　细胞、质粒和血清

BHK-21 细胞、pET-32a 原核表达载体、坏死梭杆菌 43K OMP 阳性血清和牛坏死梭杆菌 H05 菌株高免血清均由黑龙江八一农垦大学动物科技学院兽医病理学实验室保存；SPF 级家兔购自中国农业科学院哈尔滨兽医研究所实验动物中心。

1.1.2　主要试剂

主要试剂见表 3-12。

表 3-12　主要试剂

试剂名称	生产厂家
质粒小提试剂盒	近岸蛋白质科技有限公司
质粒大量提取试剂盒	Gene Mark 公司
限制性核酸内切酶 *Eco*R I	宝生物工程有限公司
限制性核酸内切酶 *Bam*H I	宝生物工程有限公司
限制性核酸内切酶 *Xho* I	宝生物工程有限公司
2×premix 预混酶	宝生物工程有限公司
DNA Marker DL 2000	宝生物工程有限公司
DH5α 感受态细胞	宝生物工程有限公司
Prestained Protein Ladder	美国赛默飞世尔科技公司
ECL 发光试剂盒	天根生化科技有限公司
转染试剂	QIAGEN 公司
Western 及 IP 细胞裂解液	碧云天生物技术有限公司
蛋白酶抑制剂	碧云天生物技术有限公司
HRP 标记的山羊抗鼠 IgG（IgG-HRP）	北京博奥拓达科技有限公司
弗氏完全佐剂	美国 Sigma-Aldrich 默克生命科学公司
IPTG	北京索莱宝科技有限公司

续表

试剂名称	生产厂家
SDS-PAGE 凝胶制备试剂盒	北京索莱宝科技有限公司
胎牛血清	WISENT 公司
DMEM 培养液	美国 GIBCO 公司
青链霉素混合液	美国 GIBCO 公司
EDTA-胰酶	美国 GIBCO 公司
MEM 培养基	美国 GIBCO 公司

1.1.3　主要仪器

主要仪器见表 3-13。

表 3-13　主要仪器

仪器名称	生产厂家
JY02S 型紫外分析仪	北京君意东方电泳设备有限公司
3120000 型微量移液器	德国爱得芬公司
DK-8D 型电热恒温水浴锅	上海森信实验仪器有限公司
MS3BS25 型漩涡振荡器	德国 IKAMS3 公司
XB100 型制冰机	德国 GRANT 公司
DRP-9272 型电热恒温培养箱	上海森信实验仪器有限公司
BSL-1360B 型生物安全柜	北京东联哈尔仪器制造有限公司
DGG-9070B 型电热恒温鼓风干燥箱	上海森信实验仪器有限公司
HZQ-Q 型全温振荡仪	哈尔滨市东联电子技术开发有限公司
Trans-Blot SD Cell 型半干转印仪	美国伯乐公司
SK-O180-E 型水平摇床	上海卡耐兹实验仪器设备有限公司
BSA223S 型电子天平	德国赛多利斯公司
Power Pac Basic 型垂直板电泳系统	美国伯乐公司
SERIES Ⅱ WATER JACKET 型 CO_2 细胞培养箱	美国赛默飞世尔科技公司
DYY-6C 型稳压稳流型电泳仪	北京六一生物科技有限公司
JY02S 型凝胶成像系统	北京君意东方电泳设备有限公司
DMi1 型倒置生物显微镜	德国徕卡公司

1.2　方法

1.2.1　坏死梭杆菌 43K OMP 基因及引物的合成

参考 GenBank 中牛坏死梭杆菌 43K OMP 的核苷酸序列（GenBank 登录号 JQ740821.1），用 SignalP 软件预测 43K OMP 的信号肽，然后除去信号肽并优化针对大肠杆菌具有偏嗜性的密码子。在优化后序列 5′末端和 3′末端分别加入 *Bam*HⅠ和 *Xho*Ⅰ两种酶切位点，最后人工合成牛坏死梭杆菌 43K OMP 核苷酸序列，合成的基因连接至 pET-32a 载体上。用 Premier 5.0 软件设计 43K OMP 的 1 对特异性引物（表 3-14），用于牛坏死梭杆菌 43K OMP 基因的鉴定，该重组质粒及特异性引物均由哈尔滨博仕生物技术有限公司合成。

表 3-14　43K OMP 引物的设计

引物名称	引物序列（5′→3′）
43K OMP-F	5′ TTATGCCGGCTCCGATGC 3′
43K OMP-R	5′ CGGGTTCCAACGCCAGTA 3′

1.2.2　重组质粒的转化和提取

将 pET-32a-43K OMP 阳性重组质粒转化入 *E. coli* BL21（DE3）感受态细胞中，试验操作步骤如下。取出 *E. coli* BL21（DE3）感受态细胞 50μL 置于冰水混合物中融化。融化后，加 pET-32a-43K OMP 重组质粒 1μL，充分混匀。冰浴 30min，42℃条件下热休克 90s 后，迅速转移至冰中作用 2min，然后加入 37℃预热的 SOB 培养液，在 37℃恒温摇床中振荡培养 1h，取转化后的菌液 100μL 均匀涂于 LB（Amp^+）平板上，放入 37℃恒温培养箱中培养，直到出现单菌落。

挑取单菌落于 LB（Amp^+）液体培养基中，置于摇床中 37℃过夜培养，然后提取质粒。提取质粒的操作步骤如下：在超净台中，吸入 1mL 菌液于 EP 管中；13 400*g* 离心 2min，弃掉上清液；加溶液Ⅰ 250μL，混匀；加入溶液Ⅱ 250μL，轻轻倒置几次；加入溶液Ⅲ 350μL，轻轻倒置几次；13 400*g* 离心 10min；上清液加入吸附柱，放置 2min，13 400*g* 离心 1min，弃液；加入 500μL HB 缓冲液，13 400*g* 离心 1min，弃液，重复上步操作一次；加入 700μL DNA 洗涤缓冲液，13 400*g* 离心 1min，弃液；空离，13 400g 离心 2min，吸附柱放在新 EP 管上，开盖待乙醇挥发完全；加入 30μL 预热的 ddH_2O；13 400*g* 离心 2min；标记，–20℃保存。

1.2.3　质粒 DNA 的双酶切及 PCR 鉴定

提取的 pET-32a-43K OMP 重组质粒经双酶切和 PCR 鉴定，双酶切体系见表 3-15。牛坏死梭杆菌 43K OMP 特异性引物信息见表 3-14，PCR 反应体系见表 3-16。PCR 反应条件为 95℃预变性 5min，94℃变性 1min，55℃退火 1min，72℃延伸 1min，共 35 个循环，72℃延伸 10min。取 3μL PCR 产物经 1%琼脂糖凝胶电泳。

表 3-15　双酶切反应体系

试剂名称	体积（μL）
10× buffer	1
Xho Ⅰ	1
*Bam*H Ⅰ	1
10× BSA	1
质粒	5
ddH_2O	1

表 3-16　PCR 反应体系

试剂名称	体积（μL）
2× premix 预混酶	12.5
上游引物	0.5
下游引物	0.5
模板 DNA	1
ddH_2O	10.5

1.2.4 pET-32a-43K OMP 蛋白原核表达及纯化

挑取单菌落接种于 LB（Amp^+）液体培养基中培养，用分光光度计测其 OD_{600nm} 值。当 OD_{600nm} 值达到 0.4～0.6 时，用 IPTG（终浓度 1mmol/L）诱导，之后进行原核表达，然后在 16℃摇床中振荡培养 16h。表达 43K OMP 基因的菌体用 PBS 洗 5 次后，进行超声破碎，菌体的上清液和沉淀分别进行 SDS-PAGE 鉴定。目的蛋白质表达后，收集 500mL 菌液进行离心，用 20mL PBS 缓冲液重新悬起再进行超声破碎。离心后的沉淀用 6mol/L 盐酸胍变性液变性，用复性液复性，取上清液加入纯化柱中，收集蛋白质样品。取少量处理后的蛋白质样品，用 SDS-PAGE 方法鉴定。

1.2.5 坏死梭杆菌天然 OMP 蛋白粗提取

参照徐晶等（2013）提取外膜蛋白的方法，并进行改良后提取坏死梭杆菌 43K OMP，方法如下。将 200mL 的菌体沉淀用 20mL pH 7.2 的 PBS 重悬，细菌悬液置于冰水混合物中，超声波破碎仪破碎处理，超声波破碎仪参数设置功率为 60W，超声时间 6s，间歇 6s，总时长 60min。超声结束后，在 4℃条件下，3000*g* 离心 30min，除去未能完全破碎的菌体或细菌碎片，弃沉淀，收集上清液；将收集的上清液在 4℃条件下，12 000*g* 离心 30min，弃上清液，收集沉淀，用 20mL 0.5%的 SLS 将沉淀悬起，室温孵育 30min 以除去细菌内膜蛋白。在 4℃条件下，12 000*g* 离心 30min，弃上清液取沉淀；用含有 10mL 2% LDS（pH 7.4）20mmol/L 的 HEPEs-LiCl（4-羟乙基哌嗪乙磺酸）将沉淀重悬，在 4℃条件下孵育 30min；并 12 000*g*，离心 30min，弃上清液，收集沉淀；用 1mL 20mmol/L 的 HEPEs 重新悬起，混合均匀并分装，置于–80℃保存。

1.2.6 43K OMP 的 Western blot 鉴定

将粗提取的坏死梭杆菌 OMP 和重组表达的 43K OMP 进行 Western blot 鉴定，具体操作步骤如下。

1）配制凝胶

固定玻璃板进行验漏，将配制的 10%的分离胶加入玻璃板并加蒸馏水压平，静置 30min，待聚合后，弃掉蒸馏水，用吸水纸吸除残留的蒸馏水，配制 5%的浓缩胶加入玻璃板，立即插入样品梳，静置 30min 以上，待凝胶聚合。

2）样品处理

将待检测样品与 5×蛋白上样缓冲液以 1∶4 体积比混合均匀，沸水浴 10min 后，10 000*g* 瞬离，以收集位于管壁上的液体，待冷却后取 10μL 上清液上样。

3）上样

将配制好的凝胶玻璃板安装在电泳槽，倒入电泳液并没过短板，拔下样品梳，分别加入 10μL 样品及 3μL 蛋白 Marker。

4）电泳

加样后安装好电泳槽，接通电源，设置恒定电压 60V，当蛋白 Marker 进入分离胶后，将电压调至 100V。待溴酚蓝到达玻璃板底部时停止电泳。

5）染色

取下凝胶，加考马斯亮蓝 R-250 染色液没过凝胶，染色 30min。

6）脱色

将染色液回收，凝胶用水洗涤，然后洗去表面的染色液，加入到脱色液中，直到蛋白质条带清晰且背景近无色，用蒸馏水终止脱色，通过凝胶成像系统进行观察并留图。

7）取下凝胶，切除多余部分后进行转膜

8）转膜

剪取与凝胶大小相同的一张硝酸纤维素滤膜（nitrocellulose filter membrane，NC 膜）及 2 张滤纸，放入转膜液中浸泡 5～10min。放入半干转印仪内，从下到上放置的顺序为滤纸、NC 膜、凝胶、滤纸。每放入一层后用凝胶板赶走气泡，凝胶和膜在半干转印仪内放正，连接好电极，15V 恒压 50min。

9）封闭

转膜后，取出 NC 膜用 PBS 缓冲液洗涤一下，加入 5%的脱脂乳封闭，37℃孵育 2h，弃去封闭液，PBS 冲洗一次

10）一抗孵育

坏死梭杆菌 43K OMP 重组蛋白血清用 PBS 稀释 1500 倍，将 NC 膜放入稀释后的血清，4℃过夜孵育。PBS 洗膜 5 次，每次 10min。

11）二抗孵育

辣根过氧化物酶标记的山羊抗兔二抗以 1∶5000 体积比稀释，将 NC 膜转移到二抗内，室温孵育 1h。PBS 洗膜 5 次，每次 10min。

12）显色

Super ECL Plus 发光液 A 液与 B 液等比例混合均匀后，将 NC 膜表面全部覆盖，避光显色 3min，用凝胶成像系统观察并留图。

1.2.7 真核重组表达质粒的合成及鉴定

根据 GenBank 发表的牛坏死梭杆菌 H05 菌株的 43K OMP 核苷酸序列（登录号：JQ74082.1），分别在全长基因序列（山东海基生物技术有限公司合成）的 5′末端和 3′末端加入 *Eco*R Ⅰ 和 *Xho* Ⅰ 酶切位点，连接至 pCAGGS-HA 载体。运用 Primer 5.0 软件设计 1 对鉴定引物，43K OMP-F：5′ GAATTCATGAAGAAGCTG 3′，43K OMP-R：5′CTCGAG CTAGAAGGTCAC 3′。引物由哈尔滨博仕生物技术有限公司合成。

将上述合成的重组质粒分别进行双酶切，双酶切体系见表 3-17。将装有酶切试剂的 1.5mL 离心管于 37℃水浴锅放置 3h，取 3μL 酶切样品进行琼脂糖凝胶电泳分析。

表 3-17 双酶切体系

试剂名称	体积（μL）
*Eco*R Ⅰ	0.5
Xho Ⅰ	0.5
质粒	2
10× Smart buffer	1
ddH$_2$O	6

将合成重组质粒 pCAGGS-43K OMP 与 DH5α 感受态细胞混匀，冷热刺激后与 1mL SOB 混匀，于 37℃摇床中培养 30min，培养后的菌液离心后取 100μL 上清液与菌体沉淀混匀后涂于 LB 固体培养基（含有 Amp^+抗性），于 37℃恒温培养箱培养 12h；从平板上随机挑取单菌落接种于 4mL LB 液体培养液（含有 Amp^+抗性）中，于 37℃摇床中培养 6h；按照质粒提取试剂盒对菌液进行质粒提取，获得的质粒通过 PCR 扩增法鉴定，PCR 反应体系为 25μL（表 3-18），PCR 反应条件见表 3-19，共 34 个循环。取 3μL PCR 扩增产物进行琼脂糖凝胶电泳分析。

表 3-18　PCR 反应体系

试剂名称	体积（μL）
2×premix 预混酶	12.5L
上游引物	0.5
下游引物	0.5
模板 DNA	0.5
ddH2O	11

表 3-19　PCR 反应条件

温度	时间
95℃（预变性）	5min
95℃（变性）	1min
54℃（退火）	45s
72℃（延伸）	1min
72℃（再延伸）	10min

1.2.8　重组质粒的大量提取

重组质粒大量提取的步骤如下。

（1）将上述鉴定为阳性质粒的穿刺菌接种于含有 Amp^+抗性的 LB 液体培养液中，置于摇床中 37℃培养 12h。

（2）将培养的菌液按 1∶1000 接种于含有 Amp^+抗性的 LB 液体培养液中，置于摇床中 37℃培养 16h。

（3）取 500mL 培养的菌液以 4000*g* 离心 10min，弃上清液。

（4）向细菌沉淀中加入 10mL 溶液Ⅰ并用移液管混合均匀，室温放置 10min。

（5）加入 10mL 溶液Ⅱ，轻轻翻转离心管 8 次，室温放置 3min。

（6）加入 10mL 溶液Ⅲ，轻轻翻转离心管 8 次，冰上静置 10min；在 4℃条件下，12 000*g* 离心 30min。

（7）将溶解产物通过滤网倒入新的 50mL 离心管中。

（8）取过滤的溶解产物 12mL 加入新的制备柱中，静置 2min，10 000*g* 离心 1min，弃滤液。

（9）将剩余过滤的溶解产物加入制备柱中，重复（8）离心步骤，弃滤液。

（10）加入 10mL 细菌内毒素洗涤液至制备柱中，静置 2min，10 000*g* 离心 1min，弃滤液。

（11）加入 10mL 洗涤液至制备柱中，静置 2min，以 10 000g 离心 1min 后，弃滤液。

（12）再重复步骤（11）一次；将制备柱放回离心管中，以 10 000g 离心 5min。

（13）将制备柱放置于 60℃烘箱 10min，使乙醇完全挥发。

（14）将制备柱转移至新的 50mL 离心管，加入 1mL 预热至 70℃的灭菌水于膜上，静置 3min，10 000g 离心 5min，将重组质粒回收，为提高产量可重复此步骤一次。

（15）回收的重组质粒，移至 2.0mL 离心管，–20℃保存备用。

1.2.9　转染

（1）BHK-21 细胞复苏传代后，待 BHK-21 细胞长满细胞瓶 95%左右，弃细胞瓶内的培养液。

（2）用 PBS 缓冲液冲洗细胞 3 次，加入适量的胰酶进行消化，显微镜下观察至细胞消化成单个细胞。

（3）弃胰酶，用完全培养液将细胞从瓶壁上吹下来，传代。

（4）将 BHK-21 细胞密度调整为 1×10^6 个/mL，以每孔 2mL 均匀铺于两个 6 孔板中，当细胞密度达 70%～90%时进行转染。

（5）转染前将转染试剂、MEM 培养液、重组质粒 pCAGGS-43K OMP 调整到室温。向各个离心管中加入 100μL MEM 培养液，试验组加入 2μg 重组质粒 pCAGGS-43K OMP，对照组加入 2μg 空载体 pCAGGS-HA，分别加入转染试剂 6μL。上述试剂混匀后室温静置 15min。

（6）孔板内细胞弃旧液更换完全培养液，2mL/孔，将步骤（5）中混合液分别加入 6 孔板内细胞培养液中。

（7）在 37℃ 5% CO_2 培养箱中培养 6h 后，弃旧液更换完全培养液，2mL/孔，48h 后收取细胞。

1.2.10　重组质粒表达的 Western blot 鉴定

弃除 6 孔板中旧培养液，PBS 缓冲液冲洗细胞 3 次，用细胞刮刀将细胞刮下，用 1mL PBS 缓冲液将细胞吹下，将液体转移到新的无菌 1.5mL 离心管内，1000g 离心 5min，弃上清液。在细胞沉淀中加入 1mL 无菌 PBS 缓冲液，重悬细胞，1000g 离心 5min，重复 3 次洗涤步骤。洗涤完成后在细胞沉淀中加入 100μL Western 及 IP 细胞裂解液（用前加 1μL 蛋白酶抑制剂），冰上裂解 30min，10 000g 离心 15min；将上清液移入新的 1.5mL 离心管中，取 2μL 上清液用 BCA 试剂盒进行蛋白质浓度测定，按照比例加入 5×蛋白上样缓冲液，将样品置于 100℃沸水浴中 10～15min。将制备的样品进行 SDS-PAGE；电泳完成后，将电泳产物转印至 NC 膜上。转印完成后，将 NC 膜放入 5%脱脂乳的封闭液中，室温封闭 3h。封闭完成后，加入牛坏死梭杆菌 43K OMP 阳性血清（用 PBS 缓冲液 1∶500 稀释），置于水平摇床上的孵育盒中，在 4℃条件下孵育过夜。收集孵育盒中的液体，于–20℃保存备用，用 PBS 缓冲液洗涤孵育盒中的 NC 膜，5min/次，共 6 次。加入辣根过氧化物酶标记的山羊抗鼠 IgG（用 PBS 缓冲液 1∶1000 稀释），室温避光孵育 1h。PBS 缓冲液洗涤孵育盒中的 NC 膜，5min/次，共 6 次。加入 ECL 发光液，用凝胶成像系统对 NC 膜进行分析。

2. 结果

2.1 牛坏死梭杆菌 43K OMP 信号肽预测结果

用 SignalP 软件工具对坏死梭杆菌 43K OMP 信号肽进行预测，分析的结果为第 1～21 位氨基酸存在信号肽（图 3-21）。

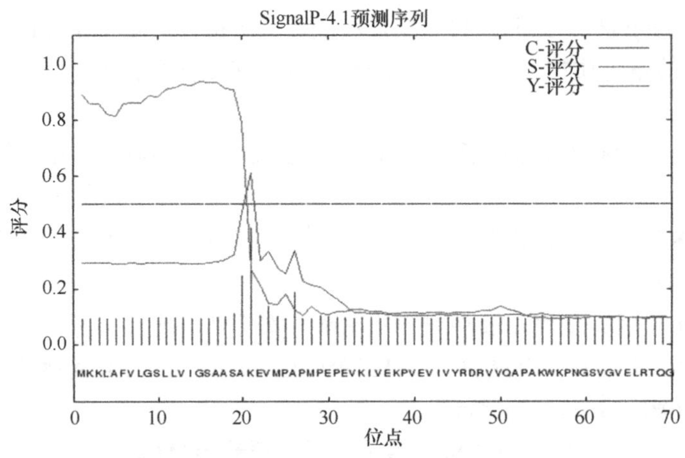

图 3-21 43K OMP 的信号肽的预测

2.2 pET-32a-43K OMP 阳性质粒鉴定结果

对重组质粒进行双酶切及 PCR 扩增，目的片段大小与（1034bp）预期结果一致（图 3-22，图 3-23）。

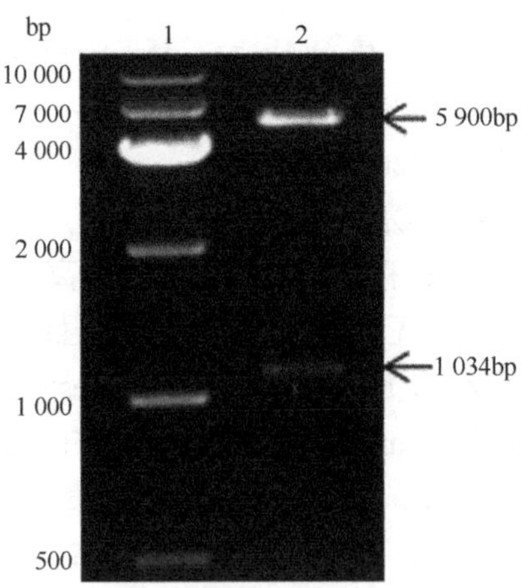

图 3-22 重组质粒的双酶切鉴定

1. Marker DL 2000；2. pET-32a-43K OMP 质粒

2.3 SDS-PAGE 鉴定结果

pET-32a-43K OMP 菌液经 IPTG 诱导后超声破碎，经 SDS-PAGE 结果显示，在 59.2kDa 处可见特异性的表达条带，与预期条带大小一致。目的蛋白质存在于沉淀中，表明该蛋白质以包涵体的形式存在（图 3-24）。获得的纯化重组蛋白以 SDS-PAGE 方法鉴定分析，结果在 59.2kDa 处有一条清晰可见的特异性条带，与预期蛋白质大小一致（图 3-25），表明本试验成功纯化得到了 pET-32a-43K OMP 重组蛋白。

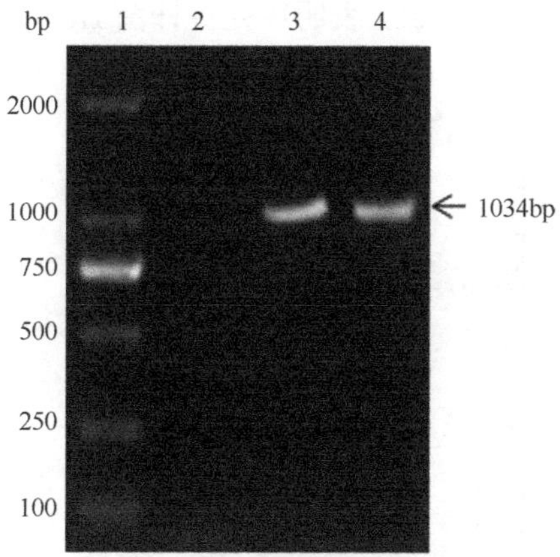

图 3-23　43K OMP 质粒 PCR 产物电泳图

1. Marker DL 2000；2. 阴性对照；3. pET-32a-43K OMP 重组质粒；4. pET-32a-43K OMP 阳性菌液

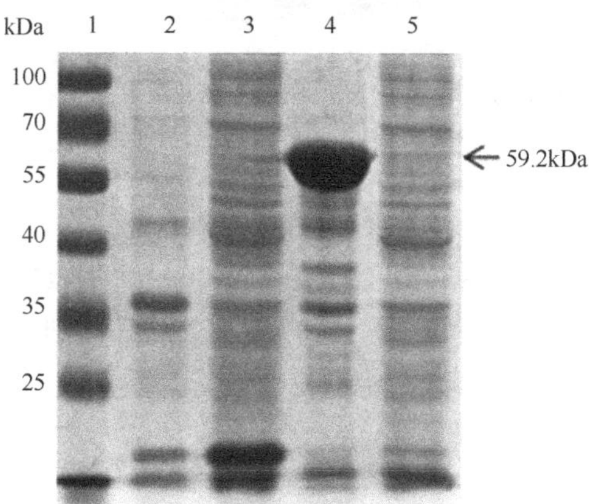

图 3-24　43K OMP 重组蛋白的表达

1. 蛋白质分子标准；2. 诱导后 pET-32a 超声破碎沉淀；3. 诱导后 pET-32a 超声破碎上清液；4. 诱导后 pET-32a-43K OMP 超声破碎沉淀；5. 诱导后 pET-32a-43K OMP 超声破碎上清液

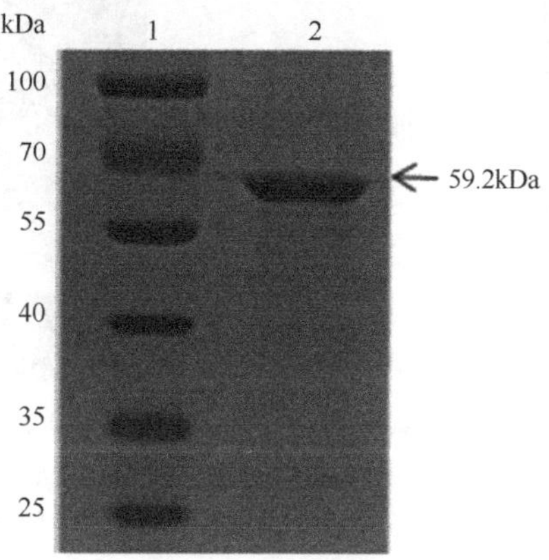

图 3-25　43K OMP 重组蛋白的纯化

1. 蛋白质分子标准；2. 纯化的 43K OMP 重组蛋白

2.4　纯化的 43K OMP 重组蛋白 Western blot 鉴定

获得的纯化重组蛋白的 Western blot 分析结果显示，59.2kDa 左右有一条特异性条带，与预期的 59.2kDa 大小基本一致，表明坏死梭杆菌 H05 菌株天然血清可以识别所得到的重组蛋白（图 3-26）。

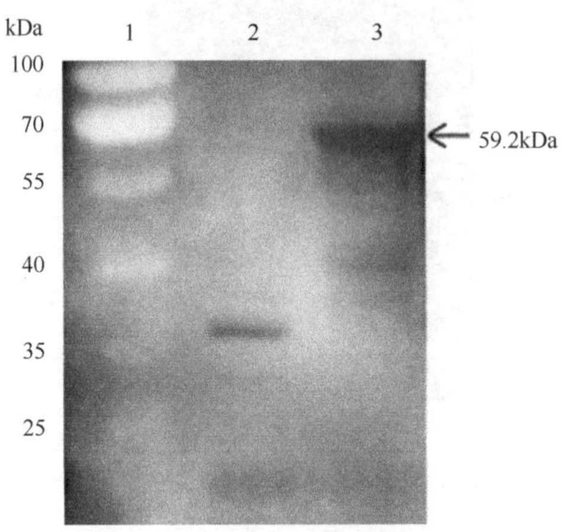

图 3-26　重组 43K OMP 的 Western blot 鉴定

1. 蛋白质分子标准；2. His 标签对照；3. 纯化的 43K OMP 重组蛋白

2.5　重组质粒鉴定结果

对 pCAGGS-43K OMP 重组质粒通过 *Eco*R Ⅰ和 *Xho* Ⅰ进行双酶切鉴定，结果显示，获得了大小约为 1046bp 的目的基因片段及约 4800bp 的 pCAGGS-HA 载体片段（图 3-27A）。将 pCAGGS-43K OMP 重组质粒转化至大肠杆菌细胞后，提取质粒进行 PCR 鉴定，结果显示在约 1000bp 处出现条带（图 3-27B），与预期大小相符，说明 pCAGGS-43K OMP 重组质粒构建成功。

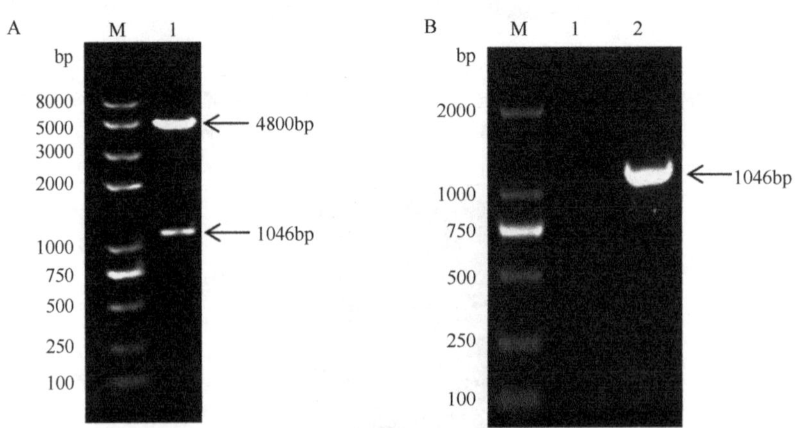

图 3-27　pCAGGS-43K OMP 重组质粒双酶切（A）和 PCR（B）鉴定

（A）M. DNA Marker；1. pCAGGS-43K OMP 双酶切产物

（B）M. DNA Marker；1. 阴性对照；2. pCAGGS-43K OMP PCR 产物

2.6　重组质粒 Western blot 鉴定结果

将 pCAGGS-43K OMP 重组质粒和 pCAGGS-HA 空载体质粒利用脂质体转染的方法

在 BHK-21 细胞中进行瞬时表达，转染 48h 后提取细胞总蛋白质进行 Western blot 鉴定，结果显示，在大小约 43kDa 处出现了一条明显的特异性条带（图 3-28），说明 43K OMP 在 BHK-21 细胞中瞬时表达成功。

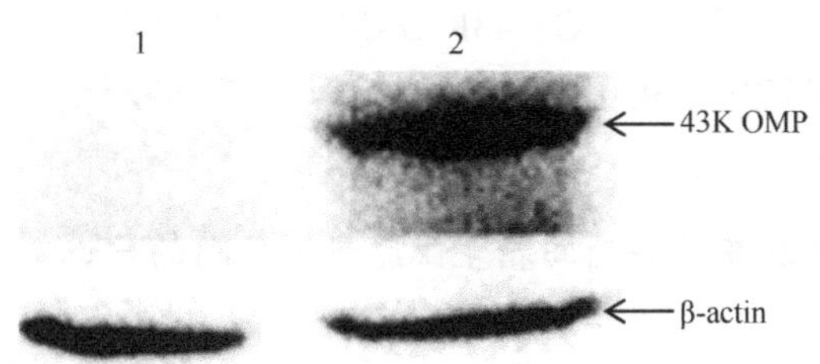

图 3-28　Western blot 鉴定 43K OMP 在 BHK-21 细胞中的瞬时表达

1. pCAGGS-HA 空载体对照；2. pCAGGS-43K OMP

3. 讨论

坏死梭杆菌是革兰氏阴性非芽孢厌氧杆菌成员之一，革兰氏阴性非芽孢厌氧杆菌广泛存在于自然界中，其宿主包括人和许多动物。随着研究技术的发展，革兰氏阴性非芽孢厌氧杆菌致病机制的相关研究取得了较大的进展。大量研究显示，OMP 在一些革兰氏阴性非芽孢厌氧杆菌成员黏附宿主细胞和介导感染过程中发挥重要作用（Sekine et al.，2004；Gur et al.，2005；Coppenhagen et al.，2015；Ma et al.，2018）。本研究通过原核表达得到的重组蛋白以包涵体形式存在。形成包涵体的原因很多，一方面可能是培养温度、pH、诱导剂浓度、诱导时间等条件的影响，另一方面可能是具有活性的目的蛋白质对表达菌生存有影响，由于宿主菌对自身的保护作用，以及调控机制使表达的目的蛋白质无活性，同时也可能由于目的蛋白质在宿主菌中表达过快而形成沉淀。通过促进二硫键形成方式对包涵体形式表达的 43K OMP 重组蛋白处理，进一步纯化 43K OMP 重组蛋白后免疫家兔，制备牛坏死梭杆菌多克隆抗体。因无牛坏死梭杆菌 43K OMP 天然抗原，本实验室前期通过牛坏死梭杆菌 H05 菌株免疫小鼠获得牛坏死梭杆菌天然血清，用牛坏死梭杆菌的天然血清检测纯化的 43K OMP 重组蛋白，结果表明牛坏死梭杆菌的天然血清能够识别 43K OMP 重组蛋白，说明 43K OMP 重组蛋白具有良好的抗原性。纯化重组蛋白免疫家兔制备的多克隆抗体，经 ELISA 检测抗体效价为 1∶6400，为后续研究坏死梭杆菌在感染中的作用奠定了物质基础。

前期，本实验室使用原核表达系统成功表达了牛坏死梭杆菌 43K OMP 的截短片段，利用牛坏死梭杆菌 43K OMP 截短重组蛋白制备了单因子血清，并且能识别牛坏死梭杆菌标准菌株和临床分离株菌体蛋白质中的 43K OMP，说明 43K OMP 在牛坏死梭杆菌不同分离株中是广泛存在的，并具有高度保守性（吕思文，2014）；同时，本实验室还对牛坏死梭杆菌 43K OMP 与三种宿主细胞（BHK-21 细胞、牛子宫内膜上皮细胞、牛乳腺上皮细胞）的黏附作用进行了初步的验证，结果显示牛坏死梭杆菌的 43K OMP 与 3 种细胞均显示出黏附作用（王志慧，2018）。Kumar 等（2014，2015）也证明了 42.4kDa 的 OMP 能与牛内皮细胞系结合，然而牛坏死梭杆菌 43K OMP 黏附宿主细胞和介导感染的机制还不清楚。本研究针对真核表达细胞对密码子的偏好性优化牛坏死梭杆菌

43K OMP 的核苷酸序列，选用 pCAGGS-HA 真核表达载体构建 pCAGGS-43K OMP 进行真核表达，以制备的牛坏死梭杆菌 43K OMP 阳性血清为一抗，辣根过氧化物酶标记的山羊抗鼠为二抗，以 Western blot 鉴定牛坏死梭杆菌 43K OMP 在 BHK-21 细胞的瞬时表达，结果显示成功构建了 pCAGGS-43K OMP 真核表达载体，同时检测到该基因编码的蛋白质在 BHK-21 细胞中获得了瞬时表达。这为进一步探索坏死梭杆菌的感染和发病机制奠定了一定的基础。

（二）43K OMP 介导牛坏死梭杆菌与宿主细胞黏附作用的确证

1. 材料与方法

1.1 材料

1.1.1 菌株、细胞、质粒和血清

坏死梭杆菌 A25 菌株购自美国 ATCC 公司（*F. necrophorum*，*Fnn* 亚种，ATCC 25286）；43K OMP 基因缺失菌株为前期实验室构建保存菌株；牛子宫内膜上皮细胞购于北京北纳创联生物技术研究院（编号：BNCC 340413）；牛乳腺上皮细胞为 MAC-T 细胞系、鼠乳腺上皮细胞（EpH4-Ev）由吉林大学农学部惠赠；小鼠肝细胞（AML12）购于中国科学院干细胞库（编号：SCSP-550）；pET-32a 表达载体、*E. coli* BL21（DE3）感受态细胞由黑龙江八一农垦大学兽医病理学实验室保存；牛坏死梭杆菌 43K OMP 多克隆抗体血清、牛坏死梭杆菌高免血清、牛坏死梭杆菌 43K OMP 单克隆抗体、兔阴性血清及鼠阴性血清均保存于黑龙江八一农垦大学兽医病理学实验室。

1.1.2 主要试剂

DMEM 培养基（#D6429）、1640 培养基（#D8758）、DMEM/F12 培养基（#D8437）、细胞用 PBS 缓冲液（#D8537）、HEPEs（#54457-10G-F）、LiCl（#62476-100G-F）、LDS（#L9781-5G）、SLS（#L9150）、ITS（#13146）、地塞米松（#D4902-100mg）、ECL 发光液（#WBLUR0100）、PVDF 膜（0.22μm/0.45μm）等购于美国 Sigma-Aldrich 默克生命科学公司；FBS（#FB15015）购于美国 CLARK 生物科学公司；胰酶（#25200056）购于美国 Gibco 公司；Detoxi-Gel™内毒素去除凝胶（#20339）、细胞培养用青霉素-链霉素（#SV30010）购于美国赛默飞世尔科技公司；细菌基因组 DNA 提取试剂盒（#DP302-02）、DNA 回收试剂盒（#DP209-03）、琼脂糖凝胶 DNA 回收试剂盒（#DP209-02）、质粒小提试剂盒（#D1100）、总 RNA 提取试剂盒（#DP419）等购于天根生化科技有限公司；Ex *Taq* DNA 聚合酶（#RR003A）、Ex *Taq* DNA 聚合酶（#RR001A）、Ex *Taq* DNA 聚合酶（#RR001B）等购于宝生物工程有限公司；SDS-PAGE 凝胶配制试剂盒（#P1300）、二甲基亚砜（DMSO）（#D8371）、麦氏比浊管（#YA0180）购于北京索莱宝科技有限公司；BCA 蛋白浓度测定试剂盒（#BL521A）、考马斯亮蓝 R-250（#ST1123-25g）、DAPI（#C1005）、4%多聚甲醛固定液（#P0099-100mL）、NP40 裂解液（#P0013F）、苯甲基磺酰氟（PMSF）（#ST506）、Triton X-100（#ST797-100mL）、BCA 蛋白浓度测定试剂盒（#P0010）、IPTG（#ST098）、吐温-20（#ST825）、抗荧光淬灭封片液（#P0131）、ECL 发光液（#P0018）、蛋白酶 K（#ST535）、5×SDS-PAGE 蛋白上样缓冲液（#P0015）等购

于碧云天生物技术有限公司；DNA Marker DL 2000 （#DM005）购于近岸蛋白质科技有限公司；快速转膜液（#WB4600）购于新赛美生物技术有限公司；TAE 缓冲液（#BI533A）、脱脂乳（#1170GR100）、Tris（#1115GR500）、琼脂（#8211GR500）、甘油（#1280ML500）、甘氨酸（#1275GR500）购于广州赛国生物科技有限公司；苛养厌氧菌肉汤培养基（FAB、#M5659B）购于山东拓普生物工程有限公司；共聚焦培养皿、细胞培养等耗材购于康宁公司，纯化重组 43K OMP 蛋白及内毒素去除委托北京海盖德科技有限公司完成，所有引物合成由生工生物工程（上海）股份有限公司完成。

抗体：角蛋白-18（#ab668）购于英国 Abcam 公司；山羊抗鼠 IgG（1∶10 000，#SA00001-1）和山羊抗兔 IgG（1∶10 000，#SA00001-2）购自武汉三鹰生物技术有限公司（美国）；Alexa Fluor 488 标记山羊抗兔 IgG（#A0423）、Alexa Fluor 488 标记山羊抗鼠 IgG（#A0428）购于碧云天生物技术有限公司。

1.1.3　主要仪器设备

试验用到的主要仪器设备见表 3-20。

表 3-20　主要仪器设备

仪器名称	生产厂家
MCO-20AIC 型 CO_2 细胞培养箱	日本松下集团
BSL-1360Ⅱ A2 型生物安全柜	北京东联哈尔仪器制造有限公司
HYQX-T 全自动厌氧培养箱	上海跃进医疗器械有限公司
EVOS® XL Core 型倒置显微镜	赛默飞世尔科技（中国）有限公司
MLS-80 型高压蒸汽灭菌锅	日本松下集团
MDF-682 型超低温冰箱	日本松下集团
Easypet 3 型电动移液器	德国爱得芬股份公司
微量移液器	德国爱得芬股份公司
5810R 型超速低温离心机	德国爱得芬股份公司
超微量核酸蛋白浓度测定仪	德国伯托 Berthold 公司
SIM-F213 型制冰机	日本三洋贸易株式会社
TDL-5-A 型低速离心机	上海安亭科学仪器厂
SHP-250 型生化培养箱	上海森信实验仪器有限公司
TCS SP2 型激光共聚焦显微镜	德国徕卡公司
Mini Trans-Blot 型小型湿转印槽	美国伯乐生命医学有限公司
042BR 型半干转印仪	美国伯乐生命医学有限公司
552BR 型垂直电泳槽	美国伯乐生命医学有限公司
Amersham Imager 600 型化学发光成像系统	美国通用电气公司
KHB ST-360 型酶标仪	上海科华实验系统有限公司
恒温摇床	中国上海南荣实验室设备有限公司
YQX-Ⅱ型厌氧培养箱	上海龙跃仪器设备有限公司
JY86-IIN 型超声破碎仪	宁波新艺超声设备有限公司
SevenMulti 型 pH 计	梅特勒-托利多仪器（上海）有限公司

1.2 方法

1.2.1 试验设计

分别提取牛坏死梭杆菌天然 43K OMP 和纯化重组 43K OMP 蛋白，应用蛋白黏附试验、抗体抑制试验、蛋白竞争试验确定 43K OMP 在牛坏死梭杆菌黏附奶牛子宫内膜上皮细胞（BEEC）、牛乳腺上皮细胞（MAC-T）、小鼠乳腺上皮细胞（MMEC）和小鼠肝实质细胞（AML12）的作用；利用 43K OMP 原核表达载体，通过细胞黏附试验、抗体抑制试验、蛋白竞争试验和蛋白酶水解试验，分析牛坏死梭杆菌 43K OMP 的黏附特性，具体路线见图 3-29。

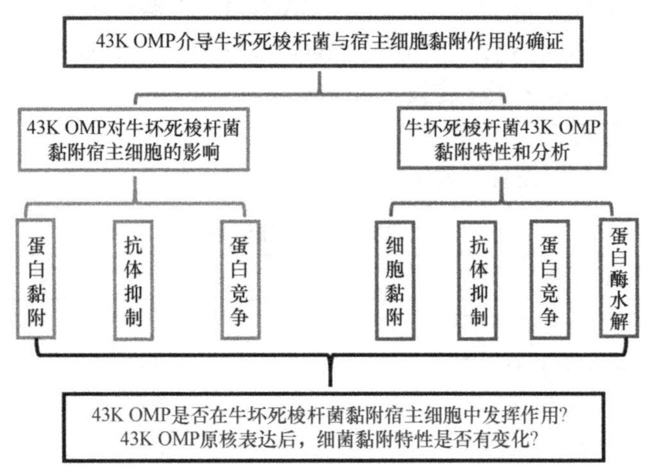

图 3-29 牛坏死梭杆菌 43K OMP 黏附特性分析技术路线

1.2.2 细胞的培养及鉴定

从液氮罐中取出细胞冻存管，迅速放入 37℃水浴锅中摇晃解冻至彻底融化，加入等体积的完全培养基，1000*g* 离心 4min 后，将细胞沉淀用完全培养基重悬，转移到细胞培养瓶内于 37℃ 5% CO_2 的细胞培养箱中培养。BEEC 的完全培养基为含有 10% FBS、100IU/mL 青霉素、100μg/mL 链霉素的 1640 培养基；MAC-T 的完全培养基为含有 10%的 FBS、100IU/mL 青霉素、100μg/mL 链霉素的 DMEM/F12 培养基；MMEC 的完全培养基为含有 10%的 FBS、100IU/mL 青霉素、100μg/mL 链霉素的 DMEM 培养基；AML12 的完全培养基为 10%的 FBS、1%的 ITS、40ng/mL 地塞米松、100IU/mL 青霉素、100μg/mL 链霉素的 DMEM/F12 培养基。

当细胞密度达 90%以上、细胞状态良好时，进行细胞传代。无菌超净工作台提前灭菌 30min，完全培养基、0.25%胰蛋白酶及 PBS37℃提前预热。取出细胞瓶弃去培养基，无菌 PBS 清洗 3 次，加入 1mL 0.25%胰蛋白酶在 37℃进行消化，显微镜下观察细胞回缩变圆大片脱落时，立即加入 1mL 完全培养基终止消化，并使用移液器反复吹吸重悬细胞。将细胞悬液 1000*g* 离心 4min，收集细胞沉淀。无菌 PBS 再次重悬细胞沉淀，1000*g* 离心 4min。用适量的完全培养基重悬细胞，调整细胞密度接种于细胞培养瓶内，在 37℃ 5% CO_2 的细胞培养箱中培养。观察细胞状态并及时换液，每 2 日传代 1 次。单层细胞密度达到 90%以上时，按照传代步骤使用胰酶消化细胞，用无菌 PBS 洗涤离心细胞沉淀后，用 1mL 细胞冻存液（DMSO 和 FBS 按 1∶9 混合）重悬细胞沉淀，然后加入细胞冻存管，–80℃过夜后转至液氮罐内长期保存。

利用细胞角蛋白-18（cytokeratin-18，CK-18）对 MAC-T、BEEC 和 MMEC 进行鉴定。以 MAC-T 细胞为例，将细胞接种于激光共聚焦专用小皿中，调整细胞浓度培养 24h 后，PBST 漂洗细胞 3 次，去除培养基和细胞碎片；4%多聚甲醛固定细胞 1h，PBST 漂洗 3 次，除去多余的固定液；0.5% Triton X-100 通透处理 15min，PBST 漂洗 3 次；3% BSA 室温封闭 30min，无须漂洗；加入 CK-18 抗体（1∶1000 稀释），4℃孵育过夜，预冷的 PBST 漂洗 3 次，去除游离抗体；加入 Alexa Fluor 488 标记的二抗（1∶500 稀释），37℃孵育 1h，PBST 漂洗 3 次，抗荧光淬灭剂封片，在 4℃冰箱内避光保存，激光共聚焦显微镜下观察结果。

1.2.3　细菌的培养

配制苛养厌氧菌肉汤培养基，并于高压灭菌后放入厌氧培养箱内进行预还原 24h 以上备用。从–80℃冰箱内取出牛坏死梭杆菌甘油冻存菌株，在厌氧培养箱中接种于预还原的液体培养基中（气体条件为 85% N_2、5% CO_2 和 10% H_2），静止培养 48h 后，菌液呈现浑浊、乳白色，且有恶臭气味。经革兰氏染色和 PCR 鉴定其为牛坏死梭杆菌 A25 菌株，然后按照 1∶100 进行传代，传 2～3 代后备用。将连续培养后的坏死梭杆菌，按照细菌基因组 DNA 提取试剂盒的步骤提取坏死梭杆菌 DNA；参照郭东华（2007）和王志慧（2018）的方法，分别以牛坏死梭杆菌的 16S rRNA 引物、lktA1 引物、lktA3 引物和 43K OMP 引物进行 PCR 扩增，将扩增产物进行 1%琼脂糖凝胶电泳分析。

1.2.4　天然 43K OMP 的提取

参照王志慧和徐晶等的方法对牛坏死梭杆菌天然 43K OMP 进行提取（徐晶等，2013；Xu et al.，2013；王志慧，2018），将牛坏死梭杆菌菌株按照 1∶100 接种于 FAB 液体中厌氧培养，至 OD_{600nm} 为 0.6～0.8 时，将 500mL 的坏死梭杆菌菌液用无菌的生理盐水清洗 3 次，5000*g* 离心 5min；然后用 50mL 无菌的 PBS（pH 7.2）重悬后置于冰水混合物中；设置超声波破碎仪的功率为 60W，超声时间 6s，间歇 6s 进行超声破碎 1h。将菌液混合物在 4℃条件下，3000*g* 离心 30min，收集上清液。收集的上清液在 4℃条件下，12 000*g* 离心 30min，后收集沉淀；沉淀用 50mL 0.5%的 SLS 重悬后，室温孵育 30min；在 4℃条件下，12 000*g* 再次离心 30min，弃上清液取沉淀。沉淀用 25mL 2% LDS 的 20mmol/L 的 HEPEs-LiCl（pH 7.4）重悬后，在 4℃条件下孵育 30min。提取液在 4℃条件下，12 000*g* 离心 30min，收集沉淀。沉淀用 2mL 20mmol/L 的 HEPEs 混合均匀分装，经 SDS-PAGE 及 Western blot 分析后，去除内毒素的处理委托北京海盖德科技有限公司完成。

1.2.5　43K OMP 重组蛋白的表达与纯化

参照王志慧（2018）和贺显晶（2021）的方法进行牛坏死梭杆菌 43K OMP 重组蛋白的表达和纯化，研究者根据牛坏死梭杆菌 H05 菌株 43K OMP 基因序列（登录号：No.JQ740821.1）设计引物（OMP-43-F：5′ TTATGCCGGCTCCGATGC 3′；OMP-43-R：5′ CGGGTTCCAACGCCAGT 3′），去除预测的信号肽，在序列的 5′端和 3′端加入 *Bam*H Ⅰ和 *Xho* Ⅰ两种酶切位点，合成牛坏死梭杆菌 43K OMP 的核苷酸序列。将合成的基因连接至 pET-32a 原核表达载体上，经异丙基硫代-β-D-半乳糖苷（IPTG）诱导表达，收集细菌超声破碎沉淀采用蛋白质纯化试剂盒镍柱对重组表达蛋白进行纯化，SDS-PAGE 分析纯化结果，并通过 Western blot 方法进一步验证其免疫原性。

1.2.6 牛坏死梭杆菌 43K OMP 蛋白黏附试验

以 MAC-T 细胞为例，将 MAC-T 细胞接种于激光共聚焦专用小皿中，调整细胞浓度培养 24h 后，PBS 漂洗细胞 3 次，4%多聚甲醛固定细胞 1h，PBST 漂洗 3 次，除去多余的固定液。3% BSA 室温封闭 2h，PBST 充分漂洗 3 次。试验组加入纯化重组蛋白和提取的天然 43K OMP（终浓度为 25μg/孔），对照组加入 BSA，室温孵育 1h。孵育结束后，分别用 PBST 充分漂洗 3 次，去除未黏附的蛋白质和培养基。43K OMP 单克隆抗体（1∶400 稀释）4℃孵育过夜，预冷的 PBST 充分漂洗 3 次，去除游离抗体；加入 Alexa Fluor 488 标记的二抗（1∶500 稀释），37℃孵育 1h，PBST 充分漂洗 3 次，抗荧光淬灭剂封片，4℃冰箱内避光保存，激光共聚焦显微镜下观察结果。

1.2.7 抗体抑制试验

以 MAC-T 细胞为例，将消化后的细胞接种于 6 孔板中，培养至密度为 80%以上，PBS 清洗 3 次。将处于对数生长期的牛坏死梭杆菌菌液离心，收集菌体，PBS 溶液重悬离心 3 次，加入完全培养基调节细菌浓度为 10^7CFU/mL，备用。分别按照 1∶200 和 1∶50 的稀释浓度将 43K OMP 多抗和单抗与上述菌液在 37℃厌氧条件下孵育 1h。同时设置阴性血清组和细菌组作为对照组，将 1mL 细菌悬液与细胞共孵育 1h 后弃培养液，PBS 漂洗 3～5 次，以除去未黏附的细菌。用细胞刮刀将细胞刮下后用厌氧的 BHI 培养基重悬，按照倍比稀释后将细胞悬液涂布于 FAB 固体平板上，在厌氧培养箱中培养 36～72h 后，对菌落进行计数。每个处理重复 3 次。本试验中的 PBS、FAB 和 BHI 培养基等溶液均须厌氧处理 24～36h 后使用。

1.2.8 蛋白竞争试验

以 MAC-T 细胞为例，将细胞接种于 6 孔板中，培养到合适密度后，每孔加入天然 43K OMP（100μg/孔）37℃孵育 1h，PBS 缓冲液清洗 3 次，以去除未黏附的 OMP。将 1mL 处于对数生长期的牛坏死梭杆菌用完全培养基制备成浓度为 10^7CFU/mL 的细菌悬液，与细胞 37℃共孵育 1h。PBS 缓冲液清洗 3～5 次，以去除未黏附的细菌。未与 OMP 共孵育的细胞作为对照组。收集细胞悬液后计数。每个处理重复 3 次。

1.2.9 43K OMP 黏附特性的分析

1.2.9.1 重组菌对宿主细胞黏附性分析

将携带 pET-32a-43K OMP 阳性重组质粒的 *E. coli* BL21（DE3）重组菌和 pET-32a 对照载体在含有氨苄青霉素（100μg/mL）的 LB 培养基中于 37℃培养至 OD_{600nm} 为 0.6，用 IPTG（终浓度 1mmol/L）诱导后进行原核表达，在 37℃摇床中振荡培养 4h，备用。以 MAC-T 细胞为例，将细胞接种于 6 孔板后培养至密度为 80%以上，分别与诱导的重组菌及 pET-32a 载体的 *E. coli* BL21（DE3）37℃孵育 1h 后，弃培养液，PBS 漂洗 3～5 次，收集样品后用 LB 固体培养基（Amp^+）倍比稀释计数。每个处理重复 3 次。

1.2.9.2 抗体抑制试验

以 MAC-T 细胞为例，将细胞接种于 6 孔板备用。将重组菌在 37℃经 IPTG（终浓度 1mmol/L）诱导 3h 后，PBS 清洗后用完全培养基重悬。按照 1∶200 和 1∶50 的浓度分别加入 43K OMP 多抗和单抗，在 37℃摇床内孵育 1h，6 孔板中的细胞经 PBS 清洗后与 1mL 细菌悬液共孵育 1h。同时设置阴性血清对照组和细菌对照组。PBS 清洗 3～5 次后进行菌落计数。每个处理重复 3 次。

1.2.9.3　蛋白竞争试验

以 MAC-T 细胞为例，将细胞消化并接种于 6 孔板中，培养至密度为 80%以上，每孔加入天然 43K OMP（100μg/孔）37℃孵育 1h。PBS 清洗 3 次，以去除未黏附的 OMP。诱导表达的重组菌菌液经 PBS 清洗 3 次后，用完全培养基重悬，与细胞 37℃共孵育 1h。PBS 清洗后收集细胞悬液计数。未与 OMP 共孵育的细胞作为对照组。每个处理重复 3 次。

1.2.9.4　蛋白水解试验

以 MAC-T 细胞为例，将细胞接种于 6 孔板中。研究者将 IPTG（终浓度 1mmol/L）诱导 2h 后的重组菌在 37℃条件下分成 4 等份，分别与不同浓度的蛋白酶 K（0μg/mL、25μg/mL、50μg/mL、100μg/mL）37℃孵育 2h，PBS 清洗 3 次，用完全培养基重悬后与细胞共孵育 1h，PBS 清洗 3～5 次，以去除未黏附的细菌，然后进行菌落计数。每个处理重复 3 次。

1.2.10　43K OMP 基因的缺失对牛坏死梭杆菌黏附细胞能力的影响

以 MAC-T 细胞为例，将细胞接种于 6 孔板，培养至密度为 80%以上，当细胞生长成良好的单层细胞时，用于细菌黏附试验。将培养好的牛坏死梭杆菌 A25 菌株和基因缺失株 A25Δ43K OMP 按照相同比例接种于 BHI 液体培养基内，在 37℃条件下厌氧培养 18～28h，将处于对数生长期的菌液用提前厌氧处理的 PBS 溶液洗涤 3～4 次，利用麦氏比浊管调整细菌浓度为 10^7CFU/mL，备用。分别取 2mL 牛坏死梭杆菌 A25 菌株和基因缺失株 A25Δ43K OMP 菌液加入细胞培养板内，37℃厌氧培养 1h，弃去培养液，PBS 漂洗 3 次，洗去未黏附的细菌。用细胞刮刀将细胞刮下，用厌氧的 BHI 培养基重悬后进行计数。每个处理重复 3 次。

1.2.11　数据统计分析

采用 GraphPad Prism 软件（La Jolla，CA，USA）进行数据分析，数据用平均值±标准差表示；One-way ANOVA 用于抗体抑制试验、蛋白竞争试验等的数据分析。

2. 结果

2.1　上皮细胞的鉴定

角蛋白是上皮细胞中的主要结构蛋白，CK-18 被认为是上皮细胞特异性的结构标记蛋白。本试验通过 CK-18 来鉴定牛子宫内膜上皮细胞、牛乳腺上皮细胞和鼠乳腺上皮细胞，免疫荧光显示细胞均呈现 CK-18 反应阳性，激发绿色荧光（图 3-30）。

2.2　牛坏死梭杆菌 A25 菌株的鉴定

坏死梭杆菌 A25 菌株经革兰氏染色后呈粉红色，显微镜下有大量长杆状、短杆状等多形性杆菌（图 3-31A）。细菌 DNA 的 16S rRNA、*lktA1* 及 43K OMP 的 PCR 分别扩增出大小为 1250bp、1937bp 和 1034bp 的目的条带，与预期结果相符（图 3-31B～D）。

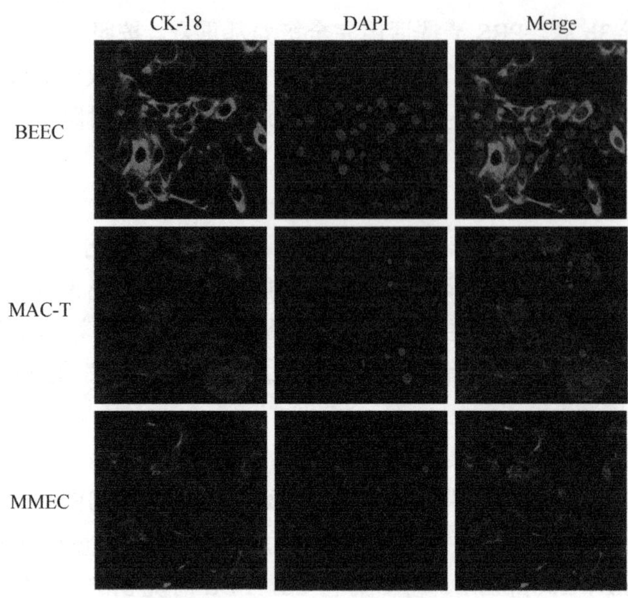

图 3-30 BEEC、MAC-T 及 MMEC 细胞的免疫荧光鉴定结果

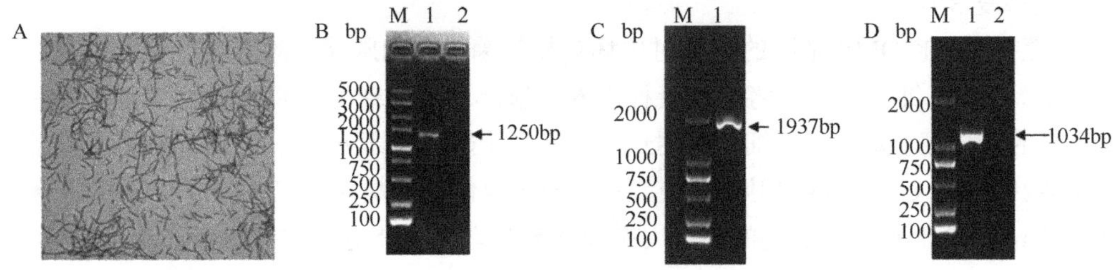

图 3-31 坏死梭杆菌 A25 菌株的鉴定

A. 坏死梭杆菌 A25 菌株的革兰氏染色结果（1000×）；B. 坏死梭杆菌 A25 菌株的 16S rRNA PCR 鉴定结果；C. 坏死梭杆菌 A25 菌株的 lktA1 PCR 鉴定结果；D. 坏死梭杆菌 A25 菌株的 43K OMP PCR 鉴定结果。M. DNA Marker；1. 坏死梭杆菌 A25 菌株 DNA；2. 对照组

2.3 天然 43K OMP 的提取及重组蛋白的纯化

坏死梭杆菌 A25 菌液提取后，经 SDS-PAGE 显示，提取的天然 43K OMP 大小为 43kDa，大小与预期相符（图 3-32A）；纯化的重组 43K OMP 在 59kDa 处存在清晰单一的特异性条带（图 3-32B）。同时免疫印迹结果也显示，43K OMP 抗体能识别天然和重组的 43K OMP（图 3-32C）。

2.4 牛坏死梭杆菌 43K OMP 对宿主细胞的黏附作用

BEEC、MAC-T 和 MMEC 细胞与天然 43K OMP 或重组蛋白共孵育后，经免疫荧光显色显示，天然 43K OMP 组和重组蛋白组的细胞膜处激发绿色荧光，而对照组无荧光出现（图 3-33），表明 43K OMP 能黏附于宿主细胞膜表面。

2.5 抗体对牛坏死梭杆菌黏附宿主细胞的影响

黏附抑制试验结果显示，与阴性血清对照组和细菌对照组相比，牛坏死梭杆菌与 43K OMP 多抗共孵育后能显著降低黏附于 BEEC、MAC-T、MMEC 和 AML12 细胞上的牛坏死梭杆菌数量（$P<0.01$），而阴性血清组与对照组无显著性差异（$P>0.05$）（图 3-34）。

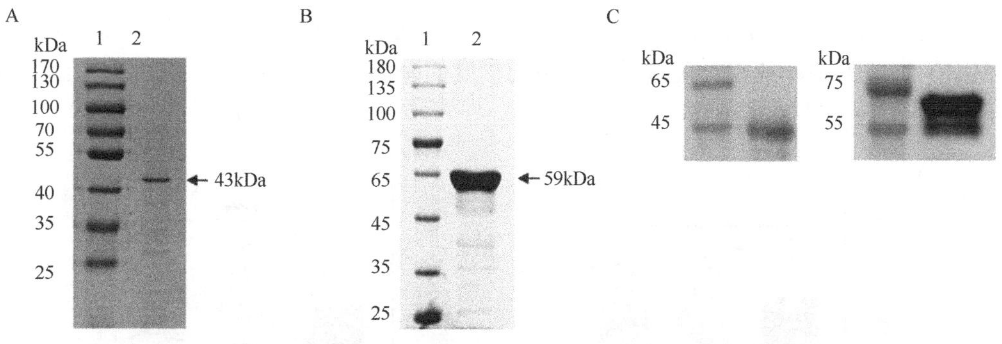

图 3-32 天然 43K OMP 蛋白的提取及重组蛋白的纯化结果

A. 天然 43K OMP 的 SDS-PAGE 结果；B. 重组 43K OMP 的 SDS-PAGE 结果；C. 天然 43K OMP 及重组 43K OMP 的 Western blot 结果；1. 蛋白 Marker；2. 样品

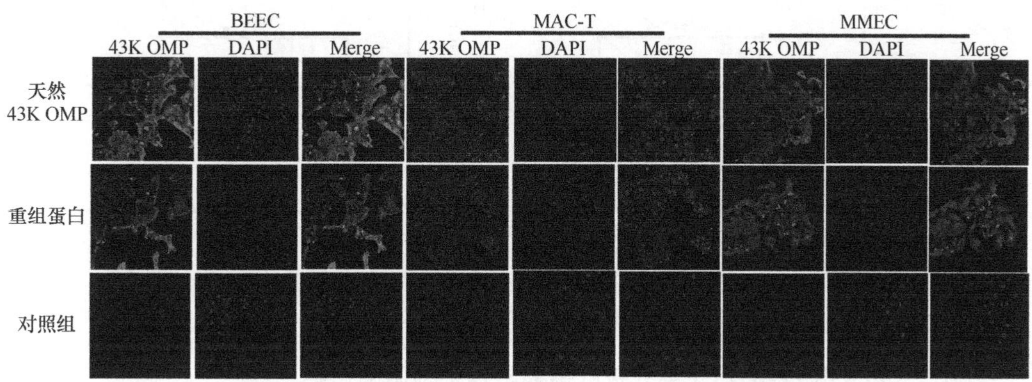

图 3-33 牛坏死梭杆菌 43K OMP 与宿主细胞的黏附作用

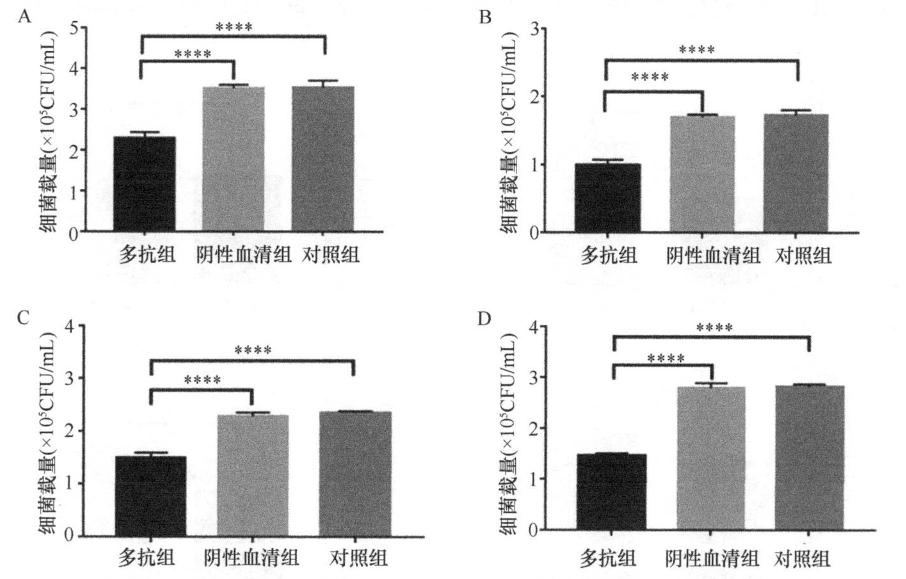

图 3-34 43K OMP 多抗对牛坏死梭杆菌黏附宿主细胞的影响

A. BEEC；B. MAC-T；C. MMEC；D. AML12

当牛坏死梭杆菌与 43K OMP 单抗共孵育后，黏附于 BEEC、MAC-T、MMEC 和 AML12 细胞的牛坏死梭杆菌数量呈现不同程度的降低（$P<0.01$），而阴性血清组与对照组无显著性差异（$P>0.05$）（图 3-35）。

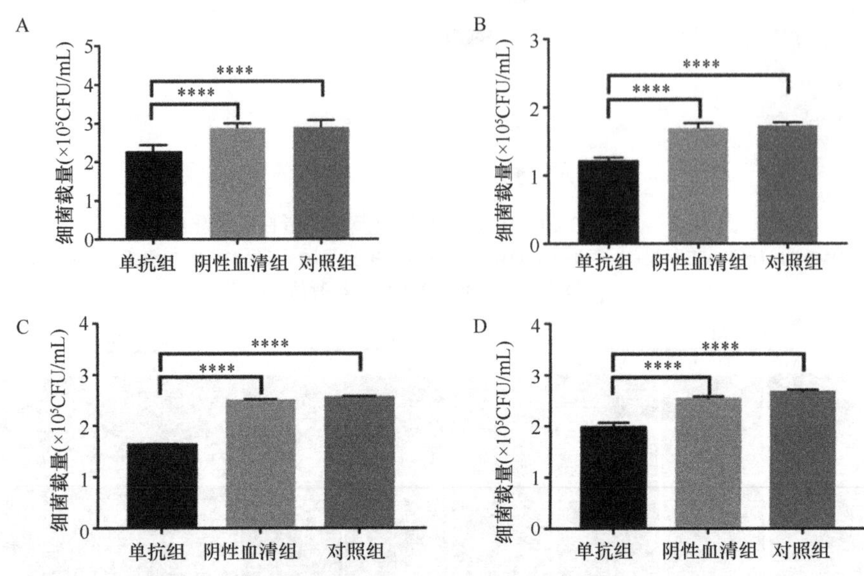

图 3-35　43K OMP 单抗对牛坏死梭杆菌黏附宿主细胞的影响

A. BEEC；B. MAC-T；C. MMEC；D. AML12

2.6　天然 43K OMP 对牛坏死梭杆菌黏附宿主细胞的影响

当BEEC、MAC-T、MMEC和AML12细胞与天然43K OMP预孵育1h后，黏附于BEEC、MAC-T、MMEC 和 AML12 细胞的牛坏死梭杆菌数量显著低于对照组（$P<0.05$）（图 3-36）。

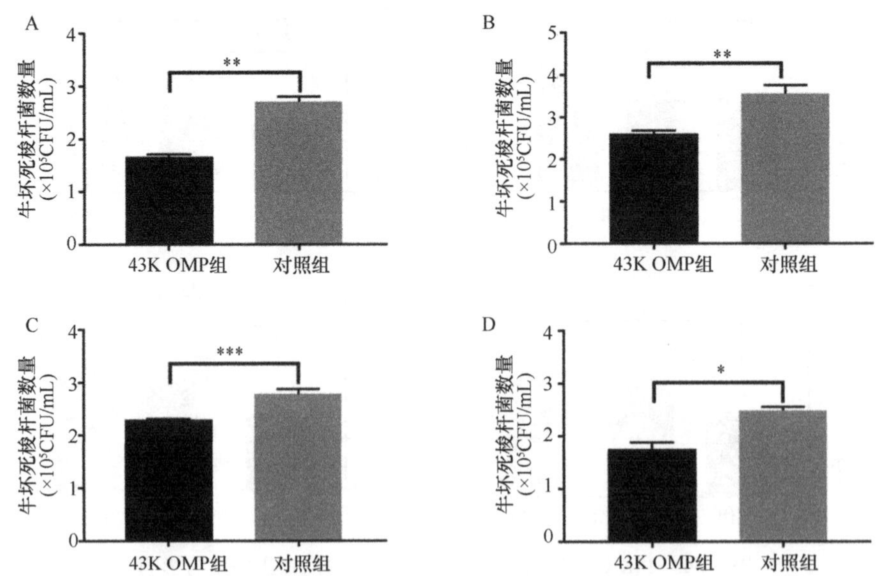

图 3-36　天然 43K OMP 对牛坏死梭杆菌黏附宿主细胞的影响

A. BEEC；B. MAC-T；C. MMEC；D. AML12

2.7 牛坏死梭杆菌 43K OMP 黏附特性的分析

2.7.1 重组菌对宿主细胞的黏附作用

43K OMP 重组菌经 IPTG 诱导后，菌体超声破碎物经 SDS-PAGE 分析，结果显示，在 59kDa 处出现特异性的表达条带，表明 43K OMP 蛋白成功表达，且目的蛋白质以包涵体形式存在于菌体沉淀中（图 3-37）。黏附试验表明，经 IPTG 诱导后黏附于 BEEC、MAC-T、MMEC 和 AML12 细胞的重组菌数量均极显著高于空载体对照组（$P<0.01$，图 3-38）。

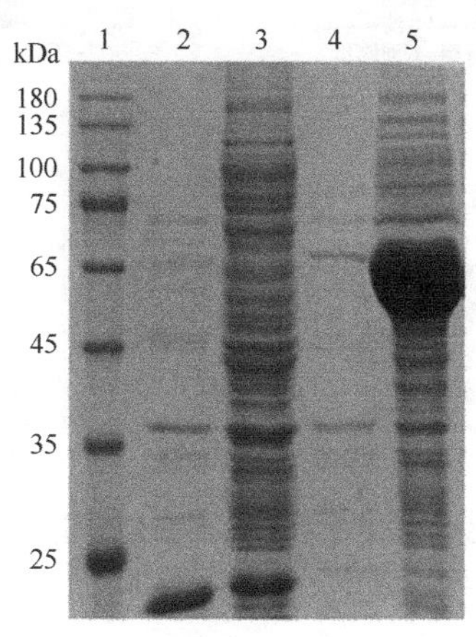

图 3-37 43K OMP 重组蛋白的诱导表达

1. 蛋白 Marker；2. 诱导后 pET-32a 超声破碎上清液；3. 诱导后 pET-32a 超声破碎沉淀；4. 诱导后 pET-32a-43K OMP 重组蛋白超声破碎上清液；5. 诱导后 pET-32a-43K OMP 重组蛋白超声破碎沉淀

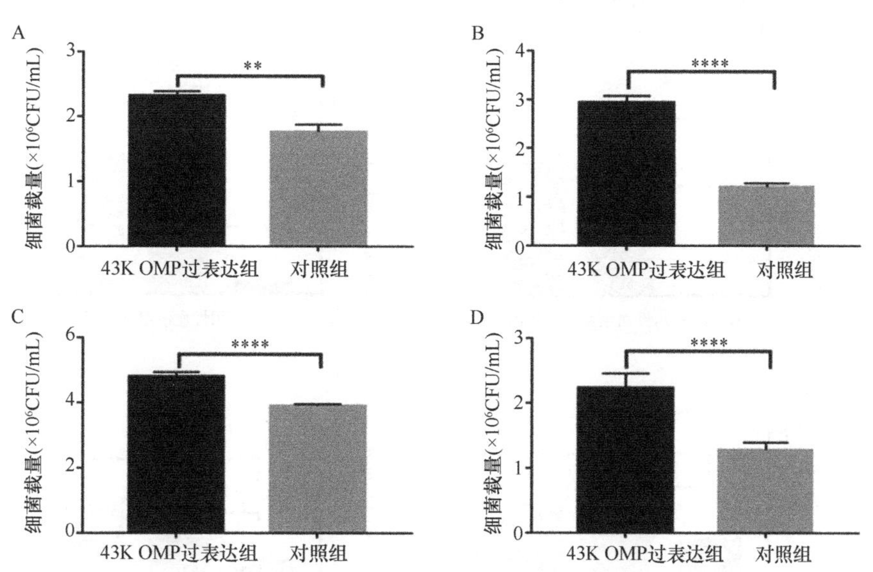

图 3-38 43K OMP 过表达后对重组菌黏附宿主细胞的影响

A. BEEC；B. MAC-T；C. MMEC；D. AML12

2.7.2 抗体对重组菌黏附宿主细胞的影响

与阴性血清对照组和细菌对照组相比，诱导后的重组菌与 43K OMP 多抗共孵育后，黏附于 BEEC、MAC-T、MMEC 和 AML12 细胞上的重组菌数量极显著降低（$P<0.01$），而阴性血清组与对照组无显著性差异（$P>0.05$）（图 3-39）。

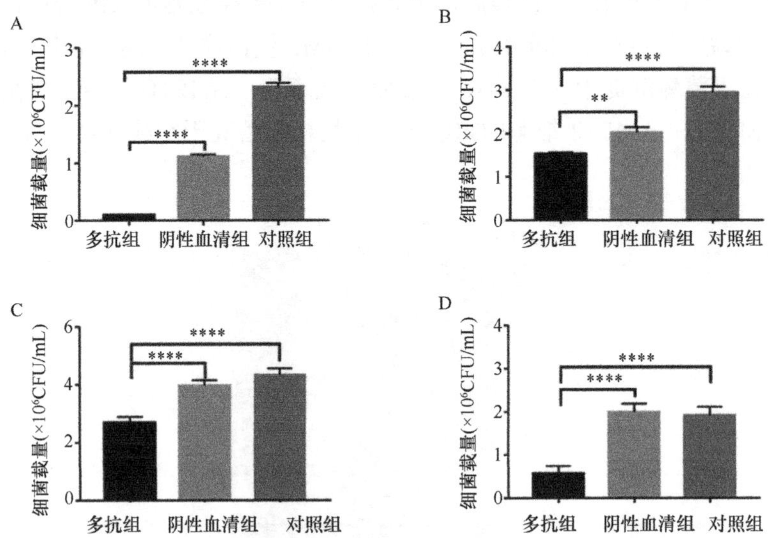

图 3-39 43K OMP 多抗对重组菌黏附宿主细胞的影响

A. BEEC；B. MAC-T；C. MMEC；D. AML12

当诱导后的重组菌与 43K OMP 单抗共孵育后，黏附于 BEEC、MAC-T、MMEC 和 AML12 细胞的重组菌数量呈现不同程度的降低（$P<0.05$），而阴性血清组与对照组无显著性差异（$P>0.05$）（图 3-40）。

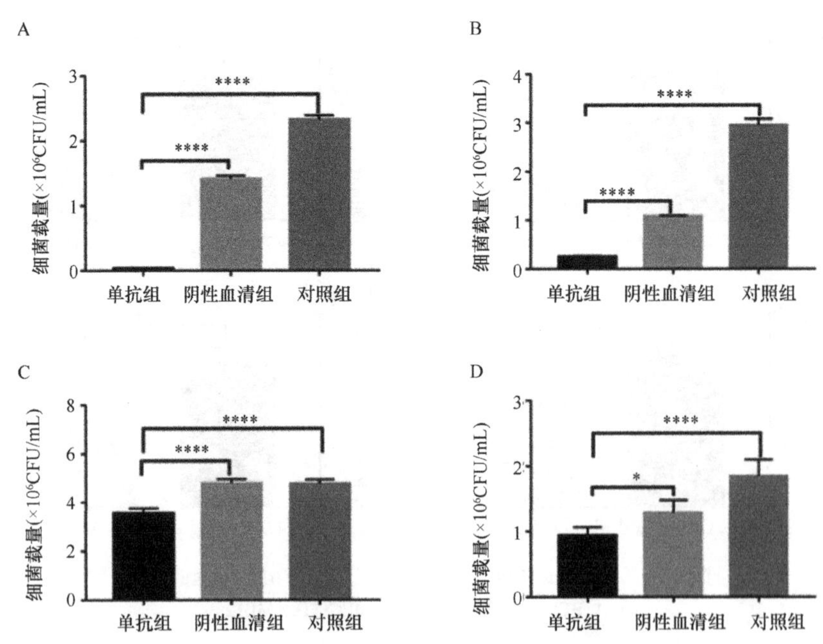

图 3-40 43K OMP 单抗对重组菌黏附宿主细胞的影响

A. BEEC；B. MAC-T；C. MMEC；D. AML12

2.7.3　天然 43K OMP 对重组菌黏附宿主细胞的影响

当BEEC、MAC-T、MMEC和AML12细胞与天然43K OMP预孵育1h后，黏附于BEEC、MAC-T、MMEC 和 AML12 细胞的重组菌数量极显著低于对照组（$P<0.01$）（图 3-41）。

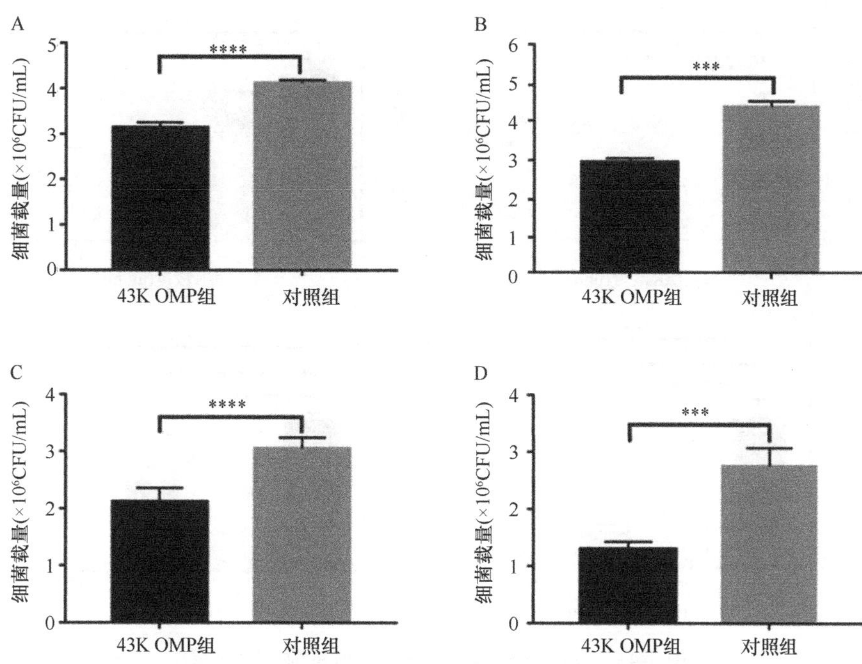

图 3-41　天然 43K OMP 对重组菌黏附宿主细胞的影响

A. BEEC；B. MAC-T；C. MMEC；D. AML12

2.7.4　蛋白酶 K 对重组菌黏附宿主细胞的影响

将诱导表达的重组菌与不同浓度的蛋白酶 K（0μg/mL、25μg/mL、50μg/mL、100μg/mL）孵育，SDS-PAGE 分析显示，表达的 43K OMP 被蛋白酶 K 以剂量依赖性的方式消化降解（图 3-42）。

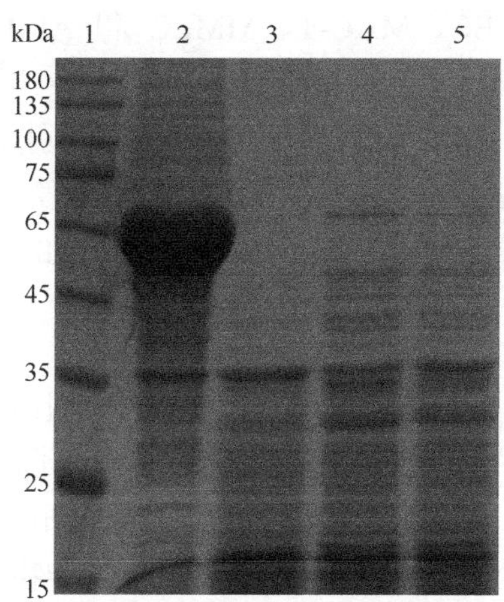

图 3-42　蛋白酶 K 对 43K OMP 表达的影响

1. 蛋白 Marker；2. 蛋白酶 K 浓度 0μg/mL；3. 蛋白酶 K 浓度 100μg/mL；4. 蛋白酶 K 浓度 50μg/mL；5. 蛋白酶 K 浓度 25μg/mL

同时，黏附试验也表明了黏附于BEEC、MAC-T、MMEC和AML12细胞的重组菌数量同样呈现出剂量依赖性下降的趋势（图3-43）。

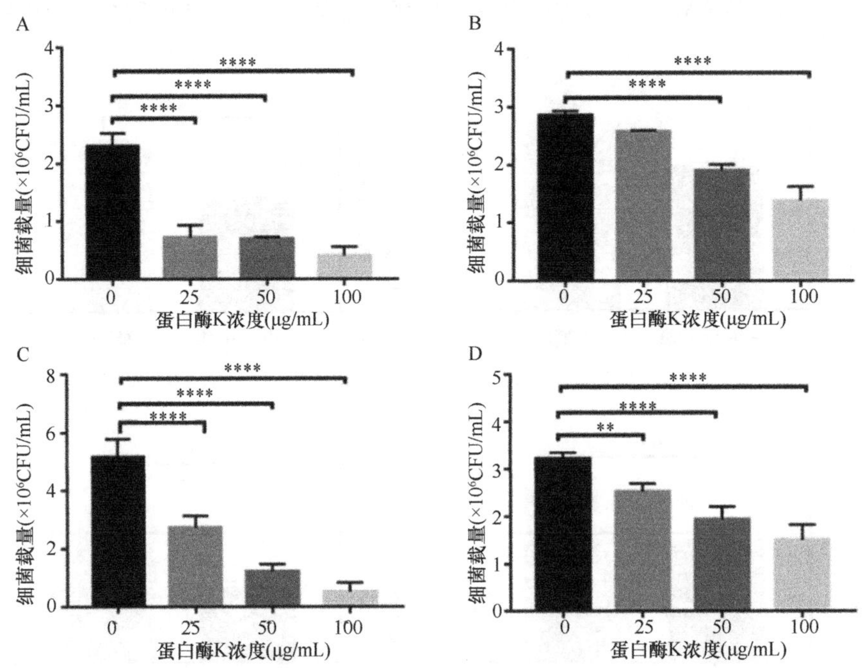

图3-43　蛋白酶K对重组菌黏附宿主细胞的影响

A. BEEC；B. MAC-T；C. MMEC；D. AML12

2.8　43K OMP基因缺失对牛坏死梭杆菌黏附宿主细胞的影响

本试验采用BEEC、MAC-T、MMEC和AML12作为牛坏死梭杆菌黏附的宿主细胞模型，能更好地衡量43K OMP基因的缺失对牛坏死梭杆菌黏附不同宿主细胞能力的影响。结果显示，A25菌株黏附于BEEC、MAC-T、MMEC和AML12的菌落数分别为6.48×10^5CFU/mL、5.07×10^5CFU/mL、5.69×10^5CFU/mL和3.23×10^5CFU/mL；缺失株A25Δ43K OMP黏附于BEEC、MAC-T、MMEC和AML12的菌落数分别为0.33×10^5CFU/mL、0.46×10^5CFU/mL、0.32×10^5CFU/mL和0.31×10^5CFU/mL（图3-44）。与A25菌株相比，缺失株A25Δ43K OMP黏附于细胞的菌落数分别降低94.9%、90.9%、94.4%和90.4%。同亲本株相比，A25Δ43K OMP黏附宿主细胞的能力极显著下降（$P<0.01$），由此可知43K OMP基因的缺失导致坏死梭杆菌黏附宿主细胞的能力大大降低（图3-44）。

3. 讨论

细菌黏附宿主细胞是细菌定植和侵袭的先决条件，细菌对宿主细胞的特异性黏附是病原菌感染的重要步骤。在牛肝脓肿、腐蹄病、乳腺炎和子宫内膜炎等常见奶牛疾病中，坏死梭杆菌对瘤胃血管内皮细胞、蹄部损伤的皮肤组织细胞、乳腺上皮细胞和子宫内膜细胞的黏附是激发感染的重要步骤。OMP具有运送营养物质、介导细菌逃避宿主免疫防御（乔凤，2009）、维持膜完整性等多种生物学功能（Pore et al.，2011），在细菌黏附宿主细胞中也具有积极作用。脆弱拟杆菌脂蛋白BFT不仅能催化蛋白质分泌，还能改

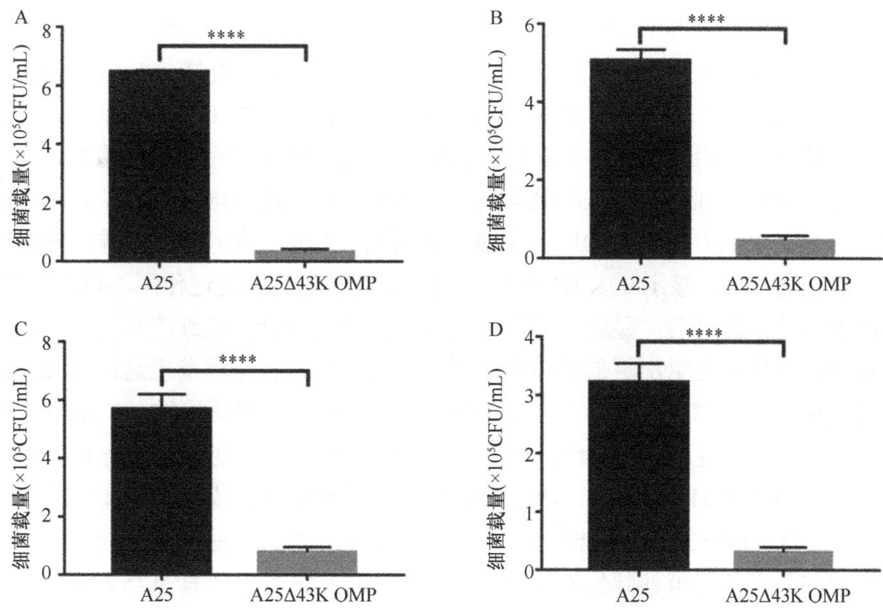

图 3-44 A25 和 A25Δ43K OMP 对宿主细胞的黏附试验结果

A. BEEC；B. MAC-T；C. MMEC；D. AML12

变肠上皮细胞的黏附特性，且在定植过程中裂解宿主细胞蛋白质（Pierce et al.，2021）。OmpA 是福氏志贺菌侵入机体的功能蛋白，决定着对宿主细胞的黏附侵染能力（Ambrosi et al.，2012）。梭杆菌属中的具核梭杆菌的 RadD 能结合变形链球菌的 SpaP，介导其与变形链球菌或白念珠菌的共聚（Kaplan et al.，2009；Wu et al.，2015；Guo et al.，2017）。FadA 能促进具核梭杆菌黏附 KB（人口腔表皮样癌细胞）、CHO（中国仓鼠卵巢细胞）和胎盘内皮细胞（Han et al.，2005；Xu et al.，2007），增强牙龈卟啉单胞菌和放线菌的黏附入侵能力（Ikegami et al.，2009；路洋，2012）。Fap2 蛋白能促进具核梭杆菌与癌细胞的识别和结合，是直肠癌发病的重要机制（Slots et al.，1983）。FomA 在具核梭杆菌黏附宿主细胞和外膜蛋白致病机制中发挥重要作用（Nakagaki et al.，2010；Liu et al.，2010；Martin et al.，2020）。坏死梭杆菌作为梭杆菌属中的一个重要成员，在培养及致病等方面与具核梭杆菌具有相似性，且牛坏死梭杆菌不具有鞭毛、荚膜、菌毛等结构，OMP 可能是牛坏死梭杆菌重要的黏附素，但牛坏死梭杆菌是否依赖于 OMP 介导黏附目前尚未可知。这个问题的解开将为牛坏死梭杆菌致病机制的阐明提供启示和参考。

牛坏死梭杆菌可以侵害多种动物，不同动物对牛坏死梭杆菌的易感性存在差异，反刍动物中牛、绵羊和鹿易感，实验动物中小鼠和兔易感。因此，本研究以 BEEC、MAC-T、MMEC 和 AML12 为细胞模型，成功提取了天然的 43K OMP，并纯化重组蛋白，激光共聚焦显微镜观察到天然 43K OMP 和重组蛋白均能黏附于细胞膜表面，同时细胞与天然 43K OMP 蛋白预孵育后，黏附于细胞上的牛坏死梭杆菌数量显著降低，表明天然 43K OMP 蛋白竞争结合了细胞表面位点，进而降低了牛坏死梭杆菌对宿主细胞的黏附。而牛坏死梭杆菌与 43K OMP 抗体预孵育后，细胞上牛坏死梭杆菌的黏附数量显著减少，显示抗体结合牛坏死梭杆菌的 43K OMP，进而降低牛坏死梭杆菌与细胞间的黏附。通过以上结果，我们初步得出 43K OMP 在牛坏死梭杆菌黏附宿主细胞中发挥重要作用。同时，我们也发现了 43K OMP 的抗体并不能完全抑制牛坏死梭杆菌对细胞的黏附，这可能是由于牛坏死梭杆菌表面存在多个黏附蛋白，仅针对 43K OMP 抗体不能完全阻断细菌对细胞的黏附作用，提示牛坏死梭杆菌中还存在未发现的相关黏附蛋白。

为了进一步验证 43K OMP 的黏附特性，本研究将 43K OMP 基因克隆到 pET-32a 载体中，随后在 *E. coli* BL21（DE3）中表达该蛋白。当重组菌经 IPTG 诱导表达后，与细胞的黏附显著增加，显示 43K OMP 的表达对细菌黏附具有促进作用。43K OMP 抗体与诱导的重组菌预孵育后，显著降低了细胞与重组菌的结合；而细胞与天然 43K OMP 共同孵育后，重组菌显示出更低的结合水平，表明抗体结合重组菌表达的 43K OMP，降低了重组菌对宿主细胞的黏附；43K OMP 蛋白与细胞上的受体结合，结合重组菌在细胞上的结合位点，进而抑制重组菌的黏附。同时，经不同浓度的蛋白酶 K 处理后，蛋白酶 K 降解了 43K OMP 的表达，随之重组菌黏附数量呈剂量依赖性降低。这些试验结果均显示了 43K OMP 是牛坏死梭杆菌的一种重要黏附分子，有助于促进牛坏死梭杆菌对宿主细胞的黏附和定植。同时，本研究中 A25Δ43K OMP 与亲本株 A25 相比，43K OMP 基因缺失后对宿主细胞的黏附能力显著降低，细菌黏附率下降了 90.4%～94.9%。牛坏死梭杆菌黏附率的变化的差异性可能与其对不同细胞的黏附性差异有关，但也无法排除坏死梭杆菌其他黏附蛋白的存在。同时，基因缺失并未使 43K OMP 的功能完全丧失，A25Δ43K OMP 株对细胞仍具有一定的黏附性。目前由于没有质粒做回补，无法构建基因回补菌，因此究竟是牛坏死梭杆菌还存在其他黏附蛋白，还是 43K OMP 完全敲除后牛坏死梭杆菌还具有黏附细胞功能还需进一步深入探究。但根据目前的研究结果，我们可以得出以下结论：43K OMP 基因与牛坏死梭杆菌黏附宿主细胞具有直接关系，这与前人的研究结果一致（王志慧，2018；He et al.，2020），但其相关的作用机制仍有待于深入研究。

在牛坏死梭杆菌黏附机制的相关研究中，早期研究认为牛坏死梭杆菌能通过血凝素黏附于 Vero 细胞表面，且牛坏死梭杆菌黏附瘤胃上皮细胞也与血凝素相关（Kanoe et al.，1985；Kanoe and Iwaki，1987）。抗血凝素血清能降低坏死梭杆菌与兔、鼠等易感动物细胞的黏附（Okada et al.，1999）。近年来，有学者发现胰酶能显著降低坏死梭杆菌黏附于肾上腺血管内皮细胞，表明介导坏死梭杆菌黏附细胞的是蛋白质。在同时对 *Fnn* 亚种和 *Fnf* 亚种坏死梭杆菌的 OMP 进行的系统研究中，发现分子质量为 17kDa、24kDa、40kDa 和 74kDa 的 OMP 可能与坏死梭杆菌黏附细胞有关，且 40kDa 大小的 OMP 在坏死梭杆菌黏附细胞中可能发挥重要作用（Kumar et al.，2014，2015；Menon et al.，2018）。43K OMP 是 Sun 等首次在牛坏死梭杆菌临床分离株 H05 鉴定出来的，且与具核梭杆菌发挥黏附功能的外膜蛋白 FomA 同源性为 70.22%，其黏附功能可能与之相似，这也解释了 43K OMP 在介导牛坏死梭杆菌黏附细胞中的重要作用。但 43K OMP 能否具有具核梭杆菌的 FomA 蛋白相似的其他生物学功能，43K OMP 是通过宿主细胞表面的受体蛋白互作介导细菌黏附，还是与细胞的多糖作用介导细菌黏附尚未可知，还需要我们进一步研究。对 43K OMP 介导牛坏死梭杆菌黏附机制的深入研究和揭示，对阐明牛坏死梭杆菌的致病机制具有重要意义。

（三）43K OMP 与宿主细胞互作蛋白的筛选及鉴定

1. 材料与方法

1.1　材料

1.1.1　菌株和细胞

坏死梭杆菌A25菌株购自美国ATCC公司（*F. necrophorum*，*Fnn* 亚种，ATCC 25286）；牛乳腺上皮细胞为 MAC-T 细胞系，鼠乳腺上皮细胞（EpH4-Ev）由吉林大学农学部惠赠；牛坏死梭杆菌 43K OMP 多克隆抗体血清、牛坏死梭杆菌高免血清、牛坏死梭杆菌 43K OMP 单克隆抗体、兔阴性血清及鼠阴性血清均保存于黑龙江八一农垦大学兽医病理学实验室。

1.1.2　主要试剂

牛纤连蛋白（#33010018），Dynabeads™ Protein A 免疫共沉淀试剂盒（#10006D）购于美国赛默飞世尔科技公司；纤连蛋白抗体（#66042-1-Ig）和 His 标签抗体（#HRP-66005-1-Ig）购于武汉三鹰生物技术有限公司；鼠 IgG（#A7028）购于碧云天生物技术有限公司。

1.2　方法

1.2.1　试验设计

将纯化的 43K OMP 重组蛋白与 MAC-T 细胞裂解液共孵育，应用免疫共沉淀（coimmunoprecipitation，CoIP）和蛋白质谱技术，筛选出可能与43K OMP 互作的靶标蛋白，利用免疫共沉淀技术验证靶标蛋白与 43K OMP 重组蛋白的相互作用，具体路线参照图 3-45。

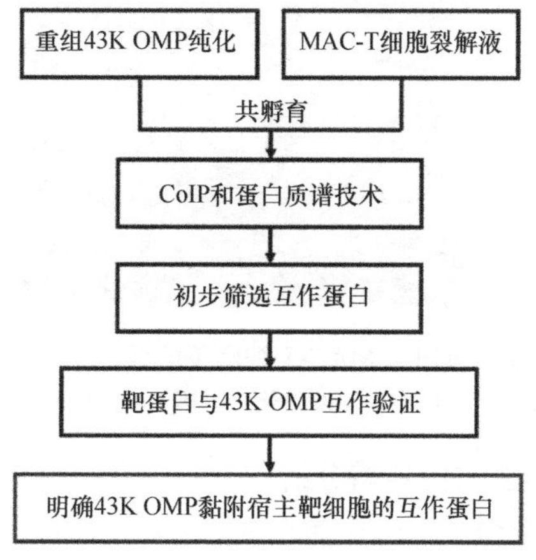

图 3-45　技术路线

1.2.2　43K OMP 与 MAC-T 细胞的 CoIP

将 MAC-T 细胞用预冷的 PBS 洗涤 3 次后吸干液体，加入 NP40 细胞裂解液（用前加入 PMSF）。细胞刮刀刮下细胞后，冰上放置 30min 后转至离心管，在 4℃条件下，12 000*g* 离心 10min，吸取上清液，备用。将细胞进行分组处理，分为 43K OMP 组、MAC-T 细胞组和 43K OMP 重组蛋白+MAC-T 细胞共孵育组。按照试验要求使用 43K OMP 单抗分别与以上三组混合液进行孵育，并参照 Dynabeads™ Protein A 说明书完成操作步骤。将洗脱液进行 SDS-PAGE，选出并切下若干条特异性蛋白质条带和对照组相同位置条带送至上海厚基生物科技有限公司进行质谱分析，筛选及鉴定可能作用的靶标蛋白。

1.2.3　互作蛋白质的筛选与验证

根据差异蛋白质谱鉴定结果，用蛋白质数据库 Uniprot 对疑似差异蛋白质进行亚细胞定位分类和单分子功能分类分析，结合蛋白质功能和定位筛选 43K OMP 可能作用的靶蛋白。分别选取 43K OMP 重组蛋白（带 His 标签）与 MMEC 总蛋白共孵育、43K OMP 重组蛋白（带 His 标签）与靶蛋白共孵育，分别设置 IgG 对照组，参照 Dynabeads™ Protein A 说明书完成操作步骤，应用免疫磁珠法沉淀蛋白质互作复合物，用 His 标签抗体和靶蛋白抗体进行免疫沉淀（immunoprecipitation，IP）和 Western blot 验证。

2. 结果

2.1　43K OMP 与 MAC-T 细胞的 CoIP

纯化后的 43K OMP 与 MAC-T 细胞总蛋白进行蛋白质互作，利用免疫共沉淀的方法获取 43K OMP 结合的互作蛋白（图 3-46）。SDS-PAGE 结果显示，与阴性对照组相比，试验组分别在 200kDa 和 37kDa 附近存在差异性蛋白质条带，将差异条带切下后送检。

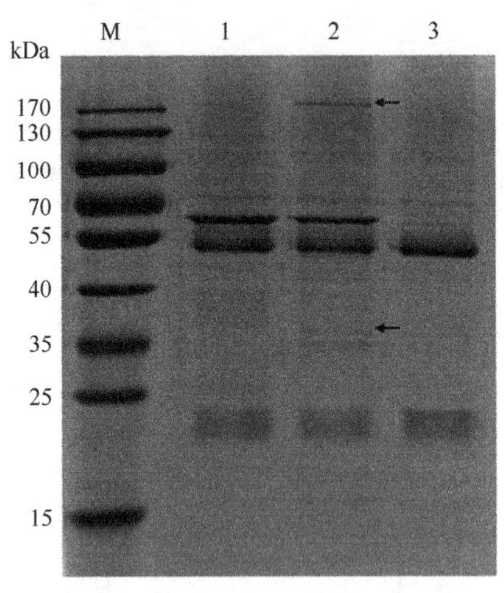

图 3-46　重组蛋白与 MAC-T 细胞裂解液的免疫共沉淀结果

M. Marker；1. 重组蛋白；2. MAC-T 细胞裂解液与 43K OMP 共孵育；3. MAC-T 细胞裂解液

2.2　43K OMP 与互作蛋白的质谱分析

差异条带质谱分析共获得了 127 个蛋白质、280 个肽段。与对照组数据相比，试验组成功检测到 39 个疑似差异靶标蛋白（表 3-21）。通过蛋白质数据库 Uniprot Sus scrofa 对疑似差异蛋白进行检索，并对蛋白质亚细胞定位分类和单分子功能分类进行分析。在亚细胞定位分类中未检索到亚细胞定位的差异蛋白占 25.64%，在检索到亚细胞定位的 74.36%的差异蛋白中，差异蛋白分别位于细胞外基质（7.69%）、细胞质（10.26%）、高尔基体（2.56%）、细胞膜（17.95%）、细胞核（17.95%）、细胞骨架（15.39%）及线粒体（2.56%）上（图 3-47A）。在单分子功能分类中未检索到单分子功能的差异蛋白占

17.95%，在检索到单分子功能的 82.05%的差异蛋白中，具有结合活性、催化活性、转运活性和结构活性的差异蛋白分别为 46.15%、10.26%、12.82 和 12.82%（图 3-47B）。

表 3-21　牛坏死梭杆菌 43K OMP 捕捉的靶标蛋白列表

序号	蛋白质登录号	蛋白质名称	唯一肽段数	分子质量（kDa）	肽段覆盖率（%）
1	Q0V8B7、L8IDJ3、A6H7F8	微小染色体维持缺陷蛋白	1	82.145	1.9
2	Q9TTF0、F1ML62、L8HY56	核受体蛋白 NR2E3、光感受器特异性核受体	1	44.878	4.6
3	L8IXL1、Q5E9P5、F1MUJ4	非活性丝氨酸蛋白酶 PAMR1（片段）	1	79.489	2.1
4	L8ILA7、F1N3G8、G0T3G7、G0T3G6	谷氨酸受体 1（片段）	1	93.185	1.4
5	F1N3M3、L8IDH5	原钙黏蛋白 γ3	1	74.723	2.2
6	G3MWM8	肾母细胞瘤 1	1	44.533	2.5
7	G3N0Q2	嗅觉受体	1	35.695	2.8
8	L8HW63、G3X684	DNA 拓扑异构酶 2 结合蛋白 1	1	170.42	0.8
9	P02465、L8HQF7	胶原蛋白 α-2(Ⅰ)(α-2 Ⅰ型胶原蛋白)	1	129.06	1.1
10	L8J1P2	细胞质动力蛋白 2 重链 1	1	493.93	0.3
11	P06643	血红蛋白亚基 ε-4（ε-4 球蛋白）细胞质动力蛋白 2 重链 1	1	16.514	6.8
12	Q0PNH9、P02754、L8J1Z0、G5E5H7、B5B0D4、P02755 等	β-乳球蛋白血红蛋白亚基 ε-4	5	19.904	18
13	F1MQ37、L8HZ84、A6QLN6、F1MYM9、Q27991、L8HXK3、F1MM57、L8HZF7	肌球蛋白重链 9	3	227.1	18.7
14	L8J4S1、O02717	肌球蛋白-9（片段）	2	224.81	18
15	L8J1S8、E1BME2	AP-3 复合亚基 β	1	119.56	2
16	G3MYS9	FAM174A 蛋白 序列相似性家族 174	1	19.828	26.9
17	Q862H3、L8ILC9、Q56JV9、L8I501、G3N262	核糖体蛋白 S3a（片段）	1	18.12	10.7
18	L8HX87、G3X690	驱动蛋白样蛋白 KIF16B（片段）	1	153.87	1
19	G3X8G9、P05786、L8I9A2、I6YER2、F1MU12	未表征蛋白	1	52.426	7.3
20	K4JDT2、K4JF16、K4JBR5、R9QSM8、Q7SIH1	α-2-巨球蛋白变体 20	1	98.342	1.5
21	L8IB99、Q3ZBH0	T-复合蛋白 1 亚基 β（片段）	1	57.181	3.4
22	L8IV51、P02453	胶原蛋白 α-1 链	1	138.42	0.6
23	P05631	ATP 合成酶亚基 γ，线粒体（ATP 合成酶 F1 亚基 γ）（F-ATP 酶 γ 亚基）	1	33.072	4.4
24	P19120	热休克蛋白 70	1	71.24	3.4
25	Q56JV9、L8I501、G3N262、L8ILC9、Q862H3、Q862R1、E1BG39	40S 核糖体蛋白 S3a	6	29.945	25
26	O18789、M5FJW2、L8J5I0、Q862M9	40S 核糖体蛋白 S2	4	31.235	13.3

续表

序号	蛋白质登录号	蛋白质名称	唯一肽段数	分子质量（kDa）	肽段覆盖率（%）
27	Q2HJ97、L8HWZ2	抑制素 2	3	33.357	7.7
28	Q3B7M5	LIM 和 SH3 结构域蛋白 1	2	29.677	9.6
29	Q32L44、L8HP21、F1N2P9、A3KN16	tRNA 5-甲氨基甲基-2-硫代酰基甲基转移酶	1	29.3	6.5
30	A5D7H1、L8ID27	锌转运蛋白 ZIP13	1	44.431	3.5
31	P02672	纤连蛋白 α 链	1	615.22	13.2
32	A6QNU0、E1BMK3	RNF31 蛋白	1	80.921	1
33	E1B7E3	高尔基体蛋白 A4	1	259.18	0.8
34	E1BER5、L8J224	EPHA4 受体	1	109.85	2.2
35	Q148E2、G3X7R7、G3N1W7、L8HW69、Q2KJD0、L8HWA9、Q6B856、L8ITJ4 等	微管蛋白 β 链	1	36.66	4.5
36	Q8WMP8、F1MHP0、M0QSR5	钠通道蛋白	1	227.89	0.4
37	F1N104	神经胶原蛋白 2	1	73.435	1
38	L8I257、Q2HJ60	异质核核糖核蛋白 A2/B1（片段）	1	35.745	2.9
39	L8IYA1	未表征蛋白（片段）	6	97.842	1.8

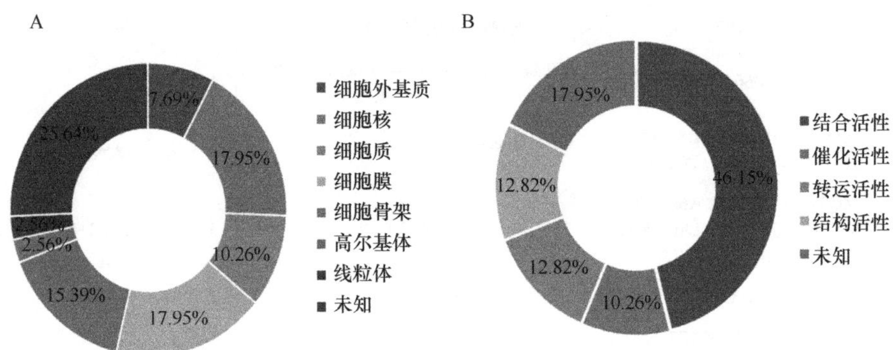

图 3-47 差异蛋白的亚细胞定位（A）和单分子功能分类（B）

结合亚细胞定位及蛋白质的黏附功能初步筛选出了与 43K OMP 可能作用的互作蛋白，它们分别为胶原蛋白、纤连蛋白和肌球蛋白，对可能的靶标蛋白生物学功能进行分析，并分别验证其与 43K OMP 是否存在相互作用（表 3-22）。

表 3-22 牛坏死梭杆菌 43K OMP 互作蛋白的初步筛选

序号	蛋白质名称	生物学功能
1	纤连蛋白	细胞外基质结构成分，参与细胞迁移、黏附、增殖、止血及组织修复等，调动单核吞噬细胞系统清除损伤组织处的有害物质，具有生长因子的作用
2	胶原蛋白 α-2（Ⅰ）（α-2 Ⅰ型胶原蛋白）	与相同的蛋白质结合；与金属离子结合；与血小板衍生生长因子结合；与蛋白酶结合；参与蛋白质结合、桥接等
3	肌球蛋白重链 9	参与肌动蛋白细胞骨架重组；参与肌动蛋白丝的运动和结构组成；参与血管生成；参与血管内皮细胞迁移；参与细胞与细胞的黏附等
4	肌球蛋白-9（片段）	参与肌动蛋白细胞骨架重组；参与肌动蛋白丝的运动和结构组成；参与血管生成；参与血管内皮细胞迁移；参与细胞与细胞的黏附等
5	胶原蛋白 α	细胞外基质结构成分，维持细胞的完整性；参与细胞外信号的传递等

2.3　43K OMP 与纤连蛋白的 CoIP 结果

初步筛选后，本研究利用重组 43K OMP 分别与胶原蛋白、纤连蛋白和肌球蛋白互作验证，结果表明胶原蛋白和肌球蛋白与牛坏死梭杆菌 43K OMP 不存在直接相互作用，而纤连蛋白与 43K OMP 存在作用关系。为了验证 43K OMP 与纤连蛋白间的相互作用，本研究选用 MMEC 总蛋白与 43K OMP 重组蛋白共孵育，设置 IgG 与 43K OMP 共孵育组为阴性对照组，分别与蛋白 A+G 琼脂糖珠及相应的纤连蛋白抗体、His 标签蛋白抗体孵育后，制备的样品用相应的一抗进行 Western blot 分析。结果显示，用纤连蛋白单抗进行免疫共沉淀反应后，在试验组检测到大小为 59kDa 的重组 43K OMP 蛋白条带，而对照组检测不到相关蛋白条带（图 3-48A）。用 Anti-His 单抗进行免疫共沉淀反应后，在试验组检测到大小为 263kDa 的纤连蛋白条带，而对照组无相关蛋白质条带（图 3-48B）。以上结果表明，43K OMP 与 MMEC 的纤连蛋白存在直接相互作用。

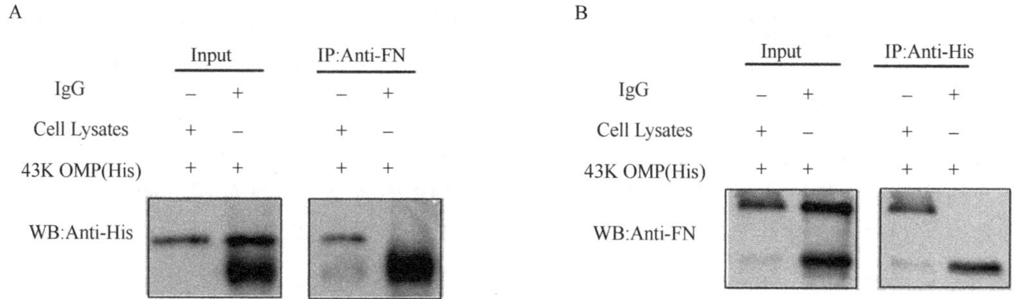

图 3-48　43K OMP 与纤连蛋白的免疫共沉淀

A. 43K OMP 与 MMEC 的免疫共沉淀，从左至右分别为重组蛋白与 MMEC 共孵育组、重组蛋白与 IgG 共孵育组，IP 为纤连蛋白抗体；B. 43K OMP 与 MMEC 的免疫共沉淀，从左至右分别为重组蛋白与 MMEC 共孵育组，重组蛋白与 IgG 共孵育组，IP 为 His 标签抗体

为了验证 43K OMP 与牛纤连蛋白间的相互作用，应用牛纤连蛋白与 43K OMP 重组蛋白共孵育，设置 IgG 与重组 43K OMP 共孵育组为阴性对照组，分别与 Protein A+G 琼脂糖珠及相应的 Anti-FN、Anti-His 抗体孵育后，制备样品用相应的一抗进行 Western blot 分析。结果显示，用 Anti-FN 单抗进行免疫共沉淀反应后，在试验组检测到大小为 59kDa 的重组 43K OMP 蛋白条带，而对照组检测不到相关蛋白质条带（图 3-49A）。用 Anti-His 单抗进行免疫共沉淀反应后，在试验组检测到大小为 263kDa 的纤连蛋白条带，而对照组无相关蛋白质条带（图 3-49B）。以上结果表明，43K OMP 与牛纤连蛋白存在直接相互作用。

3. 讨论

细菌黏附宿主细胞是其入侵机体和感染致病的先决条件，一般分为非特异性结合和特异性结合，其中特异性黏附是借助特异性识别因子（细菌黏附素、配体）与靶细胞相应受体相互结合，在细菌黏附宿主细胞中发挥了主要作用。细菌表面的黏附素是细菌黏附宿主细胞的分子基础，黏附素的作用方式及与宿主受体结合的机制对微生物引起的疾病类型具有决定性作用，与细菌的致病性密切相关。黏附素与受体结合，有利于细菌定

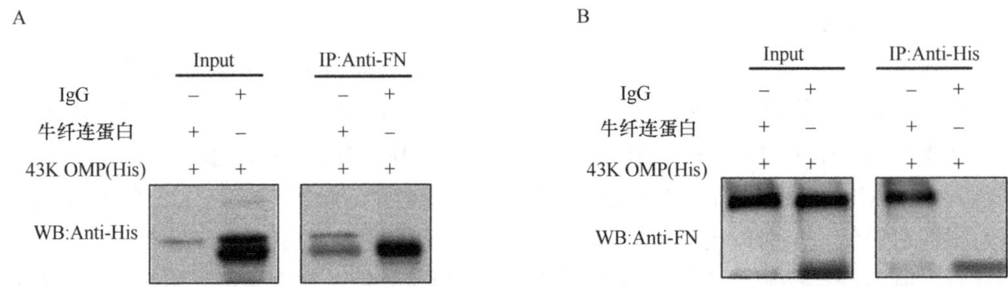

图 3-49 43K OMP 与牛纤连蛋白的免疫共沉淀

A. 43K OMP 与牛纤连蛋白的免疫共沉淀，从左至右分别为重组蛋白与牛纤连蛋白共孵育组，重组蛋白与 IgG 共孵育组，IP 为纤连蛋白抗体；B. 43K OMP 与牛纤连蛋白的免疫共沉淀，从左至右分别为重组蛋白与纤连蛋白共孵育组，重组蛋白与 IgG 共孵育组，IP 为 His 标签抗体

居、繁殖、内化（侵袭）和致病，还参与生物被膜形成、破坏机体免疫系统、清除病原微生物。此外，细菌对宿主细胞的黏附也激活了细菌和宿主细胞的信号转导，导致细菌传播及逃避机体先天和细胞免疫应答（Berne et al.，2015；Stones and Krachler，2015）。常见的黏附素包括菌毛、鞭毛、外膜蛋白、脂磷壁酸等。在前期的研究中，43K OMP 作为牛坏死梭杆菌重要的黏附素，在介导牛坏死梭杆菌黏附牛子宫内膜上皮细胞、乳腺上皮细胞等宿主细胞中发挥重要作用，但 43K OMP 如何介导牛坏死梭杆菌黏附宿主不同组织的靶细胞及其分子机制，目前尚未明确。因此，筛选及鉴定 43K OMP 黏附宿主细胞的互作蛋白对牛坏死梭杆菌黏附机制的研究具有重要意义。

宿主细胞表面的特异性受体包括钙黏蛋白、免疫球蛋白超家族、选择素、整合素、纤连蛋白和胶原蛋白等细胞外基质蛋白。细胞外基质（extracellular matrix，ECM）蛋白广泛分布于结缔组织和基底膜，靶向 ECM 的细菌黏附机制是病原体定植和入侵宿主的重要机制（Singh et al.，2012）。许多革兰氏阴性菌的 OMP 通过胶原蛋白、纤连蛋白和层粘连蛋白等细胞外基质蛋白介导细菌黏附（Vaca et al.，2020）。而有关于革兰氏阴性杆菌 OMP 通过与 FN 互作介导细菌黏附的报道相对匮乏。鲍曼不动杆菌 Ata 蛋白通过Ⅰ型、Ⅲ型、Ⅳ型、Ⅴ型胶原蛋白及层粘连蛋白黏附侵袭细胞（Weidensdorfer et al.，2019），而鲍曼不动杆菌外膜蛋白 OMPA 和 TonB 均通过 FN 黏附侵袭细胞（Smani et al.，2012；Abdollahi et al.，2018）。空肠弯曲菌的外膜蛋白 CadF 的四氨基酸序列的重叠肽是与 FN 结合的位点，而 FlapA 蛋白的三个Ⅲ型 FN 重叠序列是纤连蛋白互作的区域，通过以上结构域，CadF 和 FlapA 在细胞膜重排和细菌黏附入侵内皮细胞中共同发挥作用（Monteville et al.，2003；Flanagan et al.，2009；Konkel et al.，2010；）。伯氏疏螺旋体外膜蛋白 BBK32 通过 70kDa 的 N 端纤连蛋白区域与纤连蛋白结合，在细菌的早期感染中发挥作用（Seshu et al.，2006）。流感嗜血杆菌脂蛋白 P4 与层粘连蛋白、FN 和玻连蛋白结合介导烟酰胺腺嘌呤二核苷酸（nicotinamide adenine dinucleotide，NAD）摄取和血红素代谢，目前流感嗜血杆菌中未发现与细菌黏附宿主细胞相关的单一 OMP，其黏附细菌是通过黏附素与宿主蛋白质协调作用完成的（Su et al.，2016）。脆弱拟杆菌的一些 OMP 与层粘连蛋白和胶原蛋白结合，在细菌致病机制中发挥重要作用，如脆弱拟杆菌外膜蛋白 Bfp60 通过与层粘连蛋白互作，激活纤溶蛋白原-纤溶酶系统促进细菌感染（Ferreira et al.，2013；Galvão et al.，2014）。脆弱拟杆菌 TonB 依赖家族的 OMP，能识别并结合细胞外基质蛋白，通过与血浆纤连蛋白连接介导细菌黏附（Pauer et al.，2009）。

在牛坏死梭杆菌同菌属的具核梭杆菌中，目前尚未发现与 FN 互作的黏附相关蛋白质。Fap2 是具核梭杆菌与直肠癌组织识别和结合的黏附素，黏附受体为肿瘤细胞表达的 Gal-GalNAC 糖残基，与人自然杀伤细胞（natural killer cell，NK cell）和其他肿瘤浸润的淋巴细胞表面的 TIGIT（T 细胞免疫球蛋白和 ITIM 结构域蛋白，T cell immune receptor with Ig and ITIM domain）受体结合，抑制细胞毒性作用介导免疫逃避（Gur et al.，2015）。FadA 蛋白与钙黏蛋白特异性结合后，激活 Wnt/β-Catenin 通路，是具核梭杆菌驱动肠癌的重要诊断标准靶标蛋白（Rubinstein et al.，2013）。前期有研究发现，具核梭杆菌 FomA 蛋白与牛坏死梭杆菌 43K OMP 氨基酸同源性较高，可以结合到人免疫球蛋白 G（IgG）的 Fc 片段（Guo et al.，2000）。随后有研究发现，唾液富酪蛋白的两个氨基酸序列（YQPVPE 和 PYQPQYQ）是与具核梭杆菌结合的片段，有研究进一步发现，具核梭杆菌 FomA 蛋白与唾液酸富酪蛋白分子的活性结合片段中的 YQPVPE 肽相互作用，因此临床上用 FomA 蛋白作为靶标为预防具核梭杆菌感染及相关疾病提供有效的方法（Nakagaki et al.，2010）。而针对牛坏死梭杆菌 43K OMP 的互作蛋白研究目前尚属空白，寻求 43K OMP 的互作蛋白对于揭示牛坏死梭杆菌黏附宿主细胞的机制具有重要意义。

本研究通过免疫共沉淀和蛋白质谱技术筛选牛坏死梭杆菌 43K OMP 的互作蛋白，差异条带质谱分析共筛选了 127 个蛋白质、280 个肽段。通过对疑似差异蛋白检索分析，结合疑似互作蛋白的亚细胞定位和分子功能共筛选出胶原蛋白、肌球蛋白和纤连蛋白三种靶标蛋白。通过免疫共沉淀技术，分别应用重组蛋白与 MMEC 细胞裂解液、重组蛋白与牛纤连蛋白共孵育验证了 43K OMP 与 FN 存在互作关系。FN 作为细胞 ECM 的重要组成成分，具有多结构域，在细胞膜表面黏附分子（如整合素、胶原蛋白和肌球蛋白等）之间起到桥梁作用（Halper and Kjaer，2014）。前期我们在鼠 BHK-21 细胞中筛选了可能与 43K OMP 作用的互作蛋白，其中纤连蛋白和胶原蛋白也是可能作用的靶标蛋白，但后期试验未验证出其与 43K OMP 的相互作用，分析可能是抗体的特异性问题（He et al.，2020）。牙龈疾病中一些厌氧菌的 OMP 能通过 FN 介导细菌感染和牙龈上皮细胞凋亡，如伴放线放线杆菌的 OMP29 可以通过纤连蛋白/整合素 β/FAK 通路诱导转化生长因子-β（transforming growth factor-β，TGF-β）调控人的牙龈上皮细胞凋亡（Yoshimoto et al.，2016）。脆弱拟杆菌 TonB 样 OMP 与血浆纤连蛋白互作，发挥其黏附作用（Schwarz et al.，2004）。前期研究显示牛坏死梭杆菌黏附牛瘤胃细胞与胶原蛋白相关（Takayama et al.，2000）。本研究发现纤连蛋白作为 43K OMP 的受体，介导牛坏死梭杆菌黏附宿主细胞，但 43K OMP 是与 FN 直接作用后介导牛坏死梭杆菌黏附，还是 43K OMP 与 FN 及 FN 受体整合素共同作用后介导牛坏死梭杆菌黏附，胶原蛋白是否在 43K OMP 介导的牛坏死梭杆菌黏附中发挥作用尚未可知。同时，43K OMP 与 FN 互作后，通过什么途径介导细菌入侵和感染仍需要进一步研究，对于该问题的揭示将为阐明牛坏死梭杆菌的黏附机制奠定基础。

（四）43K OMP 介导宿主细胞炎症反应的初步探究

1. 材料与方法

1.1　材料

1.1.1　菌株、细胞和血清

小鼠巨噬细胞 RAW264.7 细胞系保存于黑龙江八一农垦大学兽医病理学实验室。

1.1.2　主要试剂

PrimeScript™ RT 试剂盒（#RR047A），嵌合荧光法 qPCR 试剂（TB Green Premix Ex *Taq*）（#RR420A）等购于宝生物工程有限公司；Trizol（#15596026）购于美国赛默飞世尔科技公司；CCK-8 试剂盒（#C0037）购于碧云天生物技术有限公司；小鼠白细胞介素-6（IL-6）ELISA 试剂盒（#SEA079Mu）购于武汉云克隆科技股份有限公司；小鼠肿瘤坏死因子-α（TNF-α）ELISA 试剂盒（#MM-0132M2）、小鼠白细胞介素-1β（IL-1β）ELISA 试剂盒（#MM-0040M2）购于武汉酶免生物科技有限公司。

抗体（一抗）：IL-1β（1∶1000，#16806-1-AP）、P65（1∶1000，#10745-1-AP）、Tubulin α（1∶1000，#66031-1-1g）、IκBα（1∶2500，#10268-1-AP）、IL-6（1∶2000，#21865-1-AP）、P-S536（1∶1000，#10159-2-AP）、MYD88（1∶2000，#23230-1-AP）购于美国 Proteintech。

1.1.3　主要仪器设备

MCO-20AIC 型 CO_2 细胞培养箱购于日本松下集团，BSL-1360Ⅱ A2 型生物安全柜购于北京东联哈尔仪器制造有限公司；EVOS® XL Core 型倒置显微镜购于美国 ThermoFisher；超微量核酸蛋白浓度测定仪购于德国伯托 Berthold 公司；Mini Trans-Blot 型小型湿转印槽购于美国伯乐生命医学有限公司；荧光定量 PCR 仪购自美国伯乐公司等。

1.2　试验方法

1.2.1　试验设计

重组纯化的 43K OMP 按照 10μg/mL 的浓度刺激 MAC-T 细胞 24h，用于蛋白质组学分析；重组纯化的 43K OMP 按照 12.5μg/mL 的浓度刺激 RAW264.7 细胞 2h、4h、6h 和 12h，用于 NF-κB 通路相关蛋白质表达水平及细胞因子分泌水平变化的分析。

1.2.2　43K OMP 的细胞毒性试验

以 MAC-T 细胞为例，将处于对数生长期的 MAC-T 细胞用胰蛋白酶消化数分钟后，离心制成浓度为 5×10^4 个/mL 的细胞悬液，按每孔 100μL 接种于 96 孔板中，将培养板放在培养箱中（37℃ 5% CO_2）预培养 24h 后，PBS 漂洗 3 次，加入 10μL 不同浓度的 43K OMP（刺激 MAC-T 细胞的 43K OMP 浓度分别为 10μg/mL、20μg/mL 和 40μg/mL；刺激 RAW264.7 细胞的 43K OMP 浓度分别为 2.5μg/mL、5μg/mL、12.5μg/mL 和 25μg/mL）。同时设置阴性对照组和空白对照组，阴性对照组加入 10μL PBS，空白对照组为完全培养基。每组设 3 个重复。43K OMP 作用 MAC-T 细胞的时间分别为 6h、12h 和 24h，43K OMP 作用 RAW264.7 细胞的时间分别为 2h、6h、8h 和 12h，PBS 洗 3 次；更换培养基后加入 10μL 的 CCK-8 溶液，继续在培养箱内孵育 2h；用酶标仪测定菌液在 450nm 处的吸光度。细胞生长阻断率（%）=（对照组–试验组）/（对照组–空白组）×100%。

1.2.3　43K OMP 作用于 MAC-T 细胞的蛋白质组学分析

本试验设置试验组和对照组，试验组 43K OMP 的浓度为 10μg/mL，作用时间为 24h，每组设置 3 个平行处理组。

（1）当细胞培养皿中 MAC-T 细胞密度达到适宜浓度时，经胰酶消化后接种于细胞培养皿内，当细胞长至 80%～90%时，PBS 漂洗 3 次后换液，其中试验组加入重组 43K OMP，对照组加入等量 PBS，在 37℃ 5% CO_2 培养箱内培养 24h。

（2）弃液后加入 4℃预冷的 PBS，缓慢摇晃洗涤细胞，去除 PBS，重复两次，将培养皿置于冰上，加入 4℃预冷的 PBS 将细胞刮下，移至离心管内，离心去除上清液。–80℃液氮速冻，备用送检。细胞总蛋白质提取、蛋白质浓度测定和 SDS-PAGE 检测委托上海百趣生物医学科技有限公司完成。

（3）串联质量标签（tandem mass tag，TMT）定量蛋白质组测定。本部分试验委托上海百趣生物医学科技有限公司完成。试验流程为①蛋白质重溶还原烷基化；②蛋白酶解；③TMT 标记；④去除脱氧胆酸钠（SDC）；⑤多肽脱盐；⑥High-pH 分级；⑦纳米液相色谱-串联质谱分析法（Nano LC-MS/MS）检测。

（4）数据分析。原始数据文件使用 Linux（debian9）版的 MaxQuant（版本号 1.6.15.0）（Stefka Tyanova 2016）（PavelSinitcyn 2018）软件进行搜库和定量分析。质谱谱图数据通过与对应物种水平的数据库序列（uniprotBovine9913202009. fasta）进行搜库匹配，同时进行“常见污染物”数据库搜索。多肽鉴定通过内置的 Andromeda 搜库引擎完成。搜库完成后，过滤掉匹配至 decoy 数据库的多肽和蛋白质，剩余数据用于后续分析。

1.2.4　qRT-PCR 检测炎症因子 IL-6、IL-1β、TNF-α 的 mRNA 相对表达水平

调整MAC-T细胞密度接种于6孔细胞培养板内，待细胞呈现单层且覆盖率为80%～90%时，加入浓度为 12.5μg/mL 的 43K OMP，分别作用 2h、4h、6h 和 12h。将细胞培养板内培养基弃去，PBS 漂洗 3 次，吸干后每孔加入 1mL Trizol，参照天根的总 RNA 提取试剂盒提取细胞的 RNA 样本，应用超微量核酸蛋白浓度测定仪测定 RNA 的浓度。计算加样量，参照 PrimeScript™ RT reagent Kit 反转录成 cDNA 并测定浓度。根据 GenBank 中小鼠 *IL-1β*、*IL-4*、*IL-6*、*IL-10*、*TNF-α* 及 *β-actin* 的基因序列，用 Primer 5.0 设计引物，引物序列和扩增体系、反应条件分别见表 3-23 和图 3-24。

表 3-23　引物序列

基因名称	引物序列（5′→3′）
IL-1β	F：GCACTACAGGCTCCGAGATGAAC R：TTGTCGTTGCTTGGTTCTCCTTGT
IL-4	F：GGTCTCAACCCCCAGCTAGT R：GCCGATGATCTCTCTCAAGTGAT
IL-6	F：CTCCCAACAGACCTGTCTATAC R：CCATTGCACAACTCTTTTCTCA
IL-10	F：GCTCTTACTGACTGGCATGAG R：CGCAGCTCTAGGAGCATGTG
TNF-α	F：TACTGAACTTCGGGGTGATTGGTCC R：CAGCCTTGTCCCTTGAAGAGAAC
β-actin	F：CGTTGACATCCGTAAAGACC R：AACAGTCCGCCTAGAAGCAC

表 3-24　qRT-PCR 扩增体系和反应条件

反应体系（50μL 体系）		反应条件（30 个循环）	
试剂	体积（μL）	温度（℃）	时间（min）
TB Green Premix Ex *Taq* 酶	12.5	95	5.0
上游引物（10μmol/L）	0.5	94	1.0
下游引物（10μmol/L）	0.5	54	1.0
样本	1.0	72	1.5
ddH_2O	10.5	72	10.0

1.2.5　细胞炎症因子表达的检测

细胞上清液中 IL-6、TNF-α 和 IL-1β 细胞因子的检测参照 ELISA 试剂盒说明书完成。

1.2.6　免疫印迹（Western blot）试验

1.2.6.1　细胞总蛋白质的提取

将细胞培养板内的培养基弃去，用预冷的 PBS 漂洗 3 次，吸干后每孔加入 100μL NP40 裂解液（用前加入 PMSF），用细胞刮刀刮下细胞，吹吸混合后在 4℃条件下裂解 30min 并 12 000*g* 离心 10min，取上清液。根据 BCA 蛋白测试盒说明书进行蛋白浓度测定，将 SDS-PAGE（5×）蛋白上样缓冲液与裂解的蛋白质 1∶4 混合均匀，95℃煮 5～10min，备用。

1.2.6.2　SDS-PAGE

根据蛋白质的分子量大小配制适合浓度的下层分离胶，上层浓缩胶浓度为 5%。将配制好的胶板放入盛有电泳液的电泳槽中，小心拔出梳子，向各孔中加入蛋白质样品，分别为蛋白 Marker、样品和空白对照（1×SDS-PAGE 上样缓冲液补齐）。按照 50V 恒压跑浓缩胶，待条带进入分离胶后，恒压 80V/120V 电泳，直到完成电泳。

1.2.6.3　转膜

电泳结束后将胶板取出，立即将带胶的胶板胶面朝上放入提前准备好的转膜液中，此时转膜液刚好没过胶面即可。然后根据 Marker 条带的位置判断所需蛋白质条带的位置，进行切胶。切出的胶块放入转膜液中待转膜。将提前准备好的滤纸放在转膜仪面板上，从下到上按照“滤纸-PVDF 膜-胶-滤纸”的顺序依次摆放（PVDF 膜在甲醇中浸泡 1min 后用 ddH_2O 稍洗，再放在转膜液中浸泡备用，并裁剪成需要的大小）。注意上层滤纸不要与下层滤纸接触，否则会造成短路。15V 恒压进行半干转膜，转膜时间根据蛋白质分子量大小调整。

1.2.6.4　封闭、一抗二抗孵育、显影

转膜结束后，将膜裁剪到合适尺寸并标记正反面。PBST 洗膜 5min 后，5%脱脂乳封闭（PBST 配制），室温封闭 2h。PBST 洗 3 次，每次 5min，加入提前稀释好的一抗，在 4℃条件下摇动过夜。PBST 洗 6 次，每次 10min，加入二抗，室温孵育 1h，PBST 洗 3 次，每次 10min，显色后保存图像，应用 Image J 灰度分析软件分析目的条带的灰度值。

1.2.7　数据统计分析

使用 GraphPad Prism 软件（La Jolla，CA，USA）进行分析，所有数据用平均值±标准差（SEM）表示，组间 Western blot 结果比较分析用 Two-way ANOVA 分析方法。*P*

＜0.05 有统计学意义。

2. 结果

2.1　43K OMP 的细胞毒性试验结果

CCK-8 法因操作简便且稳定性好被广泛用于检测细胞增殖和细胞毒性中。本试验中，当 43K OMP 浓度为 10μg/mL，刺激时间分别为 6h、12h 和 24h 时，MAC-T 细胞生长阻断率在 50%以下（图 3-50A）；而当 43K OMP 浓度为 12.5μg/mL，刺激时间分别为 2h、6h、8h 和 12h 时，RAW264.7 细胞生长阻断率在 50%以下（图 3-50B）。因此，我们选择分别刺激 MAC-T 细胞和 RAW264.7 细胞的 43K OMP 浓度为 10μg/mL 和 12.5μg/mL，作用时间分别为 24h 和 12h。

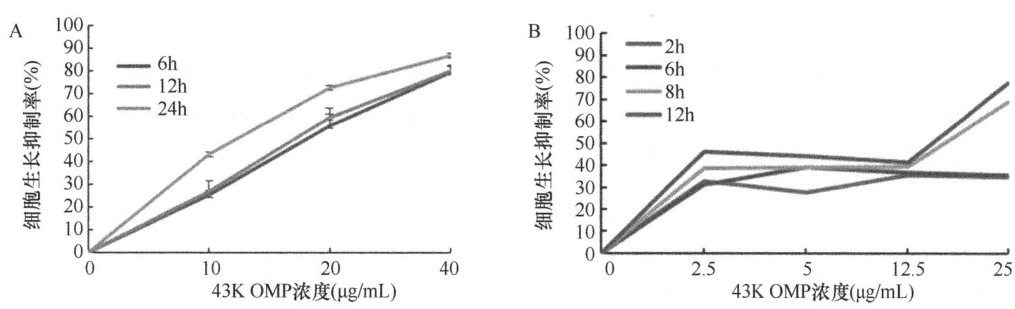

图 3-50　43K OMP 的细胞毒性试验结果

A. 43K OMP 对 MAC-T 细胞毒性试验结果；B. 43K OMP 对 RAW264.7 细胞毒性试验结果

2.2　43K OMP 作用 MAC-T 细胞的蛋白质组学分析

2.2.1　样本制备与分析

本试验设置 43K OMP 组和对照组 2 个组，43K OMP 浓度为 10μg/mL，处理时间为 24h。为了符合蛋白质组学的检测要求及保证生物学重复性，每组分别设置了 3 个重复。蛋白质浓度测定结果显示，6 个样品蛋白质的浓度均符合 TMT 蛋白质组学检测标准（表 3-25）。SDS-PAGE 结合考马斯亮蓝染色结果显示，6 个样品的蛋白质条带清晰分明，蛋白质分子质量分布均匀，符合 TMT 蛋白质组学分析要求（图 3-51）。

表 3-25　样品蛋白质的浓度检测结果

样品	蛋白质浓度（mg/mL）	总量（μg）	样品	蛋白质浓度（mg/mL）	总量（μg）
43K-1	0.34	100	对照组-1	0.35	100
43K-2	0.37	100	对照组-2	0.30	100
43K-3	0.27	100	对照组-3	0.28	100

2.2.2　蛋白质组基本信息统计与分析

生物信息学分析共鉴定出了 6789 个蛋白质和 60 459 条多肽，其中可定量蛋白质为 6640 个。将两组样品所检测出的差异蛋白利用统计学方法进行筛选，筛选标准为 *P* 值＜0.05，且 Fold-change＜0.83 或 Fold-change＞1.2。差异表达筛选结果见表 3-26，共获得 224 个差异蛋白，其中 118 个上调蛋白、106 个下调蛋白。同时，选用差异蛋白筛选

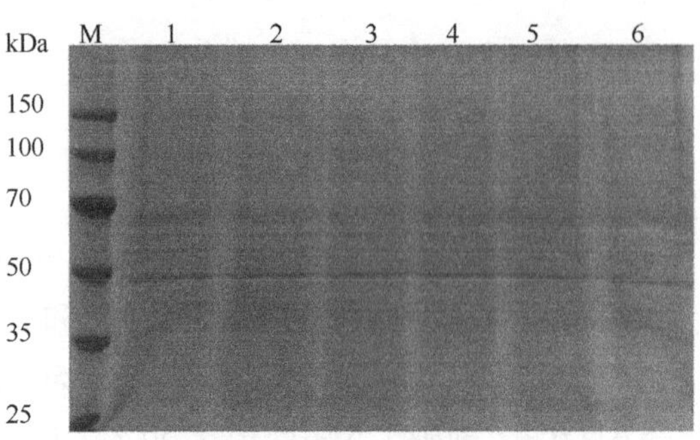

图 3-51　蛋白质样品的 SDS-PAGE 检测结果

标准为 *P* 值<0.05，且 Fold-change<0.67 或 Fold-change>1.5 再次对差异表达蛋白进行筛选，共获得了 40 个差异表达蛋白，其中 34 个上调蛋白、6 个下调蛋白（表 3-27）。其中与细菌致病机制相关的差异蛋白为细胞间黏附分子-1（intercellular cell adhesion molecule-1，ICAM-1）、环加氧酶 2（prostaglandin endoperoxide synthase 2，PTGS2）和基质金属蛋白酶 9（matrix metalloproteinase 9，MMP9）。

表 3-26　差异表达蛋白筛选结果

序号	基因	蛋白 ID	分子质量（kDa）	*P* 值	Fold-change
1	*COX7B*	P13183	9.065 3	0.006 264 721	1.288 192 013
2	*ORC1*	Q58DC8	97.901	0.010 169 909	0.818 580 901
3	*LGMN*	Q95M12	49.283	0.016 514 069	0.820 216 81
4	*GSTM1*	Q9N0V4	25.635	0.003 605 285	0.738 651 162
5	*NFKB1*	A0A3Q1LGS4	103.29	0.009 049 201	1.214 194 969
6	*ADGRG6*	A0A3Q1LNM6	127.95	0.029 529 33	0.771 290 056
7	*TMEM237*	E1BN97	44.562	0.011 912 988	0.829 350 504
8	*ABLIM3*	F6R8L1	77.561	0.035 394 961	1.695 532 653
9	*GNPDA2*	Q17QL1	31.164	0.030 233 689	0.805 979 699
10	*ETS1*	A0A3Q1LXM7	40.767	0.003 046 349	1.352 508 332
11	*RPL7L1*	F1MFN1	29.656	0.005 154 193	0.822 867 961
12	*CCDC61*	A0A3Q1LU01	57.469	0.010 403 981	0.800 866 387
13	*APC*	F1MV51	312.46	0.009 896 11	0.771 493 971
14	*PRRG2*	Q3T0N4	21.938	0.027 577 61	1.254 711 211
15	*BORCS5*	Q08DP2	22.2	0.018 896 025	0.803 087 88
16	*SIMC1*	A0A3Q1M1M4	96.543	0.006 369 926	1.220 397 631
17	*ATP9B*	A0A3Q1LPK4	123.34	0.017 757 095	0.800 755 867
18	*EPHA2*	A0A3Q1LPW3	101.84	0.007 578 188	1.210 136 423
19	*MIPOL1*	A0A3Q1MI03	46.59	0.009 455 815	1.203 098 364
20	*BCL2L12*	A0A3Q1LRD9	26.801	0.000 049 744	0.759 232 647
21	*RHEB*	A0A3Q1LSR3	17.818	0.033 269 674	1.206 899 986
22	*KRT80*	A0JND2	47.437	0.033 351 29	1.282 438 763
23	*AHNAK2*	A0A3Q1LV73	593	0.036 032 092	0.719 206 87
24	*MGAT5*	A0A3Q1MG41	77.658	0.024 665 979	1.239 693 498

续表

序号	基因	蛋白 ID	分子质量（kDa）	*P* 值	Fold-change
25	*DCUN1D5*	A0A3Q1LW59	17.709	0.012 554 53	0.730 761 139
26	*XDH*	A0A3S5ZPW7	142.33	0.009 228 767	0.809 912 363
27	*CDCA7L*	F1MBU7	47.39	0.027 611 882	0.665 393 383
28	*CRYBG1*	E1BH02	219	0.000 138 429	0.813 108 158
29	*TMCC3*	A0A3Q1LYP9	49.948	0.004 734 017	1.321 884 209
30	*LOC509006*	E1B821	43.081	0.012 869 092	0.776 270 411
31	*PLAUR*	Q05588	35.988	0.000 899 471	1.366 114 217
32	*CLCA2*	A0A3Q1LZW2	102.71	0.006 595 995	0.739 143 757
33	*CA12*	A0A3Q1NIM8	38.054	0.004 232 274	0.677 311 9
34	*LOC404103*	P04815	10.843	0.010 250 491	1.510 660 674
35	*TGFBR3*	A0A3Q1M0W4	93.126	0.005 036 983	0.674 582 683
36	*PUM2*	A0A3Q1M5W7	104.86	0.017 247 798	0.818 182 074
37	*HIVEP1*	F1MI25	263.59	0.045 185 114	1.293 297 238
38	*PXN*	A0A3Q1M1X1	60.768	0.049 577 31	1.205 253 227
39	*TTYH3*	F1N1D4	57.386	0.023 344 334	0.658 270 91
40	*OSBPL3*	A0A3Q1M385	91.925	0.009 871 297	1.256 282 215
41	*COQ6*	Q2KIL4	51.072	0.047 160 156	0.695 110 105
42	*CTSD*	A0A3Q1M3Z5	42.465	0.044 426 199	0.815 838 549
43	*PPFIBP2*	A0A3Q1MHJ0	94.06	0.037 485 207	0.791 095 264
44	*PVR*	A0A3Q1M4X8	44.67	0.045 059 582	1.201 706 101
45	*MUC1*	Q28078	20.93	0.015 075 137	2.112 571 63
46	*FICD*	A0A3Q1M6B0	51.771	0.010 517 688	1.224 654 668
47	*TBX2*	E1BLY0	75.012	0.010 550 355	1.552 027 327
48	*PML*	A0A3Q1M8R6	96.604	0.000 495 735	1.215 179 249
49	*LGALS9*	A0A3Q1ME58	34.658	0.001 623 338	1.525 503 34
50	*APEH*	A0A3Q1M9W1	79.511	0.000 187 172	0.822 701 775
51	*PRSS8*	A0A3Q1MAQ8	36.398	0.013 907 179	1.295 263 522
52	*FASTKD5*	A0A3Q1MAU4	92.779	0.017 795 878	1.234 781 174
53	*COX5B*	A0A3Q1MBD7	13.882	0.043 054 527	1.229 513 21
54	*APH1A*	Q3SZ69	26.861	0.046 343 582	1.345 844 248
55	*EHF*	Q32LN0	35.004	0.017 463 151	2.033 802 186
56	*ARG2*	A0A3Q1MDT2	38.633	0.003 562 298	1.315 111 118
57	*RBPMS*	F1MAV3	24.319	0.020 396 511	1.402 231 844
58	*CNOT6L*	A0A3Q1ME75	63.001	0.001 300 392	0.802 914 524
59	*H2BC3*	A0A3Q1MEU7	13.98	0.036 233 858	0.815 991 152
60	*SC5D*	A0A3Q1MUF4	36.468	0.047 270 444	1.470 031 589
61	*RADX*	E1BEZ6	98.022	0.015 464 452	0.788 057 304
62	*AFF1*	E1BHU6	131.77	0.006 228 46	0.805 508 29
63	*STRN4*	E1BNN0	76.278	0.048 643 72	0.821 628 104
64	*TRIM29*	A0A3Q1MGC2	68.522	0.001 801 066	0.691 596 846

续表

序号	基因	蛋白 ID	分子质量（kDa）	*P* 值	Fold-change
65	*JAG2*	A0A3Q1MGT9	110.58	0.001 657 662	0.634 211 465
66	*NCF4*	A0A3Q1MKI4	39.293	0.022 803 235	1.615 796 732
67	*FSTL3*	Q1LZB9	27.657	0.022 925 826	1.271 380 972
68	*SLC2A1*	A0A3Q1MLQ5	53.902	0.013 542 709	1.354 880 033
69	*ARPC1A*	Q1JP79	41.539	0.003 615 739	0.779 999 103
70	*MEST*	Q2HJM9-2	37.484	0.041 526 595	1.332 969 8
71	*DNMBP*	A0A3Q1N0L4	173.74	0.045 153 003	0.803 367 46
72	*ARPC3*	Q3T035	20.546	0.015 296 666	0.811 924 32
73	*H2BC8*	A6QQ28	7.3954	0.038 201 709	1.406 286 149
74	*TRIQK*	A0A3Q1MXN9	9.6823	0.012 059 321	1.369 310 723
75	*ITGAV*	P80746	116.13	0.026 705 08	1.273 661 336
76	*SCMH1*	E1BBV6	73.714	0.036 330 856	0.734 694 278
77	*KIF23*	A0A3Q1N3A8	105.33	0.035 570 873	0.682 282 118
78	*MCC*	A0A3Q1N5T9	91.358	0.033 040 535	0.807 191 55
79	*UNC50*	A0A3Q1N829	28	0.049 756 995	0.603 883 081
80	*FLVCR1*	A0A3Q1NBA4	54.379	0.002 609 614	0.803 021 193
81	*NAB1*	A0A3Q1NGT3	49.899	0.039 435 12	1.338 139 768
82	*ST14*	A0A3Q1NIF0	93.779	0.007 772 937	0.771 349 298
83	*CD80*	O46405	33.618	0.042 724 794	1.203 561 191
84	*FBRS*	A4FV80	39.05	0.011 241 327	1.211 157 394
85	*ITGB6*	Q8SQB8	85.892	0.012 566 58	1.249 790 896
86	*PLAT*	A0A452DIF6	63.8	0.006 303 916	1.511 154 939
87	*COX7A1*	A0A452DIM9	17.091	0.007 361 024	1.272 032 763
88	*F10*	Q3MHW2	53.561	0.036 712 386	0.668 804 964
89	*TPPP3*	A0A452DJS8	18.232	0.025 481 263	0.825 150 504
90	*GJB3*	Q58D78	31.016	0.009 242 119	0.741 642 805
91	*LY6G6C*	A0JNL5	13.625	0.001 553 208	1.446 094 342
92	*ITM2C*	A2VDN0	30.673	0.007 113 92	1.215 272 782
93	*SLC38A2*	A2VE31	56.214	0.027 431 465	1.407 076 951
94	*AKT1S1*	F1N197	27.483	0.009 530 974	0.743 832 881
95	*TMEM17*	A4FUY9	23.12	0.004 253 472	0.741 589 389
96	*LOC525062*	A5D7I2	65.068	0.005 603 226	0.560 530 136
97	*CERS3*	A5D7K4	46.701	0.000 537 395	0.748 822 688
98	*SQLE*	A5D9A8	63.56	0.000 236 321	1.305 871 576
99	*C4BPA*	A5D9D2	68.914	0.001 820 437	1.452 166 893
100	*ZCCHC9*	A6H756	30.473	0.002 009 801	0.786 720 835
101	*GALNT16*	A6QLD9	62.726	0.000 775 296	1.257 524 691
102	*FMO5*	A6QLN7	60.28	0.025 511 746	0.775 910 828
103	*P3H2*	A6QLY3	80.834	0.027 782 973	0.729 725 881
104	*NID1*	A6QNS6	136	0.015 504 723	0.739 087 717

续表

序号	基因	蛋白 ID	分子质量（kDa）	*P* 值	Fold-change
105	*ESS2*	A6QQU2	52.118	0.040 666 469	1.320 053 246
106	*COL8A1*	Q1JPC3	73.244	0.010 806 958	0.730 003 931
107	*UHRF1*	A7E320	88.338	0.048 471 673	0.729 615 1
108	*ZNF592*	A7MAY9	136.63	0.037 205 76	0.804 052 981
109	*NFKB2*	A7MBB7	96.962	0.000 262 605	1.452 859 672
110	*MAFF*	A7YY73	18.231	0.021 226 891	1.588 199 678
111	*Hmgcr*	J9UPZ9	95.382	0.000 077 749	1.439 612 552
112	*STOM*	A8E4P3	31.288	0.014 309 766	1.266 440 455
113	*ANKH*	F1MAW1	54.191	0.013 287 721	0.815 279 071
114	*MIC*	B2MWQ4	33.914	0.004 747 344	1.311 152 129
115	*FMNL3*	E1B718	111.13	0.004 727 222	1.385 810 403
116	*PLG*	E1B726	91.242	0.002 439 827	2.938 871 295
117	*TTC13*	E1B783	96.38	0.020 849 188	0.823 732 582
118	*SLFN11*	E1B9R8	102.99	0.012 002 626	1.212 858 237
119	*RRAGA*	Q3SX43	36.566	0.040 857 645	0.745 766 543
120	*ARID3A*	E1BGZ3	62.827	0.031 310 479	1.258 100 681
121	*OSGEPL1*	E1BHC5	45.125	0.024 890 999	1.505 165 881
122	*LEF1*	E1BJ93	44.248	0.023 576 83	0.771 679 456
123	*OSBPL11*	E1BJC1	84.688	0.035 192 376	0.803 161 314
124	*TRIM8*	E1BJC6	61.397	0.002 785 804	1.348 629 429
125	*TBX18*	E1BJT1	65.254	0.000 077 807	1.634 596 009
126	*DUOX1*	E1BMK1	177.62	0.014 238 261	0.795 523 042
127	*PAN2*	E1BML0	135.13	0.014 144 322	1.223 340 194
128	*RBL1*	E1BMR3	120.59	0.038 333 64	0.811 870 31
129	*FOSL1*	E1BNB5	29.313	0.001 627 309	1.432 017 427
130	*MAN1A1*	E1BNG2	73.551	0.016 927 385	1.330 012 113
131	*ISG20*	E1BNM5	19.403	0.003 664 699	1.294 289 806
132	*ZNF512B*	E1BP84	109.02	0.014 763 142	0.828 915 144
133	*F9*	P00741	52.045	0.010 626 797	2.529 256 515
134	*DNAJC13*	F1MDR7	254.41	0.032 549 679	0.802 570 251
135	*FGG*	Q3SZZ9	49.166	0.015 584 398	0.774 753 061
136	*ICAM1*	F1MI38	64.546	0.036 991 527	1.657 263 242
137	*PLXNA2*	F1MIH8	210.95	0.010 527 635	1.385 543 218
138	*ELAPOR1*	F1MIM6	55.681	0.015 053 099	0.820 253 908
139	*ITGA5*	F1MK44	125.95	0.025 641 112	1.206 519 189
140	*COQ10B*	Q1JQB8	27.755	0.001 098 766	1.445 442 128
141	*STK11IP*	F1ML95	116.93	0.001 353 149	0.739 222 307
142	*SMIM4*	F1MLG8	9.7713	0.043 784 967	1.215 909 109
143	*MMP1*	P28053	53.353	0.039 354 65	2.811 691 676
144	*PTGS2*	F1MNI5	69.177	0.004 258 232	1.779 802 786

续表

序号	基因	蛋白 ID	分子质量（kDa）	*P* 值	Fold-change
145	*FAT2*	F1MPF3	479.28	0.009 136 152	0.817 729 167
146	*IFFO2*	F1MQ15	57.432	0.024 915 005	0.753 967 251
147	*TUFT1*	P27628-4	42.015	0.010 592 3	0.808 712 612
148	*TACSTD2*	F1MSN2	35.441	0.045 301 805	1.424 176 833
149	*ZNF629*	Q2T9R3	83.656	0.011 538 228	0.801 133 833
150	*GALNS*	F1MU84	58.125	0.048 887 946	0.823 985 469
151	*OAS1Y*	F1MV66	45.252	0.003 034 827	2.215 502 641
152	*HOMER3*	F1MW19	39.639	0.031 975 56	0.823 290 9
153	*MMP13*	F1MW26	54.068	0.008 013 919	2.362 528 31
154	*KLC4*	Q2HJJ0	68.22	0.002 386 262	0.820 494 442
155	*SEMA4B*	F1MYZ4	91.893	0.003 021 794	1.502 898 819
156	*CIZ1*	F1MZB8	91.654	0.001 936 941	0.791 521 274
157	*MROH6*	F1N2L5	76.322	0.001 976 267	2.030 315 319
158	*GNA15*	F1N2V3	43.604	0.015 863 602	1.230 590 214
159	*FAM102B*	F1N4Z9	39.587	0.036 982 54	1.277 514 032
160	*CLK1*	F1N596	57.202	0.022 264 234	1.504 837 667
161	*RFXAP*	F1N5Q7	24.897	0.002 079 091	0.791 570 88
162	*bst-2B*	J7M2B2	19.211	0.012 019 463	1.547 539 54
163	*SKI*	F1N727	79.947	0.002 787 162	0.715 913 087
164	*CNKSR2*	F1N773	117.78	0.049 834 007	0.798 614 226
165	*HSD11B1*	Q8HZJ8	32.309	0.029 517 001	1.331 297 701
166	*Bcl2*	Q8MJ81	20.26	0.036 536 786	1.294 428 814
167	*CENPB*	G3MWI2	70.976	0.011 429 03	0.813 936 663
168	*GRAMD2A*	G3N116	34.147	0.004 698 328	1.310 560 01
169	*ZBED2*	G3N2I8	24.873	0.023 117 618	1.615 067 796
170	*TP73*	G3X6J7	69.749	0.023 125 945	0.784 080 571
171	*PGLYRP1*	Q8SPP7	21.063	0.026 578 542	8.547 153 455
172	*BoLA-N*	H6V5F3	40.057	0.049 372 953	1.200 837 393
173	*LOC100301213*	M5FKB4	194.94	0.020 438 414	0.707 715 154
174	*ISG15*	O02741	17.31	0.000 324 983	1.610 734 461
175	*PHYH*	O18778	38.77	0.006 376 482	0.749 179 831
176	*UQCR10*	P00130	7.4575	0.004 755 39	1.317 599 488
177	*HSD3B*	P14893	42.219	0.012 443 702	1.926 683 241
178	*DCN*	P21793	39.879	0.000 995 457	0.705 171 737
179	*GNG7*	P30671	7.5517	0.040 899 12	3.584 295 291
180	*MMP9*	P52176	79.087	0.036 763 065	2.632 498 737
181	*GNG5*	P63217	7.3184	0.019 831 205	0.802 729 76
182	*CXCL6*	P80221	11.589	0.035 228 458	4.662 764 022
183	*PLAU*	Q05589	48.73	0.015 964 721	1.274 207 361
184	*NFIL3*	Q08D88	51.435	0.005 303 505	1.265 334 143

续表

序号	基因	蛋白 ID	分子质量（kDa）	*P* 值	Fold-change
185	*CPNE1*	Q08DB4	58.922	0.017 155 458	0.742 926 917
186	*ANTXR2*	Q08DG9	53.597	0.001 605 512	1.341 614 442
187	*TNFRSF21*	Q08DN1	71.305	0.004 573 149	0.816 872 799
188	*DNAJB14*	Q0IIE8	42.487	0.001 480 521	1.225 556 253
189	*GPANK1*	Q0P5E9	38.582	0.013 258 24	0.811 563 244
190	*JUNB*	Q0VBZ5	35.929	0.027 744 581	1.398 213 654
191	*TIA1*	Q0VBZ6	42.759	0.011 265 323	0.829 701 983
192	*CTSF*	Q0VCU3	50.893	0.007 817 063	0.754 164 309
193	*TRAPPC1*	Q17QI1	16.831	0.025 950 727	1.697 427 762
194	*CCDC137*	Q17QR4	33.516	0.024 632 651	0.805 787 659
195	*ALDH3B1*	Q1JPA0	51.799	0.001 750 074	0.769 203 644
196	*GPRC5B*	Q1JPD9	43.073	0.001 171 803	1.228 627 693
197	*PLA2G7*	Q28017	50.133	0.009 494 394	0.709 452 194
198	*CD40*	Q28203	31.061	0.028 060 307	1.965 830 281
199	*CCN3*	Q2HJ34	37.615	0.000 019 899	2.224 750 979
200	*TUBB6*	Q2HJ81	49.9	0.020 413 15	1.241 304 257
201	*LCAT*	Q2KIW4	49.844	0.008 824 007	3.149 982 145
202	*ARL2*	Q2TA37	20.907	0.019 393 177	0.763 232 32
203	*ARGLU1*	Q2TA42	33.216	0.025 458 114	0.826 568 05
204	*TMX2*	Q2TBU2	34.028	0.005 802 2	1.297 817 166
205	*CXXC5*	Q32LB3	32.65	0.023 193 457	0.715 355 15
206	*ARPC2*	Q3MHR7	34.349	0.007 315 319	0.795 986 983
207	*NSA2*	Q3SX11	30.035	0.002 893 997	0.809 013 213
208	*DDX56*	Q3SZ40	61.253	0.008 107 067	0.797 265 978
209	*GHITM*	Q3SZK3	37.029	0.000 425 744	1.220 664 042
210	*NIFK*	Q3SZM1	34.155	0.012 814 003	0.774 642 682
211	*SLC3A2*	Q3T0F0	59.444	0.004 940 188	0.800 788 303
212	*RPS10*	Q3T0F4	18.898	0.036 413 018	0.792 719 567
213	*CNBP*	Q3T0Q6	18.742	0.020 565 418	0.755 922 13
214	*RAB5IF*	Q3T187	14.803	0.048 627 446	1.258 993 34
215	*BoLA*	Q3YJH9	40.3	0.024 194 211	1.218 815 315
216	*PLSCR2*	Q3ZBG9	32.576	0.006 024 013	1.240 049 6
217	*CHCHD9*	Q3ZCI0	15.634	0.007 826 678	1.283 149 062
218	*PSMD13*	Q5E964	42.866	0.013 726 943	1.203 135 641
219	*PCLAF*	Q5E9B2	11.91	0.018 653 666	0.714 894 77
220	*BHLHE40*	Q5EA15	45.621	0.012 922 855	1.606 669 503
221	*FDFT1*	Q6IE76	48.293	0.005 381 39	1.418 622 079
222	*CLDN1*	Q6L708	22.865	0.004 385 336	1.442 975 365
223	*GAA*	Q9MYM4	104.76	0.013 206 946	0.726 977 007
224	*TAGLN*	V6F957	22.599	0.013 693 639	1.232 406 208

注：差异表达蛋白筛选标准为 $P<0.05$ 且 Fold-change＜0.83 或 Fold-change＞1.2

表 3-27 差异表达蛋白筛选结果

分类	序号	基因	蛋白 ID	蛋白质名称	分子质量（kDa）	*P* 值	Fold-change
上调蛋白	1	*ABLIM3*	F6R8L1	肌动蛋白结合 LIM3	77.561	0.035	1.696
	2	*LOC404103*	P04815	脾胰蛋白酶抑制剂 I	10.843	0.010	1.511
	3	*MUC1*	Q28078	黏蛋白 1	20.93	0.015	2.112
	4	*TBX2*	E1BLY0	T-box 转录因子 2	75.012	0.011	1.55
	5	*LGALS9*	A0A3Q1ME58	半乳糖凝集素 9	34.658	0.002	1.526
	6	*EHF*	Q32LN0	ETS 同源因子	35.004	0.017	2.034
	7	*NCF4*	A0A3Q1MKI4	中性粒细胞胞浆因子 4	39.293	0.023	1.616
	8	*PLAT*	A0A452DIF6	纤溶酶原激活剂	63.8	0.006	1.511
	9	*MAFF*	A7YY73	肌肉腱膜纤维肉瘤（sMaf）蛋白	18.231	0.021	1.588
	10	*PLG*	E1B726	纤溶酶原	91.242	0.002	2.939
	11	*OSGEPL1*	E1BHC5	tRNA N6 腺苷苏氨酰氨基甲酰转移酶	45.125	0.025	1.505
	12	*TBX18*	E1BJT1	T-box 转录因子 18	65.254	7.78E–05	1.635
	13	*F9*	P00741	凝血因子Ⅸ	52.045	0.010	2.529
	14	*ICAM-1*	F1MI38	细胞间黏附分子-1	64.546	0.037	1.657
	15	*MMP1*	P28053	间质胶原酶	53.353	0.039	2.811
	16	*PTGS2*	F1MNI5	环加氧酶 2	69.177	0.004	1.780
	17	*OAS1Y*	F1MV66	寡腺苷酸合成酶	45.252	0.003	2.216
	18	*MMP13*	F1MW26	胶原酶 3	54.068	0.008	2.363
	19	*SEMA4B*	F1MYZ4	轴突导向蛋白 4B	91.893	0.003	1.503
	20	*MROH6*	F1N2L5	Maestro 热重复家庭蛋白 6	76.322	1.079	2.030
	21	*CLK1*	F1N596	CDC 样激酶 1	57.202	0.022	1.505
	22	*bst-2B*	J7M2B2	骨髓基质细胞抗原 2	19.211	0.012	1.548
	23	*ZBED2*	G3N2I8	锌指蛋白 2	24.873	0.023	1.615
	24	*PGLYRP1*	Q8SPP7	肽聚糖识别蛋白 1	21.063	0.027	8.547
	25	*ISG15*	O02741	类泛素样蛋白 ISG15	17.31	0.001	1.611
	26	*HSD3B*	P14893	3β-羟基类固醇脱氢酶	42.219	0.012	1.927
	27	*GNG7*	P30671	鸟嘌呤核苷酸结合蛋白-7	7.551 7	0.041	3.584
	28	*MMP9*	P52176	基质金属蛋白酶 9	79.087	0.037	2.632
	29	*CXCL6*	P80221	CXC 趋化因子配体 6	11.589	0.035	4.663
	30	*TRAPPC1*	Q17QI1	转运蛋白质颗粒复合物 1	16.831	0.026	1.697
	31	*CD40*	Q28203	肿瘤坏死因子受体超家族成员 5	31.061	0.028	1.966
	32	*CCN3*	Q2HJ34	肾母细胞瘤过度表达蛋白	37.615	1.99E–05	2.224
	33	*LCAT*	Q2KIW4	卵磷脂胆固醇酰基转移酶	49.844	0.009	3.150
	34	*BHLHE40*	Q5EA15	基本螺旋-环-螺旋蛋白 e40	45.621	0.013	1.607
下调蛋白	1	*CDCA7L*	F1MBU7	细胞分裂周期相关蛋白 7	47.39	0.027	0.665
	2	*TTYH3*	F1N1D4	跨膜蛋白 Ttyh3	57.386	0.023	0.658
	3	*JAG2*	A0A3Q1MGT9	Jagged-2	110.58	0.002	0.634
	4	*UNC50*	A0A3Q1N829	UNC-50 同源蛋白质	28	0.050	0.604
	5	*F10*	Q3MHW2	凝血因子 X	53.561	0.037	0.669
	6	*LOC525062*	A5D7I2	LOC525062 蛋白	65.068	0.006	0.561

注：差异表达蛋白筛选标准为 *P* 值＜0.05，且 Fold-change＜0.67 或 Fold-change＞1.5

2.2.3　差异表达蛋白质组的 GO 分析

在本研究中，用 GO（http://www.geneontology.org）进行功能富集性分析。各组对比的差异表达蛋白按照生物过程（biological process）、细胞组成（cellular component）、分子功能（molecular function）分为 GO_BP、GO_CC 和 GO_MF 三种独立的方式进行分类展示。差异表达蛋白 GO 分析结果显示，在生物过程中，生物过程的正调控、细胞黏附、生物黏附、多细胞生物过程的负调控、细胞黏附的调节所占的比例最大，其中显著性最强的为细胞黏附的调节；在细胞组成中，细胞内膜结合细胞器、质膜部分、细胞外区域和细胞表面所占的比例最大，其中显著性最强的为细胞膜；在分子功能中，结合、内肽酶活性和丝氨酸型内肽酶活性所占的比例最大，其中显著性最强的为结合（图 3-52）。

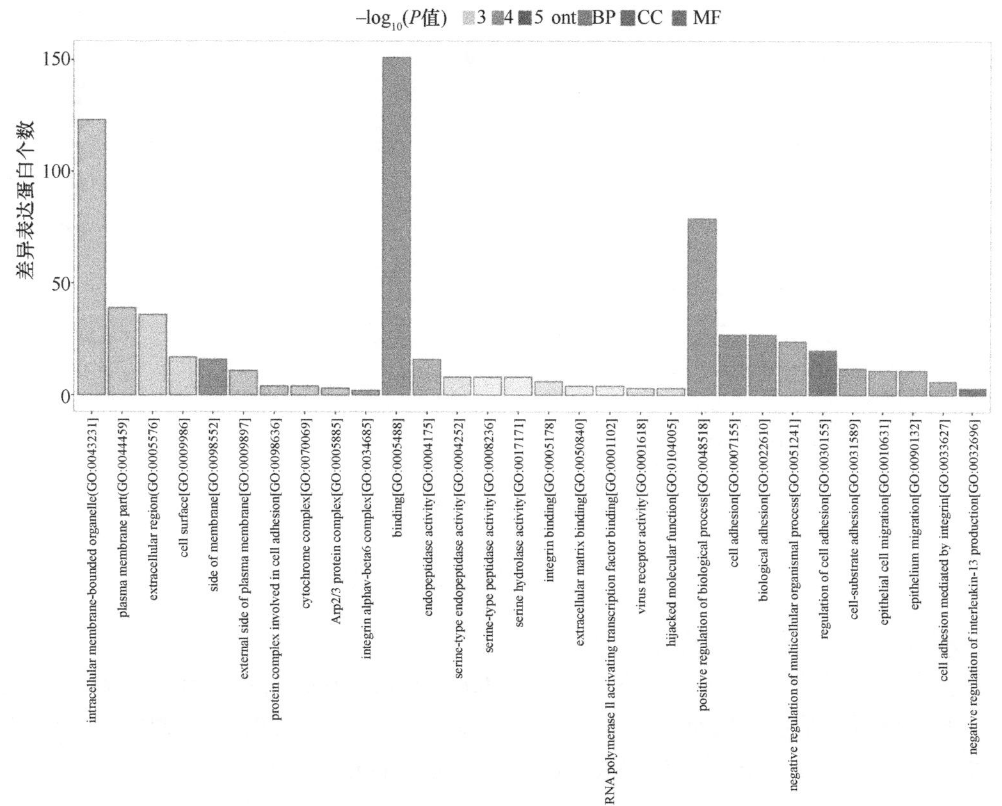

图 3-52　差异表达蛋白的 GO 分析

图中横坐标为 GO 分析项目，纵坐标为映射的差异表达蛋白个数；红色表示生物过程（BP），绿色表示细胞组成（CC），蓝色表示分子功能（MF）；透明度表示 *P* 值大小，颜色越深，*P* 值越小

2.2.4　差异表达蛋白质组的 KEGG 通路富集分析

KEGG 是常用的通路数据库，通过差异表达蛋白显著富集的代谢通路分析，更好地解释差异表达蛋白间的协调互作作用。通过分析，我们发现牛坏死梭杆菌 43K OMP 刺激 MAC-T 细胞引起的差异表达蛋白主要富集在癌症、人乳头瘤病毒感染、补体及凝血级联反应、细胞黏附分子等通路中。通过对定位到 KEGG 的差异蛋白的功能性筛选，结

合细菌致病机制相关功能，筛选出差异蛋白主要分布在 NF-κB 信号通路、细菌入侵、细胞黏附分子、补体途径、IL-17 信号通路、肌动蛋白细胞骨架的调节和白细胞跨膜迁移（图 3-53）。

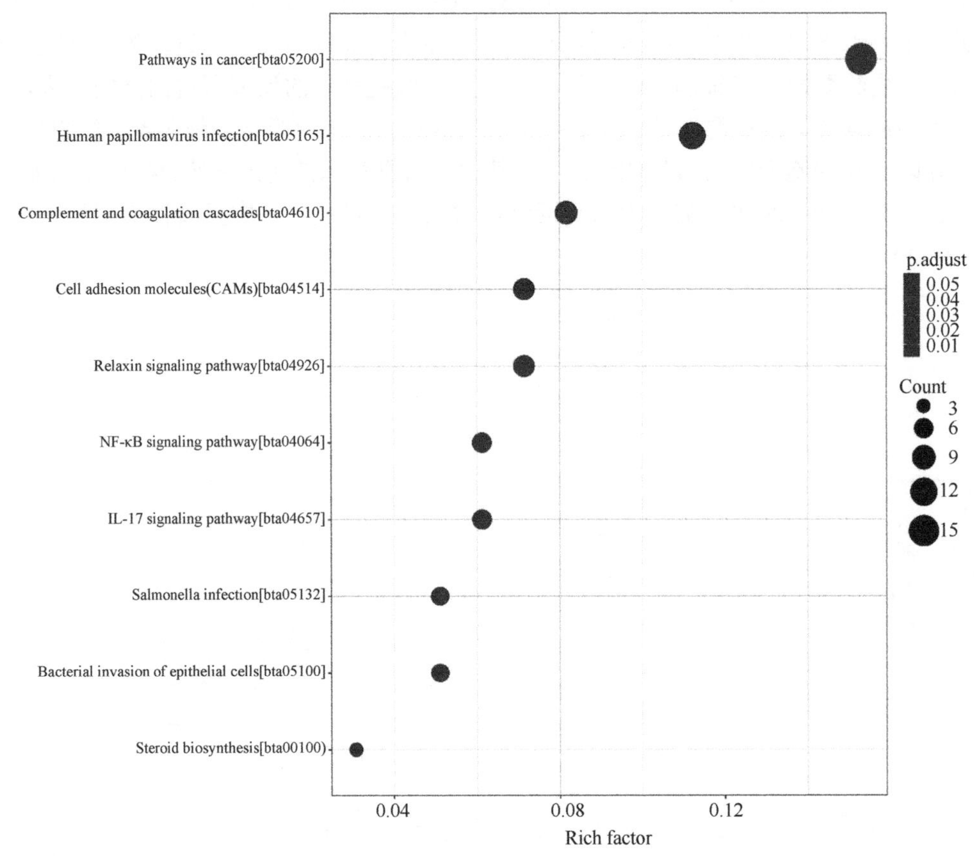

图 3-53　差异表达蛋白的 KEGG 通路富集分析

2.2.5　差异表达蛋白的互作分析

蛋白质-蛋白质相互作用网络分析（protein-protein interaction network analysis，PPI 网络分析）是蛋白质组学的重要研究内容之一。采用 STRING 数据库构建 PPI 网络，通过差异表达蛋白查询 STRING 数据库 Bos taurus（cow）中的蛋白质相互作用关系，构建差异表达蛋白的网络互作图。结果显示差异表达蛋白连接度前 6 名的基因分别是 *MMP9*、*PLAU*、*STOM*、*PSMD13*、*PLAUR*、*ITGAV*，连接的互作基因/蛋白质数量分别为 8、7、7、6、6 和 6。与 MMP9 互作的基因/蛋白质最多，该蛋白质对应的 P= 0.036 76，互作的蛋白有 PGLYRP1、ITGAV、PLAU、FOSL1、DCN、CXCL6、PLAUR 和 MMP1（图 3-54）。同时，我们也对差异表达蛋白连接度在 3 以上的蛋白质进行了功能分析和 KEGG 分析，初步筛选出可能互作的蛋白有 MMP9、ITGAV、PLAU、CD40、CXCL6 和 PLAUR（表 3-28）。

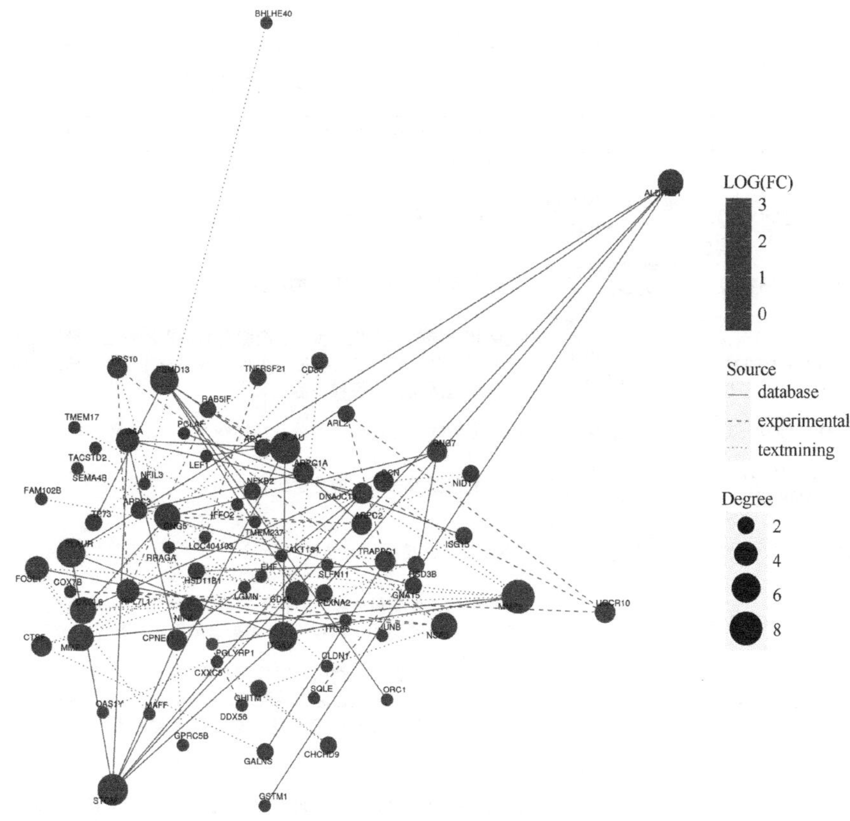

图 3-54　差异表达蛋白互作分析

图中颜色表示差异表达蛋白表达的水平，红色代表差异显著上调，蓝色代表差异显著下调；
圈的大小表示差异表达蛋白的连接度，连接度越高圈越大

表 3-28　差异表达蛋白的互作网络分析

序号	蛋白质（ID 号）	蛋白质名称	蛋白质的生物学功能
1	MMP9（P52176）	金属蛋白酶 9	细胞对活性氧的反应；胶原分解代谢过程；内胚层细胞分化；细胞外基质组织；阳离子通道活性的负调控；凋亡信号通路中半胱氨酸型内肽酶活性的负调控；肾脏发育所涉及的上皮细胞分化的负调控；内在凋亡信号通路的负调控；DNA 结合的正调控；表皮生长因子受体信号通路的正调控；角质形成细胞迁移的正调控；蛋白质磷酸化的正调控；受体结合的正调控；线粒体细胞色素 C 释放的正调控；血管平滑肌细胞增殖的正调控；蛋白质水解；对 β 样淀粉的反应；骨骼系统开发
2	PLAU （Q05589）	尿激酶型纤溶酶原激活剂	纤维蛋白溶解；纤溶酶原激活；蛋白质水解；整合素介导的细胞黏附调节
3	STOM（A8E4P3）	STOM 蛋白	宿主病毒基因组复制的正调控；蛋白质靶向膜的正调控；酸敏感离子通道活性的调节
4	PSMD13（Q5E964）	26S 蛋白酶体非 ATP 酶调节亚基 13	减数分裂；蛋白酶体组装；泛素依赖性蛋白分解过程
5	PLAUR （Q05588）	尿激酶纤溶酶原激活物表面受体	凋亡信号通路中半胱氨酸型内肽酶活性的负调控；内在凋亡信号通路的负调控；DNA 结合的正调控；表皮生长因子受体信号通路的正调控；同型细胞间黏附的正调控；蛋白质磷酸化的正调控；线粒体细胞色素 C 释放的正调控

续表

序号	蛋白质（ID 号）	蛋白质名称	蛋白质参与的生物学功能
6	ITGAV （P80746）	整合素 α-V	血管发育；整合素介导的细胞黏附；整合素介导的信号通路；转化生长因子 β 激活的调控
7	NSA2（Q3SX11）	核糖体生物合成蛋白 NSA2	5.8S rRNA 成熟；LSU-rRNA 成熟
8	GNG5（P63217）	鸟嘌呤核苷酸结合蛋白 γ-5	G 蛋白 β 亚基结合；GTP 酶活性
9	CXCL6（P80221）	CXC 基序趋化因子 6	抗菌肽介导的体液免疫反应；细胞对脂多糖的反应；趋化因子介导的信号通路；对细菌的防御反应；免疫反应；炎症反应；白细胞趋化性；中性粒细胞活化；中性粒细胞趋化性
10	MMP1（P28053）	间质胶原酶	胶原分解代谢过程；细胞外基质组织
11	ALDH3B1（Q1JPA0）	乙醛脱氢酶家族 3 成员 β1	细胞醛代谢过程；乙醇分解过程
12	RPL7L1（F1MFN1）	核糖体蛋白 L7 样 1	RNA 结合；核糖体的结构成分
13	FOSL1（E1BNB5）	AP-1 转录因子亚基	细胞对细胞外刺激的反应；在子宫内胚胎发育中；胎盘血管发育；DNA 模板转录，起始的正调控；RNA 聚合酶Ⅱ调控转录；卵黄发生
14	GAA（Q9MYM4）	溶酶体 α-葡萄糖苷酶	心肌收缩；肌收缩；糖原分解代谢过程；心脏形态发生；运动行为；溶酶体组织；肌肉细胞稳态；神经肌肉过程控制平衡；神经肌肉过程控制姿势；心脏收缩力的调节；组织发育；液泡隔离
15	NIFK（Q3SZM1）	结合核仁磷蛋白	RNA 结合
16	CD40（Q28203）	肿瘤坏死因子受体超家族成员 5	B 细胞活化；CD40 信号通路；细胞钙离子稳态；对白细胞介素 1 的反应；细胞对机械刺激的反应；细胞对肿瘤坏死因子的反应；对原生动物的防御反应；防御病毒；免疫应答调节细胞表面受体信号通路；炎症反应；血管生成的正调控；B 细胞增殖的正调控；血管内皮细胞迁移的正调控；内皮细胞凋亡过程的正调控；积极调节 GTPase 活性；IκB 激酶/NF-κB 信号转导的正调控；白细胞介素 12 生产的正调控；同种型向 IgG 同种型转换的正调控；促分裂素原活化蛋白激酶（MAP 激酶）活性的正调控；NF-κB 转录因子活性的正调控；蛋白激酶 C 信号转导的正调控；RNA 聚合酶Ⅱ的转录正调控；STAT 蛋白酪氨酸磷酸化的正调控；蛋白激酶 B 信号转导；免疫球蛋白分泌的调节；对 γ 干扰素的反应；TRIF 依赖的 Toll 样受体信号通路

2.3　43K OMP 对 RAW264.7 细胞的炎症因子 mRNA 相对表达水平的影响

RAW264.7 细胞炎症因子 IL-1β mRNA 相对表达水平如图 3-55A 所示，在 43K OMP 处理 RAW264.7 细胞 4h、6h 和 12h 时，细胞中 IL-1β mRNA 相对表达水平极显著升高（$P<0.01$）。IL-6 mRNA 相对表达水平如图 3-55B 所示，在 43K OMP 处理 RAW264.7 细胞 4h、6h 和 12h 时，43K OMP 组与对照组相比，IL-6 mRNA 相对表达水平极显著升高（$P<0.01$）。43K OMP 组与对照组相比，TNF-α mRNA 相对表达水平在不同刺激时间点均极显著升高（$P<0.01$，图 3-55C）。IL-4 mRNA 相对表达水平在 2h、4h、6h 和 12h 均呈下降趋势，且与对照组相比差异均极显著（$P<0.01$，图 3-55D）。在 43K OMP 处理 RAW264.7 细胞 2h 和 4h 时，IL-10 mRNA 相对表达水平显著升高（$P<0.05$），其他时间点差异无显著性（$P>0.05$，图 3-55E）。本试验结果表明：43K OMP 能活化巨噬细胞，刺激 RAW264.7 细胞 IL-6、IL-1β 和 TNF-α mRNA 表达量的上调，激活细胞免疫反应，促进巨噬细胞发生炎症反应。

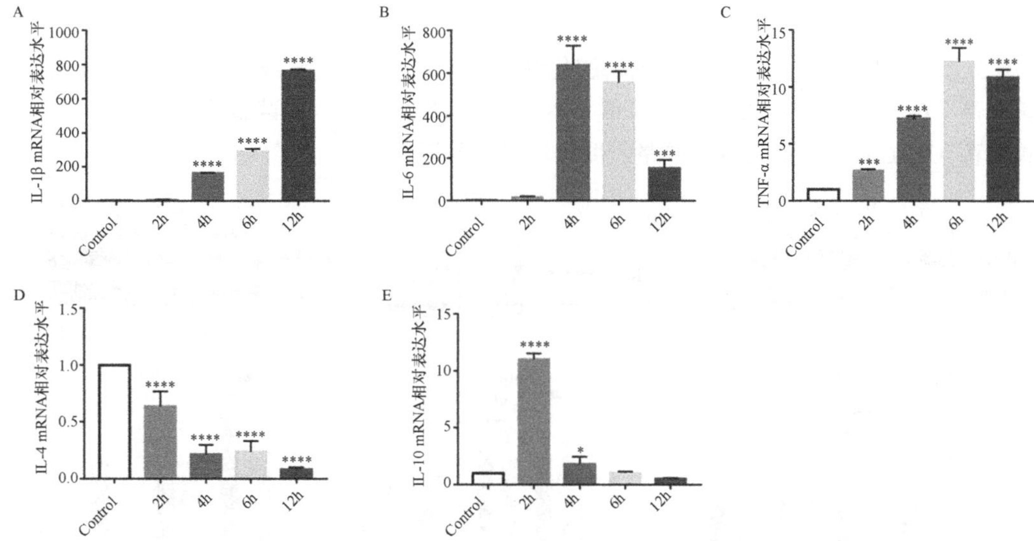

图 3-55 43K OMP 对 RAW264.7 细胞炎症因子 mRNA 相对表达水平的影响

A. RAW264.7 细胞 IL-1β mRNA 相对表达水平；B. RAW264.7 细胞 IL-6 mRNA 相对表达水平；C. RAW264.7 细胞 TNF-α mRNA 相对表达水平；D. RAW264.7 细胞 IL-4 mRNA 相对表达水平；E. RAW264.7 细胞 IL-10 mRNA 相对表达水平；数据用平均值±标准差表示（n=6），差异显著性表示为*（P<0.05），下同

2.4 43K OMP 对 RAW264.7 细胞上清液中细胞因子分泌的影响

RAW264.7 细胞上清液中细胞因子表达水平结果显示，在 43K OMP 处理 RAW264.7 细胞 12h 时，细胞上清液中 IL-1β 和 TNF-α 分泌水平显著升高（P<0.05）（图 3-56A、C）；在 43K OMP 处理 RAW264.7 细胞 4h 时，细胞上清液中 IL-6 分泌水平显著升高（P<0.05）；在 43K OMP 处理 RAW264.7 细胞 6h 和 12h 时，细胞上清液中 IL-6 分泌水平极显著升高（P<0.01）（图 3-56B）。本试验结果表明：43K OMP 能活化巨噬细胞，刺激鼠巨噬细胞分泌 IL-6、IL-1β 和 TNF-α。

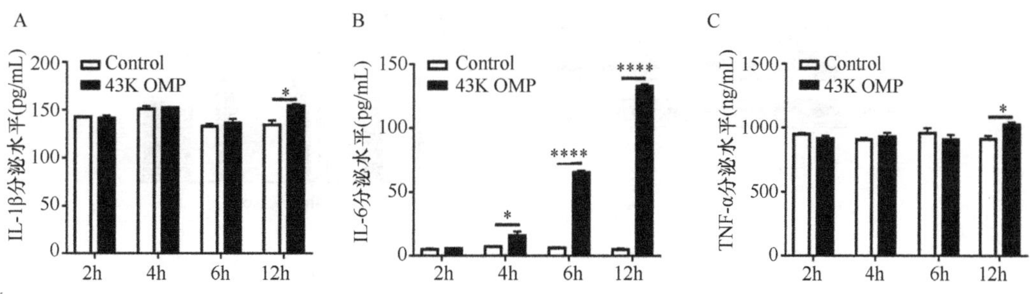

图 3-56 43K OMP 对 RAW264.7 细胞上清液中细胞因子分泌的影响

A. RAW264.7 细胞上清液 IL-1β 分泌水平；B. RAW264.7 细胞上清液 IL-6 分泌水平；C. RAW264.7 细胞上清液 TNF-α 分泌水平；数据用平均值±标准差表示（n=6）

2.5 43K OMP 对 NF-κB 通路相关蛋白质表达水平的影响

我们对细胞中 MYD88、IκBα、P65 及 P-S536 蛋白进行了 Western blot 检测。结果显示，在 43K OMP 刺激细胞 4h 时，细胞 MYD88 蛋白表达水平显著升高（P<0.05）（图 3-57A）；在 43K OMP 刺激细胞 4h 时，细胞 IκBα 蛋白表达水平显著下降（P<0.05），

43K OMP 刺激细胞 6h 和 12h 时，细胞 IκBα 蛋白表达水平极显著降低（$P<0.01$）（图 3-57B）；P65 蛋白 S536 位点的磷酸化水平在 43K OMP 刺激细胞 2h、4h 和 6h 极显著升高（$P<0.01$），在 12h 极显著降低（$P<0.01$）（图 3-57C）。本试验结果表明，牛坏死梭杆菌 43K OMP 激活 NF-κB 通路，促进巨噬细胞活化。

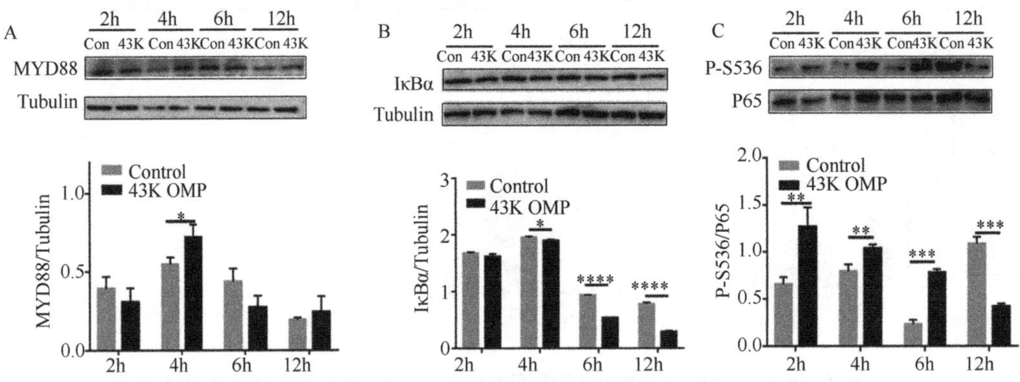

图 3-57　43K OMP 对 RAW264.7 细胞 NF-κB 信号通路的影响

A. MYD88 蛋白表达分析结果；B. IκBα 蛋白表达分析结果；C. P-S536/P65 蛋白表达分析结果

为进一步研究 43K OMP 对细胞炎症反应的影响，我们检测了 IL-6 和 TNF-α 蛋白的表达水平。结果显示，与对照组相比，在 43K OMP 刺激细胞 2h 和 4h 时，细胞 IL-6 蛋白表达水平极显著升高（$P<0.01$），6h 和 12h 时，43K OMP 组细胞 IL-6 蛋白表达水平显著升高（$P<0.05$）（图 3-58A）；而 43K OMP 刺激细胞 4h 和 6h 时，细胞 TNF-α 蛋白表达水平极显著升高（$P<0.01$），在 43K OMP 刺激细胞 12h 时，细胞 TNF-α 蛋白表达水平显著升高（$P<0.05$）（图 3-58B）。本试验结果显示，坏死梭杆菌 43K OMP 通过 IκBα/NF-κB 通路激活 NF-κB 促进细胞因子 IL-6 和 TNF-α 的表达。

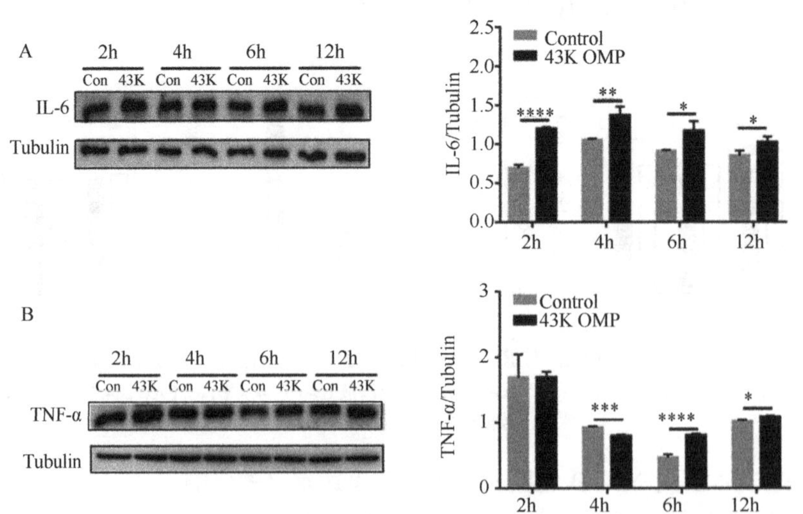

图 3-58　43K OMP 对 RAW264.7 细胞 IL-6 和 TNF-α 蛋白表达的影响

A. IL-6 蛋白表达分析结果；B. TNF-α 蛋白表达分析结果

3. 讨论

43K OMP 作为牛坏死梭杆菌独特的 OMP，前期研究发现其在牛坏死梭杆菌黏附中发挥重要作用，但它的其他生物学功能尚未可知（王志慧，2018；张思瑶，2019）。TMT 技术是常用的差异蛋白质组学技术，在疾病标记物筛选、药物作用靶点、动植物抗病/抗胁迫机制、动植物发育分化机制等领域被广泛应用。本试验基于 TMT 技术筛选并鉴定 43K OMP 刺激 MAC-T 细胞后产生的异表达蛋白，共鉴定了 6789 个蛋白质和 60 459 条多肽，筛选出了差异表达蛋白 224 个，其中 118 个上调蛋白、106 个下调蛋白。对以 1.2 倍差异倍数筛选所得的 224 个蛋白质进行了 GO 功能富集分析、KEGG 通路富集分析和蛋白质-蛋白质相互作用网络分析等，GO 分析显示 43K OMP 的生物学过程和分子功能主要为细胞黏附的调节和结合；KEGG 分析表明 43K OMP 刺激细胞后引起的与细菌致病机制相关的通路包括：NF-κB 信号通路、细菌入侵、细胞黏附分子、补体途径、IL-17 信号通路、肌动蛋白细胞骨架的调节、白细胞跨膜迁移等；PPI 分析结果显示差异表达蛋白连接度前 6 名的基因分别是 MMP9、PLAU、STOM、PSMD13、PLAUR、ITGAV。比较蛋白质组学结果得出 43K OMP 在牛坏死梭杆菌黏附宿主细胞及介导机体炎症反应中发挥重要的作用，前期关于 43K OMP 在牛坏死梭杆菌黏附宿主细胞的作用已得到揭示，且与蛋白质组学结果一致。根据筛选出的差异蛋白的 GO 分析和 KEGG 分析结果，我们选取 NF-κB 信号通路相关蛋白质，进一步探讨了 43K OMP 黏附宿主细胞后如何介导机体炎症反应，为拓展 43K OMP 的功能和坏死梭杆菌致病机制研究提供了理论依据。

病原菌黏附细胞后，通过破坏组织器官细胞的完整性，激活促炎性细胞因子的产生和释放，可引起局部和全身炎症反应。几乎所有的动物细胞中都存在 NF-κB，它通过调节先天性和适应性免疫功能，在宿主对微生物感染过程中起关键作用（Peng et al.，2020）。NF-κB 的功能失调与许多疾病有关，如炎症、糖尿病、癌症、类风湿关节炎和神经系统疾病等（Kunnumakkara et al.，2020）。在奶牛子宫内膜炎、奶牛乳腺炎和肝脓肿等坏死梭杆菌病中 NF-κB 具有一定作用（Zhao et al.，2018；Yin et al.，2019；Khan et al.，2020）。细菌的 OMP 能激活 NF-κB 信号通路，促进炎症相关因子的释放。嗜酸乳杆菌外膜蛋白 Slp 可通过抑制 MAPK 和 NF-κB 信号通路来降低 TNF-α、IL-1β 和活性氧（reactive oxygen species，ROS）的产生，Slp 抑制 NF-κB P65 易位进入细胞核以激活炎性基因转录（Wang et al.，2018）。伯氏疏螺旋体外膜脂蛋白 OmpA 可以通过直接激活 NF-κB 依赖的转录，启动炎症相关蛋白质的合成（Wooten et al.，1996）。致病性大肠杆菌 OMP 通过激活 NF-κB 和 MAPK 途径促进诱导型一氧化氮合酶（inducible nitric oxide synthase，iNOS）的表达和 NO 的产生（Malladi et al.，2004）。在大肠杆菌感染的牛子宫内膜组织中，外膜脂蛋白 LP 通过激活胞外信号调节激酶（extracellular signal-regulated kinase，ERK）/NF-κB 通路，诱导促炎因子和损伤相关分子模式的产生，引起前列腺素 E2（PGE2）的积累（Li et al.，2019）。由于病原菌体内的 OMP 种类数量不同，OMP 激活 NF-κB 通路介导免疫的途径也不尽相同。例如，鹦鹉热衣原体的外膜蛋白通过激活 Th2 免疫应答和 TLR2/MYD88/NF-κB 信号通路抑制巨噬细胞功能（Chu et al.，2020）。梅毒螺旋体外膜蛋白 Tp92、福氏志贺菌 2a 的 OmpA 和霍乱弧菌的外膜孔蛋白 OmpU 均通过 TLR2 激活

NF-κB 诱发机体免疫反应（Bhowmick et al.，2014；Khan et al.，2015；Luo et al.，2018）。而流产衣原体外膜蛋白 Pmp18.1 则通过 TLR4 激活 MYD88、NF-κB 和 Caspase-1 信号通路诱导 IL-1β 分泌（Pan et al.，2017）。叶啉菌和脆弱拟杆菌的 OmpA 能诱导鼠脾细胞中 IL-1α、TNF-α、IFN-γ 和 IL-6 的分泌，而脆弱拟杆菌 OmpA 不能诱导细胞因子 IL-10 的分泌，叶啉菌 OmpA 诱导表达的细胞因子水平较脆弱拟杆菌的高（Magalashvili et al.，2008）。而与 43K OMP 相关的具核梭杆菌 FomA，研究发现其为 TLR2 激动剂，且具有免疫佐剂作用（Toussi et al.，2012）。此外具核梭杆菌外膜囊泡通过 TLR2 激活 NF-κB 与 FomA 密切相关（Martin et al.，2020）。针对牛坏死梭杆菌 OMP 的相关研究尚属空白，43K OMP 是否与 FomA 具有相似免疫作用有待进一步研究。

NF-κB 转录因子由 P50、P52、P65、RelB 和 Rel 组成，作为免疫和炎症反应的主要调节因子，在细胞增殖和凋亡反应中也起到很重要的作用（Gutierrez et al.，2005；Alboni et al.，2014；Kang et al.，2016）。通常条件下，NF-κB 在细胞质中与抑制因子 IκB 结合形成 P50-P65-IκB 无活性的三聚体；当外来因素刺激后三聚体中的 IκB 磷酸化并降解，导致 NF-κB 与 IκB 解离，解离后的 NF-κB 暴露出易位信号并表现出 DNA 结合活性。P65 色氨酸 S536 位点的磷酸化是 NF-κB 活化最常见的现象（Mattioli et al.，2004；Pradère et al.，2016）。活化的 NF-κB 从细胞质转运到细胞核，并结合于靶基因上的调控位点，从而启动靶基因转录和表达，发挥其转录调控的功能。通常情况下，牛坏死梭杆菌能通过 lkt、Hly 等毒力因子引起炎症反应和细胞凋亡，而 43K OMP 作为牛坏死梭杆菌重要的黏附蛋白，能否引起细胞炎症变化尚未可知。本研究中，重组 43K OMP 刺激巨噬细胞后，细胞 IκBα 蛋白表达水平显著下降，P65 蛋白 S536 位点的磷酸化水平显著升高。表明牛坏死梭杆菌 43K OMP 促进了 IκB 与 NF-κB 解离，抑制了 P65 的表达，促进了 P65 色氨酸 S536 位点磷酸化，激活了 NF-κB 经典途径。

IL-6、IL-1β 和 TNF-α 在炎症反应中起重要作用，IL-6 是炎症反应系统激活的标志之一，具有抗炎和促炎双向作用。IL-1β 的表达与炎症程度呈正相关，而 TNF-α 作为炎症早期出现的细胞因子，具有抗感染、抗肿瘤等生物学功能。43K OMP 刺激巨噬细胞 RAW264.7 后，细胞中 IL-6、IL-1β 和 TNF-α mRNA 相对表达量升高，而 IL-4 和 IL-10 mRNA 相对表达量降低，细胞上清液中 IL-6、IL-1β 和 TNF-α 含量均呈现升高趋势。以上试验结果表明牛坏死梭杆菌 43K OMP 通过激活 NF-κB 通路，促进炎性细胞因子 IL-6、IL-1β 和 TNF-α 的生成，抑制细胞因子 IL-4 和 IL-10 的分泌，诱导机体出现炎症免疫反应。

在牛坏死梭杆菌同菌属的具核梭杆菌研究中，具核梭杆菌细胞壁提取物通过 p38 和 JNK 途径引起 P65 的核易位和 NF-κB 活化（Krisanaprakornkit et al.，2002），具核梭杆菌不仅能诱导 NF-κB 移位入核，还能激活 NLRP3 炎性小体，进而激活 Caspase-1 并刺激成熟 IL-1β 的分泌（Bui et al.，2016）。具核梭杆菌通过激活 AKT/MAPK 和 NF-κB 信号通路促进细胞凋亡，促进 IL-1β、IL-6、IL-17 和 TNF-α 的表达，引起肠道上皮的损伤（Kang et al.，2019；Chen et al.，2020）。本研究结果表明 43K OMP 通过激活 NF-κB 信号转导途径，促进炎性细胞因子的分泌，激活巨噬细胞发生炎症免疫反应。但 43K OMP 是否对其他细胞因子产生有影响，诱导相关细胞因子产生的机制还有待进一步研究，这些机制的阐明对全面系统阐述牛坏死梭杆菌 43K OMP 及坏死梭杆菌致病机制具有重要意义。

参 考 文 献

郭东华. 2007. 牛羊腐蹄病坏死梭杆菌白细胞毒素重组亚单位疫苗的研究[D]. 哈尔滨: 东北农业大学博士学位论文.

贺显晶. 2021. 43K OMP 在牛坏死梭杆菌黏附宿主细胞中的作用[D]. 大庆: 黑龙江八一农垦大学博士学位论文.

简磊, 胡斌, 高明杰. 2019. 过表达 SIRT1 抑制脂多糖诱导的胰岛 β 细胞炎症因子表达及 NF-κB 信号通路激活[J]. 免疫学杂志, 35(8): 659-664.

焦炳华. 1995. 分子内毒素学[M]. 上海: 上海科学技术文献出版社.

梁新月, 张云云, 闫建设. 2019. 中性粒细胞: 炎症反应中的双刃剑[J]. 自然杂志, 41(5): 370-375.

路洋. 2012. 具核梭杆菌增强牙龈卟啉单胞菌和伴放线放线杆菌黏附入侵上皮细胞的能力[D]. 济南: 山东大学硕士学位论文.

吕思文. 2014. 牛腐蹄病坏死梭杆菌 lktA、hly 和 43K OMP 基因的截短表达与反应原性鉴定[D]. 大庆: 黑龙江八一农垦大学硕士学位论文.

乔凤. 2009. 外膜蛋白 Omp25 在布鲁氏菌毒力及免疫保护中的作用研究[D]. 长春: 吉林大学博士学位论文.

谭海鹏, 黄浙勇. 2020. 巨噬细胞对凋亡细胞的清除及炎症调控作用[J]. 复旦学报(医学版), 47(6): 911-916.

王珊. 2012. 免疫细胞细胞胞内死亡特征及机制研究[D]. 广州: 华南理工大学博士学位论文.

王燕. 2011. 致病性坏死梭杆菌细胞壁溶胶原成分分离纯化及细胞毒性研究[D]. 镇江: 江苏科技大学硕士学位论文.

王志慧. 2018. 牛坏死梭杆菌 43kDa OMP 对三种宿主细胞黏附作用的初步验证[D]. 大庆: 黑龙江八一农垦大学硕士学位论文.

吴燕, 张定然, 王新慧, 等. 2021. 巨噬细胞极化及其对炎性疾病作用的研究进展[J]. 中国畜牧杂志, 57(7): 22-26.

徐晶, 陈立志, 刘晓颖, 等. 2013. 坏死梭杆菌外膜蛋白基因的克隆与表达[J]. 中国畜牧兽医, (6): 57-60.

张明军. 2020. 动脉粥样硬化中 NF-κB 通路与炎症、凋亡及自噬的关联性研究[D]. 乌鲁木齐: 新疆医科大学硕士学位论文.

张思瑶. 2019. 牛坏死梭杆菌 43kDa OMP 黏附 BHK-21 细胞受体蛋白的初步筛选[D]. 大庆: 黑龙江八一农垦大学硕士学位论文.

Abbas W, Keel B N, Kachman S D, et al. 2020. Rumen epithelial transcriptome and microbiome profiles of rumen epithelium and contents of beef cattle with and without liver abscesses[J]. Journal of Animal Science, 98(12): 359.

Abdollahi S, Rasooli I, Mousavi Gargari S L. 2018. An in silico structural and physicochemical characterization of TonB-dependent copper receptor in *A. baumannii*[J]. Microbial Pathogenesis, 118: 18-31.

Abe P M, Lennard E S, Holland J W. 1976. *Fusobacterium necrophorum* infection in mice as a model for the study of liver abscess formation and induction of immunity[J]. Infection and Immunity, 13(5): 1473-1478.

Abe Y, Haruta I, Yanagisawa N, et al. 2013. Mouse monoclonal antibody specific for outer membrane protein A of *Escherichia coli*[J]. Monoclonal Antibodies in Immunodiagnosis and Immunotherapy, 32(1): 32-35.

Alboni S, Montanari C, Benatti C, et al. 2014. Interleukin 18 activates MAPKs and STAT3 but not NF-κB in hippocampal HT-22 cells[J]. Brain Behavior and Immunity, 40: 85-94.

Alduais S, Alduais Y, Wu X L, et al. 2018. HMGB1 knock-down promoting tumor cells viability and arrest pro-apoptotic proteins via Stat3/NFκB in HepG2 cells[J]. BioFactors, 44(6): 570-576.

Ambrosi C, Pompili M, Scribano D, et al. 2012. Outer membrane protein A (OmpA): A new player in *Shigella flexneri* protrusion formation and inter-cellular spreading[J]. PLoS One, 7(11): e49625.

Amoako K K, Goto Y, Misawa N, et al. 1997. Interactions between *Fusobacterium necrophorum* hemolysin, erythrocytes and erythrocyte membranes[J]. FEMS Microbiology Letters, 150(1): 101-106.

Amoako K K, Goto Y, Misawa N, et al. 1998. The erythrocyte receptor for *Fusobacterium necrophorum* hemolysin: Phosphatidylcholine as a possible candidate[J]. FEMS Microbiology Letters, 168(1): 65-70.

Amoako K K, Goto Y, Shinjo T. 1994. Studies on the factors affecting the hemolytic activity of *Fusobacterium necrophorum*[J]. Veterinary Microbiology, 41(1/2): 11-18.

Amoako K K, Goto Y, Xu D L, et al. 1996. The effects of physical and chemical agents on the secretion and stability of a *Fusobacterium necrophorum* hemolysin[J]. Veterinary Microbiology, 51(1/2): 115-124.

Atapattu D N, Czuprynski C J. 2005. *Mannheimia haemolytica* leukotoxin induces apoptosis of bovine lymphoblastoid cells (BL-3) via a caspase-9-dependent mitochondrial pathway[J]. Infection and Immunity, 73(9): 5504-5513.

Azawi O I, Rahawy M A, Hadad J J. 2008. Bacterial isolates associated with dystocia and retained placenta in Iraqi buffaloes[J]. Reproduction in Domestic Animals = Zuchthygiene, 43(3): 286-292.

Azghani A O, Idell S, Bains M, et al. 2002. *Pseudomonas aeruginosa* outer membrane protein F is an adhesin in bacterial binding to lung epithelial cells in culture[J]. Microbial Pathogenesis, 33(3): 109-114.

Bakken V, Aarø S, Jensen H B. 1989. Purification and partial characterization of a major outer-membrane protein of *Fusobacterium nucleatum*[J]. Journal of General Microbiology, 135(12): 3253-3262.

Ben Lagha A B, Grenier D. 2016. Tea polyphenols inhibit the activation of NF-κB and the secretion of cytokines and matrix metalloproteinases by macrophages stimulated with *Fusobacterium nucleatum*[J]. Scientific Reports, 6: 34520.

Benz R, Schmid A, Maier C, et al. 1988. Characterization of the nucleoside-binding site inside the Tsx channel of *Escherichia coli* outer membrane. Reconstitution experiments with lipid bilayer membranes[J]. European Journal of Biochemistry, 176(3): 699-705.

Berne C, Ducret A, Hardy G G, et al. 2015. Adhesins involved in attachment to abiotic surfaces by Gram-negative bacteria[J]. Microbiol Spectr, 3(4): 1-45.

Bhowmick R, Pore D, Chakrabarti M K. 2014. Outer membrane protein A (OmpA) of *Shigella flexneri* 2a induces TLR2-mediated activation of B cells: Involvement of protein tyrosine kinase, ERK and NF-κB[J]. PLoS One, 9(10): e109107.

Bicalho M L S, Machado V S, Oikonomou G, et al. 2012. Association between virulence factors of *Escherichia coli*, *Fusobacterium necrophorum*, and *Arcanobacterium pyogenes* and uterine diseases of dairy cows[J]. Veterinary Microbiology, 157(1/2): 125-131.

Bolstad A I, Høgh B T, Jensen H B. 1995. Molecular characterization of a 40-kDa outer membrane protein, FomA, of *Fusobacterium periodonticum* and comparison with *Fusobacterium nucleatum*[J]. Oral Microbiology and Immunology, 10(5): 257-264.

Bolstad A I, Jensen H B. 1993. Complete sequence of *omp1*, the structural gene encoding the 40-kDa outer membrane protein of *Fusobacterium nucleatum* strain Fev1[J]. Gene, 132(1): 107-112.

Brennan C A, Garrett W S. 2019. *Fusobacterium nucleatum*—symbiont, opportunist and oncobacterium[J]. Nature Reviews Microbiology, 17(3): 156-166.

Bui F Q, Johnson L, Roberts J, et al. 2016. *Fusobacterium nucleatum* infection of gingival epithelial cells leads to NLRP3 inflammasome-dependent secretion of IL-1β and the danger signals ASC and HMGB1[J]. Cellular Microbiology, 18(7): 970-981.

Chen Y Y, Chen Y, Cao P, et al. 2020. *Fusobacterium nucleatum* facilitates ulcerative colitis through activating IL-17F signaling to NF-κB via the upregulation of CARD3 expression[J]. The Journal of Pathology, 250(2): 170-182.

Chevalier S, Bouffartigues E, Bodilis J, et al. 2017. Structure, function and regulation of *Pseudomonas aeruginosa* porins[J]. FEMS Microbiology Reviews, 41(5): 698-722.

Chu J, Li X H, Qu G G, et al. 2020. *Chlamydia psittaci* PmpD-N exacerbated chicken macrophage function by triggering Th2 polarization and the TLR2/MyD88/NF-κB signaling pathway[J]. International Journal of Molecular Sciences, 21(6): 2003.

Colgan A M, Cameron A D, Kröger C. 2017. If it transcribes, we can sequence it: Mining the complexities of host-pathogen-environment interactions using RNA-seq[J]. Current Opinion in Microbiology, 36: 37-46.

Coppenhagen G S, Sol A, Abed J, et al. 2015. Fap2 of *Fusobacterium nucleatum* is a galactose-inhibitable adhesin involved in coaggregation, cell adhesion, and preterm birth[J]. Infection and Immunity, 83(3): 1104-1113.

D'Arcy M S. 2019. Cell death: A review of the major forms of apoptosis, necrosis and autophagy[J]. Cell Biology International, 43(6): 582-592.

Davenport R, Heawood C, Sessford K, et al. 2014. Differential expression of Toll-like receptors and inflammatory cytokines in ovine interdigital dermatitis and footrot[J]. Veterinary Immunology and Immunopathology, 161(1/2): 90-98.

De O F E, Araújo Lobo L, Barreiros Petrópolis D, et al. 2006. A *Bacteroides fragilis* surface glycoprotein mediates the interaction between the bacterium and the extracellular matrix component laminin-1[J]. Microbiological Research, 157(10): 960-966.

DiFranco K M, Gupta A, Galusha L E, et al. 2012. Leukotoxin (Leukothera®) targets active leukocyte function antigen-1 (LFA-1) protein and triggers a lysosomal mediated cell death pathway[J]. The Journal of Biological Chemistry, 287(21): 17618-17627.

Ehlers K T, Rusan M, Fuursted K, et al. 2009. *Fusobacterium necrophorum*: Most prevalent pathogen in peritonsillar abscess in Denmark[J]. Clinical Infectious Diseases, 49(10): 1467-1472.

Emery D L, Dufty J H, Clark B L. 1984. Biochemical and functional properties of a leucocidin produced by several strains of *Fusobacterium necrophorum*[J]. Australian Veterinary Journal, 61(12): 382-387.

Fales W H, Warner J F, Teresa G W. 1977. Effects of *Fusobacterium necrophorum* leukotoxin on rabbit peritoneal macrophages *in vitro*[J]. American Journal of Veterinary Research, 38(4): 491-495.

Ferreira Ede O, Teixeira F L, Cordeiro F, et al. 2013. The Bfp60 surface adhesin is an extracellular matrix and plasminogen protein interacting in *Bacteroides fragilis*[J]. International Journal of Medical Microbiology, 303(8): 492-497.

Fito-Boncompte L, Chapalain A, Bouffartigues E, et al. 2011. Full virulence of *Pseudomonas aeruginosa* requires OprF[J]. Infection and Immunity, 79(3): 1176-1186.

Flanagan R C, Neal-McKinney J M, Dhillon A S, et al. 2009. Examination of Campylobacter jejuni putative adhesins leads to the identification of a new protein, designated FlpA, required for chicken colonization[J]. Infect Immun, 77(6): 2399-2407.

Funken H, Bartels K M, Wilhelm S, et al. 2012. Specific association of lectin LecB with the surface of *Pseudomonas aeruginosa*: Role of outer membrane protein OprF[J]. PLoS One, 7(10): e46857.

Galvão B P, Weber B W, Rafudeen M S, et al. 2014. Identification of a collagen type Ⅰ adhesin of *Bacteroides fragilis*[J]. PLoS One, 9(3): e91141.

Garcia M M, Alexander D C, McKay K A. 1975a. Biological characterization of *Fusobacterium necrophorum*. Cell fractions in preparation for toxin and immunization studies[J]. Infection and Immunity, 11(4): 609-616.

Garcia M M, Charlton K M, McKay K A. 1975b. Characterization of endotoxin from *Fusobacterium necrophorun*[J]. Infection and Immunity, 11(2): 371-379.

Godaly G, Bergsten G, Fischer H, et al. 2005. Urinary tract infections and the mucosal immune system//Mestecky J, Lamm M E, Strober W, et al. Mucosal Immunology, Academic Press: 1601–1612.

Guo L H, Shokeen B, He X S, et al. 2017. *Streptococcus mutans* SpaP binds to RadD of *Fusobacterium nucleatum* ssp. *polymorphum*[J]. Molecular Oral Microbiology, 32(5): 355-364.

Guo M, Han Y W, Sharma A, et al. 2000. Identification and characterization of human immunoglobulin G Fc receptors of *Fusobacterium nucleatum*[J]. Oral Microbiol Immunol, 15(2): 119-123.

Gur C, Ibrahim Y, Isaacson B, et al. 2015. Binding of the Fap2 protein of *Fusobacterium nucleatum* to human inhibitory receptor TIGIT protects tumors from immune cell attack[J]. Immunity, 42(2): 344-355.

Gursoy U K, Könönen E, Uitto V J. 2008. Stimulation of epithelial cell matrix metalloproteinase (MMP-2, -9, -13) and interleukin-8 secretion by fusobacteria[J]. Oral Microbiology and Immunology, 23(5): 432-434.

Gutierrez H, Hale V A, Dolcet X, et al. 2005. NF-κB signalling regulates the growth of neural processes in the developing PNS and CNS[J]. Development, 132(7): 1713-1726.

Halper J, Kjaer M. 2014. Basic components of connective tissues and extracellular matrix: Elastin, fibrillin, fibulins, fibrinogen, fibronectin, laminin, tenascins and thrombospondins[J]. Advances in Experimental Medicine and Biology, 802: 31-47.

Han Y W, Ikegami A, Rajanna C, et al. 2005. Identification and characterization of a novel adhesin unique to oral fusobacteria[J]. Journal of Bacteriology, 187(15): 5330-5340.

Hassett D J, Cuppoletti J, Trapnell B, et al. 2002. Anaerobic metabolism and quorum sensing by *Pseudomonas aeruginosa* biofilms in chronically infected cystic fibrosis airways: Rethinking antibiotic treatment strategies and drug targets[J]. Advanced Drug Delivery Reviews, 54(11): 1425-1443.

He X J, Jiang K, Xiao J W, et al. 2022. Interaction of 43K OMP of *Fusobacterium necrophorum* with fibronectin mediates adhesion to bovine epithelial cells[J]. Veterinary Microbiology, 266: 109335.

He X J, Wang L N, Li H, et al. 2020. Screening of BHK-21 cellular proteins that interact with outer membrane protein 43K OMP of *Fusobacterium necrophorum*[J]. Anaerobe, 63: 102184.

Henry S, DeMaria A J, McCabe W R. 1983. Bacteremia due to *Fusobacterium* species[J]. The American Journal of Medicine, 75(2): 225-231.

Humphries F, Yang S, Wang B, et al. 2015. RIP kinases: Key decision makers in cell death and innate immunity[J]. Cell Death & Differentiation, 22(2): 225-236.

Huszenicza G, Fodor M, Gacs M, et al. 1999. Uterine bacteriology, resumption of cyclic ovarian activity and fertility in postpartum cows kept in large-scale dairy herds[J]. Reproduction in Domestic Animals, 34(3/4): 237-245.

Ikegami A, Chung P, Han Y W. 2009. Complementation of the fadA mutation in *Fusobacterium nucleatum* demonstrates that the surface-exposed adhesin promotes cellular invasion and placental colonization[J]. Infection and Immunity, 77(7): 3075-3079.

Ishii T, Kanoe M, Inoue T, et al. 1987. Cytotoxic effects of a leukocidin from *Fusobacterium necrophorum* on bovine hepatic cells[J]. Medical Microbiology and Immunology, 177(1): 27-32.

Jensen R, Deane H M, Cooper L J, et al. 1954. The rumenitis-liver abscess complex in beef cattle[J]. American Journal of Veterinary Research, 15(55): 202-216.

Johannesen K M, Kolekar S B, Greve N, et al. 2019. Differences in mortality in *Fusobacterium necrophorum* and *Fusobacterium nucleatum* infections detected by culture and 16S rRNA gene sequencing[J]. European Journal of Clinical Microbiology & Infectious Diseases, 38(1): 75-80.

Jost B H, Billington S J. 2005. *Arcanobacterium pyogenes*: Molecular pathogenesis of an animal opportunist[J]. Antonie Van Leeuwenhoek, 88(2): 87-102.

Kang K, Tarchick M J, Yu X S, et al. 2016. Carnosic acid slows photoreceptor degeneration in the Pde6brd10 mouse model of retinitis pigmentosa[J]. Scientific Reports, 6: 22632.

Kang W Y, Jia Z L, Tang D, et al. 2019. *Fusobacterium nucleatum* facilitates apoptosis, ROS generation, and inflammatory cytokine production by activating AKT/MAPK and NF-κB signaling pathways in human gingival fibroblasts[J]. Oxidative Medicine and Cellular Longevity, 2019: 1681972.

Kanoe M. 1990. *Fusobacterium necrophorum* hemolysin in bovine hepatic abscess[J]. Journal of Veterinary Medicine, Series B, 37(1/2/3/4/5/6/7/8/9/10): 770-773.

Kanoe M, Iwaki K. 1987. Adherence of *Fusobacterium necrophorum* to bovine ruminal cells[J]. Journal of Medical Microbiology, 23(1): 69-73.

Kanoe M, Izuchi Y, Toda M. 1978. Isolation of *Fusobacterium necrophorum* from bovine ruminal lesions[J]. The Japanese Journal of Veterinary Science, 40(3): 275-281.

Kanoe M, Nagai S, Toda M. 1985. Adherence of *Fusobacterium necrophorum* to vero cells[J]. Zentralblatt Fur Bakteriologie, Mikrobiologie, Und Hygiene Series A, Medical Microbiology, Infectious Diseases,

Virology, Parasitology, 260(1): 100-107.

Kanoe M, Toyoda Y, Shibata H, et al. 1999. *Fusobacterium necrophorum* haemolysin stimulates motility of ileal longitudinal smooth muscle of the guinea-pig[J]. Fundamental & Clinical Pharmacology, 13(5): 547-554.

Kaplan C W, Lux R, Haake S K, et al. 2009. The *Fusobacterium nucleatum* outer membrane protein RadD is an arginine-inhibitable adhesin required for inter-species adherence and the structured architecture of multispecies biofilm[J]. Molecular Microbiology, 71(1): 35-47.

Khan J, Sharma P K, Mukhopadhaya A. 2015. *Vibrio cholerae* porin OmpU mediates M1-polarization of macrophages/monocytes via TLR1/TLR2 activation[J]. Immunobiology, 220(11): 1199-1209.

Khan M Z, Khan A, Xiao J X, et al. 2020. Overview of research development on the role of NF-κB signaling in mastitis[J]. Animals: An Open Access Journal from MDPI, 10(9): 1625.

Konkel M E, Larson C L, Flanagan R C. 2010. Campylobacter jejuni FlpA binds fibronectin and is required for maximal host cell adherence[J]. Journal of Bacteriolog, 192(1): 68-76.

Krisanaprakornkit S, Kimball J R, Dale B A. 2002. Regulation of human β-defensin-2 in gingival epithelial cells: The involvement of mitogen-activated protein kinase pathways, but not the NF-κB transcription factor family[J]. Journal of Immunology, 168(1): 316-324.

Kumar A, Gart E, Nagaraja T G, et al. 2013. Adhesion of *Fusobacterium necrophorum* to bovine endothelial cells is mediated by outer membrane proteins[J]. Veterinary Microbiology, 162(2/3/4): 813-818.

Kumar A, Menon S, Nagaraja T G, et al. 2015. Identification of an outer membrane protein of *Fusobacterium necrophorum* subsp. *necrophorum* that binds with high affinity to bovine endothelial cells[J]. Veterinary Microbiology, 176(1/2): 196-201.

Kumar A, Peterson G, Nagaraja T G, et al. 2014. Outer membrane proteins of *Fusobacterium necrophorum* subsp. *necrophorum* and subsp. *funduliforme*[J]. Journal of Basic Microbiology, 54(8): 812-817.

Kunnumakkara A B, Shabnam B, Girisa S, et al. 2020. Inflammation, NF-κB, and chronic diseases: How are they linked?[J]. Critical Reviews in Immunology, 40(1): 1-39.

Lachmann A, Clarke D J B, Torre D, et al. 2020. Interoperable RNA-Seq analysis in the cloud[J]. Biochimica et Biophysica Acta Gene Regulatory Mechanisms, 1863(6): 194521.

Lechtenberg K F, Nagaraja T G, Leipold H W, et al. 1988. Bacteriologic and histologic studies of hepatic abscesses in cattle[J]. American Journal of Veterinary Research, 49(1): 58-62.

Li T T, Mao W, Liu B, et al. 2019. LP induced/mediated PGE_2 synthesis through activation of the ERK/NF-κB pathway contributes to inflammatory damage triggered by *Escherichia coli*-infection in bovine endometrial tissue[J]. Veterinary Microbiology, 232: 96-104.

Linkermann A, Stockwell B R, Krautwald S, et al. 2014. Regulated cell death and inflammation: An auto-amplification loop causes organ failure[J]. Nature Reviews Immunology, 14(11): 759-767.

Liu P F, Huang I F, Shu C W, et al. 2013. Halitosis vaccines targeting FomA, a biofilm-bridging protein of fusobacteria nucleatum[J]. Current Molecular Medicine, 13(8): 1358-1367.

Liu P F, Shi W Y, Zhu W H, et al. 2010. Vaccination targeting surface FomA of *Fusobacterium nucleatum* against bacterial co-aggregation: Implication for treatment of periodontal infection and halitosis[J]. Vaccine, 28(19): 3496-3505.

Lockhart J S, Buret A G, Ceri H, et al. 2017. Mixed species biofilms of *Fusobacterium necrophorum* and *Porphyromonas levii* impair the oxidative response of bovine neutrophils *in vitro*[J]. Anaerobe, 47: 157-164.

Luo X, Zhang X H, Gan L, et al. 2018. The outer membrane protein Tp92 of *Treponema pallidum* induces human mononuclear cell death and IL-8 secretion[J]. Journal of Cellular and Molecular Medicine, 22(12): 6039-6054.

Ma L, Li F, Zhang X Y, et al. 2018. Biochemical characterization of a recombinant *Lactobacillus acidophilus* strain expressing exogenous FomA protein[J]. Archives of Oral Biology, 92: 25-31.

Magalashvili L, Lazarovich S, Pechatnikov I, et al. 2008. Cytokine release and expression induced by OmpA proteins from the Gram-negative anaerobes, *Porphyromonas asaccharolytica* and *Bacteroides fragilis*[J]. FEMS Immunology & Medical Microbiology, 53(2): 252-259.

Mahboubi M, Falsafi T, Sadeghizadeh M, et al. 2017. The role of outer inflammatory protein A (OipA) in vaccination of the C57BL/6 mouse model infected by *Helicobacter pylori*[J]. Turkish Journal of Medical Sciences, 47(1): 326-333.

Malladi V, Puthenedam M, Williams P H, et al. 2004. Enteropathogenic *Escherichia coli* outer membrane proteins induce iNOS by activation of NF-κB and MAP kinases[J]. Inflammation, 28(6): 345-353.

Martin G C, Malabirade A, Habier J, et al. 2020. *Fusobacterium nucleatum* extracellular vesicles modulate gut epithelial cell innate immunity *via* FomA and TLR2[J]. Frontiers in Immunology, 11: 583644.

Martin K R, Ohayon D, Witko-Sarsat V. 2015. Promoting apoptosis of neutrophils and phagocytosis by macrophages: Novel strategies in the resolution of inflammation[J]. Swiss Medical Weekly, 145: w14056.

Martinho F C, Leite F R M, Nóbrega L M M, et al. 2016. Comparison of *Fusobacterium nucleatum* and *Porphyromonas gingivalis* lipopolysaccharides clinically isolated from root canal infection in the induction of pro-inflammatory cytokines secretion[J]. Brazilian Dental Journal, 27(2): 202-207.

Mathelié G M, Asmar A T, Collet J F, et al. 2020. Lipoprotein Lpp regulates the mechanical properties of the *E. coli* cell envelope[J]. Nature Communications, 11: 1789.

Mattioli I, Sebald A, Bucher C, et al. 2004. Transient and selective NF-κB p65 serine 536 phosphorylation induced by T cell costimulation is mediated by IκB kinase β and controls the kinetics of p65 nuclear import[J]. Journal of Immunology, 172(10): 6336-6344.

Menon S, Pillai D K, Narayanan S. 2018. Characterization of *Fusobacterium necrophorum* subsp. *necrophorum* outer membrane proteins[J]. Anaerobe, 50: 101-105.

Messer J S. 2017. The cellular autophagy/apoptosis checkpoint during inflammation[J]. Cellular and Molecular Life Sciences, 74(7): 1281-1296.

Mittal R, Grati M, Yan D, et al. 2016. *Pseudomonas aeruginosa* activates PKC-alpha to invade middle ear epithelial cells[J]. Frontiers in Microbiology, 7: 255.

Monteville M R, Yoon J E, Konkel M E. 2003. Maximal adherence and invasion of INT 407 cells by Campylobacter jejuni requires the CadF outer-membrane protein and microfilament reorganization[J]. Microbiology (Reading), 149(Pt 1): 153-165.

Moussouni M, Berry L, Sipka T, et al. 2021. *Pseudomonas aeruginosa* OprF plays a role in resistance to macrophage clearance during acute infection[J]. Scientific Reports, 11(1): 359.

Murray P J. 2017. Macrophage polarization[J]. Annual Review of Physiology, 79: 541-566.

Nagaraja T G, Chengappa M M. 1998. Liver abscesses in feedlot cattle: A review[J]. Journal of Animal Science, 76(1): 287-298.

Nagaraja T G, Lechtenberg K F. 2007a. Acidosis in feedlot cattle[J]. Veterinary Clinics of North America: Food Animal Practice, 23(2): 333-350.

Nagaraja T G, Lechtenberg K F. 2007b. Liver abscesses in feedlot cattle[J]. Veterinary Clinics of North America: Food Animal Practice, 23(2): 351-369.

Nagaraja T G, Narayanan S K, Stewart G C, et al. 2005. *Fusobacterium necrophorum* infections in animals: Pathogenesis and pathogenic mechanisms[J]. Anaerobe, 11(4): 239-246.

Nakagaki H, Sekine S, Terao Y, et al. 2010. *Fusobacterium nucleatum* envelope protein FomA is immunogenic and binds to the salivary statherin-derived peptide[J]. Infection and Immunity, 78(3): 1185-1192.

Narayanan S K, Nagaraja T G, Chengappa M M, et al. 2002. Leukotoxins of gram-negative bacteria[J]. Veterinary Microbiology, 84(4): 337-356.

Neurath M F, Fuss I, Schürmann G, et al. 1998. Cytokine gene transcription by NF-κB family members in patients with inflammatory bowel disease[J]. Annals of the New York Academy of Sciences, 859: 149-159.

Noh E J, Kang M J, Jeong Y J, et al. 2016. Withaferin A inhibits inflammatory responses induced by *Fusobacterium nucleatum* and *Aggregatibacter actinomycetemcomitans* in macrophages[J]. Molecular Medicine Reports, 14(1): 983-988.

Okada Y, Kanoe M, Yaguchi Y, et al. 1999. Adherence of *Fusobacterium necrophorum* subspecies *necrophorum* to different animal cells[J]. Microbios, 99(393): 95-104.

Okamoto K, Kanoe M, Yaguchi Y, et al. 2006. Effects of a collagenolytic cell wall component from *Fusobacterium necrophorum* subsp. *necrophorum* on rabbit tissue-culture cells[J]. The Veterinary Journal, 171(2): 380-382.

Okamoto K, Kanoe M, Yaguchi Y, et al. 2007. Effects of the collagenolytic cell wall component of *Fusobacterium necrophorum* subsp. *necrophorum* on bovine hepatocytes[J]. Research in Veterinary Science, 82(2): 166-168.

Pan Q, Zhang Q, Chu J, et al. 2017. *Chlamydia abortus* Pmp18.1 induces IL-1β secretion by TLR4 activation through the MyD88, NF-κB, and caspase-1 signaling pathways[J]. Frontiers in Cellular and Infection Microbiology, 7: 514.

Pauer H, Ferreira Ede O, Dos Santos-Filho J, et al. 2009. A TonB-dependent outer membrane protein as a *Bacteroides fragilis* fibronectin-binding molecule[J]. FEMS Immunology and Medical Microbiology, 55(3): 388-395.

Peng C, Ouyang Y B, Lu N H, et al. 2020. The NF-κB signaling pathway, the microbiota, and gastrointestinal tumorigenesis: Recent advances[J]. Frontiers in Immunology, 11: 1387.

Pierce J V, Fellows J D, Anderson D E, et al. 2021. A clostripain-like protease plays a major role in generating the secretome of enterotoxigenic *Bacteroides fragilis*[J]. Molecular Microbiology, 115(2): 290-304.

Pillai D K, Amachawadi R G, Baca G, et al. 2019. Leukotoxic activity of *Fusobacterium necrophorum* of cattle origin[J]. Anaerobe, 56: 51-56.

Pocanschi C L, Apell H J, Puntervoll P, et al. 2006. The major outer membrane protein of *Fusobacterium nucleatum* (FomA) folds and inserts into lipid bilayers via parallel folding pathways[J]. Journal of Molecular Biology, 355(3): 548-561.

Pore D, Mahata N, Pal A, et al. 2011. Outer membrane protein A (OmpA) of *Shigella flexneri* 2a, induces protective immune response in a mouse model[J]. PLoS One, 6(7): e22663.

Pradère J P, Hernandez C, Koppe C, et al. 2016. Negative regulation of NF-κB p65 activity by serine 536 phosphorylation[J]. Science Signaling, 9(442): ra85.

Price S B, McCallum R E. 1986. Enhancement of *Bacteroides intermedius* growth by *Fusobacterium necrophorum*[J]. Journal of Clinical Microbiology, 23(1): 22-28.

Puntervoll P, Ruud M, Bruseth L J, et al. 2002. Structural characterization of the fusobacterial non-specific porin FomA suggests a 14-stranded topology, unlike the classical porins[J]. Microbiology, 148(Pt 11): 3395-3403.

Rawling E G, Brinkman F S, Hancock R E. 1998. Roles of the carboxy-terminal half of *Pseudomonas aeruginosa* major outer membrane protein OprF in cell shape, growth in low-osmolarity medium, and peptidoglycan association[J]. Journal of Bacteriology, 180(14): 3556-3562.

Reidl J, Schlör S, Kraiss A, et al. 2000. NADP and NAD utilization in *Haemophilus influenzae*[J]. Molecular Microbiology, 35(6): 1573-1581.

Reusch R N. 2012. Biogenesis and functions of model integral outer membrane proteins: *Escherichia coli* OmpA and *Pseudomonas aeruginosa* OprF[J]. The FEBS Journal, 279(6): 893.

Rubinstein M R, Wang X W, Liu W, et al. 2013. *Fusobacterium nucleatum* promotes colorectal carcinogenesis by modulating E-cadherin/β-catenin signaling via its FadA adhesin[J]. Cell Host & Microbe, 14(2): 195-206.

Salit I E, Gotschlich E C. 1977. Type Ⅰ *Escherichia coli* pili: Characterization of binding to monkey kidney cells[J]. The Journal of Experimental Medicine, 146(5): 1182-1194.

Scanlan C M, Hathcock T L. 1983. Bovine rumenitis - liver abscess complex: A bacteriological review[J]. The Cornell Veterinarian, 73(3): 288-297.

Schmitz M L, Bacher S, Kracht M. 2001. I κB-independent control of NF-κB activity by modulatory phosphorylations[J]. Trends in Biochemical Sciences, 26(3): 186-190.

Schwarz L U, Höök M, Potts J R. 2004. The molecular basis of fibronectin-mediated bacterial adherence to host cells[J]. Molecular Microbiology, 52(3): 631-641.

Sekine S, Kataoka K, Tanaka M, et al. 2004. Active domains of salivary statherin on apatitic surfaces for binding to *Fusobacterium nucleatum* cells[J]. Microbiology, 150(Pt 7): 2373-2379.

Seshu J, Esteve-Gassent M D, Labandeira-Rey M, et al. 2006. Inactivation of the fibronectin-binding adhesin gene *bbk32* significantly attenuates the infectivity potential of *Borrelia burgdorferi*[J]. Molecular Microbiology, 59(5): 1591-1601.

Singh B, Fleury C, Jalalvand F, et al. 2012. Human pathogens utilize host extracellular matrix proteins laminin and collagen for adhesion and invasion of the host[J]. FEMS Microbiology Reviews, 36(6): 1122-1180.

Singh K, Ritchey J W, Confer A W. 2011. *Mannheimia haemolytica*: Bacterial-host interactions in bovine pneumonia[J]. Veterinary Pathology, 48(2): 338-348.

Slots J, Potts T V, Mashimo P A. 1983. *Fusobacterium periodonticum*, a new species from the human oral cavity[J]. Journal of Dental Research, 62(9): 960-963.

Smani Y, McConnell M J, Pachón J. 2012. Role of fibronectin in the adhesion of *Acinetobacter baumannii* to host cells[J]. PLoS One, 7(4): e33073.

Smith G R, Barton S A, Wallace L M. 1991. Further observations on enhancement of the infectivity of *Fusobacterium necrophorum* by other bacteria[J]. Epidemiology and Infection, 106(2): 305-310.

Smith G R, Thornton E A. 1993. Pathogenicity of *Fusobacterium necrophorum* strains from man and animals[J]. Epidemiology and Infection, 110(3): 499-506.

Smith G R, Till D, Wallace L M, et al. 1989. Enhancement of the infectivity of *Fusobacterium necrophorum* by other bacteria[J]. Epidemiology and Infection, 102(3): 447-458.

Smith S G J, Mahon V, Lambert M A, et al. 2007. A molecular Swiss army knife: OmpA structure, function and expression[J]. FEMS Microbiology Letters, 273(1): 1-11.

Stones D H, Krachler A M. 2015. Fatal attraction: How bacterial adhesins affect host signaling and what we can learn from them[J]. International Journal of Molecular Sciences, 16(2): 2626-2640.

Su Y C, Mukherjee O, Singh B, et al. 2016. *Haemophilus influenzae* P4 interacts with extracellular matrix proteins promoting adhesion and serum resistance[J]. Journal of Infectious Diseases, 213(2): 314-323.

Tadepalli S, Stewart G C, Nagaraja T G, et al. 2008a. Leukotoxin operon and differential expressions of the leukotoxin gene in bovine *Fusobacterium necrophorum* subspecies[J]. Anaerobe, 14(1): 13-18.

Tadepalli S, Stewart G C, Nagaraja T G, et al. 2008b. Human *Fusobacterium necrophorum* strains have a leukotoxin gene and exhibit leukotoxic activity[J]. Journal of Medical Microbiology, 57(Pt 2): 225-231.

Takayama Y, Kanoe M, Maeda K, et al. 2000. Adherence of *Fusobacterium necrophorum* subsp. *necrophorum* to ruminal cells derived from bovine rumenitis[J]. Letters in Applied Microbiology, 30(4): 308-311.

Takeuchi S, Nakajima Y, Hashimoto K. 1983. Pathogenic synergism of *Fusobacterium necrophorum* and other bacteria in formation of liver abscess in BALB/c mice[J]. The Japanese Journal of Veterinary Science, 45(6): 775-781.

Tan Z L, Lechtenberg K F, Nagaraja T G, et al. 1994a. Serum neutralizing antibodies against *Fusobacterium necrophorum* leukotoxin in cattle with experimentally induced or naturally developed hepatic abscesses[J]. Journal of Animal Science, 72(2): 502-508.

Tan Z L, Nagaraja T G, Chengappa M M. 1992. Factors affecting the leukotoxin activity of *Fusobacterium necrophorum*[J]. Veterinary Microbiology, 32(1): 15-28.

Tan Z L, Nagaraja T G, Chengappa M M. 1994b. Selective enumeration of *Fusobacterium necrophorum* from the bovine rumen[J]. Applied and Environmental Microbiology, 60(4): 1387-1389.

Tan Z L, Nagaraja T G, Chengappa M M. 1996. *Fusobacterium necrophorum* infections: Virulence factors, pathogenic mechanism and control measures[J]. Veterinary Research Communications, 20(2): 113-140.

Thumbikat P, Dileepan T, Kannan M S, et al. 2005. Mechanisms underlying *Mannheimia haemolytica* leukotoxin-induced oncosis and apoptosis of bovine alveolar macrophages[J]. Microbial Pathogenesis, 38(4): 161-172.

Toussi D N, Liu X P, Massari P. 2012. The FomA porin from *Fusobacterium nucleatum* is a Toll-like receptor 2 agonist with immune adjuvant activity[J]. Clinical and Vaccine Immunology, 19(7): 1093-1101.

Vaca D J, Thibau A, Schütz M, et al. 2020. Interaction with the host: The role of fibronectin and extracellular matrix proteins in the adhesion of Gram-negative bacteria[J]. Medical Microbiology and Immunology, 209(3): 277-299.

Wang F F, Zhao P Y, He X J, et al. 2022. *Fusobacterium necrophorum* promotes apoptosis and inflammatory cytokine production through the activation of NF-κB and death receptor signaling pathways[J]. Frontiers in Cellular and Infection Microbiology, 12: 827750.

Wang H F, Zhang L, Xu S C, et al. 2018. Surface-layer protein from *Lactobacillus acidophilus* NCFM inhibits lipopolysaccharide-induced inflammation through MAPK and NF-κB signaling pathways in $RAW_{264.7}$ cells[J]. Journal of Agricultural and Food Chemistry, 66(29): 7655-7662.

Wang J L, Dean D C, Hornicek F J, et al. 2019. RNA sequencing (RNA-Seq) and its application in ovarian cancer[J]. Gynecologic Oncology, 152(1): 194-201.

Weidensdorfer M, Ishikawa M, Hori K, et al. 2019. The *Acinetobacter* trimeric autotransporter adhesin Ata controls key virulence traits of *Acinetobacter baumannii*[J]. Virulence, 10(1): 68-81.

Wessel A K, Liew J, Kwon T, et al. 2013. Role of *Pseudomonas aeruginosa* peptidoglycan-associated outer membrane proteins in vesicle formation[J]. Journal of Bacteriology, 195(2): 213-219.

Williams E J, Fischer D P, Noakes D E, et al. 2007. The relationship between uterine pathogen growth density and ovarian function in the postpartum dairy cow[J]. Theriogenology, 68(4): 549-559.

Wooten R M, Modur V R, McIntyre T M, et al. 1996. *Borrelia burgdorferi* outer membrane protein A induces nuclear translocation of nuclear factor-kappa B and inflammatory activation in human endothelial cells[J]. Journal of Immunology, 157(10): 4584-4590.

Wu T, Cen L, Kaplan C, et al. 2015. Cellular components mediating coadherence of *Candida albicans* and *Fusobacterium nucleatum*[J]. Journal of Dental Research, 94(10): 1432-1438.

Xu C J, Soyfoo D M, Wu Y, et al. 2020. Virulence of *Helicobacter pylori* outer membrane proteins: An updated review[J]. European Journal of Clinical Microbiology & Infectious Diseases, 39(10): 1821-1830.

Xu J, Chen L Z, Liu X Y, et al. 2013. Preliminary extraction and identification of the 44.5kDa outer membrane proteins isolated from bovine *Fusobacterium necrophorum* (*AB*)[J]. Indian Journal of Microbiology, 53(4): 395-399.

Xu M H, Yamada M, Li M, et al. 2007. FadA from *Fusobacterium nucleatum* utilizes both secreted and nonsecreted forms for functional oligomerization for attachment and invasion of host cells[J]. Journal of Biological Chemistry, 282(34): 25000-25009.

Yamaoka Y. 2008. Roles of *Helicobacter pylori* BabA in gastroduodenal pathogenesis[J]. World Journal of Gastroenterology, 14(27): 4265-4272.

Yin N N, Yang Y P, Wang X Y, et al. 2019. MiR-19a mediates the negative regulation of the NF-κB pathway in lipopolysaccharide-induced endometritis by targeting TBK1[J]. Inflammation Research, 68(3): 231-240.

Yonezawa H, Osaki T, Fukutomi T, et al. 2017. Diversification of the AlpB outer membrane protein of *Helicobacter pylori* affects biofilm formation and cellular adhesion[J]. Journal of Bacteriology, 199(6): e00729-16.

Yoon S S, Hennigan R F, Hilliard G M, et al. 2002. *Pseudomonas aeruginosa* anaerobic respiration in biofilms: Relationships to cystic fibrosis pathogenesis[J]. Developmental Cell, 3(4): 593-603.

Yoshimoto T, Fujita T, Kajiya M, et al. 2016. Aggregatibacter actinomycetemcomitans outer membrane protein 29 (Omp29) induces TGF-β-regulated apoptosis signal in human gingival epithelial cells via fibronectin/integrinβ1/FAK cascade[J]. Cell Microbiology, 18(12): 1723-1738.

Yuehuei H A, Richard J F. 2000. Handbook of Bacterial Adhesion Principles, Methods, and Applications[M]. Clifton: Humana Press Inc.

Zhao G, Jiang K F, Yang Y P, et al. 2018. The potential therapeutic role of miR-223 in bovine endometritis by targeting the NLRP3 inflammasome[J]. Frontiers in Immunology, 9: 1916.

第四章　反刍动物坏死梭杆菌感染的临床症状及病理变化

第一节　牛坏死梭杆菌感染的临床症状及病理变化

一、腐蹄病

奶牛蹄病是当今世界奶牛业面临的比较严重的问题之一，因蹄病引起的跛行约占80%，造成了严重的经济损失。齐长明等（2008）对京津地区4个集约饲养的规模化奶牛场的蹄病发生情况进行了一次大规模调查，基本数据如下。调查奶牛总数2559头，平均发病率为8.0%，各牛场间差异较大，为3.45%～14.23%。各种蹄病的发病率从高到低排列如下：指（趾）间皮肤增殖（3.58%）、蹄底溃疡（2.35%）、白线病（1.31%）、疣性皮炎（0.77%）、蹄踵和蹄尖溃疡（0.43%）、指（趾）间皮炎（0.12%）、蹄裂（0.12%）、蹄叶炎（0.12%）、蹄底挫伤（0.12%）、化脓性蹄关节炎（0.12%）、蹄糜烂（0.12%）、指（趾）间蜂窝织炎（0.08%）、蹄底刺伤（0.08%）、蹄冠蜂窝织炎（0.08%）、化脓性远籽骨滑膜囊炎（0.04%）和化脓性指（趾）部腱鞘炎。这些蹄病多发生于后肢，后肢发病占84.74%。

牛腐蹄病是一种传染性细菌疾病，感染牛足趾间皮肤和皮下组织。这种疾病的地理分布很广，在北美洲、南美洲、欧洲、亚洲、非洲和澳大利亚、新西兰均有报道。腐蹄病是奶牛场和饲养场牛群跛行的常见原因。据报道，在各种气候和管理条件下，圈养和放养的牛都患有腐蹄病。本病是许多国家反刍动物最常见的疾病之一，曾经有多种叫法，如美国称为腐蹄病，日本称为趾间腐烂，在我国多称为指（趾）间蜂窝织炎，习惯称为腐蹄病。厌氧菌坏死梭杆菌（*Fusobacterium necrophorum*）一直被认为与腐蹄病的发病机制密切相关，但其他细菌如利氏卟啉单胞菌（*Porphyromonas levii*）和中间普雷沃氏菌（*Prevotella intermedia*）也可能参与发病机制（Van Metre，2017）。

腐蹄病在反刍动物的蹄病中是危害性很大的一类疾病，特别是对于奶牛业而言。患腐蹄病的奶牛会出现蹄变形、跛行、运动困难、食欲减退、泌乳量下降、繁殖能力降低等临床症状，严重的将被迫淘汰，即使患病牛被治愈也会缩短其利用年限，严重影响到奶牛场的发展，给奶牛业带来了很大的经济损失。

腐蹄病潜伏期为数小时至1～2周，一般为1～3d。腐蹄病的临床病程始于各种跛行的急性发作，通常累及受影响动物的一只蹄部，发病后几小时即可出现单肢跛行，系部和球节屈曲，以蹄尖轻轻着地，后蹄可能比前蹄更频繁地受累，约75%病例发生在后肢。

18～36h后，趾间隙和冠状动脉带出现发热、肿胀和明显的红斑，肿胀进一步导致主蹄分离；肿胀还可能会进一步延伸到蹄踵，或者偶尔会延伸到覆盖掌骨或跖骨的软组织。从动物的后部观察时，可能会看到患病的蹄部比健康蹄部的主蹄分开得更远。在站立的动物中，仔细检查受影响的蹄部，发现肿胀相对于蹄部的轴向中线是对称的（图4-1）。在没有可见的趾间皮肤损伤的情况下，很少会出现肿胀、红斑和疼痛，这种情况称为盲足腐烂或盲足。患病牛出现食欲不振和发烧是常见的，预计泌乳动物的产奶量也将急剧下降。如果不及时治疗，跛行可能会变得严重。在亚急性至慢性期，患病牛的体重减轻和肌肉萎缩通常很明显，肉芽组织可能在趾间发育（图4-2）。其他细菌病原体对病变的二次侵袭可能导致患足皮下组织出现脓肿。瘘管可能会在冠部或髑骨附近形成。在这个阶段，分泌物通常比急性期更多。

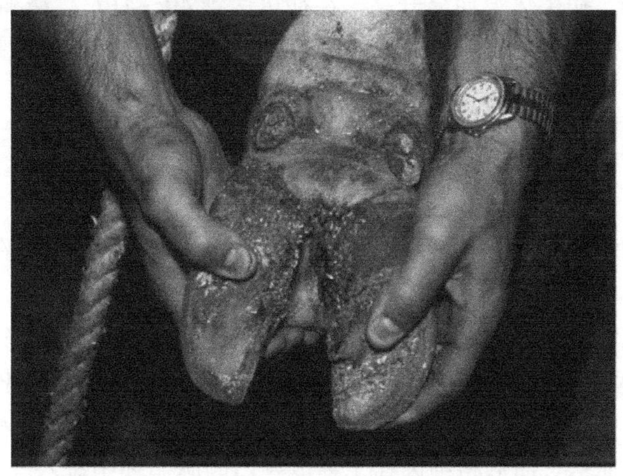

图4-1　牛腐蹄病肿胀，相对于蹄轴中线对称（引自 Van Metre，2017）

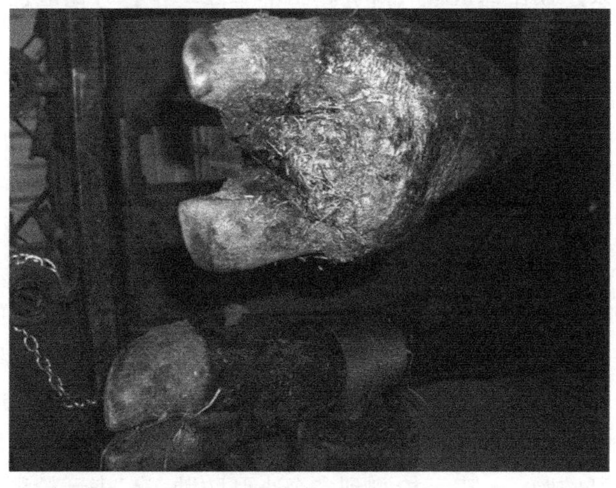

图4-2　牛亚急性腐蹄病，肉芽组织在蹄间增生（引自 Van Metre，2017）

36～72h以后，病变更加明显，肿胀向上部蔓延，很快蔓延到球节以上，病蹄不愿负重，并出现明显的全身症状，如体温升高、食欲减退、产奶量明显下降，当叩击蹄壳或用力按压病部时出现痛感。经过1～2d后，趾间皮肤完全剥离。在趾间、蹄冠、蹄缘、蹄踵出现蜂窝织炎时，多形成脓肿、脓瘘和皮肤坏死，这种坏死随病程进展还可蔓延至滑液囊、腱、韧带、关节和骨骼，以致蹄匣或趾端变形、脱落。趾间病变在2～4d成熟为潮湿、张开和明显疼痛的裂隙；特征性病变是趾间皮肤的1个或多个合并裂隙，其大小从1～2cm到跨越趾间裂的整个长度，裂隙的边缘是黑色的坏死组织，散发出恶臭的特征性的气味。皮下组织和覆盖的趾间皮肤明显坏死和脱落，渗出液颜色多变且量小。同时病变向深部组织发展，导致病牛出现各种并发症，如化脓性蹄关节炎、舟状骨滑膜囊炎等；如治疗不当，此时病牛就会卧地不起，全身症状更加恶化，进而发生脓毒血症而死亡。患有急性腐蹄病的病牛一肢或者几肢突然出现跛行，患处皮肤潮红，发生肿胀，并伴有疼痛，经常举肢。症状严重时，蹄冠、蹄球会出现腐烂、化脓，并有脓性液体流出，且散发恶臭味。病牛体温明显升高，往往可达到40～41℃，精神萎靡，食欲减退，母牛产奶量减少。病程后期，病牛的蹄匣角质发生脱落，通常会继发韧带、腱、骨的坏死，严重时蹄匣甚至发生脱落（Van Metre，2017；李臣杰，2019）。

二、肝脓肿

肝脓肿是影响饲养行业经济问题的原因之一，因为屠宰场会对发生脓肿的肝脏进行剔除，更重要的是，它降低了牛的体重增加量、饲料转化效率和胴体产量方面的生产力。肝脓肿通常发生在饲喂高谷物的牛身上，屠宰场牛的肝脏通常有12%～32%发生脓肿。据估计，肝脓肿动物的热胴体质量减少会使每只动物的生产者盈利降低38美元（Narayanan et al.，1997）。肝脓肿是由细菌（尤其是坏死梭杆菌）于受损的瘤胃壁进入血液或引起瘤胃壁脓肿，而后将细菌栓子释放到门静脉循环中进入肝脏，来自门脉循环的细菌被肝脏过滤，导致其感染和脓肿形成。尽管确切的机制尚不明确，但人们普遍认为，瘤胃微生物对谷物的快速发酵，以及随之而来的有机酸（挥发性脂肪酸和乳酸）的积累会导致瘤胃酸中毒；酸引起的瘤胃炎和保护性表面的损伤通常会因异物（尖锐的饲料颗粒、毛发等）而加重，使瘤胃壁易于被坏死梭杆菌入侵和定植（Abbas et al.，2020）。瘤胃壁的损伤可能是由于酸中毒或被摄入的毛发或碎屑浸润造成的物理损伤。

由于其发病和发展的性质，肝脓肿通常要等到动物在屠宰场被屠宰后才能被诊断出来。临床症状仅在急性肝坏死梭杆菌病病例中明显；肝脓肿病变的严重程度略有不同，从轻微的一到两个小脓肿到重度的中到大的多个脓肿，甚至有时合并成一个大的脓肿（Mateos et al.，1997）。国外饲养行业对肝脓肿的常见做法是根据脓肿的数量和大小按等级对肝脓肿进行评分，由未患病至重度肝脓肿评分分别为0、A^-、A和A^+（Pillai et al.，2021）。一般来说，只有严重的肝脓肿（A^+评分）对牛的生产性能和胴体属性有可衡量的影响。肝脓肿也可能影响动物的健康；肝脏评分为0表示未检测到肝脓肿，A^-表示检测到一个或多个小肝脓肿，A表示检测到多个小肝脓肿，A^+表示检测到多个大病灶。然而，目前还没有有效的方法可以在屠宰前检测出动物是否受到肝脓肿的影响（Pillai et al.，2021）。

屠宰或尸检时在肝脏中发现的脓肿通常包裹良好，具有厚的纤维化囊壁包膜，肝脓肿内充满脓液，肝脓肿包膜厚度不一。肝脓肿的分布没有一致的模式，肝脏中脓肿的数量可以仅有一个，也可能出现上百个，大多数发生肝脓肿的肝脏上脓肿为2～10个。肝脓肿的尺寸形状也毫无规律可言，由直径不超过 1cm 的针尖状到直径超过 15cm 的片形区域均可能出现，这些脓肿区域通常被充血区所包围（Nagaraja and Chengappa，1998；Nagaraja and Lechtenberg，2007）。其中较大的脓肿可能是由早期的小脓肿相互合并的结果。肝脓肿在肝脏上的分布较为均匀，无论是在肝脏的浅表层还是深部组织层，脓肿分布几乎均匀。通常，小脓肿均匀的随机散布在整个肝脏中，表面观察及切面观察无任何差异；而大脓肿则主要位于靠近门静脉的入口处。导致牛出现肝脓肿的一个主要因素就是存在胃损伤，坏死梭杆菌定植在受损的胃壁上并随血液转移至肝脏。坏死梭杆菌感染的病变时间如果没有达到 6 日，病变部位一般是淡黄色的不规则的球形病变，这个时候的病变肝细胞一般都有比较严重的坏死情况，坏死部位周围组织存在充血现象。如果病牛的肝脓肿发病持续时间较长，病变就更加严重，很容易导致坏死的肝脏被纤维结缔组织包裹，形成直径 4～6cm 的纤维素性包膜的病变情况，肝脏病变会存在 3～10 个脓肿病灶，甚至最严重的脓肿病灶超过 100 个（李积朝，2019）。

组织学上，典型的脓肿是化脓性肉芽肿，其中心由无组织结构性的坏死肝细胞和炎性细胞组成，外周由大量的炎性细胞及成纤维细胞所包围，最外层则由纤维细胞、胶原蛋白、弹性纤维组成的致密纤维结缔组织包膜所包围（Lechtenberg et al.，1988）。肝脓肿最早的病变是微脓肿，可能是由肝窦内的细菌栓子引起的；然后病变通过累及相邻的肝细胞进展为凝固性坏死。随后，病变逐渐转变为充满脓液的包裹性真性脓肿。根据小鼠和牛的试验性感染，从凝固性坏死到脓肿的变化需要 3～10d，脓肿最终变得无菌，它们被纤维疤痕所取代并最终被吸收（Jensen et al.，1954；Abe et al.，1976；Lechtenberg and Nagaraja，1991）。通常，脓肿的腔内含有坏死的白细胞、退化的肝细胞和数量不定的凝固碎片。此外，坏死中心周围还有一层巨噬细胞和多核巨细胞，细菌常见于中性粒细胞、巨噬细胞和多核巨细胞中。在混合细胞层和坏死中心之间的过渡区可以看到细胞结构的逐渐丧失。包膜层由外部成熟的纤维组织和内部的未成熟成纤维细胞组成，厚度不一。肝脏表面附近的脓肿通常会产生纤维蛋白性炎症，导致其粘连到腹膜和邻近的内脏（Lechtenberg et al.，1988）。

牛肝脓肿一般很少出现相关具体的临床症状表现，这对于畜牧养殖而言可以说是一个较大的影响。一般患病牛会出现身体伸展的动作，并且频繁出现反刍动作；此外患病牛还会出现高热的情况，并且发热具有一定的周期性；患病牛进食量会大大减少，最后病牛由于肝部疼痛会经常出现呻吟的声音，并且出现躁动的情绪。按压病牛胸部或者病牛下卧的动作，会导致后侧肋骨的相关部位疼痛加重；病牛在躺卧的时候有严重的呼噜声，合并有多个部位的疼痛；有文献指出，曾经有患病的奶牛在挤奶的过程中突然倒地，所以对这种病症人们要提高重视程度（李积朝，2019；牛久存，2020；苏丽伟，2020）。同时，通过研究可以发现，这种疾病引发的静脉炎会导致牛肝脓肿进一步发展。在这两种疾病同时存在的情况下，牛肝脓肿会发展较快，因为静脉炎的扩散会导致牛肝脓肿更为严重。处于急性期的病牛存在多个脓肿或者一个巨大脓肿，这会导致白细胞持续增多。病牛存在中性粒细胞增多症或者纤维蛋白原水平突然升高，这会导致牛的体内血清球蛋白浓度出现上升趋势。对牛的唾液进行检验，发现其多呈现酸性，通常这种情况说明牛的濒死指征比较明显。在诊断的时候，应用超声检查可以有效地实现辅助判断病源发生的依据，但是需要注意的是，发生在肝脏左侧的脓肿相对隐蔽，不容易被发觉（李积朝，2019）。

在进行育肥的牛中，如果发生肝脓肿就会导致其饮食效率大大降低；与没有出现肝脓肿的牛进行比较，病牛的体重每日都会衰减，一般衰减的情况为 5%～15%。牛群从肝脓肿状态恢复到正常状态也存在隐性病变的情况，大部分牛群都会有不容易改变的后遗症，这些后遗症对于后续的喂养存在着严重的影响，甚至容易导致牛出现死亡（李积朝，2019）。

三、坏死性喉炎

坏死性喉炎通常发生在 2 岁以下的小牛身上，因此也称为犊牛白喉。在 Jensen 等（1976，1981）进行的两项调查中，在饲养 1 岁牛的牛场中，白喉的发病率为 6%，屠宰肉牛场白喉的发病率为 1.4%。在一次犊牛白喉暴发中，3 个月以下的犊牛死亡率为 45%（Vanamayya and Charan，1988）。坏死性喉炎是对急性或慢性的非传染性坏死性感染的一般描述，可能涉及口腔黏膜、舌、趾和喉。它的特点是喉部、口腔或咽部黏膜的坏死性病变，特别是外侧杓状软骨和邻近结构病变，表现为溃疡和脓肿。坏死性物质碎片可能会被吸入肺部，从而导致脓肿或肺炎，除肺部受累外，感染局限于口腔。在严重的情况下，牛可能死于吸入性肺炎，甚至死亡可能是由于喉部被干酪样物质阻塞，抑制了呼吸。在一项涉及临床喉炎动物喉拭子细菌学的研究中，最常分离出坏死梭杆菌（Panciera et al.，1989）。坏死梭杆菌不能直接对黏膜正常的结构造成感染，当口腔出现某种类型的损伤后，坏死梭杆菌才能黏附在黏膜和黏膜下层进行生长增殖，并传播至黏膜下的肌肉组织中，造成坏死性损伤。

在临床上，病初犊牛精神沉郁，体温升高（40～41℃），采食量明显下降或不食，流涎，有口臭，呼出的气体腐臭难闻（图 4-3A）；之后患病犊牛会出现呼吸困难，导致其吸气时发出咆哮的噪声（“呼吸困难”），严重的情况，还会出现吞咽疼痛和咳嗽。尸检损伤包括喉部和声带的坏死，以及被炎性渗出物覆盖的黏膜，齿龈、颊部黏膜、硬腭、舌面有溃疡灶或坏死灶，喉部肿胀、黏膜脱落、局灶性坏死。当继发成肺炎时，患病犊牛呼吸困难，尤其是呼气时表现更为明显，咳嗽，少数病例伴有喘鸣声音，表情痛苦，不能吞咽，顺鼻孔向外流脓液；患病犊牛瘦弱、喜卧、不愿意走动，偶见腮部肿胀病例。随着病情进一步发展，犊牛体瘦如柴，虚弱无力，常倒地不起，大多于发病后 7～10d 脏器衰竭死亡（Nagaraja et al.，2005；侯引绪等，2014；韦丽萍，2019）。

坏死性喉炎的典型病理变化主要表现在口腔、咽喉、气管和肺部。舌表面有数量较多、病变明显、黄豆大小的坏死灶和溃烂灶；口腔内颊表面也有一定数量的溃烂斑，口腔内黏膜潮红；喉室入口因肿胀而变得狭窄，会厌软骨、杓状软骨、喉室黏膜附有一层灰白或污褐色假膜，假膜下有溃疡；咽喉部淋巴结化脓性坏死（图 4-3B）。气管内膜有一定的炎症，肺部有轻度的出血及炎症（侯引绪等，2014；韦丽萍，2019）。

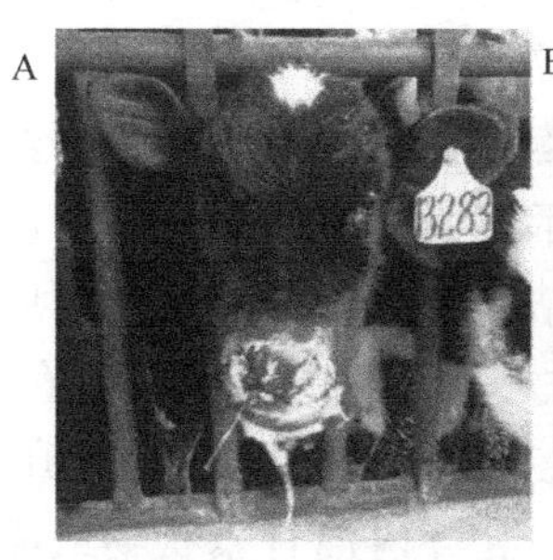

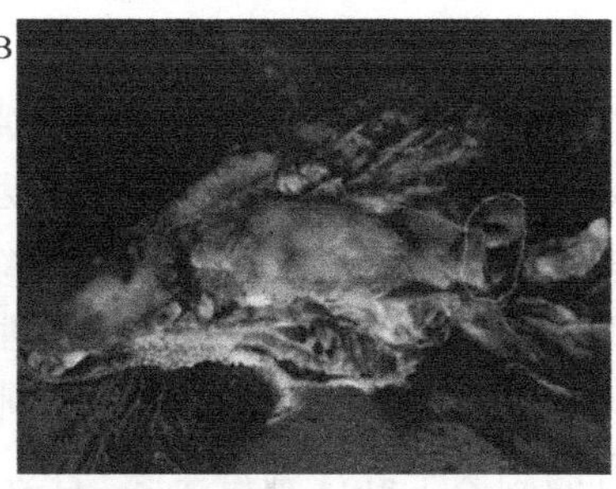

图 4-3 犊牛坏死性喉炎（引自侯引绪等，2014）

A. 病犊流涎；B. 咽喉部淋巴结化脓性坏死

四、乳腺炎

奶牛乳腺炎是奶牛养殖业中常见的生产性疾病之一，可能具有感染性或非感染性病因，细菌、支原体、酵母菌和藻类等多种生物都被认为是导致该疾病的原因（Kossaibati and Esslemont，1997）。患乳腺炎的奶牛临床症状通常为乳房出现局部病变，机体生产性能下降，健康受损。奶牛乳腺炎可导致牛奶中体细胞数量增加。由于奶牛乳腺炎发病原因众多，被认为是奶牛养殖中最难治疗的疾病之一。同时，患乳腺炎的奶牛产奶量急速下降，无法保证产奶质量，甚至丧失生育能力。奶牛因乳腺炎而死亡的可能性很低，但很难完全治愈。乳腺炎仍然是影响奶牛经济最重要的疾病，其造成的经济损失占常见生产疾病直接总成本的 38%，对我国养牛业造成了严重的经济损失（Bradley，2002；De Vliegher et al.，2012；Bian et al.，2014）。

临床型乳腺炎的发生主要是由包括大肠菌群在内的环境病原体引起的。乳头孔由平滑肌、括约肌组成，其作用是保持乳头管闭合，阻止乳汁流出（张召议等，2021）。该功能还可以防止病原体侵入乳头管。角蛋白由具有抑菌作用的乳头内衬产生，可作为阻止细菌入侵的屏障。由于乳头窦内壁的角蛋白或黏膜受损，使其更容易受到细菌入侵、定植和感染。在荷兰的 20 000 例临床型乳腺炎病例中，40%由乳房链球菌和停乳链球菌引起，30%由金黄色葡萄球菌引起，30%由大肠杆菌引起（Steeneveld et al.，2011）。在某些情况下，如长时间通过乳房使用抗生素、缺乏矿物质维生素和抗氧化剂、饮食不平衡、环境条件差，以及气候变化会导致乳腺炎的发生率较高（Wawron et al.，2010）。

牛乳腺炎是一种复杂的疾病，大致可分为临床型乳腺炎和亚临床型乳腺炎两种类型。根据症状的严重程度，临床型乳腺炎可进一步分为超急性、急性和亚急性乳腺炎。影响动物体感染水平的因素包括致病因子、动物的年龄、其免疫状态和泌乳阶段（Hurley and Theil，2011）。临床型乳腺炎是一种严重的疾病，其中局部和全身症状包括发红和受影响区域的炎症、疼痛、食欲不振、体温升高、产奶量减少和牛奶成分的变化，且都很明显（De Vliegher et al.，2012）。在严重的情况下，会观察到异常的乳头分泌物，如血栓（Lehtolainen et al.，2004）。临床型乳腺炎可以很容易地根据一些明显症状来识别，这些症状包括受影响的部分或整个乳房发红、发热或皮温升高、肿胀、触摸时疼痛、乳凝块、乳汁颜色发生改变和牛奶稠度的变化。一般症状是发热（＞39.5℃）和食欲不振。临床型乳腺炎病牛乳房间质、实质有不同程度的炎症，它会影响产奶量并带来乳房肿胀、疼痛、水肿、炎症和纤维化等病理变化（张召议等，2021）。受乳腺炎影响的组织显示出明显的炎症，其中腺泡上皮和管腔显著减少，而组织病理学报告显示乳房基质结缔组织的增加及白细胞增多。乳房组织有不同程度的肿胀，触诊有热痛，乳汁变性，发病较急时往往仅有一个乳区肿胀，健康乳区的产奶量骤减，患病乳区基本没有乳汁分泌，患病牛体温升高，呼吸加快，不愿走动。也有的患病牛乳汁稀薄呈灰白色，乳汁内混有絮状物或凝乳块，体细胞数增加，pH 升高，产奶量降为正常的 1/3 或 1/2。急性病例耐过急性发病期后往往转为慢性病例，反复发病、产奶量下降、药物反应差、乳头管呈绳索样，难以挤奶（张召议等，2021）。隐性乳腺炎的患病牛往往没有明显的临床表现，但对乳汁进行理化性质检测和细菌学分析时可以看到变化，乳汁呈碱性，且混有凝乳块、絮状物或纤维，体细胞数往往在 50 万个/mL 以上，氯化钠含量增加，细菌数增多。亚临床型乳腺炎患病牛乳腺和乳汁正常，其体细胞数变化是反映亚临床型乳腺炎发病程度的主要指标之一。亚临床型乳腺炎的其他指标包括牛奶中细菌数量增加、牛奶产量减少，以及牛奶成分和质量的变化。检测亚临床型乳腺炎对于执行乳腺炎控制和管理策略至关重要。分离和鉴定所涉及的病原体需要实验室诊断（Bradley，2002；张召议等，2021）。

第二节　羊坏死梭杆菌感染的临床症状及病理变化

羊腐蹄病是一种临床上明确定义的羊传染性蹄病，由革兰氏阴性厌氧细菌坏死梭杆菌和节瘤拟杆菌（*Dichelobacter nodosus*）引起。除绵羊外，牛、山羊和南美骆驼等其他驯养动物，以及野生反刍动物也可能感染腐蹄病，但在这些动物中很少出现临床症状。据报道，腐蹄病在全世界饲养绵羊的国家均有发生，对羊养殖业的经济影响是相当大的。腐蹄病是一种传染性蹄部疾病，其特征是角质蹄与蹄下的组织分离，导致跛足和免疫力下降。因此，因腐蹄病造成的养羊业肉类和羊毛产量的减少，以及与治疗和预防该疾病的经济支出，使得该疾病对全球绵羊业造成了重大的经济损失。

在患腐蹄病的绵羊中观察到的临床症状取决于多种因素，包括病原体的毒力、气候环境、趾间皮肤的健康或创伤，以及宿主因素。病羊表现出精神萎靡，食欲不振，经常卧地。蹄部腐烂的临床症状可能有所不同，从轻微的趾间皮炎（良性腐蹄病）、足跟下陷到足底和后壁分离，导致脚趾下陷，甚至蹄囊完全分离（图 4-4）（Zanolari et al.，2021）。所有年龄和性别的绵羊都易患腐蹄病，从感染开始到出现疾病通常需要 2～3 周。在科罗拉多州的一项研究中，Kimberling 和 Ellis（1990）开发了一个 0～3 分的评分系统来评估病羊蹄部腐烂的严重程度，该评分系统与毒性、中间和良性系统密切相关。0 分表示没有蹄部腐烂；1 分表示脚趾间或足跟处的趾间皮肤有初始损伤；2 分表示病变进一步进展，足底有一些欠压；3 分表示足底有恶臭渗出物。以上 4 种情况甚至可以在同一个病羊身上同时观察到。

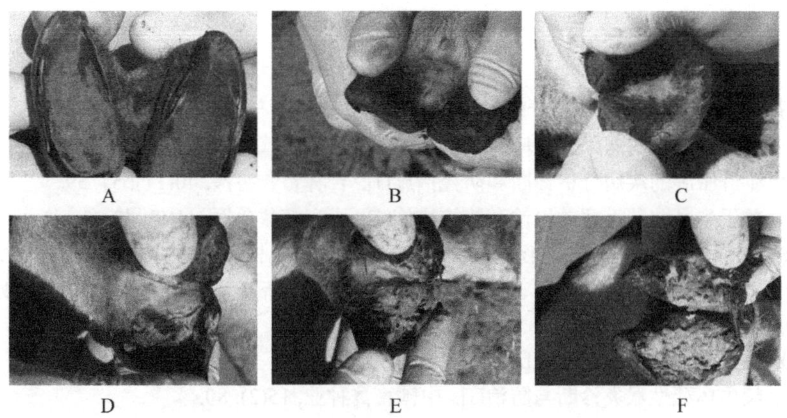

图 4-4　羊腐蹄病临床不同状态图（引自 Zanolari et al.，2021）

A. 健康羊蹄；B. 趾间发炎伴随部分毛发脱落；C. 广泛的趾间炎；D. 角质蹄与组织分离；
E. 蹄部腐烂并伴随角质蹄分离；F. 蹄部腐烂且角质蹄完全分离

绵羊蹄部的病变通常开始于趾间皮肤，初期受侵部苍白、肿胀、湿润、表面变软，四周有一充血带，接着局部破溃形成溃疡或表面的坏死组织与炎性渗出物形成硬痂，在溃疡周围底部或硬痂下为凝固性坏死。患有腐蹄病的病羊初期略微跛行，趾间皮肤发炎、充血，稍有肿胀，用手触诊发现患蹄比较敏感，其特征是趾间间隙组织出现局限性炎症。轻症病例通常只在趾间隙后部皮肤上见糜烂性病变，偶尔可见蹄球部软角质分离。绵羊腐蹄病也有经由蹄底的白线或蹄球角质裂隙感染而发病的情况，炎症过程沿蹄底或蹄球角质层下蔓延，导致化脓性和坏死性蹄叶炎。在这些情况下，跛足是轻微的，在局部治疗或干燥环境条件下迅速消退，但致病细菌的传播会导致羊群内的腐蹄病扩散。随后出现角质蹄的下垂（Gelasakis et al.，2019；宋学武，2019）。在疾病的晚期阶段，角质蹄会逐渐与下层组织完全分离。角质蹄的分离从足跟开始，随后延伸到足底和脚趾，并且经常涉及背轴壁的分离，形成一种独特的、恶臭的、坏死的渗出物。良性蹄部腐烂的特点是脚后跟球的角质蹄和后脚掌区域偶尔分离，但在分离的角下方有有限的坏死物质积累。恶性蹄部腐烂会导致持续存在的严重跛足，患蹄存在坏死组织和恶臭味分泌物，用刀进行扩创，会流出污黑色的臭水，需要强化治疗以缓解症状。重症病例的坏死病变侵及腱、韧带、骨膜、骨和关节，引起相应部位的坏死和炎症（Wani and Samanta，2006；Kennan et al.，2011）。炎症还可以从皮肤与蹄角质层连接处开始，沿角质层内侧依次蔓延至蹄球、蹄底和蹄壁，在角质层下的裂隙中有少量灰白色、油脂样、恶臭的渗出物蓄积，进而发生角质层分离。一些重症病例呈重度跛行或倒卧，体重减轻，全身性虚弱，最后造成蹄的变形，且常继发脓毒败血症。病程持续时间较长的大部分病羊，会在十几天甚至数月出现跛行，此时由于对采食产生影响，导致机体日渐消瘦，如果没有及时进行治疗，可能会继发感染而死。另外，通常可在病羊趾间发现溃疡面，上面有恶臭物覆盖，蹄壳发生腐烂、变形，只能够卧地不起，症状严重时体温明显升高，往往可达到 39～40℃，有时甚至发生蹄匣脱落，还会导致全身性败血症。部分羔羊患病后还会伴有坏死性口炎，导致唇、口腔、鼻、舌，甚至眼部都出现结节、水泡，破裂后形成结痂。有时还会由于脐带断端没有严格消毒，引起新生羔羊坏死性脐炎的发生（宋学武，2019）。

参考文献

侯引绪, 王海丽, 魏朝利, 等. 2014. 一起犊牛坏死性喉炎的诊治与分析[J]. 中国奶牛, (13): 56-57.

李臣杰. 2019. 肉牛腐蹄病的病因、临床症状及防治措施[J]. 现代畜牧科技, (11): 127-128.

李积朝. 2019. 牛肝脓肿的疾病分析诊断和防控措施[J]. 吉林畜牧兽医, 40(11): 57, 59.

牛久存. 2020. 关于牛肝脓肿疾病的诊治和防控措施[J]. 山东畜牧兽医, 41(9): 42-43.

齐长明, 于涛, 李增强. 2008. 奶牛变形蹄与蹄病防治彩色图谱[M]. 北京: 中国农业出版社.

宋学武. 2019. 羊腐蹄病的流行病学、临床表现、实验室诊断及防治措施[J]. 现代畜牧科技, (12): 129-130.

苏丽伟. 2020. 牛肝脓肿的诊断和防控[J]. 兽医导刊, (3): 36.

韦丽萍. 2019. 犊牛坏死性喉炎诊断与防治[J]. 中国畜禽种业, 15(2): 80.

张召议, 包雨鑫, 王慧玲. 2021. 奶牛乳房炎研究进展[J]. 中国乳业, (8): 84-87.

Abbas W, Keel B N, Kachman S D, et al. 2020. Rumen epithelial transcriptome and microbiome profiles of rumen epithelium and contents of beef cattle with and without liver abscesses[J]. Journal of Animal Science, 98(12): 359.

Abe P M, Majeski J A, Lennard E S. 1976. Pathological changes produced by *Fusobacterium necrophorum* in experimental infection of mice[J]. Journal of Comparative Pathology, 86(3): 365-369.

Amachawadi R G, Nagaraja T G. 2016. Liver abscesses in cattle: A review of incidence in Holsteins and of bacteriology and vaccine approaches to control in feedlot cattle[J]. Journal of Animal Science, 94(4): 1620-1632.

Ashraf A, Imran M. 2020. Causes, types, etiological agents, prevalence, diagnosis, treatment, prevention, effects on human health and future aspects of bovine mastitis[J]. Animal Health Research Reviews, 21(1): 36-49.

Bian Y J, Lv Y, Li Q Z. 2014. Identification of diagnostic protein markers of subclinical mastitis in bovine whey using comparative proteomics[J]. Bulletin of the Veterinary Institute in Pulawy, 58(3): 385-392.

Bradley A. 2002. Bovine mastitis: An evolving disease[J]. Veterinary Journal, 164(2): 116-128.

De Vliegher S, Fox L K, Piepers S, et al. 2012. Invited review: Mastitis in dairy heifers: Nature of the disease, potential impact, prevention, and control[J]. Journal of Dairy Science, 95(3): 1025-1040.

Gelasakis A I, Kalogianni A I, Bossis I. 2019. Aetiology, risk factors, diagnosis and control of foot-related lameness in dairy sheep[J]. Animals: An Open Access Journal from MDPI, 9(8): 509.

Hurley W L, Theil P K. 2011. Perspectives on immunoglobulins in colostrum and milk[J]. Nutrients, 3(4): 442-474.

Jensen R, Flint J C, Griner L A. 1954. Experimental hepatic necrobacillosis in beef cattle[J]. American Journal of Veterinary Research, 15(54): 5-14.

Jensen R, Lauerman L H, England J J, et al. 1981. Laryngeal diphtheria and papillomatosis in feedlot cattle[J]. Veterinary Pathology, 18(2): 143-150.

Jensen R, Pierson R E, Braddy P M, et al. 1976. Diseases of yearling feedlot cattle in Colorado[J]. Journal of the American Veterinary Medical Association, 169(5): 497-499.

Kennan R M, Han X Y, Porter C J, et al. 2011. The pathogenesis of ovine footrot[J]. Veterinary Microbiology, 153(1/2): 59-66.

Khim G, Em S, Mo S, et al. 2019. Liver abscess: Diagnostic and management issues found in the low resource setting[J]. British Medical Bulletin, 132(1): 45-52.

Kimberling C V, Ellis R P. 1990. Advances in the control of foot rot in sheep[J]. Veterinary Clinics of North America Food Animal Practice, 6(3): 671-681.

Kossaibati M A, Esslemont R J. 1997. The costs of production diseases in dairy herds in England[J]. The Veterinary Journal, 154(1): 41-51.

Langworth B F. 1977. *Fusobacterium necrophorum*: Its characteristics and role as an animal pathogen[J]. Bacteriological Reviews, 41(2): 373-390.

Lechtenberg K F, Nagaraja T G. 1991. Hepatic ultrasonography and blood changes in cattle with experimentally induced hepatic abscesses[J]. American Journal of Veterinary Research, 52(6): 803-809.

Lechtenberg K F, Nagaraja T G, Leipold H W, et al. 1988. Bacteriologic and histologic studies of hepatic abscesses in cattle[J]. American Journal of Veterinary Research, 49(1): 58-62.

Lehtolainen T, Røntved C, Pyörälä S. 2004. Serum amyloid A and TNF alpha in serum and milk during experimental endotoxin mastitis[J]. Veterinary Research, 35(6): 651-659.

Mateos E, Piriz S, Valle J, et al. 1997. Minimum inhibitory concentrations for selected antimicrobial agents against *Fusobacterium necrophorum* isolated from hepatic abscesses in cattle and sheep[J]. Journal of Veterinary Pharmacology and Therapeutics, 20(1): 21-23.

Nagaraja T G, Chengappa M M. 1998. Liver abscesses in feedlot cattle: A review[J]. Journal of Animal Science, 76(1): 287-298.

Nagaraja T G, Lechtenberg K F. 2007. Liver abscesses in feedlot cattle[J]. Veterinary Clinics of North America Food Animal Practice, 23(2): 351-369.

Nagaraja T G, Narayanan S K, Stewart G C, et al. 2005. *Fusobacterium necrophorum* infections in animals: Pathogenesis and pathogenic mechanisms[J]. Anaerobe, 11(4): 239-246.

Narayanan S, Nagaraja T G, Okwumabua O, et al. 1997. Ribotyping to compare *Fusobacterium necrophorum* isolates from bovine liver abscesses, ruminal walls, and ruminal contents[J]. Applied and Environmental Microbiology, 63(12): 4671-4678.

Panciera R J, Perino L J, Baldwin C A, et al. 1989. Observations of calf diphtheria in the commercial feedlot[J]. Agricultural and Food Science, 10: 12-17.

Pillai D K, Amachawadi R G, Baca G, et al. 2021. Leukotoxin production by *Fusobacterium necrophorum* strains in relation to severity of liver abscesses in cattle[J]. Anaerobe, 69: 102344.

Sharun K, Dhama K, Tiwari R, et al. 2021. Advances in therapeutic and managemental approaches of bovine mastitis: A comprehensive review[J]. The Veterinary Quarterly, 41(1): 107-136.

Steeneveld W, Van Werven T, Barkema H W, et al. 2011. Cow-specific treatment of clinical mastitis: An economic approach[J]. Journal of Dairy Science, 94(1): 174-188.

Tadepalli S, Narayanan S K, Stewart G C, et al. 2009. *Fusobacterium necrophorum*: A ruminal bacterium that invades liver to cause abscesses in cattle[J]. Anaerobe, 15(1/2): 36-43.

Tan Z L, Nagaraja T G, Chengappa M M. 1996. *Fusobacterium necrophorum* infections: Virulence factors, pathogenic mechanism and control measures[J]. Veterinary Research Communications, 20(2): 113-140.

Van Metre D C. 2017. Pathogenesis and treatment of bovine foot rot[J]. Veterinary Clinics of North America Food Animal Practice, 33(2): 183-194.

Vanamayya P R, Charan K. 1988. Mortality due to diphtheria in calves[J]. Indian Journal of Pathology, 12: 69-71.

Wani S A, Samanta I. 2006. Current understanding of the aetiology and laboratory diagnosis of footrot[J]. The Veterinary Journal, 171(3): 421-428.

Wawron W, Bochniarz M, Piech T. 2010. Yeast mastitis in dairy cows in the middle-eastern part of Poland[J]. Bulletin of the Veterinary Institute in Pulawy, 54(2): 201-204.

Zanolari P, Dürr S, Jores J, et al. 2021. Ovine footrot: A review of current knowledge[J]. Veterinary Journal, 271: 105647.

第五章　反刍动物坏死梭杆菌病的诊断

第一节　反刍动物坏死梭杆菌病的临床诊断

一、腐蹄病

对于牛腐蹄病的诊断，通常根据病牛患病部位特点，以及有无特殊性恶臭味道来判断，同时结合长期以来相关病害的临床经验来进行综合确诊（陶莹，2020）。牛腐蹄病初期表现不明显，放牧牛长途行走后容易掉队，舍饲牛喜卧，不愿走动。随着腐蹄病的进一步发展，病牛走路出现跛行，可见单侧性跛行或双侧性跛行；病牛采食量下降，饮水也受到影响，常独卧一角，驱赶后不愿起来；病牛蹄壳开裂，黏膜红肿，有的还会出现化脓现象。如果未得到有效治疗，疾病会进入中后期，病牛行走困难甚至无法行走，腿能抬不能踩，蹄部腐烂并伴有恶臭，常引来大量苍蝇，严重的创口表面还会有蛆虫滋生。蹄部严重腐烂的病牛，可见趾间裂伤，并可通过穿透性伤口引入异物引发深部脓毒症，病原菌还会通过破损的黏膜进入血液，从而引发菌血症，造成全身感染；病牛表现体温升高，采食量和产奶量严重下降，反刍次数减少，鼻镜干燥，离群独卧，有时伴发腹泻（王林和袁晓雷，2019）。此外，患有趾间纤维瘤（趾间增生）的牛可能会出现继发性细菌性感染皮炎，即纤维瘤通常存在于纤维瘤底部的深层皮肤裂隙内。累及趾间皮肤的炎症变化（有时称为趾间皮炎）可能会导致恶臭、腐蚀性到溃疡性的趾间皮损，但不会出现趾间的肿胀，并且皮损仅限于趾间皮肤。患有趾间纤维瘤或趾间皮炎的患病牛可与牛腐蹄病通过病变检查，包括感染蹄部的肿胀病变可视化进行区别。严重情况下，可能需要对感染蹄部进行局部麻醉后方可进行彻底检查（Van Metre，2017）。

奶牛发生腐蹄病时趾间隙和蹄冠部出现肿胀、发热，皮肤出现小的裂口，有难闻的恶臭气味，裂口表面有伪膜覆盖；随后肿胀向上部蔓延，很快蔓延到球节以上；病趾不愿负重，并出现明显的全身症状，体温升高，食欲减退，产奶量明显下降。根据这些临床症状可以对奶牛腐蹄病做出初步的诊断。在腐蹄病整个发病过程中，病牛表现最明显的临床特征就是跛行。英国布里斯托尔大学奶牛蹄部健康研究中心通过评分的办法对奶牛跛行做出详细的鉴定。在这个评分标准中，健康奶牛被评为 0 分；四肢交换速度减慢、负重能力降低的奶牛被评为 1 分；单肢负重、步幅明显缩小的奶牛被评为 2 分；不能按照健康牛的步速行走、单肢负重和步幅明显缩小的奶牛被评为 3 分。一般奶牛在发生腐蹄病时，病牛表现出来的跛行症状非常明显，按照评分标准应该是 2 分或者 3 分。英国布里斯托尔大学奶牛蹄部健康研究中心列举了奶牛常见的蹄部疾病，主要包括蹄底溃疡（sole ulcer）、蹄炎（digital dermatitis）、蹄白线损伤（white line lesion）和蹄部腐烂（foul in the foot）4 种类型。蹄底溃疡是位于蹄底部的软组织损伤，正常角质层不能生成，主要由身体压力和奶牛产后疾病导致机体代谢变化引起（图 5-1）。蹄炎是一种常见的感染，主要发生在趾间皮肤和蹄后跟，由奶牛长时间在潮湿环境中被螺旋体感染引起（图 5-2）。蹄白线损伤是由蹄部白线在蹄底和蹄壁分离造成的损伤引起的，如果感染病原菌将进一步恶化（图 5-3）。蹄部腐烂是指趾间皮肤被坏死梭杆菌感染引起，导致蹄部快速肿胀（图 5-4）。在 4 种蹄部疾病中，腐蹄病最为严重，也是发生率最高的。蹄底溃疡、蹄炎和蹄白线损伤常常是奶牛腐蹄病的前期疾病的诱导因素，常常继发坏死梭杆菌感染而引发奶牛腐蹄病。在临床诊断奶牛蹄部疾病时，需要对这些疾病加以鉴别诊断，同时更要考虑与奶牛腐蹄病的联系。

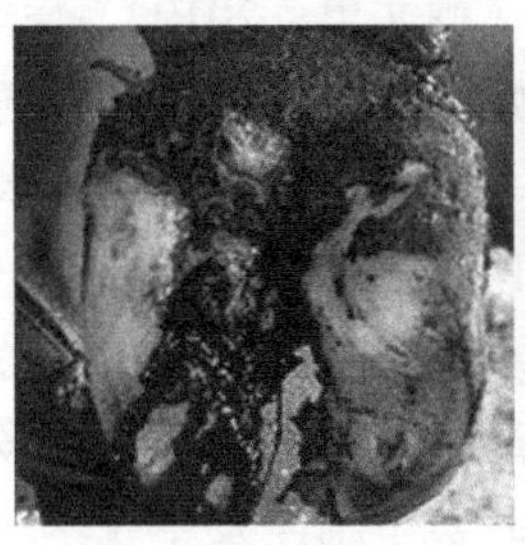
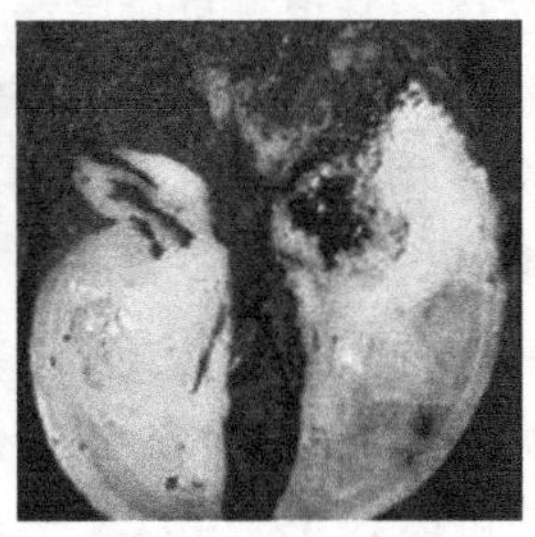

图 5-1　蹄底溃疡

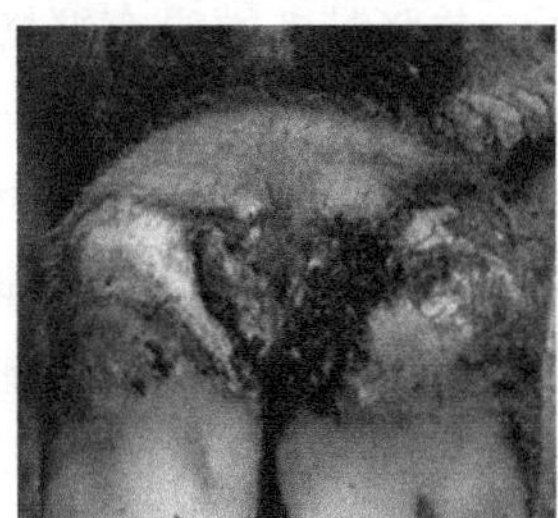
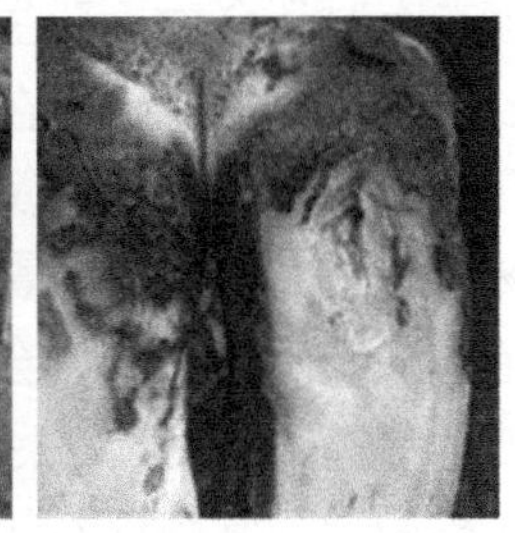

图 5-2　蹄炎

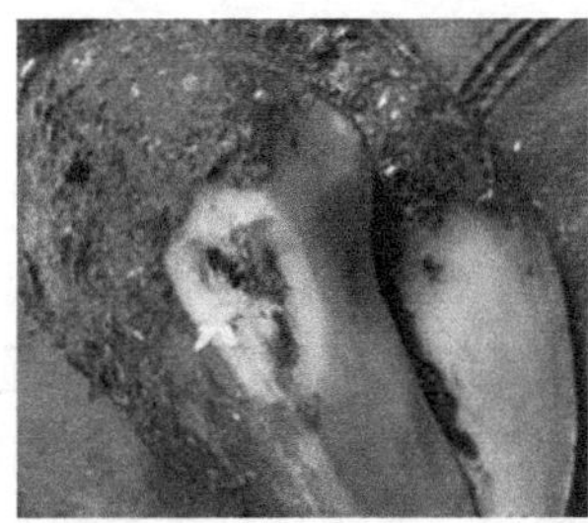
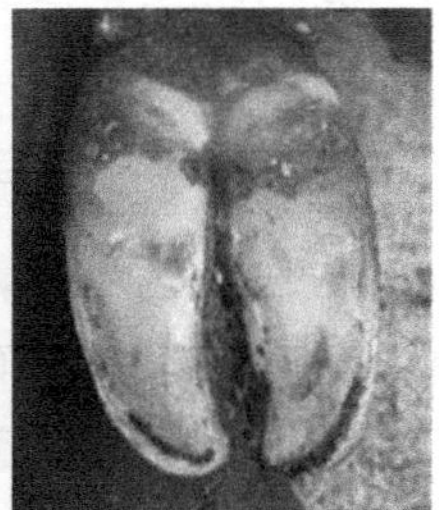

图 5-3　蹄白线损伤

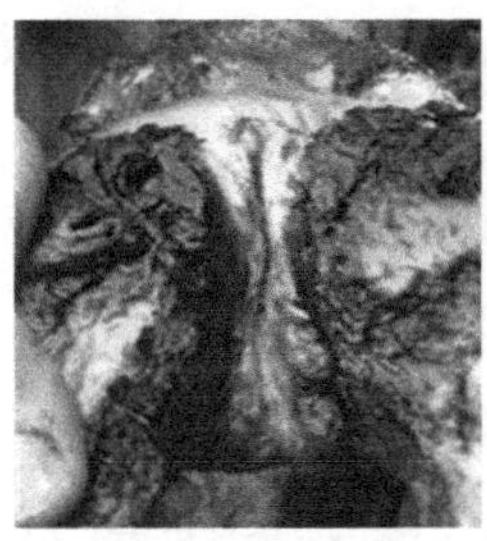
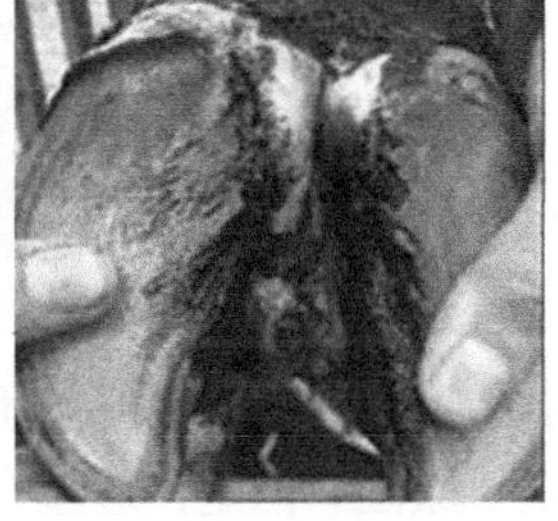

图 5-4　蹄部腐烂

患有腐蹄病的羊表现出精神萎靡、食欲不振、经常卧地（宋学武，2019）。腐蹄病初期，病羊表现为略微跛行，用病蹄对地面进行敲击，或是将患病肢体抬起，常保持卧地状态，不会保持站立形态（宋学武，2019；顾文忠，2019）。病羊在日常走动过程中疼痛感明显，会用蹄尖部保持站立，在站立过程患病肢体不能正常保持负重状态，大多都表现为跛行。在一段时间内病羊体温快速升高，实际温度达到40～41℃，食欲较差。其中病羊蹄部深层组织、蹄关节部分、冠关节、蹄趾韧带等部位产生感染，产生严重跛行现象，此时病羊食欲逐步减退，直至废绝（顾文忠，2019）。病羊体型开始日渐消瘦，运动能力与生产能力丧失，蹄壳开始不断腐烂、变形等。通过对病蹄全面检查，病蹄存在坏死组织和恶臭味分泌物，用刀进行扩创，会流出污黑色的臭水。蹄趾外皮肤严重充血呈现为红色，伴有糜烂、肿胀特征，蹄趾间腐肉增生现象明显，主要表现为暗红色。趾间皮肤发炎、充血，稍有肿胀，用手触诊发现病蹄比较敏感。另外，通常可在趾间发现溃疡面，上面有恶臭物覆盖，蹄壳发生腐烂、变形，病羊只能够卧地不起，症状严重时体温明显升高，往往可达到39～40℃，有时甚至蹄匣发生脱落，还会导致全身性败血症。部分羔羊患病后还会伴有坏死性口炎，导致唇、口腔、鼻、舌，甚至眼部出现结节、水泡，破裂后形成结痂。有时还会由于新生羔羊脐带断端没有严格消毒，引起坏死性脐炎。病程持续时间较长的大部分病羊，会在十几天甚至数月出现跛行，此时由于对采食产生影响，导致机体日渐消瘦，如果没有及时进行治疗，可能会由于继发感染而死。蹄趾触感硬度较高，容易出血，其冠部主要表现为红色，容易产生肿胀现象。若外部角质没有产生较大变化，管理人员对病蹄修磨会流出灰色或乌黑色液体，恶臭味明显。当感染炎症不断扩散，会抵达蹄冠、球关节，关节肿胀较为明显，皮肤厚度增加，弹性不足，疼痛感明显；走路平衡性较差，常卧地不起。在晚期阶段，蹄叉和足跟区域的蹄角被破坏和松动。在严重的情况下，整个蹄角会脱落。在极少数情况下，最终可能会发生缓慢的自发愈合，这从动物福利的角度来看是不可接受的。

腐蹄病还必须与绵羊传染性趾皮炎（contagious ovine digital dermatitis，CODD）区分开来，后者是一种与密螺旋体感染相关的疾病，但最初被称为严重的毒性绵羊腐蹄病（Demirkan et al.，2001）。虽然在这两种情况下，蹄部损伤的性质具有相似的组织病理学特征，但绵羊传染性趾皮炎在临床上与羊腐蹄病不同，因为感染通常始于冠状带附近的暂毛皮肤溃疡。由于后轴壁（而不是蹄底）下足而导致的蹄出血和脱落也是传染性绵羊趾皮炎的显著特征（Wani and Samanta，2006）。希望这种疾病在未来不会被称为“变异型腐蹄病”，因为这两种疾病在病因学上可能不同，在临床表现和流行病学上肯定也不同，更重要的是，绵羊传染性趾皮炎的推荐管理方式与羊腐蹄病更不同。

二、肝脓肿

肝脓肿可发生在所有年龄和所有类型的牛上，包括奶牛；肝脓肿对谷物喂养的牛造成巨大的经济损失。牛肝脓肿在发病之后并不会表现出较为明显的发病特征，这也是该疾病较难确诊的一个重要原因。但是，通过对牛进行详细检查可以发现，在发病之后病牛会表现出明显的周期热，同时精神萎靡、食欲不振，按压病牛的胸部或者在病牛下卧的情况下会表现出肋部疼痛。随着病情的发展，病牛会在下卧的时候出现呼吸粗重的情况，同时周身会出现明显的疼痛。相关记录发现，有些病牛在发病之后会出现突然倒地的情况，因此该疾病具有较为严重的危害（苏丽伟，2020）。肝脓肿只有在屠宰时才会被发现，因为即使是那些带有数百个小脓肿或几个大脓肿的牛，也很少表现出任何临床症状。患病牛偶尔可能会出现腹痛，疾病引起的浅表脓肿破裂、尾腔静脉糜烂和穿孔可能导致疾病的广泛传播，进而引起其他器官的大面积感染甚至出现死亡。一般来说，血液学和肝功能测试都不是肝脓肿的可靠指标。在通过试验性接种坏死梭杆菌诱发脓肿的情况下，已通过升高的血清蛋白、胆红素和酶（如γ-谷氨酰转移酶和山梨醇脱氢酶）浓度记录了肝功能障碍（Nagaraja and Chengappa，1998）。通过研究可以发现，这种疾病引发的静脉炎会导致牛肝脓肿进一步发展。在这两种疾病同时存在的情况下，牛肝脓肿会发展较快，在病情发展到一定程度的情况下会发现，病牛体内的蛋白质含量会迅速增高。对牛的唾液进行酸碱度检验可以发现其呈现出明显的酸性，此时病牛已经处于濒死状态。如果病牛在病程发展过程中出现多个病灶或者明显的脓肿，会导致病牛血液中的白细胞含量增加。此时需要用超声波进行检查以判断病原，作为最后诊断的依据。但是在实际检查的过程中可以发现，由于肝脏左侧的脓肿部位相对隐蔽，因此给检查带来一定的困难。对于肉牛而言，如果发生这种疾病就会导致肉牛食欲下降，同健康乳牛相比，病牛体重呈现下降的趋势。此外，牛群在发生肝脓肿之后经过治疗恢复到正常状态的过程中同样存在发生病变的危险，因此，大部分发生肝脓肿的病牛即使恢复之后也会存在无法改变的后遗症。这为后续的喂养带来较为严重的影响，有些甚至会导致病牛再次出现死亡的情况（苏丽伟，2020）。

超声检查是一种内脏器官软组织可视化的成像技术，已被测试用于肝脓肿检测。肝脏因其位置和组织一致性而成为超声成像的理想器官（Nagaraja and Lechtenberg，2007）。该技术在诊断各种肝脏异常（包括小动物肝脓肿）方面的实用性已得到充分证明。当注射部位已知时，超声检查是一种有用的技术，用于监测试验性脓肿的发生和进展。然而，除了在研究情况下，它在自然形成脓肿的饲养场牛中的成本效益应用是有限的（Nagaraja and Chengappa，1998）。超声检查的局限性包括：瘤胃内容物填充不足时，会导致肝脏与左腹壁的接触减少，使可视化成为不可能；右侧肝叶的腹侧部分被右肺组织遮蔽；根据动物的年龄、饮食和在约束槽中的方向，可能会屏蔽多达20%的肝脏体积；极度肥胖的牛的肝脏超声分辨率较差，因为肋间肌肉中的脂肪会折射与肌肉不同的声波（Nagaraja and Lechtenberg，2007）。

三、坏死性喉炎

坏死性喉炎常发生在2岁以下的犊牛身上，一般发生于2～5月龄的犊牛，3月龄多发。发病初期，患病犊牛的全身性症状为精神沉郁，体温升高，黏膜充血，病牛采食量明显下降或不食；病牛口中流涎，有口臭，呼出的气体腐臭难闻；也可见病牛湿咳、痛咳，病牛表现以张口呼吸、头颈伸展、响亮的吸气性喘鸣音为特征的严重吸气性呼吸困难，吞咽频繁且吞咽带痛，双侧流脓性鼻液。未经治疗的犊牛通常在2～7d死于毒血症和上呼吸道阻塞（韦丽萍，2019；王立威，2019）。根据本病的发生部位、流行病学特点和坏死组织的特殊臭味及转移性坏死灶等特点，可做出初步诊断。确诊本病可采集病料涂片、染色，镜下检查，通过病原体形态进行确诊。也可采取喉部淋巴结化脓坏死组织培养、分离进行病原培养鉴定。当继发成肺炎时，呼吸困难更为严重，尤其是呼气时表现更为明显，咳嗽，表情痛苦，不能吞咽，顺鼻孔向外流脓液；患病犊牛瘦弱、喜卧、不愿意走动，偶见腮部肿胀病例。患病牛的典型病变主要在口腔、喉咽、气管和肺部。齿龈、颊部黏膜、硬腭、舌面有溃疡灶或坏死灶，喉部肿胀、黏膜脱落、局灶性坏死。舌面有坏死灶和溃烂灶，数量较多、病变明显、黄豆大小；口腔内颊部表面也有溃烂斑，黏膜潮红；喉室入口因肿胀而变得狭窄，会厌软骨、杓状软骨、喉室黏膜附有一层灰白或污褐色假膜，假膜下有溃疡（侯引绪等，2014；王立威，2019）。重症咽喉部淋巴结化脓、坏死，气管内膜呈炎症变化，肺部有出血，肺内形成灰黄色结节，呈干燥硬固态。用经口插入的管状金属窥器（直径 3cm，长 28cm）进行检查，发现喉部在杓状软骨和声带区域有弥漫性水肿性肿胀，并带有白喉涂层。用纤维镜（直径 8.5mm）通过鼻腔对未镇静动物进行内窥镜检查证实了这些发现。此外，发现气管黏膜变红并被一层薄的脓性涂层覆盖。喉部口腔的临床体征和视诊检查足以诊断白喉坏死性喉炎。然而，内窥镜检查是完整诊断程序的一部分，对于有关气管和较大支气管的受累和改变程度的预后是必要的（Heppelmann et al.，2007）。通常根据临床症状就可以做出诊断，喉头的视诊检查可采用口腔插入喉镜或进行 X 射线检查等方法，但操作时应十分小心，以防进一步造成病畜呼吸窘迫。对有严重吸气性呼吸困难的牛，在进行喉镜或内镜检查前应进行气管造口术。病牛长期感染的后遗症包括吸入性肺炎和喉部永久畸变，并导致慢性剧烈咳嗽及吸气性呼吸困难。病灶通常位于声带突和杓状软骨内侧角。急性病变以喉黏膜出现坏死性溃疡灶、溃疡灶周围水肿和充血为特征，病灶会沿声带褶扩散并波及环杓侧肌。慢性病例的病变包括软骨坏死，伴有肉芽组织包围的瘘道（王立威，2019）。

四、乳腺炎

奶牛乳腺炎（mastitis）是由多种病因引起的以乳腺叶间组织或腺体发炎为特征的疾病，是危害奶牛养殖业最严重的疾病之一。及时并准确地检测出奶牛乳腺炎是防治乳腺炎的重要环节，也是减少损失的重要手段（孙艳等，2022）。临床型乳腺炎，一般能通过牛奶、乳房的变化发现，包括检测牛的精神状态、食欲和乳房外观，以及产奶量、乳汁颜色。患有临床型乳腺炎的病牛表现为乳房受影响的部分或整个乳房发红、皮温升高、肿胀、触摸时疼痛、乳凝块变色和牛奶稠度的变化，一般症状是发热（＞39.5℃）和食欲不振、精神萎靡（Sharun et al.，2021）。初步诊断基于乳腺肿胀和炎症等生理体征或牛奶质量和数量的变化。严重病例可表现为全身性疾病和体征，如发烧、虚弱、脱水和食欲不振（Ashraf and Imran，2020）。

隐性乳腺炎在临床检查中无典型临床症状，病理变化较小，无法通过观察判定奶牛是否发病，需要借助实验室检测进行诊断。直接显微镜计数法中，奶牛隐性乳腺炎的鉴定标准为每毫升乳汁中细胞数超过 50 万个。而中国农业科学院中兽医研究所根据临床试验提出，在治疗乳腺炎时如果每毫升乳汁中细胞数量降至 100 万个以下就可以判定为正常。任守海等（2006）利用白细胞分类计数的方法对奶牛乳腺炎进行了监测，结果表明，嗜中性分叶核粒细胞数占白细胞总数的 12%～20%定义为可疑，20%以上定义为患病。乳汁细胞学检测法包括直接计数法和间接计数法，直接计数法有白细胞分类计数刻度管检验法、直接显微镜细胞计数法、荧光电子细胞计数法等；间接计数法包括美国加利福尼亚州乳腺炎检测法（California mastitis test，CMT）、兰州乳腺炎检测法（Lanzhou mastitis test，LMT）、北京乳腺炎检测法（Beijing mastitis test，BMT）、浙江乳腺炎检测法（Zhejiang mastitis test，ZMT）。CMT 检测方法目前在临床上使用较多，但诊断结果更多依赖于兽医的主观判断（高玉君等，2010）。奶牛患乳腺炎后乳汁性状发生改变，其中乳汁理化检测包括乳汁电导率和乳汁 pH 检测法。乳腺炎可引起乳汁中 Na^+、K^+、Cl^- 等离子组成发生变化，从而导致乳汁的导电性发生改变。根据这一原理，研究人员经过 40 余年的专心研究，日本首先研制出 AHI 型便携式奶牛隐性乳腺炎电子诊断仪，而我国也先后研制出 SX-1 型、CN 型、IRD 型、86-1 型和 XND-A 型奶牛隐性乳腺炎诊断仪（乔新安等，2007）。患乳腺炎奶牛的乳汁 pH 多呈碱性，碱性高低与炎症的程度相关。因此，可以通过检测乳汁 pH 的变化来诊断乳腺炎。溴麝香草酚蓝（bromothymol blue，BTB）法和乳腺炎试纸法就是利用这一原理研制出的诊断法。这两种方法具有操作简单、检测快速、灵敏度较高等优点，但当乳汁中掺入碱性物质后检测结果则不准确（毕海林等，2012）。东北农业大学王林安教授团队在 1985 年研制出了奶牛乳腺炎检测试纸，并得到了应用。国外学者研究的敏感性乳腺炎诊断试纸，现被美国、德国、法国等许多国家作为监测和控制奶牛隐性乳腺炎的主要措施。此外，日本研制的溴酚蓝（bromophenol blue，BPB）滤纸片对奶牛隐性乳腺炎灵敏度较高、操作方便，在日本被广泛推广应用（尹柏双等，2014）。奶牛隐性乳腺炎主要由链球菌、金黄色葡萄球菌、大肠杆菌、隐秘杆菌、绿脓杆菌等引起。对乳汁进行微生物鉴定是目前实验室诊断乳腺炎的标准方法，乳汁微生物鉴定仅可对病原菌的种类、数量做出初步的诊断，有些奶牛乳房内虽然存在病原菌，但不一定致病，因此仅乳汁微生物鉴定进行诊断是不可靠的（尹柏双和李国江，2010）。通过化学检测法间接检测乳汁的理化性质也可鉴别乳腺炎的发生，最早的隐性乳腺炎检测法是 W. H. Whiteside 于 1939 年发明的苛性钠凝乳检验法（WMT），由于该方法对泌乳初期和干奶期奶牛隐性乳腺炎检测率低而未得到推广应用。随后 D. Noorlander 于 1957 年根据间接检测乳中体细胞数的方法发明了美国加州乳腺炎检测法（CMT），由于该法具有检测准确率高、操作简单等优点，在世界各地被广泛应用。我国科研工作者利用 CMT 检测原理，先后研制出 SMT 诊断液、LMT 诊断液、BMT 诊断液、JMT 检验液、HMT 检验液等以各地地名命名的诊断隐性乳腺炎试剂，这些诊断法具有诊断敏感度高、操作简单等优点，均在临床实践中被广泛应用（孙艳等，2022）。

随着分子生物技术的快速发展，分子生物学检测法在奶牛乳腺炎，尤其是隐性乳腺炎诊断上表现出巨大的潜力。酶学检测法、蛋白质检测法、微量元素检测法、PCR 检测法、实时定量反转录 PCR 检测法、基因芯片检测法均成为研究热点。目前，对乳腺炎奶牛乳汁中相关酶的检测已经成为国内外研究乳腺炎检测方法的热点。例如，黄嘌呤氧化酶、乳酸脱氢酶（lactate dehydrogenase，LDH）、过氧化氢酶（catalase，CAT）、β-葡糖苷酸酶、*N*-乙酰基-β-D-氨基葡萄糖苷酶、乳过氧化物酶（lactoperoxidase，LP）和抗胰蛋白酶等酶活性的变化已被用于诊断奶牛乳腺炎。研究发现，奶牛患乳腺炎后会引起血清中超氧化物歧化酶（superoxide dismutase，SOD）、谷胱甘肽过氧化物酶（glutathione peroxidase，GSH-Px）、CAT 活性降低（Seifu et al.，2007；尹柏双等，2012）。酶学检测法的可靠性与稳定性有待进一步研究。

在奶牛乳腺炎发病的炎症期，会激发急性期反应（acute phase reaction，APR），引起急性期蛋白（acute phase protein，APP）增加。血清淀粉样蛋白 A（serum amyloid protein A，SAA）和结合珠蛋白（haptoglobin，HP）是奶牛最敏感的急性期蛋白，在急性炎症时大量增加。感染大肠杆菌的乳腺炎奶牛血清中 HP 浓度显著升高。患隐性乳腺炎期间，乳汁中 SAA 浓度显著升高，在感染乳区更明显。患乳腺炎奶牛的被毛中 Zn、Cu、Mn 含量降低，导致奶牛机体免疫力下降，抵抗力降低。日粮中添加 Se 可以增强乳腺组织的抗感染能力并减少乳腺炎的发生；乳腺炎奶牛血清中抗氧化剂维生素 E、维生素 C，以及 Se、Zn 含量的降低，造成自由基蓄积，引起乳腺组织的氧化损伤，增加了乳腺炎发病的概率。但只依靠微量元素判定乳腺炎还有待进一步研究（Ohtsuka et al.，2001；尹柏双等，2011）。

PCR 检测技术具有快速、特异性强、敏感度高等特点，被广泛应用于检测奶牛乳腺炎。Riffon 等（2001）研制出诱发乳腺炎的大肠杆菌、金黄色葡萄球菌、无乳链球菌、停乳链球菌、乳房链球菌和副乳房链球菌的 PCR 检测技术。随后又有学者研制出诱发乳腺炎的链球菌、支原体和真菌的 PCR 检测技术（陈玉霞和林峰，2012）。实时定量反转录 PCR 技术是利用荧光信号监测整个 PCR 扩增过程的一种定量分析方法，是 DNA 定量技术的一次飞跃，在奶牛乳腺炎的诊断方面已取得较多进展。H. U. Graber 等分别以 *nuc* 和 *FemB* 为目的基因应用 Taqman 探针建立了一种快速、准确、特异性高的乳腺炎金黄色葡萄球菌的定量检测方法。B. E. Gillespie 等用多重实时定量 PCR 方法从奶牛乳汁中检测出引起奶牛乳腺炎的金黄色葡萄球菌、乳房链球菌和无乳链球菌（张善瑞等，2008）。

基因芯片技术是以核苷酸片段作为探针与待测的标记样品进行杂交，检测杂交信号，对待测样品中靶分子进行定性与定量分析的一种检测方法。它实现了多种病原微生物的同时检测，缩短了奶牛乳腺炎的检测时间，而且还能快速检测到一些不能培养的病原微生物。李秀萍等（2008）以 16S rDNA 为对象建立了检测大肠杆菌、金黄色葡萄球菌、绿脓杆菌、无乳链球菌、停乳链球菌、乳房链球菌的基因芯片技术。邢会杰等（2009）建立了奶牛乳腺炎无乳链球菌、停乳链球菌、大肠杆菌、金黄色葡萄球菌、肺炎克雷伯菌 5 种主要致病菌的基因芯片检测方法。

分子生物技术促进了隐性乳腺炎的检测，但也存在许多问题：①牛奶成分复杂，对于细菌含量非常低的乳样中病原体 DNA 的有效提取需深入研究。②大部分奶牛乳腺炎是由多种病原体感染所致，因此多重 PCR 检测技术的研究具有重要意义。③反转录聚合酶链反应（reverse transcription-polymerase chain reaction，RT-PCR）、基因芯片技术为奶牛乳腺炎诊断提供了更为准确的手段，但由于成本较高，无统一的实验室标准，从而给该技术推广增加了困难。虽然分子生物学检测法在奶牛乳腺炎诊断中存在着一系列问题，但由于该方法对乳腺炎的诊断具有检出率高、迅速、准确性高等优点，因此该方法在奶牛乳腺炎诊断上已呈现出广阔的应用前景。随着技术与方法的不断完善，研究水平的不断深入，未来一定能研制出实用性更强的分子生物学检测方法，对乳腺炎疾病做出快速、准确的判断，创造出巨大的经济效益和社会效益（尹柏双等，2014）。

第二节　反刍动物坏死梭杆菌病的实验室诊断

一、细菌的分离鉴定

梭杆菌属（*Fusobacterium*）的名字来自拉丁语的纺锤形，其特征是形态细长、两端尖细如梭状，坏死梭杆菌（*Fusobacterium necrophorum*）是该菌属的一个代表菌种。本菌在自然界的分布极为广泛，是反刍动物指（趾）间坏死梭杆菌病、牛肝脓肿、猪皮肤溃疡，以及犊牛白喉等病的病原菌；它的同义名很多，最常见者为犊白喉杆菌、兔链丝菌、坏死梭杆菌、坏死棒状杆菌等（孙玉国，2007；陈立志，2008）。坏死梭杆菌属于梭杆菌属，为一种形态多样的细菌。细菌形态取决于培养时间、病原菌株和培养基，在感染的组织和脓汁涂片中通常呈长丝状，形态不一，单个或成堆排列，许多呈“L”形存在；菌宽 0.5～1.75μm，长可超过 100μm，有时可达 300μm，但有的菌呈短杆状、梭状，甚至球杆状，新分离的菌株以平直的长丝状为主。在某些培养物中还可见到较一般形态粗两倍的杆状菌体。在病变组织和肉汤中以丝状较多见。坏死梭杆菌是非抗酸性病原菌，易着染所有普通的苯胺染料。培养物在 24h 以内菌体着色均匀，超过 24h 以上菌丝内常形成空泡，此时以石炭酸复红或碱性亚甲蓝染色，着色不均，有异染颗粒，染色部分被淡染或几乎无色的部分隔开，宛如佛珠样。某些病原菌株的幼龄培养物呈纺锤形或圆形隆起，直径可达 1.8μm。含异染颗粒状内含物的长丝形态为幼龄培养物中的主要形态，特别是在液体培养基中；而球菌和杆菌在固体培养基和老龄培养物上多见。在丰富的液体培养基中，长丝状坏死梭杆菌约在培养 16h 时出现，在 24～36h 分解为杆状。超微结构研究表明，坏死梭杆菌的外细胞壁是卷绕的，说明细胞壁中含有联系细胞质与细胞壁外部环境的通道，可能是用来释放外毒素等相关产物的。坏死梭杆菌体内有颗粒包涵体，无鞭毛、不能运动、不形成芽孢和荚膜（陈立志，2008；孙玉国，2007）。

坏死梭杆菌为严格厌氧菌，只会在厌氧条件下生长，用普通培养基如营养琼脂、肉汤等培养须加入血清、血液、葡萄糖、肝块或脑块助其发育（在普通营养琼脂和肉汤中发育不良），在葡萄糖肉汤中培养须加入巯基乙酸钠，以降低培养基氧化还原电势方能生长（Langworth，1977）。坏死梭杆菌在液体培养基中通常呈均匀一致的混浊生长，有时形成平滑、絮状、颗粒状或细丝状沉淀；最适生长温度为 37℃，培养温度为 30～40℃；最适生长 pH 为 7.0（陈立志，2008）。5%～10%二氧化碳的气体环境会促进生长，Garcia 和 McKay（1973）通过改良的酪蛋白肉汤在 5%二氧化碳和 95%氮气气体环境下对坏死梭杆菌进行大批量培养。Simon（1975）报告说，在他的培养基中，坏死梭杆菌的最佳生长发生在 pH 6.8，但产酸的最佳 pH 为 7.7。在培养基中加入酵母、血液或血清，再加上半胱氨酸等还原剂，可以促进坏死梭杆菌的生长。一旦分离，坏死梭杆菌将在液体巯基乙酸盐中快速生长，甚至在接种于脱氧二氧化碳下的几种预还原肉汤（蛋白胨酵母、切碎的肉、脑心浸液）中的任何一种中生长得更好，生长蓬松，缓慢沉降到管底，并产生气体，具有丁酸的恶臭是其特征（Langworth，1977）。

现在坏死梭杆菌分型主要包括 A、B、AB 三个分型。A 型和 B 型能引起腐蹄病和肝脓肿，而 AB 型在肝脓肿和腐蹄病的病例中很少见。目前认为 A 型能够分泌产生比 B 型毒力更强、量更多的白细胞毒素，所以在牛、羊腐蹄病和肝脓肿的病例中 A 型占绝大多数。在血液琼脂培养基中，A 型的菌落呈现扁平状、轮廓不规则、金属灰白色，出现 β 溶血；B 型的菌落呈现隆起、轮廓圆整、黄色，出现弱的 β 溶血；AB 型的菌落为 A 型和 B 型的中间型，可见菌落由毡状菌丝所构成，中央致密，周围较疏松，出现弱的 β 溶血。少数坏死梭杆菌菌株呈 α 溶血或不溶血，不能还原硝酸盐，能产生靛基质，产生恶臭的气味。王克坚等（2000）分离到三种鹿源坏死梭杆菌，在血液琼脂上 37℃培养 2d 后，A 型菌落直径 2～4mm，平坦、光滑、外周不整，金灰色，由 β-型（清晰）溶血带环绕，溶血带直径通常等于或两倍于菌落的直径。B 型菌落直径为 1～2mm，凸起，外周整齐，黄色，表面粗糙。B 型菌生长较慢，比 A 型菌落较少溶血，通常产生 α-型（部分溶解，略呈绿色）的溶血带，大小一般不超过菌落，并且仅在菌落下面。AB 型菌落呈中间表现，将 B 型菌落放在 A 型菌落上面，其菌落直径为 2～4mm，隆起，凸出，中间淡黄色，周边灰白色，平坦生长，周边不规则，看上去似“煎鸡蛋”菌落，溶血程度通常与 A 型菌落相同（陈立志，2008；孙玉国，2007）。在血琼脂上，可以观察到 α 和 β 溶血。Lahelle 首先建议在血琼脂中加入 0.01%亮绿和 0.02%结晶紫，用于选择性分离梭杆菌。Fales 和 Teresa（1972）开发了一种高度选择性的琼脂，用于从牛肝脓肿中分离坏死梭杆菌；该培养基由蛋黄琼脂基质组成，辅以结晶紫和苯乙醇，后者可抑制革兰氏阴性兼性厌氧菌，在二氧化碳下孵育后，菌落呈蓝色，被不透明区和透明区包围（Langworth，1977）。Bank 等（2010）在 5%厌氧琼脂培养基中加入万古霉素和萘啶酮制备坏死梭杆菌选择性培养基，通过纯化的坏死梭杆菌 B 型进行鉴定发现：其菌落形态呈圆形，略微隆起，边缘光滑，呈白色浅黄色，有时呈淡黄色，外观呈蜡状，接触时菌落有时会在琼脂上滑动（图 5-5A）；菌落周围出现明显的 β 溶血现象（图 5-5B）；当菌落暴露在 365nm 的过滤紫外线灯（伍德灯）下，可看到菌落呈现黄绿色荧光（图 5-5C）。

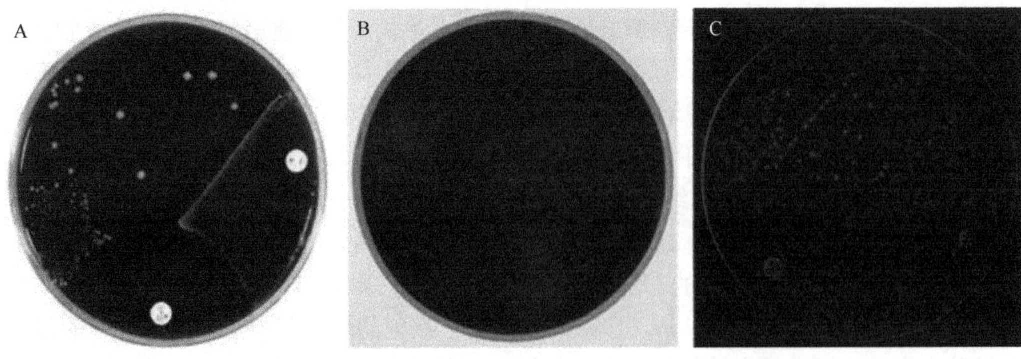

图 5-5　坏死梭杆菌 B 型菌落特征（引自 Bank et al.，2010）

A. 坏死梭杆菌菌落形态；B. 坏死梭杆菌 β 溶血；C. 坏死梭杆菌在伍德灯下发出黄绿色荧光

二、生化特性检测

各种微生物在代谢类型上表现出了很大的差异，由于细菌特有的单细胞原核生物特性，这种差异就表现得更加明显。不同细菌具有不同的酶系统，故不同细菌分解、利用糖类、脂肪和蛋白质物质的能力不同，它们对物质的代谢谱和分解产物也就不同。利用这种特点建立细菌生化反应，在菌株的分类鉴定中具有重要意义。

坏死梭杆菌的特征性生化反应是分解色氨酸产生吲哚；利用苏氨酸脱氨基作用生成丙酸盐；利用乳酸盐转变为丙酸盐，产生丁酸；在含蛋白胨、酵母提取物和葡萄糖的培养基中生长时产生微量的丙酸和乙酸，并可产生少量蚁酸。有的菌株能分解明胶，但不能分解复杂的蛋白质，能使牛乳凝固并陈化，不产生过氧化氢酶，不还原硝酸盐，不水解七叶苷。该菌除少数菌株偶尔可发酵果糖和葡萄糖微产酸外，大部分菌株不发酵各种糖类。坏死梭杆菌脂肪酶试验阳性、吲哚试验阳性、甲基红阴性和伏-波试验（Voges-Proskauer test，VP test）阴性，还原亚甲蓝，形成硫化氢。在含马血或兔血的脑心浸液琼脂平板上培养 48～72h 后，毒力菌株呈典型的 β 溶血，七叶灵水解试验、胆汁溶菌试验阴性，胆汁或脱氧胆酸不能促进其生长。DNA 的 G+C 摩尔分数为 31%～34%。A 型和 AB 型菌株对人、鸡、鸽的红细胞有很强的凝集性，对牛、绵羊、兔、马和豚鼠的红细胞则不敏感；B 型菌株不凝集人和动物的红细胞。从人体内分离的坏死梭杆菌内毒素能明显地凝集猪、鸡的红细胞，溶解马和兔的红细胞，能破坏人体的白细胞（Buchanan and Gibbons，1974；Wilson and Miles，1975；Langworth，1977；陈立志，2008）。

三、PCR 方法诊断

20 世纪 80 年代，Mullis 发明了聚合酶链反应（PCR），即体外扩增目的核酸片段的技术。核酸扩增技术目前在临床中应用广泛，至今已经发展出多种 PCR 技术，包括实时定量反转录 PCR、数字 PCR（digital PCR，dPCR）等。坏死梭杆菌是严格厌氧性细菌，在临床细菌分离鉴定过程中，由于培养条件不适宜经常分离失败，因此特异性的分子诊断方法对于坏死梭杆菌的鉴定十分必要。PCR 方法具有操作简单、快速，特异性和敏感性高等优点，目前在动物病原诊断中被广泛应用。

在细菌中，主要存在 3 种核糖体 RNA（ribosomal RNA，rRNA）（5S、16S、23S），其中 16S rRNA 是细菌核糖体 RNA 的小亚基，该亚基的编码基因为 16S rDNA。由于 DNA 容易提取并相对稳定，一般进行细菌群落结构或功能分析时均选取 16S rDNA。随着分子生物学技术的快速发展，特别是高通量测序（high-throughput sequencing，HTS），又称大规模平行测序（massively parallel signature sequencing，MPSS）技术的出现，生命科学领域掀起了新的技术革命，16S rDNA 的研究也进入了新的发展阶段（Tucker et al.，2009；Anderson and Schrijver，2010；马海霞等，2015）。微生物 16S rDNA 作为种群分类的系统发育标记，使得非培养微生物的发现和研究成为可能，同时极大地促进了微生物学的发展。16S rDNA 是细菌的系统分类研究中最有用和最常用的分子钟，其种类少，含量大（约占细菌 DNA 含量的 80%），分子大小适中，存在于所有的生物中，其进化具有良好的时钟性质，在结构与功能上具有高度的保守性，素有“细菌化石”之称。在大多数原核生物中，核糖体 DNA 都具有多个拷贝，5S rDNA、16S rDNA、23S rDNA 的拷贝数相同。16S rDNA 由于大小适中（约 1.5kb），既能体现不同菌属之间的差异，又能利用测序技术较容易地得到其序列，故被细菌学家和分类学家认可。16S rRNA 基因的克隆用来自坏死梭杆菌的部分（20ng）染色体 DNA 作模板，使用 200ng 以下质量保守的细菌 16S rRNA 引物扩增，16S rRNA 基因引物如下。引物 27F：5′ AGAGTTTGATCMTGGCTCAG 3′和引物 1525R：5′ AAGGAGGTGWTCCARCC 3′。每 50μL 反应混合物使用一个单位的 DNA 聚合酶，使用 PCR 仪进行 PCR。PCR 产物在 1%琼脂糖凝胶上电泳，切下 1500bp 片段，使用 DNA 纯化试剂盒纯化；随后将纯化的片段进行测序，通过对测序获得的 16S rDNA 序列与美国国家生物技术信息中心（National Center for Biotechnology Information，NCBI）上的进行 BLAST 比对，选择与比对序列相似度较高的菌株，即可确定细菌的种属；进一步可构建该菌株的系统进化树。

坏死梭杆菌与感染有关的毒力因子包括：白细胞毒素、内毒素脂多糖、溶血素、血凝素、黏附素或菌毛、血小板聚集因子、皮肤坏死毒素和几种细胞外酶，如磷酸酶、蛋白酶和脱氧核糖核酸酶。这些因素有助于坏死梭杆菌的黏附、定植、增殖，以及被感染动物瘤胃壁上的病变（瘤胃脓肿或瘤胃炎）和肝脓肿的发展，而白细胞毒素被认为是感染的主要毒力因素（Nagaraja et al.，2005；Tadepalli et al.，2009）。坏死梭杆菌白细胞毒素（leukotoxin）是一种分泌蛋白质，对中性粒细胞、巨噬细胞、肝细胞和瘤胃上皮细胞具有细胞毒性。细胞毒性似乎对反刍动物（牛、羊）和人类中性粒细胞具有特异性，但对猪或兔的中性粒细胞不具有特异性，对马的中性粒细胞仅具有中度毒性。该毒素在低浓度下诱导细胞凋亡，在较高浓度下裂解细胞，并且对中性粒细胞的活性高于对淋巴细胞的活性。坏死梭杆菌白细胞毒素的大小为 336 000Da，远高于其他细菌的白细胞毒素，如金黄色葡萄球菌（38 000Da 和 32 000Da）与伴放线放线杆菌（114 000Da）。在外界环境中，坏死梭杆菌的种类虽然繁多，但是只有携带白细胞毒素基因的坏死梭杆菌才能引起奶牛腐蹄病的发生。根据坏死梭杆菌病原学的这一特性，Bennett 等（2009）根据奶牛腐蹄病坏死梭杆菌白细胞毒素基因的核苷酸序列设计特异性引物，建立了奶牛腐蹄病坏死梭杆菌的 PCR 诊断方法，并用于临床奶牛腐蹄病坏死梭杆菌的检测。基于白细胞毒素基因的 PCR 方法在临床奶牛腐蹄病坏死梭杆菌检测中表现出良好的敏感性和特异性，能用于绵羊等其他反刍动物坏死梭杆菌病的诊断（Kumar et al.，2013；Farooq et al.，2018）。

一些研究报告称，坏死梭杆菌 A 型比 B 型产生更多的白细胞毒素。Tan 等（1994a）发现从肝脓肿中分离出的坏死梭杆菌更常属于 A 型，因为 A 型比 B 型产生更高的白细胞毒素水平。另一项研究中，来自瘤胃的坏死梭杆菌 B 型分离菌株比来自肝脓肿的分离株产生的白细胞毒性更低，这表明产生白细胞毒素多的菌株对瘤胃壁的入侵具有选择性优势。然而，具有低毒力的毒株也具有较低水平的已知和疑似毒力因子，如溶血素、血凝素等，这些毒力因子可能单独或累积地降低致病性。

Kumar 等（2013）为了在分子水平上鉴定坏死梭杆菌，使用 PCR 仪对其进行了不同的 PCR 测定。基于 16S rDNA 基因的属特异性 PCR 测定产生了 610bp 的扩增条带，证实所有分离株属于梭杆菌属（图 5-6A）。分离株的亚种基于血凝素基因和含有白细胞毒素（lkt）启动子的基因间区域进行 PCR 扩增。对于血凝素基因，从所有坏死梭杆菌 A 型亚种菌株中扩增出一个 315bp 的条带，在 B 型亚种的菌株中未扩增出条带（图 5-6B）。PCR 分析旨在扩增含有 *lkt* 启动子的亚种基因间区域，坏死梭杆菌 A 型亚种的菌株扩增出了 571bp 的产物（图 5-6C）。相比之下，设计用于扩增 B 型亚种含有 *lkt* 启动子的区域 PCR 分析，所有 A 型亚种坏死梭杆菌菌株均呈阴性结果（图 5-6D），并且正如预期的那样，用 B 型亚种菌株扩增了 337bp 的产物。

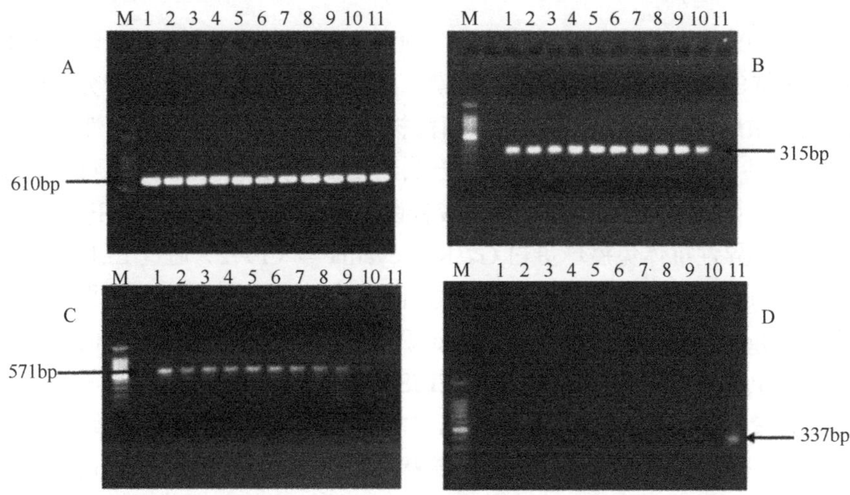

图 5-6 坏死梭杆菌特异性基因扩增结果（引自 Kumar et al.，2013）

A. 扩增 16S rDNA 基因结果；B. 扩增血凝素基因结果；C. 扩增 A 型亚种白细胞毒素启动子区域基因结果；D. 扩增 B 型亚种白细胞毒素启动子区域基因结果

PCR 检测手段应用最普遍，且灵敏度较高，但由于需要专门的设备进行操作，因此 PCR 方法在基层养殖场的应用存在着很大的局限性，急需一种简单、快速、经济、特异性和敏感性高，能用于基层检测潜在感染坏死梭杆菌样本的检测方法。环介导等温扩增检测（loop mediated isothermal amplification，LAMP）是一种新型的替代 PCR 或 RT-PCR 的检测方法，主要特点是根据作用的靶基因设计 4 种特异性引物，在 DNA 聚合酶的作用下，60～66℃恒温扩增 15～60min 即可实现（1×10^{9}）～（1×10^{10}）的核酸扩增；其结果可通过肉眼观测浑浊度、颜色变化，或通过凝胶电泳、实时荧光等手段读取，具有操作简单、特异性强、产物易检测等特点，能方便应用于现场快速检测；目前已被应用于细菌、真菌、寄生虫和病毒等多种病原体的检测。Kavitha 等（2022）设计并建立了坏死梭杆菌和节瘤拟杆菌的 LAMP 检测体系，对 250 只山羊蹄部样本进行检测，120 例（48%）呈坏死梭杆菌阳性，104 例（41.6%）呈节瘤拟杆菌阳性。通过对坏死梭杆菌 DNA 提取物标准稀释液进行检测，与 PCR 相比，LAMP 在样品 DNA 检测方面更为敏感。

四、ELISA 方法诊断

酶联免疫吸附测定（enzyme-linked immunosorbent assay，ELISA）于 1971 年建立，因其具有简单、高效、灵敏、特异、稳定、试剂成本低等特点，被广泛应用于临床医学诊断和研究、食品安全检测、环境监测及生态学、植物资源学等生命科学领域。在医学研究及临床诊断方面，ELISA 技术主要用于多种病原微生物所引起的感染性疾病的免疫诊断；同时，因其检测的高效性，也常用于血清流行病学调查；其主要技术类型包括双抗原（抗体）夹心法、间接法、竞争法、捕获法，以及应用生物素和亲和素的 ELISA 方法等。

Pillai 等（2021）通过双抗原（抗体）夹心 ELISA 法对来自不同损伤程度肝脓肿的坏死梭杆菌菌株的白细胞毒素进行浓度检测，结果表明，从严重肝脓肿分离的坏死梭杆菌菌株比从轻微肝脓肿分离的坏死梭杆菌菌株所产生的白细胞毒素活性更强，浓度更高。Tan 等（1994b）也通过夹心 ELISA 方法建立了坏死梭杆菌白细胞毒素定量检测的方法。Turner 等（1986）在人工感染坏死梭杆菌的小鼠的血清中，通过 ELISA 方法检测到坏死梭杆菌特异性抗体免疫球蛋白 G。Kameyama 等（1992）通过 ELISA 方法对未感染坏死梭杆菌和感染坏死梭杆菌的牛血清进行特异性抗体 IgG 检测，结果显示两种血清中特异性抗体 IgG 含量具有显著差异。Guo 等（2010）使用坏死梭杆菌的重组截短的白细胞毒素蛋白 PL2 作为抗原的血清诊断 ELISA（rL-ELISA）被开发用于检测来自牛腐蹄病的抗坏死梭杆菌的抗体。在 rL-ELISA 中，重组诊断抗原与抗牛口蹄疫病毒、牛鼻气管炎病毒、牛病毒性腹泻病毒、牛 A 型轮状病毒、牛大肠杆菌和牛沙门菌的血清没有交叉反应。rL-ELISA 结果显示在感染后第 7 天存在坏死梭杆菌的抗体。现场样品检测表明，以纯化的天然白细胞毒素 A 为抗原，rL-ELISA 对 nL-ELISA 的相对敏感性为 96.43%，rL-ELISA 对 nL-ELISA 的相对特异性为 94.26%。这些数据表明 rL-ELISA 将有可能用于早期诊断由坏死梭杆菌引起的牛腐蹄病。这些研究表明，用于检测 IgG 的 ELISA 可能是预测坏死梭杆菌感染的有用工具。

第三节　坏死梭杆菌诊断技术研究

一、坏死梭杆菌白细胞毒素 PCR 诊断方法的建立

1. 材料与方法

1.1　材料

坏死梭杆菌 A25 标准菌株，购自美国 ATCC 公司（*Fusobacterium necrophorum*，*Fnn* 亚种，ATCC 25286）；大肠杆菌、链球菌、金黄色葡萄球菌等菌株保存于黑龙江八一农垦大学动物科技学院兽医病理学实验室。预混酶、DNA Marker、预染彩虹 Marker 等购于近岸蛋白质科技有限公司；DNA 回收试剂盒等购于天根生化科技有限公司。主要仪器包括全自动厌氧培养箱、低速离心机、RNA 扩增仪。

1.2 方法

1.2.1 菌种的培养

坏死梭杆菌 A25 解冻后接种于苛养厌氧菌肉汤培养基，在 37℃厌氧环境（气体环境为 85% N_2、10% CO_2 和 5% H_2）培养，连续传代 3 代后可用于后续试验。

1.2.2 细菌基因组的提取

按照天根细菌基因组 DNA 提取试剂盒提取坏死梭杆菌基因组，具体操作如下。

取细菌培养液 1mL，11 500*g* 离心 1min，尽量吸净上清液；向菌体沉淀中加入 200μL 缓冲液 GA，振荡至菌体彻底悬浮；向管中加入 20μL 蛋白酶 K 溶液，混匀；加入 220μL 缓冲液 GB，振荡 15s，70℃放置 10min，溶液应变清亮，离心以去除管盖内壁的水珠；加 500μL 无水乙醇，充分振荡混匀 15s，此时可能会出现絮状沉淀，离心以去除管盖内壁的水珠；将上一步所得溶液和絮状沉淀都加入一个吸附柱 CB3 中（吸附柱放入收集管中），13 400*g* 离心 30s，倒掉废液，将吸附柱 CB3 放入收集管中；向吸附柱 CB3 中加入 500μL 缓冲液 GD，13 400*g* 离心 30s，倒掉废液，将吸附柱 CB3 放入收集管中；向吸附柱 CB3 中加入 600μL 漂洗液 PW，13 400*g* 离心 30s，倒掉废液，将吸附柱 CB3 放入收集管中，重复操作 2 次；将吸附柱 CB3 放回收集管中，13 400*g* 离心 2min，倒掉废液。将吸附柱 CB3 置于室温放置数分钟，以彻底晾干吸附材料中残余的漂洗液；将吸附柱 CB3 转入一个干净的离心管中，向吸附膜的中间部位悬空滴加 50～200μL ddH_2O，室温放置 2～5min，13 400*g* 离心 2min，将溶液收集到离心管中。

1.2.3 白细胞毒素引物设计

根据 GenBank 上发表的序列，使用引物设计软件（Primer 5.0）设计引物，并送由北京擎科生物科技股份有限公司进行引物合成，其中白细胞毒素-F 序列为 5′ GGG TAAGACCAAATGAGC 3′；白细胞毒素-R 序列为 5′ CCATTACCACTATCCCCC 3′。

1.2.4 坏死梭杆菌白细胞毒素基因的扩增

以坏死梭杆菌基因组为模板扩增坏死梭杆菌白细胞毒素基因，其 PCR 反应条件和反应体系如下。PCR 反应体系为 25μL，其中包括 2×premix 预混酶 12.5μL、上游引物 0.5μL、下游引物 0.5μL、坏死梭杆菌 A25 菌株 DNA 3.0μL、去离子水 8.5μL。反应条件为 92℃预变性 5min；94℃变性 1min；57℃退火 1min；72℃延伸 1.5min；循环 30 次；72℃延伸 10min。将扩增后的产物进行琼脂糖凝胶电泳；将扩增产物目的条带切下、纯化，然后将纯化后的产物送至北京擎科生物科技股份有限公司进行测序。

1.2.5 坏死梭杆菌白细胞毒素 PCR 方法的敏感性检测

将坏死梭杆菌 A25 菌株基因组样本进行连续的倍比稀释，坏死梭杆菌 A25 菌株基因组原始浓度为 0.2μg/μL，将其从 10^0 稀释至 10^{-9} 后，再进行 PCR 反应，检测是否有目的条带产生，明确 PCR 方法的敏感性。

1.2.6 坏死梭杆菌白细胞毒素 PCR 方法的特异性检测

在相同的 PCR 反应体系和 PCR 反应条件下，利用坏死梭杆菌白细胞毒素引物对坏死梭杆菌、大肠杆菌、链球菌、金黄色葡萄球菌的基因组进行 PCR 反应，检测坏死梭杆菌白细胞毒素 PCR 诊断方法的特异性。

2. 结果

2.1 坏死梭杆菌白细胞毒素基因 PCR 扩增结果

以牛坏死梭杆菌 A25 菌株 DNA 为模板，通过 PCR 扩增出目的基因，经 1%琼脂糖凝胶电泳分析（图 5-7）显示：扩增出的白细胞毒素基因大小为 1700bp，与预期片段大小相符。同时测序结果显示，基因组与已发表的白细胞毒素基因核苷酸同源性为 96.2%。

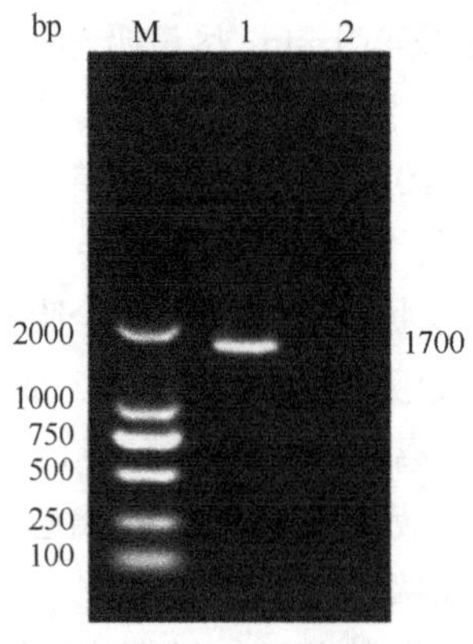

图 5-7 坏死梭杆菌白细胞毒素的 PCR 扩增结果

M. DNA Marker DL 2000；1. 坏死梭杆菌白细胞毒素 PCR 产物；2. 阴性对照

2.2 坏死梭杆菌白细胞毒素基因 PCR 敏感性试验结果

将坏死梭杆菌 A25 菌株基因组样本进行连续的倍比稀释，当坏死梭杆菌基因组原始浓度为 0.2μg/μL，最低检测量为 10^{-5} 稀释倍比，出现大小为 1700bp 的特异性条带，与目的条带相符（图 5-8）；当倍比稀释至 10^{-6} 后，无目的条带产生；表明当坏死梭杆菌白细胞毒素基因的稀释倍数为 10^{-5}，基因含量为 2.073pg/μL，其 PCR 检测方法具有较高的敏感性。

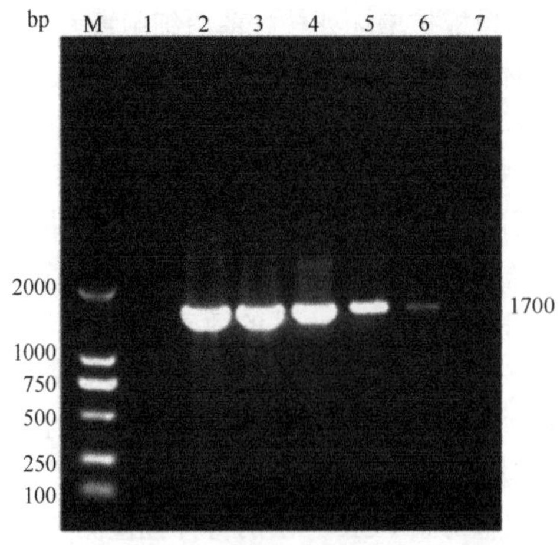

图 5-8 坏死梭杆菌白细胞毒素基因 PCR 扩增结果

M. DNA Marker DL 2000；1. 阴性对照；2～7. 倍比稀释的坏死梭杆菌基因

2.3 坏死梭杆菌白细胞毒素基因 PCR 特异性试验结果

利用坏死梭杆菌白细胞毒素引物对坏死梭杆菌、大肠杆菌、链球菌、金黄色葡萄球菌的基因组进行 PCR 反应，结果表明坏死梭杆菌组有特异性目的条带产生，大小为1700bp，而大肠杆菌、链球菌、金黄色葡萄球菌扩增后均无目的条带出现（图 5-9），表明坏死梭杆菌白细胞毒素 PCR 诊断方法具有特异性。

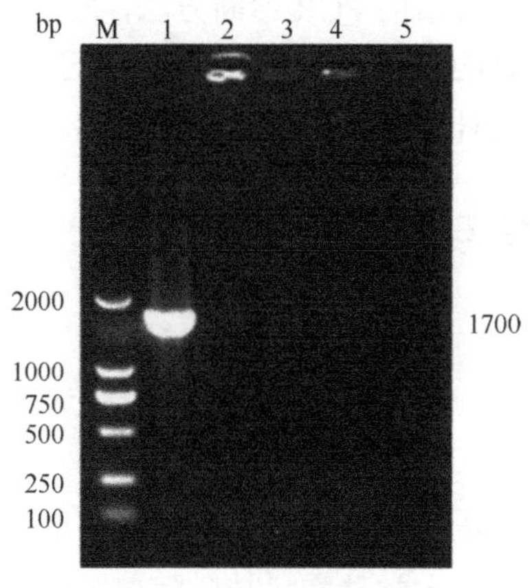

图 5-9　坏死梭杆菌白细胞毒素基因的特异性试验结果

M. DNA Marker DL 2000；1. 坏死梭杆菌阳性对照；2. 坏死梭杆菌阴性对照；3. 金黄色葡萄球菌；4. 链球菌；5. 大肠杆菌

3. 讨论

坏死梭杆菌是革兰氏阴性、专性厌氧多形态杆菌，坏死梭杆菌包含两个亚种，*Fnn* 亚种和 *Fnf* 亚种；*Fnn* 亚种主要以感染家畜为主，而 *Fnf* 亚种主要以感染人为主，二者都具有非常强的致病性，均广泛存在于自然界中，在动物口腔、胃肠道等均可分离得到（Smith and Thornton，1993，1997）。坏死梭杆菌常引起动物和人的皮肤、皮下组织坏死性病变，如腐蹄病、坏死性皮炎、坏死性口炎等。动物机体处于健康状态下，坏死梭杆菌无法侵入，只有当蹄部组织出现浸软、外伤和微生物感染的前提下，才能在蹄部组织深部大量繁殖。多数情况下坏死梭杆菌会和节瘤拟杆菌混合侵入奶牛蹄部，此种情况下病情更加严重。坏死梭杆菌能产生多种毒力因子，白细胞毒素、溶血素、溶胶原蛋白、血凝素、内毒素、血小板凝集素。这些毒力因子可以逃避宿主天然的免疫屏障，为菌体入侵机体创造条件，其中白细胞毒素是坏死梭杆菌的主要毒力因子，是细胞外分泌的蛋白质。白细胞毒素能对牛羊等反刍动物的白细胞和马的多形核细胞产生毒害作用，而对兔、猪的白细胞没有毒害作用。白细胞毒素对中性粒细胞具有吞噬作用，其释放的产物会对肝细胞造成一定的损伤，能够直接降低肝细胞的防御作用，造成肝实质损伤，从而导致肝脓肿（Nagaraja and Chengappa，1998）。白细胞毒素可以作为免疫原，在坏死梭杆菌培养物的上清液中大量获得，给牛注射培养物的上清液可大大降低牛腐蹄病的发病率（王克坚等，2002；Narayanan et al.，2003；郭东华等，2008，2009）。

由于坏死梭杆菌严格厌氧，在临床细菌分离鉴定过程中，培养条件不适当经常导致分离失败，因此特异性的分子诊断方法对于坏死梭杆菌的鉴定十分必要。PCR 方法因其操作简单、快速、特异性强和敏感性高等优点，目前在动物病原诊断中被广泛应用。在外界环境中，坏死梭杆菌的种类虽然繁多，但是只有携带白细胞毒素基因的坏死梭杆菌才能引起奶牛腐蹄病的发生。根据坏死梭杆菌病原学的这一特性，Bennett 等（2009）根据奶牛腐蹄病坏死梭杆菌白细胞毒素基因的核苷酸序列设计特异性引物，建立了奶牛腐蹄病坏死梭杆菌的 PCR 诊断方法，并用于临床奶牛腐蹄病坏死梭杆菌的检测。本试验通过建立坏死梭杆菌白细胞毒素的 PCR 诊断方法，应用于临床检测坏死梭杆菌感染，结果表明该检测方法具有良好的敏感性和特异性，能用于牛羊坏死梭杆菌感染的诊断和综合防控，为临床防治坏死梭杆菌感染提供了试验基础。

二、牛坏死梭杆菌 lktA 竞争 ELISA 诊断方法的建立

1. 材料与方法

1.1　材料

1.1.1　血清和主要试剂

坏死梭杆菌兔阳性血清、兔阴性血清、坏死梭杆菌牛阳性血清、牛阴性血清、临床牛血清样本等由黑龙江八一农垦大学动物科技学院兽医病理学实验室保存。主要试剂包括：BCA 蛋白浓度测定试剂盒、BSA、蛋白酶抑制剂购自碧云天生物技术有限公司；吐温-20、脱脂乳购自德国 Biofroxx 公司；HRP 标记的山羊抗兔 IgG（IgG-HRP）购自武汉三鹰生物技术有限公司；96 孔酶标板购自康宁公司；TMB 单组分显色液、PBS 缓冲液购自北京索莱宝科技有限公司。

1.1.2　主要仪器

主要仪器包括：JY02S 型紫外分析仪购自北京君意东方电泳设备有限公司；XB100 型制冰机购自德国 GRANT 公司；DRP-9272 型电热恒温培养箱购自上海森信实验仪器有限公司；ZW-A 型微量振荡器购自常州金坛虹盛仪器厂；八道移液器购自德国爱得芬公司；BSA223S 型电子天平购自德国赛多利斯公司。

1.2　方法

1.2.1　竞争 ELISA 基础操作步骤

首先确定间接竞争 ELISA 基本操作步骤，具体如下。

（1）参照第一章第三节纯化 pGEX-6p-1-PL2 重组蛋白，应用 BCA 蛋白检测试剂盒测量纯化后重组蛋白，重组蛋白浓度为 0.6mg/mL，将重组蛋白稀释至最佳稀释倍数，100μL/孔加入 96 孔酶标板中，在 4℃条件下包被过夜，PBST 常规洗涤。

（2）将包被过夜的 96 孔酶标板进行封闭，5%脱脂乳 37℃恒温封闭 2h，进行 PBST 常规洗涤。

（3）按照最佳稀释倍数加入待检血清，100μL/孔加入 96 孔酶标板中，在 37℃条件下孵育 1h 后，进行 PBST 洗涤。

（4）将制备的单克隆抗体腹水按照最佳比例稀释，100μL/孔加入 96 孔酶标板中，在 37℃条件下孵育 30min 后，进行 PBST 常规洗涤。

（5）按照最佳稀释倍数加入 HRP 标记的酶标二抗，100μL/孔加入 96 孔酶标板中，在 37℃条件下孵育 40min 后，进行 PBST 常规洗涤。

（6）从 4℃冰箱中拿出 TMB 单组分显色液进行室温回温，100μL/孔加入显色液，

避光显色 10～15min。

（7）100μL/孔加入终止液进行显色终止，设置酶标仪读取 OD_{450nm} 的数值。

1.2.2　最佳抗原包被浓度及阴、阳性血清最佳稀释倍数的确定

应用 ELISA 检测方法建立的常规方阵法，确定最佳抗原包被浓度和阴、阳性血清最佳稀释倍数，具体方案如下。

（1）将纯化的 pGEX-6p-1-PL2 重组蛋白按照 2μg/mL、1μg/mL、0.5μg/mL、0.25μg/mL、0.125μg/mL、0.0625μg/mL、0.031 25μg/mL 进行梯度稀释，在 96 孔酶标板中按照梯度加入 100μL/孔，每个梯度设置一行，并设置空白对照，4℃包被过夜后，进行 PBST 洗涤。

（2）将包被过夜的 96 孔酶标板进行封闭，5%脱脂乳 37℃恒温封闭 2h 后，进行 PBST 洗涤。

（3）将实验室制备的标准坏死梭杆菌阴、阳性血清按照 1∶10、1∶20、1∶40、1∶80、1∶160 梯度进行倍比稀释，在 96 孔酶标板中按照梯度加入 100μL/孔，每个梯度设置一列，37℃孵育 1h 后，进行 PBST 洗涤。

（4）将制备的单克隆抗体腹水 1∶10^5 稀释，加入 96 孔酶标板中，37℃恒温孵育 30min 后，进行 PBST 常规洗涤。

（5）将 HRP 标记二抗按照说明书进行 1∶10 000 稀释，37℃恒温孵育 40min 后，进行 PBST 常规洗涤。

（6）TMB 单组分显色液显色。

（7）终止，酶标仪读取 OD_{450nm} 数值，选择阻断率计算结果最高的数值，作为最佳抗原包被浓度和阴、阳性血清最佳稀释倍数。

1.2.3　最佳单抗及酶标抗体工作浓度的确定

应用 ELISA 检测方法建立的常规方阵法，确定单抗和酶标二抗最佳工作浓度的具体方案如下。

（1）将纯化的 pGEX-6p-1-PL2 蛋白按照最佳抗原包被浓度进行梯度稀释，4℃包被过夜后，进行 PBST 常规洗涤。

（2）将包被过夜的 96 孔酶标板进行封闭，5%脱脂乳 37℃恒温封闭 2h 后，进行 PBST 常规洗涤。

（3）将实验室制备的标准坏死梭杆菌阴、阳性血清按照最佳稀释倍数加入 96 孔酶标板中，37℃孵育 1h 后，进行 PBST 常规洗涤。

（4）将制备的单克隆抗体腹水按照 1∶4000、1∶8000、1∶16 000、1∶32 000、1∶64 000 进行梯度稀释，在 96 孔酶标板中按照梯度浓度加入 100μL/孔，每个梯度设置一列，并设置空白对照，37℃恒温孵育 1h 后，进行 PBST 常规洗涤。

（5）将商品化的 HRP 标记二抗按照说明书所指示范围进行梯度稀释，梯度设置为 1∶2000、1∶4000、1∶8000、1∶16 000、1∶32 000，在 96 孔酶标板中按照梯度浓度加入 100μL/孔，每个梯度设置一行，并设置空白对照，37℃恒温孵育 40min 后，进行 PBST 常规洗涤。

（6）显色、终止和读数。

（7）选择阻断率计算结果最高的数值，作为单抗和酶标二抗的最佳工作浓度。

1.2.4　抗原包被液及包被条件的确定

按照上述最佳抗原包被浓度、血清稀释倍数、单抗稀释倍数和酶标抗体稀释倍数进行操作，选择 0.01mol/L 碳酸盐缓冲液和 0.01mol/L 磷酸盐缓冲液分别包被可拆卸的 96 孔酶标板；设置包被条件 4℃的包被时间为 10h、12h、16h、24h，同时设置包被条件 37℃的包被时间为 1h、2h、3h、4h，应用以上条件对标准阴、阳性血清进行检测；每个样品重复 3 次，设置空白对照；计算以上条件下得出的阻断率，将其最高值的条件确定为最佳包被条件。

1.2.5　封闭液及封闭条件的确定

按照上述最佳反应条件进行操作，选取 5%脱脂乳、3% BSA、1% BSA 三种封闭液分别对 96 孔酶标板进行封闭，封闭时间及条件为 4℃条件下封闭 12h，37℃条件下封闭 2h；应用以上条件对标准阴、阳性血清进行检测，每个样品重复 3 次，设置空白对照；计算以上条件下得出的阻断率，将其最高值的条件确定为最佳封闭条件。

1.2.6　单抗作用时间的确定

按照上述最佳反应条件进行操作，单克隆抗体腹水孵育温度为 37℃，孵育时间为 30min、45min、1h，应用以上条件对标准阴、阳性血清进行检测，每个样品重复 3 次，设置空白对照，计算以上条件下得出的阻断率，将其最高值的条件确定为最佳单抗作用时间。

1.2.7　TMB 显色液作用条件的确定

按照上述最佳反应条件进行操作，底物显色液使用北京索莱宝科技有限公司 TMB 单组分显色液，显色时间及显色条件为室温避光显色 5min、10min、15min、20min，37℃避光显色 5min、10min、15min、20min，对标准阴、阳性血清进行检测，每个样品重复 3 次；计算以上条件下得出的阻断率，将其最高值的条件确定为底物显色液最佳条件。

1.2.8　阴、阳性临界值的确定

参照上述最佳反应条件，将不同牛场采样得到的已知背景的牛坏死梭杆菌阴性血清共 50 份，进行间接竞争 ELISA 检测，同时设置不加入血清的空白对照，计算 50 份阴性样品的 PI（阻断率）值。计算公式如下：PI=[(空白对照 OD_{450nm}–阴性样品 OD_{450nm})/空白对照 OD_{450nm}]×100%，同时计算 50 份血清 PI 的平均值 $\bar{x}$ 及标准差（standard deviation，SD）。

$$阴性临界值=PI(\bar{x})+2SD$$

$$阳性临界值=PI(\bar{x})+3SD$$

1.2.9　符合率试验

按照上述最佳反应条件进行操作，参照上述确定的阴、阳性临界值判定标准，对 81 份临床牛血清进行检测，同时对照 PCR 鉴定结果，每个样品重复 3 次，计算建立的竞争 ELISA 检测方法的符合率。

1.2.10　批内及批间重复性试验

1.2.10.1　批内重复性试验

取同一批次包被的 96 孔酶标板，分别对已知的 3 份阴性血清和 3 份阳性血清进行检测，每个样品重复 3 次，计算每份样品的平均阻断率、标准差及变异系数（coefficient of variation，CV），CV=（标准差 SD/平均值 $\bar{x}$）×100%。

1.2.10.2　批间重复性试验

取不同批次包被可拆卸 96 孔酶标板，分别对已知的 3 份阴性血清和 3 份阳性血清进行检测，每个样品重复 3 次，计算每份样品平均阻断率、标准差及变异系数。

1.2.10.3　特异性试验

应用已经建立的坏死梭杆菌白细胞毒素竞争 ELISA 检测方法和阴、阳性临界值判定标准，分别检测牛坏死梭杆菌阳性血清、牛结核杆菌阳性血清、牛葡萄球菌和牛布氏杆菌阳性血清，测定阻断率。

1.2.10.4　竞争 ELISA 方法在临床检测中的应用

应用已经建立的坏死梭杆菌白细胞毒素竞争 ELISA 检测方法和阴、阳性临界值判定标准，对黑龙江省某牛场 127 份临床血清样品进行检测。

2. 结果

2.1　最佳抗原包被浓度及阴、阳性血清的工作浓度

将纯化的 pGEX-6p-1-PL2 蛋白按照 2μg/mL、1μg/mL、0.5μg/mL、0.25μg/mL、0.125μg/mL、0.0625μg/mL、0.031 25μg/mL 梯度稀释包被，同时将实验室制备的标准坏死梭杆菌阴、阳性血清按照 1∶10、1∶20、1∶40、1∶80、1∶160 梯度进行倍比稀释，将单克隆抗体按照 1∶100 000 稀释，酶标二抗按照 1∶10 000 稀释；利用方阵法，计算 PI 值，PI 值计算公式：$PI=(N-P)/N\times100\%$，N 为阴性血清 OD_{450nm}，P 为阳性血清 OD_{450nm}；PI 值最高时，最佳抗原包被浓度为 0.0625μg/mL，血清最佳工作浓度为 1∶20（表 5-1）。结果中的最佳结果均在表中加粗。

表 5-1　最佳抗原包被浓度和血清最佳稀释倍数的确定

抗原包被浓度（μg/mL）		血清最佳稀释倍数				
		1∶10	1∶20	1∶40	1∶80	1∶160
2	N	2.801	1.998	1.396	0.958	0.652
	P	1.262	0.9	0.673	0.486	0.359
	PI	54.9%	55.0%	51.8%	49.2%	44.9%
1	N	2.862	2.11	1.377	0.956	0.593
	P	1.251	0.907	0.66	0.466	0.32
	PI	56.2%	57.0%	52.1%	51.3%	46.0%
0.5	N	2.829	2.039	1.31	0.894	0.57
	P	1.275	0.85	0.623	0.429	0.288
	PI	54.9%	58.3%	52.4%	52.0%	49.5%
0.25	N	2.646	2.003	1.342	0.874	0.559
	P	1.309	0.863	0.626	0.424	0.288
	PI	50.5%	56.9%	53.4%	51.5%	48.5%
0.125	N	2.837	2.003	1.353	0.844	0.521
	P	1.198	0.763	0.563	0.361	0.254
	PI	57.8%	61.8%	58.4%	57.2%	51.2%
0.062 5	N	2.615	**2.029**	1.331	0.871	0.54
	P	1.012	**0.751**	0.563	0.393	0.289
	PI	61.3%	**63.0%**	57.7%	54.9%	46.5%
0.031 25	N	2.371	1.799	0.989	0.736	0.508
	P	1.1	0.688	0.523	0.386	0.275
	PI	53.6%	61.8%	47.1%	47.6%	45.9%

2.2　最佳单抗及酶标抗体工作浓度

将纯化的pGEX-6p-1-PL2蛋白按照最佳抗原包被浓度0.0625μg/mL进行包被，同时将实验室制备的标准坏死梭杆菌阴、阳性血清按照最佳血清稀释倍数1∶20进行稀释。利用方阵法，对单克隆抗体腹水进行1∶4000、1∶8000、1∶16 000、1∶32 000、1∶64 000梯度稀释，对酶标二抗按照说明书指示范围进行1∶2000、1∶4000、1∶8000、1∶16 000、1∶32 000倍比稀释；计算PI值，当PI值最高时，最佳单抗工作浓度为1∶8000，酶标抗体工作浓度为1∶16 000（表5-2）。

表5-2　最佳单抗及酶标抗体工作浓度

酶标抗体稀释倍数		单抗稀释倍数				
		1∶4 000	1∶8 000	1∶16 000	1∶32 000	1∶64 000
1∶2 000	N	3.95	4.025	3.96	3.99	3.98
	P	3.78	3.812	3.863	3.942	3.838
	PI	4.3%	5.3%	2.4%	1.2%	3.6%
1∶4 000	N	3.86	3.792	3.906	3.767	3.873
	P	2.889	2.922	3.03	3.056	3.061
	PI	25.2%	22.9%	22.4%	18.9%	21.0%
1∶8 000	N	2.967	2.901	3.906	2.996	3.01
	P	1.695	1.735	1.882	1.833	1.95
	PI	42.9%	40.2%	36.5%	38.8%	35.2%
1∶16 000	N	1.827	**1.741**	1.756	1.867	1.821
	P	0.636	**0.554**	0.602	0.627	0.698
	PI	65.2%	**68.2%**	65.7%	66.4%	61.7%
1∶32 000	N	0.498	0.691	0.825	0.768	0.799
	P	0.336	0.26	0.386	0.417	0.453
	PI	32.5%	62.4%	53.2%	45.7%	43.3%

2.3　抗原包被液及包被条件

按照上述最佳试验条件，各包被温度条件和包被时间设置3个重复，由表5-3可知，4℃条件下，使用0.01mol/L碳酸盐缓冲液作为包被液稀释抗原，包被12h，所得PI值最高。

表5-3　抗原包被液及包被条件

包被温度（℃）	包被时间（h）	PI值	
		0.01mol/L 磷酸盐缓冲液	0.01mol/L 碳酸盐缓冲液
4	10	58.2%	60.5%
	12	63.8%	**71.5%**
	16	60.7%	66.8%
	24	59.8%	66.2%
37	1	54.7%	55.9%
	2	59.1%	61.6%
	3	58.2%	63.1%
	4	58.8%	60.1%

2.4　封闭液及封闭条件

按照上述最佳试验条件，各封闭液和封闭时间设置3个重复。由表5-4可知，封闭液条件为5%脱脂乳，37℃封闭2h时，所得PI值最高，为最佳封闭条件。

表 5-4　最佳封闭液及封闭条件

封闭条件	封闭液	PI 值
4℃ 12h	5%脱脂乳	66.1%
	3% BSA	41.3%
	1% BSA	36.6%
37℃ 2h	**5%脱脂乳**	**71.3%**
	3% BSA	31.0%
	1% BSA	37.6%
不封闭	不封闭	33.9%

2.5　单抗作用时间

单克隆抗体以最佳稀释倍数 1∶8000 稀释，在 37℃条件下分别孵育 30min、40min 和 1h，阴、阳性血清分别重复 3 次，由表 5-5 可知，将单克隆抗体 37℃孵育 30min 时，所得 PI 值最高。

表 5-5　单抗最佳作用条件

作用温度	作用时间	PI 值
37℃	**30min**	**63.6%**
	40min	53.6%
	1h	55.6%

2.6　TMB 显色液作用条件

TMB 显色液 100μL/孔，温度为常温和 37℃，显色时间分别为 5min、10min、15min、20min，阴、阳性血清分别重复 3 次，同时设置空白对照。如表 5-6 所示，37℃条件下，显色 20min 为最佳显色液作用条件。

表 5-6　显色液作用条件结果

显色温度	显色时间（min）	PI 值
37℃	5	50.3%
	10	45.9%
	15	62.0%
	20	**67.3%**
常温	5	36.3%
	10	48.6%
	15	61.9%
	20	53.6%

2.7　阴、阳性临界值

经竞争 ELISA 检测确定，检测 50 份已知背景的牛阴性血清样本，判断其阴、阳性临界值，应用空白血清作为对照，得出 $\bar{x}$ 为 17.3%，SD 为 6.29%。按照阴、阳性结果判断公式：阴性临界值=PI（$\bar{x}$）+2SD 计算可得阴性临界值为 29.9%，阳性临界值=PI（$\bar{x}$）+3SD 计算可得阳性临界值为 36.1%。得出阴、阳性判断标准为样品阻断率 PI 值≥36.1%判为阳性，样品阻断率 PI 值≤29.9%判为阴性，样品阻断率在 29.9%～36.1%时，为可疑样品，需复检。

2.8　符合率试验结果

应用本文中初步建立的竞争 ELISA 方法和 PCR 法对已知 PCR 鉴定结果的 81 份临床牛血清样品进行检测，计算其阻断率 PI 值，其中 PCR 鉴定结果包含阳性血清 20 份，阴性血清 61 份；竞争 ELISA 结果包含阳性血清 21 份，阴性血清 60 份，最终计算竞争 ELISA 与 PCR 鉴定坏死梭杆菌的符合率为 96.3%（表 5-7）。

表 5-7　符合率试验结果

		PCR 鉴定结果		总计
		阳性	阴性	
竞争 ELISA	阳性	19	2	21
	阴性	1	59	60
总计		20	61	81
符合率		96.3%		

2.9　重复性试验结果

2.9.1　批内重复性试验结果

取同一批次包被的 96 孔酶标板，分别对已知的 3 份阴性血清和 3 份阳性血清进行检测，每个样品重复 3 次，计算每份样品的平均阻断率、标准差及变异系数 CV，CV=（标准差 SD/平均值）×100%；结果如表 5-8 所示，样本 1～3 为已知阳性样品，样品 4～6 为已知阴性样品，CV 值均小于 10%，证明批内重复性良好。

表 5-8　批内重复性试验结果

		板 1	板 2	板 3	$\bar{x}$	SD	CV
样本 1	PI	61.5%	64.2%	64.5%	63.4%	1.65	2.6%
样本 2	PI	59.2%	67.9%	64.8%	64.0%	4.41	6.9%
样本 3	PI	60.6%	64.2%	62.6%	62.5%	1.80	2.9%
样本 4	PI	12.7%	12.5%	13.3%	12.8%	0.42	3.2%
样本 5	PI	25.6%	24.2%	22.0%	23.9%	1.81	7.6%
样本 6	PI	9.5%	9.4%	9.2%	9.4%	0.15	1.6%

2.9.2　批间重复性试验结果

取不同批次包被可拆卸 96 孔酶标板，分别对已知的 3 份阴性血清和 3 份阳性血清进行检测，每个样品重复 3 次，计算每份样品的 $\bar{x}$、SD 及 CV。结果如表 5-9 所示，样本 1～3 为已知阳性样品，样品 4～6 为已知阴性样品，CV 值均小于 15%，证明批间重复性较好。

表 5-9　批间重复性试验结果

		批 1	批 2	批 3	$\bar{x}$	SD	CV
样本 1	PI	59.3%	66.2%	57.6%	61.0%	4.55	7.5%
样本 2	PI	59.1%	53.2%	65.7%	59.3%	6.25	10.5%
样本 3	PI	62.1%	61.5%	53.8%	59.1%	4.63	7.8%
样本 4	PI	23.6%	21.7%	20.5%	21.9%	1.56	7.1%
样本 5	PI	18.3%	16.8%	16.5%	17.2%	0.96	5.6%
样本 6	PI	20.6%	20.5%	22.6%	21.2%	1.18	5.6%

2.10　特异性试验结果

通过对牛坏死梭杆菌、结核杆菌、布氏杆菌和葡萄球菌临床阳性血清进行检测，结果如表 5-10 所示，结核杆菌、布氏杆菌和葡萄球菌临床阳性血清 PI 值＜29.9%，牛坏死梭杆菌临床阳性血清 PI 值＞36.1%，表明该竞争 ELISA 检测方法具有良好的特异性。

表 5-10　特异性检测结果

牛阳性血清	坏死梭杆菌	结核杆菌	布氏杆菌	葡萄球菌
PI 值	66.8%	18.4%	18.5%	17.7%

2.11　临床样品检测结果

如表 5-11 所示，利用 *lktA* 单抗竞争 ELISA 检测方法对黑龙江省某牛场的牛临床 127 份血清样品进行检测，检测结果中包含 5 份阳性样品和 122 份阴性样品，阳性率为 3.9%，可知该牛场坏死梭杆菌病流行情况较轻。

表 5-11　临床样品检测结果

	阴性（份）	阳性（份）	总数（份）	阳性率
牛临床血清	122	5	127	3.9%

3. 讨论

目前临床检测坏死梭杆菌病主要以常规 PCR 检测为主（蒋剑成等，2019），一般选择 16S rRNA 和 *lktA* 设计特异性引物坏死梭杆菌。该方法仅适用于腐蹄病检测，需要将腐烂蹄部组织中细菌进行厌氧培养，提取培养液中的细菌 DNA，进行 PCR 鉴定，对于坏死梭杆菌隐性感染和屠宰前肝脓肿的检测，均不适用。ELISA 方法快速、准确、灵敏度高，在临床大批量样品检测时，能够有效提高检测效率，且能节约大量检测时间。坏死梭杆菌的白细胞毒素作为一种与其他细菌无序列相关性的毒素蛋白，可在临床检测中特异性检测坏死梭杆菌，因此本试验构建竞争 ELISA 检测方法对牛血清进行检测。此方法可用于坏死梭杆菌感染的早期检测，及时发现及时给予药物治疗，如应用于腐蹄病隐性感染和早期肝脓肿的监控。

试验前期考虑建立双抗夹心 ELISA 方法，但制备的两株单抗经鉴定很可能是针对相同的抗原决定簇，不能分别作为包被抗体和酶标抗体，而且坏死梭杆菌在感染中常与其他细菌协同，因此竞争 ELISA 检测方法更适用于临床坏死梭杆菌检测。参考腐败梭菌 α 毒素（张秀坤，2020）、猪肺炎支原体（王宁，2020）和 O 型口蹄疫病毒（杨志元，2019）等竞争 ELISA 检测方法建立程序，初步建立了坏死梭杆菌 *lktA* 竞争 ELISA 检测方法。通过反应条件优化可知：最佳抗原包被浓度为 0.0625μg/mL，血清最佳稀释倍数为 1∶20，最佳单抗作用浓度为 1∶8000，最佳酶标二抗作用浓度为 1∶16 000；由于本试验未将单抗进行 HRP 标记，当临床检测不同动物坏死梭杆菌病时，需要更换不同动物来源的酶标二抗。因此，后续试剂盒应用方面可以将单克隆抗体纯化后进行 HRP 标记，以提高阻断率；在包被液的选择上，以 0.01mol/L

碳酸盐缓冲液 4℃包被 12h 为最佳包被条件，用 5%脱脂乳以 37℃封闭 2h 为最佳封闭条件，单抗作用时间为 30min，显色条件为 37℃显色 20min；按照以上最佳条件操作，确定阴、阳性血清临界值，当样品阻断率 PI 值≥36.1%判为阳性，样品阻断率 PI 值≤29.9%判为阴性，样品阻断率在 29.9%～36.1%时，为可疑样品，需复检；并证明了初步建立的坏死梭杆菌 *lktA* 竞争 ELISA 检测方法具有较高的特异性、符合率和可重复性，可为坏死梭杆菌检测试剂盒的研发提供依据，也可为坏死梭杆菌感染的临床检测提供有效工具。

参 考 文 献

毕海林, 唐达, 唐建华. 2012. 奶牛乳房炎的研究进展[J]. 黑龙江畜牧兽医, (21): 27-29.

陈立志. 2008. 牛源致病性坏死梭杆菌分离鉴定及其白细胞毒素免疫特性研究[D]. 长春: 吉林大学博士学位论文.

陈玉霞, 林峰. 2012. 3 种奶牛乳房炎主要病原菌 PCR 检测方法的建立[J]. 中国农学通报, 28(17): 105-108.

高玉君, 牛家华, 梁海滨, 等. 2010. 奶牛隐性乳房炎诊断方法比较[J]. 中国动物检疫, 27(7): 59-60, 69.

顾文忠. 2019. 羊腐蹄病发病原因、临床症状及防治措施[J]. 畜牧兽医科学(电子版), (22): 126-127.

郭东华, 孙东波, 武瑞, 等. 2009. 坏死梭杆菌白细胞毒素作为腐蹄病亚单位疫苗候选抗原的研究前景[J]. 中国畜牧兽医, 36(3): 137-139.

郭东华, 王君伟, 孙玉国, 等. 2008. 牛腐蹄病坏死梭杆菌白细胞毒素重组亚单位疫苗诱导小鼠免疫保护效果的观察[J]. 中国预防兽医学报, 30(5): 398-402.

侯引绪, 王海丽, 魏朝利, 等. 2014. 一起犊牛坏死性喉炎的诊治与分析[J]. 中国奶牛, (13): 56-57.

蒋剑成, 张思瑶, 贺显晶, 等. 2019. 河北省某牛场坏死梭杆菌的分离及鉴定[J]. 中国生物制品学杂志, 32(7): 770-773.

李秀萍, 尹逊河, 高晨, 等. 2008. 通用基因芯片对奶牛乳房炎主要致病菌的检测[J]. 动物医学进展, 29(6): 19-23.

马海霞, 张丽丽, 孙晓萌, 等. 2015. 基于宏组学方法认识微生物群落及其功能[J]. 微生物学通报, 42(5): 902-912.

乔新安, 王月影, 杨国宇, 等. 2007. 奶牛乳腺先天防御机理的研究进展[J]. 安徽农业科学, 35(5): 1380-1381, 1383.

任守海, 岳福杰, 张荣昌, 等. 2006. 奶牛乳房炎的研究进展[J]. 中国牛业科学, 32(4): 92-94, 96.

宋学武. 2019. 羊腐蹄病的流行病学、临床表现、实验室诊断及防治措施[J]. 现代畜牧科技, (12): 129-130.

苏丽伟. 2020. 牛肝脓肿的诊断和防控[J]. 兽医导刊, (3): 36.

孙艳, 周国燕, 伍天碧, 等. 2022. 我国奶牛乳房炎近期研究进展[J]. 中国乳业, (4): 43-51.

孙玉国. 2007. 奶牛腐蹄病病原菌的分离鉴定与生物特性研究[D]. 哈尔滨: 东北农业大学硕士学位论文.

陶莹. 2020. 试论牛坏死梭杆菌病的诊断与治疗[J]. 饲料博览, (12): 73.

王克坚, 刘晓颖, 陈立志, 等. 2002. 鹿源坏死梭杆菌毒力菌株 FN(AB)94 抗原的免疫原性[J]. 中国兽医学报, 22(5): 468-469.

王克坚, 张洪英, 陈立志, 等. 2000. 致病性鹿源坏死梭杆菌分离鉴定[J]. 中国预防兽医学报, 22(2): 5-8.

王立威. 2019. 牛鼻窦炎和坏死性喉炎的诊断和防治措施[J]. 现代畜牧科技, (9): 142-143.

王林, 袁晓雷. 2019. 奶牛腐蹄病的防治[J]. 养殖与饲料, (10): 88-89.

王宁. 2020. 猪肺炎支原体P97蛋白的单抗制备及阻断ELISA抗体检测方法的初步建立[D]. 北京: 中国农业科学院硕士学位论文.

韦丽萍. 2019. 犊牛坏死性喉炎诊断与防治[J]. 中国畜禽种业, 15(2): 80.

邢会杰, 师志海, 贾坤, 等. 2009. 基因芯片法检测奶牛乳房炎主要致病菌[J]. 中国兽医杂志, 45(4): 20-22.

杨志元. 2019. 基于O型口蹄疫病毒样颗粒的竞争ELISA方法的建立及应用[D]. 大庆: 黑龙江八一农垦大学硕士学位论文.

尹柏双, 付连军, 郝景锋, 等. 2014. 我国奶牛隐性乳房炎诊断方法的研究现状[J]. 黑龙江畜牧兽医, (11): 54-56.

尹柏双, 李国江. 2010. 奶牛乳房炎的研究新进展[J]. 中国畜牧兽医, 37(2): 182-184.

尹柏双, 李静姬, 呼显生, 等. 2011. 血清微量元素与奶牛乳房炎发病关系的试验[J]. 中国兽医杂志, 47(6): 27-29.

尹柏双, 李静姬, 呼显生, 等. 2012. 乳房炎病奶牛血清抗氧化物酶活性[J]. 中国兽医学报, 32(7): 1053-1055.

张善瑞, 王长法, 高运东, 等. 2008. 检测奶牛乳房炎主要病原菌的多重PCR方法的建立与应用[J]. 中国兽医学报, 28(5): 573-575.

张秀坤. 2020. 腐败梭菌α毒素阻断ELISA抗体检测方法的建立[D]. 北京: 中国兽医药品监察所硕士学位论文.

Anderson M W, Schrijver I. 2010. Next generation DNA sequencing and the future of genomic medicine[J]. Genes, 1(1): 38-69.

Ashraf A, Imran M. 2020. Causes, types, etiological agents, prevalence, diagnosis, treatment, prevention, effects on human health and future aspects of bovine mastitis[J]. Animal Health Research Reviews, 21(1): 36-49.

Bank S, Nielsen H M, Mathiasen B H, et al. 2010. *Fusobacterium necrophorum*- detection and identification on a selective agar[J]. APMIS, 118(12): 994-999.

Bennett G, Hickford J, Zhou H, et al. 2009. Detection of *Fusobacterium necrophorum* and *Dichelobacter nodosus* in lame cattle on dairy farms in New Zealand[J]. Research in Veterinary Science, 87(3): 413-415.

Buchanan R E, Gibbons N E. 1974. Bergey's Manual of Determinative Bacteriology[M]. 8th ed. Baltimore: The Williams & Wilkins Co.

Demirkan I, Carter S D, Winstanley C, et al. 2001. Isolation and characterisation of a novel spirochaete from severe virulent ovine foot rot[J]. Journal of Medical Microbiology, 50(12): 1061-1068.

Evans J W, Berg J N. 1985. Development of enzyme-linked immunosorbent assays for the detection of *Fusobacterium necrophorum* antibody in animal sera[J]. American Journal of Veterinary Research, 46(1): 132-135.

Fales W H, Teresa G W. 1972. A selective medium for the isolation of *Sphaerophorus necrophorus*[J]. American Journal of Veterinary Research, 33(11): 2317-2321.

Farooq S, Wani S A, Hassan M N, et al. 2018. The detection and prevalence of leukotoxin gene variant strains of *Fusobacterium necrophorum* in footrot lesions of sheep in Kashmir, India[J]. Anaerobe, 51: 36-41.

Garcia M M, McKay K A. 1973. A satisfactory medium and technique for the mass cultivation of *Sphaerophorus necrophorus*[J]. Canadian Journal of Microbiology, 19(2): 296-298.

Guo D H, Sun D B, Wu R, et al. 2010. An indirect ELISA for serodiagnosis of cattle footrot caused by *Fusobacterium necrophorum*[J]. Anaerobe, 16(4): 317-320.

Heppelmann M, Rehage J, Starke A. 2007. Diphtheroid necrotic laryngitis in three calves-diagnostic procedure, therapy and post-operative development[J]. Journal of Veterinary Medicine A, Physiology, Pathology, Clinical Medicine, 54(7): 390-392.

Kameyama Y, Kanoe M, Kai K. 1992. Enzyme-linked immunosorbent assay for the detection of

Fusobacterium necrophorum antibody in bovine sera[J]. Microbios, 70(282): 23-30.

Kanoe M, Hirabayashi T, Matsuoka Y, et al. 1996. Use of enzyme-linked-immunosorbent assay for detection of IgG and IgM antibodies to *Fusobacterium necrophorum* in cattle[J]. Microbios, 87(353): 257-262.

Kavitha M, Kumar N V, Sreedevi B. 2022. Standardization of loop-mediated isothermal amplification for detection of *D. nodosus* and *F. necrophorum* causing footrot in sheep and goats[J]. Tropical Animal Health and Production, 54(1): 57.

Kumar A, Anderson D, Amachawadi R G, et al. 2013. Characterization of *Fusobacterium necrophorum* isolated from llama and alpaca[J]. Journal of Veterinary Diagnostic Investigation, 25(4): 502-507.

Langworth B F. 1977. *Fusobacterium necrophorum*: Its characteristics and role as an animal pathogen[J]. Bacteriological Reviews, 41(2): 373-390.

Moe K K, Yano T, Misumi K, et al. 2010. Detection of antibodies against *Fusobacterium necrophorum* and *Porphyromonas levii*-like species in dairy cattle with papillomatous digital dermatitis[J]. Microbiology and Immunology, 54(6): 338-346.

Nagaraja T G, Chengappa M M. 1998. Liver abscesses in feedlot cattle: A review[J]. Journal of Animal Science, 76(1): 287-298.

Nagaraja T G, Lechtenberg K F. 2007. Liver abscesses in feedlot cattle[J]. Veterinary Clinics of North America Food Animal Practice, 23(2): 351-369.

Nagaraja T G, Narayanan S K, Stewart G C, et al. 2005. *Fusobacterium necrophorum* infections in animals: Pathogenesis and pathogenic mechanisms[J]. Anaerobe, 11(4): 239-246.

Narayanan S K, Chengappa M M, Stewart G C, et al. 2003. Immunogenicity and protective effects of truncated recombinant leukotoxin proteins of *Fusobacterium necrophorum* in mice[J]. Veterinary Microbiology, 93(4): 335-347.

Ohtsuka H, Kudo K, Mori K, et al. 2001. Acute phase response in naturally occurring coliform mastitis[J]. The Journal of Veterinary Medical Science, 63(6): 675-678.

Pillai D K, Amachawadi R G, Baca G, et al. 2021. Leukotoxin production by *Fusobacterium necrophorum* strains in relation to severity of liver abscesses in cattle[J]. Anaerobe, 69: 102344.

Riffon R, Sayasith K, Khalil H, et al. 2001. Development of a rapid and sensitive test for identification of major pathogens in bovine mastitis by PCR[J]. Journal of Clinical Microbiology, 39(7): 2584-2589.

Seifu E, Donkin E F, Buys E M. 2007. Potential of lactoperoxidase to diagnose subclinical mastitis in goats[J]. Small Ruminant Research, 69(1/2/3): 154-158.

Sharun K, Dhama K, Tiwari R, et al. 2021. Advances in therapeutic and managemental approaches of bovine mastitis: A comprehensive review[J]. The Veterinary Quarterly, 41(1): 107-136.

Simon P C. 1975. Cultivation and maintenance of *Sphaerophorus necrophorus*. Part Ⅱ: Influence of pH on maximum growth and acid production in Medium 156[J]. Canadian Journal of Comparative Medicine, 39(1): 89-93.

Smith G R, Thornton E A. 1993. Pathogenicity of *Fusobacterium necrophorum* strains from man and animals[J]. Epidemiology and Infection, 110(3): 499-506.

Smith G R, Thornton E A. 1997. Classification of human and animal strains of *Fusobacterium necrophorum* by their pathogenic effects in mice[J]. Journal of Medical Microbiology, 46(10): 879-882.

Sun D B, Zhang H, Lv S W, et al. 2013. Identification of a 43-kDa outer membrane protein of *Fusobacterium necrophorum* that exhibits similarity with pore-forming proteins of other *Fusobacterium* species[J]. Research in Veterinary Science, 95(1): 27-33.

Tadepalli S, Narayanan S K, Stewart G C, et al. 2009. *Fusobacterium necrophorum*: A ruminal bacterium that invades liver to cause abscesses in cattle[J]. Anaerobe, 15(1/2): 36-43.

Tan Z L, Nagaraja T G, Chengappa M M, et al. 1994a. Purification and quantification of *Fusobacterium necrophorum* leukotoxin by using monoclonal antibodies[J]. Veterinary Microbiology, 42(2/3): 121-133.

Tan Z L, Nagaraja T G, Chengappa M M, et al. 1994b. Biological and biochemical characterization of *Fusobacterium necrophorum* leukotoxin[J]. American Journal of Veterinary Research, 55(4): 515-521.

Tucker T, Marra M, Friedman J M. 2009. Massively parallel sequencing: The next big thing in genetic medicine[J]. American Journal of Human Genetics, 85(2): 142-154.

Turner A, Bidwell D E, Smith G R. 1986. Serological response of mice to *Fusobacterium necrophorum*[J]. Research in Veterinary Science, 41(3): 412-413.

Van Metre D C. 2017. Pathogenesis and treatment of bovine footrot[J]. Veterinary Clinics of North America: Food Animal Practice, 33(2): 183-194.

Wani S A, Samanta I. 2006. Current understanding of the aetiology and laboratory diagnosis of footrot[J]. Veterinary Journal, 171(3): 421-428.

Wilson G S, Miles A. 1975. Topley and Wilson's Principles of Bacteriology, Virology and Immunity[M]. 6th ed. Baltimore: The Williams & Wilkins Co.

第六章　反刍动物坏死梭杆菌病的综合防治

第一节　反刍动物坏死梭杆菌病的治疗

一、腐蹄病

牛腐蹄病是因为日常养殖管理不当所引发的一种传染性疾病。当前集约化规模化养殖产业迅猛发展，养殖密度增加的同时各类传染性疾病也呈现高发态势。牛群养殖期间如果没有加强养殖环境的有效调控，体表组织存在深部损伤就会给坏死梭杆菌等病原的入侵提供条件，继而诱发腐蹄病，造成患病部位的组织化脓出血，甚至会流出深红色或者黑色的浓稠分泌物，散发出恶臭气味（Van Metre，2017；李臣杰，2019）。腐蹄病出现之后，由于患病牛不能够正常行走，长时间卧地不起会造成褥疮，褥疮加重之后还会导致患病牛出现全身性的败血症，危及群体的健康生长。患病奶牛腐蹄病的严重程度与其产奶量呈正相关，轻度患病奶牛对其产奶量的影响相对较小；中度腐蹄病奶牛对产奶量的影响较为明显，产奶量明显下降；重度患病奶牛与正常奶牛相比，产奶量下降极显著。所以，为了减少因腐蹄病所造成的经济损失，就需要对该种疾病的发生、流行特点、发病原因有一个全面的了解和掌握，然后制定综合性的防治措施，确保早发现早处理，在短时间内控制病情（陈广仁等，2018；王林和袁晓雷，2019）。

治疗牛坏死梭杆菌病，主要采取局部治疗和全身治疗相结合的方式，只要发现牛群中出现病例，就立即隔离病牛和健康牛，同时对粪便，以及坏死组织进行彻底消毒后销毁。临床中检查牛的腐蹄病时，将患病牛以横卧姿势保定，用清水将蹄周边的污物洗去，然后检查蹄部患处是否发生腐烂（陶莹，2020）。

发病初期，先将病牛转移到通风干燥的地方，随后进行轻度治疗。先用消毒水彻底清洗病牛蹄部，用修蹄刀、修蹄钳对病牛蹄部进行修整，将过长的部位剪除，对蹄部可喷蹄泰治疗外伤，也可用 0.1%的高锰酸钾水溶液进行冲洗，再用无菌生理盐水冲洗残留的高锰酸钾，之后将青链霉素粉或氨苄西林粉撒在病灶部位，1 次/d，连用 3d 即可观察到明显效果。治疗期间注意观察创口的收敛情况，如果还是持续性地渗出液体，则可在局部涂抹松馏油，松馏油有很强的抗菌、防腐和保护创面的作用，能加速疾病康复（Van Metre，2017；陈广仁等，2018；王林和袁晓雷，2019；李臣杰，2019；陶莹，2020）。

当疾病进入中后期，则需要进行中度治疗，对患部进行清洗后，充分暴露病变部位，对蹄部的腐烂组织进行清创处理，去掉表面黏附的粪污和尘土，利用浓度为 3%的来苏儿溶液或浓度为 10%的硫酸铜溶液，对病牛蹄部充分清洗，然后涂抹碘伏进行消毒（张振国，2016；孙月强，2017；李臣杰，2019）。蹄趾间出现腐烂，要立即用经过消毒的刀片和镊子彻底清除腐烂的坏死组织，漏出组织肉芽，在牛蹄底部病变位置的空洞内填充高锰酸钾粉末，病灶部位的软组织可喷洒抗生素，然后将整个蹄子浸泡在碘伏溶液中，维持 5s 以上，创口可在短时间内收敛；最后用混有鱼石脂的绷带进行包扎，每 3 天换一次药，之后可逐渐康复（薛荣发等，2015；王林和袁晓雷，2019）。碘伏杀菌力强，且对黏膜无刺激，使用安全，治疗腐蹄病效果良好。

对于严重感染的病牛，蹄部较深的部位发生病变，则须进行重度治疗。将蹄部用消毒水彻底洗净后，清除干净创洞内的坏死组织；底部溃疡或底部检查有疼痛感的，用蹄刀将坏死组织割除，将空洞部位暴露；局部出现化脓性病灶时需要将脓液挤出，化脓部位浓汁排净后，接着用 10%硫酸铜溶液、5%福尔马林或者 1%高锰酸钾溶液进行冲洗消毒，或洒上 3%的过氧化氢消毒液，化脓灶会冒出大量气泡，从而起到清洗和消毒作用；之后将磺胺粉、高锰酸钾粉或水杨酸粉填入蹄底的孔内或者洞内，并用龙胆紫、5%高锰酸钾、木焦油福尔马林合剂或者 10%甲醛乙醇溶液涂敷创面；随后用鱼石脂棉球进行填充，用绷带进行包扎。经过 15d 后进行 1 次复诊，如果检查确定已经康复，只需要涂抹一些防腐药（如碘酊）即可。对于蹄部过于严重的病牛，割除较多的坏死组织会导致其蹄部大量出血，可以对创口进行烧烙，并给病牛穿鞋，以便于其行走，减轻对伤患部位的压迫。除基本的清创处理之外，还可在创洞中塞入灭菌纱布，纱布表面撒上磺胺脒或乳酸依沙吖啶粉用于抗感染；另外，纱布可保证创洞的空气流通，防止厌氧菌滋生。如果病牛呈慢性经过，且蹄的一侧已经发生严重坏死，可采用截趾术（武秀琼等，2016；陈广仁等，2018；王林和袁晓雷，2019）。

经过治疗后，轻度患病奶牛产奶量恢复较快，一般 15～20d 基本上可以达到健康奶牛产奶水平，个体间有差异，但是差异不显著。中度患病奶牛经过治疗后，产奶量逐步上升，经过 20～25d 后已经接近健康奶牛，但是，依然有一小部分的差距。重度患病奶牛经过治疗后，产奶量有一定的上升，但与健康奶牛相比，产奶量差距较大，经过 30d 的治疗后会有明显的变化，但是距离健康奶牛还有很大差距；原因可能是患病时间久，患病症状严重，其致病因素还未完全清除，加上疼痛感等应激因素的影响，奶牛的采食量不大，运动量小，营养水平不达标，后期还需经过多次治疗；治疗过程中，日粮制作、饲养管理都须加强，不断改善奶牛体况（黄治国，2012；李世宏等，2017）。

对于患腐蹄病的牛，不仅要对其患处进行清创、消毒，还要配合肌肉注射或者静脉注射四环素、青霉素、土霉素或者磺胺类药物等，以有效控制该病的发展，避免继发感染。有些病牛因长期的蹄部感染，致病菌经腐烂组织进入血液，引发全身感染，此时必须采用局部配合全身治疗的方法来解决。如果病牛全身都出现了病症，可采取适量注射抗生素的方式，并结合定期使用强心补液的方法配合治疗，帮助病牛缓解病症。局部治疗可用广谱抗生素或碘伏杀菌；全身抗感染时可肌注硫酸头孢喹肟或盐酸头孢噻呋，连用 3d，可很快痊愈。全身性抗菌治疗的早期干预被认为是有效治疗牛腐蹄病的必要条件。美国目前批准用于治疗这种疾病的抗菌药物见表 6-1。头孢噻呋（1mg/kg，肌注，1 次/d，连用 3d）被证明与土霉素（6.6mg/kg，肌注，1 次/d，连用 3d）在治疗受影响的饲养场公牛方面同样有效。头孢噻呋的停药时间更短，可能更适合接近市场体重的动物使用。替米考星（5mg/kg，皮下）和头孢噻呋钠的局部灌注均可成功治疗牛腐蹄病。已发表的局部抗菌治疗，土霉素成功率 68%，头孢噻呋钠为 73%～99%，替米考星为 58%～74% 和头孢噻呋游离酸为 99.5%（Berg and Loan，1975；Merrill et al.，1999；Stokka et al.，

2001；Kamiloglu et al.，2002；Van Donkersgoed，2008）。

表 6-1　美国目前批准用于治疗牛腐蹄病的抗菌药物（引自 Van Metre，2017）

名称	制剂	剂量（mg/kg）	给药途径	治疗间隔	注意事项
头孢噻呋钠		1.1～2.2	肌注、皮下	1 次/d，3～5d	无
头孢噻呋盐酸盐		1.1～2.2	肌注、皮下	1 次/d，3～5d	无
头孢噻呋结晶游离酸		6.6	皮下 [a]	1 次	给药途径 [a]
氟苯尼考		20	肌注	1 次/d	不适用于 20 个月及以上年龄的雌性奶牛或用于待加工为小牛肉的小牛
		40	皮下	1 次	同上
土霉素		6.6～11	皮下、静注	1 次/d，连续使用不超过 4d	无
			肌注（部分产品）	同上	无
磺胺二甲嘧啶	药丸	25（第 1 天），随后 12.5	口服	1 次/d，连续使用不超过 5d	不适用于待加工为小牛肉的小牛
	40%溶液	55（第 1 天），随后 27.5	静注	1 次/d，3～5d	同上
磺胺甲嘧啶	药丸	按说明书即可	口服	如果症状不变，72h 内进行第二次给药	不适用于 20 个月及以上年龄的雌性奶牛。不适用于小于 1 个月的小牛或喂食全奶饮食的小牛
	可溶性粉末	237.6（第 1 天），随后 118.8	溶于水口服 [b]	1 次/d，连续使用不超过 5d	同上
泰拉霉素		2.5	皮下	1 次	不适用于 20 个月及以上年龄的雌性奶牛
泰乐菌素		17.6	肌注	1 次/d，连续使用不超过 5d	不适用于 20 个月及以上年龄 289 的雌性奶牛（包括干奶牛）或用于待加工为小牛肉的小牛

a 在泌乳奶牛耳朵后部的皮下注射；在肉牛和非泌乳奶牛的耳朵后部中间 1/3 处或耳朵后部与头部（耳根）相连处的皮下注射

b 美国自 2017 年 1 月 1 日起，在水中使用的抗生素需要有执照的兽医开具处方

中兽医方面也有方子用于治疗牛腐蹄病，以下列举几例治疗牛腐蹄病的方子及方法。中药青黛散治疗：取 60g 青黛、30g 碘仿、30g 冰片、15g 轻粉、6g 龙骨，混合后全部研成细末；将病牛患处坏死组织除去后即可在创洞内填塞青黛散，然后包扎蹄部。中药血竭白芨散治疗：取 100g 血竭、50g 白芨、20g 冰片、100g 龙骨、50g 儿茶、50g 乳香、20g 樟脑、50g 红花、50g 没药、20g 轻粉、20g 朱砂，混合后全部研成细末，均匀撒布在病牛经过处理的创面上；接着敷盖一小块脱脂纱布，然后用浸有松馏油的脱脂棉将整个创腔内填满，注意压紧，最后用绷带包扎固定，并在外部涂抹松馏油用于防潮、防腐。中药雄黄散治疗：取 10g 雄黄、30g 枯矾、10g 鸭胆子（去壳），混合后全部研成细末，过筛后备用。病牛患处创面先用 3%的来苏儿全面清洗，接着擦涂以上药粉，再用 5 层鱼石脂纱布条包裹，最后用绷带固定（李臣杰，2019）。

绵羊腐蹄病是一种传染性蹄病，从趾间皮炎开始，随后在蹄的趾间壁上形成病变，

最后硬角与蹄部分离。该疾病的主要传染因子是坏死梭杆菌和节瘤拟杆菌，其他感染因子在疾病发作中的作用尚不完全清楚。腐蹄病会导致患病绵羊采食量下降、生产性能下降、羊毛强度降低；在最坏的情况下，长时间卧床的绵羊会因饥饿、口渴和其他全身性细菌感染而死亡。美国在实施州级根除腐蹄病计划之前，每年预计在腐蹄病的花费约为2400 万英镑，澳大利亚的新南威尔士州每年在腐蹄病防治上的花费 4260 万澳元。尽管腐蹄病已经被人类了解和研究了 200 多年，但它仍然是世界范围内困扰养殖业发展的问题（Salman et al.，1988；Egerton et al.，1989）。

腐蹄病是一种相对浅表的细菌感染，常发生于角化蹄和无血管的活性表皮组织之间的区域，并且可以与从血流中扩散的物质接触，有几种治疗方案可供选择。

修蹄。对蹄进行手术削皮以暴露病变，然后局部施用抗菌剂，虽然劳动强度大且耗时，但仍是一种有效的治疗方法。为了效果显著，蹄部的手术准备非常重要，每只蹄都必须经过彻底检查和精心修剪，移除覆盖病灶的所有足底和蹄壁以暴露感染的全部范围。适当和充分的约束对于有效地进行手术至关重要，可以建造一个简单的手动翻倒约束装置，或者可以使用更复杂的、可商购的约束装置。无论使用何种设备，所有蹄部都必须方便操作处理。为了确保充分和适当地削除坏死组织，一套好的刀片和一把锋利的刀具是必不可少的。在手术过程中，出血可能掩盖手术区域并干扰局部药物的作用，所以应尽量避免手术导致出血的现象，可从脚跟到脚趾进行脱皮以减少出血(Pryor，1954)。切除范围最好不要太保守，因为切除范围不足可能会导致继发感染。切除坏死组织后，将局部杀菌剂应用于暴露的病变组织；季铵盐类防腐剂溶液、碘伏溶液或 10%硫酸锌溶液均有较好的杀菌抑菌效果，10%硫酸锌溶液比 10%福尔马林或 10%硫酸铜溶液效果更好。为获得最佳效果，在局部治疗后，应把绵羊放在干燥的表面（混凝土或木板）上至少 1h。对蹄进行修剪可以去除由腐蹄病感染引起蹄角的异常生长或因运动不足而导致的过多的蹄角。在英国，牧羊人将修蹄作为治疗腐蹄病策略的一部分，调查结果显示很大比例的牧民认为修蹄有助于预防腐蹄病，但由于蹄部感染疾病的发展方式，临床感染情况却显示修蹄对在腐蹄病管理中并没有预防作用（Wassink and Green，2001）。腐蹄病感染可导致蹄部长得过大或畸形，但重要的是要认识到腐蹄病是蹄部过度生长的原因而非结果。据报道，当存在未充分恶化的病变时，单独的修蹄可获得较好的治愈率。修蹄通常与局部抗菌药物结合使用。当需要用手涂抹抗菌药物时，建议修蹄，以便将气溶胶、糊剂或溶液涂抹在受感染组织附近（Stewart，1954a）。

蹄浴。当涉及大量绵羊时，蹄浴是个体治疗的一种实用替代方法。多年来，硫酸铜和福尔马林一直是蹄浴中使用的标准材料。最近，10%～20%的硫酸锌溶液和 2%的十二烷基硫酸钠溶液在临床上被广泛使用，已被证明与 3%福尔马林或 5%硫酸铜一样有效。含有硫酸锌的蹄浴液已成为有效的、安全的、实用的和经济的硫酸铜和福尔马林蹄浴液替代品。Cross 和 Parker（1981）证明，每天在 10%的硫酸锌中蹄浴，连续 30d，在不修蹄的情况下，临床病例的数量显著减少。Malecki 和 McCausland（1982）的研究表明，在体外，阴离子表面活性剂月桂基硫酸钠使硫酸锌对蹄的渗透增加了大约 6 倍，而甲醛根本没有渗透。Bulgin 等（1986）发现，每隔 10 天在 10%硫酸锌（含有 0.2%非离子表面活性剂）中蹄浴 1h 是治疗慢性病例的有效方法（Bulgin et al.，1986）。每隔 5 天浸泡 10～30min 的 10%硫酸锌表面活性剂溶液似乎是治疗趾间和良性蹄部腐烂病例的理想选择。硫酸锌溶液可用化学肥料硫酸锌配制。10% $ZnSO_4$ 溶液的粗略配方是 8lb[①] $ZnSO_4$ 溶解于 10gal[②]水中。化学肥料 $ZnSO_4$ 通常含有 35.5%或 22.7%的锌。因此，为了获得 10%的溶液，每 10gal 水应使用 22.5lb 35.5%的 $ZnSO_4$ 或 35lb 22.7%的 $ZnSO_4$。温水大大提高了 $ZnSO_4$ 的溶解度，应以 0.2%的 $ZnSO_4$ 浓度添加十二烷基硫酸钠。这种方式提高了疗效，对重症和慢性病例的治愈率很高。在某些情况下，不正确的配比可能不利于治愈。

目前用于蹄浴溶液的三种产品（硫酸锌、硫酸铜和福尔马林）中，硫酸锌没有刺激性烟雾，毒性较小，不会弄脏羊毛，对皮肤无刺激性（Kimberling and Ellis，1990）。当在蹄浴中进行局部治疗时，通常认为修蹄可以提高治疗效果，但是，如果羊长时间站在蹄浴中（通常为 1h）或经常重复蹄浴，可能会导致脱皮，诱发蹄病。修蹄不宜过分小心，但应尽可能避免出血，因为这会掩盖病变并降低局部治疗的效果。修蹄仅去除过多的坏死组织就足够了，过度修剪会导致跛足的增加，并可能导致蹄部永久性损伤。蹄浴是治疗大量患病绵羊的一种更快的方法，并且适合频繁重复治疗。最常用和最便宜的蹄浴溶液是硫酸锌（10%～20% *m*/*V*）和福尔马林（3%～5% *m*/*V*）。福尔马林是一种甲醛水溶液（40% *m*/*V*，添加了甲醇作为稳定剂），使用起来较为不便，因为它有刺激性气味，泼溅会导致严重眼伤、过敏反应和皮炎的风险（Beveridge，1941；Pryor，1954；Ross，1983）。吸入甲醛与人类患癌症的风险增加有关。

在绵羊中，经常在蹄浴中重复使用福尔马林，尤其是在高浓度时，会使趾间皮肤严重角化，从而导致感染和跛行。福尔马林在浓度低至 2.5%时有效，并且当置于蹄浴中时往往会变得更加浓缩，因此通常建议使用低浓度（3%）。在浓度为 2.5%或更高的情况下，福尔马林在有机物存在的情况下仍然具有杀菌作用。在硫酸锌溶液中加入表面活性剂月桂基硫酸钠可增加锌对蹄的渗透，如果延长蹄浴时间，则可减少蹄浴前对蹄部的脱毛需要。硫酸铜溶液对于治疗绵羊腐蹄病是有效的，但并未广泛用于绵羊，因为它会将羊毛染色，存在铜中毒的风险，并且在有机物存在的情况下其效力会降低（Stewart，1954b；Kimberling and Ellis，1990）。对腐蹄病的治疗蹄浴建议采用步行的持续时间，其中绵羊可能只有几秒钟、几分钟、半小时或 1h 的时间接触蹄浴溶液中硫酸锌即可。

在几乎所有的研究中，都没有确定最佳的蹄浴时间，而且在研究中的试验组在不同蹄浴时间的情况下，时间差异与治疗频率差异容易产生混淆。一般来说，当使用较短的蹄浴时间（＜2min）进行治疗成功时，治疗会频繁重复，每天一次、每 2～3 天一次，或每周一次，持续 2～6 周。如果只是简单地让绵羊穿过，那么浴缸应该足够长（6～12m）并且前进速度足够慢（步行）以使羊的蹄与蹄浴溶液有效接触。一些野外工作人员建议，应该在必要时清洁羊蹄，然后让羊在坚硬的表面上行走，随后让羊单独在水中洗澡；沐浴后，羊应该被限制站在干燥的表面上（如干净的混凝土院子、干稻草或高架板条地板上）15min 至 2h。沐浴后干站的作用尚未经过严格检查，当牧场潮湿时，干站比将羊直

---

① 1lb =0.453 592kg

② 1gal(美) =3.785 43L；1gal(英) =4.546 09L；1gal(US, dry)=4.405L

接放回田地的好处可能更大。在此基础上，每次洗澡的持续时间、溶液的性质、发生的预处理配对程度、病变的慢性化，以及沐浴羊返回的牧场或表面的干燥度，这些条件是影响蹄浴治疗效果的重要因素。如果忽略这些条件中的任何一个，治愈率将显著降低（Jelinek et al.，2001）。

抗生素治疗。许多广谱抗生素已被证明在一次肌肉注射后对腐蹄病有效，抗生素治疗对严重的、正在发展的损伤有效，并且预期可以超过85%的治愈率。用抗生素治疗获得良好的恢复率不需要修蹄，当感染率很高时，这比局部治疗具有显著优势。对传染性腐蹄病的局部抗生素治疗已经进行了许多试验。在Gradin和Schmitz（1983）进行的一项研究中，发现青霉素是测试过的各种抗菌剂中最有效的。Harris（1968）观察到，当使用抗生素治疗时，腐蹄病的治愈率会提高；如果彻底削去坏死组织，后续评估就会更容易、更准确。

如果绵羊腐蹄病经过治疗后，在干燥环境中饲养24h，可以获得更好的治疗效果。趾间皮下注射青霉素-链霉素并不比肌肉注射更有效。从进行的所有试验和现场观察来看，抗生素似乎具有相当高的治愈率，大规模抗生素治疗的缺点是费用巨大，不能完全治愈或根除。这种治疗方法可能适合那些可以被仔细修剪蹄和密切观察的病畜。耐药生物和食品安全对人类健康也存在潜在的危害。使用抗生素有三个重要的限制：第一，只有在抗生素处理后将绵羊置于干燥条件下24h，抗生素才非常有效；第二，抗生素会在几天内从体内排出，不能提供持久的防止再次感染的保护；第三，在停药期结束之前，经过治疗的绵羊不能出售供人类食用（Egerton et al.，1968；Jordan et al.，1996；Abbott，2000）。

疫苗接种。试验表明，商业多价疫苗在用于受感染的动物时既具有保护性又具有治疗性。通常，为了防止感染，两次疫苗接种间隔6～24周（Schwartzkoff et al.，1993b）。一些受感染的绵羊在第一次（初次）疫苗接种后会表现出临床症状改善，预计55%～100%的绵羊会对第二次或随后的疫苗接种产生积极反应（Kennedy et al.，1985；Schwartzkoff et al.，1993a）。与仅趾间皮肤病变的绵羊相比，健康绵羊接种疫苗后腐蹄病发病率明显降低，对腐蹄病恢复期绵羊进行疫苗接种后，即使牧场饲养环境变干燥，其治愈率仍然很低，没有显著差异；没有证据支持疫苗接种会促进亚临床或携带者状态的发展（Egerton and Morgan，1972；Schwartzkoff et al.，1993a）。

二、肝脓肿

牛的肝脓肿被认为是与饲喂高谷物饮食相关瘤胃炎-肝脓肿综合征的后遗症。谷物在瘤胃中的快速发酵和随之而来的有机酸（尤其是乳酸）的积累会导致瘤胃酸中毒和瘤胃炎。酸引起的瘤胃炎和瘤胃壁损伤通常与突然改变高能量饮食或其他饮食不慎有关（Jensen et al.，1954b）。虽然肝脓肿确切的致病机制尚不明确，但瘤胃病变有助于坏死梭杆菌的进入和定植，坏死梭杆菌随后进入门静脉循环的假设已被接受。门静脉血中的细菌被肝脏过滤，导致肝脏感染、脓肿形成（Scanlan and Hathcock，1983；Tan et al.，1996）。在对牛肝脓肿进行治疗的过程中可以选择泰乐菌素磷酸盐，按照10g/t的比例来配制饲料，这样能在很大程度上治疗牛肝脓肿，也能适当增加牛的采食率，增加牛的体重，而且药物对胃造成的损伤不大，所以用药的过程中具有较好的安全性。在育肥过程中，按 16g/t 的金霉素或按 70mg/t 的金霉素饲喂牛，可以有效地治愈肝脓肿。在牛肝脓肿高发阶段要迅速采用相关的应急对策（牛久存，2020）。将患有肝脓肿的牛，以及可能患有肝脓肿的牛进行隔离处理，同时停止放养，确保病牛不会再接触其他牛，同时对牛场彻底消毒。针对患病而死的牛，焚烧处置并进行消毒杀菌。有研究表明，根据病牛的日龄、精神状况和采食状况使用药物进行治疗，可以取得良好的治疗效果（魏娟，2021）。

三、坏死性喉炎

对于患有坏死性喉炎的病牛，应及时隔离、对症治疗，淘汰无治疗意义的病牛。对于喉部坏死性组织，应先将其坏死灶和溃疡面除去，随后用 3%过氧化氢或 0.1%高锰酸钾溶液清洗口腔，每次清洗后在犊牛口腔中的坏死灶、溃疡面上涂抹碘甘油，每天 2 次，直至痊愈。

局部治疗的同时，配合全身治疗及营养补充能够促进病牛的恢复。可采用氟苯尼考（每千克体重 20～30mg）+维生素 A、维生素 D、维生素 E 合剂（每头牛 5mL/次），每天肌肉注射 1 次，连用 3d。也可以采用葡萄糖+电解质+磺胺甲氧嘧啶，按每千克体重 20～30mg 输液治疗，1 次/d，连用 3d。（侯引绪等，2014）。

病牛可按体重静脉注射或皮下注射土霉素 11mg/kg，每天 2 次。按体重皮下注射四环素 20mg/kg，每 3 天 1 次。可选用非甾体抗炎药（口服阿司匹林，按体重使用 100mg/kg，每天 2 次；静脉注射氟尼辛葡甲胺，按体重使用 1.1～2.2mg/kg，每天 1 次，或每天分成 2 次注射）治疗喉头的炎症和水肿。按体重静脉注射或肌肉注射单剂量地塞米松 0.2～0.5mg/kg，可缓解病牛呼吸严重窘迫的喉水肿症状。对于吸气性呼吸困难的牛可实施气管造口术。在发病早期就得到积极治疗的病例一般预后良好。慢性病例需要在全身麻醉的状态下，清除坏死灶或肉芽组织并排除喉囊中的脓液。据报道，晚期病例经外科手术治疗后治愈率约为 60%。坏死性喉炎尚无特殊的防治措施（王立威，2019；韦丽萍，2019）。但是，该病的发病机制表明，采取一般性呼吸道病原体的控制措施对坏死性喉炎亦可能有效。

第二节　坏死梭杆菌病的预防

一、加强饲养管理

（一）牛腐蹄病

坏死梭杆菌不能轻易穿透健康奶牛蹄部的角质层和皮肤引起感染，必须借助外伤或者是蹄部炎症才能进一步感染，导致腐蹄病的发生。因此，通过控制饲养管理过程中对奶牛蹄部及其周围皮肤完整性具有危害的因素，将会降低奶牛蹄部疾病，从而预防奶牛腐蹄病的发生。

加强营养。对日粮的调配严格把关，平衡日粮中的微量元素，对于钙磷的添加科学合理。饲料配方要科学，尤其是矿物微量元素、蛋白质和维生素等，添加量必须满足规定要求，以增强牛的疾病抵抗力（陈广仁等，2018）。牛群要饲喂含有充足营养的全价饲粮，确保蛋白质、纤维素、矿物质，以及维生素含量适宜，且各种营养成分间的比例合理，对于哺乳期母牛要更加注意日粮中的钙、磷比例适宜，注意补充维生素及锌、硒等微量元素，从而可有效预防腐蹄病的发生（李臣杰，2019）。奶牛在饲喂过程中一定要注意饲料营养的均衡，严格控制精粗料的比例，以及必需的微量元素；避免由奶牛日粮中钙磷缺乏或比例失调、奶牛瘤胃酸中毒，以及锌、铜、硒、维生素 A、维生素 D、维生素 E 等营养物质的缺乏导致蹄骨变疏松、蹄部角质层发育不良和机体免疫力降低，进而促进腐蹄病的发生（王林和袁晓雷，2019）。应该合理搭配日粮，供给全价饲料。大量资料显示，奶牛在泌乳期饲料中补充足够的维生素和锌、硒，保证饲料中钙磷比例平衡，能有效地预防腐蹄病的发生（陶莹，2020）。

完善厂区规划。牛场选址时要建在通风良好、背风向阳、地势较高的干燥地带，放牧牛群优先选择草质柔软的草区，其次选择灌木丛区，以降低牛蹄被划伤的风险。牛舍加强通风管理，最好采用半开放式牛舍，让牛群多晒太阳（陈广仁等，2018；王林和袁晓雷，2019；陶莹，2020）。牛场不适合建在高湿、水位较低、接近河流的地区，且牛床应合理布局。另外，要注意及时消灭蝇虫、蚊虫和鼠，牛场附近环境也要保持卫生。有关资料显示，挤奶厅是奶牛长时间使用的设施，可以铺设塑胶地面，减少奶牛因长时间站立导致的蹄部磨损的情况。首先应加强对牛群的饲养管理，在日常饲养过程中定期对牛舍和饲喂器具进行清洁和消毒，并保持牛舍内的干燥通风；对于地势较低、湿度较大的饲养场所，应做好排水工作；对粪便和污水要进行及时的清理；还要注意定期给牛修蹄；一旦发现蹄部存在伤口必须尽早处理，防止坏死梭杆菌的侵入。奶牛长期站立也能引起蹄部的过度磨损，因此对于奶牛的卧床也应该进行及时修整，让奶牛有个舒服的卧床，不至于使奶牛长期站立，不愿意卧床。奶牛行走的路面对奶牛蹄部健康具有重大的影响（陈广仁等，2018；李臣杰，2019）。不平坦的路面会使奶牛蹄底的角质层产生物理性的损伤，例如，奶牛在不平坦路面上做扭转或转弯运动时能引起蹄白线的分裂。因此，要改善奶牛日常行走的路面和舍内的地面，减少奶牛蹄部的损伤因素。奶牛饲养的环境中含有大量的微生物，例如，坏死梭杆菌在粪便中大量存在，所以一定要加强饲养环境卫生状况的管理。

做好卫生管理。牛圈舍的整洁也是预防腐蹄病重要的一环，石头、木屑等不及时处理，很容易使牛患有白线病等，所以，应尽可能在细节上降低牛蹄的损伤情况，将可引起发病的原因尽可能消灭。牛舍内保持干燥、卫生，定期进行清扫消毒，牛蹄部的污物要每天进行清理，保证运动场和牛舍地面平整、不存在异物，防止蹄部因出现机械性损伤而引起腐蹄病。预防本病必须加强牛场的细节化管理（李臣杰，2019）。舍饲牛群注意牛舍地面杂物的定期清理，特别是锐性较强的砖头、瓦块、石头、铁钉、金属丝等；休息区地面要进行硬化处理，以利于水分的蒸发；运动场定期用磁铁进行吸附，及时清理金属异物。该病早期需要仔细观察才能发现跛行症状，因此饲养员在饲喂期间，除完成本职工作外，还要对每头牛进行观察，发现可疑病牛及时上报并确诊，第一时间隔离治疗。及时清理牛舍、运动场，以及日常行走路面的粪便、积水等污染物，保持牛舍内的干燥，定期对牛床进行消毒，通过降低牛感染环境中病原微生物的机会，提高牛免疫力，从而有效地预防牛腐蹄病的发生（陈广仁等，2018；王林和袁晓雷，2019）。

加强引种管理。牛场需要引种时，必须对引进牛进行健康检查，禁止购买发生过腐蹄病的病牛，还要注意对其他疾病进行检疫，确认健康无病后才可引进。牛到场后还要经过一段时间的隔离观察，一切正常才可混群饲养（李臣杰，2019）。

蹄部护理。对于整个牛群，蹄部可喷洒 5%硫酸铜溶液，每月 4 次，尤其是夏季每周都要喷洒 2 次。在牛过道上放置 5%硫酸铜溶液进行蹄浴，能够有效减少发病。

坚持适量运动。肢蹄健康牛群通过适量运动可使肌肉、骨骼、韧带更健康，还可避免肢蹄发生变形。一般来说，牛每天采取强制运动和自由运动相结合，其中每天强制运动时间控制在 1h 左右（王林和袁晓雷，2019；李臣杰，2019）。

（二）羊腐蹄病

完善厂区规划。在不同的饲养条件下，地板水分增加是导致蹄部损伤和跛足相关疾病出现的主要风险因素。地板中水分升高会导致蹄角硬度降低，尺寸和质量增加。由于摩擦，较软和肿胀的蹄角会迅速磨损，完整性被破坏，增加了与蹄部相关的跛足的风险（Gelasakis et al.，2013，2019；Angell et al.，2015）。因此，不合适的地板材料和不足的卧床用品是与蹄部相关的跛行的危险因素。柔软、光滑和潮湿的地板有利于蹄的过度生长和蹄角的保水。缺乏适当排水的地板分层、垫料交换不足和通风不良会导致地面水分增加，进而对蹄的健康造成不利影响（Panagakis et al.，2004）。在奶羊中，除了地板上的水分，潮湿的牧场、潮湿的气候和谷仓内的小气候可能会导致传染性疾病（Gelasakis et al.，2013）。增加的放养密度是奶羊蹄部相关跛行发生和严重程度的一个重要风险因素，特别是在集约饲养和长期或永久圈养的羊群中。与每只母羊占地面积＞$2m^2$ 相比，每只占地面积＜$2m^2$ 的母羊发展成跛足的可能性高 2.3 倍（Gelasakis et al.，2013）。过度拥挤通常伴随着湿度增加，以及粪便和尿液在床上用品中的积累，损害了卫生状况并有利于腐蹄病和传染性绵羊趾间皮炎的细菌的增殖和传播。此外，垫料中的尿素和氨通过破坏氢键和二硫键改变角蛋白结构的分子，导致蹄角的额外吸水、膨胀和软化，从而对蹄的完整性产生不利影响（Gregory et al.，2006；Green and George，2008）。羊舍的条件需要被高度重视，以消除蹄部有关的跛行，尤其是在奶羊的集约化饲养中，羊舍的条件更为重要。适当的通风、放养密度、地板材料和卧床的清洁，以及对场所的消毒，都是预防蹄部跛行和肢蹄疾病的关键要素。在任何情况下，目标都是实现卫生的饲养条件，减少蹄中的水分、尿素和粪便积聚（Panagakis et al.，2004；Green and George，2008）。

加强营养供给。合理饲喂可确保动物在其生产生活的每个阶段和任何情况下满足其营养需求。为了确保蹄的完整性和功能性、有效的免疫反应和瘤胃的健康，均衡的日粮对于满足动物的基本营养需求（必需的氨基酸、脂肪酸、维生素，以及大量和微量元素）是必不可少的（Gelasakis et al.，2013）。上述营养成分的充足与优质的蹄部相关，从而防止发生与蹄部相关的跛足。与肉羊和羊毛羊相比，奶羊对维持、生长、产奶、体力活动和体温调节的营养需求更多。不适当的喂养和营养缺乏可能会降低爪角的质量，使蹄更容易受到感染、损伤和伤害。因此，特定营养素的缺乏会导致与蹄部相关的跛足。含硫氨基酸半胱氨酸和蛋氨酸对于支持蹄的结构和功能完整性至关重要，因为它们参与角质形成细胞角化过程中二硫键的形成。通常，当日粮的硫含量适当时，瘤胃菌群会产生足量的氨基酸。然而，在某些情况下，即使在日粮中提供了足量的硫，在高产的奶羊中，这些氨基酸的瘤胃产量也不足以满足泌乳的高需求。在这些情况下，有必要优化日粮中的瘤胃旁路蛋白部分。亚油酸和花生四烯酸，以及生物素（亚油酸和花生四烯酸代谢的辅酶）也由瘤胃菌群产生，对蹄的完整性至关重要，因为它们形成了防止蹄角失水的屏障，并且增强了蹄的一致性和弹性（Mülling et al.，1999）。维生素 A、维生素 C 和维生素 E 可保护上述脂肪酸免受氧化。维生素 A 对于角质形成细胞的分化是必不可少的。在大量和微量元素中，钙、锌和铜的缺乏会对角质化产生负面影响，而硒缺乏与腐蹄病的易感性有关（Underwood and Suttle，2004）。总体而言，上述氨基酸、脂肪酸、维生素及大量和微量元素的缺乏与劣质的蹄角质量及与蹄部相关的跛足的倾向有关。

蹄浴是控制蹄部感染的有效方法，但是，需要特别注意使用方法、畜舍卫生条件、所用消毒剂浓度，以及蹄浴时间。进行蹄浴时，蹄部需要清洁，以使溶液能够渗透到蹄角和可能的病变部位；否则，有机物的积累会使溶液中的活性物质失活，并促进病原体的增殖和水平传播，进一步诱发感染（Kaler and Green，2009；Winter et al.，2015；Gelasakis et al.，2019）。例如，浸泡后发生的跛足可能是由于在蹄浴期间将丹毒丝菌从感染的动物传播到未感染的动物。蹄浴是腐蹄病、绵羊趾间皮炎和传染性绵羊趾皮炎流行的防治措施之一。一般来说，蹄浴对治疗轻度感染更有效。最常用的消毒剂是硫酸锌（10%～20%）、硫酸铜（5%）和福尔马林（3%～5%）的溶液。溶液的浓度取决于蹄部感染的具体原因和羊群感染的严重程度（Wassink et al.，2010；Härdi et al.，2019）。福尔马林蹄浴对感染动物的一次应用既便宜又有效。目前，由于福尔马林的毒性及其对动物和人类健康的不利影响，废除福尔马林的使用是发展趋势。硫酸锌蹄浴在存在有机物的情况下仍然有效，被广泛认为是一种有效且无痛的治疗方法。它的缺点包括实施成本高，需要让羊在溶液中站立 20～30min，而不是穿过溶液，以及硫酸锌的溶解度较低（需要添加表面活性剂）。硫酸铜蹄浴既有效又便宜；它的溶解度好，在有机物存在下仍保持活性。但是，它会使蹄角变硬，如果使用不当，羊食用后可能会导致铜中毒。使用抗生素溶液的蹄浴也可能是有效的，但是不推荐使用，因为它们会导致羊的抗生素耐药性增加。

标准的蹄浴程序包括三个连续的阶段。第一阶段，动物通过干净的水浴以去除蹄上的泥土和粪便，这将使随后的浴液渗透到蹄部和感染部位。第二阶段是指动物通过含有消毒剂的蹄浴溶液（在浴缸中填充 5～6cm）。这个阶段的持续时间取决于使用的消毒剂和感染的严重程度。第三阶段是沐浴后干燥过程，动物必须留在坚硬干净的地板上，直到蹄子变干。蹄浴应建在走廊上，两端都有门，以方便使动物在蹄浴溶液中保持所需的时间。总墙高、蹄浴设施的长和宽分别至少为 50cm、240cm、120cm；尺寸可根据动物数量和蹄浴频率进行调整。蹄浴设施必须不透水，保持良好状态，并定期消毒；而蹄浴的溶液必须清洁，经常更换，并根据环境保护的相关规定对使用过的浴液进行适当处理（Härdi et al.，2019）。在干燥和炎热的季节使用蹄浴可以获得良好的治疗效果。

建议对肉羊和羊毛羊进行蹄修剪，具体取决于是否出现过长的蹄角和与蹄部相关的跛足。在集约化饲养的奶羊中，可能需要在第一次交配前开始频繁修剪蹄角（每年一次至两次），以去除过度生长的蹄角和藏在里面的异物。为了及早发现和治疗可能导致跛足的缺陷和损伤，还需要进行常规蹄部检查。在这种情况下，功能性蹄角修剪可恢复蹄的理想形状并改善动物的步态。在牧区耕作系统中，由于放牧过程中蹄角的正常磨损，不需要修剪蹄角（Winter，2008）。在由腐蹄病、绵羊趾间皮炎和传染性绵羊趾皮炎引起的蹄部跛行的情况下，修剪蹄角可用于某些动物的诊断目的，但不建议将其作为标准治疗干预措施，因为修剪蹄角会促进病原体的进一步传播并加重病变。在这方面，蹄角修剪设备的消毒对于避免传染性病原体的传播至关重要。在蹄角修剪和清理期间和之后对设备进行消毒，以及对修剪的适当处理对于预防结节性球虫的传播很重要。修剪蹄角需要一定的技能，并且必须始终由遵守标准操作程序的训练有素的人员实施。在某些情况下，由于存在蹄部病变，蹄角修剪可能会使病畜很痛苦，需要兽医给予镇痛剂。应避免过度修剪蹄角，因为它会导致真皮层损伤和常见病原体的传播。

为防止引起蹄部相关跛足的病原体传播并提供更好的兽医服务，跛足动物需要与羊群的其他部分分开，直到健康为止。此外，买进的绵羊需要至少隔离两周，以防止在羊群中引入腐蹄病和传染性绵羊趾皮炎。淘汰慢性跛行动物和更换无腐蹄病绵羊场的种畜必须是预防、控制和根除计划的组成部分（Bennett and Hickford，2011）。在放牧羊群的情况下，至少两周没有羊的牧场不太可能存在坏死梭杆菌感染，因为这种细菌无法在蹄角之外存活超过 7d。如果购买的羊与羊群的其余部分隔离饲养，直到它们经历了传播期而没有发生腐蹄病，它们就可以被安全地引入羊群中。然而，在实践中，这种做法给羊群所有者带来了许多困难，因为在许多情况下，购买的绵羊会发生腐蹄病，所以需要必须对保持隔离的部分羊群进行根除计划。或者意外混入已患有腐蹄病的引入绵羊，而导致传播给羊群内其他健康羊。建议假设引入的绵羊感染了腐蹄病，并在隔离期间对其进行治疗。这一措施如果成功，就会消除在可能几个月后的传播期继续隔离的必要性。不幸的是，没有任何治疗方法是 100%有效的。因此，重复检查与上述根除计划的治疗相结合也是必要的。如果不这样做，将不可避免地有一小部分引入的绵羊对治疗没有反应，仍然未被发现，并将腐蹄病引入羊群。延长隔离期可能是降低引入腐蹄病风险的首选方法，并且对于降低引入其他疾病的风险也很重要。

由于可以进行商业遗传标记测试，因此抗腐蹄病的育种是一种潜在可行的选择。它在新西兰已被开发，目前用于选择抗性动物，而不涉及临床疾病和表型评估（Dukkipati et al.，2006；Bishop and Morris，2007）。基因检测的应用结果令人满意，估计其经济效益对新西兰的养羊业来说是巨大的。该测试基于检测 *DQA2* 特异性等位基因，根据羊的抗性或对腐蹄病的敏感性对羊进行分类。然而，它已在特定品种中开发，并且在世界范围内仍未得到充分利用，因为它在其他品种（包括奶牛品种）中的适用性虽然可能，但尚未得到充分评估。对现有或新发现的等位基因和基因型进行更彻底的调查，以及评估它们与腐蹄病易感性的关联，需要在更大的范围内应用，包括更多的品种和生产系统（Gelasakis et al.，2013）。基于表型和腐蹄病临床症状严重程度的遗传选择也可用于疾病的长期控制，因为腐蹄病的遗传因子为 0.15～0.25，所以很可能在动物选择中很有用。

同样，通过在该病高流行率的农场中连续剔除和替换严重感染的绵羊，可以实现对腐蹄病的遗传选择。将来，当涉及的等位基因与腐蹄病易感性的可能遗传相关性将被阐明时，遗传选择也可能应用于白线病（white line disease，WLD）（Conington et al.，2010；Bennett and Hickford，2011；Raadsma and Dhungyel，2013）。

为了控制腐蹄病的传播，干预必须在传播期的早期阶段开始，旨在减少传播到环境中的传染性物质的数量，增加绵羊对感染的抵抗力，并阻止或减缓疾病的发展、感染转化为更严重、运动不足的形式。控制计划应侧重于减少而不是消除所有感染源，因此所采用的策略通常是在实现最大的腐蹄病控制和满足羊群的其他健康和生产目标之间进行折中。人们普遍认为，单独的控制计划并不能消除羊群的感染。在澳大利亚，根除计划的最后步骤通常在炎热干燥的夏季进行，此时腐蹄病没有蔓延。控制计划是在前一年春天开始的，当时腐蹄病很可能会蔓延，其明确目的是减少发病率，并在必要时减少腐蹄病的流行。如果夏季开始时的感染流行率为 5%或更低，根除计划更有可能成功（Beveridge，1941；Fitzpatrick，1961）。虽然根除不是大多数英国羊群的管理目标，但澳大利亚控制计划阶段的目标与英国羊群控制计划的目标相同。控制计划中使用了两种主要工具，即疫苗接种和通过蹄浴进行局部治疗。

给予第二次或随后的多价重组疫苗接种可以保护美利奴边区莱斯特绵羊的蹄部腐烂大约 10 周。对美利奴羊进行多价重组疫苗的试验研究表明，在第二次疫苗接种后 11～12 周，抗体滴度下降到相对较低的水平，并且针对感染的保护持续时间为 8～12 周（Hunt et al.，1994）。与美利奴羊相比，英国品种的绵羊及其杂交品种对腐蹄病疫苗的反应更好，并且对这些品种的保护期比美利奴羊长几周（Kerry and Craig，1976；Skerman et al.，1982；Stewart et al.，1985）。尽管据报道两剂疫苗对野外攻击的保护水平在 47%～100%变化，但是与未接种疫苗的绵羊相比，大多数确实感染腐蹄病并接种疫苗的绵羊具有较轻的病变（Egerton and Morgan，1972；Kerry and Craig，1976）。尽管疫苗接种提供的保护持续时间很短，但谨慎的给药时间可以在整个或大部分传播期间提供非常有效的控制。初免剂量可在预期的野外攻击前 6 个月给予，加强剂量可在有利于腐蹄病传播的时期或之前给予。如果有利条件持续超过 3～4 个月，则可能需要进一步加强或替代控制方法，如蹄浴。在随后的几年中，已经接种过两次疫苗的绵羊将对一次加强免疫反应强烈（Schwartzkoff et al.，1993b）。英国的市售腐蹄病疫苗是油佐剂，这类疫苗会引起明显的疫苗部位反应，肿胀直径可达 4cm（Mulvaney et al.，1984；Lambell，1986）。英国品种的羊往往比美利奴羊有更大的反应。这些反应，以及疫苗接种对体重增加的短期抑制作用，使得接种疫苗对肉羔羊腐蹄病的保护不如对母羊或产毛绵羊更合适。当劳动力短缺或难以频繁给绵羊进行蹄浴时，如在母羊产羔和泌乳早期，接种疫苗就成为一种优于蹄浴的控制措施。

抗菌溶液的局部应用，特别是蹄浴，已在上文治疗感染羊的背景下进行了讨论。蹄浴在控制计划中具有重要的作用，其目标是阻止绵羊发展为晚期感染并减少传播到环境中的传染性物质的数量。蹄浴通过使仅限于趾间皮肤的感染消退来实现这一点。这里的讨论是基于这样的假设，即腐蹄病的初始流行率很低，可能是在成功的治疗计划之后，并且正在实施一种蹄浴策略以减少一年中气候和环境条件良好时期的腐蹄病发生率。必须经常重复局部治疗以控制暴发，一定间隔内的定期蹄浴能有效地防治腐蹄病。但如果环境及气候条件非常有利于传播，则可能必须以每周两次或5d的间隔重复洗澡及蹄浴。福尔马林（5%）和硫酸锌（10%）溶液在蹄浴后提供非常短的保护期（1～2d），但在硫酸锌/十二烷基硫酸钠中蹄浴1h可以提供长达两周的保护（Fitzpatrick，1961；Skerman et al.，1983a，1983b；Marshall et al.，1991）。

接种疫苗和蹄浴的结合通常比单独的任何一种治疗更有效。预计在第二次疫苗接种到期之前开始传播的情况下，重复蹄浴可能非常有用，直到疫苗产生有效的保护作用（Lambell，1986）。如果在传播期早期引入药物治疗结合蹄浴，大多数病变就不会发展到蹄底。如果一些羊群由于早期治疗控制无效或治疗较晚而出现腐蹄病愈合不佳的情况，需要在防治措施前对腐蹄病的严重感染进行有针对性治疗。修蹄对保护绵羊免于腐烂没有作用，在蹄部腐烂的阶段，不应将时间和精力花在这项活动上，除非它是治疗严重受影响的绵羊所必需的。除非腐蹄病传播，否则修蹄不会提高蹄浴的治愈率（Casey and Martin，1988）。在腐蹄病传播期间，如果绵羊蹄浴后返回到它们来的牧场，它们将立即面临从几小时前脱落到牧场上的病变材料再次感染的挑战。农民很少有机会避免这种做法，尽管最近进行了局部治疗，但尚不清楚牧场上的残留感染或绵羊的残留感染是接下来几天羊群感染复发的主要来源。适当的局部治疗仅在24h内给羊提供一定程度的保护，防止其再次感染，但在同一时期，牧场上存活的坏死梭杆菌和节瘤拟杆菌的数量可能会迅速下降。由于一种蹄浴治疗的治愈率相对较低，蹄部的持续感染与蹄浴后的绵羊返回牧场时对牧草污染相比，在继发腐蹄病发生方面具有更重要的意义。同一个牧场，在传播期间进行控制活动的目标是减少而不是根除感染。

（三）肝脓肿

现阶段对牛肝脓肿的防控措施主要是围绕避免胃损伤进行的。由于饲养管理不当，牛在进食之后，食物会在胃中发酵产生乳酸，使得胃液的酸度进一步增加，最终导致牛出现胃炎等疾病。如果饲养牛的饲料配比中精料的比例较高，就会在一定程度上提高牛发生肝脓肿的概率，甚至会导致一些其他并发症发生（苏丽伟，2020）。现阶段对牛肝脓肿进行治疗采用的药物主要是泰乐菌素磷酸盐，一般按照10g/t的比例在饲料中进行添加，这在一定程度上可以有效降低牛发生肝脓肿的概率，同时也可以提高牛的食欲，有助于催肥。这种药物对牛的胃部不会产生较为严重的影响，因此安全性较高。在对牛进行育肥的过程中，可以选择金霉素作为有效的预防药物。此外，还可以通过接种疫苗的方式降低各种致病菌的数量，降低疾病的严重程度，实现对该病的有效控制（苏丽伟，2020）。

各种防控措施主要是通过在饲料中添加抗菌化合物的方式进行的，因此可以对饲料的组成成分进行调整。除了在饲料中添加抗菌化合物，加强饲养管理以最大限度地减少瘤胃失衡被认为是有效控制肝脓肿的关键因素。一些建议包括逐渐使牛适应高谷物饮食，避免饲喂不足或过量，每天提供几次饲料以分散采食量，增加饲料的粗饲料含量，在混合饲料中实施质量控制，并提供足够的空间和新鲜、干净的水。同时加强饲养管理，使得牛在进行喂养的过程中可以通过缓冲溶液的方式降低胃酸。此外要加大饲料中纤维素的含量，避免对胃部产生损害，导致牛肝脓肿疾病的发生。由于育肥期间，牛的饮食摄入量要远高于平时，只注重饮食的摄入量不注重牛的消化，很容易造成牛肝脓肿的发生，因此要根据不同牛的身体状况进行不同量的投喂，并在投喂完毕后，对牛进行促消化工作，保证所有饲料及时消化（李积朝，2019）。需要注意的是，一定要严格把关牛的饲料质量，控制好饲料的质量可以有效降低牛肝脓肿的发生。物理防控主要是采取草原放养的方式养殖肉牛，牛在进食的过程中会不断地行走，这样会加大牛的运动量，进而促进胃消化。如果是厂区养殖的情况，养殖人员就要仔细对牛群进行检查，当牛进食完毕后，养殖员要轰赶牛群走动，保证牛群适当的运动，进而达到促消化的作用（牛久存，2020）。

饲养场牛肝脓肿的控制通常依赖于抗菌化合物的使用。坏死梭杆菌的抗菌敏感性已被广泛研究。一般来说，坏死梭杆菌对青霉素、四环素和大环内酯类药物敏感，但对氨基糖苷类和离子载体抗生素耐药。这种对青霉素和大环内酯类药物的敏感性，以及对氨基糖苷类的耐药性令人惊讶，因为坏死梭杆菌的细胞壁结构是革兰氏阴性菌的典型特征（Baba et al.，1989；Lechtenberg and Nagaraja，1991；Garcia et al.，1992）。坏死梭杆菌两个亚种对抗生素的敏感性或抗性没有差异。化脓隐秘杆菌（肝脓肿中第二常见的病原体）对抗菌化合物的敏感性模式是革兰氏阳性菌的典型特征。根据《美国饲料纲要》，5种抗生素（亚甲基双水杨酸杆菌肽、金霉素、土霉素、泰乐菌素和维吉尼亚霉素）被批准用于预防饲养场牛的肝脓肿。FDA 批准的 5 种抗生素在预防肝脓肿方面的有效性各不相同。杆菌肽是 5 种抗生素中效果最差的，泰乐菌素是最有效的；然而，除杆菌肽外，其他 4 种抗生素的最小抑菌浓度（minimal inhibitory concentration，MIC）值与其疗效无关（Haskins et al.，1967；Brown et al.，1973；Rogers et al.，1995）。因此，饲喂泰乐菌素或金霉素的饲养场牛肝脓肿的发生率不能反映体外活性。这些抗生素预防肝脓肿的作用方式可能是通过抑制或减少瘤胃内容物、瘤胃壁、肝脏或两者（瘤胃和肝脏）中的坏死梭杆菌种群（Nagaraja er al.，1999；Coe et al.，1999）。

泰乐菌素和维吉尼亚霉素吸收很少甚至没有吸收，因此它们的作用主要存在于瘤胃壁，可能不会超出瘤胃以外。泰乐菌素属于大环内酯类，是最有效的抗生素，也是饲养场中最常用的饲料添加剂（按照 8～10g/t 配制饲料，每只动物每天提供 60～90mg）。泰乐菌素的作用方式被认为是其对瘤胃、肝脏或两者中的坏死梭杆菌的抑制作用（Nagaraja and Lechtenberg，2007）。在常规饲喂系统中，对饲喂泰乐菌素的牛与未饲喂泰乐菌素的牛肝脓肿风险的荟萃分析（meta-analysis，META）表明，饲喂泰乐菌素可将肝脓肿的风险从 30%降低到 8%（Wileman et al.，2009）。泰乐菌素喂养牛肝脓肿的发生可能是由于坏死梭杆菌产生抗药性或由坏死梭杆菌以外的细菌引起的脓肿。除了减少肝脓肿，饲喂某些抗微生物化合物可以提高增重速度和饲料利用率。在一些研究中，离子载体抗生素（如莫能菌素、拉沙里菌素或丙酸交沙霉素）对肝脓肿发病率没有影响。几项研究证实，泰乐菌素喂养可使肝脓肿发生率降低 40%～70%。对来自美国所有主要牛饲养区的总共 6971 头牛的 40 项试验的总结表明，泰乐菌素（11g/t 风干饲料或每只动物每天 90mg）饲喂使肝脓肿发病率减少了 73%。喂食泰乐菌素的牛的增重速度提高了 2.1%，饲料转化效率提高了 2.6%，并且比未喂食泰乐菌素的牛获得了略高的屠宰率。在一项比较牛肝脓肿细菌分离物的抗菌敏感性的研究中，饲喂与不饲喂泰乐菌素的患有肝脓肿病牛相比，泰乐菌素对坏死梭杆菌和化脓隐秘杆菌的平均最低抑制浓度在两组之间没有差异

（Nagaraja et al.，1999）。在日粮中添加泰乐菌素或维吉尼亚霉素可防止与饲喂高谷物日粮相关的瘤胃坏死梭杆菌种群增加。然而，金霉素和土霉素也可以对附着在瘤胃壁或肝脏中，或两者共同存在的坏死梭杆菌发挥作用。此外，泰乐菌素和维吉尼亚霉素对瘤胃细菌的抗菌活性对发酵速率有调节作用，进而降低瘤胃酸中毒和肝脓肿的发生率（Nagaraja et al.，1999；Coe et al.，1999）。

尽管泰乐菌素广泛用于饲养行业，但人们对评估抗生素替代品（如精油和疫苗）控制肝脓肿有相当大的兴趣。Elwakeel 等（2013）评估了 5 种精油（丁香酚、香草醛、百里酚、愈创木酚和柠檬烯）和帝斯曼产品 CRINA 对坏死梭杆菌生长的影响，并观察到 20μg/mL 的柠檬烯或 100μg/mL 的百里酚抑制坏死梭杆菌生长，而丁香酚、愈创木酚、香草醛和 CRINA 没有效果。CRINA 未能抑制坏死梭杆菌可能是因为产品中的柠檬烯和百里酚浓度低。精油的抗菌活性归因于细菌细胞的细胞质膜的破坏。在饲喂育肥日粮的牛饲养场研究中，与对照组相比，加入含有柠檬烯和百里酚的 CRINA 倾向于降低肝脓肿的发生率，但差异不显著（Nazzaro et al.，2013）。

牛的疫苗接种需要在幼牛时期进行，保证疫苗接种的及时性，并且第一次牛肝脓肿疫苗接种的两个月后需要再次强化接种，保证疫苗能够充分发挥效果。在加拿大西部的商业饲养场，进行了一项随机和盲法现场试验，以评估坏死梭杆菌疫苗控制肝脓肿和腐蹄病的功效。一半接种疫苗和一半未接种疫苗的对照动物可随意获取以草料为基础的生长饮食；每组的另一半被限制喂养以谷物为基础的生长饮食。本试验中评分为 A 和 A^+ 的肝脓肿的总体患病率为 16.7%。发现两种饮食组与屠宰时 A 或 A^+肝脓肿的存在密切相关，不同饮食改变了疫苗接种对屠宰时肝脓肿发生率和饲喂期间腐蹄病发生率的影响。草料组中接种疫苗的动物在屠宰时出现 A 或 A^+肝脓肿的概率小于同一饮食组中未接种疫苗的动物在屠宰时出现 A 或 A^+肝脓肿的概率的 1/3。本试验中腐蹄病的总发生率为 6.5%。在谷物组中，接种疫苗和未接种疫苗的动物在接受腐蹄病治疗的概率或屠宰时肝脓肿评分为 A 或 A^+的概率方面没有差异。该试验表明，针对坏死梭杆菌感染的疫苗接种可能有助于减少屠宰时严重肝脓肿的发生率，并减少某些饮食情况下的腐蹄病治疗效果（Checkley et al.，2005）。

由于肝脓肿是一种细菌感染，而且坏死梭杆菌的致病性和毒力因素已被广泛研究多年，因此人们对开发一种有效的疫苗产生了相当大的兴趣，并付出了很多努力。使用疫苗有双重好处，控制肝脓肿并缓解与在饲料中持续使用医学上重要的抗菌剂相关的公共卫生问题。迄今为止，已有 2 种疫苗达到商业应用标准。第一种是被批准用于控制牛肝脓肿和腐蹄病的坏死梭杆菌疫苗（Fusogard）。第二种疫苗（Centurion）是坏死梭杆菌白细胞毒素和化脓隐秘杆菌疫苗的组合，它被证明可以降低饲养场牛肝脓肿的患病率，然而，这种疫苗目前不再市售（Jones et al.，2004）。在一项随机和盲法现场试验中，Checkley 等（2005）报道 Fusogard 疫苗的接种降低了患病牛（10%）的 A 或 A^+肝脓肿的患病率，但对肝脓肿患病率高（30%）的牛无效。Fox 等（2009）进行了一项研究，以评估当时可用的 2 种商业疫苗在天然喂养的饲养场牛中的功效。饲养场牛（n=1, 307）被随机分配到 3 种治疗中的一种：无疫苗（对照）、接种 Fusogard 疫苗、接种 Centurion 疫苗；所有动物均喂食 73%风干玉米和 13%粗饲料。牛采食 238d 后发现总肝脓肿和严重肝脓肿

（A^+）的发生率较高，分别为 56%和 39%（Fox et al.，2009）。两种疫苗均不影响总肝脓肿和严重肝脓肿的发生率。疫苗接种效果的缺乏可能是由于自然生产系统中牛的饲养时间长（238d）。

（四）坏死性喉炎

坏死性喉炎无特异预防方法，只能采取综合性措施，消除病因、防止口腔损伤是防治的根本措施。犊牛圈舍内外大消毒，并彻底更换清洁干燥的垫草，保持舍内及地面通风干燥，并做好犊牛舍的保温工作，做好通风、换气与保暖工作的协调统一。用来饲喂犊牛的草提前进行切断揉碎处理，保证草柔软无硬刺，防止其损伤犊牛口腔黏膜。加强哺乳期犊牛饲养管理工作，增加精料采食量，提供优质干草。对潜在感染尚未发病的犊牛进行预防控制，注射维生素 A、维生素 D、维生素 E 合剂，5mL/次/头，连用 2～3d；肌肉注射氟苯尼考，20～30mg/kg 体重，每日一次，连用 3d（侯引绪等，2014；韦丽萍，2019）。

二、疫苗免疫

疫苗免疫已有很长的历史，疫苗技术也在不断地更新迭代，从第一代的减毒和灭活疫苗，第二代的亚单位疫苗和重组基因疫苗，再到最新的重组病毒载体疫苗和核酸疫苗。不同类型的疫苗存在不同的优缺点，传统的灭活疫苗只诱导体液免疫应答，需要多次接种，并且产生的抗体保护时间短，但是制造工艺简单；亚单位疫苗和重组基因疫苗原理上是利用蛋白质或者蛋白质水解产物诱导体液免疫反应，需要高效的佐剂才能诱导更强的免疫反应，但是相比灭活疫苗更加安全；重组病毒载体疫苗利用载体病毒带着基因片段进入机体细胞，大量合成可以诱导免疫应答的蛋白质，综合了减毒活疫苗和亚单位疫苗的优势，又避免了各自的短板；核酸疫苗就是将编码某种抗原蛋白的病毒基因片段直接导入动物体细胞内，并通过宿主细胞的蛋白质合成系统产生抗原蛋白，诱导宿主产生对该抗原蛋白的免疫应答。但是重组病毒载体疫苗和核酸疫苗研发周期相对较长，制作工艺也相对复杂。

针对坏死梭杆菌开发的疫苗有弱毒疫苗、灭活疫苗，以及基因工程亚单位疫苗等。1976 年，Abe 等用福尔马林灭活后的坏死梭杆菌免疫小鼠，攻菌后 28d 内肝脏、肺脏和脾脏中未检测到坏死梭杆菌存在。1997 年，Saginala 等用含有白细胞毒素的细菌上清液免疫小鼠，发现免疫效果存在剂量依赖，最高剂量 2mL 时，疫苗的保护率为 80%。2002 年，王克坚等制备的裂解鹿源坏死梭杆菌的组分疫苗，进行了免疫攻毒保护试验，结果表明该种疫苗对鹿具有免疫保护作用。Narayanan 等（2003）用原核表达的方法将白细胞毒素的 5 种多肽链进行重组表达，用佐剂乳化后制成不同疫苗，并与灭活菌体疫苗和灭活上清液的疫苗作比较，发现重组白细胞毒素疫苗免疫效果明显好于对照组。2007 年，郭东华等用牛源 H05 菌株 5 个截短的 *lkt* 制备了坏死梭杆菌 *lkt* 重组亚单位疫苗，结果证明截短的 *lkt* 重组蛋白可以取代天然的 *lkt* 来作为亚单位疫苗候选抗原。2018 年，孟祥玉采用溶菌酶裂解的方式获得细胞内蛋白质抗原物质，制备坏死梭杆菌亚单位疫苗，并且与传统灭活疫苗相比，两者保护效率都约为 70%。2021 年，Xiao 等分别用 43K OMP、 lkt 截短蛋白 PL4 和 Hly 截短蛋白 H2 作为亚单位疫苗的候选抗原，并与灭活的坏死梭杆菌作对照，发现 43K OMP、PL4 和 H2 混合蛋白诱导小鼠产生的抗体水平最高。传统疫苗免疫效果不稳定，还含有很多外源物质（如细菌细胞壁成分、培养基成分等非抗原物质），对动物体可能具有潜在的毒性和副作用；亚单位疫苗较传统疫苗而言更加稳定，但是需要佐剂来配合使用。外膜囊泡（outer membrane vesicle，OMV）以天然构象呈现一系列表面抗原，并具有免疫原性、自我调节和被免疫细胞摄取等天然特性。这使得它们在作为抗病原菌疫苗方面具有很大的优势，日益成为疫苗研究的热点。

（一）灭活疫苗

全菌体灭活疫苗是腐蹄病的“第一代疫苗”。澳大利亚 Gilder 等用坏死梭杆菌研制的甲醛灭活疫苗接种牛群，用于预防和治疗牛的急性腐蹄病。结果显示，它能减少 61%～88%的牛出现腐蹄病临床症状，在牛腐蹄病的预防上取得了一定的成效。Bouckaert 等在比利时用坏死梭杆菌甲醛灭活疫苗接种奶牛，证实该疫苗具有良好的效果。此后，研究者陆续以坏死梭杆菌为研究对象，开发其疫苗用于腐蹄病的预防。目前，许多国家生产出以坏死梭杆菌为主的联苗，如 Pietimam、Pietivac（法国）、HeKOBax（牛用联苗，俄罗斯）和 OBHKoa（羊用联苗，俄罗斯）等，这些疫苗在牛腐蹄病的预防中起到了一定的作用。Egerton 和 Roberts（1971）应用节瘤拟杆菌甲醛灭活疫苗免疫山羊，对羊腐蹄病也起到一定的预防作用。

（二）亚单位疫苗

1. 菌体成分亚单位疫苗

随着对奶牛腐蹄病主要病原坏死梭杆菌的进一步研究，研究者发现坏死梭杆菌的某些致病因子，尤其是在生长过程中分泌到外界的白细胞毒素在免疫保护中发挥重要作用。因此，以这些毒力因子为抗原，尤其是白细胞毒素的亚单位疫苗成为腐蹄病的“第二代疫苗”。Saginala 等（1997）在坏死梭杆菌白细胞毒素疫苗对牛肝脓肿的保护效应试验中发现，白细胞毒素疫苗的免疫剂量与免疫产生的保护效应呈正相关，即随着白细胞毒素免疫剂量的增加，其免疫效果逐渐增强。俄罗斯卡拉瓦耶夫等利用坏死梭杆菌的白细胞毒素和内毒素制成的新型疫苗，对牛腐蹄病具有良好的防治效果，对驯鹿腐蹄病的预防率达 98%。我国王克坚等（2002）分离了一株鹿源坏死梭杆菌（AB_4），并以此菌培养后的裂解上清液制备出鹿源坏死梭杆菌疫苗，在以家兔为实验动物的免疫试验中取得了理想的保护效果。在节瘤拟杆菌疫苗研制方面，为了对多个血清型节瘤拟杆菌引起的腐蹄病提供保护，含有多个不同血清型节瘤拟杆菌纤毛蛋白的多价疫苗被研制出来，该疫苗在生产地区应用效果很好，但在其他国家和地区应用效果不佳。因节瘤拟杆菌培养条件苛刻，产量低，并且很难获得稳定的纤毛蛋白产量，特别是需要液体发酵条件，所以该疫苗的生产和应用受到严重的限制（Skerman，1975）。上述研究的亚单位疫苗大多是以天然提取的坏死梭杆菌白细胞毒素或者是节瘤拟杆菌的纤毛蛋白作为疫苗组分，但由于病原菌的培养条件苛刻，提取纯化的工艺过程也非常烦琐。因此，如何筛选合适的培养条件以利于毒力因子的高效表达，并简化生产过程，获取大量抗原，是腐蹄病疫苗的一个研究方向。

外膜囊泡是细菌分泌的球形双层膜状结构，其大小为 20～250nm（图 6-1）。OMV 的发现可以追溯到 1967 年，Chatterjee 在研究霍乱弧菌的细胞壁结构时发现了 OMV。进一步研究发现革兰氏阳性菌、古细菌均可以产生 OMV（Kim et al.，2015）。OMV 具有抵抗抗生素、刺激生物膜形成、传输生物分子、调控应激反应、调节免疫应答、调节微生物稳态、递送致病因子等重要的生物学功能（Schwechheimer and Kuehn，2015）。OMV 含有多种细菌衍生成分，如磷脂（phospholipid，PL）、蛋白质、LPS、DNA、RNA 等（Laughlin and Alaniz，2016）。OMV 由两层膜组成，内膜（inner membrane，IM）为磷脂双分子层，外膜（outer membrane，OM）是一个不对称的双分子层，由外表面的 LPS 和内表面的 PL 组成，其中嵌有非特异性孔和特异性通道。LPS 在 OMV 中发挥重要的作用，可直接或间接影响 OMV 的组成和外膜曲率。细菌 LPS 由脂质 A、核心多糖和 O 抗原组成，但是 OMV 中的 LPS 与细菌的 LPS 不同，只包含细菌 LPS 的部分结构（Kadurugamuwa and Beveridge，1995）。

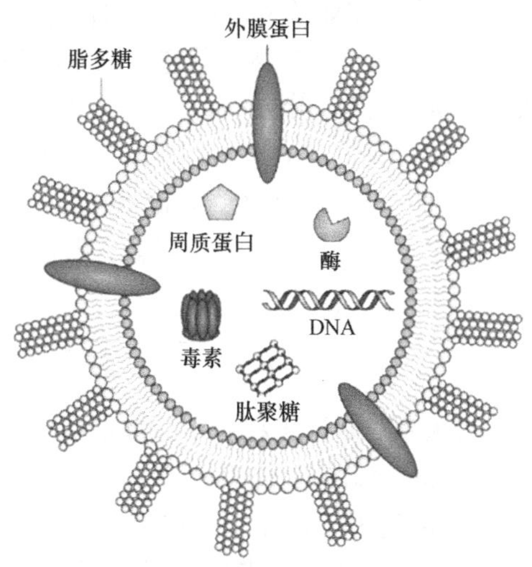

图 6-1　外膜囊泡结构模式图（引自 Zariri et al.，2016）

在大多数情况下，OMV 蛋白质组除了包含细菌外膜成分，还包括内膜和细胞质蛋白质。通过蛋白质组学对 OMV 的蛋白质组成进行分析，结果显示 OMV 中包含如 OmpA、OmpC 和 OmpF、周质蛋白，以及一系列与宿主组织的黏附和侵袭有关的毒力因子。1982 年首先在副流感嗜血杆菌 OMV 中发现有 DNA 存在。后来，在埃希氏菌属、假单胞菌属、嗜血杆菌属、奈瑟菌属等 OMV 中也证实了有 RNA 和 DNA 存在（Kahn et al.，1982；Beveridge，1999；Arora et al.，2000）。用 DNA 酶处理 OMV 表面后裂解 OMV，仍可以检测到 DNA，说明 OMV 不仅表面有 DNA 片段，内部也包裹着 DNA 片段。OMV 含有多个细菌病原体相关分子模式（pathogen associated molecular pattern，PAMP），可通过淋巴引流或被抗原提呈细胞吞噬后到达淋巴结。抗原提呈细胞对 OMV 的识别和摄取促进了抗原呈递、共刺激分子的表达和促炎细胞因子的分泌。这三种信号同时触发抗原特异性 T 细胞的激活。活化的 CD_8^+ T 细胞特异性地杀死细菌感染的细胞，CD_4^+ T 细胞也增强了 CD_8^+ T 细胞的细胞毒性和 B 细胞产生的抗体分泌。细菌特异性抗体结合细菌并介导其调理作用（Bachmann and Jennings，2010）。

2022 年，赵鹏宇等首次用密度梯度超速离心法提取坏死梭杆菌 OMV。首先对细菌上清液进行过滤，确保上清液中没有残留的坏死梭杆菌，然后对上清液进行超速离心，得到 OMV 的粗提产物；使用 OptiPrep 分离液对粗提的 OMV 进行纯化，通过对不同浓度分离液进行透射电镜、纳米颗粒跟踪分析技术（nanoparticle tracking analysis，NTA）和 SDS-PAGE 分析，明确 OMV 在 20%～30% OptiPrep 分离液中存在，以此得到纯度更高的 OMV。随后对坏死梭杆菌 OMV 的蛋白质组成进行研究，共鉴定出 163 个蛋白质；其中包括丝状血凝素、FadA 蛋白和 43K OMP 蛋白等呈现出潜在黏附特性的蛋白质，白细胞毒素等坏死梭杆菌的外分泌毒力因子，以及自转运蛋白和 ABC 转运蛋白（ATP-binding cassette transporter，ABC transporter）等参与细菌间信息传递的蛋白质。由于 OMV 包含多种细菌相关蛋白质，是很有潜力的疫苗候选物。针对坏死梭杆菌开发的疫苗包括 Roberts、Abe、Saginala 和郭东华等制备的弱毒疫苗、灭活疫苗和基因工程亚单位疫苗等。OMV 疫苗与灭活疫苗和亚单位疫苗相比的优势在于，OMV 疫苗含有多种与细菌相关的 PAMP，并且 PAMP 保持着自然的状态，可以更好地激活机体的免疫反应。所以，与 43K OMP 和灭活坏死梭杆菌相比，坏死梭杆菌 OMV 可以诱导机体产生更强的细胞免疫和体液免疫，并且坏死梭杆菌 OMV 主要以 Th1 型细胞免疫为主，43K OMP 和灭活坏死梭杆菌主要以 Th2 型体液免疫为主。攻菌后，免疫坏死梭杆菌 OMV 与免疫 43K OMP 和灭活坏死梭杆菌相比，小鼠的存活率最高，肝脏细菌载量最低，肝脏病理损伤程度最轻。

2. 基因工程亚单位疫苗

随着基因工程技术的迅速发展，基因工程亚单位疫苗的出现为腐蹄病疫苗的研制提供了新的思路。1981 年，Egerton 等首先克隆表达了 A 型节瘤拟杆菌纤毛蛋白，并通过试验证明研制的 A 型节瘤拟杆菌基因工程亚单位疫苗对羊具有较好的免疫效果。2001 年王克坚等成功地克隆表达出 E 型节瘤拟杆菌纤毛蛋白，并研制出 E 型节瘤拟杆菌纤毛蛋白基因工程亚单位疫苗；同年又通过大肠杆菌宿主表达系统表达了 E 型节瘤拟杆菌纤毛蛋白与绵羊 IL-2 融合基因纤毛蛋白，研制出 E 型节瘤拟杆菌纤毛蛋白与绵羊 IL-2 融合基因工程亚单位疫苗。此外，苗利光等（2002）研制出 C 型节瘤拟杆菌基因工程亚单位疫苗，这些基因工程亚单位疫苗经过家兔和绵羊的免疫保护性试验，证明有较好的免疫保护效果，为我国节瘤拟杆菌基因工程疫苗的开发与应用奠定了基础。

由于坏死梭杆菌白细胞毒素的良好免疫原性，Narayanan 等（2003）将坏死梭杆菌的白细胞毒素基因分成 5 个截短的、彼此有部分重叠、覆盖整个开放阅读框的基因片段进行了克隆，通过原核表达系统获得了重组白细胞毒素蛋白；在随后的小鼠感染模型中研究截短的坏死梭杆菌白细胞毒素重组蛋白对小鼠具有一定的免疫原性和保护效应。试验结果证明，通过原核表达系统获得的 5 个重组白细胞毒素蛋白免疫小鼠后，均能对坏死梭杆菌攻击的小鼠提供免疫保护，这为坏死梭杆菌白细胞毒素重组亚单位疫苗的研制奠定了理论基础。

坏死梭杆菌白细胞毒素是引起奶牛腐蹄病的一个主要致病因子，利用该毒素蛋白制备的基因工程亚单位疫苗，能够对腐蹄病的发生起到较好的预防作用。另外，基因工程亚单位疫苗不仅制备方法简单，成本较低，而且易于实现大规模生产；同时与天然白细胞毒素相比，基因工程亚单位疫苗具有更好的安全性。因此，以坏死梭杆菌白细胞毒素为靶蛋白制备重组亚单位疫苗能够为奶牛腐蹄病的免疫预防提供新的途径。马查多等报道了使用含有不同蛋白质组合的大肠杆菌、坏死梭杆菌和化脓性链球菌的疫苗制剂对奶牛进行皮下免疫，以预防产褥期子宫炎，从而改善奶牛的繁殖能力。纳拉亚南等评估了坏死梭杆菌重组白细胞毒素在小鼠肝脓肿模型中的功效。坏死梭杆菌中编码白细胞毒素（lktA）的基因被克隆、测序并在大肠杆菌中表达。由于蛋白质表达水平低、纯化全长重组蛋白难度大，以及蛋白质的物理不稳定性，构建了 5 个重叠的白细胞毒素截短基因。5 种重组多肽（BSBSE、SX、GAS、SH 和 FINAL）在大肠杆菌中表达并通过镍柱纯化。所有多肽均具有免疫原性；在小鼠中 2 种多肽（BSBSE 和 SH）被诱导，它们能显著保护小鼠免受坏死梭杆菌感染。该保护优于全长天然白细胞毒素或含有白细胞毒素的灭活培养上清液。然而，尚未评估重组 lkt 多肽在牛中的功效。另一种作为疫苗开发潜在候选者的坏死梭杆菌抗原是外膜蛋白，它介导坏死梭杆菌与牛细胞的黏附。有趣的是，A 型亚种与 B 型亚种的外膜蛋白略微不同。细菌黏附是许多革兰氏阴性细菌感染和疾病发病机制的关键步骤，前期已经发现一个 42.4kDa 的外膜蛋白；它以高亲和力与牛内皮细胞结合，并且肝脓肿牛的血清中存在相应的抗体，同时一种称为 FomA 的类似蛋白质已在另一种梭杆菌属具核梭杆菌（一种人类口腔病原体）中得到表征。使用具核梭杆菌的 FomA 制备的疫苗已被证明可以预防小鼠模型中的口腔感染，需要进一步的研究来评估外膜蛋白作为控制饲养牛肝脓肿的潜在候选疫苗的效果。

第三节　坏死梭杆菌疫苗研究

一、牛坏死梭杆菌多组分亚单位疫苗的研制

（一）牛坏死梭杆菌多组分亚单位疫苗相关蛋白质的诱导表达及纯化

1. 材料与方法

1.1　材料

1.1.1　菌株

pET-32a-43K OMP-BL21、pGEX-6p-1-PL-4-BL21 及 pET-32a-H2-BL21 阳性菌、pET-32a-H9-BL21 阳性菌均由黑龙江八一农垦大学兽医病理学实验室保存。

1.1.2　主要试剂及仪器

IPTG 购自宝生物工程有限公司；酵母粉、胰蛋白胨等购自 Oxoid 有限公司；BeyoColor™彩色预染蛋白质分子质量标准（10～170kDa）、SDS-PAGE 蛋白上样缓冲液（6×）购自碧云天生物技术有限公司；考马斯亮蓝、氨苄青霉素（Ampicillin，Amp）购自哈尔滨万太生物科技公司，His-标签蛋白提纯试剂盒 TALON 购自 Clontech 公司，谷胱甘肽-琼脂糖凝胶 4B 蛋白纯化试剂盒购自 Pharmacia Biotech 公司，SDS-PAGE 凝胶制备试剂盒购自北京索莱宝科技有限公司。

室温台式离心机（Centrifuge 5418）购自德国爱得芬公司；低温台式高速离心机（AvantiTM30）购自 BECMAN 公司；微波炉（MM721AAV-PWX）购自美的公司；空气浴振荡器（HZQ-C）购自哈尔滨市东明医疗仪器厂；电泳仪电源（DYY-6C）购自北京六一生物科技有限公司；电子天平（FA1004N）购自上海菁海仪器有限公司；立式电冰箱（BCD-215KCM）购自青岛海尔股份有限公司；垂直板电泳系统（PowerPacTW Umiversal Power Supply）购自美国伯乐生命医学有限公司；电热恒温水浴锅（DK-S12）购自上海森信实验仪器有限公司；漩涡振荡器（MS3BS25）购自 IKA 公司；生物洁净工作台（BCN-1360B）、生物安全柜（BSL-1360IIA2）购自北京东联哈尔仪器制造有限公司；全温振荡器（HZQ-Q）购自哈尔滨市东联电子技术开发有限公司；海尔卧式冷藏冷冻柜（BC/BD-216SC）购自青岛海尔特种电冰柜股份有限公司；微量移液器购自 eppendorf 公司；制冰机购自宁波格兰特制冷设备制造有限公司；恒温摇床购自上海南荣实验室设备有限公司；凝胶成像分析仪购自美国伯乐生命医学有限公司。

1.2　试验方法

1.2.1　重组蛋白的诱导表达

将 pGEX-6p-1-PL-4-BL21、pET-32a-H2-BL21、pET-32a-H9-BL21、pET-32a-43K OMP-BL21 阳性菌及 pET-32a、pGEX-6p-1 空载体以 1∶1000 的比例分别接种于 LB（Amp^+）液体培养基中，37℃恒温摇床 220r/min 培养。当细菌 OD_{600nm} 的值达到 0.4～0.6 时，菌液中加入 IPTG 进行诱导表达，IPTG 终浓度为 1mmol/L，诱导条件为 16℃，160r/min 过夜培养。收集诱导后的菌液，离心并超声破碎，具体如下。

收集细菌沉淀，将各诱导后的菌液放入高速离心机中，8000r/min 离心 10min，弃上清液收集沉淀，用灭菌的 PBS 缓冲液吹洗沉淀 3 次，每次 5000r/min 离心 10min，最后将各诱导后的细菌沉淀分别用 PBS 溶液悬起备用。

菌体超声破碎，将处理好的细菌沉淀分别放于冰水混合物上进行超声波破碎处理，细菌悬液呈透明澄清为佳。将超声后诱导菌液 12 000r/min 离心 30min，收集上清液及沉淀，取一部分进行 SDS-PAGE 分析，剩余超声后的菌液沉淀用 PBS 缓冲液溶解后于–20℃保存，上清液直接于–20℃保存。

1.2.2　重组蛋白的纯化

1.2.2.1　pET-32a-43K OMP 重组蛋白纯化

所需溶液配制。变性结合缓冲液：PBS+150mmol/L NaCl+8mol/L 尿素；洗涤缓冲液：PBS+150mmol/L NaCl；洗脱缓冲液：PBS+150mmol/L NaCl+200mmol/L 咪唑；透析缓冲液：10mmol/L Tris+0.01% Triton X-100。

将纯化柱温和翻转使 Ni-NTA 琼脂糖重悬，同时反复轻敲。向纯化柱中加入树脂，树脂因重力作用完全下沉，吸出上清液，再加入灭菌蒸馏水，再次反复翻转并敲打纯化柱，让树脂重悬。树脂因重力作用完全下沉，吸出上清液。加入变性溶液，上下轻柔地翻转柱子，使树脂重悬，再通过重力作用让树脂自然下沉，吸出上清液，重复 2～3 次，使蛋白质纯化在变性条件下进行。将细菌裂解产物加入 Ni-NTA 柱中，室温下使用磁力搅拌器轻柔地搅拌，使裂解物与树脂充分作用 20～30min。再次自然沉淀树脂，并小心吸出上清液，加入洗脱缓冲液用于洗柱，上下轻微翻转晃动使树脂重悬，作用约 2min

后自然沉降树脂，并小心吸出上清液，重复洗涤 2～3 次，以彻底洗去未吸附的蛋白质。接着垂直固定好吸附柱，打开其底部的开口加入洗脱缓冲液洗脱蛋白质，收集洗脱下来的蛋白质。将洗脱获得的蛋白质加入含有透析缓冲液的透析袋中，透析过夜，以除去尿素。

1.2.2.2 pET-32a-H2 重组蛋白纯化

所需溶液配制。洗涤缓冲液：PBS+150mmol/L NaCl；洗脱缓冲液：PBS+150mmol/L NaCl+200mmol/L 咪唑。

将柱温和翻转使 Ni-NTA 琼脂糖重悬，同时反复轻敲。向纯化柱中加入树脂，树脂因重力作用完全下沉，吸出上清液，再加入灭菌蒸馏水，再次反复翻转并敲打纯化柱，让树脂重悬。树脂因重力作用完全下沉，吸出上清液。将细菌裂解产物加入到处理好的纯化柱中，室温下使用磁力搅拌器轻柔地搅拌 20～30min，保持树脂在裂解缓冲液中处于悬浮状态，有利于充分结合，再利用重力作用使树脂自然沉降，吸出上清液。纯化柱中加入配制好的洗涤缓冲液，用于洗去未吸附的蛋白质。再用洗脱缓冲液洗脱蛋白质，收集目的蛋白质。

1.2.2.3 pGEX-6p-1-PL-4 重组蛋白纯化

所需溶液配制。洗涤缓冲液：PBS+150mmol/L NaCl；洗脱缓冲液：PBS+150mmol/L NaCl+10mmol/L 谷胱甘肽。

将细胞裂解物与谷胱甘肽-琼脂糖树脂匀浆混合，轻微搅拌晃动约 1h，使蛋白质能够充分吸附。以 2000r/min 的转速离心 10min，弃去上清液，加入洗涤缓冲液，轻微搅拌晃动，使沉淀悬浮于溶液中，2000r/min 离心 10min，弃去上清液。重复洗涤 5 次，除去未结合的蛋白质。最后一次洗涤离心弃上清液后，加入洗脱缓冲液进行洗脱，轻摇约 10min 后，2000r/min 离心 10min，收集上清液。重复洗脱 2～3 次，收集上清液。

将上述纯化后的重组蛋白，取少许用于 SDS-PAGE 分析，其余放入–20℃冰箱保存，如需长时间保存，应放入–80℃冰箱保存。

1.2.2.4 重组蛋白 SDS-PAGE 鉴定

所需试剂配制。①考马斯亮蓝 R-250 染色液：称取 1g 考马斯亮蓝 R-250 粉末置于容器中，加入 250mL 的异丙醇搅拌，使粉末溶解，再量取 100mL 的冰醋酸加入，搅拌均匀后加入 650mL 的去离子水混匀，用滤纸除去颗粒杂质后，室温放置备用。②考马斯亮蓝染色脱色液：100mL 冰醋酸与 50mL 乙醇混合均匀，再加入 850mL 去离子水搅拌均匀，室温保存备用。③SDS-PAGE 缓冲液（5×Tris-甘氨酸缓冲液）：分别称量 Tris 15.1g、甘氨酸 94g、SDS 5g 放入容器中，加入 800mL 的去离子水充分搅拌溶解，最后加入去离子水定容到 1L，室温保存备用。在使用时，用去离子水以 1∶4 的比例稀释为 1×Tris-Glycine Buffer 使用。

样品制备。将已获得的蛋白质样品以 5∶1 的体积比与 6×SDS-PAGE 蛋白上样缓冲液混合均匀，在沸水浴中煮沸 10～15min，瞬时离心将管壁上的液体离心下来，放置备用。

SDS-PAGE 凝胶的配制。①选择 $1mm^2$ 的玻璃板固定在配胶架上，加满去离子水放置约 15min 验证配胶板是否漏液。验漏完成后，小心弃去板内的水，用滤纸小心吸干水分。②12%分离胶配制。吸取去离子水 1.6mL、30%（29∶1）丙烯酰胺 2mL、1.5mol/L Tris（pH 8.8）1.3mL、过硫酸铵 50μL，以及 10%十二烷基硫酸钠（SDS）50μL，混合均匀，最后加入 2μL TEMED 混合均匀后用注射器沿着长玻璃板壁加入到配胶板内，再用去离子水封顶压平。放置约 30min 后，待胶凝固后，小心弃去水封层的水，用滤纸吸干多余的水分。③5%浓缩胶配制。吸取去离子水 1.4mL、30%（29∶1）丙烯酰胺 330μL、1mol/L Tris（pH 6.8）250μL、过硫酸铵 20μL，以及 10% SDS 20μL，混合均匀，最后加入 2μL TEMED 混合均匀，加入到分离胶上层直至加满，并插入样品梳。放置 30～40min 后，待胶凝固。

加样及电泳。将凝固好的胶板安装在电泳槽中，电泳槽中加入 1×电泳液，电泳液至少需要没过玻璃板短板。小心取下加样孔的样品梳，在加样孔中按顺序依次加入蛋白 Marker 和处理好的蛋白质样品。加入蛋白 Marker 3μL，蛋白质样品每孔加 10μL。加完样品后连接电泳仪，设置电泳电压为 60V，当蛋白 Marker 的所有条带都进入分离胶并且条带已经分开后，可以将电泳电压调至 100V，直至蛋白质条带达到胶板最底端停止电泳。

考马斯亮蓝染色。取下跑完的蛋白质胶，切除浓缩胶，将分离胶放入适宜的容器中，倒入考马斯亮蓝 R-250 染色液染色 20～30min。染色完成后，染色液倒入回收容器中，染色液可反复使用 2～3 次。

脱色。用去离子水冲洗分离胶，洗去分离胶表面多余的染色液，放入容器中，加入脱色液进行脱色。脱色直至出现清晰的条带为止，用去离子水清洗分离胶终止脱色，中途可更换 2～3 次脱色液。脱色完成后用凝胶成像系统拍照观察。

2. 结果

2.1 坏死梭杆菌的主要致病因子重组蛋白诱导表达

将加入 IPTG 诱导表达后的 pET-32a-43K OMP、pGEX-6p-1-PL-4、pET-32a-H2、pET-32a-H9 及 pET-32a、pGEX-6p-1 空载体经菌液超声破碎后，取少量破碎后的上清液及沉淀进行 SDS-PAGE 鉴定。SDS-PAGE 结果如图 6-2、图 6-3 所示。结果表明，重组 43K OMP、PL-4、H2 及 H9 蛋白均成功表达，其中重组 43K OMP 蛋白以包涵体的形式表达于沉淀中，而重组 PL-4、H2、H9 上清液中表达效果较好。

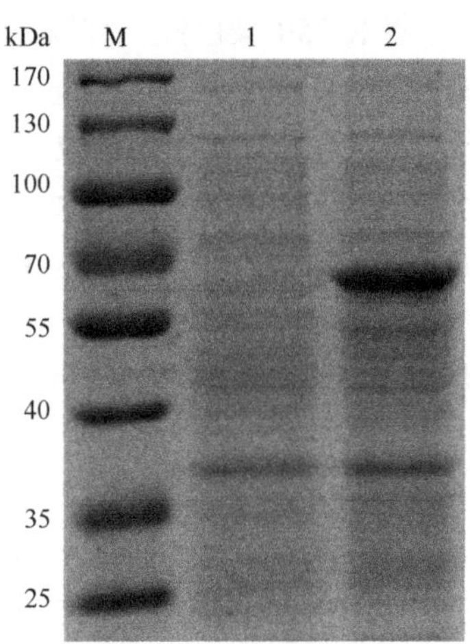

图 6-2 pET-32a-43K OMP 重组蛋白的 SDS-PAGE 结果

M. 蛋白 Marker；1. pET-32a-43K OMP 超声破碎上清液；2. pET-32a-43K OMP 超声破碎沉淀

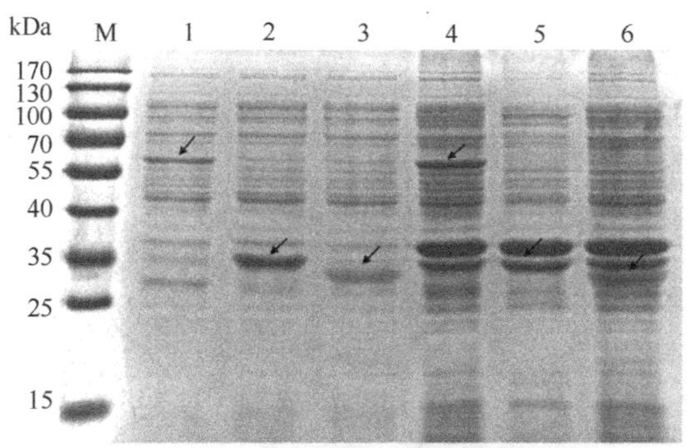

图 6-3　pET-32a-H2、pET-32a-H9 及 pGEX-6p-1-PL-4 重组蛋白 SDS-PAGE 结果

M. 蛋白 Marker；1. pGEX-6p-1-PL-4 超声破碎上清液；2. pET-32a-H2 超声破碎上清液；3. pET-32a-H9 超声破碎上清液；4. pGEX-6p-1-PL-4 超声破碎沉淀；5. pET-32a-H2 超声破碎沉淀；6. pET-32a-H9 超声破碎沉淀

2.2　溶血素 H2、溶血素 H9 的 DNA SRAR Protean 分析

通过 DNA SRAR Protean 软件将本实验室前期截短表达的溶血素 H2 和 H9 序列进行分析比较。结果如图 6-4 所示，H2 的反应原性高于 H9。所以选择溶血素 H2 作为小鼠免疫的候选蛋白。

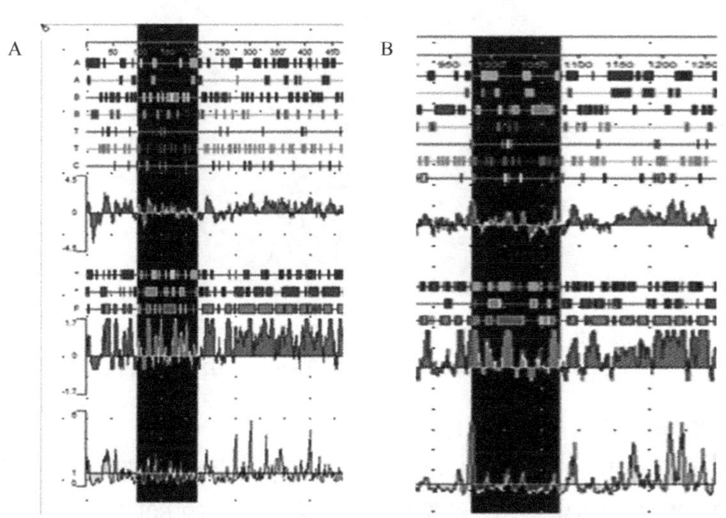

图 6-4　溶血素 H2、溶血素 H9 DNA SRAR Protean 分析结果

A. 溶血素 H2 Protean 分析结果；B. 溶血素 H9 Protean 分析结果

2.3　pET-32a-43K OMP 重组蛋白的纯化

原核表达获得 pET-32a-43K OMP 蛋白，应用镍柱亲和层析进行纯化。获得的纯化重组蛋白应用 SDS-PAGE 方法鉴定分析，结果如图 6-5 所示，在 59kDa 有一条清晰可见的特异性条带，与预期结果相符。

2.4　pET-32a-H2 蛋白的纯化

原核表达获得 pET-32a-H2 蛋白，应用镍柱亲和层析进行纯化。获得的纯化重组蛋白应用 SDS-PAGE 方法鉴定分析，结果如图 6-6 所示，在约 30kDa 处有一条清晰可见的特异性条带，与预期结果相符。

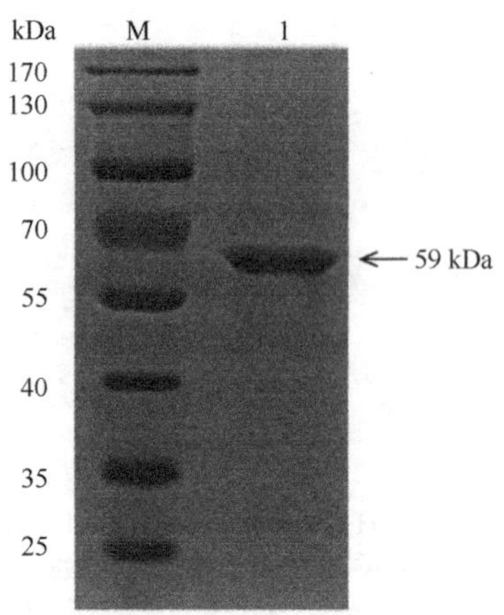

图 6-5　纯化 pET-32a-43K OMP 重组蛋白 SDS-PAGE 结果

M. 蛋白 Marker；1. 纯化 pET-32a-43K OMP 重组蛋白

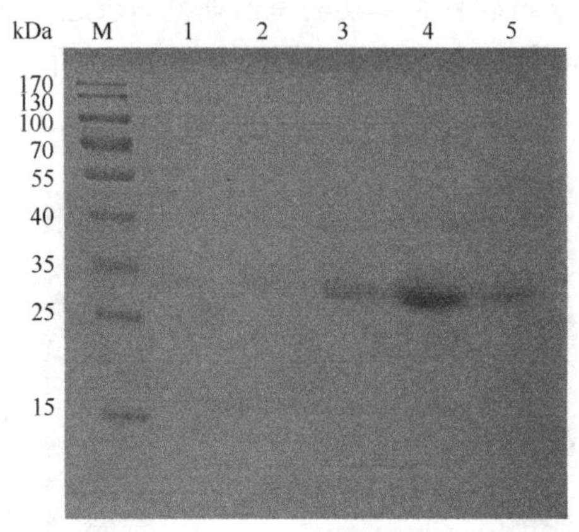

图 6-6　纯化 pET-32a-H2 重组蛋白的 SDS-PAGE 鉴定

M. 170kDa 蛋白 Marker；1～5. 纯化 pET-32a-H2 重组蛋白

2.5　pGEX-6p-1-PL-4 重组蛋白的纯化

原核表达获得 pGEX-6p-1-PL-4 重组蛋白，亲和层析进行纯化。获得的纯化重组蛋白应用 SDS-PAGE 方法鉴定分析，结果如图 6-7 所示，在约 60kDa 处有一条清晰可见的特异性条带，与预期结果相符。

3. 讨论

坏死梭杆菌能够引起人和一些动物的化脓坏死性疾病（Langworth，1977；Tan et al.，1996），在奶牛中，感染坏死梭杆菌主要引起腐蹄病和肝脓肿，其中腐蹄病是导致奶牛跛行的主要疾病，腐蹄病在世界各地都有流行，给养殖业带来的经济损失非常严重（陈家璞和齐长明，2000；Cagatay and Hickford，2005）。坏死梭杆菌为革兰氏阴性杆菌，外膜蛋白是革兰氏阴性菌所特有的结构，它的功能有维持结构、物质运输、黏附和介导机体免疫等。外膜蛋白在介导机体的免疫反应中起重要作用，其具有免疫保护性，能有效抑制细菌的感染（Liu et al.，2019）。因为外膜蛋白具有预防、诊断和治疗疾

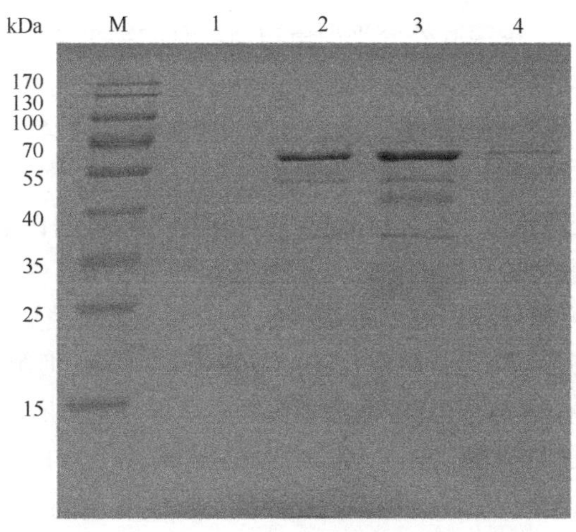

图 6-7　纯化 pGEX-6p-1-PL-4 重组蛋白 SDS-PAGE 结果

M. 蛋白 Marker；1～4. 纯化 pGEX-6p-1-PL-4 重组蛋白

病的潜力，所以近年来很多研究人员对外膜蛋白作为亚单位疫苗的候选抗原的研究感兴趣。

本实验室在 2013 年根据具核梭杆菌 FomA 蛋白的核苷酸序列设计特异性引物，扩增牛坏死梭杆菌基因组，扩增出了 1 个分子质量约为 43kDa 的条带，经过鉴定其为坏死梭杆菌的一种外膜蛋白，将其命名为 43K OMP。2013 年，Sun 等通过 43K OMP 与其他革兰氏阴性梭杆菌外膜蛋白比对分析，结果表明扩增得到的 43K OMP 与其他菌的外膜蛋白有相近的特性。

在试验前期，由于信号肽对蛋白质在大肠杆菌中表达的影响，在构建 43K OMP 原核表达载体时，删除了其信号肽序列，并选择 pET-32a 表达载体对 43K OMP 蛋白进行表达。pET-32a 载体的分子质量约为 18.3kDa，含有 Trx-标签、His-标签及凝血酶等酶切位点。其中硫氧还蛋白标签促进重组蛋白的可溶性表达。本试验中所获得的 pET-32a-43K OMP 重组蛋白大小为目标蛋白与标签蛋白串联的总和，约为 59kDa。另外，本试验所获得的 pET-32a-43K OMP 重组蛋白多以包涵体沉淀存在。在蛋白质纯化中，需要注意蛋白质的变性及复性。pET-32a-43K OMP 重组蛋白也可采用盐酸胍变性的方法进行纯化，方法大致如下：将诱导表达后的产物进行超声破碎，离心取沉淀，加入 6mol/L 的盐酸胍溶解液进行变性，再用复性液进行复性。将上清液加入纯化柱中进行纯化，收集蛋白质样品。

目前奶牛腐蹄病的预防主要是以疫苗为主，灭活的坏死梭杆菌菌体作为疫苗最为普遍。但因为坏死梭杆菌的培养条件严苛，并且具有副作用，所以灭活菌疫苗很难大量生产和使用。现在较为流行的是应用细菌菌体的毒素蛋白的重组蛋白来制备基因工程亚单位疫苗（胡晓梅等，2004；刘建杰等，2005；邵美丽等，2006；徐水凌等，2006），坏死梭杆菌亚单位疫苗的研究是势在必行的。白细胞毒素是坏死梭杆菌的主要毒力因子之一，天然坏死梭杆菌白细胞毒素蛋白或重组白细胞毒素蛋白免疫动物后对其具有良好的保护作用。所以本试验选择白细胞毒素作为基因工程亚单位疫苗的一个候选蛋白质。坏死梭杆菌白细胞毒素是一种细胞外分泌型蛋白质，对动物机体肝细胞、中性粒细胞、巨噬细胞等靶细胞具有毒性作用，能够引起这些靶细胞的凋亡与坏死（Narayanan et al.，2002）。牛坏死梭杆菌白细胞毒素的基因全长为 9726bp，由 3241 个氨基酸组成，分子质量约为 336kDa。

本实验室前期通过 DNA SRAR Protean 软件对坏死梭杆菌白细胞毒素进行了分析，结果表明，白细胞毒素中亲水性氨基酸与碱性氨基酸占多数。并且在前期试验中，实验室已经成功获得了坏死梭杆菌白细胞毒素主要抗原区的重组截短蛋白 PL-1、PL-3、PL-4，在本试验中，选择了 PL-4 作为亚单位疫苗的候选蛋白质，白细胞毒素截短蛋白 PL-4 原核表达载体选择 pGEX-6p-1。它具有促进蛋白质表达的功能，所表达的蛋白质 N 端有一个 26kDa 的谷胱甘肽 *S*-转移酶（glutathione *S*-transferase，GST）。GST 标签能够特异性地结合到谷胱甘肽激活的亲和层析柱上，在还原型谷胱甘肽的作用下，表达的融合蛋白质可从层析柱上洗脱下来，获得纯化的白细胞毒素截短蛋白 PL-4 重组蛋白。亲和层析的方法纯化蛋白质时，因为其纯化蛋白质的条件温和，无须经过变性的过程，所以可以很好地保持重组蛋白的活性。

坏死梭杆菌是梭杆菌属的一种严格厌氧性细菌，多为长杆或短杆状，不形成芽孢、荚膜及鞭毛，不能运动。现在随着坏死梭杆菌耐药菌株的出现，以及因滥用抗生素引起的药物残留等问题明显。坏死梭杆菌基因工程亚单位疫苗是当今预防、治疗坏死梭杆菌疾病的重要手段。坏死梭杆菌主要致病因子除白细胞毒素外，还包括溶血素、血凝素、黏附素、内毒素脂多糖、血小板凝集因子、皮肤坏死毒素等（Anand et al.，2013）。其中溶血素是坏死梭杆菌引起奶牛发病的重要毒力因子之一，也是基因工程亚单位疫苗研究的一个重要候选蛋白质。溶血素是一种细胞分泌蛋白，其基因全长为 4107bp，由 1368 个氨基酸组成，蛋白质分子质量为 150kDa。溶血素对动物的红细胞具有毒性作用，能够溶解哺乳动物的红细胞。2008 年，苗立光等的试验表明牛坏死梭杆菌天然溶血素免疫家兔后，对家兔有免疫保护作用。所以本试验选择了溶血素作为亚单位疫苗的一个候选抗原。

本实验室在前期试验中，已利用原核表达系统成功表达获得了 6 段截短的溶血素蛋白，分别为 H2、H3、H4、H6、H7、H9，其中 H2、H9 截短蛋白具有反应原性。在本试验中，利用 DNA SRAR Protean 分析软件，对 H2、H9 序列进行分析。结果显示 H2 的反应原性高于 H9，所以选择溶血素 H2 作为小鼠免疫的候选蛋白质，为坏死梭杆菌基因工程亚单位疫苗的后期研究工作提供理论依据。

（二）牛坏死梭杆菌多组分亚单位疫苗对小鼠免疫效果的评价

1. 材料与方法

1.1 材料

1.1.1 菌株

坏死梭杆菌 A25 菌株，购自美国 ATCC 公司，由黑龙江八一农垦大学兽医病理学实验室保存。

1.1.2　主要试剂及仪器

苛养厌氧培养基购自山东拓普生物工程有限公司；2×*Taq* Master Mix（2×PCR 预混酶）购自近岸蛋白质科技有限公司；细菌基因组 DNA 提取试剂盒购自天根生化科技有限公司；琼脂糖、DNA Marker 购自宝生物工程有限公司；弗氏完全佐剂、弗氏不完全佐剂购自 Sigma 公司；革兰氏染色试剂盒购自北京奥博星生物技术有限责任公司。羊抗鼠 IgG 酶标抗体（辣根过氧化物酶 HRP 标记）购自北京中杉金桥生物技术有限公司；TMB 单组分染色液购自北京索莱宝科技有限公司；细胞因子检测试剂盒购自江苏科特生物科技有限公司；碳酸钠、碳酸氢钠、氯化钠购自天津市致远化学试剂有限公司。

96 孔单条可拆酶标板购自康宁公司；漩涡振荡器（MS3BS25）购自 LKA 公司；DNA 扩增仪、凝胶成像分析仪购自美国伯乐生命医学有限公司；电泳仪、水平电泳槽、酶标仪等购自北京六一生物科技有限公司。

1.1.3　实验动物

雌性 BALA/c 小鼠，约为 6 周龄，体重 20g/只，购自长春市亿斯实验动物技术有限责任公司。

1.2　方法

1.2.1　细菌培养及鉴定

将 A25 菌株以 1∶100 的比例加入苛养厌养液体培养基中，在厌氧培养箱中培养，培养温度为 37℃，培养 24～48h，当菌液变为乳白色均一浑浊液为宜。将菌液继续以 1∶100 的比例接种于苛养厌氧液体培养基中，进行传代培养。传代培养 3～4 代，使细菌活力达到最好状态备用。

对培养的每代细菌进行细菌革兰氏染色鉴定。取细菌菌液 2.5μL 直接涂于载玻片，用酒精灯外焰热度将细菌固定在载玻片上，用革兰氏染液染色。首先将Ⅰ号结晶紫染色液加在已被固定的细菌载玻片上，染色 1min 后，用蒸馏水缓慢冲洗剩余染色液；然后滴加Ⅱ号革兰氏碘液，染色 1min 后，用蒸馏水缓慢冲洗剩余染色液；随后可滴加Ⅲ号 95%乙醇溶液，夏季脱色 30s，冬季脱色 1min；最后使用Ⅳ号沙黄染色液染色 1min，用滤纸吸干载玻片上水分，镜下观察。

运用细菌基因组 DNA 提取试剂盒提取培养备用细菌的基因组 DNA，并以提取细菌的基因组 DNA 为模板，分别以腐蹄病坏死梭杆菌 16S rRNA、43K OMP、*lktA1*、*Hly-2* 基因核苷酸序列设计特异性引物，引物序列见表 6-2。利用所设计引物，对细菌基因组 DNA 进行 PCR 扩增，同时设置阴性对照。扩增产物置于 1%琼脂糖凝胶中，进行电泳分析。PCR 反应体系及反应条件如表 6-3 所示。

表 6-2　坏死梭杆菌特异性扩增引物

引物名称	序列（5′→3′）	扩增长度
16S rRNA	F：TCTGGAAACGGATGCTAA	1250bp
	R：CCAACTCTCGTGGTGTGA	
lktA1	F：ATAGCCATGGACAAAATGAGCGGCATC	1937bp
	R：GCGCGTCGACTAAATAAGTTCGTTAGC	

表 6-3　PCR 反应体系及反应条件

扩增序列	反应体系（25μL 体系）		反应条件（30 个循环）	
	试剂/引物	体积（μL）	温度（℃）	时间（min）
16S rRNA	2×premix 预混酶	12.5	95	5.0
	16S rRNA-F	0.5	94	1.0
	16S rRNA-R	0.5	54	1.0
	模板 DNA	3.0	72	1.5
	ddH_2O	8.5	72	10.0
lktA1	2×premix 预混酶	12.5	92	5.0
	lktA1-F	0.5	94	1.0
	lktA1-R	0.5	53	1.0
	模板 DNA	1.0	72	2.0
	ddH_2O	10.5	72	10.0

1.2.2　细菌灭活

将中性甲醛加入培养好的坏死梭杆菌菌液中，使甲醛终浓度达到 0.2%，在厌氧培养箱中 37℃继续灭活 24h，将灭活后的菌液以 1∶100 接种于苛养厌氧培养基中，厌氧条件下培养 24h，看是否有细菌生长。如细菌未生长则灭活成功，保存备用。

1.2.3　免疫小鼠

1.2.3.1　小鼠分组

本试验选用体重约 20g/只的雌性 BALA/c 小鼠为实验动物，分为 5 个试验组，分别为外膜蛋白（43K OMP）组、白细胞毒素+溶血素（PL-4+H2）组、外膜蛋白+白细胞毒素+溶血素（43K OMP+PL-4+H2）组、坏死梭杆菌灭活疫苗组及 PBS 对照组，每组 10 只小鼠。

1.2.3.2　小鼠免疫

小鼠采用背部皮下多点注射的方式进行免疫，每次免疫注射量为 0.25mL/只。初次免疫使用弗氏完全佐剂乳化，第二次、第三次免疫使用弗氏不完全佐剂乳化。每次免疫间隔两周。各试验组小鼠免疫剂量如表 6-4 所示。

表 6-4　各试验组小鼠免疫剂量

免疫分组	蛋白质终浓度	剂量（4mL）
43K OMP 组	0.1mg/mL	0.08mL 43K OMP+1.92mL PBS+2mL 弗氏佐剂
PL-4+H2 组	各 0.5mg/mL	0.22mL PL-4+0.31mL H2+1.47mL PBS+2mL 弗氏佐剂
43K OMP+PL-4+H2 组	各 0.33mg/mL	0.023mL 43K OMP+0.13mL PL-4+0.2mL H2+1.647mL PBS+2mL 弗氏佐剂
坏死梭杆菌灭活疫苗组	—	2mL 灭活坏死梭杆菌+2mL 弗氏佐剂
PBS 对照组	—	2mL PBS+2mL 弗氏佐剂

注：重组蛋白原始浓度为 43K OMP：5.26mg/mL；PL-4：0.945mg/mL；H2：0.647mg/mL

1.2.3.3　血清收集

采取断尾采血的方式采集小鼠血清，第一次、第二次免疫后两周小鼠断尾采血，第三次免疫后一周采血。每次将收集的全血先在37℃培养箱中放置2h，再转移到4℃冰箱中放置过夜，析出血清。第二天取出全血，离心机3000r/min离心10～15min，小心吸取上清液。再次将上清液3000r/min离心10～15min，以去除更多的红细胞。最后吸取上清液，放入–20℃冰箱中保存备用。

1.2.3.4　小鼠攻菌

培养坏死梭杆菌A25菌株，将菌液5000～6000r/min离心25min，收集细菌沉淀，并用无菌生理盐水洗菌体沉淀2~3次，最后用生理盐水重悬菌体，使细菌终浓度约为1×10^7CFU/mL。将处理好的坏死梭杆菌注入小鼠体内，注射方式为腹腔注射，注射剂量为0.25mL/只。小鼠攻菌后观察记录小鼠的死亡情况，攻菌后7d采集未死亡小鼠血液并处死。攻菌后小鼠采血方式为摘眼球采血。死亡小鼠需在灭菌的超净工作台中无菌解剖。

1.2.3.5　肝脏细菌载量

将无菌采集的小鼠肝脏取一小块称重后放入组织研磨器中，加入3mL生理盐水将组织研磨成组织匀浆液，并用生理盐水分别以1∶10、1∶100、1∶1000及1∶10 000的比例稀释组织匀浆液。将稀释后的组织匀浆液取20μL涂布于厌氧固体培养基中，厌氧培养24h。记录菌落数在30～200个平板中的单菌落数，按比例求出小鼠肝脏细菌载量。

1.2.3.6　ELISA检测小鼠抗体效价

应用包被液将抗原蛋白稀释为1μg/mL，并将灭活坏死梭杆菌用包被液稀释，分别将稀释好的底物加入ELISA板中，每孔加100μL，用封板膜封好放入4℃冰箱包被过夜。

包被过夜后，将孔中剩余液体弃去，每孔加入300μL洗涤液，振荡洗涤5min后弃去洗涤液。重复洗涤5次，最后一次拍干孔中液体。每孔加入200μL封闭液封板放入37℃培养箱中孵育2h。

封闭后，弃去多余的封闭液，用洗涤液洗板5次，拍干板中多余液体。将小鼠血清用PBS倍比稀释后加入酶标板中，每孔加入100μL稀释后的一抗，封板膜封好板37℃孵育1h，弃去板中液体，洗板5次后拍干孔中液体。加入辣根过氧化物酶标记的山羊抗小鼠的酶标二抗，酶标二抗用PBS以1∶5000的比例稀释，每孔加入100μL，37℃孵育1h。

二抗孵育后，弃去液体，洗板5次后拍干孔中液体，每孔加入TMB单组分显色液100μL，在避光处室温孵育10～15min，最后加入100μL终止液，在酶标仪上读取450nm的吸光度值。

1.2.3.7　小鼠细胞因子的检测

本试验应用商品ELISA试剂盒检测试验小鼠血清中细胞因子IL-1β、IL-2、IL-4、IL-10、TNF-α及IFN-γ的含量，具体操作参照试剂盒说明书。

1.2.3.8　小鼠肝脏病理组织学观察

1）石蜡切片的制备

首先将采集的小鼠肝脏放入4%的多聚甲醛溶液中浸泡备用，浸泡透组织后，取1cm×1cm×0.5cm大小的组织块，放入包埋盒中做好标记。取材完成后，需用流动水冲洗，以去除多聚甲醛。

冲洗后控干水，放入组织脱水机器中进行组织脱水浸蜡，流程如下：70%乙醇 50min；80%乙醇 50min；90%乙醇 50min；95%乙醇 50min；100%乙醇Ⅰ35min；100%乙醇Ⅱ 35min；混合脱水液（100%乙醇∶二甲苯=1∶1）30min，二甲苯Ⅰ 30min；二甲苯Ⅱ 20min；石蜡Ⅰ（熔点 52～54℃）1h；石蜡Ⅱ（熔点 54～56℃）1h；石蜡Ⅲ（熔点 58～60℃）1h。

将脱水浸蜡后的组织用熔化的熔点为 58～60℃的蜡包裹，冷却后在包埋盒里形成固定大小的蜡块，此过程称为包埋。

包埋后的蜡块用组织切片机进行切片，切片厚度为 4～5μm，切好的组织切片需要两步进行展开，首先运用 30%乙醇进行组织的第一次展开，再将其放入 42～45℃水中进行第二次展开。两次展片是为了让组织充分展开，没有重叠。将展好的组织用载玻片捞起，使其平整的贴于载玻片上，做好标记。将捞出的片放入烘干箱中烘片，使组织更牢固地贴在载玻片上。

2）HE 染色

将制备好的小鼠肝脏病理组织切片，首先进行脱蜡浸水，除去组织中的蜡，使水进入组织。脱蜡浸水的流程如下（在如下溶液中依次浸泡）：二甲苯Ⅰ10min；二甲苯Ⅱ2min；100% 乙醇Ⅰ2min；100% 乙醇Ⅱ2min；90%乙醇 2min；80%乙醇 2min；70%乙醇 2min。

脱蜡浸水后的组织切片水洗 5min，控干水后进行 HE 染色。首先将切片放入苏木素染色液中染色 2～5min，再次水洗 5min。然后将切片放入酸化液（1%盐酸-乙醇，1mL 浓盐酸+99mL 75%乙醇）中 2～4s 后迅速取出水洗 5min，使用酸化液是为了脱去组织中多余的苏木素染色液，所以时间不可过长，容易脱去已染细胞核的苏木素颜色。接着将切片浸入伊红染色液中染色 8～10min，取出水洗 5min，控干水。

染完色的组织切片进行脱水透明，脱去组织中的水，使组织透明便于镜下观察。脱水透明过程如下（在如下溶液中依次浸泡）：70%乙醇 5s；80%乙醇 5s；90% 乙醇 5s；100%乙醇 8s；二甲苯 4～5min。

切片脱水透明后进行封片，将中性树胶滴于载玻片上，盖上盖玻片，排出气泡，晾干后显微镜下观察。

2. 结果

2.1 坏死梭杆菌 A25 菌株培养鉴定

厌氧培养的坏死梭杆菌 A25 菌液，涂片革兰氏染色后用显微镜观察，结果如图 6-8 所示，在镜下可观察到大量长丝状细菌，染色呈红色，判定为革兰氏阴性杆菌。提取细菌基因组 DNA，分别以 16S rRNA 和 lktA1 为引物进行 PCR 鉴定，结果如图 6-9 所示，4 组引物均扩增出与目的片段相符的条带。

2.2 小鼠肝脏细菌载量检测

本试验给小鼠接种坏死梭杆菌 A25 菌株，记录小鼠死亡情况，攻菌后 8d，剖杀小鼠，并采集小鼠肝脏做小鼠肝脏细菌载量试验。小鼠攻菌后，PBS 对照组死亡两只。小鼠肝脏细菌载量试验结果如图 6-10 所示，攻菌后 PBS 对照组的细菌载量最高，达到 5.91×10^8CFU/g，与其他试验组差异显著；其中外膜蛋白（43K OMP）组细菌载量为 5.75×

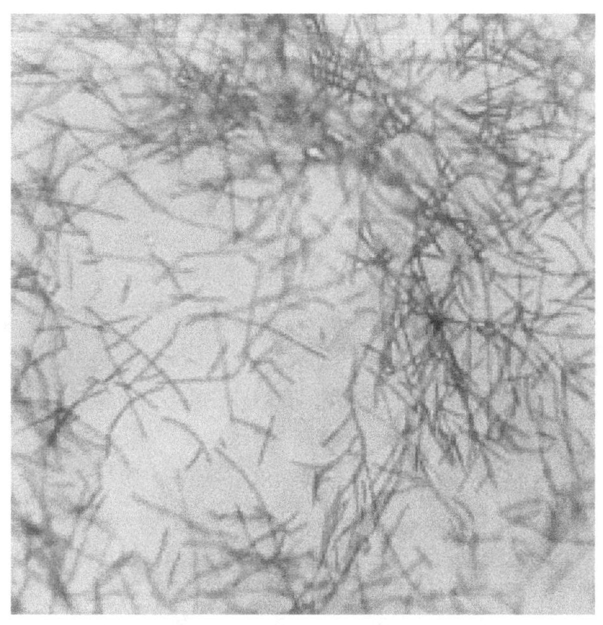

图 6-8　坏死梭杆菌 A25 菌株革兰氏染色鉴定结果（1000×）

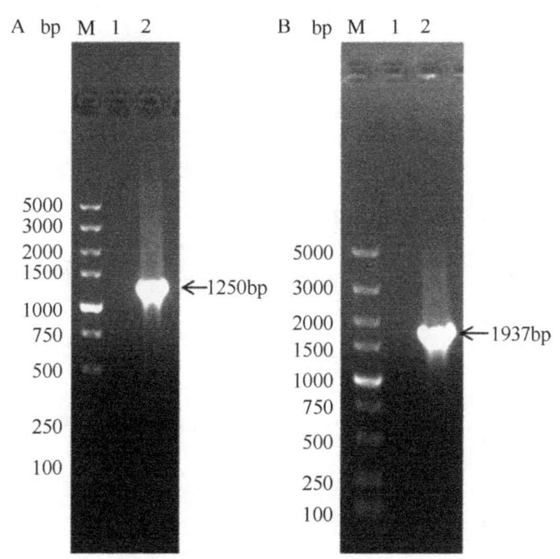

图 6-9　坏死梭杆菌 A25 菌株 PCR 鉴定结果

A. 16S rRNA PCR 鉴定结果；B. lktA1 PCR 鉴定结果

M. DNA Marker DL 5000；1. 阴性对照；2. 坏死梭杆菌 A25 菌株基因组

10^6CFU/g，白细胞毒素+溶血素（PL-4+H2）组为 4.37×10^6CFU/g，外膜蛋白+白细胞毒素+溶血素（43K OMP+PL-4+H2）组为 9.38×10^5CFU/g，坏死梭杆菌灭活疫苗组为 1.54×10^6CFU/g。

2.3　抗体效价检测

抗体效价结果如图 6-11 所示，试验组均能够产生较高的针对坏死梭杆菌的抗体水平。其中三免后，外膜蛋白（43K OMP）组抗体效价达 1∶128 000，白细胞毒素+溶血素（PL-4+H2）组为 1∶120 000，外膜蛋白+白细胞毒素+溶血素（43K OMP+PL-4+H2）组为 1∶120 000，坏死梭杆菌灭活疫苗组为 1∶25 600，PBS 对照组的效价在一免、二免、三免均低于 1∶400。

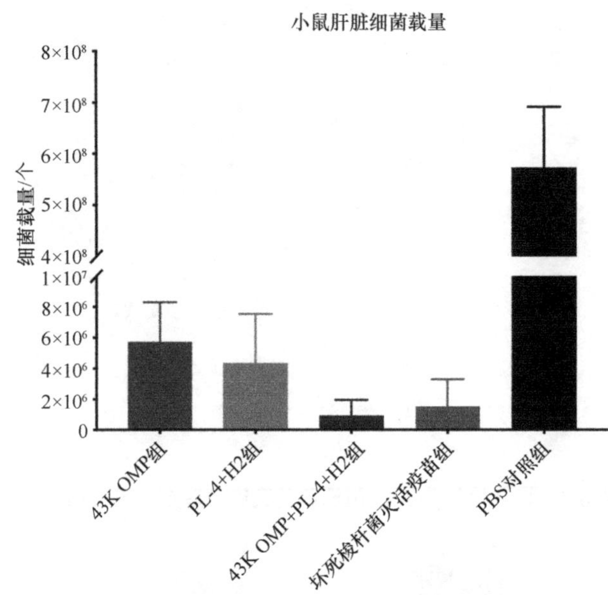

图 6-10　小鼠肝脏细菌载量检测结果

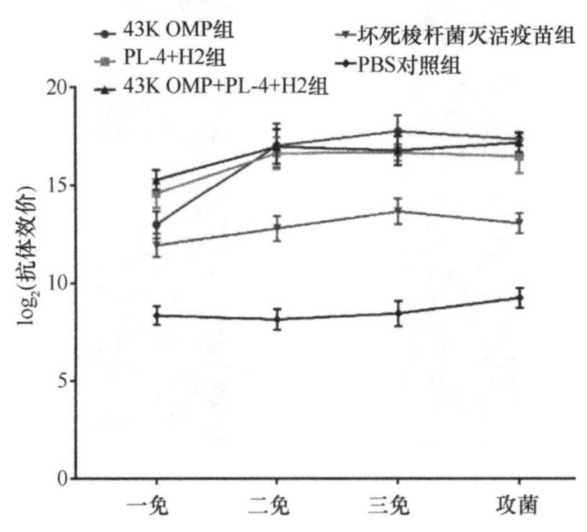

图 6-11　小鼠血清抗体效价检测结果

2.4　细胞因子水平检测

本试验收集小鼠血清，应用 ELISA 方法检测小鼠血清细胞因子 IL-4、IL-2、IFN-γ、TNF-α、IL-10 及 IL-1β 的水平。结果如图 6-12 所示，试验组各组 IL-4、IL-2、IL-1β、IL-10、IFN-γ 的含量在一免、二免、三免后都呈上升趋势。在小鼠第三次免疫后，43K OMP+PL-4+H2 组除 TNF-α 外的细胞因子水平均高于 43K OMP 组及 PL-4+H2 组，且试验组与 PBS 对照组差异显著。结果表明，43K OMP 蛋白免疫小鼠后，可起到一定的免疫保护作用，能够激发机体的免疫反应。当 43K OMP 与 PL-4 和 H2 联合免疫后，免疫保护效果更佳。

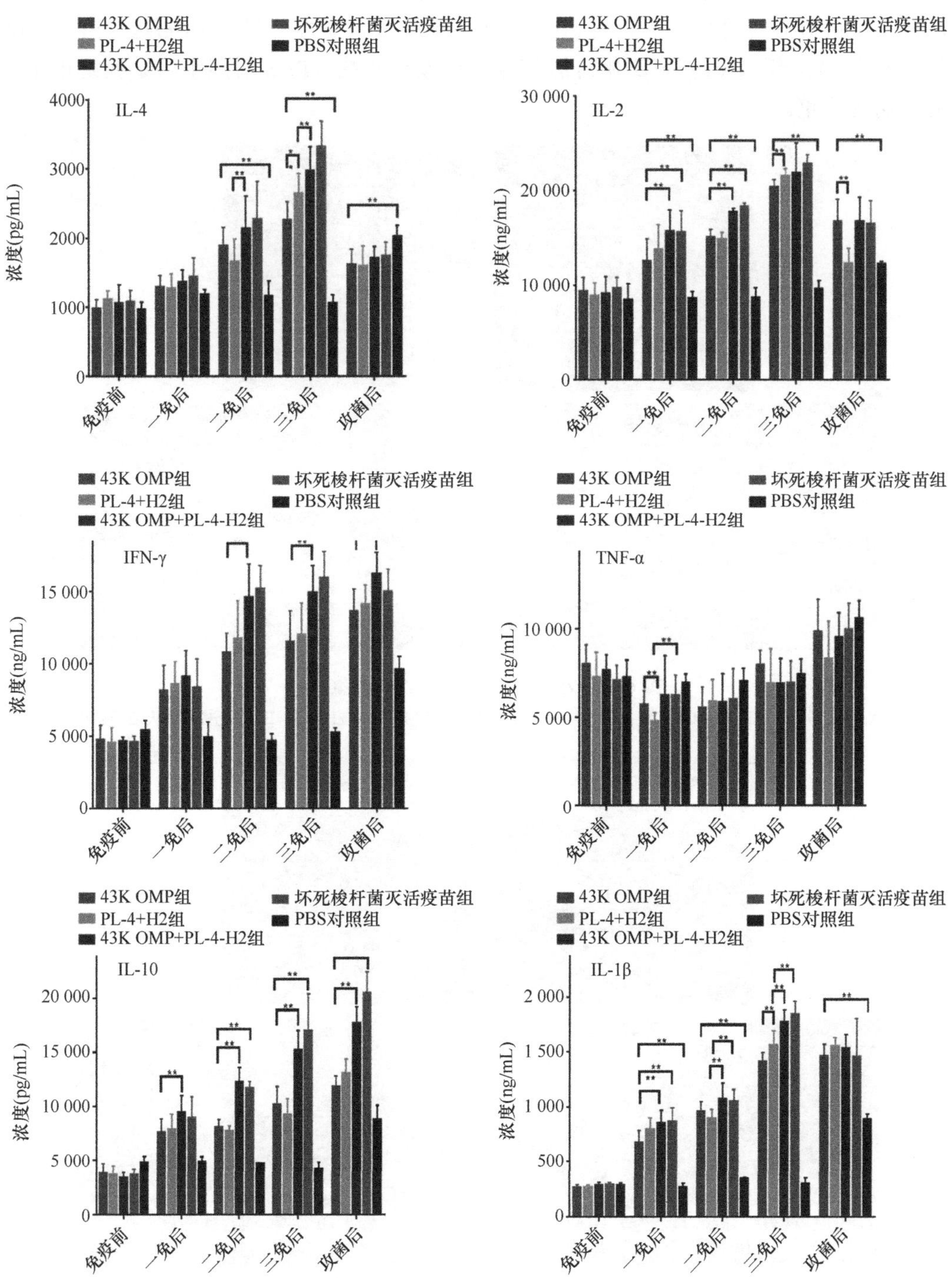

图 6-12　小鼠炎症因子含量检测

2.5 小鼠肝脏病理组织学观察

本试验将剖杀后的小鼠，采集肝脏，制作石蜡切片，通过 HE（苏木素-伊红）染色，显微镜观察小鼠肝脏病理变化。HE 染色镜检结果如图 6-13 和图 6-14 所示，PBS 对照组小鼠肝脏可见严重的充血、出血现象，细胞颗粒变性明显，43K OMP+PL-4+H2 组、43K OMP 组及 PL-4+H2 组肝脏细胞出现颗粒变性。PBS 对照组与试验组相比，肝脏病变严重。

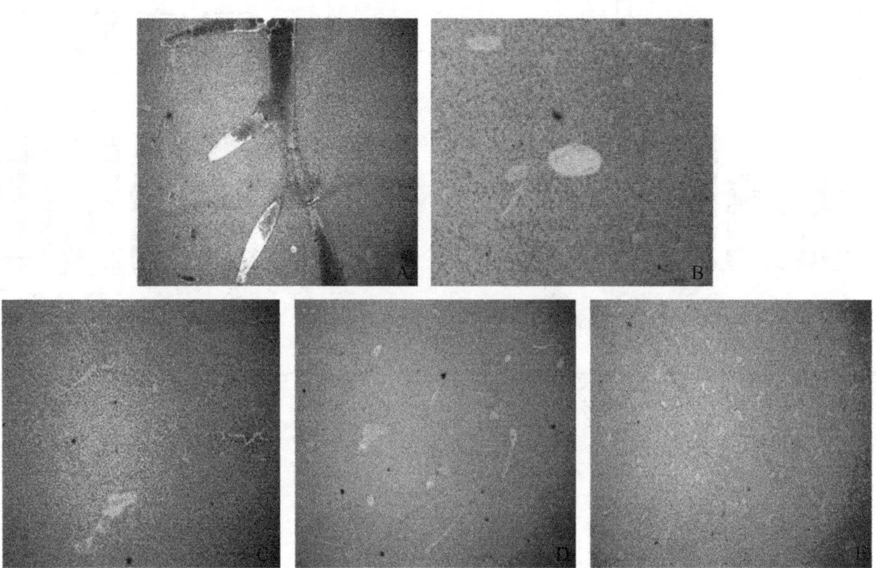

图 6-13 小鼠肝脏病理切片（HE 40×）

A. PBS 对照组；B. 43K OMP 组；C. PL-4+H2 组；D. 43K OMP+PL-4+H2 组；E. 坏死梭杆菌灭活疫苗组

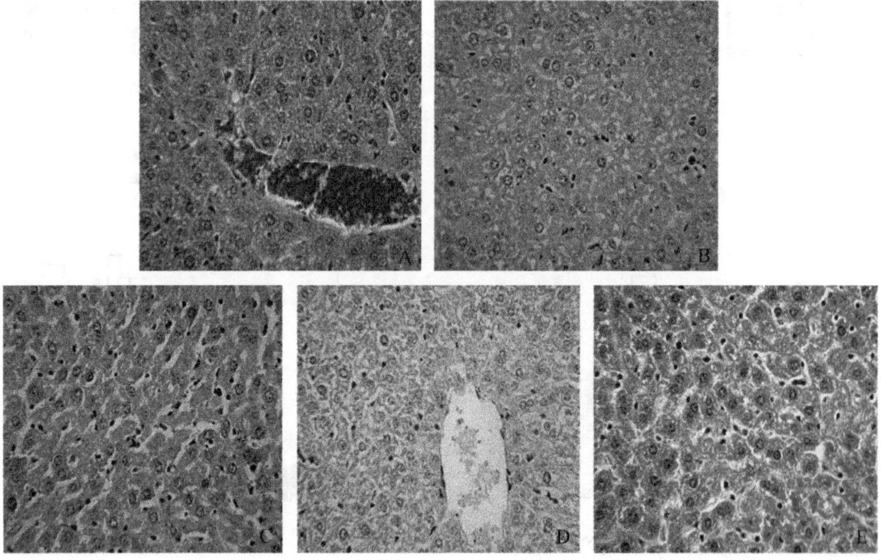

图 6-14 小鼠肝脏病理切片（HE 400×）

A. PBS 对照组；B. 43K OMP 组；C. PL-4+H2 组；D. 43K OMP+PL-4+H2 组；E. 坏死梭杆菌灭活疫苗组

3. 讨论

本试验根据 Narayanan 等报道的牛坏死梭杆菌小鼠实验动物模型的试验程序，将大量纯化的牛坏死梭杆菌 43K OMP 重组蛋白、重组白细胞毒素截短蛋白 PL-4 及重组溶血素截短蛋白 H2 以背部皮下多点注射的方式免疫 BALA/c 小鼠。小鼠分为 43K OMP 组、PL-4+H2 组、43K OMP+PL-4+H2 组、坏死梭杆菌灭活疫苗组及 PBS 对照组，检测小鼠抗体效价及细胞因子水平的变化。应用坏死梭杆菌 A25 菌株攻击小鼠，记录小鼠死亡率和肝脏细菌载量，同时检测抗体效价及细胞因子水平的变化，并制作小鼠肝脏石蜡切片，通过 HE 染色观察小鼠肝脏病理变化。分析数据，对坏死梭杆菌相关蛋白质的免疫效果做出评价。

通过 ELISA 方法检测小鼠免疫应答中特异性抗体的水平。抗原蛋白的毒力水平越高，其产生的抗体水平也就越高。所以我们需要进一步研究来确定，坏死梭杆菌相关毒力因子的毒力达到什么水平时，既对动物机体不会产生损伤，又可以诱导产生较高的抗体水平来抵抗细菌的感染。本试验结果显示 43K OMP 等蛋白质在免疫小鼠后均可以使机体产生高水平抗体。高水平 IgG 有助于机体对坏死梭杆菌的抵御与清除。蛋白质联合免疫时可诱导动物机体产生更好的细胞免疫和体液免疫水平（黄国明，2013）。而本试验的结果发现 43K OMP+PL-4+H2 联合免疫小鼠时，小鼠机体能够产生高于 43K OMP 组、PL-4+H2 组的抗体水平。

细胞因子是指可以调节细胞功能的多肽或蛋白质分子，它们大多是由免疫细胞产生的，但有一些相关细胞也可以产生细胞因子，比如纤维细胞、内皮细胞等。细胞因子包括白细胞介素、淋巴因子、干扰素等；其中 IL-2 是由活化的 CD_4^+T 细胞及少量的 CD_8^+T 细胞产生，为调控免疫应答的重要细胞因子，其主要生物学活性为增强自然杀伤细胞（NK 细胞）及 CD_8^+T 细胞活性，刺激产生 IFN-γ，并诱导 IL-1β 受体生成。T 细胞被激活后分泌 IL-2，并可进一步刺激其自身受体的表达和分泌，促使 T 细胞增殖并完成细胞免疫应答。IL-2 还可促进 B 淋巴细胞的生长与分化，增强胸腺细胞有丝分裂。IL-2 的产生水平反映了 T 细胞的功能状态，是反映机体细胞免疫功能的重要指标。IFN-γ 属于Ⅱ型干扰素，为机体免疫系统中重要的细胞因子，主要是由活化的 NK 细胞和激活的 CD_4^+T、CD_8^+T 细胞产生的。IFN-γ 生物学功能比较广泛，可促进 T 淋巴细胞与抗原提呈细胞的相互作用，进而促进生成 T 细胞辅助抗体。另外，IFN-γ 还可活化巨噬细胞，促进巨噬细胞杀伤病原体，以及抗肿瘤的能力，并可通过多种机制上调免疫应答，活化自然杀伤细胞，增强其抗肿瘤、抗病毒的功能。IFN-γ 产生的水平高低是机体细胞免疫的重要标志。TNF-α 具有广泛的生物学活性，与 IFN-γ 类似，在机体的细胞功能调节、免疫和炎症反应等过程中起重要作用。IL-4 和 IL-10 由 Th2 细胞产生，主要介导体液免疫应答。IL-4 通过作用于 T 细胞上的受体发挥生物学作用，对 Th2 细胞的增殖、基因转录和抗凋亡起作用。IL-1β 主要由单核细胞和巨噬细胞产生，IL-1β 在慢性局部炎症中过度表达。细胞因子在机体中不是独立存在的，细胞因子之间互相调节彼此的合成与分泌及对受体的调控。这种生物学的相互作用与影响形成了细胞因子的网络效应。本试验中，试验组细胞因子水平免疫后呈升高趋势，43K OMP、PL-4 及 H2 蛋白免疫后能够激起小鼠机体免疫反应。43K OMP+PL-4+H2 组细胞因子水平高于 43K OMP 组及 PL-4+H2 组，43K OMP、PL-4 及 H2 联合免疫后，能够更有效地激起机体免疫反应，比 43K OMP 单独免疫时效果要好。

二、坏死梭杆菌外膜囊泡的提取及免疫保护作用的研究

1. 材料与方法

1.1　材料

1.1.1　菌株、细胞和血清

坏死梭杆菌 A25 标准菌株，由黑龙江八一农垦大学兽医病理学实验室保存；SPF 级 4～6 周龄雌性 BALB/c 小鼠，购自长春生物制品研究所有限公司。动物研究得到了动物护理和使用委员会（IACUC）的批准。所有小鼠试验程序均按照黑龙江八一农垦大学学校理事会批准的“实验动物管理规定”进行。

1.1.2　主要仪器

主要的试验仪器如表 6-5 所示。

表 6-5　主要试验仪器

仪器名称	生产厂家
紫外分析仪	北京君意东方电泳设备有限公司
电热恒温水浴锅	上海森信实验仪器有限公司
光学显微镜	舜宇光学科技（集团）有限公司
超净工作台	上海博迅实业有限公司
酸度计	中国梅特勒-托利多公司
湿式转膜仪	美国伯乐公司
垂直板电泳系统	美国伯乐公司
可见分光光度计	北京普析通用仪器有限责任公司
凝胶成像系统	北京君意东方电泳设备有限公司
脱色摇床	北京大龙公司
–80℃冰箱	中国松下电器有限公司
酶标仪	瑞士 TECAN 公司
厌氧培养箱	上海龙跃仪器设备有限公司
超速离心机	美国 Beckmen Coulter 公司

1.1.3　主要试剂

主要的试剂如表 6-6 所示。

表 6-6　主要试剂

试剂名称	生产厂家
OptiPrep 分离液	挪威 Axis-Shield 公司
三（羟甲基）甲基甘氨酸	天根生化科技有限公司
蛋白浓度测定试剂盒	Biosharp 生命科学股份有限公司
SDS-PAGE 凝胶制备试剂盒	北京索莱宝科技有限公司
革兰氏染色液试剂盒	北京奥博星生物技术有限责任公司
考马斯亮蓝	德国 Biofroxx 公司
苛养厌氧菌肉汤培养基	山东拓普生物工程有限公司

续表

试剂名称	生产厂家
脑心浸液肉汤培养基	青岛海博生物技术有限公司
乙醇	天津市百世化工有限公司
弗氏完全佐剂	Sigma aldrich 公司
弗氏不完全佐剂	Sigma aldrich 公司
ECL 发光试剂盒	天根生化科技有限公司
IL-2 酶联免疫检测试剂盒	武汉云克隆科技股份有限公司
IL-4 酶联免疫检测试剂盒	武汉云克隆科技股份有限公司
IL-10 酶联免疫检测试剂盒	武汉云克隆科技股份有限公司
TNF-α 酶联免疫检测试剂盒	武汉云克隆科技股份有限公司
免疫球蛋白 G2α（IgG2a）检测试剂盒	武汉云克隆科技股份有限公司
免疫球蛋白 G1（IgG1）检测试剂盒	武汉云克隆科技股份有限公司

1.2　方法

1.2.1　细菌的复苏与传代

将保存于–80℃冰箱中冻存的坏死梭杆菌放置于厌氧培养箱中，待菌液融化后，在 10mL 的摇菌管中加入 5mL 苛养厌氧菌肉汤培养基，以 1∶20 的比例将细菌接种于苛养培养基中。在 37℃条件下，气体环境为 90% N_2、5% CO_2、5% H_2 的厌氧培养箱中培养 24h，然后继续以 1∶20 的比例在苛养培养基中连续稳定培养 3 代以上进行试验。坏死梭杆菌按照甘油和细菌 1∶9 的比例混合后加入 1.5mL EP 管中，冻存在–80℃冰箱备用。

1.2.2　细菌革兰氏染色

取复苏后的坏死梭杆菌 1mL，3000*g* 离心 5min，弃去上清液，加入 1mL PBS 将菌体沉淀重悬，取 20μL 重悬后的菌液涂于载玻片上，用酒精灯的热度将细菌固定在载玻片上。首先将结晶紫溶液滴在载玻片上，染色 1min 后用 ddH_2O 冲洗，接下来用碘化钾溶液染色 1min 后用 ddH_2O 冲洗，然后 95%乙醇染色 30s 后用 ddH_2O 冲洗，最后用沙黄染色液染色 1min 后用 ddH_2O 冲洗，用滤纸小心擦干载玻片上的水后，在显微镜下观察。

1.2.3　外膜囊泡的提取及纯化

使用密度梯度离心法提取坏死梭杆菌 OMV，具体试验步骤如下。

（1）将坏死梭杆菌以 1∶20 的比例接种于脑心浸液肉汤培养基中，测定 600nm 处的吸光值，在值为 0.7～0.9 时收获菌液。

（2）将坏死梭杆菌菌液在 4℃条件下，8500*g* 离心 25min，收集离心后的上清液，将收集的上清液用 0.22μm 的滤膜过滤，收集滤液。

（3）将滤液移至无菌超速离心管中，在 4℃条件下，213 000*g* 离心 2h，弃去上清液，将沉淀用无菌 PBS 悬浮。

（4）用含有 10mmol/L（pH 7.4）Tricine-NaOH 的 0.85% NaCl 溶液，将 OptiPrep 原液分别稀释至浓度为 40%、35%、30%、25%、20%，用长针头注射器向离心管底部分别依次注入 3mL 的浓度为 40%、35%、30%、25%、20%的 OptiPrep 分离液，将上一步

重悬的沉淀置于分离液的顶层，在4℃条件下，135 000*g* 离心16h。

（5）离心后，从上至下依次吸取不同浓度的OptiPrep稀释液，用无菌PBS将不同浓度的OptiPrep稀释液稀释至少10倍，并在4℃条件下，200 500*g* 离心2h，去除上清液，将离心后沉淀重悬于无菌PBS中。将提取的产物保存于–80℃备用。

1.2.4　外膜囊泡透射电镜形态学观察

将铜网覆盖至样品滴上，吸附5min，用滤纸吸干液体，然后将铜网覆盖至磷钨酸染色液上，染色30s，用滤纸吸干液体，透射电镜（日立H-7650）下观察形态。外膜囊泡样品测定分析由中国农业科学院哈尔滨兽医研究所提供技术服务。

1.2.5　外膜囊泡纳米颗粒跟踪分析

首先用PBS稀释OMV，使颗粒浓度为1×10^7/mL～1×10^9/mL。使用纳米颗粒跟踪分析仪Zeta View（PMX110），在405nm激光下测量样品中颗粒的数量和大小，然后以每秒30帧的速度拍照，持续时间为1min。使用NTA软件（ZetaView 8.02.28）分析颗粒的运动情况。

1.2.6　外膜囊泡蛋白浓度检测

根据Biosharp生命科学股份有限公司的BCA蛋白浓度测定试剂盒进行如下操作：取出96孔微孔板，配制蛋白质标准品，取20μL的BSA蛋白标准溶液（5mg/mL）稀释至100μL，按照表6-7配制标准测定溶液。将待测样品置于微孔板中（每个样品重复3次），并补足到20μL，每孔添加200μL的BCA工作液，混匀后置于37℃反应30min，反应结束后，置于酶标仪测定562nm处的吸光值，并记录读数，计算蛋白质浓度。

表6-7　BCA蛋白标准测定溶液

编号	0	1	2	3	4	5	6
5mg/mL BSA蛋白标准溶液（μL）	0	0.5	2.5	5	10	15	20
PBS溶液（μL）	20	19.5	17.5	15	10	5	0
BSA终浓度（μg/mL）	0	25	125	250	500	750	1000

1.2.7　外膜囊泡SDS-PAGE分析

外膜囊泡SDS-PAGE分析具体操作过程如下。

（1）验漏：将玻璃胶板清洗干净，放在制胶夹中夹好，向胶板中加入ddH_2O静置10min验漏，若液面没有下降则将胶板中的水倒出，用滤纸将胶板中的水吸干。

（2）制胶：将配制好的分离胶加入胶板中，用无水乙醇将胶面压平，静置30min后，将胶板中的无水乙醇倒出，用滤纸将水吸干，将浓缩胶加入胶板后，插上梳子静置30min。12%的蛋白质分离胶配方为2mL 30%丙烯酰胺、1.6mL ddH_2O、1.3mL pH 8.8的Tris-HCl、50μL 10% SDS、50μL 10% APS、2μL TEMED。5%蛋白质浓缩胶配方为1.4mL ddH_2O、330μL 30%丙烯酰胺、250μL pH 6.8的Tris-HCl、20μL 10% SDS、20μL 10% APS、2μL TEMED。

（3）电泳：将配好的胶板放至电泳槽，加入缓冲液，按照5×上样缓冲液与样品1∶4的比例混匀，在沸水浴10min后，将其缓慢点在上样孔中。首先用50V电压电泳30min，当样品电泳到分离胶后，调整电压为80V电泳60min，待样品电泳到分离胶底部时，调整电压为120V，待溴酚蓝电泳至胶板底部时，停止电泳。

（4）染色：将凝胶在考马斯亮蓝染色液内染色15min，倒掉染色液后加入脱色液摇晃直至看清条带为止。

（5）观察：在凝胶成像系统下观察蛋白质条带并进行拍照。

1.2.8　外膜囊泡的蛋白质组学分析

将提取后的坏死梭杆菌OMV送至上海厚基生物科技有限公司进行检测。采用Label free非标记定量蛋白质组学技术，对OMV中蛋白质进行质谱鉴定和定量。试验流程主要包括蛋白质提取、蛋白质消化、LC-MS/MS数据采集、蛋白质鉴定和定量分析、生物信息学分析等步骤。

1.2.9　外膜囊泡的Western blot检测

Western blot检测的具体操作步骤如下。

（1）电泳：将5×上样缓冲液与样品以1∶4的比例混匀，沸水浴10min。用12%的蛋白质凝胶进行SDS-PAGE。

（2）转膜：将凝胶中的蛋白质转印至PVDF膜，200mA转膜1h。

（3）封闭：PVDF膜在5%脱脂乳中室温封闭2h，PBST洗涤6次，每次5min。

（4）一抗：分别用1∶1500稀释的坏死梭杆菌43K OMP重组蛋白多克隆抗体和1∶1000稀释的坏死梭杆菌白细胞毒素PL4单克隆抗体作为一抗与PVDF膜4℃孵育过夜，PBST洗涤6次，每次5min。

（5）二抗：以1∶10 000稀释的HRP标记的兔抗鼠IgG作为二抗，室温孵育1h，PBST洗涤6次，每次5min。

（6）显色：加入ECL反应液，进行显色。

（7）成像：用凝胶成像系统观察并进行拍照。

1.2.10　动物免疫与攻毒

将4～6周龄雌性BALB/c小鼠分为4组，分别为坏死梭杆菌OMV组、43K OMP组、灭活坏死梭杆菌组和PBS对照组，每组8只小鼠，用腹腔注射的方法分别在第0天、第14天、第28天免疫三次。第一次免疫使用弗氏完全佐剂进行乳化后接种小鼠，每只200μL（OMV、43K OMP蛋白含量分别为20μg/只，灭活菌浓度为1×10^8CFU/mL），PBS对照组每只注射PBS 200μL。第二次、第三次免疫使用弗氏不完全佐剂乳化后接种小鼠，剂量同第一次免疫剂量。在第7天、第21天、第35天对小鼠进行断尾采血，收集的血液先在37℃条件下静置2h，之后在4℃条件下静置过夜，第二天1000g离心15min后收集血清，放置于–80℃冰箱保存。在第42天时每只小鼠腹腔注射坏死梭杆菌200μL（细菌浓度为5×10^8CFU/mL），第56天时对小鼠进行安乐死，取肝脏进行肝脏细菌载量测定和组织切片的HE染色。

1.2.11　ELISA检测抗体水平

用已纯化的重组43K OMP作为抗原包被，检测OMV组、43K OMP组和灭活坏死梭杆菌组小鼠免疫后其血清中的特异性抗体，PBS组作为阴性对照。

（1）包被：用包被液稀释纯化的重组43K OMP，使其终浓度为1μg/mL，然后以100μL/孔加入96孔板，4℃过夜。次日，将孔内液体甩干后洗涤，每孔加300μL PBST洗涤液，洗涤 5 次，每次振荡 3min，在滤纸上拍干。

（2）封闭：加 5%脱脂乳（100μL/孔），37℃封闭 2h，将孔内液体甩干后洗涤，每孔加 300μL PBST 洗涤液，洗涤 5 次，每次振荡 3min，在滤纸上拍干。

（3）加样：每孔加入 100μL 1∶200 稀释的待检血清，37℃孵育 1h，将孔内液体甩干后洗涤，每孔加 300μL PBST 洗涤液，洗涤 5 次，每次振荡 3min，在滤纸上拍干。

（4）酶标二抗：加入 100μL 1∶5000 稀释的辣根过氧化物酶（HRP）标记的羊抗鼠 IgG，37℃孵育 1h，将孔内液体甩干后洗涤，每孔加 300μL PBST 洗涤液，洗涤 5 次，每次振荡 3min，在滤纸上拍干。

（5）显色：每孔加入 100μL TMB 显色液，室温避光作用 15min。

（6）终止：每孔加入 100μL 2mol/L 硫酸终止反应。

（7）测 OD 值：酶标仪测定各孔 450nm 处吸光度值。

（8）结果分析：试验的阴阳性判定标准公式为阳性血清 OD 值大于 1，阴性血清 OD 值小于 0.2，*P*/*N* 值大于 2.1。*P*/*N*=（阳性血清 OD 值–空白对照 OD 值）/（阴性血清 OD 值–空白对照 OD 值），绘制各组 *P*/*N* 值曲线。

1.2.12 ELISA 检测小鼠血清 IgG 抗体亚种

使用云克隆公司生产的试剂盒检测免疫第 35 天时小鼠血清中的 IgG1、IgG2a 抗体水平，根据说明书推荐稀释倍数，检测 IgG1 抗体水平时血清稀释 2000 倍，检测 IgG2a 抗体水平时血清稀释 1×10^6 倍。

1.2.13 ELISA 检测小鼠血清中 TNF-α、IL-2、IL-4、IL-10 水平

使用云克隆公司生产的细胞因子试剂盒检测免疫第 35 天时小鼠血清中的 TNF-α、IL-2、IL-4 和 IL-10 分泌水平，具体操作过程参照产品说明书。

1.2.14 小鼠肝脏细菌载量测定

在免疫第 56 天时对小鼠进行安乐死，采集小鼠的肝脏。用无菌的 PBS 缓冲液清洗去掉血污，取 0.2g 小鼠的肝脏称重，然后将组织放入研磨器中，在研磨器中加入 3mL 的生理盐水，将组织研磨成组织匀浆。然后用生理盐水分别以 1∶10、1∶100、1∶1000、1∶10 000 的比例稀释组织匀浆。取稀释后的组织匀浆 50μL 涂抹于厌氧固体平板上，厌氧培养。记录平板上菌落数在 30～200 个的单菌落数，计算出小鼠肝脏细菌载量。

1.2.15 小鼠肝脏病理组织学观察

将 1.2.14 操作后剩余的肝脏置于 4%多聚甲醛溶液中固定 24h 以上，待组织固定好以后，进行石蜡切片制备和 HE 染色，具体操作如下。

（1）取出固定好的组织块，放入包埋盒中，用流水冲洗，去除甲醛。

（2）组织脱水、透明、浸蜡：冲洗后控干水分，放入组织脱水机中脱水浸蜡。具体流程为 70%乙醇 30min；80%乙醇 30min；90%乙醇 30min；95%乙醇 30min；100%乙醇Ⅰ30min；100%乙醇Ⅱ30min；混合脱水液（100%乙醇∶二甲苯=1∶1）30min；二甲苯Ⅰ40min，二甲苯Ⅱ40min；石蜡Ⅰ（熔点 52～54℃）、石蜡Ⅱ（熔点 54～56℃）、石蜡Ⅲ（熔点 56～58℃）各 1h。

（3）包埋：将脱水浸蜡后的组织放在包埋盒中用石蜡Ⅲ包埋，冷却后放置冰箱冷藏过夜。

（4）切片：包埋后的蜡块用组织切片机切片，切片厚度为 3～5μm，切好的组织先放入 30%乙醇中展片，再放入 40℃左右的水中进行第二次展片。将展好的组织用载玻片捞起来，然后放入烘干箱中烘片。

（5）脱蜡浸水：将制备好的组织切片脱蜡浸水，流程为二甲苯 10min，100%乙醇Ⅰ 2min；100%乙醇Ⅱ2min；95%乙醇 2min；90%乙醇 2min；80%乙醇 2min；70%乙醇 2min；水洗 5min。

（6）HE 染色：控干水分后进行 HE 染色，具体流程为苏木素 5min；水洗 5min；酸化液 2s；水洗 5min；伊红 10min；水洗 5min。

（7）脱水透明：染色后的组织切片进行脱水透明，具体流程为 70%乙醇 5s；80%乙醇 5s；90%乙醇 5s；95%乙醇 15s；100%乙醇 15s；二甲苯 2min。

（8）封片：脱水透明后将中性树胶滴于载玻片上，盖上盖玻片封片。待中性树胶晾干后，在显微镜下观察。

1.2.16　统计学分析

每组试验均重复 3 次，所有数据以平均值±标准差（$\bar{x}\pm s$）表示，统计学分析使用 GraphPad Prism 8.0 软件分析，分析中组间比较采用独立样本 t 检验（两组间分析）或多因素方差分析：Two-way ANOVA（以 $P<0.05$ 为差异显著“*”，$P<0.01$ 为差异极显著“**”）。

2. 结果

2.1　坏死梭杆菌革兰氏染色结果

为明确复苏后扩大培养的细菌是否存在污染情况，通过革兰氏染色对坏死梭杆菌进行鉴定。结果显示，经厌氧培养后的坏死梭杆菌 A25 菌株菌液浑浊、呈乳白色、有恶臭气味。革兰氏染色后在显微镜下观察，菌体为红色，呈长丝状，与坏死梭杆菌的形态特征一致（图 6-15）。

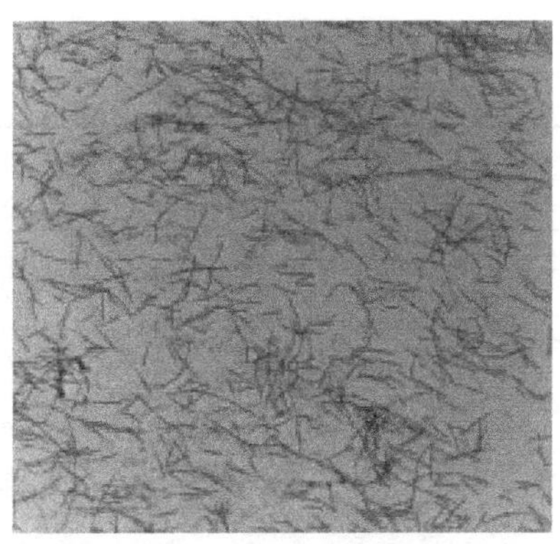

图 6-15　坏死梭杆菌 A25 革兰氏染色结果（1000×）

2.2　外膜囊泡的形态及粒径大小分析

为了纯化坏死梭杆菌 OMV，明确坏死梭杆菌 OMV 的形态和大小，对不同浓度分离液中的 OMV 进行透射电镜分析、NTA 分析和 SDS-PAGE 分析。结果显示，在浓度为

20%、25%和 30%的 OptiPrep 分离液中可以观察到球形的囊泡结构存在，在浓度为 35%和 40%的分离液中则没有观察到囊泡结构存在（图 6-16）。浓度为 20%的 OptiPrep 分离液中粒子的浓度为 1.30×10^{11} 个/mL，粒径平均大小为 125.43nm；浓度为 25%的 OptiPrep 分离液中粒子的浓度为 2.40×10^{12} 个/mL，粒径平均大小为 130.50nm；浓度为 30%的 OptiPrep 分离液中粒子的浓度为 6.10×10^{11} 个/mL，粒径平均大小为 135.57nm；浓度为 35%的 OptiPrep 分离液中粒子的浓度为 3.10×10^{11} 个/mL，粒径平均大小为 108.27nm；浓度为 40%的 OptiPrep 分离液中粒子的浓度为 6.60×10^{11} 个/mL，粒径平均大小为 109.17nm（表 6-8）。浓度为 20%、25%、30%的 OptiPrep 分离液所在泳道有多条条带，分布在 40～170kDa（图 6-17）。该结果表明，OMV 主要存在于浓度为 20%、25%、30%的 OptiPrep 分离液中，直径大小为 122.50～138.30nm。

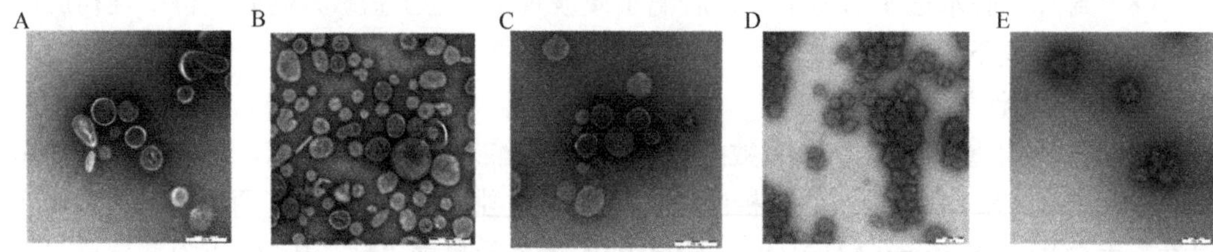

图 6-16　坏死梭杆菌 OMV 透射电镜负染结果

A. 20% OptiPrep 分离液中提取的 OMV；B. 25% OptiPrep 分离液中提取的 OMV；C. 30% OptiPrep 分离液中提取的 OMV；D. 35% OptiPrep 分离液中提取的 OMV；E. 40% OptiPrep 分离液中提取的 OMV

表 6-8　不同浓度 OptiPrep 分离液中粒子的浓度及粒径大小

OptiPrep 分离液浓度	粒子浓度（个/mL）	粒子直径（nm）（mean±SE）
20%	1.30×10^{11}	125.43±1.54
25%	2.40×10^{12}	130.50±2.45
30%	6.10×10^{11}	135.57±2.54
35%	3.10×10^{11}	108.27±1.01
40%	6.60×10^{11}	109.17±0.50

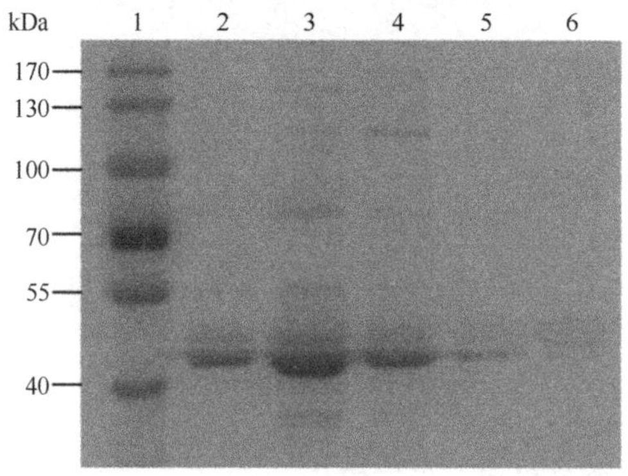

图 6-17　不同浓度 OptiPrep 分离液中蛋白质的 SDS-PAGE 结果

1. Marker；2. 20% OptiPrep 分离液；3. 25% OptiPrep 分离液；4. 30% OptiPrep 分离液；5. 35% OptiPrep 分离液；6. 40% OptiPrep 分离液

2.3　外膜囊泡蛋白浓度分析

为了明确坏死梭杆菌 OMV 的总蛋白质浓度，便于后续试验。将在 20%、25%和30%OptiPrep 分离液中提取的 OMV 进行混合，根据 BCA 试剂盒操作步骤得出此次标准曲线公式：y=2080.8x–98.339（R^2=0.9925）。根据标准曲线计算后可知，OMV 浓度为0.966mg/mL。

2.4　外膜囊泡的 GO 富集和 KEGG 富集分析

为明确坏死梭杆菌 OMV 的蛋白质组成，利用 Label free 非标记定量蛋白质组学方法，对坏死梭杆菌 OMV 进行鉴定，共获得了 163 个蛋白质。将鉴定到的蛋白质进行生物信息学分析，GO 分析主要分为三类，生物过程（biological process，BP）、细胞组成（cellular component，CC）、分子功能（molecular function，MF）。蛋白质组学富集到的蛋白质中有 107 个（65.6%）蛋白质被注释为与生物过程有关的蛋白质；83 个（50.9%）蛋白质被注释为与细胞组成有关的蛋白质；100 个（61.3%）蛋白质被注释为与分子功能有关的蛋白质。KEGG 数据库收录了新陈代谢、遗传信息加工、环境信息加工、细胞过程、生物体系统、人类疾病，以及药物开发等多个方面的通路信息，75 个（46.0%）蛋白质被注释为与此通路有关。

GO 功能注释和 KEGG 功能注释的显著性富集分析是通过 Fisher 精确检验（Fisher's exact test）来评价某个 GO 功能和 KEGG 功能条目的蛋白质富集度的显著性水平。一般情况下，富集结果中 P 值越小（$P<0.05$），对应 GO 功能和 KEGG 功能分类从统计学上讲富集越显著。在 BP 功能注释中，单生物定位过程、肽转运、氢转运、磷酸化、转运、ATP 代谢过程、含硫胺素的化合物生物合成过程、己糖生物合成过程、吡啶核苷酸代谢过程、蛋白质生产过程、单磷酸核糖核苷酸代谢过程富集显著；在 CC 功能注释中，细胞质组成、质膜、外膜、囊膜、大分子复合物、质子转运 ATP 合成酶复合物、蛋白质复合物、周质空间、膜蛋白复合物富集显著。在 MF 功能注释中，mRNA 结合、磷酸二酯水解酶活性、蛋白质结合、焦磷酸酶活性、ATP 酶活性、转运活性、底物特异性转运活性富集显著；在 KEGG 功能注释中，糖磷酸转移酶系统、蛋白质运输、RNA 降解、果糖和甘露糖代谢、氧化磷酸化富集显著（图 6-18）。

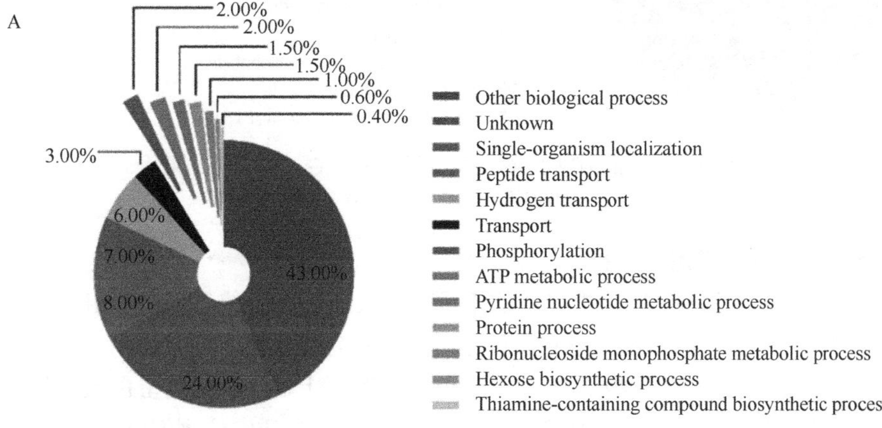

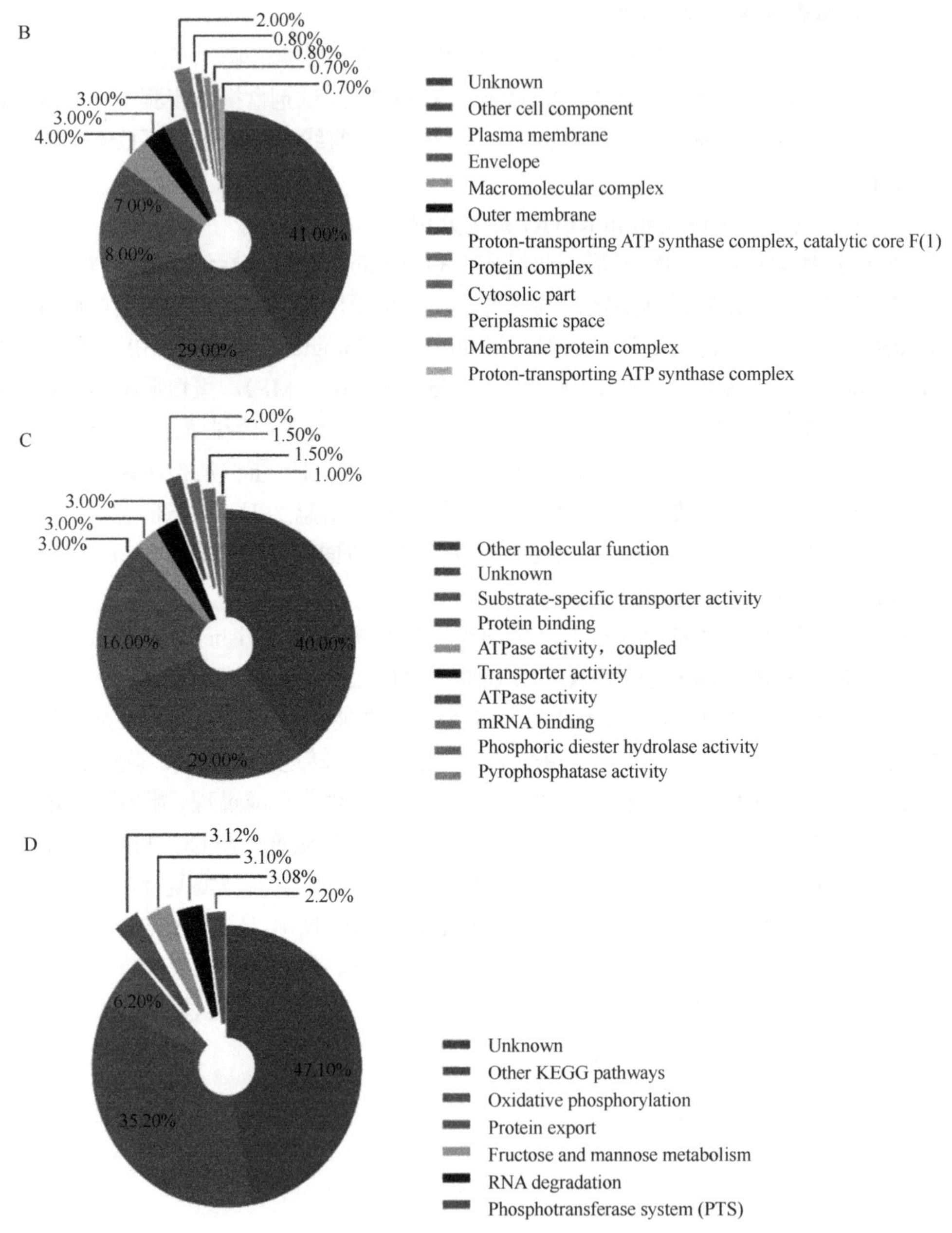

图 6-18 OMV 中蛋白质的 GO 富集分析和 KEGG 富集分析结果

A. 生物过程；B. 细胞组成；C. 分子功能；D. KEGG 通路

2.5 外膜囊泡亚细胞定位分析

为了明确坏死梭杆菌 OMV 的蛋白质的来源，通过亚细胞定位对蛋白质组分进行分类。将得到的蛋白质通过 Cell-PLoc 2.0 软件进行亚细胞定位预测，结果显示，41.49%的蛋白质定位到细胞内膜上，22.34%的蛋白质定位到细胞质上，12.77%的蛋白质定位到细胞外膜上，11.17%的蛋白质定位到细胞周质上，9.04%的蛋白质定位到细胞外，3.19%的蛋白质定位到菌毛上（图 6-19）。

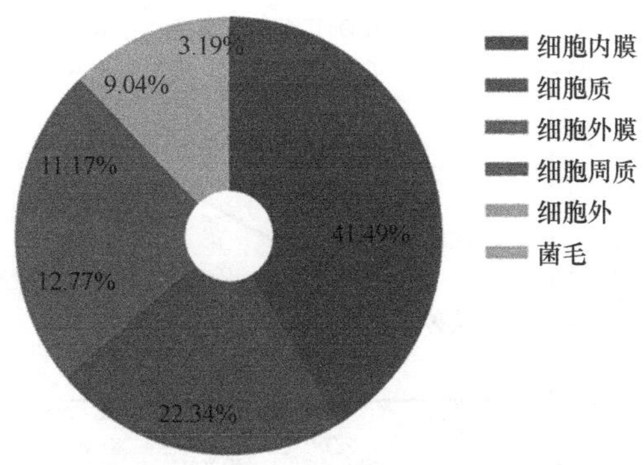

图 6-19　OMV 的亚细胞定位分析结果

2.6　外膜囊泡中蛋白质的分析

为明确坏死梭杆菌 OMV 的蛋白质组分，通过 Western blot 对 OMV 中 43K OMP 和白细胞毒素进行检测。结果显示，在 43kDa 和 45kDa 处出现目的条带，与预期分子质量大小相符。该结果表明，坏死梭杆菌 OMV 中包含 43K OMP 和白细胞毒素（lktA）（图 6-20）。

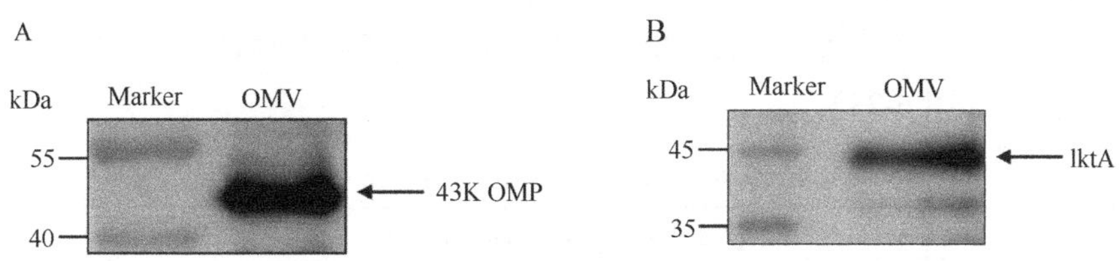

图 6-20　Western blot 验证 OMV 中 43K OMP 和 lktA

A. 43K OMP；B. 白细胞毒素（lktA）

2.7　小鼠抗体水平分析

为明确免疫后小鼠的抗体水平变化，通过 ELISA 方法检测小鼠血清中 43K OMP 特异性抗体的含量，并换算为 *P*/*N* 值，以该值作为参考，来表示小鼠抗体水平随时间的变化情况。结果显示，在第 7 天时 OMV 组 *P*/*N* 值为 5.61、43K OMP 组 *P*/*N* 值为 3.79、坏死梭杆菌灭活组 *P*/*N* 值为 6.65，坏死梭杆菌灭活组 *P*/*N* 值最高，与其他两组有显著差异（$P<0.05$）；在第 21 天时 OMV 组 *P*/*N* 值为 10.59、43K OMP 组 *P*/*N* 值为 18.31、坏死梭杆菌灭活组 *P*/*N* 值为 6.35，43K OMP 组 *P*/*N* 值最高，与其他两组有显著差异（$P<0.01$）；在第 35 天时 OMV 组 *P*/*N* 值为 16.73、43K OMP 组 *P*/*N* 值为 20.81、坏死梭杆菌灭活组 *P*/*N* 值为 9.19，43K OMP 组 *P*/*N* 值最高，与其他两组有显著差异（$P<0.05$）。以上结果表明，3 次免疫后 OMV 组、43K OMP 组和坏死梭杆菌灭活组抗体水平均呈上升趋势，OMV 具有较好的免疫原性（图 6-21）。

2.8　小鼠血清中 IgG1、IgG2a 水平分析

为了明确坏死梭杆菌 OMV、43K OMP、灭活坏死梭杆菌诱导机体产生的抗体情况，通过 ELISA 检测小鼠免疫第 35 天时血清中抗原特异性 IgG1、IgG2a 水平。结果如表 6-9 所示，所有疫苗组免疫后均能诱导机体产生 IgG1 和 IgG2a 抗体，坏死梭杆菌 OMV 诱

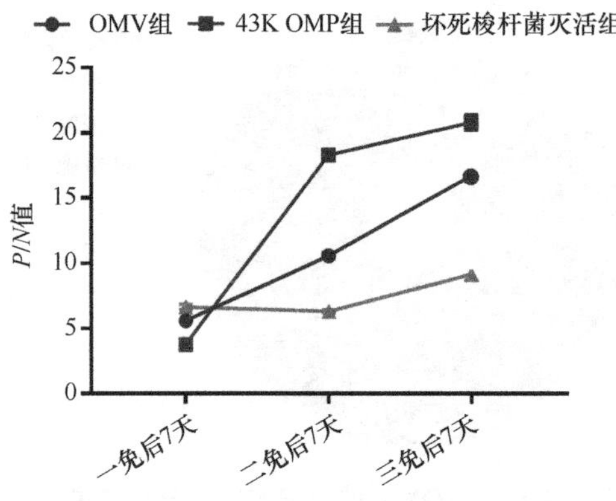

图 6-21 小鼠血清 *P/N* 值随时间变化情况

导机体产生 IgG2a 抗体水平显著高于 43K OMP、灭活坏死梭杆菌（$P<0.01$）；坏死梭杆菌 OMV 诱导机体产生 IgG1 抗体水平显著高于灭活坏死梭杆菌（$P<0.01$），与 43K OMP 相比无差异（图 6-22）；坏死梭杆菌 OMV 组 IgG2a/IgG1 的比值为 1.35，43K OMP 组 IgG2a/IgG1 的比值为 0.79；灭活坏死梭杆菌 IgG2a/IgG1 的比值为 0.89。以上结果表明，坏死梭杆菌 OMV 诱导机体产生 IgG1 和 IgG2a 抗体水平高于 43K OMP 和灭活坏死梭杆菌，且偏向 Th1 型免疫应答；43K OMP 和灭活坏死梭杆菌则诱导机体产生偏向 Th2 型免疫应答的抗体（图 6-23）。

表 6-9 各组小鼠血清中 IgG1、IgG2a 的水平

组别	抗体浓度（pg/mL）（mean±SE）		IgG2a/IgG1
	IgG2a	IgG1	
OMV 组	$1.22\times10^7\pm2.74\times10^6$	$9.06\times10^6\pm8.71\times10^3$	1.35
43K OMP 组	$6.73\times10^6\pm1.89\times10^5$	$8.58\times10^6\pm1.37\times10^5$	0.79
灭活坏死梭杆菌组	$7.36\times10^6\pm2.32\times10^5$	$8.28\times10^6\pm1.46\times10^5$	0.89
PBS 对照组	$1.29\times10^5\pm1.04\times10^5$	$1.17\times10^5\pm8.21\times10^3$	1.10

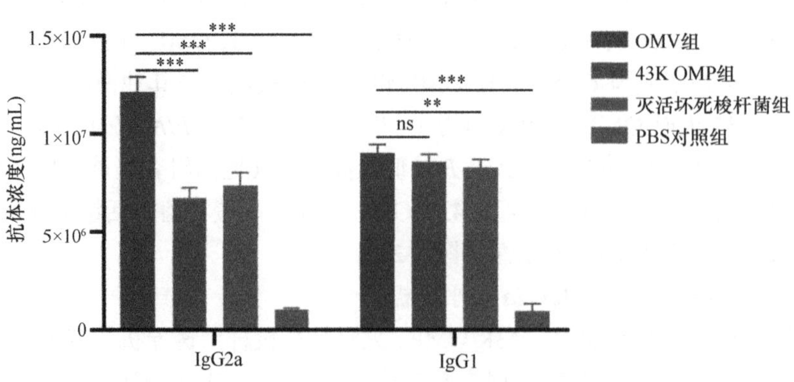

图 6-22 各组小鼠血清中 IgG1 和 IgG2a 的浓度水平

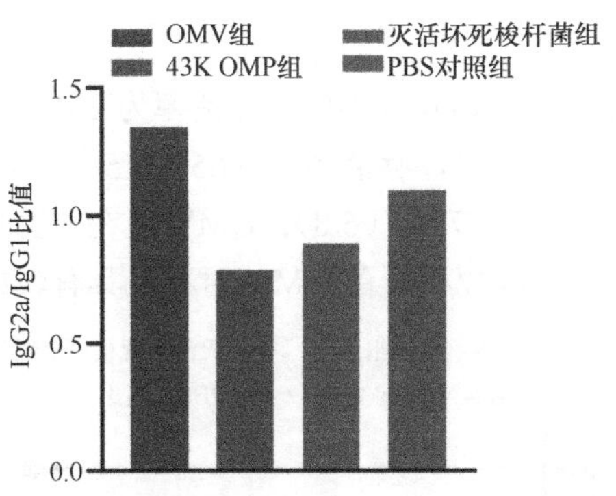

图 6-23　各组小鼠血清中 IgG2a 与 IgG1 比值

2.9　小鼠血清中 TNF-α、IL-2、IL-4、IL-10 的浓度水平分析

为了进一步研究坏死梭杆菌 OMV、43K OMP、灭活坏死梭杆菌引起机体免疫应答的机理，通过 ELISA 检测免疫第 35 天时血清中 TNF-α、IL-2、IL-4、IL-10 的水平。结果如表 6-10 所示，坏死梭杆菌 OMV、43K OMP、灭活坏死梭杆菌刺激机体分泌 TNF-α、IL-2、IL-4、IL-10 的水平显著高于 PBS 对照组（P<0.01）；坏死梭杆菌 OMV 刺激机体分泌 TNF-α、IL-2、IL-10 的水平显著高于 43K OMP 和灭活坏死梭杆菌（P<0.01）；坏死梭杆菌 OMV 和 43K OMP 刺激机体分泌 IL-4 的水平无差异，但显著高于灭活坏死梭杆菌刺激机体分泌 IL-4 的水平（P<0.01）。以上结果表明，坏死梭杆菌 OMV 诱导小鼠产生 TNF-α、IL-2、IL-4、IL-10 细胞因子的水平高于 43K OMP 和灭活坏死梭杆菌（图 6-24）。

表 6-10　各组小鼠血清中 TNF-α、IL-2、IL-4、IL-10 的浓度水平

组别	细胞因子浓度（pg/mL）（mean±SE）			
	TNF-α	IL-2	IL-4	IL-10
OMV 组	230.40±4.95	51.23±2.35	45.32±2.47	185.64±4.55
43K OMP 组	125.13±3.31	33.37±1.53	45.32±1.48	76.22±1.86
灭活坏死梭杆菌组	163.62±2.44	26.33±1.16	38.82±1.58	78.38±2.34
PBS 对照组	23.12±0.51	12.46±0.96	9.14±0.30	39.80±1.84

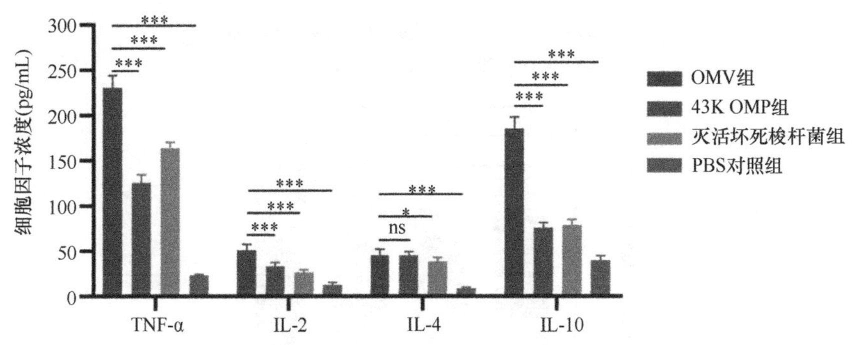

图 6-24　小鼠血清中 TNF-α、IL-2、IL-4、IL-10 的浓度水平

2.10　小鼠的存活率分析

为了明确坏死梭杆菌 OMV、43K OMP、灭活坏死梭杆菌对小鼠的保护作用，攻菌

后对小鼠的精神状态进行观察，对小鼠的存活率进行记录并绘制生存曲线。结果显示，PBS 对照组攻菌后 2～7d 陆续死亡 6 只小鼠，存活率为 25%（2/8）；灭活坏死梭杆菌组在攻菌后 3～7d 陆续死亡 3 只小鼠，存活率为 62.5%（5/8）；43K OMP 组在攻菌后 5～7d 陆续死亡 2 只小鼠，存活率为 75%（6/8）；OMV 组在攻菌后无小鼠死亡，存活率为 100%（图 6-25）。该结果表明坏死梭杆菌 OMV 对小鼠具有较好的免疫保护作用。

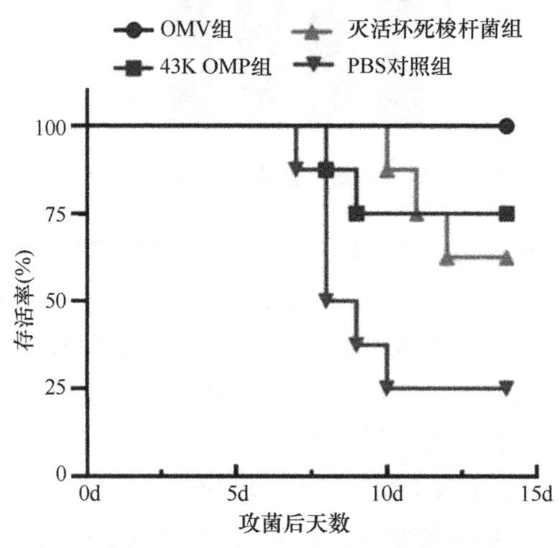

图 6-25　攻菌后各组小鼠的生存曲线

2.11　小鼠肝脏细菌载量分析

肝脏的细菌载量可以作为评价坏死梭杆菌免疫保护效果的条件之一。本研究在第 56 天时对小鼠进行安乐死，采集肝脏，检测肝脏细菌载量。结果显示，PBS 对照组的肝脏细菌载量最高，达到 4.01×10^7CFU/g，与其他试验组差异显著（$P<0.01$）；OMV 组的肝脏细菌载量为 4.23×10^5CFU/g，灭活坏死梭杆菌组的肝脏细菌载量为 7.31×10^6CFU/g，43K OMP 组的肝脏细菌载量为 8.58×10^5CFU/g，OMV 组肝脏细菌载量显著低于灭活坏死梭杆菌组（$P<0.01$），与 43K OMP 组无显著差异（图 6-26）。该结果表明坏死梭杆菌 OMV 对于坏死梭杆菌在肝脏的定植有一定的抑制作用。

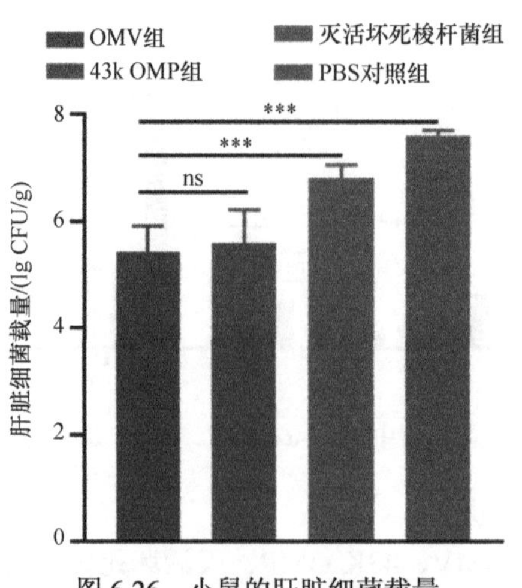

图 6-26　小鼠的肝脏细菌载量

2.12　小鼠肝脏组织病理学切片分析

为了明确坏死梭杆菌 OMV、43K OMP、灭活坏死梭杆菌对感染坏死梭杆菌小鼠的保护效果，通过对切片进行 HE 染色，观察小鼠肝脏病理变化。结果显示，PBS 对照组小鼠肝脏可见较严重的充血、出血现象，肝血窦扩增明显，肝细胞颗粒变性明显；灭活坏死梭杆菌组可见充血、出血现象，肝血窦扩张，肝细胞颗粒变性，症状均较 PBS 对照组轻微；43K OMP 组出现轻微的充血、出血现象，肝细胞水肿；OMV 组出现轻微的充血、出血现象，肝细胞水肿（图 6-27）。以上结果说明，坏死梭杆菌 OMV 对坏死梭杆菌感染小鼠具有一定保护作用。

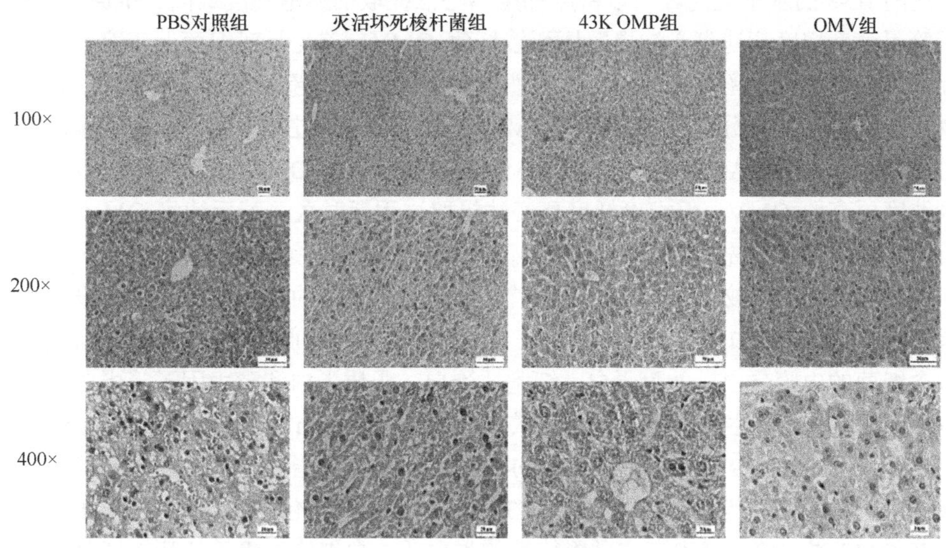

图 6-27　小鼠肝脏组织的病理学观察

3. 讨论

坏死梭杆菌感染常见于牛、羊、鹿等反刍动物，在鸡、兔、猪、犬等动物中也有报道。坏死梭杆菌会引起肝脓肿、腐蹄病、坏死性皮炎等疾病，奶牛患腐蹄病后会严重影响其生产性能和产奶质量，坏死梭杆菌还参与奶牛乳腺炎和子宫内膜炎等疾病（Bicalho et al.，2012；Oikonomou et al.，2012；Machado et al.，2014）；肉牛感染坏死梭杆菌后会引起肝脓肿，主要危害育成肉牛（Brink et al.，1990）；鹿因感染坏死梭杆菌的淘汰率约占鹿总淘汰率的 15%～23%（陈立志，2008），坏死梭杆菌感染后死亡率虽然不高，但严重影响动物的生产性能，给养殖业带来了较大的经济损失。防治坏死梭杆菌除了要加强日常管理，最有效的方法就是接种疫苗，因此，开展坏死梭杆菌防控相关研究具有重要的公共卫生意义。OMV 包含病原体特异性抗原和多个 PAMP，并且大小为 20～250nm，可以通过淋巴引流或被抗原提呈细胞吞噬后到达淋巴结，快速激活机体的免疫反应，具备作为疫苗的所有条件，可以用于坏死梭杆菌高效疫苗的开发。

OMV 是细菌在生长过程中分泌的球形、囊泡状物质，可以在细菌培养基中提取。目前报道的关于 OMV 提取的方法主要包括超滤浓缩法、超声破碎法、密度梯度离心法和蛋白质沉淀法等（张佳星，2014；Solanki et al.，2021）。南黎等（2021）用超滤浓缩法和超声破碎法提取兔支气管败血波氏杆菌 OMV，超声破碎法提取的 OMV 与超滤浓缩法相比存在明显的杂条带，超声破碎法制得的 OMV 不仅包含细菌本身分泌的 OMV，还包括了在超声环境中诱导形成的囊泡状结构。超滤浓缩法制得的 OMV 相对纯度较高，包含多种免疫原性蛋白质，且该方法相对超声破碎法更简单，为后续规模化生产应用提供了可能。张佳星（2014）用超滤浓缩法和密度梯度离心法提取铜绿假单胞菌 OMV，超滤浓缩法提取的 OMV 中存在一些细胞碎片、鞭毛等杂质，而 OptiPrep 密度梯度离心法提取的 OMV 纯度更好，密度更大，并且密度梯度离心法提取的 OMV 刺激 A549 细胞表达的 IL-8 的水平更高。所以密度梯度离心法提取的囊泡纯度最高、抗原活性最强。本试验用密度梯度超速离心法提取坏死梭杆菌 OMV，首先是对细菌上清液进行过滤，确保上清液中没有残留的坏死梭杆菌，然后对上清液进行超速离心，得到 OMV 的粗提产物；使用 OptiPrep 分离液对粗提的 OMV 进行纯化，通过对不同浓度分离液进行透射电镜、NTA 和 SDS-PAGE 分析，明确 OMV 在 20%～30% OptiPrep 分离液中存在，以此得到纯度更高的 OMV。但密度梯度离心法提取过程耗时久，若后续将 OMV 作为疫苗批量生产则可以考虑先将细菌上清液浓缩后再通过密度梯度法提取 OMV。

若想探究细菌分泌 OMV 的作用，首先要了解 OMV 的成分。目前已经报道了多种细菌 OMV 的成分，如牙龈卟啉单胞菌、具核梭杆菌、胸膜肺炎放线杆菌等；这些 OMV 均包含细菌的内膜蛋白、外膜蛋白、细胞质蛋白、周质蛋白和毒力因子等蛋白质，每种蛋白质都对 OMV 的生物功能发挥着至关重要的作用（Veith et al.，2014；Liu et al.，2019；Antenucci et al.，2019）。本研究用 Label-free 非标记定量蛋白质组学方法分析了坏死梭杆菌 OMV 的蛋白质组成，共鉴定出 163 个蛋白质；其中包括丝状血凝素、FadA 蛋白和 43K OMP 蛋白等呈现出潜在黏附特性的蛋白质，白细胞毒素等坏死梭杆菌的外分泌毒力因子，以及自转运蛋白和 ABC 转运蛋白等参与细菌间信息传递的蛋白质。坏死梭杆菌 43K OMP 可与纤连蛋白相互作用发挥与宿主细胞黏附的作用（贺显晶，2021）；坏死梭杆菌的血凝素具有凝集红细胞和黏附宿主细胞的作用（Kim et al.，2016）；FadA 蛋白通过与暴露在宿主细胞表面的钙黏蛋白结构域结合，在细菌的黏附和侵袭中起着关键作用（袁亚男等，2019）；这三种黏附相关蛋白质作为有效的免疫原在 OMV 中发挥重要的作用。对霍乱弧菌的 OMV 研究发现，OMV 可以包裹毒力因子通过细胞表面的特定外膜孔蛋白进入肠细胞内发挥作用（Zingl et al.，2021）。坏死梭杆菌 OMV 中包含坏死梭杆菌的毒力因子白细胞毒素，白细胞毒素通过介导中性粒细胞激活，以及吞噬细胞和免疫效应细胞凋亡来调节宿主的免疫系统。所以，坏死梭杆菌 OMV 中的白细胞毒素也可以刺激机体产生免疫反应。除此之外，OMV 在多种生理和病理功能中发挥着重要作用，自转运蛋白具有血清抗性和细胞间播散等功能，ABC 转运蛋白与多药耐药性相关，因此 OMV 可能参与细菌之间信息交流、耐药基因的传递等过程（刘艳如等，2015；袁亚男等，2019）。

由于 OMV 包含多种细菌相关蛋白质，是很有潜力的疫苗候选物。针对坏死梭杆菌开发的疫苗包括 Roberts、Abe、Saginala 和郭东华等制备的弱毒疫苗、灭活疫苗和基因工程亚单位疫苗等（Abe et al.，1976b；郭东华等，2008）。OMV 疫苗与灭活疫苗和亚单位疫苗相比的优势在于，OMV 疫苗含有多种细菌相关的 PAMP，并且 PAMP 保持着自然的状态，可以更好地激活机体的免疫反应。灭活疫苗和亚单位疫苗仅能激活体液免疫，若想诱导机体产生细胞免疫则需要在疫苗中加入佐剂。而 OMV 疫苗包含多种抗原，其中磷脂等成分还可作为天然的佐剂，既能激活体液免疫又能激活细胞免疫。本研究结果显示，坏死梭杆菌 OMV 诱导机体产生的 IgG2a 抗体水平，以及 TNF-α 和 IL-2 的水平显著高于 43K OMP 和灭活坏死梭杆菌。所以，坏死梭杆菌 OMV 刺激机体产生细胞免疫的水平高于 43K OMP 和灭活坏死梭杆菌。坏死梭杆菌 OMV 诱导机体产生的 IgG1 抗体水平和 IL-10 水平高于 43K OMP 和灭活坏死梭杆菌，所以，坏死梭杆菌 OMV 刺激机体产生体液免疫的水平也高于 43K OMP 和灭活坏死梭杆菌。坏死梭杆菌 OMV 诱导小鼠产生的 IgG2a 和 IgG1 比值大于 1，主要诱导偏向 Th1 型的细胞免疫反应，43K OMP 和灭活坏死梭杆菌诱导小鼠产生的 IgG2a 和 IgG1 比值小于 1，主要诱导偏向 Th2 型的体液免疫反应。所以，与 43K OMP 和灭活坏死梭杆菌相比，坏死梭杆菌 OMV 可以诱导机体产生更强的细胞免疫和体液免疫，并且坏死梭杆菌 OMV 主要以 Th1 型细胞免疫为主，43K OMP 和灭活坏死梭杆菌主要以 Th2 型体液免疫为主。攻菌后，免疫坏死梭杆菌 OMV 与免疫 43K OMP 和灭活坏死梭杆菌相比，小鼠的存活率最高，肝脏细菌载量最低，肝脏病理损伤程度最轻。以上结果与 Kim 等（2013）和 Solanki 等（2021）对大肠杆菌 OMV 和流产布鲁氏菌 S19Δper 菌株 OMV 的免疫效果的研究一致，两种细菌产生的 OMV 均能够刺激机体产生更好的细胞免疫和体液免疫水平，并且以 Th1 型的细胞免疫为主，对小鼠均有一定的保护作用。以上结果证明了坏死梭杆菌 OMV 具备疫苗候选抗原的潜质，可以用于坏死梭杆菌高效疫苗的开发。但是，利用 OMV 开发坏死梭杆菌高效疫苗，仍然有许多理论问题尚未清晰，比如，坏死梭杆菌 OMV 介导机体免疫反应的分子机制问题。该科学问题的阐明，将推动 OMV 作为坏死梭杆菌病疫苗的开发，同时解决厌氧梭菌疫苗开发的世界性瓶颈问题。

参 考 文 献

陈广仁, 王若勇, 杨磊, 等. 2018. 腐蹄病对奶牛产奶量的影响[J]. 中国牛业科学, (3): 94-96.

陈家璞, 齐长明. 2000. 大家畜肢蹄病[M]. 北京: 中国农业大学出版社.

陈立志. 2008. 牛源致病性坏死梭杆菌分离鉴定及其白细胞毒素免疫特性研究[D]. 长春: 吉林大学博士学位论文.

郭东华, 王君伟, 孙玉国, 等. 2007. 牛腐蹄病坏死梭杆菌 H05 菌株白细胞毒素基因的原核表达及其免疫活性分析[J]. 中国预防兽医学报, 29(6): 435-438.

郭东华, 王君伟, 孙玉国, 等. 2008. 牛腐蹄病坏死梭杆菌白细胞毒素重组亚单位疫苗诱导小鼠免疫保护效果的观察[J]. 中国预防兽医学报, (5): 398-402.

贺显晶. 2021. 43K OMP 在牛坏死梭杆菌黏附宿主细胞中的作用[D]. 大庆: 黑龙江八一农垦大学博士学位论文.

侯引绪, 王海丽, 魏朝利, 等. 2014. 一起犊牛坏死性喉炎的诊治与分析[J]. 中国奶牛, (13): 56-57.

胡晓梅, 饶贤才, 黄建军, 等. 2004. 铜绿假单胞菌外毒素 A 表达载体的构建及可溶性表达[J]. 解放军医学杂志, 29(2): 156-158.

黄国明. 2013. 牛瑟氏泰勒虫 p23、p33 重组蛋白亚单位疫苗联合免疫效果评价[D]. 延吉: 延边大学硕士学位论文.
黄治国. 2012. 奶牛蹄病与产奶量的关系[J]. 畜牧与饲料科学, 33(7): 103-104.
李臣杰. 2019. 肉牛腐蹄病的病因、临床症状及防治措施[J]. 现代畜牧科技, (11): 127-128.
李积朝. 2019. 牛肝脓肿的疾病分析诊断和防控措施[J]. 吉林畜牧兽医, 40(11): 57, 59.
李世宏, 杨亚军, 孔晓军, 等. 2017. 奶牛腐蹄病综合防治措施[J]. 中国草食动物科学, 37(5): 48-50, 58.
刘建杰, 陈焕春, 何启盖, 等. 2005. 猪传染性胸膜肺炎新型亚单位菌苗对小鼠的效力研究[J]. 畜牧兽医学报, 36(2): 177-180.
刘艳如, 王作镇, 赵丙春, 等. 2015. 自转运蛋白作为细菌表面展示系统的研究进展[J]. 生命的化学, 35(3): 357-364.
孟祥玉. 2018. 坏死梭杆菌亚单位疫苗的研制与应用[D]. 北京: 中国农业科学院硕士学位论文.
苗利光, 刘艳环, 陈立志, 等. 2002. 腐蹄病C型节瘤拟杆菌纤毛蛋白基因工程疫苗对家兔的免疫试验[J]. 动物医学进展, 23(3): 66-67, 73.
南黎, 黄叶娥, 肖琛闻, 等. 2021. 兔支气管败血波氏杆菌外膜囊泡的制备及其蛋白质成分分析[J]. 浙江大学学报(农业与生命科学版), 47(2): 251-260.
牛久存. 2020. 关于牛肝脓肿疾病的诊治和防控措施[J]. 山东畜牧兽医, 41(9): 42-43.
齐长明, 于涛, 李增强. 2008. 奶牛变形蹄与蹄病防治彩色图谱[M]. 北京: 中国农业出版社.
邵美丽, 刘思国, 王春来, 等. 2006. 猪传染性胸膜肺炎放线杆菌毒素 apxIIIA 基因的克隆和表达[J]. 中国预防兽医学报, 28(2): 139-141.
苏丽伟. 2020. 牛肝脓肿的诊断和防控[J]. 兽医导刊, (3): 36.
孙月强. 2017. 奶牛腐蹄病的诊断与治疗[J]. 兽医导刊, (6): 192.
陶莹. 2020. 试论牛坏死梭杆菌病的诊断与治疗[J]. 饲料博览, (12): 73.
王克坚, 陈立志, 刘晓颖, 等. 2001. 纤毛蛋白与绵羊白细胞介素 2 融合基因工程疫苗对实验动物的体液免疫应答[J]. 中国预防兽医学报, 23(2): 121-124.
王克坚, 刘晓颖, 陈立志, 等. 2002. 鹿源坏死梭杆菌毒力菌株 FN(AB)94 抗原的免疫原性[J]. 中国兽医学报, 22(5): 468-469.
王立威. 2019. 牛鼻窦炎和坏死性喉炎的诊断和防治措施[J]. 现代畜牧科技, (9): 142-143.
王林, 袁晓雷. 2019. 奶牛腐蹄病的防治[J]. 养殖与饲料, (10): 88-89.
韦丽萍. 2019. 犊牛坏死性喉炎诊断与防治[J]. 中国畜禽种业, 15(2): 80.
魏娟. 2021. 牛肝脓肿疾病的病因及临床症状[J]. 兽医导刊, (23): 128-129.
武秀琼, 文华, 张凤鸣. 2016. 奶牛腐蹄病的治疗效果观察[J]. 农技服务, 33(11): 125.
徐水凌, 毛亚飞, 颜丹红, 等. 2006. 葡萄球菌肠毒素A基因的克隆、原核表达和鉴定[J]. 浙江预防医学, 18(7): 4-5, 8.
薛荣发, 高士孔, 李增开, 等. 2015. 奶牛蹄病的发病原因及综合防治措施[J]. 畜牧与饲料科学, 36(4): 118-119.
袁亚男, 严晓丽, 黄艳洁, 等. 2019. PI3K/Akt/GSK-3β 通路介导 ABC 转运蛋白调控人结肠癌 HCT-15 细胞多药耐药[J]. 中国病理生理杂志, 35(12): 2201-2207.
张佳星. 2014. 铜绿假单胞菌外膜囊泡的研究[D]. 重庆: 重庆医科大学硕士学位论文.
张振国. 2016. 奶牛腐蹄病的病因分析及综合防治[J]. 中国动物保健, 18(7): 41-42.
Abbas W, Keel B N, Kachman S D, et al. 2020. Rumen epithelial transcriptome and microbiome profiles of rumen epithelium and contents of beef cattle with and without liver abscesses[J]. Journal of Animal Science, 98(12): skaa359.
Abbott K A. 2000. The epidemiology of intermediate footrot[D]. Sydney: The University of Sydney Doctoral Dissertation.
Abe P M, Lennard E S, Holland J W. 1976b. *Fusobacterium necrophorum* infection in mice as a model for the study of liver abscess formation and induction of immunity[J]. Infection and Immunity, 13(5):

1473-1478.

Abe P M, Majeski J A, Lennard E S. 1976a. Pathological changes produced by *Fusobacterium necrophorum* in experimental infection of mice[J]. Journal of Comparative Pathology, 86(3): 365-369.

Anand A, Luthra A, Edmond M E, et al. 2013. The major outer sheath protein (Msp) of *Treponema denticola* has a bipartite domain architecture and exists as periplasmic and outer membrane-spanning conformers[J]. Journal of Bacteriology, 195(9): 2060-2071.

Angell J W, Grove-White D H, Duncan J S. 2015. Sheep and farm level factors associated with contagious ovine digital dermatitis: A longitudinal repeated cross-sectional study of sheep on six farms[J]. Preventive Veterinary Medicine, 122(1/2): 107-120.

Antenucci F, Magnowska Z, Nimtz M, et al. 2019. Immunoproteomic characterization of outer membrane vesicles from hyper-vesiculating *Actinobacillus pleuropneumoniae*[J]. Veterinary Microbiology, 235: 188-194.

Arora A, Rinehart D, Szabo G, et al. 2000. Refolded outer membrane protein A of *Escherichia coli* forms ion channels with two conductance states in planar lipid bilayers[J]. The Journal of Biological Chemistry, 275(3): 1594-1600.

Baba E, Fukata T, Arakawa A, et al. 1989. Antibiotic susceptibility of *Fusobacterium necrophorum* from bovine hepatic abscesses[J]. British Veterinary Journal, 145(2): 195-197.

Bachmann M F, Jennings G T. 2010. Vaccine delivery: A matter of size, geometry, kinetics and molecular patterns[J]. Nature Reviews Immunology, 10(11): 787-796.

Bennett G N, Hickford J G H. 2011. Ovine footrot: New approaches to an old disease[J]. Veterinary Microbiology, 148(1): 1-7.

Berg J N, Loan R W. 1975. *Fusobacterium necrophorum* and *Bacteroides melaninogenicus* as etiologic agents of foot rot in cattle[J]. American Journal of Veterinary Research, 36(8): 1115-1122.

Beveridge T J. 1999. Structures of gram-negative cell walls and their derived membrane vesicles[J]. Journal of Bacteriology, 181(16): 4725-4733.

Beveridge W I B. 1941. Foot-rot in sheep: A transmissible disease due to infection with *Fusiformis nodosus* (*n.* sp.)[J]. Journal of the Council for Scientific and Industrial Research, 140: 52-53.

Bicalho M L S, Machado V S, Oikonomou G, et al. 2012. Association between virulence factors of *Escherichia coli*, *Fusobacterium necrophorum*, and *Arcanobacterium pyogenes* and uterine diseases of dairy cows[J]. Veterinary Microbiology, 157(1/2): 125-131.

Bishop S C, Morris C A. 2007. Genetics of disease resistance in sheep and goats[J]. Small Ruminant Research, 70(1): 48-59.

Brink D R, Lowry S R, Stock R A, et al. 1990. Severity of liver abscesses and efficiency of feed utilization of feedlot cattle[J]. Journal of Animal Science, 68(5): 1201-1207.

Brown H, Elliston N G, McAskill J W, et al. 1973. Tylosin phosphate (TP) and tylosin urea adduct (TUA) for the prevention of liver abscesses, improved weight gains and feed efficiency in feedlot cattle[J]. Journal of Animal Science, 37(5): 1085-1091.

Bulgin M S, Lincoln S D, Lane V M, et al. 1986. Comparison of treatment methods for the control of contagious ovine foot rot[J]. Journal of the American Veterinary Medical Association, 189(2): 194-196.

Cagatay I T, Hickford J G H. 2005. Update on ovine footrot in New Zealand: Isolation, identification, and characterization of *Dichelobacter nodosus* trains[J]. Veterinary Microbiology, 111(3/4): 171-180.

Casey R H, Martin P A. 1988. Effect of foot paring of sheep affected with footrot on response to zinc sulphate/sodium lauryl sulphate foot bathing treatment[J]. Australian Veterinary Journal, 65(8): 258-259.

Checkley S L, Janzen E D, Campbell J R, et al. 2005. Efficacy of vaccination against *Fusobacterium necrophorum* infection for control of liver abscesses and footrot in feedlot cattle in western Canada[J]. The Canadian Veterinary Journal, 46(11): 1002-1007.

Coe M L, Nagaraja T G, Sun Y D, et al. 1999. Effect of virginiamycin on ruminal fermentation in cattle during adaptation to a high concentrate diet and during an induced acidosis[J]. Journal of Animal Science, 77(8): 2259-2268.

Conington J, Nicoll L, Mitchell S, et al. 2010. Characterisation of white line degeneration in sheep and evidence for genetic influences on its occurrence[J]. Veterinary Research Communications, 34(5): 481-489.

Cross R F, Parker C F. 1981. Zinc sulfate footbath for control of ovine foot rot[J]. Journal of the American Veterinary Medical Association, 178(7): 706-707.

Dukkipati V S R, Blair H T, Garrick D J, et al. 2006. '*Ovar-Mhc*'-ovine major histocompatibility complex: Role in genetic resistance to diseases[J]. New Zealand Veterinary Journal, 54(4): 153-160.

Egerton J R, Morgan I R. 1972. Treatment and prevention of foot-rot in sheep with *Fusiformis nodosus* vaccine[J]. Veterinary Record, 91(19): 453-457.

Egerton J R, Parsonson I M, Graham N P. 1968. Parenteral chemotherapy of ovine foot-rot[J]. Australian Veterinary Journal, 44(6): 275-283.

Egerton J R, Roberts D S. 1971. Vaccination against ovine foot-rot[J]. Journal of Comparative Pathology, 81(2): 179-185.

Egerton J R, Yong W K, RiHkin G G. 1989. Footrot and Foot Abscess of Ruminants[M]. Boca Raton: CRC Press.

Elwakeel E A, Amachawadi R G, Nour A M, et al. 2013. *In vitro* degradation of lysine by ruminal fluid-based fermentations and by *Fusobacterium necrophorum*[J]. Journal of Dairy Science, 96(1): 495-505.

Fitzpatrick D. 1961. The control of footrot in sheep in Victoria[J]. Australian Veterinary Journal, 37(12): 460-462.

Fox J T, Thomson D U, Lindberg N N, et al. 2009. A comparison of two vaccines to reduce liver abscesses in natural-fed beef cattle[J]. The Bovine Practitioner, 43(2): 168-174.

Garcia M M, Becker S A, Brooks B W, et al. 1992. Ultrastructure and molecular characterization of *Fusobacterium necrophorum* biovars[J]. Canadian Journal of Veterinary Research, 56(4): 318-325.

Gelasakis A I, Arsenos G, Hickford J, et al. 2013. Polymorphism of the *MHC-DQA2* gene in the Chios dairy sheep population and its association with footrot[J]. Livestock Science, 153(1/2/3): 56-59.

Gelasakis A I, Kalogianni A I, Bossis I. 2019. Aetiology, risk factors, diagnosis and control of foot-related lameness in dairy sheep[J]. Animals: An Open Access Journal from MDPI, 9(8): 509.

Gelasakis A I, Oikonomou G, Bicalho R C, et al. 2017a. Clinical characteristics of lameness and potential risk factors in intensive and semi-intensive dairy sheep flocks in Greece[J]. Journal of the Hellenic Veterinary Medical Society, 64(2): 123.

Gelasakis A I, Valergakis G E, Arsenos G. 2017b. Predisposing factors of sheep lameness[J]. Journal of the Hellenic Veterinary Medical Society, 60(1): 63.

Gradin J L, Schmitz J A. 1983. Susceptibility of *Bacteroides nodosus* to various antimicrobial agents[J]. Journal of the American Veterinary Medical Association, 183(4): 434-437.

Green L E, George T R N. 2008. Assessment of current knowledge of footrot in sheep with particular reference to *Dichelobacter nodosus* and implications for elimination or control strategies for sheep in Great Britain[J]. The Veterinary Journal, 175(2): 173-180.

Gregory N, Craggs L, Hobson N, et al. 2006. Softening of cattle hoof soles and swelling of heel horn by environmental agents[J]. Food and Chemical Toxicology, 44(8): 1223-1227.

Harris D J. 1968. Field observations on parenteral antibiotic treatment of ovine foot-rot[J]. Australian Veterinary Journal, 44(6): 284-286.

Härdi L M C, Stoffel A, Dürr S, et al. 2019. Footbath as treatment of footrot in sheep. Current-situation on Swiss sheep farms[J]. Schweizer Archiv Fur Tierheilkunde, 161(6): 377-386.

Haskins B R, Wise M B, Craig H B, et al. 1967. Effects of levels of protein, sources of protein and an antibiotic on performance, carcass characteristics, rumen environment and liver abscesses of steers fed all-concentrate rations[J]. Journal of Animal Science, 26(2): 430-434.

Hunt J D, Jackson D C, Brown L E, et al. 1994. Antigenic competition in a multivalent foot rot vaccine[J]. Vaccine, 12(5): 457-464.

Jelinek P D, Depiazzi L J, Galvin D A, et al. 2001. Eradication of ovine footrot by repeated daily footbathing in a solution of zinc sulphate with surfactant[J]. Australian Veterinary Journal, 79(6): 431-434.

Jensen R, Deane H M, Cooper L J, et al. 1954b. The rumenitis-liver abscess complex in beef cattle[J].

American Journal of Veterinary Research, 15(55): 202-216.

Jensen R, Flint J C, Griner L A. 1954a. Experimental hepatic necrobacillosis in beef cattle[J]. American Journal of Veterinary Research, 15(54): 5-14.

Jensen R, Lauerman L H, England J J, et al. 1981. Laryngeal diphtheria and papillomatosis in feedlot cattle[J]. Veterinary Pathology, 18(2): 143-150.

Jensen R, Pierson R E, Braddy P M, et al. 1976. Diseases of yearling feedlot cattle in Colorado[J]. Journal of the American Veterinary Medical Association, 169(5): 497-499.

Jones G, Jayappa H, Hunsaker B, et al. 2004. Efficacy of an *Arcanobacterium pyogenes-Fusobacterium necrophorum* bacterin-toxoid as an aid in the prevention of liver abscesses in feedlot cattle[J]. The Bovine Practitioner, 38(1): 36-44.

Jordan D, Plant J W, Nicol H I, et al. 1996. Factors associated with the effectiveness of antibiotic treatment for ovine virulent footrot[J]. Australian Veterinary Journal, 73(6): 211-215.

Kadurugamuwa J L, Beveridge T J. 1995. Virulence factors are released from *Pseudomonas aeruginosa* in association with membrane vesicles during normal growth and exposure to gentamicin: A novel mechanism of enzyme secretion[J]. Journal of Bacteriology, 177(14): 3998-4008.

Kahn M E, Maul G, Goodgal S H. 1982. Possible mechanism for donor DNA binding and transport in *Haemophilus*[J]. Proceedings of the National Academy of Sciences of the United States of America, 79(20): 6370-6374.

Kaler J, Green L E. 2009. Farmers' practices and factors associated with the prevalence of all lameness and lameness attributed to interdigital dermatitis and footrot in sheep flocks in England in 2004[J]. Preventive Veterinary Medicine, 92(1/2): 52-59.

Kamiloglu A, Baran V, Klc E, et al. 2002. The use of local and systemic ceftiofur sodium application in cattle with acute interdigital phlegmon[J]. Veteriner Cerrahi Dergisi, 8(1/2): 13-18.

Kennedy D J, Marshall D J, Claxton P D, et al. 1985. Evaluation of the curative effect of foot-rot vaccine under dry conditions[J]. Australian Veterinary Journal, 62(7): 249-250.

Kerry J B, Craig G R. 1976. Effect of vaccination against foot rot in young sheep wintered in straw yards[J]. The Veterinary Record, 98(22): 446-447.

Kim J H, Lee J, Park J, et al. 2015. Gram-negative and gram-positive bacterial extracellular vesicles[J]. Seminars in Cell & Developmental Biology, 40: 97-104.

Kim K, Jung W S, Cho S, et al. 2016. Changes in salivary periodontal pathogens after orthodontic treatment: An *in vivo* prospective study[J]. Angle Orthodontist, 86(6): 998-1003.

Kim O Y, Hong B S, Park K S, et al. 2013. Immunization with *Escherichia coli* outer membrane vesicles protects bacteria-induced lethality via Th1 and Th17 cell responses[J]. Journal of Immunology, 190(8): 4092-4102.

Kimberling C V, Ellis R P. 1990. Advances in the control of foot rot in sheep[J]. Veterinary Clinics of North America Food Animal Practice, 6(3): 671-681.

Lambell R G. 1986. A field trial with a commercial vaccine against foot-rot in sheep[J]. Australian Veterinary Journal, 63(12): 415-418.

Langworth B F. 1977. *Fusobacterium necrophorum*: Its characteristics and role as an animal pathogen[J]. Bacteriological Reviews, 41(2): 373-390.

Laughlin R C, Alaniz R C. 2016. Outer membrane vesicles in service as protein shuttles, biotic defenders, and immunological doppelgängers[J]. Gut Microbes, 7(5): 450-454.

Lechtenberg K F, Nagaraja T G. 1991. Hepatic ultrasonography and blood changes in cattle with experimentally induced hepatic abscesses[J]. American Journal of Veterinary Research, 52(6): 803-809.

Lechtenberg K F, Nagaraja T G. 1998. Antimicrobial susceptibility of *Fusobacterium necrophorum* isolates from bovine hepatic abscesses[J]. Journal of Animal Science, 59(1): 44-47.

Liu J, Hsieh C L, Gelincik O, et al. 2019. Proteomic characterization of outer membrane vesicles from gut mucosa-derived fusobacterium nucleatum[J]. Journal of Proteomics, 195: 125-137.

Liu P F, Shi W Y, Zhu W H, et al. 2010. Vaccination targeting surface FomA of *Fusobacterium nucleatum* against bacterial co-aggregation: Implication for treatment of periodontal infection and halitosis[J].

Vaccine, 28(19): 3496-3505.

Machado V S, Bicalho M L, Meira Junior E B, et al. 2014. Subcutaneous immunization with inactivated bacterial components and purified protein of *Escherichia coli*, *Fusobacterium necrophorum* and *Trueperella pyogenes* prevents puerperal metritis in Holstein dairy cows[J]. PLoS One, 9(3): e91734.

Malecki J C, McCausland I P. 1982. *In vitro* penetration and absorption of chemicals into the ovine hoof[J]. Research in Veterinary Science, 33(2): 192-197.

Marshall D J, Walker R I, Coveny R E. 1991. Protection against ovine footrot using a topical preparation of zinc sulphate[J]. Australian Veterinary Journal, 68(5): 186-188.

Merrill J K, Morck D W, Olson M E, et al. 1999. Evaluation of the dosage of tilmicosin for the treatment of acute bovine footrot (interdigital phlegmon)[J]. The Bovine Practitioner, 33(1): 60-62.

Mülling C K, Bragulla H H, Reese S, et al. 1999. How structures in bovine hoof epidermis are influenced by nutritional factors[J]. Anatomia, Histologia, Embryologia, 28(2): 103-108.

Mulvaney C J, Jackson R, Jopp A J. 1984. Field trials with a killed, nine-strain, oil adjuvanted *Bacteroides nodosus* footrot vaccine in sheep[J]. New Zealand Veterinary Journal, 32(8): 137-139.

Nagaraja T G, Lechtenberg K F. 2007. Liver abscesses in feedlot cattle[J]. Veterinary Clinics of North America Food Animal Practice, 23(2): 351-369.

Nagaraja T G, Sun Y, Wallace N, et al. 1999. Effects of tylosin on concentrations of *Fusobacterium necrophorum* and fermentation products in the rumen of cattle fed a high-concentrate diet[J]. American Journal of Veterinary Research, 60(9): 1061-1065.

Narayanan S K, Chengappa M M, Stewart G C, et al. 2003. Immunogenicity and protective effects of truncated recombinant leukotoxin proteins of *Fusobacterium necrophorum* in mice[J]. Veterinary Microbiology, 93(4): 335-347.

Narayanan S, Stewart G C, Chengappa M M, et al. 2002. *Fusobacterium necrophorum* leukotoxin induces activation and apoptosis of bovine leukocytes[J]. Infection and Immunity, 70(8): 4609-4620.

Nazzaro F, Fratianni F, De Martino L, et al. 2013. Effect of essential oils on pathogenic bacteria[J]. Pharmaceuticals, 6(12): 1451-1474.

Oikonomou G, Machado V S, Santisteban C, et al. 2012. Microbial diversity of bovine mastitic milk as described by pyrosequencing of metagenomic 16S rDNA [J]. PloS One, 7(10): e47671.

Panagakis P, Deligeorgis S, Zervas G, et al. 2004. Effects of three different floor types on the posture behavior of semi-intensively reared dairy ewes of the Boutsiko breed[J]. Small Ruminant Research, 53(1/2): 111-115.

Panciera R J, Perino L J, Baldwin C A, et al. 1989. Observations of calf diphtheria in the commercial feedlot[J]. Agripractice, 10(5): 12-17.

Pryor W J. 1954. The treatment of contagious foot-rot in sheep[J]. Australian Veterinary Journal, 30(12): 385-388.

Raadsma H W, Dhungyel O P. 2013. A review of footrot in sheep: New approaches for control of virulent footrot[J]. Livestock Science, 156(1/2/3): 115-125.

Rogers J A, Branine M E, Miller C R, et al. 1995. Effects of dietary virginiamycin on performance and liver abscess incidence in feedlot cattle[J]. Journal of Animal Science, 73(1): 9-20.

Ross A D. 1983. Formalin and footrot in sheep[J]. New Zealand Veterinary Journal, 31(10): 170-172.

Saginala S, Nagaraja T G, Lechtenberg K F, et al. 1997. Effect of *Fusobacterium necrophorum* leukotoxoid vaccine on susceptibility to experimentally induced liver abscesses in cattle[J]. Journal of Animal Science, 75(4): 1160-1166.

Salman M D, Dargatz D A, Kimberling C V, et al. 1988. An economic evaluation of various treatments for contagious foot rot in sheep, using decision analysis[J]. Journal of the American Veterinary Medical Association, 193(2): 195-204.

Scanlan C M, Hathcock T L. 1983. Bovine rumenitis - liver abscess complex: A bacteriological review[J]. The Cornell Veterinarian, 73(3): 288-297.

Schwartzkoff C L, Egerton J R, Stewart D J, et al. 1993a. The effects of antigenic competition on the efficacy of multivalent footrot vaccines[J]. Australian Veterinary Journal, 70(4): 123-126.

Schwartzkoff C L, Lehrbach P R, Ng M L, et al. 1993b. The effect of time between doses on serological response to a recombinant multivalent pilus vaccine against footrot in sheep[J]. Australian Veterinary Journal, 70(4): 127-129.

Schwechheimer C, Kuehn M J. 2015. Outer-membrane vesicles from gram-negative bacteria: Biogenesis and functions[J]. Nature Reviews Microbiology, 13(10): 605-619.

Skerman T M. 1975. Determination of some *in vitro* growth requirements of *Bacteroides nodosus*[J]. Journal of General Microbiology, 87(1): 107-119.

Skerman T M, Erasmuson S K, Morrison L M. 1982. Duration of resistance to experimental footrot infection in Romney and Merino sheep vaccinated with *Bacteroides nodosus* oil adjuvant vaccine[J]. New Zealand Veterinary Journal, 30(3): 27-31.

Skerman T M, Green R S, Hughes J M, et al. 1983a. Comparison of footbathing treatments for ovine footrot using formalin or zinc sulphate[J]. New Zealand Veterinary Journal, 31(6): 91-95.

Skerman T M, Moorhouse S R, Green R S. 1983b. Further investigations of zinc sulphate footbathing for the prevention and treatment of ovine footrot[J]. New Zealand Veterinary Journal, 31(6): 100-102.

Solanki K S, Varshney R, Qureshi S, et al. 2021. Non-infectious outer membrane vesicles derived from *Brucella abortus* S19Δper as an alternative acellular vaccine protects mice against virulent challenge[J]. International Immunopharmacology, 90: 107148.

Steeneveld W, Van Werven T, Barkema H W, et al. 2011. Cow-specific treatment of clinical mastitis: An economic approach[J]. Journal of Dairy Science, 94(1): 174-188.

Stewart D F. 1954a. The treatment of contagious footrot in sheep by the topical application of chloromycetin[J]. Australian Veterinary Journal, 30(7): 209-212.

Stewart D J, Emery D L, Clark B L, et al. 1985. Differences between breeds of sheep in their responses to *Bacteroides nodosus* vaccines[J]. Australian Veterinary Journal, 62(4): 116-120.

Stewart D P. 1954b. The treatment of contagious foot-rot in sheep-with particular reference to the value of chloromycetin[J]. Australian Veterinary Journal, 30(12): 380-384.

Stokka G L, Lechtenberg K, Edwards T, et al. 2001. Lameness in feedlot cattle[J]. Veterinary Clinics of North America: Food Animal Practice, 17(1): 189-207.

Tan Z L, Nagaraja T G, Chengappa M M. 1996. *Fusobacterium necrophorum* infections: Virulence factors, pathogenic mechanism and control measures[J]. Veterinary Research Communications, 20(2): 113-140.

Underwood E J, Suttle N F. 2004. The Mineral Nutrition Oflivestock[M]. 3rd ed. Oxfordshire: CABI Publishing.

Van Donkersgoed J, Dussault M, Knight P, et al. 2008. Clinical efficacy of a single injection of ceftiofur crystalline free acid sterile injectable suspension versus three daily injections of ceftiofur sodium sterile powder for the treatment of footrot in feedlot cattle[J]. Veterinary Therapeutics: Research in Applied Veterinary Medicine, 9(2): 157-162.

Van Metre D C. 2017. Pathogenesis and treatment of bovine foot rot[J]. Veterinary Clinics of North America Food Animal Practice, 33(2): 183-194.

Veith P D, Chen Y Y, Gorasia D G, et al. 2014. Porphyromonas gingivalis outer membrane vesicles exclusively contain outer membrane and periplasmic proteins and carry a cargo enriched with virulence factors[J]. Journal of Proteome Research, 13(5): 2420-2432.

Wassink G J, Green L E. 2001. Farmers' practices and attitudes towards foot rot in sheep[J]. The Veterinary Record, 149(16): 489-490.

Wassink G J, King E M, Grogono-Thomas R, et al. 2010. A within farm clinical trial to compare two treatments (parenteral antibacterials and hoof trimming) for sheep lame with footrot[J]. Preventive Veterinary Medicine, 96(1/2): 93-103.

Wileman B W, Thomson D U, Reinhardt C D, et al. 2009. Analysis of modern technologies commonly used in beef cattle production: Conventional beef production versus nonconventional production using meta-analysis[J]. Journal of Animal Science, 87(10): 3418-3426.

Winter A C. 2008. Lameness in sheep[J]. Small Ruminant Research, 76(1/2): 149-153.

Winter J R, Kaler J, Ferguson E, et al. 2015. Changes in prevalence of, and risk factors for, lameness in random samples of English sheep flocks: 2004-2013[J]. Preventive Veterinary Medicine, 122(1/2): 121-128.

Xiao J W, Jiang J C, He X J, et al. 2021. Evaluation of immunoprotective effects of *Fusobacterium necrophorum* outer membrane proteins 43K OMP, leukotoxin and hemolysin multi-component recombinant subunit vaccine in mice[J]. Frontiers in Veterinary Science, 8: 780377.

Zariri A, Beskers J, Van De Waterbeemd B, et al. 2016. Meningococcal outer membrane vesicle composition-dependent activation of the innate immune response[J]. Infection and Immunity, 84(10): 3024-3033.

Zingl F G, Thapa H B, Scharf M, et al. 2021. Outer membrane vesicles of vibrio cholerae protect and deliver active cholera toxin to host cells via porin-dependent uptake[J]. Mbio, 12(3): e0053421.

附　　录

1. 牛坏死梭杆菌 H05 菌株白细胞毒素基因核苷酸序列

atgagcggcatcaaaagtaacgttcagaggacaaggaagaggatatcagattctaaaaaagttttaatgattttgggattgttgattaacactatgacggtgagggctaatgatacaatcgccgcgactgagaattttggaacaaaaatagaaaaaaaggataatgtttatgacattactacaaacaagattcaaggggagaacgcttttaacagttttaatagatttgctttaacagaaaataatatagcaaatctatattttggggaaaagaatagtacgggggtaaataatctttttaactttgtcaatggaaaaattgaagtagatgggattatcaacggaattcgagaaaataaaattggaggaaatttatatttcttaagctcggaagggatggcagtaggaaaaaatggagttatcaatgctggttcttttcattctattattccaaaacaagatgattttaagaaggctttggaagaagccaaacatggtaaagtttttaatggaatcattccagtagatggaaaagtaaaaattccattgaatccgaatggaagcattacggtagaaggaaaaatcaatgctgttgaaggcatcggtttatatgcggcggatattagattgaaagatactgcaatactaaagacaggaattacagattttaaaaatttagtcaatattagtgatcgaataaattctggtctgaccggagatttaaaagctaccaagacaaaatctggagatattattctttcagctcacatagattctcctcaaaaagctatgggaaaaaattcaactgttggaaagagaatagaagaatatgtagaaggaaataccaaagcaaatattgaatctgatgctgtattggaagcagatggaaatataaaaattagtgcgaaagctacaaatgggagatttataaagaaagaaggggaaaaagaaacttataacactcctttaagtttatcagatgtggaagcttccgtaagagtaaataaaggaaaagtcataggaaagaatgttgacattacagctgaagcaaagaatttctatgatgcaactttagttactaagcttgcaaagcactcttttagctttgttacaggttctatttctcctatcaatttaaatggatttttaggtttattgacaagtaagtccagtgtcgttattggaaaagatgccaaagtcgaagcaacagaaggaaaggcaaatattcattcttacagtggagtaagagcaactatgggagcagctacttctccattaaaaattaccaatttatatttggagaaagccaatggaaaacttcctagtatcggagcgggatatatttctgcaaaaagtaattccaatgtaactattgaaggagaagtaaaatcgaagggaagagcagatattacttcaaaatctgaaaatactattgatgcttctgtttctgttggaacgatgagagattccaataaagtagctctttcagtattggtgacggaaggagaaaataaatcttccgtcaagattgctaaaggagcaaaagtagaatcagaaacggatgatgtaaatgtgagaagtgaagcgattaattccattcgagctgctgtaaaaggtggattgggggatagtggtaatggggttgtggctgcaaatatttctaactataatgcttcctcccgtatagatgtagatggatatctacatgccaagaagcgactaaatgtggaggctcataacattactaaaaatagtgttctgcaaacaggatctgatttgggaacttccaagtttatgaatgatcacgtttatgaatcaggtcatctaaaatcaattttagatgcaataaaacagcggtttggaggagacagtgtcaatgaggaaataaagaataagctaacagacttatttagtgtcggtgtgtctgcaaccatagcaaatcataataattctgcttctgtggcaataggagagagtggaagactttcttcaggagtggaagggagtaatgtaagggcattaaatgaagctcaaaatcttcgagcgactacgtcaagtggaagtgtggctgtacgaaaggaagaaaaaaagaaacttattggaaatgcagcagtttttatggaaactataaaaataatgcttctgtgacaattgccgatcatgctgaattggtatcggaaggaaaaattgatatcaacagtgaaaataaaattgaatataaaaatccttcaaaaatggcaaagtctgttattgataaattagaacttttaaagagagcttttggaaaagaaacgaaaactccagaatatgatccgaaagatattgaatctattgaaaaattattgaatgcattttcagaaaaattggatggaaaaccggagcttttactaaatggtgaaagaatgacaattattcttccggatggaacttcaaaaacaggaactgctatagaaattgcaaactatgttcagggagaaatgaaaaaattagaggaaaaattaccgaaaggatttaaagctttttcagaaggattgagtggactgattaaagaaactttgaattttacaggagtaggaaattatgcaaattttcacacttttacctcttccggagctaatggagaaagagatgtttcttctgtgggaggagctgtttcgtgggtagaacaggagaattatagcaaggtatccgttggaaaaggagctaaacttgctgcaaaaaaagatttaaatataaaagctatcaataaagcagaaacagtgaatttagttggaaatattggacttgcgagaagcagtacatccggaagtgcagtcggaggaagattaaatgttcaaagatcgaaaaattcagctatcgtagaagctaaagaaaaagctgaattatcaggagaaaatattaatgcagatgcattgaacagacttttttcatgtagcgggatcttttaatggtggctcaggtgggaatgcaatcaatggaatgggaagttatagtggaggtatcagtaaggcaagagtttccattgatgacgaagcatatttgaaagctaataaaaaaattgctttaaacagtaagaatgatacttctgtttggaatgctgccggttcagcgggaatcggaacgaaaaatgcggcggtcggggttgctgttgcggtaaatgattatgatatttcaaacaaagcttccattgaagat

aatgacgaaggacaaagtaaatatgataagaataaagatgaagtaacagtaactgcggaatctttagaagtagatgcaaaaacgaccg
gaacaatcaacagtatttctgttgccggaggaattaataaggttggaagtaaaccgagtgaagaaaaaccgaaatcagaagaaagacc
agagggatttttggcaaaatcggaaacaaagtggactctgtaaaaaataaaattacggatagtatggattcattaacagaaaaaattaca
aattacatttctgaaggagtaaaaaaagcggggaatcttccttcgaacgtttctcatactcccgataaaggaccgtctttcagtttgggagc
ttctggaagtgtttctttcaataatattaaaaaggaaacatctgctgtcgtagatggagtaaagataaatttgaagggagcaaataaaaagg
tagaggtgacttcttctgattctacttttgttggagcatggggcggatctgctgcacttcagtggaatcatattggaagtggaaatagcaac
atcagtgctggtttagctggagcggctgctgtaaataatattcaaagtaaaacaagtgctttggttaaaaatagtgatattcgaaatgccaa
taaatttaaagtaaatgctttgagtggaggaactcaagtagcagcaggagcaggtttggaagcggttaaagaaagtggaggacaagga
aaaagttatctattgggaacttctgcttctatcaacttagtgaacaatgaagtttctgcaaaatcagaaaataatacagtagcaggagaatct
aaaagccaaaaaatggatgttgatgtcactgcttatcaagcggacacccaagtgacaggagctttaaatttacaagctggaaagtcaaat
ggaactgtaggggctactgtgactgttgccaaattaaacaacaaagtaaatgcttctattagtggtgggagatatactaacgttaatcgag
cggacgcaaaagctcttttagcaaccactcaagtgactgctgcagtgacgacgggagggacaattagttctggagcgggattaggaaa
ttatcaaggggctgtttctgtcaataagattgacaatgacgtggaagctagcgttgataaatcttccatcgaaggagctaatgaaatcaatg
tcattgccaaagatgtcaaaggaagttctgatctagcaaaagaatatcaggctttactaaatggaaaagataaaaaatatttagaagatcgt
ggtattaatacgactggaaatggttattatacgaaggaacaactagaaaaagcaaagaaaaaagatggagcggtcattgtaaatgctgc
tttatcggttgctggaacggataaatccgctggaggagtagctattgcagtcaatactgttaaaaataaatttaaagcagaattgagtgga
agcaataaggaagccggagaggataaaattcatgcgaaacatgtaaatgtggaggcaaaatcatctactgttgttgtgaatgcggcttct
ggacttgctatcagcaaagatgctttttcaggaatgggatctggagcatggcaagacttatcaaatgacacgattgcaaaggtggataaa
ggaagaatttctgctgattccttaaatgtgaacgcaaataattccattcttggggtgaatgttgcgggaaccattgccggttctctttctacg
gcggtaggagctgcttttgcgaataatactcttcataataaaacctctgctttgattacaggaacgaaggtaaatccttttagtggaaagaat
acaaaagtcaatgtacaagctttgaatgattctcatattacaaacgtttctgctggaggcgctgcaagtattaagcaggcgggaatcgga
ggaatggtatctgtcaatcgtggttctgatgaaacggaagctttagttagtgattctgagtttgaaggagtaagttctttcaatgtagatgca
aaagatcaaaaaacaataaatacaattgccggaaatgcaaatggaggaaaagcggctggagttggagcaacagttgctcatacaaata
ttggaaaacaatcagttatagctattgtaaaaaacagtaaaattacaacggcgaatgatcaagatagaaaaaatatcaatgtgactgcaaa
agattatactatgactaatactatagcagtcggagttggaggagcaaagggagcctctgtgcaaggagcttctgcaagtactaccttgaa
taagacagtttcttctcatgttgatcaaactgatattgacaaagatttagaggaagaaaataatggaaataaggaaaaggcaaatgttaatg
ttctagctgaaaatacgagtcaagtggtcacaaatgcgacagtgctttccggagcaagtggacaagctgcagtaggagctggagtagc
agttaataaaattacacaaaatacttctgcacatataaaaaatagtactcaaaatgtacgaaatgctttggtaaaaagcaaatctcattcatct
attaaaacaattggaattggagctggagttggagctggaggagctggagtgacaggttctgtagcagtgaataagattgtaaataatacg
atagcagaattaaatcatgcaaaaatcactgcgaagggaaatgtcggagttattacagagtctgatgcggtaattgctaattatgcagga
acagtgtctggaggggcccgtgcagcaataggagcctcaaccagtgtgaatgaaattacaggatctacaaaagcatatgtaaaagatt
ctacagtgattgctaaagaagaaacagatgattatattactactcaagggcaagtagataaagtggtagataaagtattcaaaaatcttaat
attaacgaagacttatcacaaaaaagaaaaataagtaataaaaaaggatttgttaccaatagttcagctactcatactttaaaatctttattgg
caaatgccgctggttcaggacaagccggagtggcaggaactgttaatatcaacaaggtttatggagaaacagaagctcttgtagaaaat
tctatattaaatgcaaaacattattctgtaaagtcaggagattacacgaattcaatcggagtagtaggttctgttggtgttggtggaaatgta
ggagtaggagcttcttctgataccaatattataaaaagaaataccaagacaagagttggaaaaactacaatgtctgatgaaggtttcgga
gaagaagctgaaattacagcagattctaagcaaggaatttcctcttttggagtcggagtcgcagcagccggggtaggagccggagtgg
caggaaccgtttccgcaaatcaatttgcaggaaagacggaagtagatgtggaagaagcaaagattttggtaaaaaaagctgagattac
agcaaaacgttatagttctgttgcaattggaaatgccgcagtcggagtggctgcaaaaggagctggaattggagcagcagtggcagtt
accaaagatgaatcaaacacgagagcaagagtgaaaaattctaaaattatgactcgaaacaagttagatgtaatagcagaaaatgagat
aaaatcaggtactggaatcggttcagccggagctggaattcttgcagccggagtatctggagttgtttctgtcaataatattgcaaataag
gtagaaacagatatcgatcatagtactttacactcttctactgatgtaaatgtaaaagctcttaataaaatttcgaattccttgacagccggtg
gaggagccgcaggtcttgcagcagttaccggagtggtttctgttaacactataaatagttctgtgatagctcgagttcacaataactctgat

ttgacttccgtacgagaaaaagtgaatgtaacggcaaaagaggaaaaaaatattaagcaaacagcagcaaatgcaggaatcggagga gcagcaatcggagccaatgtcttggtaaataattttggaacagctgtagaagatagaaaaaattctgaaggaaaaggaacagaagtttta aaaactttagacgaagttaacaaagaacaagataaaaaagtaaatgatgctacgaaaaaaatcttacaatcagcaggtatttctacagaa gatacttctgtaaaagcggatagaggggatactcagggagaaggaattaaagccattgtgaagacttctgatattattggaaaaaatgta gatattacaacagaggacaagaataatatcacttctactggtggtttgggaactgcaggtcttgcttccgcatcaggaacagtggcagtta caaatattaaaagaaattccggagttactgttgaaaattcttttgtgaaagcagctgaaaaagtaaatgttagatcggatattacaggaaat gttgctttaacagcatatcaaggttctgtaggagcattgggaataggagctgcctatgcagaattaaattctaatggaagatcaaatatcag tattaaaaattctaagctattaggaaaaaatattgatgttattgtaaaagataaatcggaattgagagcggaagcaaaaggattaaccgtag gagcggtagctgccggagccattatctcaaaagcaaagaatgaaatgaattcagaggttgaaattgagaagagtattttcaatgaagaa aatagagtaactagcccttctaaaggaattggaagagaaatcaatgtcaaagtggaaaaagaaaacagagtgactgctgaatctcaag gagcttctgtaggagcagtagcaggggcaggaattatttccgaagcaaaagatgccggaagctcttatttgaaagttagtacaaaatcc ggaagaagtatttttcatgcagataatgtgaatatggaagcaacacataaaatgaaagtaacagcagtttctaaagcagtaacaggttctg tattgggaggagttggagtcaccaaggcagaagctactgctgcaggtaaaactatggtagaagttgaggaaggaaatttgttcagaaca aatcgattgaatgcaatttctaaagtagaaggtttggatgaagataaagtaactgctaaatcttctgtagtatcaggaaatggaggaggaa ttgccggagcaggagtgaatacttctacagcacaaagtaatactgaatccgtagttcgtttacgaaagcaagattatgaaaataatgatta cacaaaaaaatatatttcagaagtcaatgctcttgctttaaatgatacaaagaatgaagcgaatatagaatctttagcggtagccggtgtgc atgcacaaggaacaaacaaagcatttacgagatcaaacaagttaacttctacaactgtaaatggaggaaacgtatctcaacttcgtgcaa aagctttggctaaaaatgaaaattatggaaatgtaaaaggaactggaggagccttagtcggagcggaaacagcagccgttgaaaattat acaaagagtactacaggagcattggttgcaggaaattgggaaattggagataaattagaaacgattgcaagagataatacgattgtaag agtcaacggagacggaaccaaaggaggtcttgtcggaaagaatggtatttctgtgaaaaatacaatttcaggggaaacaaaatcatcca ttgaagataaagccagaattgttggaaccggaagtgtaaatgtagatgctttgaatgaacttgatgtagatctacaaggaaaaagtggtg gctatggtggaattggtattggaaatgttgatgtaaataatgtgattaagaaaaatgtagaagccaaaatcggaagacatgctattgtaga aactactggaaaacaagaatatcaagcatttacaagagcaaaagtaaatattcttggaaaaggagacgctgcagctgcagctgcaatat cgaatgtacacatttccaatgagatggatattaaaaatttggcaaagcagtatgcatcttctcaattaataaccaaaaattcaaaaaataata ttactttagcatcaagtagtgaatcgaatgtgaatgttcatggggtggctgaagcaagaggtgcaggagccaaagcgacagttagtgta aagaatcaaataaatagaactaataatgttgatttagcaggaaaaattaaaacagagggaaacatcaatgtatatgccggatatgataaaa attataatataagtaagacaaattctaaggctattgcggatgccaaaagtcatgctgcagctgcttcggcaactgccactgttgaaaaaaa tgaagtaaaatttaataatgcgatccgagaatttaaaaataatctggcaagattggaagggaaagctaataaaaaaacgtcggtaggatc taatcaggtagactggtatacggataaatatacatggcattcttctgaaaaagcatacaaaaaattgacatatcaatcaaagagaggaga aaaagggaaaaaatga

2. 牛坏死梭杆菌 H05 菌株溶血素基因核苷酸序列

atgagaaatcgatttttaaaaaaagctatagcgatacaattcttaatctttcatatgactgaactatttgcaagcaatctaattgtagac ccaaatgcaaacccacaatacaaaacttgataaatctaatacaggagtgccaatagtaaatgtatccactcctaatcatcgtgggataagtg taaatgaattcttggaatataacataggcaaagaagggcaggttttaaataatgcagataatgttggaagatctcatctcgcaggtctcatt catgccaatcctaacttagcacctaatcaagcagctaatttaattgtcctacaagtgaatggttccaatcgttctcaaatagaaggatattta gaagcgctaagtagagagaaagtagatgttattctaagtaatgaaaatgggctatatatcaacaatggtggaactatcaatattaaaaactt tactactactacagggaaagttagtctaaaagatggagatattgttggaatagatgtggaaaaaggaaggattgcgataggtcctaaagg tttggatgttagcaatgccaattatgtagaattgctttctaaaactttagaacttgcggggaatttagttactcatgcagatgtaaaagttatta caggttcgaataagattgataaagatgggaatataaaaaaaattgagtcaagtactcctgtaggggtggcaatcgatgcttctcaacttgg agggatgtatgcaggtcaaatcaaaataataagcacagagaaaggagccggagtcaattcggatgcttttattgtgtctaaaaataagag attagaaatcacggcggatggaaaaataaaggtaaataaggtacaagggaaaggaatcgagattcaaggaaaagactatgaacaaac aggacttgcgcaatctgacttggatattaacataaaggctgatagtataaagcttcatggggatggtactcaagccgagaaaaaaataaa

cttagatggaaatgtagagaataactctgctatatacacaaaagaaactctatacactaaggatttgaaaaatactagcgagatacaagta
aaaaaagagatacaaatagatggtaaattagtaagtagtggaaacatccaagcaaatgaaaaaatatcagttgcttcaaacgcagaaaa
tactggaaatatatcaacaggagataaatttagcgcaaaagatactagaactactggaaaattggttgctaaaaataatatagatgttaaaa
atttaaccaatgatggtgtagtagcaactgaggctaaagtaaagatagatggagagttaaaaaattctggagaaatacaggcgaccaat
catattaaagtattatccaatgtagaaaatacaggcgacatcttaacagatggaagtgttagcgcaaaggatatgaaaacaactaaaaag
ttattagcaaaaggaaagatagaagtagccaacttagaaaatagtggagagttagtaaccaatagtagtcttaacaatagatggaaaatta
aaaatataggaaacattcaagcaatagggaaaatatccataactcaaaatgcaaagaatacgggggagatagtaacgaataatacccttt
acagctaaggataccgttactacaaaaaaattaatagccaaagaaggaatttcagtcgatacattggaaagcgctggaatcgtggcaac
agataacaaagtagatataaaaggaaatgtaataaatagtgggataatccaagctgctgatagaatcactgtaaaaaagaatgtagataa
ccgtggagaaatagtaaccaatggctcatttacggcaaaagatgtcaaaacaacaaataaaataatgtcaaaagatgatattactatagct
aagctagaaaattccgggacagtaatatccaacaagaaattaaacatagatggaagtttaacgagtagcggagaaattcaaacattaga
gaatattgtagtaaaagagaatgctctaaatacaggagaaattctaagcaatggctcttttacatcaaaagaggtaaaaaatgaaaaaaca
atcagtgtaagcaaagatattcatatagctaaactagaaaatacaggaaatgttgcaacagctaaaaatttaaatgtcaatggaaaattaac
aaactctgggaatatccaagctgttgaaaatatttcagtgatagataatgttttaaataaaggaacgatcttaaccaatggttcttttacatca
aaagatattaaaaacgaaaaagaagtaagcgcaaataaagatattacagtctctaaattggaaaatacagggaatatggtaacaaatagt
aaagtaactgtgaatgggactttcatgaatgatggcgaagtgaaagcaatggatcatatagcggtgactggaaatactacaaataatgg
gagtattgtaacaaataaaaattttactacgaagaatttaacgaatcatcaaaaaataattgttaaagaaaaaatggatacaaagaatgtaa
caaataccggaacaatcgcttcaggcgatacatttactgtgattggaaatcttgaaaacacaaataggatagaaagtgtaaatcttgatgt
cacaggaaagaaactaacaaatagtggaagtataaaagcggataatatttctacaaaagtaacggatataagaaatgatggaaaaatag
tatcattgaataatattactttttctaatgcacaaaatataacaaacacgaatgaaataacagcactgaaagatattgtagccaatcatacca
atcttgtaaatagtgggaatattgcttcgaatggaaaagtattgctaaatcattccagcattacgaatacgaaaaaaatagcttctaatatcg
tcgaaatgcaagagaatagaaaatatgataataccggagaaatcataggaaatgaggtaagccttgcaagcacaaaggatttaaactta
actggtaaattgcatggtgcgcaaaaattaactatcagtggaaaaaatatatcaaatgatggagaaacgactgggacaggtctaacaac
gatcactgcgagtaacaattttacgaatcataaagcattatcagcgctaactcttacagtaagagcggcaggagatgttgtaaataatagt
atgttaagtggtggaacagtcagtgtaaatgggaaaaatatagaaaatcatgatttaatttcagcagcaggaaatgtcacgttaacagca
gaaaataaagtagaaaataaagaggggaaaacaatttatgctggaaatcatttagggataagaggaaaggaaattttaaataccaaagg
agaacttttcagtggaggagacatcagcttaacaggaaatcttgtaaaaaatgaaataggtttcatacaagcagaaaagaacatacatat
aaaagctaaaaaatttgaaaatataggggaagtaaaagacttagacaaatatgaaagctattatgaaacttgggatggaaaaacaatcga
ggcagatcaacttgaggattggaaaatacacttttccaaaagttcctccaaggcaagtaatggaagcgcaggaagtacaatcagaaga
agacaaagagaagcatataatgaaatttctgaaagaatgaaaaatgataaatatgattctctattattttcaaaatataataaattaatgagag
gatatctgggaaaaagcggaaaacacacagagcaaacaggaagtgtcaaaataccgataattccattgaaagagaaacttagaagtct
tgctcaaactactcatgctaaagtgattgcaggaaataatataacgatagaagcagagaatgacggaaaaacagaagaagttatgaata
aagacagtatcatatctgcaggaaatactgtaaaaataaatgcagagaaagtcaaaaacgtcgtgagtgtcggagatgaaaaaataaag
gtaaaaaccggacaggaaacgatgtatatcaagtatgatagaagaagaagaaaacatagacttagtaaactaagtatggaagttagcta
tgatagagatttcacaaaggattatattacaaaatag

3. 牛坏死梭杆菌 H05 菌株 43K 外膜蛋白基因核苷酸序列

atgaaaaaattagcatttgtattaggttctttattagtcatcggttctgccgcttctgctaaagaagtgatgcctgctcctatgcctgaa
cctgaagttaaaatcgttgaaaaacctgtcgaagttatcgtttatcgtgaccgtgtcgttcaagcgcctgctaaatggaaacctaatgggtc
tgttggtgttgaattaagaactcaaggaaaagttgaaaacaaaggtaaaaaagctactgaagaaaatgcaagaaaaggttgggctgga
aaagaacctaatgttagattggaaacaaaagcttctgtaaacttcactgaaaatcaaaatttggaagtaagaacaagacaaactcatgttct
tactaaaacagattctgataaggaagaatcaaatcataaagatacacaagtaagaattcgacatacttataactttggaaaattaggttcttc
taaagttggatttaaggtagcatctcaatatttacatgatgatcatgttgattctttaagaacaagagcagtgtttgattttgctgattatatttat

agcaatagcttattcaaaacaactgcattagaaattggtccttcatataaatatgtatggggaggaaatgatgacagatattataatgctctt
ggactttatgcaaatgcagaattcgaattgccatatggatttggtttccaagcagaatttgaagatgcctttacttatacttctactggtaagg
gagatggaaaaagagataaagctaaactaggacatgcagattttgttttatctcatagcttagatttatataaagaaggaaaacattctttgg
ctttcttaaatgaattagaatatgaaactttctgggcttgggataaaaaagatgctagtatggaagaatggccacatgttgatggacatgga
agagttaatagtgaaggaaaaaataaaaaatggggagcatatgaacttacttatactccaaaacttcaatataactaccaagctactgaatt
cgtaaaattgtatgcagctattggaggagaatacgtaaatagagaaaataataaatcaactgcacgttactggagatggaatccaacagc
atgggctggtatgaaagttactttctaa